Mebs · Gifttiere

Gifttiere

Ein Handbuch für Biologen, Toxikologen,
Ärzte und Apotheker

Von Prof. Dr. Dietrich Mebs,
Klinikum der Johann Wolfgang Goethe-Universität, Frankfurt
Zentrum für Rechtsmedizin

2., neu bearbeitete und erweiterte Auflage
mit 320 meist vierfarbigen Abbildungen
und 35 Formeln

Wissenschaftliche Verlagsgesellschaft mbH Stuttgart 2000

Bildnachweis

Dr. D. M. Anderson – 2.81
Dr. M. Bergbauer – 2.46, 2.62, 2.77
P. Brodmann – 3.50, 3.71, 3.72–3.89, 3.96, 3.97, 3.105, 3.106, 3.108, 3.109, 3.117, 3.121, 3.122, 3.130
Dr. W. Carmichael and A. S. Dabholkar – 2.108
Dr. C. Christophersen – 2.106
Dr. M. C. J. M. de Jong – 3.28
Prof. Dr. K. Dettner – 3.46 C
Dr. R. W. Dickey – 2.96
Dr. J. Dumbacher – 3.131
Prof. Dr. Ebersoldt – 2.15, 2.30, 2.78, 2.79
Florida Dept. of Environmental Protection – 2.82
Florida Dept. of Natural Resources, Marine Res. Inst., St. Petersbourgh – 2.85, 2.87
C. Geldmacher, Rute M. Goncalves de Andrade – 1.14, 3.16 A, 3.20, 3.32, 3.118
C. Giese – 1.6 B, 1.9 B
H. Göthel – 2.57, 2.58, 2.60
F. Golder – 3.127
U. Jentzsch, Hessisches Landesmuseum, Darmstadt – 3.46 A
Dr. D. L. Hardy – 3.64, 3.124
Dr. B. Hartwick – 2.18, 2.20
Dr. H. Heatwole – 3.125
Prof. Dr. Th. Heeger – 2.4, 2.6, 2.7, 2.16, 2.17, 2.19, 2.22, 2.23
Dr. H. W. Herrmann – 3.95 B, 3.98, 3.99, 3.100
Dr. H. Hinkel – 3.94
Dr. F. Kawamoto – 3.29, 3.31
A. Koffka – 2.60, 2.74
Prof. Dr. F. Kornalik – 3.93
Anita Krammig – 2.101 D
U. Kuch – 3.60 C, 3.92, 3.104, 3.116, 3.120
V. Lehnen – 1.34, 2.1, 2.37, 2.38, 2.52, 2.63, 2.67, 2.68, 2.71, 2.95
Dr. D. Mahsberg – 3.4
Prof. Dr. J. Meier – 2.45, 2.84, 3.62 C und D, 3.90
Dr. A. Menez – 3.68
Dr. S. Müller – 3.22, 3.23
D. L. Roelke – 2.86
W. Sauer – 3.52
G. U. Spies – 2.80, 2.89
Dr. R. Stöcklin – 3.95 A, 3.107
P. Temple-Smith – 3.134, 3.135
Dr. M. Türkay – 2.101 A–C
Dr. J. White – 3.17, 3.19, 3.21, 3.110–3.113
Dr. G. Vogel – 3.59, 3.128, 3.129
A. Wolf – 3.14
alle anderen Fotos vom Verfasser.
Zeichnungen: Renate Klein-Rödder.

Die Deutsche Bibliothek – CIP-Einheitsaufnahme

Mebs, Dietrich:
Gifttiere : ein Handbuch für Biologen, Toxikologen, Ärzte, Apotheker / von Dietrich Mebs. – 2., völlig neu bearb. Aufl.. – Stuttgart : Wiss. Verl.-Ges., 2000

Jede Verwendung des Werkes außerhalb der Grenzen des Urheberrechtsgesetzes ist unzulässig und strafbar. Dies gilt insbesondere für Übersetzung, Nachdruck, Mikroverfilmung oder vergleichbare Verfahren sowie für die Speicherung in Datenverarbeitungsanlagen
© 2000 Wissenschaftliche Verlagsgesellschaft mbH, Birkenwaldstr. 44, 70191 Stuttgart
Printed in Germany
Satz und Druck: Universitätsdruckerei Stürtz AG, Würzburg
Einbandgestaltung: Neil McBeath, Kornwestheim

Vorwort zur 2. Auflage

Die nach nunmehr sieben Jahren anstehende Zweitauflage der „Gifttiere" hat neben Aktualisierungen, Korrekturen, Austausch einiger Abbildungen etc. zu z.T. erheblichen Erweiterungen des Text- und Abbildungsumfanges geführt. Neue und aufregende Entdeckungen wie die Giftvögel aus Neuguinea, aber auch neuere Berichte über giftige Säugetiere oder eine schwerwiegende Haifleisch-Vergiftung machten zusätzliche Kapitel notwendig. Die äußerst komplexe, fast schon ästhetisch ansprechende Strukturformel des Maitotoxins z.B. sollte auch nicht fehlen, sie nimmt sogar eine ganze Seite ein. Weiterhin erschien es sinnvoll, in einem eigenen Kapitel die ökologische Bedeutung von Giften und Toxinen zumindest andeutungsweise aufzuzeigen und zu diskutieren. Auch bin ich der Anregung gefolgt, die Anwendung von Naturstoffen tierischen Ursprungs bzw. deren hohes Potential in der Pharmazie und als Hilfsmittel in der Forschung darzustellen. Die Zahl der Fallbeschreibungen wurde ebenso erweitert wie die der Abbildungen (mehr als 100 zusätzliche), auch die Literatur – jetzt dem jeweiligen Kapitel angefügt – wurde durch neue Arbeiten ergänzt.

Zu danken habe ich den zahlreichen Rezensenten und Lesern, die mich auf Fehler aufmerksam machten oder wertvolle Anregungen gaben, die ich zum größten Teil in die Zweitauflage einbringen konnte. Dies war nicht zuletzt dadurch möglich, daß man seitens des Verlags bereitwillig auf meine Wünsche und Vorstellungen einging und die zahlreichen neuen Farbabbildungen akzeptierte. Frau Munjic, Frau Sauer, Herrn Dr. Scholz und Herrn Studer danke ich für die Betreuung des Manuskripts und die professionelle Vorbereitung zur Drucklegung.

Die zunehmende Arbeitsbelastung an der Hochschule, speziell an einem Institut mit vielfältigen öffentlichen Aufgaben, erlaubt es nicht, ein Buch während der „Dienstzeit" zu schreiben und zu bearbeiten. Lange Abende und Wochenenden müssen hierfür herhalten. Jahreszeiten vergehen wie im Flug und man stellt plötzlich fest, daß man vom Sommer kaum etwas mitbekommen hat. So hat meine Familie auch dieses Mal wieder mit großer Geduld meine geistigen „Höhenflüge" ertragen und damit zum Gelingen des Buches beigetragen.

Frankfurt/Main, Herbst 1999
Dietrich Mebs

Aus dem Vorwort zur 1. Auflage

Gifte sind im Tierreich weit verbreitet. Mittels Nesselkapsel, Stachel oder Zahn werden sie von Tieren fast aller Klassen zum Beuteerwerb und zur Verteidigung eingesetzt.

Begegnet der Mensch Gifttieren, sei es absichtlich oder unabsichtlich, kann es nach einem Biß oder Stich zu einer Vergiftung kommen, doch auch dann, wenn er Meerestiere verzehrt, die giftig sind oder unerwartet giftig wurden. Derartige Vergiftungen können trivialer Natur sein, durch einen Schmerz etwa nur das Wohlbefinden stören. Nicht selten aber haben sie schwerwiegende Folgen mit sogar tödlichem Ausgang. Angst und Panik sind daher eine häufige Reaktion, trifft man auf einen Skorpion, eine Spinne oder Schlange.

In Mitteleuropa sind Gifttiere eher selten. Bienen und Wespen sind die häufigsten Verursacher einer überwiegend schmerzhaften Reaktion, jedoch meist harmlosen Vergiftung. Nur in Ausnahmefällen ist ihr Stich lebensbedrohlich, so bei sensibilisierten Menschen. Eine ungebrochene Reiselust führt jedoch viele Europäer nach Übersee, in tropische Länder mit einer z.T. reichen Fauna durchaus gefährlicher Gifttiere. Oft taucht in diesem Zusammenhang die Frage auf, wie verhalte ich mich, wenn ich gebissen oder gestochen werde. Mitunter auch wird ein Arzt mit ihm unbekannten Symptomen konfrontiert, die ein heimgekehrter Tourist auf eine Fischmahlzeit oder den Konsum anderer Meeresfrüchte zurückführt. Spinnen, Skorpione und Giftschlangen werden mit wachsender Begeisterung von Privatleuten in Terrarien gehalten, wobei die Gefahr eines Bißunfalles immer besteht.

Informationen über Gifttiere, ihre Gifte, die durch sie bewirkten, oft komplexen Vergiftungsbilder und deren Behandlung sind nicht immer leicht zugänglich, da in der Fachliteratur verstreut, sie sind z.T. sogar nicht einmal verfügbar, mitunter auch widersprüchlich oder schlichtweg falsch. In der Tat ist vieles, was tierische Gifte angeht, noch unerforscht oder beruht auf älteren, vielfach überholten Berichten.

Das vorliegende Buch zum Thema Gifttiere trifft eine Auswahl. Es berücksichtigt nur die Gifttiere, die für Vergiftungen beim Menschen relevant sind. Das faszinierende Kapitel der Verwendung giftiger Metaboliten im Zusammenleben von Tieren, z.B. als Informationsträger in einem ökologischen Netzwerk (Arbeitsthema der ökologischen Chemie), mußte weitgehend ausgespart bleiben, oder konnte nur am Rande berührt werden. Obwohl das Schwergewicht auf mitteleuropäischen Gifttieren liegt, werden aus den erwähnten Gründen (Reiselust, Gifttierfreaks) auch „exotische" Gifttiere behandelt.

Frankfurt/Main, im Februar 1992
Dietrich Mebs

Inhaltsverzeichnis

Grundlagen und Hinweise — 1

Was sind Gifttiere? — 1
Gifte und Toxine, eine Begriffserklärung — 2
Die Rolle der Gifte im natürlichen Umfeld — 3
Arzneimittel aus Giften? — 19
Umfang von Vergiftungen durch Tiere – Entwarnung? — 21
Wie kommt es zu Vergiftungen durch Tiere? — 24
Erste Hilfe und Behandlung: allgemeine Hinweise — 25

Meerestiere

Aktiv giftige Meerestiere — 37

Schwämme — 38

Nesseltiere — 41
- Feuerkoralle — 45
- Federpolypen und andere Polypenstöcke — 47
- Portugiesische Galeere, Staatsquallen — 49
- Leuchtqualle — 54
- Kompaßqualle — 56
- Feuer- oder Haarquallen — 58
- Würfelqualle, Seewespe — 60
- Andere Würfelquallen — 64
- Seeanemonen, Blumentiere, Aktinien — 66
- Andere Nesseltiere, Steinkorallen — 68

Weichtiere, Mollusken — 70
- Kegelschnecken — 70
- Kopffüßler — 75
- Blaugeringelter Octopus — 76

Würmer — 80
- Borstenwürmer — 81

Stachelhäuter — 83
- Dornenkronenseestern — 84
- Seeigel — 87
- Seewalzen, Seegurken, Holothurien — 92

Fische — 95
- Knorpelfische — 96
- Rochen — 96
- Stachelhai — 101
- Knochenfische — 102
- Weberfische, Drachenfische, Petermännchen — 102
- Himmelsgucker — 105
- Skorpionsfische — 107
- Drachenköpfe, Skorpionsfische — 108
- Rotfeuerfische, Feuerfische, Zebrafisch — 111
- Steinfisch, Teufelsfisch — 114
- Welse — 118
- Andere Fische mit Giftstacheln — 120
- Fische mit giftigen Hautsekreten — 122

Seeschlangen — 124

Passiv giftige Meerestiere 125

Vergiftungen nach dem Verzehr von Meerestieren _____ 126

Muschelvergiftungen _____ 129

Paralytische Form _____ 132
Neurotoxische Form _____ 137
Muschelvergiftung mit ZNS-Beteiligung _____ 139
Gastroenterale Form _____ 142

Fischvergiftungen _____ 145

Tetrodotoxische Fische _____ 146
Ciguatera _____ 153
Vergiftung durch Haifleisch _____ 162
Scombrotoxische Fische _____ 165
Andere Fischvergiftungen _____ 167

Vergiftungen durch Krebse _____ 169

Vergiftungen durch Schnecken _____ 173

Andere Gesundheitsrisiken _____ 175

Tiere des Festlandes

Wirbellose 181

Skorpione _____ 182

Spinnen _____ 190

Dornfingerspinne _____ 193
Schwarze Witwe _____ 195
Andere Giftspinnen _____ 199
Speispinnen _____ 200
Wolfsspinnen _____ 202
Wander- oder Bananenspinne _____ 203
Trichternetzspinnen _____ 205
Vogelspinnen _____ 207

Zecken _____ 209

Vergiftung durch Zecken _____ 210
Infektionskrankheiten _____ 212
Allergische Reaktionen _____ 213

Hundertfüßler, Skolopender _____ 214

Insekten _____ 216

Schmetterlinge und Raupen _____ 217
Bienen, Hummeln, Wespen, Hornissen _____ 221
Bienen und Hummeln _____ 222
Wespen und Hornissen _____ 223
Ameisen _____ 232
„Spanische Fliege", Blasenkäfer, Pflasterkäfer, Ölkäfer, Maiwürmer _____ 235

Wirbeltiere 239

Lurche, Amphibien _____ 240

Kröten und Frösche _____ 241
Molche und Salamander _____ 242

Eidechsen _____ 248

Krustenechse _____ 248

Schlangen _____ 251

Giftschlangen: Europa _____ 270
Sandotter, Hornotter, Sandviper _____ 271
Aspisviper _____ 272
Kreuzotter _____ 273
Stülpnasenotter _____ 274
Levanteotter _____ 275
Wiesenottern _____ 276
Kleinasiatische Bergotter _____ 277
Giftschlangen: Afrika, Naher und Mittlerer Osten _____ 284
Kobras _____ 284
Mambas _____ 285

Wirbeltiere 239

Sandrasselotter	286
Puffottern	287
Hornvipern	288
Krötenottern, Nachtottern	289
Buschvipern	290
Erdvipern, Maulwurfsvipern	291
Giftschlangen: Asien	297
Kobras, Königskobra	297
Kraits, Bungar	298
Kettenviper	299
Sandrasselotter	299
Malayische Grubenotter, Asiatische Dreiecksköpfe	300
Asiatische Lanzenottern	301
Giftschlangen: Australien	306
Tigerschlange	306
Todesotter	307
Schwarzottern	307
Braunschlangen	308
Taipan	309
Giftschlangen: Nord- und Südamerika	313
Klapperschlangen	313
Lanzenottern	315
Buschmeister	316
Mokassinschlangen, Kupferköpfe	317
Korallenschlangen	318
Giftschlangen: Seeschlangen	324
„Ungiftige" Schlangen	327
Grüne Baumschlange	327
Vogelschlange	327
Tigerwassernatter, Rotnacken-Wassernatter	328
Nachtbaumnattern	329
Europäische Eidechsennatter	330

Vögel 333

Säugetiere 336

Vampir-Fledermäuse	338
Schnabeltier	338

Grundlagen und Hinweise

Was sind Gifttiere?

Tiere, die Gift produzieren und es anwenden, bezeichnet man im allgemeinen als Gifttiere. In erster Linie denkt man hier an Tiere, die ihr Gift mit Hilfe eines Stachels oder Zahns gezielt applizieren. Andererseits gibt es auch Tiere, die derartige Werkzeuge nicht besitzen, aber dafür Gift ausscheiden. Schließlich speichern manche Tiere Gift in ihrem Körper, das z.B. mit der Nahrung aufgenommen werden kann; dies mitunter eher zufällig und ohne Absicht, wobei vielfach nur der Mensch am Ende der Nahrungskette betroffen ist, d.h. vergiftet wird. Somit lassen sich Gifttiere grob in zwei Gruppen einteilen, in

- **aktiv** giftige und
- **passiv** giftige Tiere.

Scheint im ersten Fall eine eindeutige Definition möglich, so ist die Bezeichnung „passiv giftig" nicht ohne weiteres verständlich.

Aktiv giftige Tiere: Dies sind Organismen, die in speziellen Geweben und Organen Gifte produzieren und diese mit Hilfe eines Werkzeuges applizieren. Der Giftapparat besteht somit aus einem Gift-produzierenden und -speichernden Drüsengewebe, das mit einem Stachel oder Zahn in Verbindung steht. Mit dessen Hilfe wird das Drüsensekret in den Körper eines anderen Organismus gebracht. Das Gift wird **parenteral** angewandt, d.h. es gelangt, ohne den Verdauungstrakt passieren zu müssen (was die Gefahr der Inaktivierung in sich birgt), in den Kreislauf.
Im Laufe der Evolution wurden Giftapparate mehrfach „erfunden". Sie sind daher in allen Klassen des Tierreichs in unterschiedlicher Ausprägung und Vervollkommnung zu finden. Dies reicht vom einfachen Abschürfen Gift-produzierenden Gewebes von einem Stachel in der Wunde, wie z.B. bei einigen Giftfischen, bis zu den komplizierten Injektionsvorrichtungen der Nesseltiere, Bienen und Schlangen.
Das Gift erfüllt hierbei meist mehrere Funktionen. Es wird zur Verteidigung gegen Freßfeinde und, wohl die wichtigste Anwendung, zum Beuteerwerb eingesetzt. Gerade im letzten Fall sind damit oft noch weitere Aufgaben, so die Vorverdauung der Beute, verbunden.

Passiv giftige Tiere: Hiermit sind Tiere gemeint, die keinen speziellen Giftapparat besitzen. Allerdings ist die Abgrenzung von den aktiv giftigen Tieren nicht immer einfach. So besitzen Kröten und Salamander durchaus Giftdrüsen, die den ganzen Körper überziehen und bei Reizung Giftsekret absondern, ja dieses sogar verspritzen können. Gerade dieses Beispiel zeigt, wie problematisch eine strikte Einteilung in aktive und passive Giftanwendung ist, wenn lediglich ein spezielles Werkzeug, ein Stachel oder Zahn, der das Gift parenteral appliziert, fehlt. Derartige Gifte müssen, um zu wirken, über den Verdauungstrakt, d.h. **enteral**, aufgenommen werden. So kann man die Amphibien durchaus auch den aktiv giftigen Tieren zuordnen, zumal bei ihrem Gift eine Funktion, ein Nutzeffekt (Abschreckung, aber auch Schutz vor Infektionen) abzuleiten ist.
Schwieriger wird es, einen Nutzeffekt dort zu erkennen, wo Tiere Giftstoffe aus ihrer Umwelt aufnehmen, sie in ihrem Körper anreichern und speichern und dadurch giftig werden. Das hochgiftige Tetrodotoxin z.B. wird von zahlreichen Tieren gespeichert und verhilft ihnen dadurch zu einem gewissen Schutz vor Freßfeinden. Andererseits werden auch Giftstoffe über die **Nahrungskette** angereichert, ohne den anreichernden Organismen selbst zu schaden. Erst wenn der Mensch am Ende der Nahrungskette steht, entfalten diese Toxine wie das Ciguatoxin (Ciguatera-Fischvergiftung) oder das Saxitoxin (Muschelvergiftung) ihre schädigende Wirkung.
Wohlgemerkt, hierbei handelt es sich um natürlich vorkommende Gifte. Gleiches läßt sich aber auch bei Giftstoffen beobachten, die vom Menschen in den Naturkreislauf eingebracht werden (Insektizide, Herbizide, Schwermetalle etc.). Sie werden bis zu einem gewissen Grad innerhalb der Nahrungskette toleriert, was ihre Anreicherung erst ermöglicht. So können Tiere, die von Natur aus nicht Giftträger sind, passiv giftig werden, indem sie Gifte direkt aus der Umwelt oder bereits in anderen Organismen angereichert über die Nahrungskette aufnehmen und in ihrem Körper speichern.
Eine Einteilung der Gifttiere in die beiden Gruppen „aktiv" und „passiv" giftig wird im speziellen Teil des Buches nur bedingt vorgenommen. Vertreter der beiden Gruppen kommen sowohl im **Meer** wie auf dem **Land** vor. Da außerdem nur Gifttiere behandelt werden, die für Vergiftungen beim Menschen in Frage kommen, sind es vor allem Meerestiere, die als passiv giftig zu klassifizieren sind. Als Nahrungsmittel verwendet, bewirken sie plötzlich Vergiftungen, da der Mensch diesen Giftstoffen gegenüber keine Resistenz aufweist. Dies zeigte z.B. eine Vergiftung nach dem Verzehr von Haifleisch. Weitere Ereignisse dieser Art sind zu erwarten.

Gifte und Toxine, eine Begriffserklärung

An dieser Stelle ist es notwendig zu definieren, was im folgenden unter Giften und Toxinen zu verstehen ist.

Unter **Gift** summiert man im allgemeinen jene Stoffe, die ab einer bestimmten Dosis einen Organismus in seiner Gesundheit schädigen, ihn vergiften. Was nun die Gifttiere angeht, so sind Gifte hier nichts „Reines". Es werden darunter vielfach Gemische verschiedener Substanzen verstanden, die u.a. giftig sind. Vielfach ist Gift auch einfach ein (z.T. schlecht charakterisiertes) Sekretionsprodukt. So gesehen sind Bienen-, Kröten- und Schlangengifte ebenfalls Gemische, die aus einer Vielzahl von einzelnen Komponenten bestehen, unter denen sich auch Toxine befinden (Abb. 1.1 und 1.2).

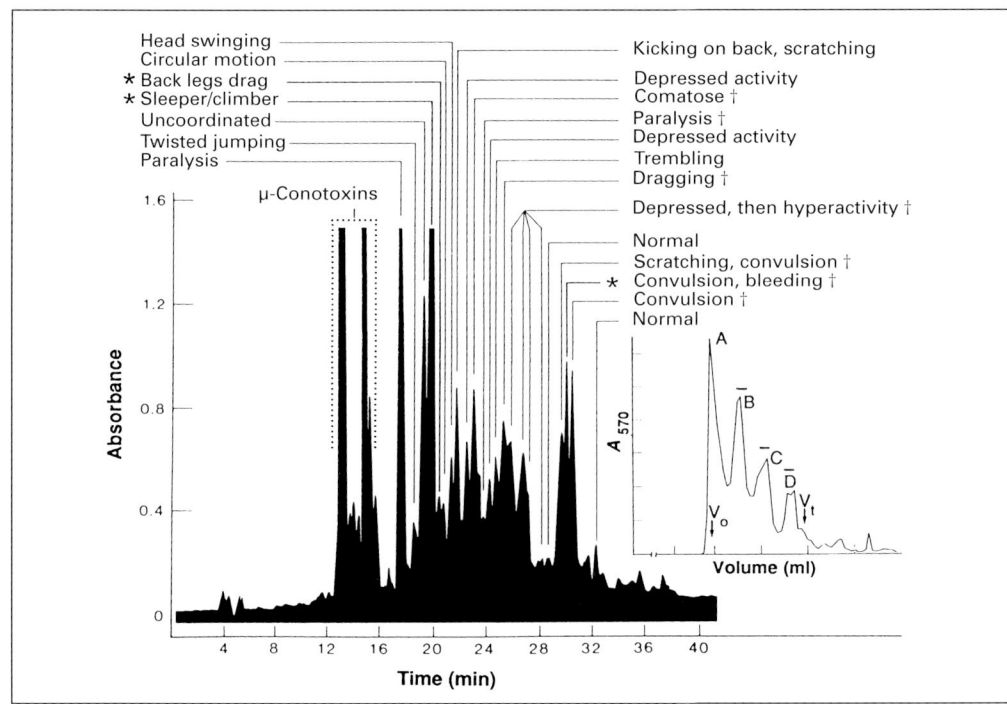

Abb. 1.2: Das Gift einer Kegelschnecke, *Conus geographus*, enthält eine Vielzahl von Toxinen unterschiedlichster Wirkungsweise. Zuerst wurde das Gift durch Gelfiltration in vier Hauptfraktionen aufgetrennt (rechts), von denen aus der Fraktion B durch Hochdruck-Flüssigkeitschromatographie (HPLC) zahlreiche Toxine isoliert wurden, die bei Mäusen unterschiedliche Wirkungen hervorrufen [5].

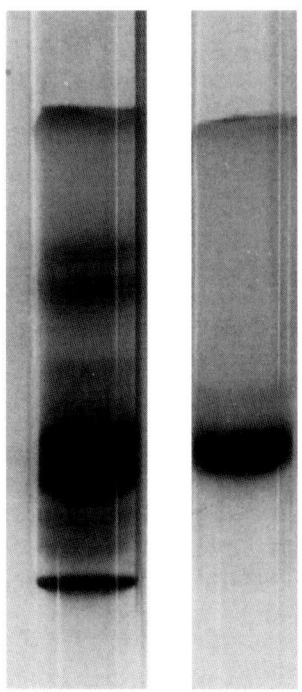

Abb. 1.1: Durch Elektrophorese in einem Polyacrylamidgel läßt sich ein Schlangengift in mehrere Fraktionen (Enzyme und Toxine) auftrennen (links: *Bungarus caeruleus*-Gift). Auf diese Weise läßt sich auch die Reinheit eines isolierten Toxins analysieren (rechts: Toxin aus dem gleichen Gift).

Toxine sind hingegen Stoffe, die grundsätzlich natürlichen Ursprungs, chemisch rein und eindeutig definiert sind. Toxine sind somit in der Regel Bestandteile von Giften, selten treten sie einzeln auf. Bienengift enthält z.B. die Toxine Melittin und Apamin sowie die weitgehend ungiftigen Enzyme Hyaluronidase und Phospholipase A_2. Hier beginnt aber schon ein gewisses Dilemma, denn eine eindeutige Trennung in physiologisch hochwirksame Toxine und ungiftige Enzyme ist nicht immer möglich. Gerade die Phospholipase A_2, das in tierischen Giften am häufigsten vorkommende Enzym, ist hierfür ein gutes Beispiel. Sie kann eine Reihe toxischer Aktivitäten entfalten (Neuro-, Kardio-, Myotoxizität etc.), die nicht unbedingt mit der enzymatischen Aktivität in Verbindung stehen.

Was den Gift- oder Toxinbegriff angeht, so differenziert die englische Sprache übrigens genauer. Unter „toxins" werden auch hier reine, giftige Stoffe natürlichen Ursprungs verstanden. Synthetische Stoffe (z.B. giftige Chemikalien) sind „toxicants" (im Deutschen am ehesten noch als Gift bezeichnet). „Venoms" und „poisons" (beide werden mit Gift übersetzt) kennzeichnen zwei Giftgruppen: Venoms sind Gifte, die mit Hilfe eines Giftapparates (durch sog. aktiv giftige Tiere) appliziert werden, Produkte einer speziellen Drüse und meist von Proteinnatur sind. Poisons sind hingegen Gifte, die vielfach als Stoffwechselprodukte im Körper von Tieren und Pflanzen vorkommen [1]. So spricht man von bee venom und snake venom, aber von plant poisons und toad poisons. Doch nicht immer geht es in der wissenschaftlichen angloamerikanischen Literatur so korrekt zu. Häufig werden auch hier die Begriffe durcheinandergebracht.

Maßeinheit für die **Toxizität** ist die LD_{50}, die mittlere letale Dosis, bei der 50% der Versuchstiere überleben. Über den Sinn (und Unsinn) der LD_{50} ist in den letzten Jahren heftig gestritten worden [2, 3]. Fest steht, daß sie keinen unabänderlichen Wert darstellt. Ihre Bestimmung wird von einer Reihe von Faktoren beeinflußt. Die Art der Versuchstiere und die Methode der Gift- bzw. Toxinapplikation (intravenös, subkutan, intraperitoneal etc.) sind natürlich die wichtigsten Faktoren, doch gibt es zahlreiche weitere Einflüsse, die selbst bei einer chemisch genau definierten Substanz z.T. erhebliche Schwankungen im LD_{50}-Wert hervorrufen. Diese Tatsachen, aber auch Überlegungen zum Tierversuch ganz allgemein (für eine exakte Feststellung einer LD_{50} müssen oft Hunderte von Tieren eingesetzt werden) haben dazu geführt, daß die Bedeutung der LD_{50} stark gesunken ist [2, 3]. In einem Kompromiß kann man sich dahingehend einigen, einen LD_{50}-Wert nur annähernd zu bestimmen, wozu weit weniger Versuchstiere notwendig sind. Diese Verfahrensweise scheint sich zunehmend durchzusetzen. Man möge sich daher nicht wundern, daß in den folgenden Kapiteln LD_{50}-Werte nur in wenigen Fällen angegeben werden, und wenn, dann nur, um die Größenordnung der toxischen Aktivität zu zeigen (Tab. 1.1, [4]). Eindeutige Schlüsse für die Toxizität beim Menschen lassen LD_{50}-Werte, die an Mäusen gewonnen wurden, nur bedingt zu.

Im angloamerikanischen Sprachraum gibt es schon seit langem den Begriff „toxinology", der sich als **Toxinologie** im Deutschen noch nicht durchgesetzt hat. Dies ist die wissenschaftliche Disziplin, die sich mit Giften und Toxinen tierischen, pflanzlichen und mikrobiellen Ursprungs befaßt. Man könnte sie als Teilgebiet der Toxikologie sehen (was Toxinologen nicht gerne hören).

Andererseits bringt es alleine schon die Materie mit sich, daß sie mehr umfaßt als nur Chemie und Wirkungsweise eines Toxins. Dazu gehört ebenso die Biologie des Gift- bzw. Toxin-produzierenden Organismus, die Struktur und Funktion des Giftapparates wie auch die Frage nach dem Zweck der Giftanwendung, nach der Rolle eines Toxins im natürlichen Umfeld. Dies macht Toxinologie in den Augen mancher Vertreter der „reinen" Lehre von den Wirkstoffen (Pharmakologie/Toxikologie) zu etwas Exotischem. Die Entwicklung der letzten Jahrzehnte hat jedoch gezeigt, daß eine Reihe von Toxinen zu unentbehrlichen Werkzeugen des Neurophysiologen und -chemikers geworden sind. Es steht zu erwarten, daß man bei der Suche nach neuen Wirkstoffen, nicht nur zur Charakterisierung etwa von Ionenkanälen oder von Rezeptoren für Neurotransmitter, auf diesem Gebiet eher fündig wird, als dies umfangreiche Syntheseprogramme garantieren können.

Tab. 1.1: Toxizität (LD_{50}-Werte einiger wichtiger Toxine, intravenöse Injektion (Mäuse) [4].

Toxin	LD_{50} (µg/kg)	Molekülmasse
Bakterien-Toxin: Botulinum-Toxin (*Clostridium botulinum*)	0,00026	150 000
Palytoxin, Toxin der Krustenanemone (*Palythoa* spp.)	0,15	2 300
Froschtoxin: Batrachotoxin (*Phyllobates bicolor*)	2	538
Fischtoxin: Tetrodotoxin	9	319
Muscheltoxin: Saxitoxin	9	281
Skorpiontoxin (*Androctonus australis*)	17	6 800
Schlangengift-Toxine: Taipoxin (aus dem Gift des australischen Taipans, (*Oxyuranus scutellatus*)	2	42 000
Notexin (australische Tigerschlange, *Notechis scutatus*)	25	13 500
Kobra-Neurotoxin (*Naja siamensis*)	75	7 800
d-Tubocurarin	200	696
Natriumcyanid	10 000	65

Literatur

[1] Freyvogel, T.A. und Perret, B.A., Notes on toxinology. Experientia 29, 1317 (1973).
[2] Zbinden, G. und Flury-Roversi, M., significance of the LD_{50}-test for the toxicological evaluation of chemical substances. Arch. Toxicol. 47, 77 (1981).
[3] Zbinden, G., Acute toxicity testing, public responsibility and scientific challenges. Cell. Biol. Toxicol. 2, 325 (1985).
[4] Karlsson, E., Chemistry of some potent animal toxins. Experientia 29, 1319 (1973).
[5] Olivera, B.M., Rivier, J., Clark, C., Ramilo, C.A., Carpuz, G.P., Abogadie, F.C., Mena, E.M., Woodward, S.R., Hillyard, D.R. und Cruz, L.J., Diversity of *Conus* neuropeptides. Science 249, 257 (1990).

Die Rolle der Gifte im natürlichen Umfeld

Pflanzen müssen sich wirksam schützen, wollen sie dem Ansturm der Insekten widerstehen. Chemie spielt hierbei eine große Rolle. So findet man in Pflanzen eine Fülle von Naturstoffen, sog. **sekundäre Metabolite**, die dem Primär- oder Grundstoffwechsel entstammen. Vielen dieser Stoffe kommt eine Schutzfunktion zu: **Abwehr** von Freßfeinden, Parasiten, pathogenen Keimen oder Raumkonkurrenten. Sie sind somit „giftig" für andere Organismen. Dies führt nicht notwendigerweise zum Tod beispielsweise eines Insekts oder eines grasenden Säugetiers. Vielmehr sollen diese durch einen bitteren, ekligen, schlichtweg unangenehmen Geschmack vom weiteren Verzehr abgehalten werden und aus diesen Erfahrungen lernen [1, 2]. Aber auch Tiere haben aus Gründen der Abwehr darüber hinaus teilweise zum **Nahrungserwerb** hochwirksame Giftstoffe entwickelt.

Rüstungswettlauf mit Giften

Gifte zählen zur Gruppe der **Allomone.** Dies sind Stoffe, die ganz allgemein demjenigen, der sie produziert – Tier oder Pflanze – einen Vorteil verschaffen. Im Gegensatz zu den **Pheromonen,** die innerartliches Verhalten regeln, werden sie zwischenartlich, aber auch zwischen Pflanze und Tier eingesetzt. Unter ihnen dienen z.B. Repellentien wie Geschmacks- oder Geruchsstoffe sowie Fraßgifte der Abwehr und Verteidigung, ebenso wie Toxine, die auch für den Beuteerwerb von Bedeutung sind.

Die Bildung und Diversifizierung von pflanzlichen wie tierischen Abwehrstoffen zwingt Tiere, wie z.B. Insekten, dazu, Strategien zu entwickeln, mit diesen Stoffen schadlos umzugehen, wollen sie nicht verhungern. Eine bevorzugt rasche Ausscheidung der Giftstoffe, ihre Umwandlung in harmlose Metabolite (Entgiftung), ihre Speicherung (Kompartimentierung) in Körperregionen (Fettgewebe), wo sie vorerst keinen Schaden verursachen können, die Blockierung der Giftwirkung selbst (Schutz der Angriffspunkte) sind die wichtigsten Methoden, mit oftmals hochtoxischen Naturstoffen fertigzuwerden. Parallel zur Bildung von Giften bei Tieren und Pflanzen läuft oft genug eine **Anpassung,** ja Überwindung der toxischen Eigenschaften. Es findet ein kontinuierlicher „Rüstungswettlauf" statt, wobei der Entwicklung neuer Stoffe neue Abwehrstrategien entgegengesetzt werden. Dies bedeutet, daß es Organismen immer wieder gelingt, sich einem noch so giftigen Stoff anzupassen, ihn zu tolerieren, seine Giftigkeit zu überwinden. Tier wie Pflanze unterliegen einem fortwährenden Selektionsdruck. **Koevolution,** eine wechselseitige Anpassung an die jeweilig neuen Bedingungen, macht ein Überleben beider Partner möglich.

In allen Biotopen und Ökosystemen lassen sich Giftanwendung und Gegenmaßnahmen hierzu beobachten. Meist ist nur ein kleiner Ausschnitt aus der Fülle der Möglichkeiten bekannt. Denn auffällig wird dies oft nur dann, wenn es den Menschen selbst betrifft, wenn er in einen Lebensraum eindringt, in welchem er Giftpflanzen und Gifttieren begegnet, die er nicht kennt, deren Giftwirkung ihm unbekannt ist.

Von **Gifttieren** und der Wirkung ihrer Gifte handelt dieses Buch. Der Mensch steht notwendigerweise als Opfer, als Geschädigter im Mittelpunkt. Daß diese Gifte aber eigentlich eine ganz andere Funktion haben, als den Menschen abzuwehren, und sie darüber hinaus in der Natur viel häufiger vorkommen, als man annimmt, soll in diesem Kapitel ausschnittweise dargestellt werden. Auch hier wird der Einteilung dieses Buches in Meeres- und Landtiere gefolgt. Zwar gibt es in beiden Lebensräumen viele Gemeinsamkeiten, doch auch fundamentale Unterschiede: Der **Lebensraum Meer** wird durch Tiere geprägt, so in den Korallenriffen, die ihren Aufbau im wesentlichen Korallenpolypen verdanken, deren Existenz allerdings eng mit symbiotischen Algen verknüpft ist (Abb. 1.3). Die Lebensräume auf dem Land bestimmen Pflanzen, die den größten Artenreichtum in den äquatorialen Regenwäldern entfalten (Abb. 1.4).

Abb. 1.3: Korallenriffe bilden einen Lebensraum, in dem Tiere vorherrschen; so die Steinkorallen, die mit Hilfe symbiontischer Algen Kalk abscheiden und die Baumeister der Riffe sind (Fiji, Pazifik).

Hier wie dort müssen Tiere sich behaupten, Nahrung erwerben, sich und ihre Nachkommen und damit ihr Genom schützen. **Gifte** spielen hierbei eine wichtige Rolle. **Aktiv** werden sie mit komplizierten Giftapparaten, Stachel oder Beißwerkzeugen eingesetzt, um der Beute leichter habhaft zu werden, sie zu immobilisieren oder zu töten. Auch die Feindabwehr wird auf diese Weise betrieben. Beim **passiven Gifteinsatz** fehlen Werkzeuge zur gezielten Giftapplikation, ihm kommt ausschließlich eine Schutzfunktion zu. Hier unterscheiden sich Tiere und Pflanzen wenig: Freßfeinde, pathogene Keime, aber auch Platzkonkurrenten sollen abgewehrt werden.

Gifte im marinen Lebensraum

Leben im Meer, in seiner Vielfalt und Komplexität, zeigt sich am eindrucksvollsten in den **Korallenriffen** [3]. Auf engstem Raum leben hier Organismen unterschiedlichster Klassen und Ordnungen und müssen dem starken innerartlichen wie zwischenartlichen Konkurrenzdruck widerstehen, wollen sie überleben (Abb. 1.5). Gerade hier wird der Kampf um Raum, um Ansiedlungsfläche, die Abwehr von Freßfeinden, von Infektionen durch Pilze und Bakterien vielfach mittels giftiger Naturstoffe ausgetragen. Dies ist eine Art **„chemische Kriegsführung"**, bei der der Einsatz hochaktiver Wirkstoffe meist auch effektive Gegenmaßnahmen (Abwehrmechanismen) auslöst, eine Erscheinung, die keineswegs nur auf Meerestiere beschränkt ist und sich ebenso bei Landtieren beobachten läßt. Im marinen Lebensraum allerdings gibt es zahlreiche Beispiele, bei denen der Sinn und Zweck eines Giftes oder Toxins nicht immer erkennbar ist.

Nesselzellen und Giftpfeile

Die wohl raffiniertesten Giftwerkzeuge sind die **Nesselzellen** der Hohltiere (Quallen, Polypen, Seeanemonen [4]). Mit Hilfe von Nesselkapseln, dem Produkt dieser hochspezialisierten Zellen, wird Beute fixiert und durch Giftinjektion fast augenblicklich immobilisiert. Potentielle Freßfeinde meiden den Kontakt, der schmerzhaftes Nesseln zur Folge hat. Gleichzeitig aber demonstrieren einige Fische sehr eindrucksvoll, wie ein solches Waffenarsenal überlistet und ein neuer Lebensraum erschlossen werden kann. Die **Fisch-Seeanemonen-Symbiose** ist ein bekanntes Phänomen und in vielen Meeresaquarien ein beliebtes Ausstellungsobjekt (Abb. 1.6). Fische der Gattung *Amphiprion*, wegen ihrer auffälligen Zeichnung auch Clownsfische genannt, leben in engem Kontakt mit Seeanemonen, zu deren Tentakeln andere Fische respektvollen Abstand halten. Die Anemonenfische ziehen sich jedoch bei Störung und

▶

Abb. 1.5: Raum ist im Korallenriff knapp. Der Bildausschnitt umfaßt ein Areal von nur 13 x 18 cm und zeigt den Ast einer abgestorbenen Hornkoralle, der dicht mit Tieren besiedelt ist: kugelförmig aufgetriebene Seescheiden, zwischen denen bäumchenartig Hydroidkolonien herausragen, während die restlichen freien Plätze von polsterartig wachsenden Schwämmen besetzt sind (Madang, Papua-Neuguinea).

Abb. 1.4: Lebensräume auf dem Land werden überwiegend von Pflanzen dominiert, die ihre größte Artenfülle in den tropischen Regenwäldern, wie hier in den Küstenkordilleren Venezuelas, entfalten.

Abb. 1.6: Anemonenfische (A), *Amphiprion perideraion,* suchen in der Seeanemone *Heteractis magnifica* (Madang, Neuguinea) ebenso wie die Anemonengarnele (B), *Periclimenes pedersoni,* in der Seeanemone *Condylactis gigantea* (Jamaica, Karibik) Schutz vor Feinden.

Gefahr zwischen die Tentakeln zurück, schmiegen sich eng an sie und verschwinden förmlich im Tentakelkranz der Seeanemone; all dies ohne Folgen, d.h., ohne genesselt zu werden. Vor dem Entladen der Nesselkapseln schützt die Fische wahrscheinlich eine dünne **Schleimschicht**, die das Epithel ihrer Schuppen bedeckt. Fehlt diese Schicht, wird der Fisch sofort genesselt, was für ihn meist tödlich endet, denn er ist gegenüber den Toxinen der Seeanemone nicht immun [5–8]. Welche Stoffe in der Schleimschicht die Nesselzellen am Entladen ihrer Kapseln hindern, ist unbekannt. Es müssen eigentlich die gleichen oder ähnliche sein, die auch die Seeanemone besitzt und die sie davor schützt, sich selbst zu nesseln, wenn ihre Tentakeln aneinander reiben. Der Fisch legt sich somit eine Schutzschicht zu, die er wohl während einer Gewöhnungsphase erwirbt. In der Karibik, aber auch im Atlantik und im Mittelmeer, in der es diese Fisch-Seeanemonen-Symbiose nicht gibt, sind es **Krebse,** die sich auf ähnliche Weise einen derart geschützten Lebensraum erschlossen haben (Abb. 1.6). Auch sie haben sich „chemisch maskiert". Sie werden aber sofort von der Seeanemone genesselt und verzehrt, wenn sie, ohne sich vorsichtig den Schutzfilm der Seeanemone zugelegt zu haben, in deren Tentakelkranz eingesetzt werden [9].

Ähnlich kompliziert wie die Nesselkapseln ist der Giftapparat der **Kegelschnecken** aufgebaut, der aus der Raspelzunge (Radula) entwickelt wurde und über den im entsprechenden Kapitel berichtet wird. Mit den pfeilähnlichen Zähnchen werden toxische Peptide in die Beute injiziert, die sie sekundenschnell paralysieren. Erstaunlich ist dabei die Vielzahl der verschiedenen **Peptid-Toxine** in einem Gift. Bei manchen Arten können es mehr als 200 sein. Kein Gift gleicht in seiner Zusammensetzung dem anderen. Jede Analyse bringt neue Peptide mit oft bizarrer Wirkungsweise zutage. Wird z.B. einer kleinen Krabbe das „King-Kong-Peptid" injiziert, so veranlaßt es diese, furchtlos aus ihrer Ecke herauszukommen und sich ihren größeren Artgenossen als überlegene Rivalin zu präsentieren. Obwohl die einzelnen Gifte eine hohe Spezifität für einen bestimmten Beutetyp aufweisen (das Gift von fischejagenden Schnecken wirkt z.B. besonders gut bei Wirbeltieren, weniger gut bei Würmern oder Mollusken und umgekehrt), ist die Frage nach dem Grund einer solch hohen **Variabilität** in der Giftzusammensetzung berechtigt. Stellt sich die Schnecke etwa schon vorsorglich auf andere Beutetiere ein, für die sie nur einige spezielle Toxine braucht? Wäre es nicht energiesparender und ökonomischer, nur zwei oder drei hochtoxische Peptide zu produzieren, mit denen man alle Beutetiere töten kann? Vielleicht werden die durch Mutationen entstandenen Gene, die sich in der Synthese so vieler verschiedener Toxine widerspiegeln, deshalb nicht wieder eliminiert, weil stets toxische Aktivität ausreichend vorhanden ist. So kann die Schnecke auch weniger aktive Peptide verkraften, ohne einen Nachteil zu erleiden [10].

Gifte zur Abschreckung und Antibiose

Handelt es sich bei Nesseltieren und Kegelschnecken um eine offensive Giftanwendung, die vorwiegend dem Nahrungserwerb dient, so ist die Giftanwendung der **Rochen** und **Knochenfische** mittels Stacheln, die in Verbindung mit Giftdrüsen stehen oder aus Hautdrüsenepithel Toxine freisetzen, ausschließlich defensiver Natur. Der Angreifer wird verletzt und durch den starken **Schmerz,** den das Gift bewirkt, abgeschreckt. Es ist jedoch erstaunlich, daß diese Methode der Feindabwehr bei den Fischen nur vergleichsweise selten angewandt wird. Sicher ist es kein Zufall, daß gerade die Fische, die nicht als flinke Schwimmer auffallen, über diese Waffen verfügen: Rotfeuerfische (*Pterois* spp.), Skorpionsfische (*Scorpaena* spp.) oder der Steinfisch *(Synanceja* spp.), der sich kaum noch schwimmend fortbewegt, sondern eher über den Grund hüpft. Gemessen an der Artenfülle der Fische ist die Zahl ihrer giftigen Vertreter sehr gering [11]. Offenbar vertraut man in dieser Tiergruppe mehr auf eine schnelle Flucht oder das Schwimmen im Schwarm, was einen Feind irritiert und dem einzelnen größere Überlebenschancen garantiert (Abb. 1.7).

Tiere wie **Schwämme** und **Korallen,** die ortsgebunden sind und sich nicht durch Flucht retten können, verfügen über ein reiches Arsenal an toxischen Stoffen, mit denen sie sich gegen Freßfeinde wehren, sich vor dem Überwachsen oder Besiedeln durch andere Organismen und vor Infektionen durch pathogene Pilze und Bakterien schützen. Bei Extrakten aus Schwämmen läßt sich häufig feststellen, daß sie auf Fische abschreckend wirken [12]. Nur relativ wenige Fische haben sich auf den Verzehr von Schwämmen spezialisiert wie einige Engelsfische *(Holacanthus* spp.) und Imperatorkaiserfische *(Pomacanthus* spp.) [13], wobei unbekannt ist, wie sie mit den toxischen Inhaltsstoffen fertigwerden. Erstaunlicherweise ernährt sich die Karettschildkröte *(Eretmochelys imbricata)* fast ausschließlich von Schwämmen [14]. Vielleicht ist dies auch ein Grund dafür, daß Schildkrötenfleisch mitunter toxisch ist. Auch **Weich-** (Alcyonaria) und **Hornkorallen** (Gorgonaria) schützen sich mit toxischen Sekundärmetaboliten, die z.T. in hoher Konzentration in ihrem Gewebe enthalten sind und die auf Fische fraßhemmend wirken (Abb. 1.8): mit Terpenen (Sesquiterpene und Diterpene, [15]) oder Prostaglandin A_2 wie die Gorgonien-Arten *Plexaura* spp. [16]. Junge Riffbarsche *(Abudefduf leucogaster)* scheinen jedoch die für sie eigentlich giftige Umgebung zu ihrem Schutz zu nutzen. Sie halten sich bevorzugt zwischen Weichkorallen *(Litophyton viridis)* auf und haben gegen deren toxische Terpene eine hohe Toleranz entwickelt [17]. Andererseits sind Terpene Schutzstoffe, die die Weichkorallen vor der Überwachsung durch **Raumkonkurrenten** bewahren und ihre erfolgreiche Ausbreitung

Abb. 1.7: Schwimmen im Schwarm verwirrt den Räuber wie hier einen Juwelenzackenbarsch *(Cephalophis miniata)*, der kaum einen einzelnen Fisch fixieren und erbeuten kann (Aqaba, Rotes Meer).

Grundlagen und Hinweise | 7

Abb. 1.8: Weichkorallen (*Sarcophyton* spp.; Fiji, Pazifik), mit ihrem weichen Körper eigentlich eine leichte Beute, werden jedoch wegen ihrer giftigen Inhaltsstoffe gemieden.

erst ermöglichen. Diese Stoffe werden offenbar kontinuierlich ausgeschieden und hemmen z.B. das Wachstum benachbarter Steinkorallen. Unter Umständen führen sie sogar zu deren Absterben [18]. **Wachstumshemmung** und **Antibiose** sind somit wichtige Eigenschaften derartiger Naturstoffe, wie sie in den meisten festsitzenden und damit ortsgebundenen Organismen wie Schwämmen (Abb. 1.9), Weich- und Hornkorallen sowie Seescheiden (Ascidien) vorliegen. Um ihre Oberfläche sauber und frei von **mikrobieller Besiedlung** zu halten, was nicht nur Bakterien und Pilze, sondern auch Algen, Protozoen und Larven zahlreicher Invertebraten einschließt, werden zahlreiche Stoffe ausgeschieden, die antibiotisch wirken. Auch **Seewalzen** (Holothurien; Abb. 1.10) und **Seesterne** bedienen sich dieser Methode. Ihre Haut enthält Terpenglykoside, die außerdem noch Freßfeinde abschrecken.

Die Synthese von derart komplexen Naturstoffen ist mit hohem Energieaufwand verbunden, wobei z.B. bei den **Schwämmen** keineswegs klar ist, wer letztlich diese Metaboliten produziert. Denn in ihrem Gewebe, vor allem in ihrem interzellulären Gerüst (Mesohyl) enthalten sie **Bakterien** und **Blaualgen** (Cyanobakterien), die oft mehr als 50% des Gesamtvolumens ausfüllen. Diese sind als sehr aktive Produzenten von Sekundärmetaboliten bekannt, so daß man auch an eine Symbiose zwischen Schwamm und Mikroben denken kann. An einem Schwamm (*Theonella swinhoei*), bei dem Bakterien, Blaualgen und Schwammzellen separiert wurden, gelang der Nachweis, daß seine Hauptmetaboliten, das Macrolid Swinholid und ein zyklisches Peptid, in der Tat bakteriellen Ursprungs sind. Weder in der Blaualgen-Fraktion, noch in den Zellen des Schwamms selbst waren diese Stoffe vorhanden [19].

Giftübernahme bei Nacktschnecken

Der Trick, sich Gifte anderer zum eigenen Schutz anzueignen, wird im Tierreich häufig angewandt. Im marinen Lebensraum liefern die **Nacktkiemer-Schnecken** (Nudibranchia) hierfür eindrucksvolle Beispiele (Abb. 1.11). Sie haben auf ein schützendes Gehäuse oder eine Schale ganz verzichtet. Während einige ein eher verborgenes Leben in Spalten und Höhlen führen oder sich hervorragend zu tarnen vermögen, indem sie z.B. Korallenpolypen nachahmen, zeigen andere eine äußerst farbenprächtige Körperzeichnung und leben exponiert im Korallenriff. Offenbar signalisiert ihr Farbmuster Gefahr bzw. Giftigkeit, denn diese Schnecken ernähren sich vorwiegend von Schwämmen, aber auch von Moostierchen (Bryozoen) und Hohltieren (Coelenteraten). Mit ihrer **Nahrung** nehmen sie **Giftstoffe** auf, die sie in ihrem Körper anreichern, mit Schleim ausscheiden oder in ihren Anhangsorganen speichern. Häufig kann man aus den in der Schnecke nachgewiesenen Inhaltsstoffen auf den Schwamm schließen, von dem sie sich ernährt. Man kann sogar eine gewisse Bevorzugung, eine Auswahl von besonders aktiven Giftstoffen bei manchen Schnecken feststellen. Darüber hinaus scheinen einige Schnecken selbst Abwehrstoffe zu synthetisieren [20]. Andere Arten wie *Glaucus* spp. und *Glaucilla* spp., die Polypen und Quallen wie die Portugiesische Galeere (*Physalia physalis*) abweiden, nehmen **Nesselkapseln** auf, ohne daß diese sich entladen, und lagern sie in Hautanhängen ab [21]. Ein Fisch, der dort hineinbeißt, bewirkt deren Entladung und wird schmerzhaft genesselt.

Der Verzicht auf eine schützende Schale, deren Herstellung mit viel Energieaufwand verbunden ist, verlangt also nach einer anderen Strategie: der **Aufnahme** und **Speicherung** von **Giftstoffen** aus der Nahrung. Diese „billigere" Lösung setzt jedoch voraus, daß die Schnecke sich selbst gegenüber diesen z.T. äußerst giftigen Stoffen zu schützen vermag bzw. diese tolerieren kann. Wie sie dies bewerkstelligt, ist unbekannt. Außerdem bringt sie sich damit auch in eine gewisse Abhängigkeit von einer bestimmten Nahrungsquelle, die giftig sein muß, soll sie einen Schutz bewirken.

Waren dies Beispiele, bei denen man eine zielgerichtete Verwendung von Toxinen noch feststellen oder zumindest vermu-

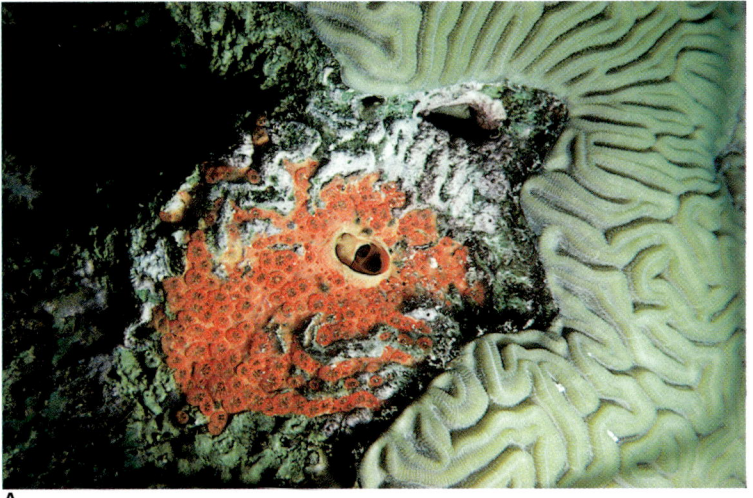

Abb. 1.9: Durch Ausscheiden wachstumshemmender Stoffe hat sich der Bohrschwamm, *Cliona delitrix*, (Bonaire, Karibik), eine Nische geschaffen und sich tief in den Korallenblock eingebohrt (A). Antibiotisch und fraßhemmend wirkende Stoffe schützen Schwämme vor Pilzen, Bakterien und potentiellen Freßfeinden (Fischen) wie den Röhrenschwamm (B), *Aplysina fistularis* (Jamaica, Karibik).

Abb. 1.10: Die makellose Oberfläche der Seewalze (*Bohadschia argus*; Palau, Pazifik) wird durch Terpenglykoside sauber gehalten, die die Ansiedlung von Algen und anderen Organismen verhindern.

Abb. 1.11: Die Nacktschnecke, *Chromodoris quadricolor*, weidet bevorzugt den Prachtgeweihschwamm, *Latrunculia magnifica*, ab, dessen Inhaltsstoffe sie in ihrem Körper speichert (Aqaba, Rotes Meer).

ten kann, so gibt es Beobachtungen, wo Toxine anscheinend ohne einen „Sinn" produziert und in das Ökosystem abgegeben werden. Hier ist vielleicht die Evolution über sie hinweggegangen, ihr Nutzeffekt ist obsolet geworden. Möglicherweise aber hat man bisher nur nicht genug beobachtet oder geforscht, um letztlich doch eine „sinnvolle" Anwendung zu erkennen.

Tetrodotoxin, ein universeller Giftstoff

Kugelfische (Familie: Tetraodontidae), bei denen man das Tetrodotoxin, einen der aktivsten Giftstoffe in der Natur, zuerst entdeckte, scheinen dieses Toxin zu ihrem Schutz zu nutzen. Bei Gefahr scheiden sie es über die Haut aus. Inzwischen ist sicher, daß der Fisch das Tetrodotoxin nicht selbst synthetisiert, sondern daß **Bakterien** die eigentlichen **Toxinproduzenten** sind (Abb. 1.12). Alle anderen **marinen Tiere,** die ebenfalls Tetrodotoxin enthalten und deren Liste immer länger wird, scheinen es ebenfalls über Bakterien oder über ihre tetrodotoxinhaltige Nahrung zu beziehen: Fische wie Krabben, Schnecken, Seesterne (möglicherweise über die Schnecken), Platt- und Pfeilwürmer ebenso sowie ein Oktopus (s. Kapitel: **Fischvergiftung**).

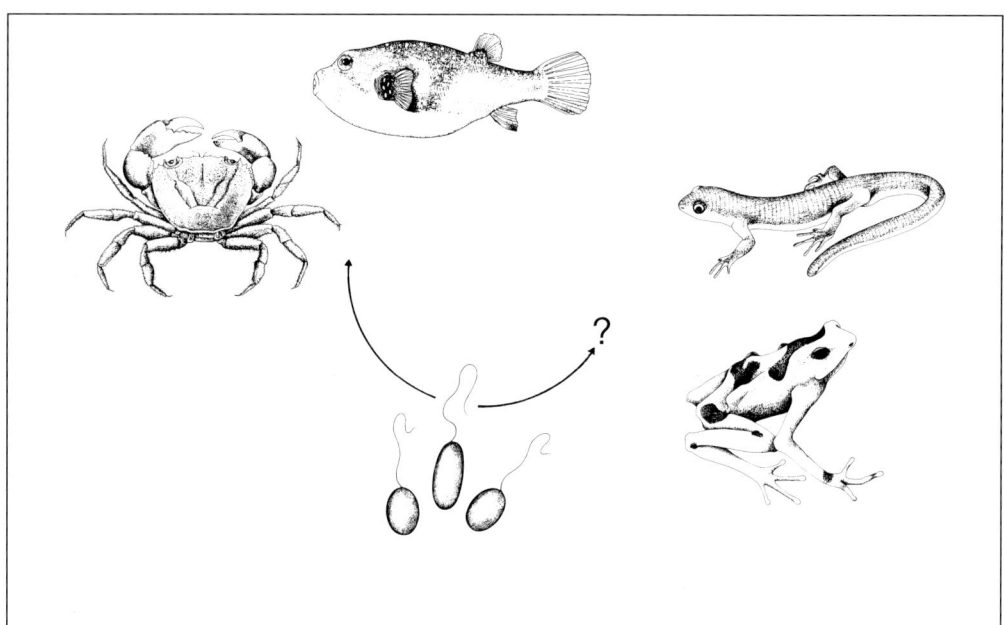

Abb. 1.12: Tetrodotoxin in Kugelfisch und Krabbe scheint bakteriellen Ursprungs zu sein, was für Landwirbeltiere wie Kröte und Molch nicht gesichert ist.

daß die Algen sich auf diese Weise vor ihren wichtigsten Freßfeinden aus dem Zooplankton, den Kleinkrebsen, schützen und somit ihre ungehemmte Ausbreitung ermöglichen, sind nicht sicher belegt.

Funktionsverlust eines Toxins?

Palytoxin ist eines der giftigsten marinen Toxine. Es wird in Krustenanemonen der Gattung *Palythoa* und *Zoanthus* gebildet. Auch hier gibt es eine Bakterien-Theorie, die allerdings nie eindeutig belegt werden konnte [22]. Die Annahme ist zwar naheliegend, daß Palytoxin die Krustenanemonen vor Freßfeinden schützt, schaut man sich jedoch in ihrem Lebensraum um, so kommt man zu einem ganz anderen Ergebnis: **Borstenwürmer** *(Hermodice carunculata)* fressen die Polypen ab, **Krabben** nagen Löcher in die Kolonien und siedeln sich darin an, **Fische** verzehren begierig die giftigen Eier und die Mesenterien der Krustenanemonen, wenn diese durch Verletzung zugänglich werden (Abb. 1.13). Dies alles geschieht offenbar ohne negative Folgen für die Freßfeinde. Palytoxin wird sogar im Gewebe dieser Tiere gespeichert und findet sich noch in seiner aktiven Form in den Organen der Fische wieder [23]. **Toxin-Resistenz** ist in diesem Fall besonders ausdrucksvoll ausgeprägt. Welche Schutzmechanismen diesem Phänomen zugrunde liegen, ist weitgehend unerforscht. Warum ein solch komplexes Toxin, dessen Synthese einen hohen Energieaufwand bedingt und eine Kaskade von synthetisierenden Enzymen voraussetzt, überhaupt gebildet wird, ist unbekannt.

Vielleicht zählt Palytoxin aber auch zu den Toxinen, die im marinen Bereich schon sehr lange vorkommen und deren Wirkung hier inzwischen limitiert bzw. sogar aufgehoben ist, da andere Tiere sich anpassen und eine **Resistenz** entwickeln konnten. Erst wenn sie, wie die Muscheltoxine, die Wirkstoffe des Ciguatera-Komplexes oder Palytoxin, auf landlebende Wirbeltiere (Mensch) oder auf Säugetiere treffen, die wie die Wale, Del-

Allerdings findet man Tetrodotoxin bei diesen Tieren in oft sehr unterschiedlichen Konzentrationen. Neben hochgiftigen Tieren gibt es bei der gleichen Art auch solche, die praktisch ungiftig sind. Hier ist nicht immer klar, ob sie das Toxin nutzbringend verwenden und sich damit schützen, oder ob sie es eher zufällig enthalten, d.h. es gelegentlich mit ihrer Nahrung aufnehmen. Vollends mysteriös ist jedoch das Vorkommen von Tetrodotoxin (gleiche Struktur, gleiche Wirkung) bei **Landtieren**: in kalifornischen Molchen (*Taricha*-Arten) und in Kröten Zentral- und Südamerikas (*Atelopus*-Arten). Ob auch hier Bakterien für die Toxinproduktion verantwortlich sind, ist unklar. Zumindest der Molch kann Tetrodotoxin selbst nicht synthetisieren. Das Vorkommen von Toxinen bei Fröschen und Kröten wird später noch einmal aufgegriffen.

Algentoxine

Die zahlreichen von Algen produzierten Toxine sind in der Tat „Umweltgifte", allerdings natürlichen Ursprungs. Bei einer Massenvermehrung dieser Organismen fallen diese Stoffe in z.B. hoher Konzentration an und finden Eingang in die Nahrungskette: Planktonfiltrierer wie Muscheln werden dadurch giftig, daß sie die Algen aufnehmen, verdauen und deren Toxine in ihrem Körper anreichern (s. Kapitel **Muschelvergiftung**); Fische, indem sie mit ihrer Pflanzennahrung die auf ihnen lagernden Dinoflagellaten aufnehmen und ebenfalls deren Toxin speichern (s. Kapitel **Ciguatera**). Über die Nahrungskette – pflanzenfressende, dann räuberisch sich ernährende Fische – werden die Toxine sogar noch weiter angereichert. In diesen Fällen erfolgt die Toxinaufnahme jedoch eher zufällig. Die Muscheln und Fische scheinen davon nicht beeinträchtigt zu werden. Andererseits führen **Algentoxine** auch häufig zu einem massiven **Fischsterben** (sie sind sogar in verendeten Delphinen und Seekühen zu finden), einer Katastrophe, wie sie durchaus nicht selten im marinen Bereich vorkommt. Es gibt Hinweise dafür, daß diese Toxine, zumindest einige von ihnen, nicht von den Algen selbst, sondern von endosymbiontischen Bakterien gebildet werden. Die Faktoren, die die **Toxinsynthese** steuern, sind jedoch noch unbekannt. Vermutungen,

Abb. 1.13: Die Krustenanemone, *Palythoa caribaeorum*, wird trotz ihres sehr starken Toxins (Palytoxin) vom Feuerwurm (A), *Hermodice carunculata*, und von Schmetterlingsfischen (B), *(Chaeton capistratus)*, abgeweidet (Kolumbien, Karibik).

phine oder Seekühe wieder in das Meer zurückgekehrt sind, können sie ihre hohe Toxizität entfalten. Denn diese Tiere begegneten diesen Toxinen in der Evolution wohl erst sehr spät, selten oder gar nicht und konnten somit keine Gifttoleranz entwickeln.

Gifte in terrestrischen Lebensräumen

Auch bei Landtieren bietet sich eine Unterscheidung in aktiv giftige und passiv giftige Tiere an. Letztere synthetisieren entweder Gifte oder Toxine selbst, scheiden sie beispielsweise über die Haut aus oder speichern sie in ihrem Körper. Aber auch die Aufnahme von toxischen Substanzen aus der Nahrung und deren Speicherung ist durchaus gängige Praxis.

Zur **aktiven Giftanwendung** durch Stechen (Skorpione, Insekten) oder Beißen (Spinnen, Schlangen) sind z.T. sehr komplizierte Werkzeuge entwickelt worden: bei den Bienen und Wespen z.B. durch Umbildung des ursprünglichen Legeapparates in einen Stachel, bei den Skorpionen durch Umformung des Körperendes ebenfalls zu einem Stachel, bei den Spinnen durch Spezialisierung des Kauapparates zu einer einer Injektionsnadel ähnlichen Werkzeug. Bei den Schlangen ist eine Entwicklung zu beobachten, daß Oberkieferzähne zum Zweck der Giftinjektion modifiziert werden (Abb. 1.14). Da diese Tiere dem Menschen gefährlich werden können, indem sie mit ihren Giften tödlich verlaufende Vergiftungen hervorrufen können, sind sie und ihre Gifte bevorzugt erforscht worden.

Wehrsekrete der Arthropoden

Zahlreiche Giftproduzenten und -anwender sind meist nur dem Spezialisten bekannt. So finden sich bei dem größten Tierstamm, den **Arthropoden** (Gliederfüßler) und hier vor allem bei den **Insekten,** viele Vertreter, die mitunter äußerst raffinierte Methoden zur chemischen Abwehr entwickelt haben. Der Mensch macht mit ihnen nur selten unangenehme Bekanntschaft. Etwa wenn man eine Blattwanze (Hemiptera) in die Hand nimmt und anschließend das durchdringend und langanhaltend riechende Abwehrsekret (eine Mischung unterschiedlichster organischer Verbindungen) auch durch intensives Waschen nicht los wird. Die vielfältigen Abwehrstrategien der Arthropoden sind jedoch meist nur gegen ihre unmittelbaren Feinde gerichtet. **Wehrsekrete** werden in speziellen Drüsen gebildet und ausgeschieden. Die hierzu verwendeten Stoffe stellen faszinierende Beispiele der Naturstoffchemie dar, wobei Substanzen aus fast allen Stoffklassen verwendet werden: Kohlenwasserstoffe, Alkohole, Aldehyde, Ketone, Carbonsäuren, Chinone und Hydrochinone, Ester, Lactone, Phenole, Steroide und Alkaloide, aber auch Peptide und Proteine [24–26].

Stechen, Sprühen, Bluten

Die aktive Anwendung dieser Stoffe ist sicher am effektivsten, wenn dies mit einem **Stachel** geschieht, wobei in der Regel eine äußerst geringe Giftmenge ausreicht, um die Abwehr eines Feindes (einschließlich Mensch) durch sofort einsetzenden starken Schmerz zu erzielen – eine Methode, die bei staatenbildenden Insekten wie Bienen oder Wespen angewandt wird. Aber auch bei anderen Hautflüglern (Hymenopteren), wie den **Schlupfwespen**, ist das Gift genau ihren Bedürfnissen angepaßt: Es lähmt die Beute, ohne daß diese stirbt und in Verwesung übergeht. Sie wird als „lebende Konserve" genutzt, auf der oder in die die Eier abgelegt werden. Sie bildet die Nahrungsgrundlage für die ausschlüpfenden Larven. Die hier eingesetzten Gifte sind von hoher Spezifität und Wirkung; es handelt sich z.T. um komplexe Polyamin-Verbindungen, wie sie interessanterweise auch Spinnen verwenden.

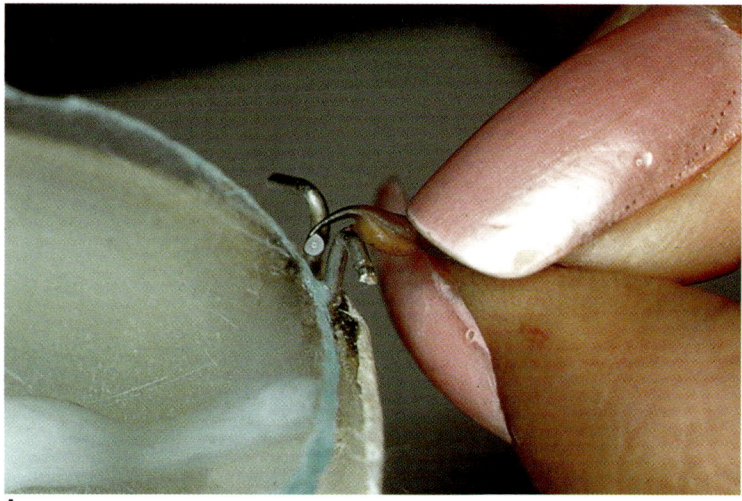

Abb. 1.14: Dieser winzige Gifttropfen am Giftstachel (A) eines brasilianischen Skorpions *(Tityus serrulatus)* oder am Giftzahn einer Grubenotter (B) kann beim Menschen tödlich wirken.

Abb. 1.15: Diplopoden (Doppelfüßler) verfügen über äußerst effektive Wehrsekrete. Vertreter aus der Familie der Polydesmiden (Bundfüßler) rollen sich bei Gefahr ein und sondern Blausäure ab, die aus Mandelsäurenitril enzymatisch freigesetzt wird, das in Wehrdrüsen gespeichert wird (A). Tausendfüßler (B) (Myriapoda) sondern einen braunen, klebrigen Saft ab, der Chinone enthält (Papua-Neuguinea).

Diese Stoffe sind gegen Rezeptoren der Gamma-Aminobuttersäure (GABA) und Glutaminsäure, die wichtigsten Überträgerstoffe im Nervensystem der Insekten, gerichtet und blockieren auf diese Weise die nervöse Reizleitung und Erregungsübertragung. Oft wird das Gift bei der Beute gezielt in deren Nervensystem (Bauchganglien) oder zumindest in deren Nähe injiziert [27]. Andere Schlupfwespen, die ihre Eier in die Beute ablegen, injizieren zuvor ihr Gift auch in **Viren.** Diese sog. Poly-DNA-Viren scheinen mit einzelnen Giftkomponenten gemeinsam den Stoffwechsel und den Hormonhaushalt der parasitierten Beute (vielfach Raupen) zu beeinflussen [28]. Das Opfer wird nicht paralysiert, doch wird seine Entwicklung verzögert oder ganz gestoppt. Seine Abwehrmechanismen sind gegenüber den sich entwickelnden Schlupfwespenlarven blockiert; ein äußerst bemerkenswertes Vorgehen.

Sind die **Brennhaare der Raupen**, die bei Berührung abbrechen und ihre giftigen Inhaltsstoffe ausfließen lassen, noch im weiteren Sinne als Werkzeuge zu betrachten, mit denen sie sich gegen Angreifer wehren, so scheiden andere Insekten giftige Sekrete durch Drüsen aus [26]. Sie sprühen scharfe Säuren wie die Ameisen (bis zu 70%ige Ameisensäure) oder „verschießen" Chinone, die unter Gasbildung mit Wasserstoffperoxid aus Hydrochinon gebildet wurden, wie der Bombardierkäfer (*Brachynus crepitans* [29]). Bei manchen Insekten kommt es zum sog. **Reflexbluten**, wenn sie attackiert werden. Sekrete mit Hämolymphe, der Blutflüssigkeit der Insekten, treten aus Beingelenken oder den Intersegmentalmembranen aus. Grashüpfer und Heuschrecken speien bei Gefahr Verdauungssäfte aus, die mit Inhaltsstoffen ihrer Futterpflanzen angereichert sind (Abb. 1.16). Manche tropischen Nachtfalter vermischen ihre Abwehrsekrete mit Hämolymphe und Luft und bilden einen kleinen Schaumberg.

Abb. 1.16: Heuschrecken und Grashüpfer speien bei Gefahr Verdauungssäfte aus.

Giftübernahme aus Pflanzen

Die Aufnahme von Giftstoffen mit dem Futter und deren Speicherung im Körper ist eine weitere Strategie, Freßfeinde abzuwehren [30–32]. Die beiden folgenden Beispiele sollen dies illustrieren.

Blattläuse der Art *Aphis jacobaeae* sind oft in dichten Kolonien auf dem **Jakobs-Kreuzkraut** (*Senecio jacobaea*) zu finden (Abb. 1.17). Obwohl die Pflanze in sehr hoher Konzentration Pyrrolizidin-Alkaloide (Senecionin und seine Derivate) enthält, die die meisten Insekten abschrecken, saugen die Blattläuse die Säfte des Kreuzkrautes und nehmen bei dieser Gelegenheit die Alkaloide auf, die sie in ihrem Körper speichern. Damit sind sie selbst giftig geworden und schrecken mit den Alkaloiden nunmehr ihre Freßfeinde ab. Dies hält jedoch **Marienkäfer** (*Coccinella septemguttata*), notorische Blattlausvertilger, nicht davon ab, sich trotzdem über die Blattläuse herzumachen. Hierbei nehmen sie ohne sichtbaren Schaden auch die Pyrrolizidin-Alkaloide auf. Sie bereichern damit ihr eigenes Giftpotential, denn Marienkäfer produzieren selbst Alkaloide (Coccinelline), die für andere Insekten, aber auch für Wirbeltiere giftig sind bzw. geschmacklich abschreckend wirken. Die Fremd-Alkaloide machen bis zu 50% des Alkaloidgehaltes der Käfer aus [33]. Aber auch **Ameisen**, die die Blattläuse „melken" und Honigtau entnehmen, sie sogar vor Feinden schützen, erhalten auf diese Weise beachtliche Alkaloid-Konzentrationen, die sie offenbar zu tolerieren vermögen [34]. Dies ist ein interessanter Fall von interspezifischer Giftanreicherung über die Nahrungskette.

Die Raupen der **Monarchfalter** (*Danaus plexippus*) ernähren sich fast ausschließlich von Seidenpflanzengewächsen (Asclepiadaceae), die in ihrem weißen Saft hohe Konzentrationen von **Herzglykosiden** wie das Calotropin enthalten (Abb. 1.18). Sie vermögen diese Pflanzenstoffe ohne Schaden zu tolerieren, speichern sie in ihrem Körper und geben sie an die Puppe und schließlich an den Falter weiter, der auf diese Weise für seine Freßfeinde ungenießbar wird. Vögel lernen sehr schnell, diese Schmetterlinge zu meiden, denn das Verschlingen eines Falters ruft bei ihnen umgehend Erbrechen hervor. Einen zweiten nehmen sie nicht mehr an [35].

Die Toxizität der Herzglykoside beruht auf ihrer Hemmung der Na^+, K^+-**ATPase**, einem Enzym, das als sog. Natriumpumpe das Ionengleichgewicht der Zelle aufrechterhält. Beim Monarchfalter ist dieses Enzym den Glykosiden gegenüber in hohem Maße resistent. Dies beruht auf dem Austausch nur einer Aminosäure (Histidin gegen Asparagin) in der α-Untereinheit des Enzyms, woraufhin Herzglykoside nicht mehr gebunden werden [36]. Aber auch andere Insekten nutzen diese Abwehrstrategie und sind regelmäßig an diesen Pflanzen anzutreffen: Blattwanzen, Käfer, Heuschrecken und Blattläuse.

Am Rande sei noch erwähnt, daß unter dem Schutzmantel der Giftigkeit auch andere Schmetterlinge schlüpfen, ohne aber selbst giftig zu sein. Der **Vizekönigsfalter** (*Limenitis archippus*), der dem Monarchfalter sehr ähnlich sieht und im gleichen Gebiet wie er vorkommt, wird ebenfalls gemieden. Außerdem enthalten nicht alle Monarchfalter hohe Glykosid-Konzentrationen. Man hat errechnet, daß nur 50% einer Falterpopulation giftig sein müssen, um einen Schutz auch für alle anderen (ungiftigen) Individuen zu bewirken. Dies wird als **Automimikry** bezeichnet [37].

Amphibiengifte

Kröten und **Salamander** produzieren ihre Gifte selbst. Bei Molchen der Gattung *Taricha* und Stummelfußkröten (*Atelopus*-Arten) ist dies jedoch nicht so sicher. Sie enthalten das hochgiftige Tetrodotoxin in ihrer Haut, wohl auch im ganzen Körper und, zumindest die Molche, in ihren Eiern. Auch bei den **Pfeilgiftfröschen** (Dendrobatidae) ist es unklar, woher sie die z.T. hohen Konzentrationen giftiger Alkaloide beziehen (Abb. 1.19). Nach neueren Vorstellungen sollen sie mit ihrer Nahrung (Insekten) Substanzen

Abb. 1.17: Die giftigen Inhaltsstoffe des Kreuzkrautes (Pyrrolizidin-Alkaloide: Senecionin, Senecivernin, Integerrimin, Retrorsin), durch Gaschromatographie aufgetrennt, werden von Blattläusen übernommen, die an der Pflanze saugen, und finden sich auch im Marienkäfer wieder, der die Blattläuse verzehrt, selbst aber auch giftige Alkaloide produziert: Coccinellin [29].

aufnehmen, die als Synthesevorstufen ihrer Toxine dienen könnten [38]. Ob sie dann tatsächlich die weitere Synthese selbst durchführen, oder ob dies mit Hilfe von Bakterien geschieht, ist unbekannt.

Völlig mysteriös ist schließlich, daß eines dieser Froschtoxine, das **Homobatrachotoxin,** auch bei einigen **Vögeln,** den Pitohuis in Papua-Neuguinea, vorkommt [39]. In all diesen Fällen hat man es mit dem Phänomen zu tun, daß komplexe, chemisch identische Toxine in unterschiedlichen Tierarten vorkommen: Tetrodotoxin in marinen Tieren wie in Molchen und Kröten, Batrachotoxin gleichzeitig in einigen Fröschen und Vögeln.

Hier wird nicht ein Naturstoff verschleppt, etwa über die Nahrungskette in Tieren angereichert wie das Ciguatoxin im marinen Bereich, das ursprünglich Algen entstammt und sich in Fischen wiederfindet. Möglicherweise gehen die einzelnen Toxine, **Tetrodotoxin** oder **Batrachotoxin,** tatsächlich auf jeweils nur einen Produzenten zurück, vielleicht ein Bakterium, das im Wirbeltierkörper, bei Fisch, Kröte, Frosch und Vogel kultiviert wird und dessen Toxin zu einem neuen, willkommenen Abwehrstoff wird. Diese Assoziation (vielleicht sogar Symbiose) mag durchaus alt sein. So haben im Laufe der Evolution Pfeilgiftfrösche Warnfarben entwickelt, die einem potentiellen Feind Giftigkeit signalisieren. Diese neue Eigenschaft erlaubt es ihnen, den sonst eher nachtaktiven Amphibien, tagaktiv zu werden. Oder ist dies ein Zufall? So gibt es auch andere durchaus auffällig gefärbte Amphibien, die keineswegs giftig sind.

Toxinresistenz, Toxintoleranz

Eine Voraussetzung muß erfüllt sein, wenn ein Tier ein **giftiges Naturprodukt** produziert und/oder es in seinem Körper oder in speziellen Organen speichert: Es muß **resistent** gegenüber diesen Toxinen sein oder muß sie zumindest bis zu einer gewissen Konzentration schadlos **tolerieren** können. Dies trifft im gleichen Maß

Abb. 1.18: Die Raupe (A) des Monarchfalters *(Danaus plexippus)* verzehrt bevorzugt die Blätter von Asclepias-Pflanzen, nimmt deren Herzglykoside auf und speichert sie. Diese machen den Falter (B) giftig. Auch Blattwanzen (C) *(Oncopeltus fasciatus)* nutzen diese Stoffe für ihre Abwehr (North Carolina, USA).

auch für die Tiere zu, die sich von Giftpflanzen ernähren. So geht, wie bereits erwähnt, mit dem Auftreten toxischer Stoffe in der Natur gleichsam auch eine Entwicklung (Koevolution) parallel, die zur Toleranz und Resistenz gegenüber diesen Stoffen führt. Es gibt keine Pflanze, die so mit Giftstoffen ausgerüstet ist, daß nicht doch ein Tier, meist ein Insekt, sie als Nahrung nutzen kann.

Um Vergiftungen zu entgehen, wenden **Insekten** zwei Strategien an. Sie sind entweder **polyphag**, haben ein breites Spektrum an Futterpflanzen, wechseln diese häufig und mindern so das Risiko, sich zu vergiften. Eine rasche Metabolisierung, d.h. Entgiftung der toxischen Pflanzeninhaltsstoffe und rasche Ausscheidung ergänzen dieses Vorgehen. Eine Minderheit hat sich auf Giftpflanzen spezialisiert, ist **monophag** und beschränkt sich auf die giftige Futterpflanze. Diese Insekten haben besondere Mechanismen entwickelt, mit den giftigen Inhaltsstoffen fertigzuwerden. Der Monarchfalter ist hierfür ein gutes Beispiel. Toxinresistenz ermöglicht damit die Nutzung einer neuen, oftmals exklusiven Nahrungsquelle, bei der man aufgrund der hohen Toxizität mit nur wenigen Nahrungskonkurrenten zu rechnen hat. Andererseits müssen Tiere, die selbst Gifte produzieren oder enthalten, über Mechanismen verfügen, die verhindern, daß sie sich selbst vergiften. Pfeilgiftfrösche müssen die Natriumkanäle ihrer Nervenmembranen vor dem Batrachotoxin schützen, sonst werden auch sie umgehend gelähmt. In der Tat sind bei diesen Fröschen die **Ionenkanäle** den Toxinen gegenüber in hohem Maße unempfindlich, eine Eigenschaft, die angeboren zu sein scheint [40]. Dies trifft auch für die Tiere zu, die Tetrodotoxin enthalten, marine wie terrestrische.

Schlangengifte sind die wohl kompliziertesten wie effektivsten Naturstoffgemische: Sie sind **Gift- und Verdauungssekret** in einem. Giftschlangen sind gegen ihr eigenes Gift tatsächlich immun, d.h., sie besitzen in ihrem Blut Antikörper gegen ihre eigenen Giftproteine. Doch schützt sie dies nur bedingt vor den Giften anderer Giftschlangenarten. Die sog. Kreuzreaktivität ihrer Antikörper gegenüber anderen Giftbestandteilen als ihren eigenen ist begrenzt. Bei den Kobras sind

Abb. 1.19: Pfeilgiftfrösche *(Dendrobates histrionicus)* enthalten in ihrer Haut eine Vielzahl hochtoxischer Alkaloide.

die nervösen Strukturen an den Nervenendplatten (**Acetylcholinrezeptor**) gegenüber den Neurotoxinen ihrer Gifte resistent. Diese Rezeptoren sind in ihrer Struktur durch Austausch einiger Aminosäuren soweit verändert, daß sie die Toxine nicht binden und damit von ihnen nicht blockiert werden können [41]. **Mungo** und **Igel**, natürliche Feinde von Schlangen, haben ähnliche Schutzmechanismen entwickelt [42]. Darüber hinaus besitzen sie im Blut und Gewebe Proteine, die als **Inhibitoren** von **Schlangengiftenzymen** fungieren und deren toxische Wirkung aufheben. So ist der Igel gegen das Gift der Kreuzotter *(Vipera berus)*, das keine Neurotoxine enthält, ebenfalls resistent (Abb. 1.20). Diese Eigenschaft ist ihm angeboren: Auch Igel, in deren Verbreitungsgebiet Kreuzottern nicht vorkommen, sind geschützt. Ein großmolekulares Protein im Blut und Gewebe des Igels, beim Mungo ist dies ein kleineres Glykoprotein, hemmt einige der wichtigsten Giftfaktoren: Proteasen, die die Gefäßwand von Blutkapillaren andauen, was zu Blutungen in das umgebende Gewebe führt (hämorrhagische Proteasen) [43]; und dies nicht nur bei Enzymen aus dem Gift der Kreuzotter, sondern auch bei Enzymen aus dem Gift tropischer Vipern und Klapperschlangen. Interessant ist in diesem Zusammenhang, daß auch die nächsten Igelverwandten, **Spitzmaus** und **Maulwurf**, über den gleichen Schutzmechanismus verfügen, obwohl diese Tiere keine Schlangenjäger sind.

Gifte: höchste Effizienz ist gefragt

Trotz der vielen, vor allem in ihrer chemischen Struktur sehr unterschiedlichen Toxine zielen die wirksamsten unter ihnen stets auf die wichtigste **vitale Funktion**: die des Nervensystems. Die Blockierung des Nervensystems – sei es, daß die Reizleitung der Nervenfaser, die Erregungsübertragung an den Synapsen, unterbrochen wird oder daß Nerv und Erfolgsorgan übererregt werden – hat stets die Lähmung und den Tod des Beutetieres oder Feindes zur Folge. Es ist immer das **periphere Nervensystem**, das angegriffen wird, da es am leichtesten zugänglich ist und hier auch am schnellsten ein Erfolg zu erzielen ist. In das zentrale Nervensystem, das durch besondere Barrieren, z.B. durch die Blut-Hirn-Schranke, geschützt ist, können die meisten der bekannten Toxine nicht oder nur sehr langsam eindringen.

Es ist faszinierend zu beobachten, daß Toxine, die bestimmte Funktionen des Nervensystems stören, im Tierreich gleich mehrfach und unabhängig voneinander „erfunden" wurden. Allein um etwa die Funktion des **Natriumkanals** in der Nervenmembran zu beeinflussen, werden Toxine unterschiedlichster Struktur und mit z.T. entgegengesetzter Wirkungsweise eingesetzt: Das Tetrodotoxin (ein Chinazolin-Derivat) der Kugelfische schließt den Kanal wie ein Korken, das Batrachotoxin (ein Steroidalkaloid) der Pfeilgiftfrösche hält ihn offen und verhindert sein Schließen. Die Reizleitung wird unterbrochen (Tetrodotoxin), oder es besteht ein Dauerreiz (Batrachotoxin): Das Erfolgsorgan, der Muskel, reagiert nicht bzw. bleibt kontrahiert. Beide Methoden führen zum gleichen Ziel: **Lähmung** des Organismus. Dies kann in ähnlicher Weise auch durch Peptide bewirkt werden, so durch Toxine von Kegelschnecken oder Skorpionen. Sie werden entweder direkt durch Proteinsynthese, wie bei den zuletzt erwähnten, oder durch z.T. sehr komplizierte enzymatische Reaktionswege über zahlreiche Zwischenstufen produziert.

Gifte, wozu?

Die Entdeckung neuer **Gifte** und **Toxine** führt immer wieder zu der Frage nach der **Rolle**, die sie im Leben des betreffenden Tieres spielen. Dies ist, wie in diesem Kapitel zu zeigen versucht wurde, nicht immer so klar und offensichtlich wie etwa bei den Giften der Kegelschnecken oder Schlangen, nämlich die rasche Tötung des Beutetieres, oder bei Bienen und Wespen die Feindabwehr. Aber auch hier stellen sich Fragen, die nicht einfach zu beantworten sind: Warum etwa enthält ein Gift so viele verschiedene Neurotoxine, wenn auch eines genügen würde? Spielt hier die Evolution mit einem Molekül, indem durch Mutationen Aminosäuren ausgetauscht werden, offenbar folgenlos, weil kein besonderer **Evolutionsdruck** auf der Giftzusammensetzung ruht? Es geht ja auch ohne, wie dies die überwiegende Zahl der weitgehend ungiftigen Schlangen demonstriert.

Selbst wenn man die Chemie und die physiologischen Eigenschaften eines Toxins aufgeklärt hat, ist man oft noch weit davon entfernt zu verstehen, was es eigentlich im Lebensraum Meer (z.B. Algentoxine, Palytoxin) oder Land (z.B. Giftvogel) bewirken soll. Hat es dort überhaupt eine **Funktion** oder ist sein Auftreten ein **Zufall** ohne Folgen – dies zu glauben fällt bei besonders komplexen Naturstoffen schwer.

Die Beantwortung solcher Fragen erfordert vielleicht einen anderen Forschungsansatz. **Toxine** sind nicht nur Werkzeuge mit einer bestimmten Eigenschaft. Sie können durchaus einen Funktionswandel erfahren, zu **Signalgebern,** mitunter auch zu **Lockstoffen** werden.

Für den Giftproduzenten ist nichts gewonnen, wenn er ein hochaktives Naturprodukt zur Verfügung hat, das zwar den Angreifer tötet, aber erst dann wirkt, wenn der Giftproduzent selbst verzehrt wird. Viel wichtiger ist es, wenn winzige Mengen von Giftstoffen, bei Bedrohung abgegeben, als Signal verstanden werden, den Angriff nicht fortzusetzen, denn dies könnte für den Angreifer unangenehm und folgenreich sein. So ist die im Indopazifik heimische **Mosesflunder** *(Pardachirus pavoninus)* bekannt dafür, daß sie von Raubfischen, einschließlich Haien, gemieden wird. Schutz verschafft ihr das Sekret, das sie aus Hautdrüsen auf dem Rücken ausscheidet. Es enthält als Pardaxine bezeichnete Polypeptide und verschiedene Steroid-Glykoside (Pavoninine), die alle in hohem Maße oberflächenaktiv sind [44, 45]. Während Pardaxine noch in extremer Verdünnung die Geschmackswahrnehmung von Haien beeinflussen, wirken die Pavoninine auf das Geruchssystem ein [46].

Kugelfische scheiden bei Belästigung oder Gefahr Tetrodotoxin über Hautdrüsen aus, zu wenig zwar, um tödlich zu wirken, wohl aber ausreichend, um den Angreifer zu warnen bzw. daran zu erinnern, daß er es hier mit einer hochgiftigen Beute zu tun hat [47].

Blasenkäfer (Meloidae) synthetisieren ein sehr wirksames Toxin, das Terpen Cantharidin, mit dem sie ihre Feinde abschrecken. Andererseits ist Cantharidin aber auch ein äußerst potenter Lockstoff, der zahlreiche Insekten, Käfer, Schlupfwespen, Mücken, Fliegen und Wanzen anzulocken vermag, die sich dann begierig über die lebenden oder toten Blasenkäfer hermachen, ja sogar deren cantharidinhaltigen Exkremente verzehren [48].

Einige Schmetterlingsraupen verzehren Pflanzen, die giftige Pyrrolizidinalkaloide enthalten, speichern diese und geben sie während der Metamorphose an den Falter weiter. Dieser ist damit einerseits gut vor Freßfeinden geschützt, andererseits nutzen männliche Falter diese Stoffe gleichzeitig als Vorstufe zur Synthese eines sehr effektiven **Pheromons**, mit dem sie die Weibchen anlocken. Der schon erwähnte **Monarchfalter**, der schon mit Herzglykosiden gut bewehrt ist, sammelt diese Alkaloide erst als Falter, indem er Blütennektar der entsprechenden Pflanzen aufsaugt oder die Alkaloide direkt aus deren abfallenden und sich auflösenden Blättern aufnimmt. Dieses Verhalten

A

B

C

Abb. 1.20: Igel (A) *(Erinaceus europaeus),* Spitzmaus (B) *(Crocidura russula)* und Maulwurf (C) *(Talpa europaea)* besitzen in ihrem Blut und Gewebe Proteine, die sie vor der Wirkung von Schlangengift schützen.

bezeichnet man als Pharmakophagie [49].

In Giften natürlichen Ursprungs steckt also sicher mehr als nur Toxizität.

Literatur

[1] Teuscher, E., Lindequist, U., Biogene Gifte. Biologie, Chemie, Pharmakologie. G. Fischer Verl., Stuttgart (1994).

[2] Harborne, J.B., Introduction to Ecological Biochemistry. Academic Press, London (1989).

[3] Mebs, D., Gifte im Riff. Toxikologie und Biochemie eines Lebensraumes. Wissenschaftl. Verlagsges., Stuttgart (1989).

[4] Heeger, T., Quallen – gefährliche Schönheiten. Wissenschaftl. Verlagsges. mbH Stuttgart (1998).

[5] Mariscal, R.N., The nature of symbiosis between Indo-Pacific anemone fishes and sea anemones. Mar.Biol. **6**, 58 (1970).

[6] Lubbock, R., Why are clownfish not stung by sea anemone? Proc.R.Soc.London, B **207**, 35 (1980).

[7] Schlichter, D., Produktion und Übernahme von Schutzstoffen als Ursache des Nesselschutzes von Anemonenfischen? J.exp.Mar.Biol.Ecol. **20**, 137 (1975).

[8] Mebs, D., Anemonefish symbiosis: vulnerability and resistance of fish to the toxin of the sea anemone. Toxicon **32**, 1059 (1994).

[9] Giese, C., Mebs, D., Werding, B., Resistance and vulnerability of crustaceans to cytolytic sea anemone toxins. Toxicon **34**, 955 (1996).

[10] Olivera, B.M., Rivier, J., Scott, J.K., Hillyard, D.R., Cruz, L.J., Conotoxins. J.Biol.Chem. **266**, 22067 (1991).

[11] Cameron, A.M., Toxicity of coral reef fishes. In: Biology and Geology of Coral Reefs (Jones, O.A., Endean, R., eds.), Bd. **3**, S. 155, Academic Press, New York (1973).

[12] Bakus, G.J., Toxicity in sponges and holothurians: a geographic pattern. Science **185**, 951 (1974).

[13] Randall, J.E., Hartmann, W.D., Sponge-feeding fishes of the West Indies. Mar.Biol. **1**, 216 (1968).

[14] Meylan, A., Spongivory in hawksbill turtles: a diet of glass. Science **239**, 393 (1988).

[15] Tursch, B., Braekman, J.C., Daloze, D., Kaisin, M., Terpenoids from coelenterates. In: Marine Natural Products (Scheuer, P.J., ed.), Bd. **2**, S. 247, Academic Press, New York (1978).

[16] Gerhart, D.J., Prostaglandin A_2: an agent of chemical defense in the Caribbean gorgonian *Plexaura homomalla*. Mar.Ecol., Progr.Ser. **19**, 181 (1985).

[17] Tursch, B., Chemical protection of a fish by a soft coral? Chem.Ecol. **8**, 1421 (1982).

[18] Sammarco, P.W., Coll, J.C., LaBarre, S., Willis, B., Competitive strategies of soft corals (Coelenterata: Octocorallia): allelopathic effects on selected scleractinian corals. Coral Reef **1**, 173 (1982).

[19] Bewley, C.A., Holland, N.D., Faulkner, D.J., Two classes of metabolites from *Theonella swinhoei* are localized in distinct populations of bacterial symbionts. Experientia **52**, 716 (1996).

[20] Karuso, P., Chemical ecology of the nudibranchs. In: Bioorganic Marine Chemistry (Scheuer, P.J., ed.), Bd. **1**, S. 31, Springer Verl., Berlin (1987).

[21] Thompson, T.E., Bennett, I., *Physalia* nematocysts: utilized by mollusks for defense. Science **166**, 1532 (1969).

[22] Moore, R.E., Helfrich, P., Patterson, G.M.L., The deadly seaweed of Hana. Ocenanus **25**, 54 (1982).

[23] Gleibs, S., Mebs, D., Werding, B., Studies on the origin and distribution of palytoxin in a Caribbean coral reef. Toxicon **33**, 1531 (1995).

[24] Bettini, S. (ed.), Arthropod Venoms. Handbuch exp. Pharmakologie Bd. **48**, Springer Verl., Berlin (1978).

[25] Meinwald, J., Eisner, T., The chemistry of phyletic dominance. Proc.Natl.Acad.Sci. USA **92**, 14 (1995).

[26] Whitman, D.W., Blum, M.S., Alsop, D.W., Allomones: chemicals for defense. In: Insect Defenses (Evans, D.L., Schmidt, J.O., eds.), S. 289, State Univ. N.Y. Press, Albany (1990).

[27] Steiner, A.L., Stinging behaviour of solitary wasps. In: Venoms of Hymenoptera (Piek, T., ed.), S. 63, Academic Press, London (1986).

[28] Coudron, T.A., Host-regulating factors associated with parasitic Hymenoptera. In: Naturally Occurring Pest Bioregulators (Hedin, P.A., ed.), S. 41, ACS Symposium Series No. **449** (1991).

[29] Schildknecht, H., Holoubek, K., Die Bombardierkäfer und ihre Explosionschemie.V. Mitteilung über Insekten-Abwehrstoffe. Angew.Chem. **73**, 1 (1961).

[30] Nahrstedt, A., The significance of secondary metabolites for interactions between plants and insects. Planta Medica **55**, 333 (1989).

[31] Boppré, M., Lepidoptera and pyrrolizidine alkaloids. Exemplification of complexity in chemical ecology. J.Chem.Ecol. **16**, 165 (1990).

[32] Boppré, M., Pharmakophagie: Drogen, Sex und Schmetterlinge. Biologie in unserer Zeit **25**, 8 (1995).

[33] Witte, L., Ehmke, A., Hartmann, T., Interspecific flow of pyrrolizidine alkaloids. Naturwissenschaften **77**, 540 (1990).

[34] Vrieling, K., Smit, W., van der Meijden, E., Trophic interactions between aphids (*Aphis jacobaeae* Schrank), ant species, *Tyria jacobaeae* L. and *Senecio jacobaea* L. lead to maintenance of genetic variation in pyrrolizidine alkaloid concentration. Oecologia **86**, 177 (1991).

[35] Malcolm, S.B., Brower, L.P., Evolutionary and ecological implications of cardenolide sequestration in the monarch butterfly. Experientia **45**, 284 (1989).

[36] Holzinger, F., Frick, C., Wink, M., Molecular basis for the insensitivity of the monarch *(Danaus plexippus)* to cardiac glycosides. FEBS Lett. **314**, 477 (1992).

[37] Brower, L.P., Plant poisons in a terrestrial food chain and implications for mimicry theory. In: Biochemical Evolution (Chambers, K.L., ed.), S. 69, Corvallis, OR (1970).

[38] Daly, J.W., Garraffo, H.M., Spande, T.F., Jaramillo, C., Rand, A.S., Dietary source for skin alkaloids of poison frogs (Dendrobatidae)? J.Chem.Ecol. **20**, 943 (1994).

[39] Dumbacher, J.P., Beehler, B.M., Spande, T.F., Garraffo, H.M., Daly, J.W., Homobatrachotoxin in the genus *Pitohui*: chemical defense in birds? Science **258**, 799 (1992).

[40] Daly, J.W., Myers, C.W., Warnick, J.E., Albuquerque, E.X., Levels of batrachotoxin and lack of sensitivity of its action in poison dart-frogs (*Phyllobates*). Science **208**, 1383 (1980).

[41] Keller, S.H., Kreienkamp, H.J., Kawanishi, C., Taylor, P., Molecular determinants conferring alpha-toxin resistance in recombinant DNA-derived acetylcholine receptors. J.Biol.Chem. **270**, 4165 (1995).

[42] Barchan, D., Ovadia, M., Kochva, E., Fuchs, S., The binding site of the nicotinic acetylcholine receptor in animal species resistant to alpha-bungarotoxin. Biochemistry **34**, 9172 (1995).

[43] Mebs, D., Omori-Satoh, T., Yamakawa, Y., Nagaoka, V.L., Erinacin, an antihaemorrhagic factor from the European hedgehog, *Erinaceus europaeus*. Toxicon **34**, 1313 (1996).

[44] Tachibana, K., Sakaitani, M., Nakanishi, K., Pavoninins: shark-repelling ichthyotoxins from the defense secretion of the sole. Science **226**, 703 (1984).

[45] Thompson, S.A., Tachibana, K., Nakanishi, K., Kubota, I., Melittin-like peptides from shark-repelling defense secretion of the sole *Pardachirus pavoninus*. Science **233**, 341 (1986).

[46] Primor, N., Pharyngeal cavity and the gills are the target organ for the repellent action of pardaxin in shark. Experientia **41**, 693 (1985).

[47] Saito, T., Noguchi, T., Harada, T., Murata, O., Hashimoto, K., Tetrodotoxin as a biological defense agent for puffers. Bull.-Jap.Soc.Sci.Fisheries **51**, 1175 (1985).

[48] Dettner, K., Inter- and intraspecific transfer of toxic insect compound cantharidin. In: Ecological Studies, Bd. **130**, Critical Food Web Interactions (Dettner, K., ed.), S. 115, Springer Verl., Berlin (1997).

[49] Boppré, M., Lepidoptera and pyrrolizidine alkaloids. Exemplifikation of complexity in chemical ecology. J.Chem.Ecol. **16**, 165 (1990).

Arzneimittel aus Giften?

Die hohe Toxizität vieler tierischer Gifte und Toxine ist in ihrer Spezifität für bestimmte Gewebe, Zellen oder Rezeptoren begründet. So lassen sich Neurotoxine nach ihrem Wirkort klassifizieren, sogar nach bestimmten Bindungsstellen an einem Ionenkanal. Sie würden also in idealer Weise die Voraussetzungen für ein Arzneimittel erfüllen: hohe selektive Toxizität, die andere Organe unbeeinflußt laßt. Doch leider ist es eben die Toxizität derartiger Naturstoffe, die Pharmaforscher davon abhält, sich mit ihnen näher zu beschäftigen. So hätten es die Digitalis-Glykoside, unverzichtbare Arzneistoffe in der Behandlung des kranken Herzens, heute schwer, zur Marktreife zu gelangen. Ihre enge therapeutische Breite birgt das reale Risiko einer Vergiftung und ernster Nebenwirkungen.

Unbestritten ist die Bedeutung tierischer Gifte und ihrer Toxine, die sie als Reagenzien in der physiologischen und hier besonders der neurophysiologischen Forschung haben. Hierauf wird in den entsprechenden Kapiteln noch hingewiesen.

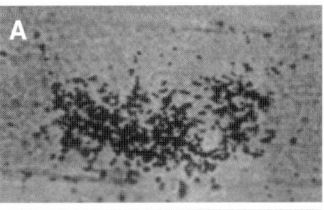
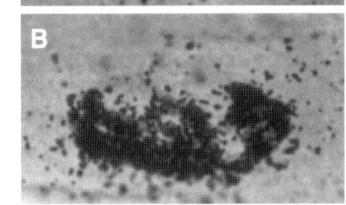
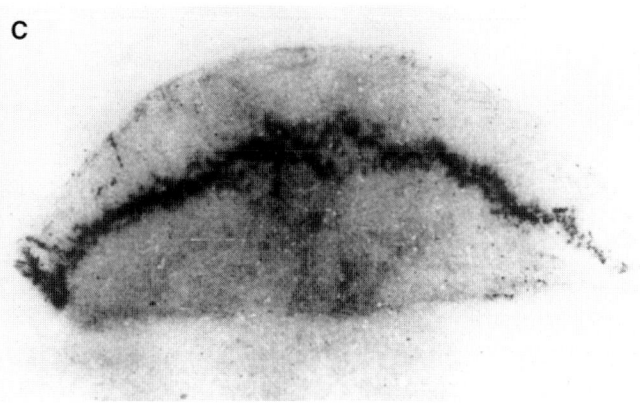

Abb. 1.21: Mit Neurotoxinen aus Schlangengiften lassen sich Acetylcholin-Rezeptoren an der Nervenendplatte sichtbar machen. (A) Zwerchfell einer Maus, der radioaktiv-markiertes α-Bungarotoxin, ein Neurotoxin aus dem Gift der Schlange *Bungarus multicinctus*, injiziert wurde. 1966 wurde erstmalig mittels Radioautographie die Zone, in der sich die Acetylcholin-Rezeptoren der Nervenendplatten befinden (schwarz) markiert [2]. (B) Die Muskelfaser einer Ratte wurde mit dem gleichen Toxin inkubiert; hier sind die Rezeptoren als schwarze Punkte markiert und lassen sich zählen. (C) Nach histochemischer Darstellung der Acetylcholinesterase ist die Synapse sichtbar geworden [12].

Mit Hilfe des Tetrodotoxins aus dem Kugelfisch und des Saxitoxins aus giftigen Muscheln gelang es, den spannungsabhängigen Natrium-Kanal zu charakterisieren [1]. Mittels α-Bungarotoxin, eines Neurotoxins aus dem Gift des Vielbindenkraits, *Bungarus multicinctus*, konnte erstmals ein Rezeptormolekül, der Acetylcholinrezeptor, „sichtbar" gemacht [2] (Abb. 1.21) und in seiner Struktur aufgeklärt werden [3, 4]. Gleichsam als Zufallsbefund dieser Forschung erhielt man entscheidende Hinweise zur Entstehung einer Form von Muskeldystrophie, der Myasthenia gravis: der Patient bildet Antikörper gegen seine eigenen Acetylcholinrezeptoren, zerstört sie damit, was den Muskel degenerieren läßt [5]. Enzyme aus Schlangengiften sind inzwischen fester Bestandteil der Gerinnungsdiagnostik geworden: Reptilase®, Bothrocetin®, Stypven®, Ecarin, Protac® [6].

Die Reihe der Giftbestandteile, die als Reagenzien in der Forschung Verwendung finden, läßt sich beliebig fortsetzen. Demgegenüber sind echte Arzneimittel aus Tiergiften vergleichsweise selten. Nicht diskutiert werden sollen in diesem Zusammenhang homöopathische Produkte, die Gifte in entsprechend großer Verdünnung enthalten, oft auch in abenteuerlichen Kombinationen.

Gerinnungsenzyme aus Schlangengiften sind zur Behandlung von Durchblutungsstörungen und Thromboseneigung eingesetzt worden. Arwin® (Knoll, Ludwigshafen; internationale Bezeichnung: Ancrod) aus dem Gift der malayischen Grubenotter, *Calloselasma rhodostoma*, senkt dosisabhängig die Fibrinogenkonzentration und damit die Blut- und Plasmaviskosität. Die Fließeigenschaften des Blutes werden damit verbessert, was für eine stärkere Durchblutung stenosierter Gefäße sorgt. Das Enzym spaltet vom Fibrinogen das Fibrinopeptid A ab, nicht jedoch B, was zur Polymerisierung eines atypischen Fibrins führt, das schnell durch Plasmin aufgelöst wird [7, 8]. Das Präparat wurde kürzlich vom Markt genommen und soll in anderer Formulierung und Dosierung für die Initialbehandlung des Schlaganfalls klinisch entwickelt werden. Bei häufiger Anwendung von Arwin® kommt es zur Antikörperbildung und einem raschen Nachlassen seiner Wirkung. Falls möglich, soll auf andere Präparate ausgewichen werden, wie z.B. Defibrase® (Pentapharm, Basel), das Gerinnungsenzym (Batroxobin) aus dem Gift der brasilianischen Lanzenotter, *Bothrops moojeni*, das

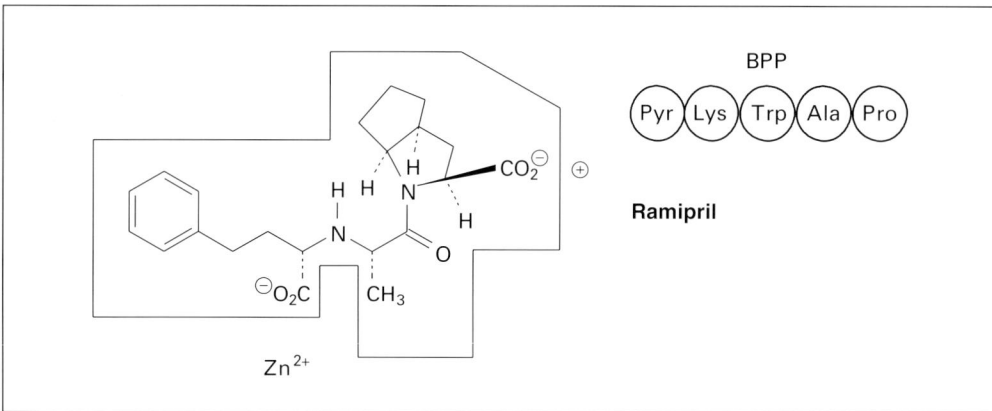

Abb. 1.22: Peptide wie das Bradykinin-potenzierende Peptid (BPP) aus dem Gift der brasilianischen Lanzenotter, *Bothrops jararaca*, bildeten das Modell für die sog. ACE-Hemmer wie das synthetische Ramipril. Es reagiert mit dem für die Wirkung wichtigen Zink im aktiven Zentrum des Konversionsenzyms, das aus Angiotensin I das blutdrucksteigernde Angiotensin II bildet.

auch Bestandteil der bereits erwähnten Reptilase® ist. Defibrase® kommt allerdings eher in Ländern außerhalb Europas zum Einsatz.

Abb. 1.23: Pfeilgiftfrösche wie diese Art aus Bolivien, *Epipedobates pictus*, scheiden mit ihrem Hautsekret auch ein Alkaloid aus, das Epibatidin, welches wie Morphin ein starkes, zentralwirksames Schmerzmittel (Analgetikum) darstellt. Ein modifiziertes Syntheseprodukt (ABT-594) hat die gleiche Wirkung, ist jedoch nicht mehr toxisch.

Eine neue und sehr erfolgversprechende Anwendung findet derzeit Batroxobin bei der Herstellung von „Fibrinkleber". Dieser wird in der Chirurgie vielfältig angewandt, vor allem beim Verschluß („Verkleben") diffuser Blutungsquellen etwa aus der Leber oder der Lungenoberfläche, die in prekären Fällen mit einer dünnen Schicht Fibrin bedeckt werden, das aus Fibrinogen mittels Thrombin hergestellt wurde. Eine elegante Lösung, bei der Eigenblut des Patienten sogar während des operativen Eingriffs benutzt wird, ist unter Verwendung des Batroxobins entwickelt worden (ConvaTec; Bristol Myers-Squibb Co., Großbritannien). Etwa 120 ml Blut werden dem Patienten, für den Fibrinkleber benötigt wird, entnommen, das Plasma von den Blutzellen separiert und Batroxobin zugefügt, das aus Fibrinogen, wie oben erwähnt, atypisches Fibrin bildet, das die Eigenschaft hat, in saurem Milieu (pH 4) leicht wieder in Lösung zu gehen. Dies erleichtert danach die Entfernung des Batroxobins.

Es liegt mit Biotin (Vitamin H) gekoppelt vor und wird aus der Lösung mit Hilfe von Avidin entfernt. Dies ist ein Glykoprotein aus Hühnereiweiß, welches spezifisch Biotin bindet. Es wird wiederum an Agarose gekoppelt, so daß ein unlöslicher Avidin-Biotin-Batroxobin-Komplex entsteht, der abzentrifugiert werden kann. Anschließend wird durch Zugabe eines alkalischen Puffers das Fibrin erneut polymerisiert und kann auf den Wundbezirk gesprüht werden. All diese Vorgänge laufen automatisch in einer speziell hierfür konstruierten Apparatur ab. Dem Chirurgen steht innerhalb von 30 Minuten Fibrinkleber zum Wundverschluß zur Verfügung. Da er vom Patienten selbst stammt, birgt er für ihn keine Gefahren mehr wie Übertragung von Krankheitserregern (HIV) oder Antigen-Antikörper-Reaktionen.

Naturstoffe, so auch Toxine, können als wertvolle Leitsubstanzen dienen, die durch Modifizierung des ursprünglichen Moleküls für die klinische Anwendung „verträglicher" gemacht werden können. Die sog. ACE-Hemmer wie Captopril und Ramipril (Delix®; Hoechst Marion Roussel) sind Inhibitoren des Angiotensin-konvertierenden Enzyms und werden zur Behandlung von essentieller Hypertonie und Herzinsuffizienz eingesetzt. Sie gehen auf Beobachtungen der brasilianischen Pharmakologen Ferreira und Rocha e Silva [9] zurück, die im Gift der Lanzenotter *Bothrops jararaca* Peptide fanden, die die Wirkung von Bradykinin potenzieren, einem Peptid, das im Blut freigesetzt wird und stark blutdrucksenkend wirkt. Diese aus 5 bis 13 Aminosäuren bestehenden Peptide (BPP: bradykinin potentiating peptides) wurden als spezifische Inhibitoren des Konversionsenzyms erkannt, das Angiotensin I (ein Decapeptid) zu dem stark blutdrucksteigernden Angiotensin II (einem Oktapeptid) überführt. Die Bildung dieses Stoffes im Körper wird somit erheblich reduziert. Nun sind Peptide für eine orale Therapie ungeeignet, denn sie werden im Verdauungstrakt rasch inaktiviert. Man hat daher in der Folge Substanzen synthetisiert, die auch oral anwendbar sind, und von denen als erste Captopril in die

Therapie eingeführt wurde. Wie auch das spätere Ramipril, das als inaktive Vorstufe erst im Organismus durch Esterspaltung in die Dicarbonsäure Ramiprilat umgewandelt wird, reagieren diese Substanzen mit dem für die enzymatische Wirkung wichtigen Zink-Atom im aktiven Zentrum des Konversionsenzyms (Abb. 1.21b).

Opiate wie Morphin sind in der Behandlung starker Schmerzen unverzichtbar. Ihr hohes Potential an Nebenwirkungen, vor allem aber die bei häufiger Anwendung auftretenden Abhängigkeitssymptome, was die Gefahr des Drogenmißbrauchs einschließt, macht sie jedoch zu problematischen Arzneimitteln. So erschien das aus der Haut eines Färberfrosches, *Epipedobates tricolor*, isolierte Alkaloid Epibatidin sehr interessant [10], denn es zeigte im Tierversuch eine analgetische Wirkung, die der des Morphins gleich kam (Abb. 1.21c). Allerdings ist diese Substanz auch sehr toxisch und führt in ihrer analgetischen Dosierung leicht auch zu Blutdruckabfall, Lähmungen und Krämpfen. Die Synthese ähnlicher Stoffe führte schließlich zu einem Produkt (Abbott, USA), das diese Nebenwirkungen nicht aufweist, jedoch weiterhin die gleiche Effizienz wie Morphin zeigt [11]. Was die Substanz jedoch auszeichnet, ist, daß ihre Anwendung nicht zur Abhängigkeit zu führen scheint; denn sie wirkt nicht auf Opiatrezeptoren im Gehirn, sondern auf neuronale nikotinische Acetylcholinrezeptoren.

Dies sind nur wenige Beispiele, die jedoch zeigen, welch hohes Potential zu therapeutischer Anwendung in Toxinen tierischer Herkunft steckt. Die Möglichkeiten sind keineswegs ausgeschöpft, denkt man z.B. an die Vielfalt von Peptiden, die Kegelschnecken in ihrem Gift enthalten. Mit jedem neu entdeckten Toxin wird sich die Frage stellen, wie man es, vielleicht in abgewandelter Form, zur Behandlung von Krankheiten einsetzen kann.

Literatur

[1] Catterall, W.A., Schmidt, J.W., Messner, D.J., Feller, D.J., Structure and biosynthesis of neuronal sodium channels. Ann. N.Y.Accad.Sci. **479**, 186 (1986).

[2] Lee, C.Y., Tseng, L.F., Distribution of *Bungarus multicinctus* venom following envenomation. Toxicon **3**, 281 (1966).

[3] Klett, R.P., Fulpius, B.W., Cooper, D., Smith, M., Reich, E., Possani, L.D., The acetylcholine receptor. I. Purification and characterization of a macromolecule isolated from *Electrophorus electricus*. J.Biol.Chem. **248**, 6841 (1973).

[4] Changeux, J.P., Der Acetylcholin-Rezeptor. Spektrum d. Wissensch. 1994, S. 84.

[5] Drachman, D.B., Myasthenia gravis: immunobiology of a receptor disorder. Trends Neurosci. **6**, 446 (1983).

[6] Stocker, K., Application of snake venom proteins in the diagnosis of hemostatic disorders. In: Medical Use of Snake Venom Proteins (F. Stocker, Hrsg.), S. 213, CRC Press, Boca Raton (1990).

[7] Stocker, K., Defibrination with thrombinlike snake venom enzymes. In: Fibrinolysis and Antifibrinolytics (F. Markwardt, Hrsg.), S. 451, Springer Verl., Berlin (1978).

[8] Kornalik, F., Influence of venom proteins on coagulation. In: Snake Toxins (A.L. Harvey, Hrsg.), S. 323, Pergamon Press, New York (1991).

[9] Ferreira, S.H., Rocha e Silva, M., Potentiation of bradykinin and eledoisin by BPF (bradykinin potentiating factor) from *Bothrops jararaca* venom. Experientia **121**, 347 (1965).

[10] Spande, T.F., Garraffo, H.M., Edwards, M.W., Yeh, H.J.C., Pannell, L., Daly, J.W., Epibatidine: A novel (chloropyridyl)-azabicycloheptane with potent analgesic activity from an Ecuadorian poison frog. J.Am.Chem.Soc. **114**, 3475 (1992).

[11] Bannon, A.W., Decker, M.W., Holladay, M.W., Curzon, P., Donnelly-Roberts, D., Puttfarcken, P.S., Bitner, R.S., Diaz, A., Dickenson, A.H., Porsolt, R.D., Williams, M., Arneric, S.P., Broad-spectrum, non-opioid analgesic activity by selective modulation of neuronal nicotinic acetylcholine receptors. Science **279**, 77 (1998).

[12] Fambrough, D.M., Hartzell, H.C., Acetylcholine receptors: number and distribution of neuromuscular junctions in rat diaphragm. Science **176**, 189 (1972).

Umfang von Vergiftungen durch Tiere – Entwarnung?

Bei der Vielzahl von Vergiftungen, die durch Chemikalien, Arzneimittel und Pflanzen ausgelöst werden, spielen Gifttiere nur eine untergeordnete Rolle. Mit ca. 8,7% sind sie an der Gesamtzahl von Vergiftungen, die an einem Vergiftungszentrum (Zürich) für die Jahre 1973–77 registriert wurden, vergleichsweise stark vertreten [1], meist jedoch ist der Anteil geringer. Am schwedischen Vergiftungszentrum betrafen ca. 4% aller Anfragen Vergiftungen durch Tiere (Persson, persönliche Mitteilung). Unter den Beratungsfällen der Jahre 1986–1996 waren beim Giftnotruf München die Gifttiere mit 2,7% vertreten. Unter ihnen machten die Insekten mit 35% (vorwiegend Bienen und Wespen) und Schlangen mit 31% (hauptsächlich die Kreuzotter) den Hauptanteil aus (Abb. 1.24). Ist es daher nicht gerechtfertigt, übertriebene Vorstellungen und Ängste zu dämpfen, kann nicht Entwarnung gegeben werden?

Zweifellos ist die Chance, in **Mitteleuropa** mit einem typischen Gifttier zusammenzutreffen, eher gesunken, denkt man an Schlangen wie die Kreuzotter. Deren Lebensräume schwinden, Vipern werden immer seltener und stehen in vielen Ländern unter Naturschutz. Keinesfalls vermindert hat sich allerdings das Risiko, mit den bedeutendsten europäischen Gifttieren unliebsame Bekanntschaft zu machen: den **Bienen** und **Wespen** (Abb. 1.25). Es sind eben nicht die nach wie vor (meist unbegründet) angsteinflößenden Spinnen, Skorpione und Vipern, die Todesfälle bewirken, sondern diese allgegenwärtigen Insekten, von denen die Biene schon seit Jahrtausenden vom Menschen als Nutztier gehalten wird. So sterben in Deutschland jährlich etwa 10 Menschen an den Folgen eines Bienen- oder Wespenstiches; allerdings nicht an der direkten Giftwirkung, sondern an der **allergischen Reaktion** auf das Gift. Hingegen ist seit 1945 kein Todesfall durch Kreuzotternbiß bekannt geworden.

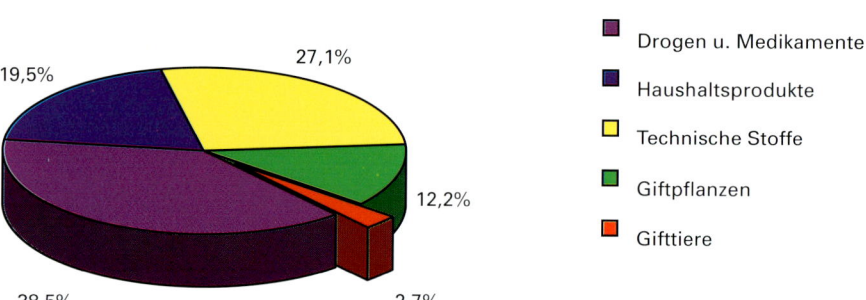

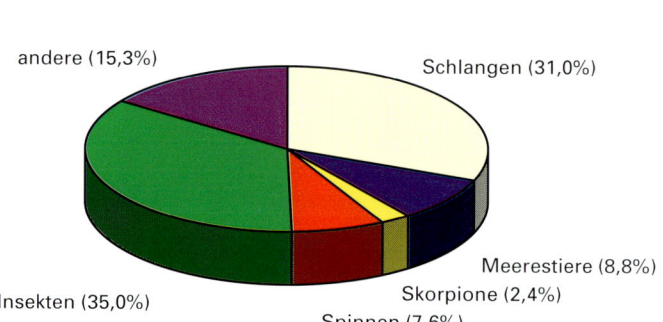

Abb. 1.24: Information des Giftnotrufs München (Klinikum rechts der Isar) zum prozentualen Anteil der jeweiligen Agenzien, die Vergiftungen auslösten, in den Beratungsfällen (insgesamt 220396) der Jahre 1986–1996 sowie der prozentuale Anteil der einzelnen Tiergruppen unter den Gifttier-Anfragen.

Anders verhält es sich in den **Tropen.** Hier ist der Feld- und Waldarbeiter oder der Fischer betroffen, der barfuß und weitgehend ungeschützt auf Gifttiere trifft. Zudem sind Spinnen, Skorpione und auch Schlangen vielfach Kulturfolger und so auch in den Wohnhütten anzutreffen, wo z.B. Schlangen nachts Jagd auf Mäuse und Ratten machen. Kinder sind besonders gefährdet; bei ihnen verläuft eine Vergiftung meist schneller und dramatischer als beim Erwachsenen, da bei geringerer Körpermasse die gleiche Giftmenge auf sie einwirkt.

So ereignen sich die meisten Vergiftungen durch Tiere in den ländlichen Regionen der sog. **Dritten Welt.** Hier ist die medizinische Versorgung meist unzureichend, Antiseren z.B. sind eine Rarität. Nur selten finden die Patienten Zugang zu den modern eingerichteten Kliniken der Großstädte. Demgemäß sind Statistiken über die Häufigkeit von Bißverletzungen und deren Folgen (**Mortalitätsrate**) in den seltensten Fällen zuverlässig. Sie geben in der Regel nur ein schwaches Abbild der tatsächlichen Gegebenheiten. In Mexiko rechnet man mit jährlich mehr als 250000 Stichen durch Skorpione, von denen 700–800 tödliche Folgen haben [2]. In Afrika sollen 100–400 Schlangenbisse pro 100000 Einwohner pro Jahr vorkommen; in Ghana z.B. hat man eine Häufigkeit von 86 Bissen (sie werden überwiegend durch die Sandrasselotter *Echis ocellatus* verursacht) pro 100000 Menschen errechnet, wovon 24 eine tödliche Vergiftung erleiden [3]. In Pakistan liegt die Schätzung bei 40000 Schlangenbissen pro Jahr mit 15–18 Todesfällen pro 100000 Menschen. In Burma zählt die Vergiftung nach Schlangenbiß zur fünfthäufigsten Todesursache [4]. Auch in einem Land wie Australien kommen jährlich zwischen 1000 und 3000 Schlangenbisse vor, die Mortalitätsrate liegt jedoch bei nur zwei Fällen pro Jahr, was im hohen Standard der medizinischen Versorgung begründet ist [5]. In den Vereinigten Staaten schätzt man 9–14 Todesfälle bei ca. 8000 Schlangenbissen pro Jahr [6]. Aber auch diese Zahlen sind vorsichtig zu bewerten, da ebenfalls keine Pflicht besteht, Vergiftungen durch Tiere zu melden.

Vergiftungen nach Biß und Stich, aber auch nach dem Verzehr von giftigen Tieren sind somit exotische Ereignisse. Häufig genug rufen sie Ratlosigkeit und Panik nicht nur beim Betroffenen, sondern auch beim behandelnden Arzt hervor. Eher über- als unterschätzt wird das Gefahrenpotential, das von Gifttieren ausgeht. Zwar produzieren Tiere eine Vielzahl von giftigen Naturstoffen, von denen einige zu den giftigsten überhaupt zählen, doch bedeutet dies keineswegs, daß hiermit gleichsam automatisch eine hohe **Mortalitätsrate** verbunden ist. Viele Schlangenbisse, auch von Kobras und Klapperschlangen, werden selbst ohne Behandlung überlebt (die Mortalitätsrate liegt selten über 10–20%), was allgemein wenig bekannt ist. Dies hängt allerdings nicht etwa von einer geringen Potenz der Gifte ab (sie ist in der Regel ausreichend, einen Menschen zu töten), sondern vom Giftanwender selbst und den zahlreichen, nur schwer abzuschätzenden Umständen. Hat der Betroffene überhaupt Gift abbekommen, wenig oder alles, was das Tier zur Verfügung hatte? Ein Kind mit geringem Körpergewicht, ein Erwachsener, der bei gleicher **Giftmenge** über größere Verteilungsräume verfügt, ein Patient, der organisch vorgeschädigt ist (Herzleiden) oder Allergien in der Vorgeschichte aufweist:

Sie reagieren auf das gleiche Gift durchaus unterschiedlich, von einer Vergiftung trivialer Natur bis zu einem komplikationsträchtigen Verlauf mit tödlichem Ausgang.

Entwarnung kann daher keineswegs gegeben werden. Vergiftungen durch Tiere sind in ihrem Schweregrad nicht einfach oder sofort zu beurteilen. Oft ist es nicht nur ein Symptom, das das Vergiftungsbild bestimmt, sondern es sind mehrere. Dies korreliert mit der komplexen Zusammensetzung vieler Tiergifte. Konstante Giftdosierungen sind bei einem Biß oder Stich kaum gegeben, so daß einmal dieses, einmal jenes Symptom mehr ausgeprägt ist. Selbst wenn man glaubt, ein Gift in seiner Zusammensetzung und Wirkungsweise genau zu kennen, erlebt man immer wieder Überraschungen, wenn man mit einem akuten Vergiftungsfalls konfrontiert wird.

Kompliziert wird die Situation durch die Tatsache, daß für die meisten Gifte keine spezifischen **Antidote** zur Verfügung stehen. Zwar gibt es seit Calmette und Vital Brazil **Antiseren** gegen das Gift von Schlangen, vereinzelt auch gegen das von Skorpionen und Spinnen, doch sind sie nicht universell anwendbar. Zwar zeigen Antiseren auch **Kreuzreaktivität,** d.h. sie neutralisieren Gifte, die nicht zur Immunisierung verwendet wurden, doch ist dies meist recht limitiert. Andererseits sind Antiseren auch keine Allheilmittel, die sofort jede toxische Wirkung eines Giftes neutralisieren. Ein Weltserum, mit dem alle Schlangenbisse zu behandeln wären, gibt es nicht (obwohl seine Herstellung sicher kein unüberwindliches Problem sind dürfte).

Gerade für toxische Naturstoffe, die man schon lange kennt und deren Wirkungsweise genau definiert ist, gibt es keine spezifischen Antidote, so z.B. für Saxitoxin, Tetrodotoxin und Ciguatoxin, die für die Muschel- bzw. Fischvergiftungen verantwortlich sind. In diesen Fällen ist es nur möglich, mittels einer konsequent durchgeführten **symptomatischen Behandlung** den Verlauf der Vergiftung zu beeinflussen.

Häufig gibt es nicht einmal erprobte Therapievorschläge. Selten kann man auf ein reiches Erfahrungsgut bei der Behandlung dieser oder jener Vergiftung zurückgreifen. Auch konträre Empfehlungen sind an der Tagesordnung, so etwa, sofort Antiserum einzusetzen oder einfach abzuwarten. Andererseits wird oft genug „übertherapiert", werden Maßnahmen durchgeführt, die nicht angemessen oder auch schlichtweg falsch sind. Grund hierfür sind Unkenntnis über den möglichen Vergiftungsverlauf und Über- bzw. Unterbewertung der therapeutischen Möglichkeiten. Dies ist in vielen Fällen entschuldbar. Vergiftungen durch Tiere sind eben etwas Exotisches, ein seltenes Ereignis im europäischen Klinikalltag. **Informationen** sind in der Regel nicht verfügbar und oft genug schwer zu erhalten bzw. können kurzfristig kaum beschafft werden. Vielfach müssen Behandlungskonzepte erst erarbeitet werden. Um so wichtiger ist es daher, daß gewonnene Erfahrungen, Erfolge und auch Mißerfolge in der Fachliteratur ihren Niederschlag finden und damit das Erfahrungswissen erweitern.

Vor allem dann, wenn keine einschlägigen Erfahren vorliegen, sollte eine Vergiftung tierischen Ursprungs als ein nur schwer überschaubares, komplikationsträchtiges Ereignis angesehen werden und die entsprechenden (intensiv-medizinischen) Maßnahmen vorbereitet werden.

Ein Wort noch zu alternativen Heilmethoden: Homöopathie mag bei chronischen Erkrankungen ihre Berechtigung haben, wo ein psychosomatischer Hintergrund den Krankheitsverlauf oft entscheidend beeinflußt. Vergiftungen durch Tiere verlaufen jedoch stets akut und meist rasch. Ihre erfolgreiche Behandlung, dies kann nicht oft genug betont werden, setzt beim behandelnden Arzt Umsicht und den Einsatz all seiner ärztlichen Fähigkeiten voraus. Es sind rasches Handeln und die Verwendung wirksamer Antidote (soweit vorhanden) gefragt.

In fast allen Ländern, vor allem aber in den Tropen, gibt es zahlreiche Behandlungsmethoden, die auf der sog. traditionellen Medizin basieren. Diese hat gerade in den letzten Jahren eine gewisse

Abb. 1.25: Eine blühende Wiese ist für manche Menschen ein gefährlicher Ort. Es werden Insekten angelockt, darunter auch Bienen und Wespen, deren Stich bei entsprechender Sensibilisierung einen nicht selten tödlich verlaufenden anaphylaktischen Schock auslösen kann.

Renaissance erfahren. Ayurvedische Heilmethoden vom indischen Subkontinent, aber auch das reichhaltige Arsenal der chinesischen Apotheke und dessen Anwendung haben in Europa und Amerika zahlreiche Anhänger gefunden. Für diese Verfahren gilt, was über die Homöopathie ausgeführt wurde; vielleicht ist in dem einen oder anderen Fall sogar noch eine wichtige Entdeckung zu machen. Enttäuschend ist jedoch die Wirkung derartiger, auch über Jahrhunderte tradierter Heilmethoden bei akuten Vergiftungen, denn diese verlangen nach starken, sofort wirkenden Antidoten in entsprechend hoher Dosierung. Klinische Studien, etwa in Doppelblind-Versuchen, verbieten sich aus ethischen Gründen. Oder soll man einem blutenden Patienten, dessen Gerinnungssystem nach einem Schlangenbiß gestört ist, das wirksame Antiserum vorenthalten und ihm lieber einen Kräutersud einflößen oder

Grundlagen und Hinweise | 23

ihn auf Rinde kauen lassen? Die Suche nach wirksamen Stoffen in Pflanzen und deren Zubereitungen hat zumindest bisher noch nicht zu einem erfolgversprechenden Ergebnis geführt. Die eine oder andere Substanz mag zwar in vitro wirksam sein, ein Proteintoxin denaturieren (wie z.B. Tannine); in vivo ist ihre Wirkung stets enttäuschend, injiziert man sie, wie im realen Vergiftungsfall, dem Versuchstier erst, nachdem das Toxin verabreicht wurde.

Der betroffene Bauer, Fischer, Waldarbeiter in den Tropen wendet sich im Vergiftungsfall zuerst an den Schamanen, Medizinmann oder Heiler seines Dorfes. Dieser wendet die unterschiedlichsten Methoden an wie Auflegen von Blättern, Einflößen eines Suds bis zur Austreibung des Giftes aus dem Körper des Vergifteten über dem Holzkohlenfeuer. In der Tat hat er in 80–90% der Fälle bei Schlangenbiß – bei Skorpionsstichen noch mehr – Erfolg, der Patient überlebt. Zu berücksichtigen ist hierbei allerdings, daß die Mortalitätsrate unbehandelter Schlangenbisse selten über 10–20% liegt; die von Skorpionsstichen ist noch niedriger. So kommt es, daß in den angewandten Methoden Heilungserfolge vermutet werden, die tatsächlich keine sind. Magie und Suggestion, die bei psychosomatischen Erkrankungen oft erstaunliche Erfolge erzielen, sind hier fehl am Platze. Als Beispiel sei hier der „schwarze Stein" erwähnt, der in vielen Tropenländern bei der Behandlung von Vergiftungen gleich welcher Art verwendet wird (Abb. 1.26). Es ist ein Stück polierten, z.T. porösen schwarzen Steins, das umgehend auf die Biß- oder Stichwunde zu legen ist, damit dieser Stein das Gift heraussaugt. Da bei den meisten Stichen und Bissen das sich entwickelnde Ödem die winzige Wunde binnen Minuten schließt, ist es physikalisch unmöglich, allein durch Kapillarkraft Gift herauszusaugen. Dennoch taucht dieser Stein im Reisegepäck so manches Entwicklungshelfers auf: Seine Organisation hat ihn der Reiseapotheke beigelegt!

Literatur

[1] Moeschlin, S., Klinik und Therapie der Vergiftungen. G. Thieme Verl., Stuttgart (1980).

[2] Dehesa-Davila, M., Alagon, A.C., Possani, L., Clinical toxicology of scorpion stings. In: Handbook of Clinical Toxicology of Animal Venoms and Poisons (Meier, J., White, J.), S. 221, CRC Press, Boca Raton (1995).

[3] Warrell, D.A., Clinical toxicology of snakebite in Africa and the Middle East/Arabian peninsula. In: Handbook of Clinical Toxicology of Animal Venoms and Poisons (Meier, J., White, J.), S. 443, CRC Press, Boca Raton (1995).

[4] Warrell, D.A., Clinical toxicology of snakebite in Asia. In: Handbook of Clinical Toxicology of Animal Venoms and Poisons (Meier, J., White, J.), S. 493, CRC Press, Boca Raton (1995).

[5] White, J., Clinical toxicology of snakebite in Australia and New Guinea. In: Handbook of Clinical Toxicology of Animal Venoms and Poisons (Meier, J., White, J.), S. 595, CRC Press, Boca Raton (1995).

[6] Gomez, H., Dart, R.C., Clinical toxicology of snakebite in North America. In: Handbook of Clinical Toxicology of Animal Venoms and Poisons (Meier, J., White, J.), S. 619, CRC Press, Boca Raton (1995).

Abb. 1.26: Ein nutzloses Mittel zur Behandlung von Schlangenbissen ist der „schwarze Stein", der in vielen Tropenländern zur Anwendung kommt. Er soll, auf die Bißwunde gelegt, das Gift heraussaugen.

Wie kommt es zu Vergiftungen durch Tiere?

Geht man von den schon erwähnten, am weitesten verbreiteten Gifttieren Europas aus, den Bienen und Wespen, so ist es zur warmen Jahreszeit ein fast alltägliches Ereignis: Plötzlich fühlt man einen starken Schmerz, man ist gestochen worden. Dies kann jeden betreffen. Ansonsten sind **Begegnungen mit Gifttieren** im Freien ein eher seltenes Ereignis. Giftschlangen sind in vielen Teilen Europas verschwunden, auch die wenigen Giftspinnen und Skorpione sind meist nur schwer zu finden. Eher schon kann der Badende an Meeresküsten mit Quallen unangenehme Erfahrungen machen, der Angler und Fischer durch Giftfische schmerzhafte Verletzungen davontragen. Andererseits zeigt es sich gerade bei Giftschlangen, daß Vergiftungen auch hier überwiegend durch sorglosen Umgang mit den Tieren geschehen, sei es, daß man sie zu fangen versuchte oder sogar mit ihnen hantierte.

Nicht nur in zoologischen Gärten und ähnlichen Schaueinrichtungen werden Gifttiere gehalten. In großem Umfang sind Giftschlangen, aber auch in steigendem Maß Spinnen, als **Terrarientiere** in Privathaushalten anzutreffen. Oft gibt es hier erstaunliche Sammlungen, werden bemerkenswerte Nachzuchterfolge erzielt. So kann es immer wieder zu Vergiftungen durch exotische Tiere kommen, die häufig von besonderem Schweregrad geprägt sind. Denn meist geschehen Bisse durch Giftschlangen beim Füttern, wobei die Schlange die Hand des Pflegers mit der Beute verwechselt und einen Beutebiß anbringt, d.h. eine „volle Ladung" Gift appliziert. Andererseits ist es erstaunlich, daß es bei der Vielzahl privat gehaltener Gifttiere verhältnismäßig wenige **Bißunfälle** pro Jahr gibt. Dies ist u.a. sicher auch darin begründet, daß es unter den Gifttier-Haltern keineswegs nur Psychopathen gibt (ein Eindruck, der in der Öffentlichkeit vorherrscht), sondern durchaus auch ernstzunehmende Tierfreunde, die die entsprechende Vorsicht beim Umgang mit den Tieren walten lassen.

Die Reiselust der Europäer ist ungebrochen und führt abenteuerlustige Rucksack- und Trekkingtouristen auch in entfernteste Winkel der Erde. Häufig taucht daher die Frage auf, welche Gifttiere man dort antrifft und wie man sich dagegen schützt. Sicher sind gerade in den **Tropen**, im Meer wie auf dem Land, Gifttiere besonders zahlreich vertreten. Doch auch hier ist es eher die Ausnahme, daß der Tourist durch sie verletzt wird und eine Vergiftung erleidet. Immer wieder zeigt es sich, daß in diesen Fällen ein Schlangenbiß nicht unprovoziert geschehen ist, daß versucht wurde, die Schlange zu fangen etc. Derartige Vergiftungen treffen überwiegend die einheimische Bevölkerung, die bei der Feldarbeit, aber auch in ihren Häusern mit Gifttieren konfrontiert wird. Hierauf wurde bereits hingewiesen. Auf „ausgetretenen Touristenpfaden" begegnet man Gifttieren nur selten.

Der Tauchsport erfreut sich einer wachsenden Anhängerschaft, wobei gerade die in den Tropen liegenden Korallenriffe verständlicherweise eine besondere Attraktion darstellen. Obwohl auch hier Gifttiere keineswegs selten sind, haben Vergiftungen eher einen Ausnahmecharakter. Kommt es trotzdem dazu, so lag auch hier meist eine Provokation durch den Taucher vor, etwa Fütterungsversuche, „Streicheln" der Tiere oder Versuch, etwa einen Rotfeuerfisch zu fangen bzw. durch Manipulation in eine fotogene Pose zu drängen. Die Zahl der Tauchunfälle, die auf Gifttiere zurückzuführen sind, wird jedoch von anderen Unfallursachen bei weitem übertroffen (Ertrinken, Dekompressionsunfall etc.).

Zuletzt sind noch Vergiftungen zu erwähnen, die nach dem **Verzehr von Meerestieren,** Fischen und Muscheln, auftreten können. Muschelvergiftungen sind vor allem in den gemäßigten Zonen, in Europa wie in Nordamerika und Japan, ein Ereignis, das epidemische Ausmaße annehmen kann, zumal durch schnelle Transportwege frische Muscheln auch dem Konsumenten im Binnenland zur Auswahl stehen. So können Vergiftungen durch Toxin-kontaminierte Muscheln immer wieder vorkommen, ein geschlossenes Überwachungssystem gibt es nicht. Obwohl diese Vergiftungen zumindest bisher in Europa nicht sehr häufig sind, muß bei zunehmender Verschmutzung der Meere, verbunden mit einem gehäuften Auftreten von Algenblüten und der Verschleppung der Algen durch die Seeschiffahrt in andere Weltregionen, verstärkt mit Muschelvergiftungen gerechnet werden. **Fischvergiftungen** wie Ciguatera, die allerdings nur in den Tropen vorkommen, können auch den normalen Touristen betreffen, ob er jetzt dem Angelsport nachgeht und seinen Fang anschließend zubereitet und verzehrt oder in einem Vier-Sterne-Hotel Fisch ißt. Häufig kommt die Erkrankung erst voll zum Ausbruch, wenn der Tourist wieder zu Hause ist. Die oft rätselhaften Symptome stellen dann den Arzt vor schwierige diagnostische Probleme.

Insgesamt muß aber gesagt werden, daß Touristen weit weniger von Vergiftungen durch Tiere betroffen sind, als allgemein befürchtet wird.

Erste Hilfe und Behandlung: allgemeine Hinweise

Gifttierunfälle lösen beim Betroffenen wie bei Unbeteiligten leicht Panik aus. Die Gefährlichkeit der Vergiftung ist in der Regel schwer abzuschätzen, die Prognose unsicher. Wenn sie nicht gerade trivialer Natur sind, stellen Gifttierunfälle immer **Notfälle** dar und sind entsprechend zu behandeln.

Die Hilfeleistung durch den Ersthelfer schließt auch bei Gifttierunfällen zunächst die konventionellen Maßnahmen ein, wie sie ganz allgemein bei Unfallverletzten durchzuführen sind. Darüber hinaus sind gerade bei Vergiftungen durch Tiere einige zusätzliche Regeln zu beachten. Wichtig ist in diesem Zusammenhang auch, daß man gewisse Maßnahmen unterläßt, deren Anwendungsempfehlungen anscheinend nicht auszurotten sind, obwohl sie sich als unwirksam oder sogar schädlich erwiesen haben; so auch Maßnahmen, wie sie von örtlichen Schamanen und Wunderheilern empfohlen werden (Auflegen von Blättern, Packungen von Erde etc.). Die nachfolgenden **Erste-Hilfe-Maßnahmen** sind bei den meisten Vergiftungen durch Tiere anzuwenden.

Was man tun sollte

● Den Betroffenen unter Beachtung der eigenen Sicherheit **bergen** und aus dem Gefahrenbereich bringen. Bei Unfällen im Meer ist das Wasser sofort zu verlassen bzw. der Verletzte umgehend an Land zu bringen (Vorsicht, wenn das Gifttier selbst oder Teile von ihm – Stacheln, Tentakeln – noch zu entfernen sind).

● **Beruhigend** auf den Betroffenen **einwirken**. Panikreaktionen vermeiden (psychische Überreaktionen des Verunfallten – Erbrechen, Schock etc. – können Vergiftungssymptome vortäuschen). Verunfallten, wenn irgend möglich, nicht allein lassen.

● Betroffene **Extremität ruhigstellen** (Arm in Schlinge, Bein u.U. schienen), der Verunfallte sollte sich möglichst wenig bewegen (Vermeidung von Bewegungsschmerz, Verzögerung der Giftausbreitung). Prophylaktische **Schocklagerung** beim bewußtseinsklaren Verunfallten (s. unten); beim spontan atmenden, jedoch (selten) bewußtlosen Verunfallten ist die Lagerung in der **stabilen Seitenlage** durchzuführen (Abb. 1.27). Der so gelagerte Verunfallte ist ständig zu beobachten, selbstverständlich gilt auch hier das Gebot, ihn nicht allein zu lassen.

● **Ringe** und **Armbänder** abnehmen, es besteht bei starker Schwellung die Gefahr der Abschnürung.

● **Identifizierung des Gifttieres.** Oft ist dies die einzige Möglichkeit einer sicheren Diagnose und die wichtigste Grundlage der Therapie. U.U. kann es erforderlich sein, das Tier zu töten und zur Iden-

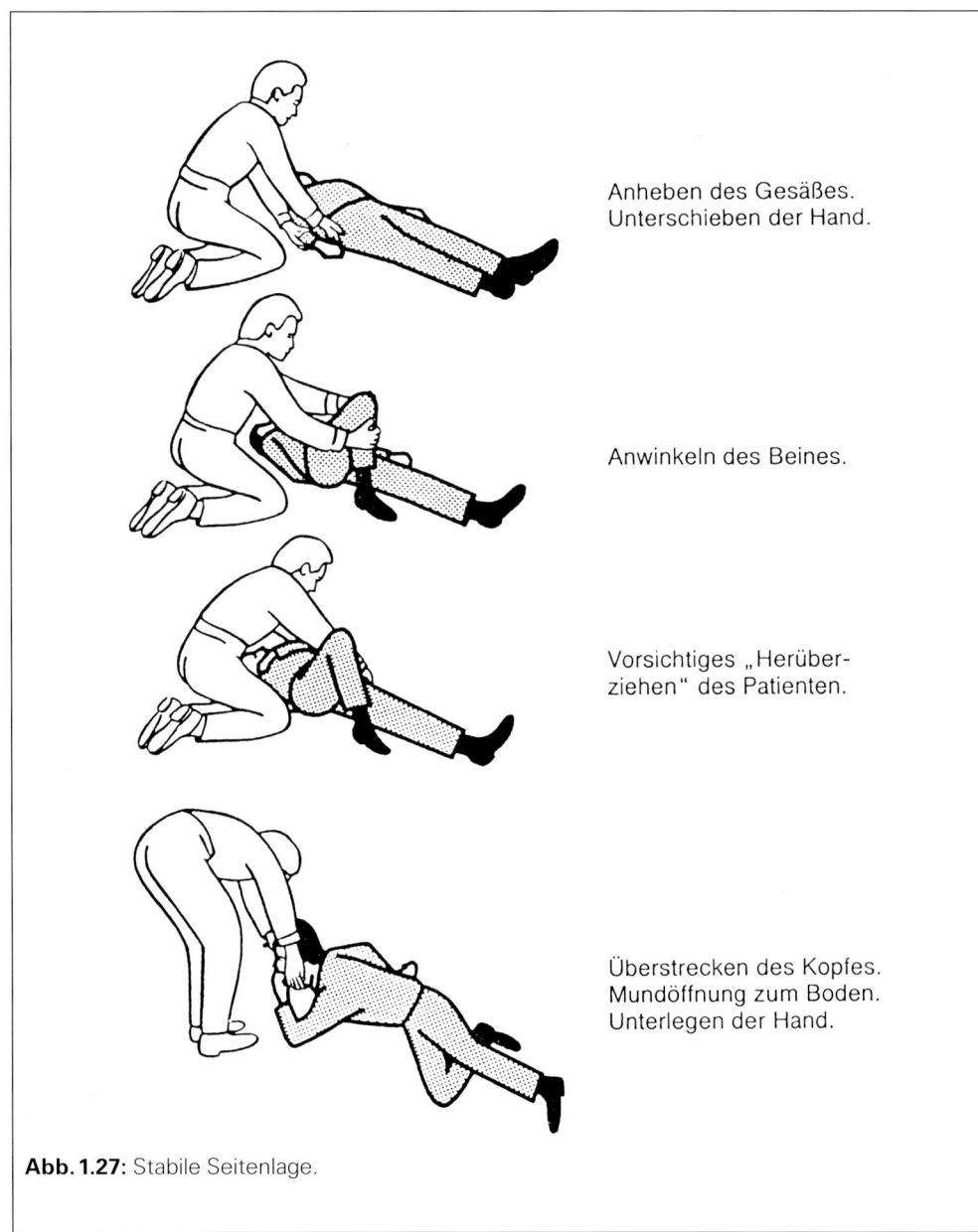

Abb. 1.27: Stabile Seitenlage.

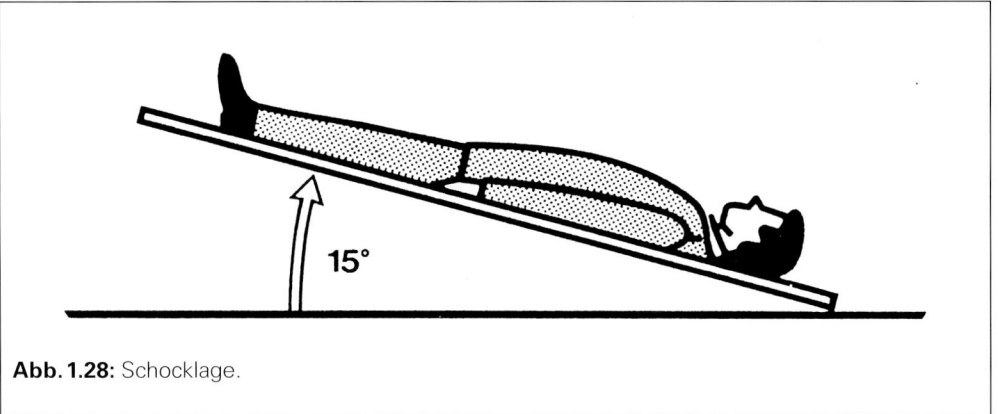

Abb. 1.28: Schocklage.

tifizierung mitzunehmen. Dies darf jedoch nur geschehen, wenn keine Gefahr für den Ersthelfer oder den Betroffenen besteht. Vorsicht – selbst bei toten Gifttieren ist der Giftapparat häufig noch intakt, auch tote Giftschlangen besitzen noch für geraume Zeit einen Beißreflex!

• Den **raschen Transport zum nächsten Arzt** bzw. zur nächsten Klinik organisieren. Wichtig ist hierbei, daß man weiß, wo der nächste Arzt, die Klinik ist, wie sie zu benachrichtigen sind bzw. wie man sie mit dem Verunfallten erreichen kann. Rechtzeitiges Einholen von Informationen kann hier lebensrettend sein. Dies gilt besonders für den Touristen abseits der großen Touristenpfade.

• Kontinuierliche **Kontrolle der Vitalfunktionen** (Atmung, Kreislauf), sowie der Bewußtseinslage. Besonders dann, wenn über das Gifttier selbst Unklarheit herrscht, kann es für die spätere Diagnose hilfreich sein, wenn der Ersthelfer ein „Protokoll" erstellt, das den Unfallhergang, den Verlauf des Krankheitsbildes, die Angaben des Betroffenen, die eventuellen Zeugen, eigene Beobachtungen, ergriffene Maßnahmen etc. in Stichworten beschribt.

• **Vitalfunktionen aufrechterhalten.** Bei Anzeichen eines Schocks: kühle, feuchte, blaß oder zyanotische, fleckige Haut, innere Unruhe, Bewußtseinstrübung, Steigerung der Atemfrequenz, u.U. Schnappatmung, deutlicher Abfall des systolischen Blutdrucks (unter 100 mm Hg), flacher Puls mit hoher Frequenz (100–140 pro Minute), sind folgende Maßnahmen angezeigt: **Schocklagerung** (Abb. 1.28), wenn möglich auch Sauerstoffinsufflation (ca. 4–6 l pro Minute). Bei flacher Körperlage Beine in einem Winkel von nicht mehr als 45° anheben. Dies kann auch durch eine stabile Seitenlage mit einer Kopf-Tieflagerung im Gelände mit nicht mehr als 10–20° Gefälle erreicht werden.

Bei Anzeichen eines **Atemstillstandes** (fehlende Thoraxbewegungen, häufig nach vorheriger Tachypnoe und Schnappatmung begleitet von zyanotischer Hautverfärbung, kein hörbarer oder spürbarer Atemluftstrom) sind sofort die **Atemwege freizumachen** und freizuhalten (Abb. 1.29). Bei der anschließend durchzuführenden **Mund-zu-Nase-** oder **Mund-zu-Mund-Beatmung** (Abb. 1.30) sollte die Beatmungsfrequenz bei 12/Min. liegen, d.h. alle 5 Sekunden eine Beatmung. Da ein Atemstillstand als Folge einer Vergiftung (durch Gifttiere) überwiegend durch Lähmung der Atemmuskulatur bewirkt wird, kann eine Beatmung oft mehrere Stunden beanspruchen. Der Ersthelfer ist hierbei überfordert. Daher ist es wichtig, den Verunfallten so schnell wie möglich einer klinischen Behandlung zuzuführen.

Bei Anzeichen eines **Herzstillstandes** (kein tastbarer Puls, Arteria carotis 5–10 Sek.(!) prüfen, Bewußtlosigkeit, Atemstillstand, evtl. auch Schnappatmung) ist die **externe Herzmassage** durchzuführen. Hierzu ist der Verunfallte auf eine feste/harte, ebene Unterlage zu legen, der Helfer kniet seitlich von ihm und führt die Herzdruckmassage durch (Druckpunkt: untere Brustbeinhälfte, Kompression rhythmisch mit einer Frequenz von ca. 80–100/Min.) (Abb. 1.31).

An dieser Stelle sei vermerkt, daß die genannten Hinweise zur konventionellen Ersten Hilfe nur eine Kurzfassung darstellen und das Studium von Fachliteratur und eine Ausbildung in Erster Hilfe nicht ersetzen können. Weitere, z.B. spezifische Maßnahmen, wie das Bandagieren der betroffenen Extremität oder das Inaktivieren von Nesselzellen (Quallen), werden in den entsprechenden Kapiteln behandelt.

Da immer noch zahlreiche „Hausrezepte und -methoden" zur Behandlung von Vergiftungen verbreitet sind, deren therapeutischer Nutzen nicht nur fragwürdig, sondern oft genug schädlich ist, werden nachstehend einige Maßnahmen erwähnt, die nicht anzuwenden sind.

Was unbedingt zu unterlassen ist

● **Manipulationen an der Biß- bzw. Einstichstelle** wie Einschneiden, Aus-

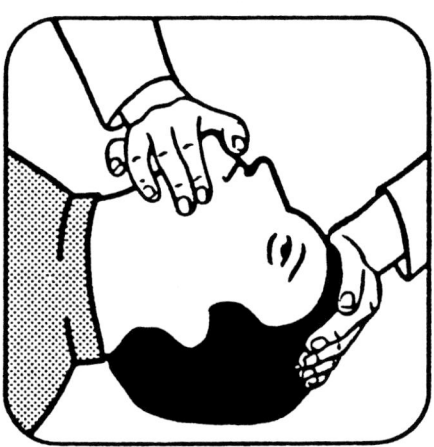

Abb. 1.29: Freimachen der Atemwege: Kopf überstrecken, Unterkiefer vorziehen.

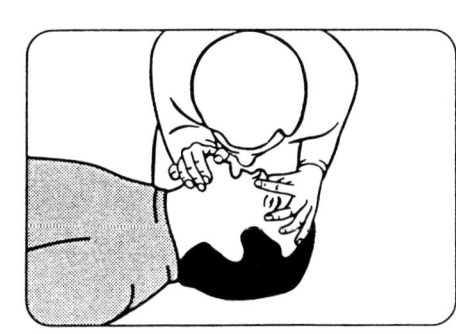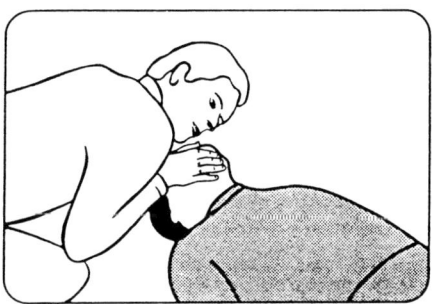

Abb. 1.30: Mund-zu-Mund-Beatmung, Effektivitätskontrolle.

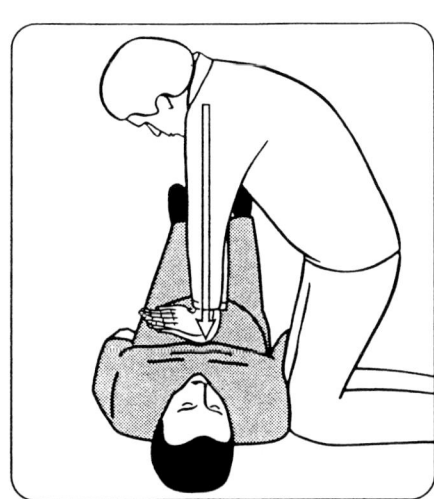

Abb. 1.31: Herzdruckmassage, Durchführung.

schneiden, Auspressen, Aussaugen etc. Derartige Maßnahmen führen nicht selten dazu, daß größere Gefäße verletzt werden und das Gift aus dem Gewebe schneller in den Kreislauf gelangt. Außerdem besteht die Gefahr von Sekundärinfektionen, die Gewebsverletzungen können außerdem zu einer massiven Blutungsquelle werden, wenn das Gift die Blutgerinnung stört. Da die Gifte sich recht schnell über das lymphatische System ausbreiten und der Stichkanal rasch durch das entstehende Ödem zuquillt, ist ein Aussaugen zwecklos.

● **Abbinden der betroffenen Extremität** (Stauung des arteriellen oder venösen Blutflusses). Durch den hervorgerufenen arterio-venösen Stau kommt es in der Regel bald zu schweren Gewebsschäden. Grundsätzlich ist das Abbinden einer Extremität nur als Ultima ratio bei Verblutungsgefahr (Verletzung einer Schlagader) anzusehen und hat bei der Behandlung von Gifttier-Verletzungen keinen Platz! Die Vorstellung, man könne damit das Vordringen bzw. die Resorption des Giftes aufhalten, ist insofern irrig, als man spätestens nach 10–15 Minuten die Stauung lösen muß (sie ist im übrigen äußerst schmerzhaft), will man irreversible Schäden vermeiden. Gerade dann führt das massive Einströmen des Giftes oft zu plötzlich verstärkt auftretenden Symptomen.

● **Einreiben oder Injizieren** irgendwelcher **Hausmittel** (z.B. Kaliumpermanganat) oder auch von Medikamenten. Hierzu gehören auch die zahlreichen alternativen „Heilmethoden" der örtlichen Wunderheiler und Schamanen.

● **Extremes Erwärmen** (auch nicht „Ausbrennen") oder **Kühlen** der Biß- oder Einstichstelle. Selbst die sog. Heißwassermethode (bei Vergiftungen durch Meerestiere häufig empfohlen), bei der die betroffene Stelle in erwärmtem Wasser behandelt wird mit dem Ziel, das Gift zu denaturieren und zu inaktivieren, hat ihre Risiken. So ist eine wirkungsvolle Temperatureinwirkung auf das Gewebe nur bei Körperteilen mit dünner Oberhaut bzw. geringer Gewebsmasse (Finger) zu erwarten. Gleichzeitig ist starke Erwärmung selbst gewebsschädigend. Von dieser Methode wird daher grundsätzlich abgeraten wie auch von dem extremen Kühlen, das nicht selten Gewebsschäden durch Erfrierungen zur Folge hat.

● **Verabreichen von Alkohol oder Kaffee** sowie die Aufnahme von **Speisen** (Gefahr des Erbrechens etc.).
Vergiftungen nach dem Verzehr von giftigen Tieren (Muscheln, Krabben, Fischen) treten meist erst nach einiger Zeit auf, so daß es für provoziertes Erbrechen meist zu spät ist, da die Nahrung bereits verdaut und das Gift resorbiert ist (wenn nicht schon infolge der Vergiftung erbrochen wurde).

Behandlung

Gifttiere applizieren ihr Gift durch Biß oder Stich parenteral. Es gelangt durch Injektion in die Haut (selten tiefer) und über das Lymph- und Kapillarsystem in den Kreislauf. Eine Vergiftung zeigt sich in einer mehr oder weniger ausgeprägten lokalen Reaktion oft durch starken Schmerz (z.B. Bienenstich) an der Stelle, wo das Gift in den Körper eingedrungen ist, und in mannigfaltigen Symptomen, die anzeigen, daß Nervensystem, Kreislauf oder Organfunktionen betroffen sind. Eine enterale Giftaufnahme geschieht durch den Verzehr giftiger Tiere als Lebensmittel (Muscheln, Krabben oder Fisch).
Vergiftungen lassen sich durch **spezifische Maßnahmen**, durch Verwendung eines Antidots und durch **unspezifische (symptomatische) Maßnahmen** behandeln. Antidote gegen Tiergifte sind derzeit ausschließlich Antiseren, die durch Immunisierung von Tieren mit einem Gift (oder Giftgemisch) gewonnen wurden. Antiseren sind jedoch nur für relativ wenige Vergiftungen vorhanden: Steinfisch (*Synanceja* spp.), Würfelqualle (*Chironex fleckeri*), einige Spinnen, Skorpione und für die wichtigsten (keineswegs für alle) Giftschlangen. So muß die Mehrzahl der Vergiftungen durch Tiere symptomatisch behandelt werden.

Unspezifische Therapie

Nach wie vor ist eine an den auftretenden Symptomen orientierte Therapie von Vergiftungen durch Tiere am wichtigsten. Der große Fortschritt auf dem Gebiet der Intensivmedizin hat zu drastischem Rückgang der Mortalitätsrate bei vielen dieser Vergiftungen geführt.
Vergiftungen nach Biß oder Stich von Gifttieren verlaufen **akut,** nicht chronisch. Die Gifte bzw. deren Toxine greifen in vitale Körperfunktionen ein. Oft schon binnen einer halben Stunde, selten jedoch innerhalb weniger Minuten wird die Herz-Kreislauf-Funktion beeinträchtigt, das periphere Nervensystem blockiert, die Blutgerinnung aufgehoben. Einerseits bewirken dies die Gifte selbst, andererseits lösen sie eine Reihe von autopharmakologischen Reaktionen aus (Freisetzung von biogenen Aminen, Transmittern, Entzündungsmediatoren etc.), die in der Folge das Vergiftungsbild bestimmen und komplex erscheinen lassen.
Es ist keineswegs davon auszugehen, daß eine Antidot-, d.h. Antiserum-, Therapie einer **symptomatischen Behandlung** stets überlegen ist. Die Wirkung von Antiseren ist durch vielerlei Umstände limitiert. Oft genug sind selbst hochspezifische Antiseren bei einer bereits fortgeschrittenen Vergiftung wirkungslos. Allein eine konsequent durchgeführte, sich an den auftretenden Symptomen orientierende Behandlung ist in diesen Fällen lebensrettend; dies vor allem auch dann, wenn im Laufe der Vergiftung Komplikationen auftreten, die mit der eigentlichen Giftwirkung nichts (mehr) zu tun haben.
In diesem Zusammenhang muß betont werden, daß Vergiftungen durch Tiere primär kein chirurgisches Problem sind (hierauf wird in den einzelnen Kapiteln immer wieder hingewiesen). Es ist irrig anzunehmen, man könne Gift entfernen, wenn man nur genügend Gewebe entferne (Amputation eines Fingers etc.). Die Erfahrung zeigt, daß bei dieser Vorgehensweise Komplikationen weitaus häufiger sind und das Ergebnis meist äußerst unbefriedigend ist (Bewegungseinschränkungen etc.).

So können durch moderne **intensivmedizinische Methoden** Herz-Kreislauf-Funktionen rasch stabilisiert und bei Lähmung der Atemmuskulatur eine Beatmung auch über Wochen oft komplikationslos durchgeführt, ein akutes Nierenversagen durch Dialyse reversibel gestaltet werden. Problematisch und mit einem hohen Komplikationsrisiko belastet ist allerdings die Behandlung von Gerinnungsstörungen, wie sie von manchen Schlangengiften hervorgerufen werden. Hier ist der Einsatz eines Antiserums (falls vorhanden) von besonderer Bedeutung.

Mit der Suche nach Antidoten, der Verbesserung von Antiseren (Steigerung des Wirkungsgrades, höhere Spezifität) muß eine Optimierung der symptomatischen Behandlung einhergehen, soll das Risiko eines letalen Ausgangs weiter reduziert werden.

Spezifische Therapie

Einzige spezifische Therapie von Vergiftungen nach Biß und Stich eines Gifttieres ist die Anwendung eines **Antiserums**. Es stellt allerdings kein Allheilmittel dar, denn es ist in seiner Wirksamkeit durchaus limitiert.

Antiseren sind von unterschiedlicher Qualität und Spezifität (Abb. 1.32). Sie werden durch Immunisierung meist von Pferden mit einem Gift (monovalente Antiseren) oder mit einem Gemisch aus mehreren Giften (polyvalente Antiseren) hergestellt. **Monovalente Antiseren** werden immer dann bevorzugt, wenn eine möglichst hohe Neutralisationskapazität (Titer) gegen ein spezifisches Gift eines gefährlichen Gifttieres (Steinfisch, Schwarze Witwe, Giftschlangen) erzielt werden soll. **Polyvalente Antiseren** sollen möglichst verschiedene Gifte neutralisieren, etwa die von Giftschlangen einer ganzen Region, z.B. Europa oder Nordafrika. Sie müssen keineswegs weniger wirksam als monovalente Antiseren sein, oft genug ist ihr Titer für ein einzelnes Gift gleich dem eines monovalenten Antiserums. Es ist jedoch eher die Regel, daß polyvalente Antiseren in höherer Dosierung als monovalente anzuwenden sind.

Bei den meisten derzeit produzierten Antiseren handelt es sich zwar um hinreichend gereinigte **Immunglobulin-Präparate**. Im ungünstigsten Fall kann es jedoch auch nur ungenügend fraktioniertes Pferdeserum sein. Es ist daher stets (auch bei gereinigten Antiseren) mit Nebenwirkungen bis hin zur akuten Anaphylaxie zu rechnen.

Durch weitere Behandlung der Antikörper (Verdauung) geht man immer häufiger dazu über, Antikörper-Fragmente, F(ab')$_2$ (antibody binding fragments) herzustellen, was in der Regel eine höhere Effizienz des Antiserums und eine geringere Rate von anaphylaktoiden Serumreaktionen bewirkt. Eine weitere Fraktionierung (Fab) führt zu einem kleineren Molekül, das sich zwar besser verteilt und eine höhere Wirksamkeit erwarten läßt, das jedoch auch schneller ausgeschieden wird. Oft stellt man nach einer gewissen Zeit ein Nachlassen der Antiserum-Wirkung fest und muß eine weitere Dosis verabreichen. Durch Einsatz besserer Technologien (z.B. Isolierung hochspezifischer Antikörper, auch an monoklonale Antikörper könnte man denken) lassen sich sicher bessere Antiseren als die, die derzeit auf dem Markt sind, herstellen. Allerdings sind derartige Präparate dann in den Ländern der Tropen, wo sie vorwiegend benötigt werden, nicht mehr bezahlbar.

Die **Neutralisationskapazität** der einzelnen Antiseren ist sehr variabel und unterliegt derzeit keinem internationalen Standard. Sie beschränkt sich oft nicht nur auf die Gifte, die zur Immunisierung benutzt wurden, sondern schließt häufig auch nahe verwandte Arten ein (**Kreuzreaktivität**). Andererseits gibt es auch drastische Unterschiede in der Fähigkeit, Gifte einer Art aus unterschiedlicher geographischer Herkunft zu neutralisieren. Dies ist durch die oft stark variierende Giftzusammensetzung bedingt.

In der Regel können Antiseren nur **systematische Reaktionen**, so etwa die Störung der Blutgerinnung, Herz-Kreislauf-Probleme oder die neurotoxische Wirkung eines Giftes beeinflussen. **Lokale**

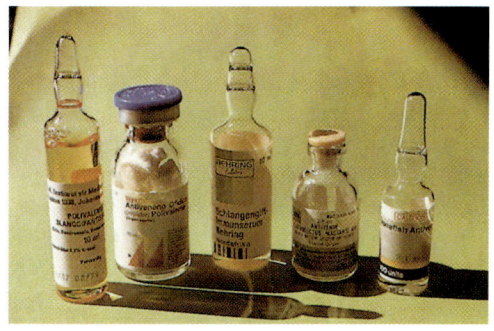

Abb. 1.32: Antiseren gegen Gifte von Schlangen, Spinnen (Schwarze Witwe, *Latrodectus mactans*) und auch des Steinfisches (*Synanceja* spp.) werden entweder in flüssiger Form in Ampullen abgefüllt oder liegen als gefriergetrocknetes Produkt vor, das vor der Injektion erst mit Wasser für Injektionszwecke aufgelöst werden muß.

Symptome wie Ödem, Hämorrhagie und Gewebsnekrosen werden jedoch nicht verhindert, meist auch nicht einmal in ihrer Ausdehnung begrenzt. Lokale Reaktionen setzen schon wenige Minuten nach der Giftinjektion ein und sind danach kaum mehr zu beeinflussen.

So ist eine **Antiserum-Therapie** bei vorwiegend lokal wirkenden Giften (hierzu gehören z.B. die vieler Vipern) oft nicht indiziert, da nicht wirkungsvoll. Hingegen ist Antiserum bei Bissen von Kobras, Mambas oder Kraits mit sich abzeichnender neurotoxischer Symptomatik und bei Vipern- und Crotalidenbissen mit Anzeichen einer Gerinnungsstörung unbedingt anzuwenden. In diesen Fällen müssen jedoch die verwendeten Dosen hoch genug sein. Nicht selten sind bei schweren Vergiftungen 10–20 Ampullen (à 10 ml) nötig. Kinder sollten mindestens die gleiche Dosis wie Erwachsene erhalten, da sie ja keine geringe Giftmenge injiziert bekamen.

Grundsätzlich sollten Antiseren nur **intravenös** verabreicht werden. Subkutane oder intramuskuläre Injektionen, etwa um die Bißstelle herum, sind in der Regel verfehlt. Die Immunglobuline können die zahlreichen Gewebsbarrieren nicht passieren. Die Antikörper müssen bei einer sich anbahnenden, systemischen Vergiftung möglichst schnell in den Kreislauf gelangen, um hier noch zirkulierende Antigene (Toxine etc.) zu neutralisieren. Dies setzt auch voraus, daß Antiseren **möglichst frühzeitig** angewendet werden. Mit zunehmendem Abstand zum Unfallzeitpunkt ist ihre Wirkung geringer (die Toxine haben ihre Wirkorte erreicht und sind davon nur schwer zu verdrängen); in der Regel müssen dann höhere Dosen angewandt werden. Dies trifft allerdings nicht für Gifte zu, die zu Gerinnungsstörungen führen. Hier ist zu fast jedem Zeitpunkt eine Neutralisation der betreffenden Giftfaktoren, die ihren Wirkungsort im zirkulierenden Blut haben, möglich.

Die Vortestung des Antiserums auf allergische Reaktionen (Haut- oder Konjunktival-Test) wird immer wieder empfohlen, ist jedoch nicht zuverlässig und verzögert außerdem die Therapie. Denn auch bei positiver Reaktion muß in schweren Vergiftungsfällen eine Antiserumtherapie durchgeführt werden. Andererseits schützt auch eine negative Reaktion nicht vor einer **Anaphylaxie**, vor allem dann nicht, wenn hohe Dosen Antiserum verabreicht werden. So sollten alle Vorbereitungen getroffen werden, um bei der Anwendung des Antiserums einen anaphylaktischen Schock unter Kontrolle zu bekommen. Eine aufgezogene Spritze mit **Adrenalin** muß bereitliegen.

Oft schon wenige Minuten nach Beginn der Antiserum-Infusion können erste Anzeichen einer **allergischen** bzw. **anaphylaktischen Reaktion** auftreten: Schwellungen im Gesicht (Lippen, Augenlider), Bronchokonstriktion (keuchende Atmung), Blässe, Blutdruckabfall, der, wenn er nicht sofort behandelt wird, einen tödlich endenden Schock zur Folge haben kann. Patienten, denen bereits früher einmal Antiserum verabreicht wurde und die daraufhin IgE-Antikörper entwickelt haben, sind hierfür besonders disponiert; sie sind **Risikopatienten**. Mitunter reagiert ein Patient schon gegenüber dem Gift allergisch und zeigt alle Symptome eines sich anbahnenden anaphylaktischen Schocks. Dies wird leicht verkannt und dann eher einer direkten Giftwirkung zugeschrieben. In derartigen Fällen ist die Indikation für eine Antiserum-Therapie besonders eng zu fassen. Zumindest ist erhöhte Aufmerksamkeit und Interventionsbereitschaft angezeigt.

Antiserum (2–4 Ampullen) sollte in 500 ml Infusionslösung (NaCl, Ringer) verdünnt und mittels eines **schnell laufenden Tropfs** infundiert werden. So läßt sich bei plötzlich auftretenden Nebenwirkungen die Zufuhr leicht unterbrechen bzw. verlangsamen. Wieviel Antiserum zu verabreichen ist, hängt neben der Schwere der Vergiftung vor allem aber von der Spezifität und der Neutralisationskapazität des zur Verfügung stehenden Antiserums ab. Regeln können hierfür nicht aufgestellt werden. Die Rückkehr zu normalen Gerinnungswerten oder das Verschwinden von Lähmungserscheinungen sind ein Hinweis auf eine erfolgreiche Antiserum-Therapie. Nicht immer gibt es jedoch eine direkte Erfolgskontrolle.

Wenn unter außergewöhnlichen Umständen (etwa weit entfernt vom nächsten Krankenhaus) Infusionslösung nicht zur Verfügung steht, so kann Antiserum auch **unverdünnt intravenös**, dann jedoch besonders langsam injiziert werden. Es braucht nicht betont zu werden, daß hierbei der Patient ständig zu beobachten ist und bei geringsten Anzeichen einer Anaphylaxie (u.a. Hitzewallungen, plötzliche Blässe) die Injektion sofort zu unterbrechen ist.

Aus all dem folgt zwangsläufig, daß derartige therapeutische Maßnahmen **grundsätzlich nur durch einen Arzt** vorgenommen werden dürfen. Oft genug herrscht unter Laien die Vorstellung, man müsse sich gleich eine Ampulle Antiserum selbst verabreichen. Eine Antiserum-Therapie ist eine Maßnahme, die mit einem nicht zu unterschätzenden Risiko belastet ist und nur wegen der Gefährlichkeit einer akuten Vergiftung gerechtfertigt ist.

Hinweise für Fern- und Abenteuerreisende

Reisen in die Tropen sind dank schneller Flugverbindungen heute kein abenteuerliches Unterfangen mehr, sondern fast alltäglich geworden. Mancher Ferntourist realisiert nicht einmal, daß sein Reiseziel im Tropengürtel liegt.

Neben den Problemen, die generell mit einem Klimawechsel verbunden sind, ist der Reisende durch parasitäre und bakterielle Infektionen einem höheren **gesundheitlichen Risiko** ausgesetzt [1]. Vor allem der Abenteuerreisende, der die üblichen Touristenrouten verläßt, auf eigene Faust als Rucksackreisender ein Land durchquert (Abb. 1.33), wird fragen, von welchen Giftieren ihm Gefahr droht. Dabei wird das Risiko eines Gifttierunfalls sicher überschätzt, andere Risiken (Malaria, Bilharziose etc.) dafür eher unterschätzt.

Einige **Regeln** sollte jedoch jeder beherzigen, der in den Tropen und Subtropen reist, vor allem wenn er sich als Alternativ-Reisender versteht und sich Sitten und Gebräuche der Einheimischen zu eigen macht.

- Grundsätzlich: sich **informieren**, mit welchen Giftieren man überhaupt zu rechnen hat (Aussehen, Vorkommen, Lebensgewohnheiten). Reiseliteratur besorgen (in der allerdings das Kapitel „Giftiere" meist sehr dilettantisch behandelt wird), Einheimische fragen.

- Beim Wandern in unübersichtlichem Gelände (Wald, Grasland, Sumpf, steinigem Gelände) **schützende Kleidung** (lange Hosen, möglichst aus dichtgewebtem Baumwollstoff) und **feste Schuhe** tragen. Schwere Lederstiefel sind in feucht-heißen Regionen äußerst unbequem, doch geben Schnürstiefel aus Leinen (mit Gummisohle) genügend Halt und Schutz.

- Stets darauf achten, wohin man **greift** (vor allem beim Klettern), wohin man **tritt** und worauf man **sich setzt**. Nicht alle Giftschlangen ergreifen die Flucht, sondern vertrauen ihrer Tarnung.

- **Nicht in Erdhöhlen und unter Steine greifen;** hier können sich Schlangen und Skorpione verbergen.

- **Nicht in der Nähe von Holz- oder Steinhaufen**, in Höhleneingängen oder im Sumpfgelände das Lager aufschlagen; möglichst in zuvor gesäubertem, überschaubarem Gelände kampieren.

- **Feuerholz nicht nach Eintritt der Dunkelheit sammeln**; Vorsicht beim Aufheben größerer Äste, darunter könnten sich Schlangen, Spinnen und Skorpione verbergen.

- Zelte, Hütten oder Lager **nachts nie barfuß** verlassen, Weg mit der Taschenlampe ausleuchten. Viele Gifttiere sind nachtaktiv.

- In Gebieten, wo Skorpione häufig vorkommen, **Moskitonetz verwenden** (besonders wichtig natürlich auch in moskitoreichen Gebieten).

- **Kleider** und **Schuhe** vor dem Anziehen **ausschütteln** und inspizieren (auf Spinnen und Skorpione).

- Trifft man auf ein **Gifttier** (z.B. Schlange), **Abstand halten, Tier nicht reizen.**

- Auch anscheinend **tote Schlangen mit Vorsicht behandeln**, wenn überhaupt, dann nur mit langem Stock berühren.

- **Gifttiere nicht zu fangen versuchen** und nicht mit ihnen hantieren (häufigste Ursache eines Gifttier-Unfalls).

- Überhaupt: **nichts anfassen, was man nicht kennt** (dies gilt auch für Pflanzen).

Dies sind die wichtigsten Verhaltensregeln, die für ein „Überleben" in der Wildnis, aber auch in erschlossenen Regionen (viele Gifttiere sind Kulturfolger und in Häusern und Hütten anzutreffen) hilfreich sind.

Hinweise für Taucher, Schnorchler und Schwimmer

Tauchen und Schnorcheln erfreuen sich vor allem in tropischen Meeren steigender Beliebtheit (Abb. 1.34). Gifttiere begegnen dem Schwimmer als Quallen oder als stacheltragende Fische, auf die er im seichten Wasser tritt. Dem Schwimmer gegenüber ist der Schnorchler und Taucher im Vorteil, da er durch seine Maske unter Wasser sehen kann. Für den **Schwimmer** gelten folgende Empfehlungen:

- **Vorsicht** beim Baden an **menschenleeren Stränden**, dort vor allem nie alleine baden. Quallen sind im Wasser oft unsichtbar. Nicht ins Wasser gehen, wenn Quallen (wie die charakteristischen Gasblasen der Portugiesischen Galeere) angeschwemmt wurden.

- Beim Laufen über eine Riffplattform knöchelhohe **Turnschuhe tragen**; es besteht nicht nur Verletzungsgefahr durch scharfe Steinkanten, sondern auch durch Seeigelstachel und Giftstacheln von Fischen (wobei das Tragen von Turnschuhen nicht immer ein absoluter Schutz ist).

- **Nächtliches Baden ist** durch das vermehrte Auftreten von Seeigeln besonders **riskant.**

- **Hinweise von Einheimischen beachten;** durch Quallen gefährdete Strände werden manchmal gesperrt.

Schnorchler sollten darüber hinaus folgende Regeln beachten.

- Werden **Quallen** gesichtet, ist erhöhte Vorsicht geboten, **Wasser** gegebenenfalls **sofort verlassen.**

- **Nicht direkt über dem Sandboden schwimmen** (Vorsicht, eingegrabene Stechrochen).

Dem **Taucher,** der mit einem Neoprenanzug ausgerüstet ist, kann eigentlich nicht viel passieren. Selbst in warmen tropischen Gewässern ist stets ein Anzug zu empfehlen, der Arme und Beine bedeckt. Dieser schützt auch vor Auskühlung, die auch hier nicht zu unterschätzen ist.

Ein „stinger suit", aus dünnem Lycra®-Gewebe (ähnlich einem Gymnastikanzug), schützt zwar (auch Schwimmer und Schnorchler) vor Quallen, nicht jedoch vor Auskühlung, wenn man längere Zeit im Wasser ist. Knieschützer und Handschuhe sind (aus erzieherischen Gründen) nicht zu empfehlen. Sie führen eher zu Nachlässigkeit, sicher überall im Riff niederzuknien, alles anzufassen. Durch sorgfältiges Austarieren und vorsichtige Schwimmbewegungen werden unliebsame Kontakte mit spitzem Korallengestein (aber auch rigoroses Abbrechen und die Zerstörung fragiler Riffstrukturen) auf ein Minimum reduziert. Folgende **Vorsichtsmaßnahmen** helfen, Unfälle mit Gifttieren zu vermeiden:

- **Nichts anfassen,** was man nicht kennt.

- Beim Eintauchen in Höhlen, **Tieren** (Rochen, Rotfeuerfischen etc.) **Fluchtmöglichkeit offenlassen.**

- **Nicht in Löcher oder Höhlen hineingreifen.**

Abb. 1.33: Urwaldtrekking.

Abb. 1.34: Tauchen im Korallenriff.

- **Nicht dicht über dem Boden schwimmen** (eingegrabene Stachelrochen).

- Nicht versuchen, Skorpionsfische oder Rotfeuerfische mit der Hand zu fangen, **Tiere nicht reizen**, keine „Streichelaktionen".

- **Keine Anfütterungen.**

- Beim **Auftauchen nach oben blicken.**

- **Neoprenanzug** nach Kontakt mit Schwämmen, Quallen, Korallen und Seegurken (klebrige Cuviersche Schläuche) **gut auswaschen.**

- Bei **Nachttauchgängen Bodenkontakt vermeiden**; besonders beim Einstieg von Land aus auf Seeigel achten, möglichst auf hellem Sandgrund gehen.

Gifttiere sind nach wie vor eine seltene Ursache von Tauchunfällen; der Weg zum Meer ist oft gefährlicher als das Tauchen selbst.

Hinweise zur Reiseapotheke

Neben Medikamenten, die ständig genommen werden müssen, sollte die Reiseapotheke jene enthalten, mit denen man die gängigsten Erkrankungen auf Reisen behandeln kann.

Es muß besonders betont werden, daß von dem **Mitführen von Antiseren** zur Behandlung von Skorpionstichen und Giftschlangenbissen **dringend abzuraten ist**. In der Regel müssen die Ampullen (nur wenige Präparate sind gefriergetrocknet) kühl (4 °C) aufbewahrt werden (was ohne Unterbrechung kaum möglich sein wird); außerdem sind Antiseren nur von einem Arzt anzuwenden. Auch von Giftextraktoren und ähnlichen Gerätschaften, die die Bißstelle z.T. massiv verletzen, wird dringend abgeraten.

Für **Bißunfälle** können nur wenige Medikamente für die Reiseapotheke empfohlen werden. Neben Schmerzmitteln (z.B. Aspirin®) sind Antihistaminika bei Stichen, lokalen Hautausschlägen etc. zu empfehlen (Tavegil®, Soventol®, als Gel auftragen). Insekten-abweisende Mittel (Autan®, als Lotion oder Spray) schützen eine gewisse Zeit (bis sie verdampft sind) vor den meisten Insekten, auch vor Zecken.

Bei Bissen und Stichen durch Gifttiere ist außer den Erste-Hilfe-Maßnahmen jegliche **weitere Behandlung** vor allem bei schweren Vergiftungserscheinungen ausschließlich einem **Arzt** zu überlassen. Auch der Abenteuer-Tourist sollte in diesen Fällen seine Bemühungen vordringlich darauf ausrichten, möglichst rasch in ärztliche Behandlung zu kommen, als zeitaufwendige und meist nicht sehr effektive Selbstmedikation zu versuchen. Weitere Hinweise zur Tropen- und Touristikmedizin finden sich bei Werner [1], aber auch in der einschlägigen Fachliteratur (Tropenmedizin).

Informationsquellen

Über tierische Gifte gibt es eine reichhaltige Literatur. Ältere Werke, die inzwischen zu den Klassikern auf diesem Gebiet zählen, haben (neben ihrem historischen Wert) z.T. noch grundlegende Bedeutung, will man sich über die Biologie der Gifttiere, ihre Giftapparate etc. informieren. Hierzu gehören Werke wie die von Phisalix [2] und Pawlowsky [3], um nur die wichtigsten aus neuerer Zeit zu nennen. Kaiser und Michl [4] gaben als erste eine umfassende Darstellung der Biochemie tierischer Gifte.

Auf wichtige Werke, die bestimmte Gruppen von Gifttieren, z.B. Meerestiere, Skorpione etc. oder die Gifttiere einer bestimmten Region behandeln, wird in den einzelnen Kapiteln hingewiesen. Hier gibt es z.T. hervorragende Darstellungen, so z.B. Halsteads [5] umfangreiche Monographie giftiger Meerestiere oder Sutherlands Buch [6], das erschöpfend über australische Gifttiere Auskunft gibt. Das von Bettini [7] herausgegebene Handbuch behandelt Arthropoden-Gifte, das von Lee [8] herausgegebene Schlangengifte. Diese Standardwerke sind allerdings in mancher Hinsicht schon wieder überholt, da gerade in den letzten zehn Jahren auf dem Gebiet tierischer Gifte sehr viel an neuen Erkenntnissen hinzukam. Dem wird das von Tu [9] herausgegebene mehrbändige Handbuch kaum gerecht, dessen erster Band 1983 erschien und das über pflanzliche, bakterielle und tierische Gifte das ganze Spektrum toxischer Naturstoffe abdecken will; ein Anspruch, der nicht gelang, da einzelne Gifte sehr ausführlich, andere nur fragmentarisch oder überhaupt nicht behandelt werden. Für den französischen Sprachraum haben Goyffon und

Heurtault [10] eine sehr gute Übersicht zum Thema Gifttiere geschrieben. Über Schlangengifte informiert das Buch von Harvey [11] zum letzten Stand der Forschung.

Einen anderen Weg geht das von Shier und Mebs [12] herausgegebene Handbuch, das nicht dem sonst üblichen Weg des botanischen und zoologischen Systems folgt, sondern in einzelnen Kapiteln bestimmte Wirkungsweisen von Toxinen abhandelt.

Auf zwei in den letzten Jahren erschienene Werke sei besonders hingewiesen, da sie das vorliegende Buch in hervorragender Weise ergänzen: das von Junghanss und Bodio [13] auf deutsch verfaßte Notfall-Handbuch Gifttiere, das überwiegend klinisch ausgerichtet ist, und das von Meier und White [14] herausgegebene englische Handbuch gleicher Thematik.

Die Wissenschaft steht nicht still, so daß Handbücher nach einigen Jahren vielfach überholt sind, wenn nicht durch Neuauflagen „nachgebessert" wird. Zwar sind auf dem Gebiet der tierischen Gifte die Arbeiten über das gesamte wissenschaftliche Schrifttum verstreut. Es gibt aber eine Zeitschrift, die sich speziell dem Themenkreis pflanzlicher, tierischer und mikrobieller Gifte widmet: Toxicon. Hier werden Arbeiten aus allen Gebieten der Chemie, Pharmakologie, Anatomie etc. wie auch zur Klinik und Therapie von Vergiftungen publiziert.

Im vorliegenden Handbuch wird versucht, den Einstieg in die Spezialliteratur dadurch zu erleichtern, daß jeweils die neuesten, wenn möglich, Übersichtsarbeiten zitiert werden. Es wird also nicht der Anspruch erhoben, jeweils ein vollständiges Literaturverzeichnis zu erstellen. Geht man von den zitierten einschlägigen Arbeiten oder Spezialwerken aus, so dürfte es nicht schwer sein, auch Zugang zur Spezialliteratur zu finden.

Literatur

[1] Werner, G.T., Kleine Touristik- und Tropenmedizin. 2. Aufl. Wissenschaftl. Verlagsgesellschaft, Stuttgart (1988).

[2] Phisalix, M., Animaux venimeux et venins. 2 Bände, Masson, Paris (1922).

[3] Pawlowsky, E.N., Gifttiere und ihre Giftigkeit. G. Fischer, Jena (1927).

[4] Kaiser, E., Michl, A., Die Biochemie der tierischen Gift. F. Deuticke, Wien (1958).

[5] Halstead, B.W., Poisonous and venomous marine animals of the world. Darwin Press, Princeton (1988).

[6] Sutherland, S.K., Australian Animal Toxins. Oxford Univ. Press, Melbourne (1983).

[7] Bettini, S., Arthropod venoms. Handb. exp. Pharmac. Bd. **48**, Springer Verl., Berlin (1978).

[8] Lee, C.Y. (ed.), Snake venoms. Handb. exp. Pharmac. Bd. **52**, Springer Verl., Berlin (1979).

[9] Tu, A.T. (Hrsg.), Handbook of natural toxins, Bd. **1-5**, M. Dekker, New York (1983-1991).

[10] Goyffon, M., Heurtault, J., La Fonction Venimeuse. Masson, Paris (1995).

[11] Harvey, A.L. (ed.), Snake Toxins. Int. Encycl. Pharmacol. Ther. Pergamon Press, New York (1991).

[12] Shier, W.T., Mebs, D. (eds.), Handbook of toxinology. M. Dekker, New York (1990).

[13] Junghanss, T., Bodio, M., Notfall-Handbuch Gifttiere. G. Thieme Verl., Stuttgart (1996).

[14] Meier, J., White, J. (eds.), Handbook of Clinical Toxicology of Animal Venoms and Poisons, CRC Press, Boca Raton (1995).

Meeres-
tiere

Die Portugiesische Galeere,
Physalia physalis

Gifte, Toxine oder toxische Stoffwechselprodukte sind im marinen Bereich weit verbreitet. Tatsächlich finden sich hier Substanzen, die zu den **stärksten Giftstoffen** zählen, die man derzeit kennt: Saxitoxin, Tetrodotoxin, Ciguatoxin, Palytoxin, Conotoxine und Seeschlangen-Toxine, um nur die wichtigsten zu nennen. Sie werden einerseits aktiv mit Hilfe spezialisierter Organe, etwa Drüsen in Verbindung mit Stacheln oder Zähnen, zum Beuteerwerbe, aber auch zur Verteidigung eingesetzt. Viel häufiger ist jedoch die sog. passive Anwendung. In einzelnen Organen oder einfach im ganzen Körper verteilt, werden sie gespeichert, wobei sie entweder vom betreffenden Tier selbst synthetisiert oder aus der Umwelt, meist über die Nahrungskette, aufgenommen werden. Sie kommen erst dann zur Wirkung, wenn das nunmehr „giftige" Tier verletzt oder sogar verzehrt wird [1].

Nicht immer ist die **biologische Funktion**, die Gifte und Toxine in marinen Lebensräumen haben, eindeutig. Oft scheinen sie trotz hoher Toxizität für terrestrische Wirbeltiere (inklusive Mensch) für Meerestiere selbst keine Bedeutung zu haben. Das Phänomen Toxizität ist im marinen Bereich äußerst komplex und in vielen Fällen nicht einmal in Ansätzen verstanden.

Der Mensch kann durch Meerestiere auf zweierlei Art und Weise Vergiftungen erleiden: durch Giftwerkzeuge der Tiere, so durch Hautkontakt mit Nesseltieren, durch Giftstacheln von Fischen etc. oder durch den Verzehr von giftigen Meerestieren wie Muscheln, Krebsen, Fischen etc. Dies können leichte, z.T. triviale, aber auch schwere, lebensbedrohliche und tödlich verlaufende Vergiftungen sein. Das Spektrum der auftretenden Symptome ist breit und reicht von lokalen Reaktionen bis zu schweren, oft komplexen, den ganzen Körper betreffenden Erscheinungen. Die **Behandlungsmöglichkeiten** sind meist beschränkt, denn nur in wenigen Fällen (sie stellen eher eine Ausnahme dar) steht ein spezifisches Antidot zur Verfügung. So ist häufig nur eine „symptomatische" **Behandlung** möglich.

Trotz vieler Detailkenntnisse über giftige Meerestiere [2] ist dieses Kapitel noch mit Rätseln verbunden und für manche Überraschung gut. So hat z.B. eine besondere, das Zentralnervensystem betreffende Form einer Vergiftung nach dem Verzehr von Muscheln erst vor wenigen Jahren für Aufsehen gesorgt (s. Kapitel: Muschelvergiftung). Auch was die Symptomatik so mancher Vergiftung betrifft, sind viele Fragen oft noch unbeantwortet. Selbst die Toxine, die Auslöser einer Vergiftung, sind in ihrer Chemie und Wirkungsweise mitunter kaum charakterisiert, oft genug sogar unbekannt. So sind gerade für den marinen Bereich genaue Aufzeichnungen zum Vergiftungsverlauf und über Behandlungserfolge (auch Mißerfolge) genauso wichtig wie die Untersuchung der Gifte selbst.

In den folgenden Kapiteln werden Vergiftungen durch Meerestiere nach **aktivem** (Tiere mit speziellen Giftapparaten) und **passivem Gifteinsatz** (überwiegend durch Verzehr der Tiere) eingeteilt. Während im ersten Fall meist der einzelne als Schwimmer oder Taucher betroffen ist, nehmen Vergiftungen, hervorgerufen durch den Konsum von Meerestieren, oft epidemische Ausmaße an.

Die neuere Literatur über Vergiftungen marinen Ursprungs ist häufig in wissenschaftlichen Zeitschriften verstreut. Glücklicherweise kann man jedoch auf ein Standardwerk zurückgreifen, das 1988 in der zweiten Auflage erschienen ist: B.W. Halstead, Poisonous and Venomous Marine Animals of the World [2]. Es ist aus einem umfangreichen dreibändigen Werk [3] hervorgegangen und stellt trotz der mehr als 1 400 Seiten eine Kurzfassung dar. Es ist ein Klassiker auf dem Sektor der **marinen Toxinologie**. Noch stärker komprimiert ist eine Fassung in Form eines Farbatlanten [4]. Das von Williamson und Mitarbeitern 1996 herausgegebene Handbuch über marine Gifttiere [5] schließt an Halsteads Monographie an, erfüllt jedoch die Erwartungen nicht ganz. Einen recht guten Überblick gibt auch das Buch von de Couet und Mitarbeitern [6], obwohl in der Zwischenzeit einiges überholt ist. Das neuere Werk von Bergbauer bietet hierfür eine Ergänzung [9]. Wichtige, jedoch mehr für den pazifischen Raum zugeschnittene Hinweise enthält auch das Buch von Sutherland [7]. Auch einige Kapitel in Band 3, Marine Toxins and Venoms, des Handbook of Natural Toxins [8] geben ergänzende Informationen. Für eher allgemeine Aspekte von Giften im marinen Bereich sei auf ein Buch des Verfassers hingewiesen [1].

Literatur

[1] Mebs, D., Gifte im Riff. Toxikologie und Biochemie eines Lebensraumes. Wissenschaftl. Verlagsges. Stuttgart (1989).

[2] Halstead, B.W., Poisonous and Venomous Marine Animals of the World (2nd rev. edition). Darwin Press Inc., Princeton, NJ (1988).

[3] Halstead, B.W., Poisonous and Venomous Marine Animals of the World. 3 Bände, US Government Print Office, Washington, D.C. (1965-70).

[4] Halstead, B.W., Auerbach, P.S., Campbell, D., A Colour Atlas of Dangerous Marine Animals. Wolfe Med. Publications, London (1990).

[5] Williamson, J.A., Fenner, P.J., Burnett, J.W., Rifkin, J.F., Venomous and Poisonous Marine Animals: A Medical and Biological Handbook. Univ. NSW Press, Sydney (1997).

[6] De Couet, H.G., Moosleitner, H., Naglschmid, F., Gefährliche Meerestiere. Jahr Verlag, Hamburg (1981).

[7] Sutherland, S.K., Australian Animal Toxins. Oxford Univ. Press, Melbourne (1983).

[8] Tu, A.T. (ed.), Marine Toxins and Venoms. Handbook of Natural Toxins, Bd. 3. M. Dekker, New York (1988).

[9] Bergbauer, M., Giftige und gefährliche Meerestiere. Müller Rüschlikon Verl., Cham (1997).

Aktiv giftige Meerestiere

Schwämme (Stamm: Porifera)

Abb. 2.1: *Neofibularia nolitangere* (Bonaire, Karibik)

Merkmale: Festsitzende Tiere mit variabler Gestalt: schlauch-, becher-, röhren-, tonnen-, pilzförmig oder flächig wachsend, Körper mit zahlreichen Kanälen und Hohlräumen, Oberfläche porös. Hartkörper (Spiculae) aus Kalk- oder Kieselsäurenadeln.
Verbreitung: In allen Weltmeeren.
Lebensraum/Lebensweise: In allen Meerestiefen verbreitet, vereinzelt, aber auch in großen Ansammlungen wachsend, Planktonfiltrierer.

Unter den etwa 5000 Arten von Meeres- wie Süßwasserschwämmen gibt es nur relativ wenige, die bei Kontakt für den Menschen unangenehme Folgen hervorrufen können. Diese Schwämme zählen alle zu den Kieselschwämmen und hier zur Gruppe der Demospongiae.

Die im Mittelmeergebiet beobachtete „Schwammfischer-Krankheit" ist übrigens nicht auf die Einwirkung von Schwämmen zurückzuführen, sondern auf das Nesseln einer Seeanemone (*Sagartia rosea*), die sich häufig an der Basis der Schwämme ansiedelt [1].

Die wichtigsten, für den Menschen weniger gefährlichen, aber sehr unangenehmen Arten kommen außerhalb Europas, in der Karibik und im pazifischen Raum vor:

Neofibularia nolitangere (Abb. 2.1) (touch-me-not-sponge; irritating sponge), ein großer, massiger, kompakter Schwamm, bis zu 1 m Durchmesser, mit großen, unregelmäßigen Öffnungen (Oscula), dunkel-rotbraun gefärbt. Vorkommen: Korallenriffe der Karibik, im seichten Uferbereich, auch am Riffhang (30 m und tiefer).

Neofibularia mordens (Australian stinging sponge), pilzförmig bis zu 50 cm hoch, blau; Vorkommen: Küstengewässer Australiens, auf Felsen und Steinen.
Microciona prolifera (red moss, red beard sponge) bildet große zusammenhängende Kolonien, buschähnlich, bis zu 20 cm hoch, rot bis orange-braun; Vorkommen: entlang der nordamerikanischen Atlantikküste (Cape Cod bis South Carolina), wächst auf Muscheln (oyster sponge), auf Felsen, in Gezeitenzonen.
Haliclona viridis (green sponge), weicher, fingerförmiger Schwamm, grün;

Vorkommen: Karibik, auf Sandboden oder Felsen.

Tedania ignis, Feuerschwamm (fire sponge) (Abb. 2.2), überzieht flächig Steine, Wurzeln von Mangroven oder andere Schwämme, bis 30 cm Durchmesser, tiefrot, aber auch orange bis rosa, weiche Konsistenz; Vorkommen: Karibik und Pazifik, in Gezeitenzonen und Flachwasser.

Vergiftungsumstände. Meist beim Sammeln von Schwämmen, aber auch beim einmaligen Berühren der erwähnten Schwammarten kann es zu unangenehmen, schmerzhaften **Hautreaktionen** (Dermatitis) kommen. Diese werden verstärkt, wenn man die Schwämme an Land ausquetscht und das Exsudat auf der Haut beläßt.

Vorsichtsmaßnahmen. Schwämme nicht anfassen oder ausdrücken. Wenn man beabsichtigt, Schwämme zu sammeln, unbedingt Handschuhe tragen und Schwämme von unbedeckter Haut fernhalten; Vorsicht auch bei Schleimhautkontakt oder bei unbeabsichtigtem Einreiben in die Augen.

Giftapparat. Von einem eigentlichen Giftapparat kann man bei Schwämmen nicht sprechen, obwohl die meist mikroskopisch kleinen **Kieselsäurenadeln** auch Abwehrfunktion haben (Abb. 2.3). Sie dringen leicht in die Haut ein, brechen ab, reizen die Haut und erleichtern das Eindringen von Absonderungen des Schwammes.

Gift. Schwämme enthalten eine Vielzahl sekundärer Metaboliten, die u.a. Abwehrfunktion und antibiotische Eigenschaften haben [2, 3]. Bei keiner der hier in Frage stehenden Schwammarten ist jedoch bisher ein Stoff isoliert worden, der für die Auslösung von **Hautreaktionen** verantwortlich zu machen wäre. Aus *Tedania ignis* vor der Küste Venezuelas isolierte Neurotoxine entstammten offensichtlich einer Planktonblüte; sie wurden im Schwammgewebe gespeichert [4]. Die gleiche Spezies, vor der Küste Floridas gesammelt, enthielt diese Toxine nicht,

Abb. 2.2: Feuerschwamm, *Tedania ignis* (Florida, USA).

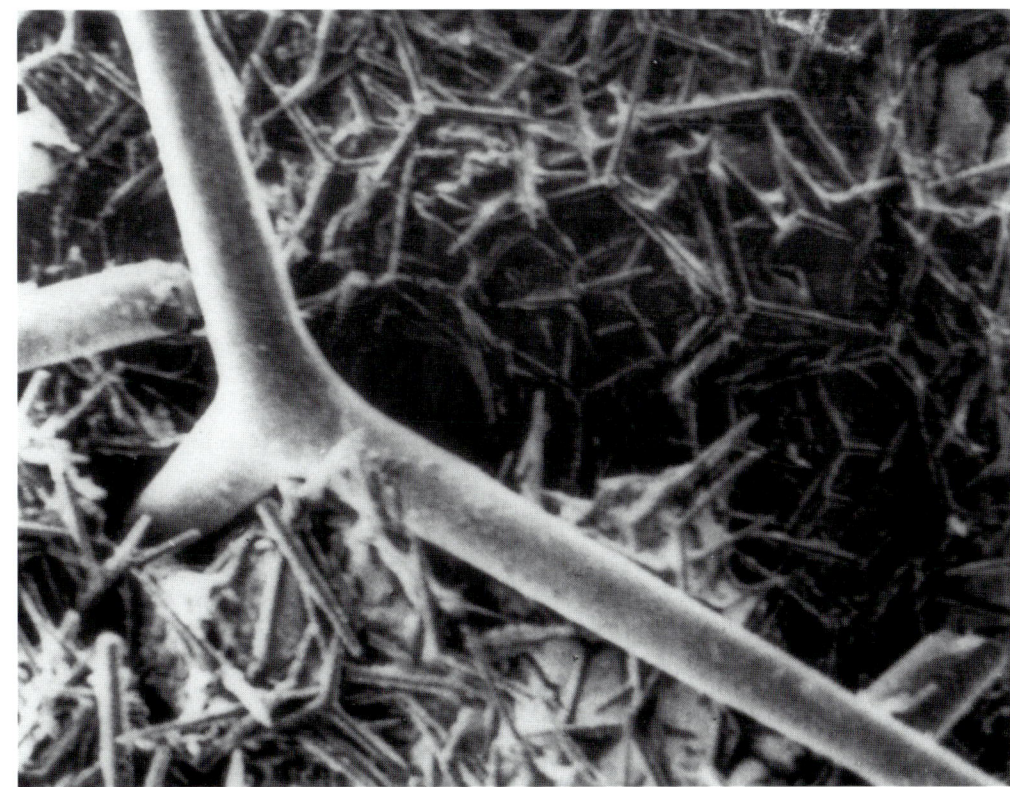

Abb. 2.3: Nadelförmige Skelettbausteine eines Schwammes (*Dysidea* sp.), Rasterelektronenmikroskopische (REM) Aufnahme (100 x).

war aber hochaktiv, was die Auslösung einer Dermatitis angeht [5]. Schwammextrakte von *Neofibularia mordens* enthielten neuroaktive Substanzen, die für die erste Hautreaktion (Urticaria) verantwortlich gemacht werden [6]. Die eindringenden Spiculae verstärken diese Reaktion. Das toxische Agens, das die Dermatitis auslöst, erwies sich als hitzeresistent. Getrocknete Schwämme werden wieder aktiv, wenn man sie befeuchtet, selbst in Formalin und Seifenlauge eingelegte Exemplare behalten diese Eigenschaften bei [7].

Vergiftung. Bei Hautkontakt kommt es zu einer schmerzhaften **Kontaktdermatitis**. Sie beginnt mit einer meist rasch einsetzenden Hautrötung, prickelndem bis stechendem Gefühl. Steifheit in den Fingergelenken, Schwellung und Ödem der betroffenen Hautregion folgen. Der Versuch, die Finger zu bewegen, ist schmerzhaft. Hautblasen können entstehen, die in der Folge aufplatzen; mitunter bildet sich auch ein Ekzem aus. Die Symptome gehen meist nach zwei bis drei Tagen zurück. Prickeln und stechende Empfindungen können jedoch noch Tage, ja sogar Wochen anhalten. Die betroffene Haut löst sich mitunter nach Wochen schuppig ab.

Die Symptome sind für die erwähnten Schwammspezies, so für *Microciona prolifera* [8], *Tedania ignis* [9] oder für die australischen Arten, *Neofibularia mordens* und *Lissodendoryx* spp. [7] ähnlich und variieren lediglich in ihrer Intensität. Die *Microciona-prolifera*-Dermatitis tritt häufig bei Fischern in der Austernindustrie auf, da der Schwamm häufig die Schalen der Muscheln besiedelt.

Dermatitiden können auch bei anderen Schwammspezies auftreten. Sie sind jedoch mehr traumatischer Natur, wenn die Kalk- oder Kieselsäurenadeln in die Haut eindringen und bei empfindlich reagierenden Personen eine Allergie-ähnliche Hautreaktion mit Rötung (Urticaria), Blasenbildung und Juckreiz hervorrufen.

Erste Hilfe. Betroffene Hautstellen mit Wasser oder dünner Seifenlauge abwaschen, vorsichtig abtrocknen. In der Haut steckende Spiculae können u.U. durch Auflegen eines Klebestreifens, Heftpflaster oder Isolierband, herausgezogen werden.

Therapie. Aufbringen einer milden Salbe oder Lotion, Kortikoidsteroid-Salben sind eher bei sekundären Entzündungen indiziert. Bei vorwiegend allergischen Reaktionen können Kortikosteroide, systemisch angewandt, angezeigt sein. Starker Juckreiz kann u.U. mit Antihistaminika unterdrückt werden.

Literatur

[1] Zervos, S.G., La maladie des pêcheurs d'éponges nus et l'anémone de la mer „actinion". Bull. Acad. Med. (Paris), Sér. 3, **119**, 379 (1938).

[2] Krebs, H.C., Recent development in the field of marine natural products with emphasis on biologically active compounds. Progr. Chem. Org. Nat. Products **49**, 151 (1986).

[3] Mebs, D.; Gifte im Riff, Toxikologie und Biochemie eines Lebensraumes. Wissenschaftl. Verlagsgesellschaft Stuttgart (1989).

[4] Sevcik, C., Barboza, C.A., The presynaptic effect of fractions isolated from the sponge *Tedania ignis*. Toxicon **21**, 191 (1983).

[5] Mebs, D., Lack of toxins in alcoholic extracts of the sponge *Tedania ignis*. Toxicon **22**, 821 (1984).

[6] Flachsenberger, W., Holmes, N.J.C., Leigh, C., Kerr, D.I.B., Properties of the extract and spicules of the dermatitis inducing sponge *Neofibularia mordens*. Hartman. Clin. Toxicol. **25**, 255 (1987).

[7] Southcott, R.V., Coulter, J.R., The effects of the Southern Australian marine stinging sponges, *Neofibularia mordens* and *Lissodendoryx* sp. Med. J. Australia **2**, 895 (1971).

[8] Corson, E.F., Pratt, A.G., „Red moss" dermatitis. Arch. Dermatol. Syphil. (Chicago) **17**, 574 (1943).

[9] Fisher, A.A., Atlas of aquatic dermatology. Grune and Stratton, New York (1978).

Fallbeschreibung

Ein 32jähriger Taucher sammelte vor Curaçao, Niederländische Antillen, Schwämme, wobei er keine Handschuhe benutzte. Er hatte beim Abbrechen eines großen Exemplares von *Neofibularia nolitangere* intensiven Hautkontakt. Nach 30 Minuten traten starkes Brennen an den Handinnenflächen, Rötung der Haut und Schmerzen beim Bewegen der Finger auf. Nach einer Stunde waren beide Hände stark geschwollen, langsames Abschwellen setzte erst nach 24 Stunden ein. Noch nach zwei Wochen waren die Handinnenflächen druckempfindlich, die Haut gereizt. Außer Hautcreme keine Behandlung (eigene Beobachtung).

Nesseltiere (Stamm: Cnidaria)

Nesseltiere zählen zu den Hohltieren (Unterabteilung: Coelenterata). Die Vertreter dieses Tierstammes sind durch einen gastralen Hohlraum mit nur einer (Mund-)Öffnung charakterisiert. Ihre Körperoberflächen bestehen jeweils nur aus einer Zellschicht, dem äußeren Ektoderm und dem inneren Entoderm. Sie besiedeln in zwei Erscheinungsformen vorwiegend das Meer: als festsitzende, einzelne oder zu Kolonien vereinigte Polypen (Seeanemonen, Korallen) und als freischwimmende Medusen (Quallen). Mit etwa 7600 Arten stellen sie einen der artenreichsten marinen Tierstämme. Süßwasserarten gibt es nur wenige; darunter ist der in Europa verbreitete Süßwasserpolyp (*Hydra* spp.).

Wie es schon ihr Name ausdrückt, sind Nesseltiere durch eine besondere Eigenschaft ausgezeichnet: Sie vermögen bei Kontakt empfindlich zu nesseln. Dies bewirken sie mit Hilfe von **Nesselkapseln** (**Nematocysten**), komplexen Sekretionsprodukten spezieller Zellen, der Cnidoblasten, Cnidocyten und Nematocyten (Abb. 2.4). In diesen Zellen liegen sie in Form einer doppelwandigen, kugeligen oder eiförmigen Blase vor, die an ihrer Spitze mit einem Deckel (Operculum) abgeschlossen ist. In die Kapsel eingestülpt, setzt sich die innere Hülle in einem langen Faden fort, der in Ruhe aufgerollt ist. An seiner Basis befinden sich stilettartige Dornen. Ein hochwirksames Toxingemisch füllt die Kapsel aus.

Bei Reizung (in der Regel ein sehr komplizierter Vorgang, bei dem ein chemischer mit einem mechanischen Reiz kombiniert ist) eines stiftförmigen Anhanggebildes (Cnidocil), das aus der Nesselzelle ragt, reißt die Nesselkapsel explosionsartig auf (Abb. 2.5). Die stilettartigen Dornen dringen in die Haut, den Panzer etc. des Beutetieres ein und bewirken eine Verankerung (Abb. 2.6 und 2.7). Mit enormer Geschwindigkeit (wenige Millisekunden) und Beschleunigung (über 40 000 g) wird der aufgewickelte Faden wie ein Handschuhfinger ausgestülpt und herausgeschleudert. Er ist mit Stacheln, Dornen und am Ende meist mit Widerhaken ausgestattet, haftet an der Beute, schlägt Wunden und injiziert das Gift, welches kleine Beutetiere in Sekunden lähmt oder tötet. Bei anderen Nesselkapseln, so bei Steinkorallen, übt der

Abb. 2.4: Rasterelektronenmikroskopische Aufnahme von Nematocysten der Furchenqualle (*Versuriga anadyomene*, Philippinen), meist entladen, was an den fadenförmigen Schlauchfortsätzen zu erkennen ist.

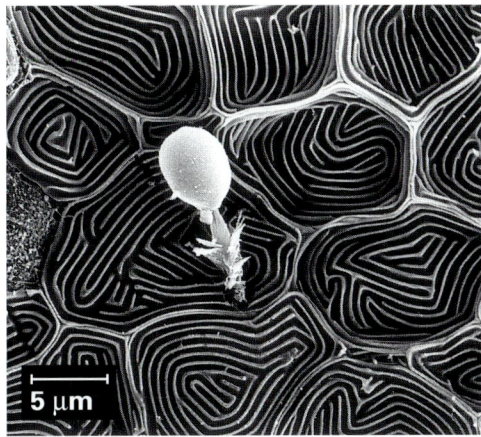

Abb. 2.6: Eine entladene Nematocyste ist mit ihrem Schlauch in menschliche Haut eingedrungen.

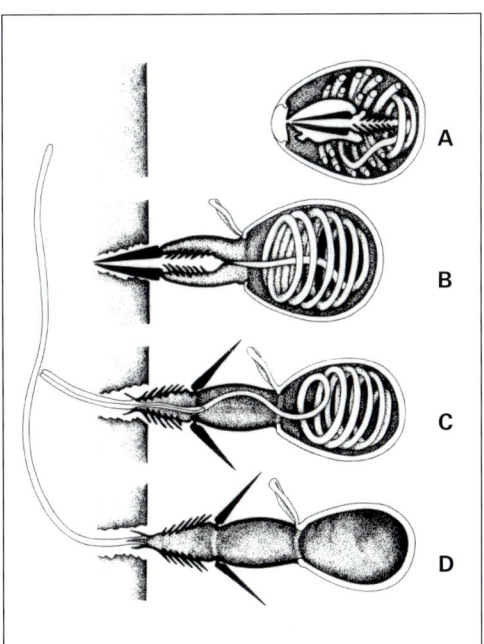

Abb. 2.5: Nesselkapseln (Nematocysten, A) reißen auf einen äußeren Reiz hin explosionsartig auf, ein stilettartiges Gebilde wird ausgestülpt, bohrt sich in die Kutikula eines Beutetieres (B) und erleichtert das Eindringen des sich handschuhförmig ausstülpenden Schlauches (C, D), durch den ein hochwirksames Toxingemisch injiziert wird (nach [61]).

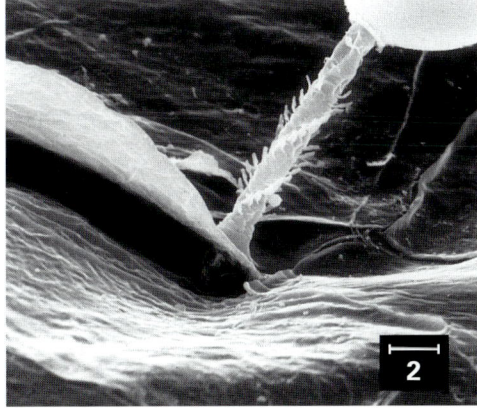

Abb. 2.7: Der ausgestülpte Schlauch einer Nematocyste der Feuerqualle (*Cyanea capillata*) hat die Haut durchschlagen und die Epithelzellen abgehoben.

Faden mehr eine Haftwirkung aus und zerfließt zu klebrigem Schleim [1, 2]. Zwar reagiert das Cnidocil vorwiegend auf mechanische Reize, doch wird es in seiner Empfindlichkeit, dem Ansprechen auf Schwingungen in einem bestimmten Frequenzbereich, von Chemorezeptoren beeinflußt. Diese befinden sich in Zellen, die um die Nesselzelle herum gruppiert sind. Durch das Zusammenspiel chemischer und mechanischer Reiz-Wahrnehmung wird auf diese Weise eine bestimmte Beute, Kleinkrebse etwa, erkannt und gleichzeitig vermieden, daß sich die Quallen oder Seeanemonen selbst nesseln [3].

Die **Nesselzellen** sind meist in den Fangarmen von Polypen, Seeanemonen oder Quallen konzentriert. Ihre Dichte ist dort sehr hoch. So enthält ein Fangarm oft mehrere tausend Nesselzellen. Häufig sind sie auch, wie bei der Portugiesischen Galeere *(Physalia physalis)* regelrecht zu Bündeln oder Batterien zusammengefaßt. So kommt es zur gleichzeitigen Entladung von Hunderten von Nesselkapseln. Beuteerwerb, aber auch Feindabwehr sind ihre Hauptfunktionen.

Nesselkapseln dienen zum einmaligen Gebrauch und müssen, wenn sie abgeschossen wurden, neu gebildet werden. Sie sind andererseits äußerst stabile Gebilde und bleiben auch dann noch aktiv, wenn das Tier zugrunde gegangen und ausgetrocknet ist. Dies kann man erfahren, wenn man am Strand liegende „tote" Quallen berührt und noch genesselt wird. Abgetrennte Fangarme, im Wasser treibend oder selbst auf der Haut klebend, stellen somit auch weiterhin eine Gefahr dar, wenn sich die noch intakten Nesselzellen plötzlich entladen.

Einige **Nacktschnecken**, wie *Glaucus*- und *Glaucilla*-Arten, nutzen diese Nematocysten auf ihre Weise. Sie nehmen sie mit der Nahrung auf, bevorzugt werden Hydroiden *(Physalia)*, aber auch Quallen, und speichern sie in sackförmigen Ausstülpungen des Darmes, hier in besonderen Zellen (Cnidophagen, die eingebauten Nesselkapseln werden Kleptocniden genannt). Bei Verletzung durch einen Freßfeind oder bei einfacher Berührung werden die Nesselkapseln freigesetzt, entladen sich bei Kontakt mit Wasser und entfalten ihre nesselnden Eigenschaften [4, 5].

Nach ihrer jeweiligen Erscheinungsform werden die Nesseltiere zoologisch in drei Klassen eingeteilt:

1. **Hydrozoen**; zu ihnen zählen die Hydroidpolypen, meist kleine, festsitzende Polypen, die Kolonien bilden. Durch Knospung trennen sich freischwimmende Medusen ab. Aber auch die Staatsquallen (Siphonophoren), die freischwimmende Polypenstöcke mit starker morphologischer Differenzierung der einzelnen Polypen darstellen (z.B. Portugiesische Galeere, *Physalia physalis*), gehören dieser Gruppe an.

2. **Scyphozoen** oder **Scyphomedusen** (Schirm- oder Scheibenquallen), „echte" Quallen wie die Haar- oder Nesselquallen.

3. **Cubozoen** (Würfelquallen). Da ihre Entwicklungsphasen vom Polypen zu den Medusen viele wesentliche Unterschiede aufweisen, hat man sie von der Klasse der Scyphozoen abgetrennt. Die Quallenform ist vorherrschend.

4. **Anthozoen** (Blumentiere, Seeanemonen, Korallen). Sie existieren nur noch als festsitzende Polypen und machen kein Medusenstadium mehr durch. Sie bilden oft, wie die Steinkorallen (Scleractinia), große Kolonien, formen Kalkskelette aus und sind die eigentlichen Baumeister der Korallenriffe. Seeanemonen (Actiniaria) sind hingegen meist Einzeltiere.

Die **Gifte**, die Nesseltiere mit Hilfe ihrer Nematocysten zum Einsatz bringen, sind ausschließlich von Proteinnatur. Ihrer Wirkung nach lassen sie sich nach dem gegenwärtigen Erkenntnisstand in zwei Gruppen einteilen:

● **Cytolysine**. Ihr Angriffspunkt ist die Zellmembran. Sie zerstören deren Struktur, bilden Kanäle oder Poren und machen sie ganz allgemein durchlässiger. Sie stören damit das osmotische Gleichgewicht. Die Zellen nehmen z.B. mehr Wasser auf und zerplatzen. Erythrozyten sind besonders anfällig, einige dieser Cytolysine zählen zu den aktivsten **Hämolysinen**. Andere stören bei Muskel- (u.a. Herzmuskel) und Nervenzellen auf diese Weise den geordneten Ablauf der **Ionenströme** (etwa durch vermehrten Natrium-Einstrom). Dies führt zur Depolarisation und Unerregbarkeit der Membran, beim Herzen zum augenblicklichen Stillstand. Es sind dies meist Proteine mit Molekulargewichten über 10 000 Dalton: entweder Enzyme wie Phospholipase A, die die Phospholipide der Zellmembranen hydrolysiert und die Membran förmlich „verdaut" oder hochmolekulare Proteine mit Zuckerresten (Glykoproteine). Cytolysine sind vorwiegend Bestandteile der Gifte von Hydrozoen und Scyphozoen, finden sich aber auch in denen von Anthozoen [6].

● **Neurotoxine**. Dies sind Polypeptide mit Molekülmassen von 3 000 bis 6 000 Dalton. Sie bestehen aus 27 bis 49 Aminosäuren, ihre Struktur ist intramolekular durch zwei bis drei Disulfidbrücken stabilisiert. Sie besitzen eine hohe Spezifität für **Natriumkanäle** erregbarer Membranen (Nerven- und Muskelmembranen), verhindern das Schließen (Inaktivierung) der Kanäle und bewirken damit eine Dauererregung. Beim Muskel führt dies zur Lähmung infolge einer Dauerkontraktion. Diese Toxine wurden bisher vorwiegend in Seeanemonen (Actinaria) gefunden [7, 8].

Die meisten der für den Menschen gefährlichen Nesseltiere kommen außerhalb der europäischen Meere vor. Schirmquallen wie *Pelagia noctiluca* im Mittelmeer oder *Cyanea capillata* im Atlantik oder in der Ostsee führen zu eher unangenehmen Begegnungen, vor allem dann, wenn sie in Massen auftreten. Nur selten rufen sie ernsthafte Verletzungen bzw. Vergiftungen hervor. Hingegen sind Würfelquallen wie *Chironex fleckeri* oder die zu den Hydrozoen gehörende Portugiesische Galeere, *Physalia physalis*, mit Recht gefürchtet. Schwere, auch tödliche Vergiftungen gehen auf ihr Konto.

Bei einem **Kontakt** mit den Tentakeln, den Fangarmen von Quallen oder Polypen, ist zunächst die **Haut** betroffen. Die Nematocysten dringen mit ihren Nesselfäden in die Haut ein und injizieren ihr Gift. Die Folge ist fast immer ein sofort einsetzender Schmerz und mehr oder minder ausgeprägte **Hautreaktionen,** die Verletzungen durch Nesseln darstellen. Gelangt das Gift über die Hautkapillaren oder das Lymphsystem in den Kreislauf, so sind auch andere Organe, vorwiegend Herz und peripheres Nervensystem, betroffen (für eine zentrale Wirkung gibt es keine Hinweise). Dies führt zu einer Reihe von Symptomen, die z.T. auf die direkte Wirkung des Giftes selbst, aber auch auf Sekundärreaktionen (autopharmakologische Wirkung durch Freisetzung von körpereigenen Substanzen wie Histamin oder Katecholaminen etc.) zurückzuführen sind.

Hervorzuheben sind in diesem Zusammenhang vor allem **allergische** und **anaphylaktische Reaktionen.** Allergiker sind besonders gefährdet.

Die durch Nesseltiere bewirkte Vergiftung (es ist trotz der primär lokalen Reizantwort eine Vergiftung durch hochwirksame Toxine) läßt sich nach den jeweiligen Symptomen wie folgt klassifizieren [9, 10, 11]:

Lokale Reaktionen

- **Akut:** Schmerz und Ödem, Kontakt-Dermatitis, Urtikaria, Nekrosen, sofort oder auch später einsetzend, kurz-, aber auch langanhaltend.
- **Chronisch:** Muskuläre Spasmen, Durchblutungsstörungen, Gangrän. Im Verlauf der Wundheilung: Hyper- und Hypopigmentierung, Atrophie von Muskel- und Fettgewebe, Narbenbildung.

Systemische Reaktionen

Übelkeit, Erbrechen, Bronchospasmen, Herz-Kreislauf-Probleme (Blutdruckabfall, Arrhythmien), respiratorische Insuffizienz, Lungenödem. Zum Tode führende Reaktionen: Anaphylaxie, Herzstillstand, Atemlähmung.

Die Ausprägung der Symptome, ihr zeitliches Auftreten und ihre Schwere, hängt im speziellen Fall von der Art des Nesseltieres sowie vom Umfang der Vernesselung ab. Geringe Berührung mit Tentakeln ist zwar auch schmerzhaft, doch meist ohne besondere Folgen. Umfangreiche Nesselverletzungen etwa durch *Physalia physalis* und *Chironex fleckeri* sind in der Regel lebensbedrohlich. Die letztgenannte Cubomeduse zählt zu den gefährlichsten marinen Gifttieren, auf ihr Konto gehen mehr als 90 Todesfälle, vor allem an der Küste Australiens. In den Gewässern von Neuguinea, Indonesien und den Philippinen ist es die nahverwandte Qualle *Chiropsalmus quadrigatus*, die zu tödlich verlaufenden Vergiftungen geführt hat. Auch hier gilt die Regel, daß Kinder mehr gefährdet sind als Erwachsene.

Schnelle **Erste Hilfe** ist bei Kontakten mit Nesseltieren oft lebensrettend. Hierzu gehört die **Inaktivierung der Nematocyten,** die noch aktiv im Tentakelgewebe enthalten sind, welches auf der Haut haftet. Unsachgemäße Behandlung führt zur Entladung auch dieser Nesselzellen und damit zur weiteren Giftapplikation. Erfahrungen und auch wissenschaftliche Untersuchungen haben in den letzten Jahren gezeigt, daß für die wichtigsten Nesseltiere inzwischen gesicherte Vorschriften gegeben werden können [10, 11]:

Für Würfelquallen (*Chironex fleckeri, Chiropsalmus quadrigatus*): **Haushalts-Weinessig** (5%ige Essigsäure), nicht jedoch für die Portugiesische Galeere (*Physalia*), bei der Essigsäure die Entladung der Nematocysten geradezu provoziert [16]. Für die Kompaßqualle (*Chrysaora*) und die Feuerqualle (*Cyanea capillata*): **Backpulver** (Ammoniumbikarbonat) als Paste angerührt. Für die Leuchtqualle (*Pelagia*): konzentrierte **Magnesiumsulfat-Lösung.**

Die Flüssigkeiten sollen in großen Mengen über die betroffene Haut gegossen bzw. die Paste darübergestrichen werden. Nicht zu verwenden sind Alkohol, Süßwasser (beste Methode zur Entladung auch noch der letzten aktiven Nematocysten) oder Formalinlösung. Wenn die erwähnten Mittel nicht vorhanden sind (Magnesiumsulfat-Lösung z.B. dürfte meist kaum verfügbar sein), hilft in der Regel das Auftragen von Sand und vorsichtiges Abschaben, z.B. bei *Physalia*. Das Abreiben mit einem Handtuch ist zu vermeiden. Abspülen selbst mit Seewasser führt zur Entladung der Nematocysten. Unnötige Bewegungen sind zu vermeiden.

Nicht immer läßt sich die betreffende Qualle sofort identifizieren, was allerdings für die weitere Behandlung nicht von entscheidender Bedeutung ist. Die Nematocysten, die meist noch in den auf der Haut klebenden Tentakelresten enthalten sind, zeigen für jede Nesseltierart charakteristische morphologische Merkmale. Eine mikroskopische Untersuchung des Tentakelgewebes könnte daher zur Identifizierung der betreffenden Quallenart führen. Dies ist allerdings nur einem geübten Fachmann möglich.

Nematocysten-Toxine sind **Antigene,** die bei dem betroffenen Patienten schon nach wenigen Tagen zur **Antikörperbildung** führen. Im Serum lassen sich daher für das Nesselgift spezifische Immunglobuline (IgG) nachweisen, was mittels eines Enzym-gekoppelten Immunoassays (ELISA) möglich ist [12]. Zwar gestalten Kreuzreaktionen der Gifte untereinander die Interpretation der Ergebnisse nicht immer einfach, ausschlaggebend ist die Höhe des jeweiligen Titers. Dies kann auch noch nach Wochen und Monaten die Identifizierung des Nesseltieres ermöglichen [13]. Die Durchführung derartiger Tests ist jedoch nur in spezialisierten Laboratorien möglich. Für eine vollständige Falldokumentation (das Sammeln klinischer Daten ist derzeit noch von besonderer Bedeutung, um erfolgreiche und verbindliche Behandlungskonzepte zu erarbeiten) sind derartige Untersuchungen wünschenswert.

Nicht immer sind streifenförmige **Hauteruptionen** bei Badenden Anzeichen für einen Kontakt mit Nesseltieren, wenn dies nicht mit lokalen Schmerzen einhergeht. Burnett und Mitarbeiter [14] berichten von zwei Fällen von Phytophotodermatitis, bei denen die Patienten Zitronensaft-Präparate zum Haarebleichen benutzt hatten und die herabrinnende Flüssigkeit unter Sonneneinstrahlung ein Verletzungsmuster auf der Haut hervorrief, welches dem von Nesselverletzungen durch Quallententakeln täuschend ähnlich sah.

In den folgenden Kapiteln werden zunächst festsitzende Hydroiden behandelt, die zwar keine schweren, gleichwohl jedoch schmerzhafte Nesselverletzungen hervorrufen können: Feuerkoralle *(Millepora)* und Federpolypen *(Aglaophenia)*. Daran schließen sich verschiedene Quallen bzw. freischwimmende Polypenstökke an. Zwar sind lebensbedrohende Unfälle in europäischen Meeren kaum zu befürchten, doch können vor allem Fernreisende unerwartet in Kontakt mit den gefährlichen Arten, wie *Physalia physalis* und *Chironex fleckeri,* verwickelt werden, wie dies ein Fall vor wenigen Jahren belegte [13, 15].

Für weitergehende Informationen zur Biologie der Quallen sei auf das Werk von Heeger [16] verwiesen. Auch dem Buch von Williamson und Mitarbeiter [17] können Hinweise entnommen werden.

Literatur

[1] Holstein, T.W., Nematocyten. Biologie in unserer Zeit **25**, 161 (1995).

[2] Tardent, P., The cnidarian cnidocyte, a high-tech cellular weaponry. BioEssay **17**, 351 (1995).

[3] Watson, G.M., Hessinger, S.A., Cnidocyte mechanoreceptors are tuned to the movement of swimming prey by chemoreceptors. Science **243** 1589 (1989).

[4] Thompson, T.E., Bennett, I., *Physalia* nematocysts: utilized by mollusks for defense. Science **166**, 1532 (1969).

[5] Greenwood, P.G., Nudibranch nematocysts. In: The biology of nematocysts. (D.A. Hessinger, H.M. Lehnhoff, eds.), S. 445, Academic Press, San Diego (1988).

[6] Hessinger, D.A., Nematocyst venoms and toxins. In: The biology of nematocysts (D.A. Hessinger, H.M. Lehnhoff, eds.), S. 333, Academic Press, San Diego (1988).

[7] Alsen, C., Biological significance of peptides from *Anemonia sulcata*. Fed. Prod. **42**, 101 (1983).

[8] Mebs, D., Hucho, F., Toxins acting on ion channels and synapses. In: Handbook of Toxinology (T. Shier, D. Mebs, eds.), S. 493, M. Dekker, New York (1990).

[9] Burnett, J.W., Calton, G.J., Burnett, H.W., Jellyfish envenomation syndromes. J. Am. Acad. Dermatol. **14**, 100 (1986).

[10] Burnett, J.W., Calton, G.J., Jellyfish envenomation syndromes updated. Ann. Emerg. Med. **16**, 1000 (1987).

[11] Burnett, J.W., Calton, G.J., Venomous pelagic coelenterates: chemistry, toxicology, immunology and treatment of their stings. Toxicon **25**, 581 (1987).

[12] Burnett, J.W., Calton, G.J., Fenner, P.J., Williamson, J.A., Serological diagnosis of jellyfish envenomations. Comp. Biochem. Physiol. **91 C**, 79 (1988).

[13] Williamson J.A., Burnett, J.W., Fenner, P.J., Hach-Wunderle, V., Hoe, L.Y., Adiga, K.M., Acute regional vascular insufficiency after jellyfish envenomation. Med. J. Aust. **149**, 698 (1988).

[14] Burnett, J.W., Horn, T.D., Mercado, F., Niebyl, P.H., Phytophotodermatitis mimicking jellyfish envenomation. Acta Derm. Venereol. **68**, 168 (1988).

[15] Hach-Wunderle, V., Mebs, D., Frederking, K., Breddin, H.K., Vergiftung durch Feuerqualle. Dtsch. med. Wschr. **112**, 1865 (1987).

[16] Heeger, T., Quallen – gefährliche Schönheiten. Wissenschaftl. Verlagsges., Stuttgart (1998).

[17] Williamson, J.A., Fenner, P.J., Burnett, J.W., Rifkin, J.F., Venomous and Poisonous Marine Animals: A Medical and Biological Handbook. Univ. NSW Press, Sydney (1997).

Feuerkoralle (*Millepora;* Klasse: Hydrozoa) – stinging coral, fire coral

Abb. 2.8: Feuerkoralle, *Millepora* sp., aus den hellen Poren ragen pelzartig Polypen heraus (Madang, Papua-Neuguinea).

Merkmale: Polypenstock, der sich mit einem dicken Außenskelett aus Kalk (Calciumcarbonat) umgeben hat; echten Steinkorallen sehr ähnlich (daher Bezeichnung: Hydrokoralle), Oberfläche mit zahlreichen Poren (*millepora* – tausendporig), aus denen pelzartig Polypen herausragen.
Verbreitung: In allen tropischen Meeren.
Lebensraum/Lebensweise: In Korallenriffen, wo sie Felsen oder tote Korallenstöcke überwachsen, z.T. in großer Ausdehnung, dominieren mitunter große Riffareale. Mit Hilfe ihrer Nematocysten in den Polypenarmen fangen sie Plankton. Endosymbiontische Zooxanthellen in den Zellen sind wichtig für den Stoffwechsel, u.a. zur Kalkabscheidung.

Feuerkorallen sind in fast allen Korallenriffen anzutreffen und wegen ihrer nesselnden Eigenschaften berüchtigt, daher auch der (zoologisch nicht korrekte) Name Feuerkoralle (Abb. 2.8).

Vergiftungsumstände. Betroffen sind oft Taucher, Schnorchler, aber auch Badende. Wenn nackte Haut mit den Feuerkorallenkolonien (Abb. 2.9) in Berührung kommt, entladen sich die Nesselzellen. Die Nesselfäden können in die menschliche Haut eindringen.

Vorsichtsmaßnahmen. Hautkontakte meiden. Ein Tauchanzug, aber selbst leichte Textilbekleidung schützen wirkungsvoll vor Nesselverletzungen.

Giftapparat. Zahlreiche Wehrpolypen, die reich mit **Nematocyten** ausgestattet sind, umgeben kranzförmig einen zentralen Freßpolypen. Die von den Nematocysten gefangene und immobilisierte Beute wird den Freßpolypen zugeführt.

Gift. Das Gift der Feuerkoralle ist von Proteinnatur. Aus Extrakten von *Millepora alcicornis* und *Millepora tenera* wurde jeweils eine toxische Komponente isoliert, ein **hochmolekulares Protein** (Molekülmasse ca. 100 000 Dalton). Das Toxin hat hämolytische Eigenschaften (in vitro) und bewirkt Hautnekrosen [1, 2]. Seine Instabilität hat bisher detaillierte Untersuchungen verhindert.

Vergiftung. Ein Hautkontakt mit den Polypen der Feuerkoralle bewirkt einen sofort einsetzenden **Schmerz** vergleichbar dem durch Brennesseln verursachten. Es folgen Hautrötung, leichte Schwellung, u.U. eine je nach Größe des betroffenen Hautareals mehr oder minder ausge-

Abb. 2.9: Feuerkoralle, *Millepora complanata* (Curaçao, Karibik).

prägte Quaddelbildung (**Urtikaria**), die nach einigen Stunden meist wieder verschwindet. Im allgemeinen sind die Symptome eher leichter Natur, nur bei empfindlichen Hautpartien, auch Schleimhäuten, kann es zu deutlicher Schwellung, brennendem Schmerz, mitunter auch zu Hautblasen mit Ablösung der Oberhaut kommen.

Erste Hilfe. Wegen der meist leichten Symptomatik sind keine besonderen Maßnahmen notwendig.

Therapie. In der Regel sind keine therapeutischen Maßnahmen notwendig, evtl. Aufbringen einer milden Hautsalbe oder Lotion.

Literatur

[1] Wittle, L.W., Middlebrook, R.E., Lane, C.E., Isolation and partial purification of a toxin from *Millepora alcicornis*. Toxicon **9**, 327 (1971).

[2] Wittle, L.W., Scura, E.D., Middlebrook, R.E., Stinging coral *(Millepora tenera)* toxin: a comparison of crude extracts with isolated nematocyst extracts. Toxicon **12**, 481 (1974).

Federpolypen und andere Polypenstöcke

(*Aglaophenia, Lytocarpus*; Klasse: Hydrozoa) – feather hydroids, stinging hydroids

Abb. 2.10: Federpolyp, *Lytocarpus* sp. (Lizard Island, Australien).

Merkmale: Polypenstöcke mit gefiedertem oder bäumchenartigem Aussehen (bis 1 m hoch), weich, elastisch, biegsam.
Verbreitung: In allen tropischen, aber auch kühleren (Atlantik) Meeren.
Lebensraum/Lebensweise: Auf hartem Untergrund, Felsen oder Korallenblöcken siedelnd. Polypen fangen mit Hilfe ihrer Nematocysten Plankton.

Vor allem in Korallenriffen sind die Polypenstöcke der *Aglaophenia*- und *Lytocarpus*-Arten häufig anzutreffen. Mit ihrer bäumchen- bzw. federartigen Struktur erscheinen sie zart und zerbrechlich (Abb. 2.10). Ihre Nesselkapseln bewirken bei Hautkontakt unangenehme, auch schmerzhafte Folgen.

Vergiftungsumstände. Wie bei der Feuerkoralle; Nematocyten und deren Nesselfäden können in die Haut eindringen.

Vorsichtsmaßnahmen. Hautkontakte meiden. Ein Tauchanzug oder Textilbekleidung schützen wirkungsvoll. Vorsicht: Nach intensivem Kontakt, z.B. mit Tauchanzug, kann der dort anhaftende schleimartige Überzug noch Nematocysten enthalten, die man beim Abwischen leicht auf bloße Körperstellen, aber auch auf Augen und Schleimhäute übertragen kann.

Giftapparat. Zahlreiche Wehrpolypen, oft in Gruppen angeordnet, sind auf den Ästchen und dem Stamm der Polypenstöcke verteilt. Sie sind reich mit **Nematocyten** ausgestattet.

Gift. Aus wäßrigen Extrakten von *Lytocarpus nuttingi* wurde eine Giftkomponente, ein **Polypeptid** mit einer Molekülmasse von 2500 Dalton isoliert, das am Herz-Kreislauf-System angreifen soll [1].

Vergiftung. Unmittelbar nach **Hautkontakt** starker, brennender **Schmerz**. Hautrötung, Schwellung, Quaddeln sind Symptome, die sich meist schon nach wenigen Minuten entwickeln. Noch nach mehreren Stunden können sich Blasen mit leichten Unterblutungen bilden. Bei Allergikern treten die Hautreaktionen meist verstärkt auf. Nach wiederholter Sensibilisierung sind auch systemische Reaktionen, u.U. bis zum anaphylaktischen Schock möglich [2].

Abb. 2.11: Federpolyp, *Aglaophenia* sp. (Palau, Pazifik).

Therapie. In den meisten Fällen ist keine Behandlung notwendig, u.U. Aufbringen einer milden Hautsalbe oder Lotion. Bei allergisch reagierenden Personen übliche Behandlung (Kortikosteroide, Antihistaminika).

Erste Hilfe. Wegen der in der Regel leichten Symptomatik sind keine besonderen Maßnahmen notwendig.

Literatur

[1] Puffer, H.W., Some biochemical and pharmacological properties of extracts from the hydroid *Lytocarpus nuttingi*. In: Tier- und Pflanzengifte (E. Kaiser, Hrsg.), S. 199, W. Goldmann Verl., München (1973).

[2] Fisher, A.A., Atlas of aquatic dermatology. Grune and Stratton, New York (1978).

Portugiesische Galeere, Staatsquallen

Physalia physalis, P. utriculus (Klasse: Hydrozoa) – Portuguese-man-of-war, blue-bottle

Abb. 2.12: *Physalia physalis* schwimmt mit Hilfe einer gasgefüllten Blase an der Wasseroberfläche (Florida, USA).

Merkmale: Freischwimmende Polypenstöcke. An einer großen (bis 25 cm), blau gefärbten Gasblase (Pneumatophore), die auf der Wasseroberfläche schwimmt, hängen strangförmig zahlreiche Polypenkolonien, die stark differenziert sind (Freß-, Wehrpolypen etc.). Von ihnen gehen bis zu 5 m lange, dicht mit Nesselkapseln besetzte Fangfäden aus.

Verbreitung: In allen Ozeanen, vorwiegend im tropischen Atlantik bis zu den Hebriden, der Karibik und (selten) im Mittelmeer. Die kleinere *Physalia utriculus* kommt im Indo-Pazifik vor (sie besitzt nur eine Tentakel pro Gasblase, weniger gefährlich).

Lebensraum/Lebensweise: Hochseebewohner, treibt mit ihrer segelförmigen Gasblase im Wind; bei auflandigen Winden wird sie in großen Mengen an die Küste getrieben.

Die Bezeichnung „Staatsqualle" ist nicht korrekt, da *Physalia* eine Polypenkolonie darstellt, eine „Quallen"-ähnliche Medusenform fehlt (mit Ausnahme der winzigen Geschlechtsmedusen am Polypenstock). Für eine Polypenkolonie mit differenzierter Arbeitsteilung mag der Name „Portugiesische Galeere" eher zutreffend sein.

Vergiftungsumstände. Da *Physalia* an der Wasseroberfläche treibt und ihre meterlangen Tentakeln hinter sich herzieht, stellt sie besonders für Schwimmer eine Gefahr dar. Die bläulich gefärbten Gasblasen (vgl. auch Abb. 2.13) sind nicht leicht auf dem Wasser zu erkennen (Abb. 2.12). Häufig tritt Physalia in großen Ansammlungen auf (amerikanische Atlantikküste). Gerät ein Schwimmer in die **Tentakeln,** was sofort mit erheblichen Schmerzen verbunden ist, so gelingt es ihm nur selten, sich davon zu befreien. Meist werden durch die unkontrollierten, von Panik bestimmten Bewegungen der Arme und Beine, mehr und mehr Kontakte mit den Tentakeln hergestellt. Oft sind sie regelrecht um die Extremitäten und den Körper gewickelt. Taucher geraten leicht bei unvorsichtigem Auftauchen (Nachttauchgang) in die Tentakeln, wobei meist die ungeschützten Kopfpartien betroffen sind [1].

Die Tentakeln umkleiden oft Fischernetze, was zu Hautverletzungen an den Händen der Fischer führen kann. Auch treiben losgerissene Tentakeln als lange Fäden im Wasser, die kaum sichtbar sind und häufig erst dann bemerkt werden, wenn sie mit Haut in Kontakt kommen.

Vorsichtsmaßnahmen. Wenn am Strand angeschwemmte oder im seichten Wasser treibende *Physalia* gesichtet werden, nicht baden! In Australien werden bei

Abb. 2.13: *Physalia utriculus*, kleinere Staatsqualle aus dem Pazifik (Ponape, Mikronesien).

Abb. 2.14: Die Tentakeln von *Physalia physalis* sind mit Millionen von Nesselkapseln, die z.B. in knopfförmigen Batterien konzentriert sind, versehen.

„jellyfish alert" (Quallenalarm) Strände gesperrt. Es ist unter diesen Umständen sehr riskant, ins Wasser zu gehen. Zwar schützt ein „stinger suit" recht gut auch vor *Physalia*, doch bleiben meist Hände und Gesicht ungeschützt. Der Verzicht auf das Baden im Meer ist unter den geschilderten Umständen die beste Vorsichtsmaßnahme. An den Strand gespülte *Physalia* nicht berühren. Die Tentakeln enthalten noch aktive Nesselkapseln, die auch das Eintrocknen überstehen. Erneut benetzt, entladen sie sich leicht. Sie durchdringen selbst chirurgische Gummihandschuhe.

Giftapparat. Die oft meterlangen Tentakeln oder Fangfäden (Dactylozooide) enthalten in hoher Dichte Nematocysten (Abb. 2.14); bei einer Tentakel von 9 m Länge sollen dies mehr als 700 000 sein. Wenn sich die Tentakeln kontrahieren, sind die **Nesselkapseln** in knopf- oder bohnenähnlichen Verdickungen konzentriert. Bei Berührung zeigt sich dann auf der Haut ein Verletzungsmuster, das einer Halskette oder Knopfreihe ähnelt. Bei ausgestreckten Tentakeln sind die Nematocysten hintereinander aufgereiht. Das Verletzungsmuster stellt sich in diesem Fall als Streifen oder Striemen dar. Die **Nematocysten** sind recht robust. Sie sind selbst dann noch aktiv, wenn das sie umgebende Gewebe eingetrocknet ist. Einige Nacktschnecken (*Glaucus*-, *Glaucilla*-Arten) fressen die Nesselkapseln und trennen dann die Zellteile von der Kapsel ab. Diese wird in den Rückenanhängen aufbewahrt. Die Schnecken schützen sich so erfolgreich mit den so erworbenen Waffen vor Freßfeinden [2].

Gift. Die Nematocysten enthalten ein komplexes Gemisch **toxischer Proteine**. Sie sind, einmal aus den Nematocysten isoliert, in hohem Maße labil, was ihre chemische Charakterisierung bisher sehr erschwert hat. Das sog. **Physaliatoxin** ist ein Glycoproteinkomplex mit einer Molekülmasse von 240 000 Dalton, der offenbar aus drei gleich großen Untereinheiten (ca. 80 000 Dalton Molgewicht) besteht [3]. Es wirkt in vitro hämolytisch und ist für Versuchstiere toxisch. Andere Autoren [4] fanden, daß das Toxin, welches auch für die starke Schmerzwirkung und für Hautnekrosen verantwortlich gemacht wird, mit Enzymen, einer AMPase und einer unspezifischen Aminosäureester-Hydrolase assoziiert ist. Das Toxin scheint den Herzmuskel direkt anzugreifen, es bewirkt Arrhythmien und Reizleitungsstörungen. An der glatten und quergestreiften Muskulatur verändert es die Permeabilitätseigenschaften der Zellmembran, macht sie durchlässiger. Die hohe Aktivität des Physaliatoxins gegenüber Zellmembranen, seine **zytolytische Aktivität**, zeigt sich auch in seiner hämolytischen Wirkung. Aus Mastzellen setzt *Physalia*-Gift rasch und vollständig Histamin frei, was seine starke lokale Schmerzwirkung zumindest teilweise erklären könnte [5, 6].

Darüber hinaus enthält das Gift noch einige Enzyme wie eine Elastase, Endonuklease und eine Kollagenase [7].

Vergiftung. Ein Hautkontakt mit den Tentakeln von *Physalia* führt zu einem unmittelbar einsetzenden starken **Schmerz**. Er wird unerträglich, vor allem wenn größere Hautareale betroffen sind. Es entwickelt sich sofort eine **Urtikaria**, die Haut fühlt sich feucht an, Folge eines lokalen Schweißausbruchs. Das Muster einer Verletzung bzw. Vernesselung kann sich als ovale, aneinandergereihte Male (bei kontrahierten Tentakeln) oder als feine fadenförmige Striemen (bei nicht-kontrahierten Tentakeln) darstellen. In leichten Fällen verschwinden die Hautreaktionen innerhalb von 24 Stunden.

Bei intensiver **Vernesselung** kann es zur Blasenbildung kommen, wobei die Größe der Blasen sehr variiert: von kleinen stecknadelkopf-großen, bis zu solchen mit mehreren Zentimetern Durchmesser, die mit einer blutig-serösen Flüssigkeit gefüllt sind. Die Schmerzen breiten sich über die gesamte betroffene Körperregion aus. Bewegungen verstärken den Schmerz.

Eine **schwere Vergiftungssymptomatik** stellt sich meist dann ein, wenn größere Hautareale betroffen und damit größere Giftmengen in den Körper gelangt sind. Zwar stehen auch hier lokale Hautveränderungen im Vordergrund, doch können weitere Komplikationen auftreten. So wurde eine schwere intravaskuläre Hämolyse mit Hämoglobinurie und anschließendem Nierenversagen bei einem 4jährigen Mädchen beobachtet [8, 9]. Auch unspezifische Symptome wie Übelkeit und Erbrechen, Fieber, aber auch Bewußtseinstrübung, schockähnliche Symptome, Atem- und Herz-Kreislaufbeschwerden können auftreten. Anaphylaktische Reaktionen scheinen hingegen selten zu sein.

Akutes Herz-Kreislauf-Versagen war Ursache der wenigen bisher beschriebenen Todesfälle [10, 11].

Aus bisher nicht geklärten Ursachen treten mitunter nach 14 bis 30 Tagen an den gleichen, zuvor betroffenen Hautstellen erneut Quaddeln und Hautblasen, meist in Form eines Ausschlages auf, der ein bis sieben Tage andauern kann. Diese Reaktionen können auch wiederholt auftreten, wahrscheinlich sind sie Folge einer Sensibilisierung oder anderer immunologischer Vorgänge [7, 12].

Erste Hilfe. Sofort Wasser verlassen bzw. den Verletzten umgehend bergen, da bei plötzlicher Bewußtlosigkeit die Gefahr des Ertrinkens besteht. Der Verletzte leidet in der Regel unter starken Schmerzen, reagiert häufig stark emotional, daher beruhigend auf ihn einwirken. Bewegungen vermeiden (sie verstärken die Schmerzen). Betroffene Hautareale zunächst nicht berühren, und verhindern, daß sich der Verletzte kratzt (dies führt zur Entladung weiterer Nesselkapseln). Atem-, Herz- und Kreislauffunktion überwachen. Bei Atemstillstand sofort Mund-zu-Mund- (oder -Nase)-Beatmung, u.U. externe Herzmassage.

Die noch auf der Haut klebenden Tentakeln müssen vorsichtig entfernt werden, wobei zunächst die Nematocyten inaktiviert, d.h. am Entladen gehindert werden müssen. Die früher gegebene Empfehlung, hierzu **Haushalts-Weinessig** (5%ige Essigsäure) zu verwenden, muß nach Erfahrungen mit *Physalia*-Verletzungen in Australien eingeschränkt werden. Hier hat man beobachtet, daß Essigsäure die Entladung der Nematocyten nicht verhindert, sondern geradezu provoziert [13]. Ob dies auch für die atlantische Form der *Physalia* zutrifft, bleibt noch zu untersuchen. Es ist daher eher zu empfehlen, die Tentakeln vorsichtig abzuziehen (Pinzette, evtl. Handschuhe), u.U. Sand aufzustreuen, der, wenn er vollgesaugt ist, abgetragen bzw. abgeschabt werden kann. Auch das Übergießen mit See- oder Süßwasser scheint das Entladen der Nesselkapseln zu stimulieren und sollte daher unterbleiben. Man kann leicht prüfen, ob die Nematocyten noch aktiv sind, indem man sich Gewebsreste auf den Finger- oder Handrücken drückt. Ein sofortiger Schmerz zeigt noch aktive Nesselkapseln an.

Die meisten Nesselverletzungen sind relativ harmloser Natur und bedürfen nicht ärztlicher Behandlung. Bei ausgedehnten Verletzungen kann jedoch Lebensgefahr bestehen, und man sollte unbedingt ärztliche Hilfe aufsuchen, der Verletzte muß auf dem schnellsten Weg in ein Krankenhaus gebracht werden.

Therapie. Für die Behandlung lokaler Schmerzen werden Lidocain-haltige Salben, Sprays oder Lotionen empfohlen, allerdings mit unterschiedlichem Erfolg [7, 12]. Antihistaminika und Kortikosteroide wirken ebensowenig wie Hitze (warmes Wasser, das Toxine zerstören soll). Kalte Umschläge (Eispackungen) eignen sich u.U. als Erste-Hilfe-Maßnahme [14], sind jedoch für längere Anwendung ungeeignet. Analgetika wie Salicylate oder Metamizol, jedoch nur in Ausnahmefällen Opiat-Derivate, können bei extremer Schmerzsituation (kann bei großflächigen Vernesselungen in der Tat ungewöhnliche Ausmaße annehmen) versucht werden.

Eine spezifische Therapie, etwa ein Antiserum, gibt es für *Physalia*-Verletzungen bzw. -Vergiftungen nicht. Die Behandlung muß daher weitgehend symptomatisch erfolgen. Auf Herz-Kreislauf-Probleme muß man ebenso vorbereitet sein wie auf einen plötzlichen Atemstillstand. Auch kann sich eine Schocksymptomatik sehr schnell entwickeln. Sie ist mit den üblichen Maßnahmen, **Adrenalin** i.v. etc., in der Regel gut zu beherrschen.

Die beschriebenen Todesfälle ereigneten sich innerhalb von Minuten nach intensivem Kontakt mit Tentakeln von *Physalia* [10]. Hier waren Erste-Hilfe-Maßnahmen und ärztliche Bemühungen erfolglos. Wenn jedoch lebensbedrohliche Reaktionen, die auf die direkte Giftwirkung zurückzuführen sind, nicht sofort auftreten, so lassen sie sich meist erfolgreich behandeln. Hingegen stellen die sich anschließenden Komplikationen ein noch klinisch ungelöstes Problem dar. Dies betrifft vor allem die sich entwickelnden **lokalen Durchblutungsstörungen,** hervorgerufen durch Vasospasmen, Mikrothromben und Ödeme, was zur Ausbildung eines Kompartmentsyndroms und zu erheblichem Gewebsverlust führen kann. Zwar ist ein echtes Kompartmentsyndrom mit Unterbrechung des Blutflusses auch hier ein eher seltenes Ereignis (meist ist der Kliniker durch ein massives Ödem beeindruckt, das oft genug schlimmer erscheint, als es in der Tat ist), durch Ultraschall-Diagnostik (Dopplersonde) läßt sich heute jedoch mit recht großer Sicherheit feststellen, ob ein Kompartmentsyndrom tatsächlich vorliegt. Erst wenn sich diese Diagnose bestätigt, ist eine chirurgische Intervention wie eine Entlastungs-Fasziotomie gerechtfertigt. Sie sollte auch hier nur als letzte Maßnahme angewandt werden, keinesfalls jedoch präventiv.

Die Behandlung derartiger Komplikationen muß daher darauf gerichtet sein, die Durchblutung zu sichern bzw. zu erhöhen, die Bildung von Mikrothromben zu verhindern bzw. die vorhandenen aufzulösen. Hier ist der Spezialist einzuschalten. Antikoagulanzien wie Vasodilatatoren (z.B. Prostaglandin E), wie Hemmstoffe der Thrombozyten-Aggregation können ebenso angezeigt sein wie Urokinase zur Auflösung von Mikrothromben [15]. Richtwerte können hier nicht gegeben werden, man wird eher alle Optionen voll ausschöpfen, vielfach auch experimentieren müssen. Die folgenden Fallbeschreibungen sollen in diesem Zusammenhang Anregungen geben.

Fallbeschreibungen

Schwere überlebte Vergiftung

Eine 31jährige Frau geriet beim Schwimmen vor der Küste von Goa (Indien) in die Tentakeln von *Physalia physalis* (die Identifizierung des Tiers gelang erst nach Wochen mittels immunologischer Untersuchung; im Serum der Patientin befanden sich hohe Antikörper-Titer gegen *Physalia physalis* [15]). Es gelang ihr, zum Strand zurückzuschwimmen. Dort brach sie zusammen. Die Haut wurde mit Wasser (offenbar Süßwasser) abgespült und kühlende Salben aufgetragen. Im örtlichen Krankenhaus wurden Infusionen und schmerzlindernde Medikamente verabreicht.

Nach vier Tagen flog die Patientin wegen ihres kritischen Zustandes nach Deutschland zurück. Bei Aufnahme in der Intensivstation einer Universitätsklinik fiel eine massive ödematöse Schwellung von Oberkörper und Armen mit livider Hautverfärbung und Urtikaria auf. Die Hände waren kalt und zyanotisch verfärbt, rote Flecken zeigten sich an beiden Füßen. Trotz abgeschwächt tastbarem Puls ergab die Ultraschallströmungsmessung (Dopplersonde) keinen Hinweis auf ein Kompartmentsyndrom. Die Sensibilität war an Händen und Füßen herabgesetzt. Blutparameter (Normalwerte in Klammern): Hämoglobin 180 g/l (120–160 g/l); Hämatokrit 0,51 (0,41); Leukozyten 25 600/l (4 000-10 000/l); Kreatinkinase 11 600 U/l (10–70 U/l); Laktatdehydrogenase 1 392 U/l (120–240 U/l); GOT 368 U/l (19 U/l); GPT 264 U/l (15 U/l); Thrombozyten und Gerinnungswerte lagen im Normbereich. Der sehr hohe Kreatinkinase-Wert wies auf die Schädigung der Skelettmuskulatur hin, wahrscheinlich Folge des massiven intrafaszialen Ödems.

Die Frau wurde mit Urokinase (Ukidan®) 2,5–6 Millionen Einheiten pro Tag über 5 Tage (zur Auflösung von Mikrothromben in der peripheren Strombahn behandelt. Sie erhielt außerdem hochdosierte Kortikosteroide, 6–8 l Infusionen pro Tag Nitroglycerin (0,6 mg/h über 6 Tage als i.v. Dauerinfusion), anschließend in drei Zyklen Prostaglandin E_1 (prostavasin®), 4 ng/kg/Std. über jeweils 6 Stunden (Anm.: zu niedrig dosiert). Die Durchblutungsstörungen in den Füßen gingen innerhalb weniger Tage zurück. An Armen und Händen bildeten sich große Hautblasen, vor allem im Bereich der Handinnenfläche, die Fingerkuppen wurden schwarz nekrotisch. Da das ausgeprägte Ödem an beiden Armen und Händen auch 13 Tage nach dem Unfall nicht zurückgegangen war, wurde beidseitig eine Fasziotomie durchgeführt (beugeseitige Unterarmmuskulatur, Hohlhandfreilegung). Befund: Muskulatur teilweise nekrotisch verändert oder bereits im Stadium bindegewebiger Organisation. Die Hautdefekte, vor allem im Bereich der Hautblasen, mußten durch Hautverpflanzung gedeckt werden, Wundheilungsstörungen traten nicht auf. Trotz viermonatiger intensiver krankengymnastischer Behandlung war ein Greifen und Überstrecken der Hände nicht möglich, die Sensibilität im Bereich der Unterarme und Hände blieb weiterhin erloschen [16].

Tödliche Vergiftung

Ein 30jähriger Sporttaucher geriet vor der Atlantikküste (USA, North-Carolina) beim Auftauchen in die Tentakeln von *Physalia*. Er war noch in der Lage, seinen Bleigurt abzuwerfen und an der Wasseroberfläche um Hilfe zu rufen. Drei sofort herbeischwimmende Insassen des Tauchbootes fanden ihn bewußtlos im Wasser treibend. Trotz sofort einsetzender Wiederbelebungsversuche erlangte der Verunglückte das Bewußtsein nicht wieder. Bei der Einlieferung per Hubschrauber in ein Krankenhaus war er tot. An beiden Armen fanden sich massive Nesselverletzungen. Die Autopsie ergab keine Hinweise auf ein Barotrauma oder eine Herzerkrankung. Der Tod war offenbar als Folge eines Herzstillstandes eingetreten, wobei eine direkte Giftwirkung nach Kontakt mit den Tentakeln anzunehmen ist. Allergien in der Vorgeschichte waren nicht bekannt, auch war er zuvor noch nie mit *Physalia* in Kontakt gekommen, so daß eine anaphylaktische Reaktion eher unwahrscheinlich ist [10].

Letztlich ist der schnelle Verlauf der Vergiftung sehr ungewöhnlich, die vorgeschlagenen Erklärungen sind wenig überzeugend.

Literatur

[1] Burnett, J.W., Fenner, P.J., Kokelj, F., Williamson, J.A., Serious *Physalia* (Portuguese man o'war) stings: implications for scuba divers. J. Wilderness Med. **5**, 71 (1994).

[2] Mebs, D., Gifte im Riff. Wissenschaftl. Verlagsgesellschaft Stuttgart (1989).

[3] Tamkun, M.M., Hessinger, D.A., Isolation and partial characterization of a hemolytic and toxic protein from the nematocyst venom of the Portuguese man-of-war, *Physalia physalis*. Biochem. biophys. Acta **667**, 67 (1981).

[4] Burnett, J.W., Calton, G.J., Sea nettle and man-o'war venoms: A chemical comparison of their venoms and studies on the pathogenesis of their sting. J. Invest. Dermat. **62**, 372 (1974).

[5] Flowers, A.L., Hessinger, D.A., Mast cell histamine release induced by Portuguese man-of-war *(Physalia)* venom. Biochem. Biophys. Res. Commun. **103**, 1083 (1981)

[6] Cormier, S.M., Exocytosis and cytolytic release of histamine from mast cells treated with Portuguese man-o'war *(Physalia physalis)* venom. J. exp. Zool. **231**, 1 (1984).

[7] Burnett, J.W., Calton, G.J., Venomous pelagic coelenterates: chemistry, toxicology, immunology and treatment of their stings. Toxicon **25**, 581 (1987).

[8] Spelman, F.J., Bowe, E.A., Watson, C.B., Klein, E.F., Acute renal failure as a result of *Physalia physalis* sting. South. Med. J. **75**, 1425 (1982).

[9] Guess, H.A., Saviteer, P.L., Morris, C.R., Hemolysis and acute renal failure following a Portuguese man-o'war sting. Pediatrics **70**, 979 (1982).

[10] Burnett, J.W., Gable, W.D., A fatal jellyfish envenomation by the Portuguese man-o'war. Toxicon **27**, 823 (1989).

[11] Stein, M.R., Marracini, J.V., Rothschild, N.E., Burnett, J.W., Fatal Portuguese man-o'war *(Physalia physalis)* envenomation. Ann. Emerg. Med. **18**, 312 (1989).

[12] Burnett, J.W., Calton, G.J., Jellyfish envenomation syndromes updated. Ann. Emerg. Med. **16**, 1000 (1987).

[13] Fenner, P.J., Williamson, J.A., Burnett, J.W., Rifkin, J., First aid treatment of jellyfish stings in Australia. Response to a newly differentiated species. Med. J. Australia **158**, 198 (1993).

[14] Exton, D.R., Fenner, P.J., Williamson, J.A., Cold packs: Effective topical analgesia in the treatment of painful stings by *Physalia* and other jellyfish. Med. J. Australia **151**, 625 (1989).

[15] Williamson, J.A., Burnett, J.W., Fenner, P.J., Hach-Wunderle, V., Hoe, L.Y., Adiga, K.M., Acute regional vascular insufficiency after jellyfish envenomation. Med. J. Aust. **149**, 698 (1988).

[16] Hach-Wunderle, V., Mebs, D., Frederking, K., Bredding, H.K., Vergiftung durch Feuerqualle. Dtsch. med. Wschr. **112**, 1865 (1987).

Leuchtqualle

Pelagia noctiluca
(Klasse: Scyphozoa, Schirmquallen,
Familie: Pelagiidae) – mauve stinger

Abb. 2.15: Leuchtqualle, *Pelagia noctiluca* (Mittelmeer).

Merkmale: Gelb bis rosa gefärbte Qualle, unter dem Schirm (Durchmesser bis 12 cm) hängen gelappte Mundarme, sowie acht nur schwer sichtbare, fadenförmige Tentakeln. Im bläulich gepunkteten Schirm sind die Geschlechtsorgane als knollenförmige, rosafarbene Gebilde sichtbar.

Verbreitung: In den Gewässern um die Britischen Inseln, den Golf von Biscaya, im Mittelmeer, im tropischen und subtropischen Atlantik.

Lebensraum/Lebensweise: Im Wasser treibend (pelagisch), bewegt sich nach dem Rückstoßprinzip durch rhythmische Kontraktion des Schirmes vorwärts. Leuchtet bei Berührung, nachts gut sichtbar, rosafarbenes Licht (*noctiluca* – nachtleuchtend). Tritt meist in großen Schwärmen (Bänken) auf.

Das massenhafte Auftreten dieser Qualle zu manchen Jahreszeiten macht das Schwimmen im Meer oft unmöglich. So wurde in den Jahren 1977 bis 1979 während der Sommermonate *Pelagia noctiluca* (Abb. 2.15) in großen Schwärmen entlang der jugoslawischen Küste beobachtet. Vorsichtig geschätzt sollen etwa 250 000 Personen bei Kontakten mit der Qualle Nesselverletzungen erlitten haben [1].

Vergiftungsumstände. Jeder, der bei massivem Auftreten der Quallen im Meer schwimmt, ist gefährdet. Fischer erleiden beim Einholen der Netze, die oft mit Quallen gefüllt sind (bis zu einer Tonne pro Netz [18]), an den Händen und Armen Nesselverletzungen.

Vorsichtsmaßnahmen. Surfer, Taucher und Schnorchler sind durch Neoprenanzüge wirkungsvoll geschützt. Ein in der Karibik und Australien häufig getragener „Stinger suit" schützt ebenfalls gut.

Giftapparat. Nematocyten finden sich reichlich in den Mundarmen und in den Tentakeln.

Gift. Es handelt sich um ein Gemisch von **Proteintoxinen**. Sie weisen Molekülmassen von 50 000 bis 150 000 Dalton auf und sollen kardiotoxisch wirken [2].

Vergiftung. Ein sofortiger, starker **Schmerz** zeigt an, daß ein Kontakt mit der Qualle stattgefunden hat. Auf den betroffenen Hautstellen bilden sich Quaddeln, mitunter entwickeln sich auch Bläschen mit anschließender Ablösung der Oberhaut. Oft zeichnen sich bei einem intensiven Kontakt die gelappten Mundarme in einem sternförmigen Muster ab [1]. Diese Hautverletzungen heilen nur langsam ab, oft kommt es durch Melanin-Einlagerung zu einer Hyperpigmentierung.

Die meisten Kontakte mit dieser Qualle sind überwiegend leichter Natur. Unangenehmer können die Nesselverletzungen sein, wenn Schleimhäute oder Augen betroffen sind. Systemische Reaktionen können auftreten, wenn der Verletzte großflächigen Hautkontakt hatte, etwa bei unbeabsichtigtem Schwimmen in eine Massenansammlung von Quallen. Übelkeit, Erbrechen, Kopfschmerzen, Schwächegefühl, aber auch Bewußtlosigkeit (selten), sowie blutunterlaufene Hautblasen mit Nekrosen- und Narbenbildung können die Folge sein [3]. Auch schockähnliche Symptome, die z.T. auf eine anaphylaktische Reaktion zurückzuführen sind, wurden beobachtet [4]. Eine Sensibilisierung durch wiederholten Kontakt mit der Qualle scheint möglich. Todesfälle sind nicht bekannt geworden

Erste Hilfe. In der Regel sind Kontakte mit der Qualle nicht lebensgefährlich; Wasser jedoch sofort verlassen. Zur Inaktivierung der auf der Haut klebenden, noch nicht entladenen Nesselkapseln wird das Abwaschen mit **Magnesiumsulfatlösung** empfohlen [5, 6], die jedoch nur selten verfügbar sein dürfte.

Therapie. Nach Reinigen der betroffenen Hautregion, Aufbringen einer Hautsalbe, u.U. Lidocainsalbe als lokales Anästhetikum, Antihistaminika sind wirkungslos, ebenso Kortikosteroide. Bei systemischen Reaktionen (Kreislaufprobleme) symptomatische Behandlung, Herz-, Kreislauffunktionen, Atmung überwachen.

Literatur

[1] Maretic, Z., Russell, F.E., Ladavac, J., Epidemic of stings by the jellyfish *Pelagia noctiluca*. In: Natural Toxins (Eaker, D., Wadström, T., eds.), S. 77, Pergamon Press, Oxford (1980).

[2] Olson, C.E., Heard, M.J., Calton, G.J., Burnett, J.W., Interrelationship between toxins: Studies on crossreactivity between bacterial or animal toxins and monoclonal antibodies to two jellyfish venoms. Toxicon **23**, 307 (1985).

[3] Scarpa, C., On skin injuries provoked by Coelenterata and Echinodermata. In: Report of Workshop on Jellyfish Blooms in the Mediterranean, S. 95. Athens, United Nations Environmental Program (1984).

[4] Togias, A.G., Burnett, J.W., Kagey-Sobotka, A., Lichtenstein, L.M., Anaphylaxis after contact with a jellyfish. J. Allergy clin. Immunol. **75**, 672 (1985).

[5] Burnett, J.W., Calton, G.J., Jellyfish envenomation syndromes updated. Ann. Emerg. Med. **16**, 1000 (1987).

[6] Burnett, J.W., Calton, G.J., Venomous pelagic coelenterates: chemistry, toxicology, immunology and treatment of their stings. Toxicon **25**, 581 (1987).

Kompaßqualle

Chrysaora quinquecirrha
(Klasse: Scyphozoa; Familien: Pelagiidae) –
sea nettle

Abb. 2.16: Kompaßqualle, *Chrysaora quinquecirrha* (Philippinen).

Merkmale: Farblose bis leicht rosa gefärbte Qualle. Zeichnung einer Kompaßrose auf der Schirmoberseite. Unter dem Schirm (bis 20 cm Durchmesser) hängen gelappte Mundarme sowie zahlreiche, vom Schirmrand ausgehende Tentakeln (bis 2,5 m Länge), die knollenförmigen Geschlechtsorgane sind im Schirm sichtbar.
Verbreitung: Tropischer und subtropischer Atlantik, Pazifik.
Lebensraum/Lebensweise: Im Wasser treibend, Fortbewegung nach dem Rückstoßprinzip durch rhythmische Kontraktion des Schirmes. Tritt in großen Schwärmen auf (z.B. in der Chesapeake Bay, USA, einem großen Brackwasser-Areal).

Vergiftungsumstände. Schwimmer und Badende sind ebenso wie Fischer (Handverletzungen beim Entleeren der Netze) bei einem Massenauftreten der Qualle gefährdet.

Vorsichtsmaßnahmen. Baden vermeiden, wenn Quallen gesichtet werden. Ein „Stinger suit", Tauchanzug, aber auch Stoffkleidung, die die Haut vollständig bedeckt, schützt wirkungsvoll.

Giftapparat. Nematocyten sind reichlich in den Tentakeln, den Mundarmen, aber auch an der Oberfläche des Schirmes vorhanden (Abb. 2.16).

Gift. Es ist ein komplexes Gemisch **toxischer Proteine** sowie von Enzymen wie Esterasen, Proteasen und Hyaluronidase [1]. Toxine mit Molekülmassen von 100000 bis 190000 Dalton zeigen sowohl kardiotoxische als auch neurotoxische Aktivität [2]. Sie bewirken eine unspezifische Depolarisation von Muskel- und Nervenmembranen, indem sie Kanäle bzw. Poren bilden, die sich spontan öffnen und schließen und damit den Austausch und Einstrom von Calcium- und Natriumionen beeinflussen [2]. Dies kann auch die cytolytische Wirkung der Toxine erklären, da ein erhöhter Natrium-Einstrom das osmotische Gleichgewicht stört. Kollagenasen bewirken offenbar die Hautnekrosen. Auch wurde ein Hämolysin, das jedoch keine toxischen Eigenschaften besitzt, mit einer Molekülmasse von 6000 bis 10000 Dalton isoliert [3].

Vergiftung. Der Kontakt mit den Tentakeln, aber auch den Mundarmen bewirkt einen sofort einsetzenden brennenden **Schmerz**, der bis zu zwei Stunden anhalten kann. Es bilden sich rasch striemenförmige Nesselverletzungen, ein **Erythem** mit Schwellung und Bläschenbildung, das meist leichter Natur ist und nach einigen Tagen wieder verschwindet. Bei ausgedehnten Verletzungen kann es zur Bildung von kleinen Nekrosen kommen. Hornhaut-Verletzungen des Auges können langwierige Beschwerden wie unscharfes Sehen und erhöhten Augeninnendruck zur Folge haben [4].

Allgemeine Symptome wie Übelkeit, Erbrechen, Bewußtseinstrübung sind selten. Schockähnliche Symptome deuten auf eine Anaphylaxie hin, die bei Personen mit früherem Kontakt (auch mit anderen Quallenarten) auftreten kann.

Erste Hilfe. Nesselverletzungen durch die Kompaßqualle sind in der Regel nicht lebensgefährlich; Wasser jedoch sofort verlassen. Zur Inaktivierung der noch auf der Haut haftenden Nesselkapseln wird **Backpulver** (Ammoniumbikarbonat) empfohlen. Meist reicht aber auch das Aufstreuen von Sand, der vorsichtig mit dem Messerrücken abgeschabt wird.

Therapie. Auftragen einer Hautsalbe (Lidocainsalbe als lokales Anästhetikum); Antihistaminika und Kortikosteroide sind wirkungslos. Bei systemischen Reaktionen Herz-Kreislauf-Funktionen überwachen, symptomatische Behandlung.

Literatur

[1] Burnett, J.W., Calton, G.J., Venomous pelagic coelenterates: chemistry, toxicology, immunology, and treatment of their stings. Toxicon **25**, 581 (1987).

[2] Cobbs, C.S., Gaur, P.K., Russo, A.J., Warwick, J.E., Calton, G.J., Burnett, J.W., Immunosorbent chromatography of sea nettle (*Chrysaora quinquecirrha*) venom and characterization of toxins. Toxicon **21**, 385 (1983).

[3] Long, K.O., Burnett, J.W., Isolation, characterization, and comparison of hemolytic peptides in nematocyst venoms of two species of jellyfish (*Chrysaora quinquecirrha* and *Cyanea capillata*). Comp. Biochem. Physiol. **94 B**, 641 (1989).

[4] Glasser, D.B., Noell, M.J., Burnett, J.W., Kathuria, S.S., Rodrigues, M.M., Ocular jellyfish stings. Ophthalmology **99**, 1414 (1992).

Feuer- oder Haarquallen

Cyanea capillata, C. lamarckii
(Klasse: Scyphozoa, Schirmquallen) –
lions mane, hair jelly

Abb. 2.17: Haarqualle, *Cyanea capillata* (Ostsee).

Merkmale: Große, gelbe, rötlich bis purpurfarbene *(C. capillata)* oder kornblumenblau gefärbte *(C. lamarckii)* Qualle: tellerförmiger, gelappter Schirm (bis 2 m Durchmesser) mit vier Mundarmen und zahlreichen fadenförmigen Tentakeln von z.T. beträchtlicher Länge (bis 30 m).
Verbreitung: In den kühleren Regionen des Atlantiks und Pazifiks, Golf von Biscaya, Ärmelkanal, Nord- und Ostsee, aber auch um Australien.
Lebensraum/Lebensweise: Im Wasser treibend, bewegt sich durch rhythmische Kontraktionen des Schirmes fort.

Die zahlreichen langen, oft gelben Tentakeln der Qualle haben zu ihrem englischen Namen „lions mane" (Löwenmähne) geführt. Die arktische Variante dieser Quallengattung kann mit über 2 m Schirmdurchmesser beträchtliche Größen erreichen. Die im Ärmelkanal, der Nord- und Ostsee auftretenden *Cyanea capillata* (Abb. 2.17) und *C. lamarckii* sind mit maximal 50 bzw. 15 cm Schirmdurchmesser zwar kleiner, wegen ihrer stark nesselnden Eigenschaften jedoch nicht minder gefürchtet.

Vergiftungsumstände. Schwimmer, Taucher, aber auch Strandwanderer, die aufs Land gespülte Quallen berühren, laufen Gefahr, genesselt zu werden.

Vorsichtsmaßnahmen. Tauchanzüge oder ein „Stinger suit" schützen wirkungsvoll. An den Strand gespülte Quallen nicht berühren.

Giftapparat. Nematocyten sind in dichten Batterien sowohl in den Mundlappen als auch in den haarähnlichen Tentakeln angeordnet. Letztere können von der Qualle abgestoßen werden und schwimmen dann frei im Wasser. Die Nematocyten sind aber weiterhin aktiv.

Gift. Es ist ein Gemisch höhermolekularer **Proteintoxine**, wobei ein basisches Protein mit einer Molekülmasse von ca. 70 000 Dalton das Haupttoxin zu sein scheint. Es ist thermolabil, ein Großteil seiner Toxizität geht während der Reinigungs- und Isolierungsprozeduren verloren [1, 2]. Das isolierte Toxin wirkt kardiotoxisch, es führt zu Tachykardie und Arrhythmien, Kontraktilitätseinbußen und Herzstillstand. *Cyanea*-Gift besitzt keine hämolytischen Eigenschaften;

wenn es in die Haut injiziert wird, bewirkt es Hautnekrosen.

Vergiftung. Ein scharfer, brennender **Schmerz** setzt meist sofort nach dem **Kontakt** mit den Tentakeln der Qualle ein und hält mehrere Stunden an. Die betroffene Hautregion schwillt an, und es entwickelt sich eine striemenförmige Hautrötung (Erythem), die meist nach 48 Stunden wieder verschwindet. Mitunter kommt es zu Pigmenteinlagerungen [3]. In seltenen Fällen können systemische Reaktionen wie Benommenheit, Übelkeit und Muskelschmerz auftreten [4].

Vergleichsweise folgenlos scheinen Begegnungen mit *Cyanea capillata* an der Ostküste der Vereinigten Staaten (Chesapeake Bay) zu verlaufen [5]. Ob dies an der Größe der Tiere (sie erreichen hier selten einen Schirmdurchmesser von mehr als 3 cm) oder an einer anderen Giftzusammensetzung liegt, ist ungeklärt. Todesfälle sind nicht bekannt geworden.

Erste Hilfe. Wasser sofort verlassen; Lebensgefahr besteht in der Regel nicht. Zur Inaktivierung der auf der Haut klebenden Nesselkapseln in diesem Fall keinen Weinessig verwenden, trotz früherer Empfehlung [6]. Neuere Untersuchungen haben gezeigt, daß saure Lösungen geradezu zur Entladung der Nematocysten führen [4]. Statt dessen wird das Aufbringen dickangerührten **Backpulvers** (Ammoniumbikarbonat) empfohlen [7, 8]. Da dieses nur selten vorhanden sein dürfte, kann man sich mit dem Aufstreuen von Sand und anschließendem vorsichtigem Abschaben behelfen.

Therapie. Reinigen der betroffenen Hautregion, Aufbringen einer schmerzstillenden Hautsalbe (Lidocainsalbe), meist kann jedoch darauf verzichtet werden.

Literatur

[1] Walker, M.J.A., Pharmalogical and biochemical properties of a toxin-containing material from the jellyfish *Cyanea capillata*. Toxicon **15**, 3 (1977).
[2] Walker, M.J.A., The cardiac action of a toxin-containing material from the jellyfish *Cyanea capillata*. Toxicon **15**, 15 (1977).
[3] Barnes, J.H., Observations on jellyfish stingings in North Queensland. Med. J. Aust. **2**, 993 (1960).
[4] Fenner, P.J., Fitzpatrick, P.F., Experiments with the nematocysts of *Cyanea capillata*. Med. J. Aust. **145**, 174 (1986).
[5] Burnett, J.W., An electron microscopic study of two nematocyts in the tentacles of *Cyanea capillata*. Chesapeake Sci. **12**, 67 (1971).
[6] Sutherland, S.K., Australian animal toxins. Oxford Univ. Press, Melbourne (1983).
[7] Burnett, J.W., Calton, G.J., Jellyfish envenomation syndromes updated. Ann. Emerg. Med. **16**, 1000 (1987).
[8] Burnett, J.W., Calton, G.J., Venomous pelagic coelenterates: chemistry, toxicology, immunology, and treatment of their stings. Toxicon **25**, 581 (1987).

Würfelqualle, Seewespe

Chironex fleckeri (Klasse: Cubozoa) – sea wasp, box-jellyfish

Abb. 2.18: Die Würfelqualle *Chironex fleckeri* (Queensland, Australien).

Merkmale: Bläulich gefärbte, halbtransparente, würfelförmige Qualle (bis 20 x 30 cm, Höhe/Durchmesser); an vier Ausläufern („Armen", Pedalien) am unteren Rand des Schirms Bündel mit jeweils bis zu 15 Tentakeln, zwei oder mehrere Meter lang, kontrahierbar auf ein Viertel ihrer Länge, dicht mit Nematocyten besetzt.
Verbreitung: Nord- und Ostküste Australiens, vermutlich auch im ganzen westlichen tropischen Pazifik verbreitet (Papua-Neuguinea, Salomonen, Borneo, Malaysia, Philippinen).
Lebensraum/Lebensweise: Vorwiegend in Küstennähe, häufig in seichtem Wasser nach stürmischem Wetter bei bedecktem Himmel, frei im Wasser treibend. Fortbewegung nach dem Rückstoßprinzip durch Kontraktion des Schirmes. In Gruben jeweils an den Seiteninnenwänden des Schirmes befinden sich komplexe Linsenaugen (Rhopalien), die es der Qualle ermöglichen, Hindernissen auszuweichen.

Die Würfelqualle, *Chironex fleckeri*, ist ohne Zweifel das gefährlichste Nesseltier. Von 1910 bis 1964 wurden 38 Todesfälle entlang der Küste von Nord-Queensland und um Darwin in Nordaustralien registriert [1]. Kinder stellen eine besonders gefährdete Personengruppe dar. Sutherland [2] schätzt, daß in jedem Jahr mindestens ein Kind an den Folgen von Nesselverletzungen stirbt. Die Angaben zur Verbreitung von *Chironex fleckeri* sind nicht sicher, möglicherweise gehen Todesfälle auf den Philippinen eher auf das Konto einer anderen Würfelqualle, *Chiropsalmus quadrigatus* [2, 3].

Vergiftungsumstände. In Australien ereignen sich die meisten Unfälle im Dezember und Januar, zumindest selten im dortigen Winter, Juli bis August [4]. Eine Ausnahme bildet die Küste um Darwin, dort herrscht auch im Winter Vergiftungsgefahr. Meist nach stürmischem Wetter, an heißen Tagen und bei bedecktem Himmel finden sich Massenansammlungen von Quallen im seichten Küstenwasser. Im meist trüben, oft nur knietiefen Wasser ist die Würfelqualle praktisch nicht zu sehen. Betroffen sind vielfach Kinder, die im flachen Wasser spielen, sowie Schwimmer. Häufig wickeln sich die langen Tentakeln um Beine und Arme. In den der Küste vorgelagerten Korallenriffen scheinen Würfelquallen hingegen nicht vorzukommen.

Vorsichtsmaßnahmen. Treten die Quallen auf, was meist erst bemerkt wird, wenn jemand schmerzhaften Kontakt mit ihnen hatte, so werden in der Regel die Badestrände in Australien gesperrt („jellyfish alert"). Unter diesen Umständen ist es unbedingt zu vermeiden, ins Wasser zu gehen. Tauchanzüge, „Stinger suits", aber auch Stoffhemd und -hose schützen vor Nesselverletzungen. Generell ist das Baden an einsamen Stränden, vor allem allein, in den häufig betroffenen Gebieten riskant.

Giftapparat. Der würfelförmige Schirm der Qualle ist frei von Nematocyten. Die oft mehrere Meter langen **Tentakeln** sind hingegen dicht mit Nesselzellen besetzt und kontrahieren sich bei Kontakt. Auf diese Weise kommen weitere Nesselkapseln mit dem Opfer in Berührung und entladen sich in die Unterhaut, wo es zu einer raschen Giftaufnahme in das Gefäßsystem kommt.

Gift. Nematocysten-Extrakte von *Chironex fleckeri* enthalten ein komplexes Gemisch toxischer **Proteine**, die bei Versuchstieren (Mäusen, Meerschweinchen oder Kaninchen) nach intravenöser Injektion bereits innerhalb weniger Minuten zum Tode führen [5]. Auch hierbei handelt es sich vorwiegend um cytotoxisch wirkende, die Zellmembran schädigende Proteine. Neben einem hämolytisch aktiven Protein mit einer Molekülmasse von ca. 70 000 Dalton [6, 7], einem Faktor, der bei Kaninchen zu Hautnekrosen führt [8], ist es wohl ein kardiotoxisch wirkendes Protein (oder auch mehrere Proteine), das für die rasche tödliche Wirkung des Giftes verantwortlich ist. Die Instabilität auch dieses Toxins, seine Tendenz, offenbar zu größeren Moleküleinheiten zu aggregieren (die Angaben zur Molekülgröße reichen von 20 000 bis 150 000 Dalton [6, 9, 15]) haben bisher weitergehende biochemische Untersuchungen erschwert.

Allgemein scheint der kardiotoxischen Wirkung eine tiefgreifende Störung der Membranpermeabilität, etwa durch Bildung von Poren oder Kanälen, zugrunde zu liegen [10]. Ein Antiserum gegen *Chironex-fleckeri*-Gift wurde durch Immunisierung von Schafen hergestellt.

Vergiftung. Der Kontakt mit den Tentakeln führt unmittelbar zu einem starken brennenden **Schmerz**, der sich über die nächsten 15 Minuten wellenförmig verstärkt. Der Verletzte reagiert häufig irrational, weint und schreit. Die betroffen Hautregionen zeigen striemenartige, bläulich-braune Streifen oder abgesetzte, leiterähnliche **Hauteruptionen** („Strickleitermuster"). Ein Ödem, starke Hautrötung und Blasenbildung folgen. Die Hautreaktionen bleiben bis zu zwei Wochen bestehen, es bilden sich Nekrosen, die nur langsam unter Narbenbildung abheilen [11].

Abhängig von der Größe der Qualle sind die Symptome mehr oder minder schwer.

Therapie. Bei einer Vergiftung durch *Chironex fleckeri* ist mit Herz- und Ateminsuffizienz zu rechnen, es müssen daher Maßnahmen zur Reanimation bzw. zur künstlichen Beatmung getroffen werden. In Australien steht zur Behandlung von schweren Vergiftungen durch *Chironex fleckeri* ein spezifisches **Antiserum** zur Verfügung (Commonwealth Serum Laboratories, CSL, Parkville, VIC, Australien; es ist nicht bei Vergiftungen durch andere Quallen oder Hydrozoen, etwa *Physalia*, zu verwenden, es zeigt keine oder nur sehr geringe Kreuzreaktionen). Es ist ein Hyperimmunserum (konzentrierte Immunglobuline), das durch Immunisierung von Schafen mit Nematocyten-Extrakten gewonnen wurde. Eine Ampulle soll ca. 20 000 LD_{50}-Dosen (Mäuse, i.v.) neutralisieren.

Antiserum ist dann indiziert, wenn Bewußtlosigkeit, Atem- oder Herz-Kreislauf-Probleme auftreten. In der Regel ist es erst dann anzuwenden, wenn die Erste-Hilfe-Maßnahmen durchgeführt (Inaktivierung und Entfernung der Tentakeln) und Herz-Kreislauf-Funktionen stabilisiert wurden (übliche Schockbehandlung). Es sollte stets **intravenös**, am besten durch Infusion, 1:10 mit physiologischer Kochsalz- oder Ringerlösung verdünnt, angewandt werden. Wie im allgemeinen Kapitel ausgeführt, ist die Applikation von Antiserum allerdings keineswegs risikolos und birgt immer die Gefahr eines anaphylaktischen Schocks. Es sollte daher stets nur von einem Arzt verabreicht werden, der auf anaphylaktische Reaktionen vorbereitet sein sollte (Adrenalin in Spritze aufgezogen, sicherer venöser Zugang). In kritischen Situationen, wenn ärztliche Hilfe nicht erreichbar ist, wird auch die intramuskuläre Injektion des Antiserums empfohlen [2].

Je nach Schwere der Vergiftung ist mindestens eine Ampulle nötig, um die Herzrhythmusstörungen und Ateminsuffizienz zu beherrschen. Wenn sich der Zustand des Patienten weiterhin verschlechtert (was bedeuten kann, daß weiterhin Gift wirksam oder resorbiert wird, d.h. es entladen sich weiterhin Nesselzellen auf der Haut), ist die Infusion einer weiteren Ampulle (bis zu drei) indiziert. Wenn das Antiserum rechtzeitig verabreicht wird, soll es auch zu einer beachtlichen Linderung der Schmerzen führen sowie ausgedehnte Hautnekrosen vermeiden helfen. Eine **Urtikaria**, die nach Tagen oder Wochen auftreten kann, ist eine **Spätreaktion** auf das verabreichte Antiserum („Serumkrankheit"). Zu deren Behandlung, falls überhaupt notwendig, werden Kortikosteroide angewandt.

Die lokale und systemische Anwendung von Kortikosteroiden und Antihistaminika hat jedoch keinen Einfluß auf das Vergiftungsgeschehen. Auch bewirken heiße oder kalte Umschläge keine Schmerzlinderung. Zur Beruhigung des oft überreagierenden Patienten ist die Verabreichung eines leichten Benzodiazepin-Präparates empfehlenswert. Bei starken Schmerzzuständen ist die Anwendung von Pethidin oder Morphin (Vorsicht: Atemdepression) angezeigt.

Ausgedehnte **Nesselverletzungen** sind wie Brandwunden zu behandeln. Sie machen oft, da sie für **Sekundärinfektionen** anfällig sind, einen entsprechenden Antibiotikaschutz notwendig.

Kleine Tiere mit 5 bis 7 cm Schirmdurchmesser rufen geringere, jedoch nicht weniger schmerzhafte Vernesselungen hervor. Bei größeren Quallen mit über 15 cm Schirmdurchmesser ist in der Regel mit schweren Vergiftungsfolgen zu rechnen. Auch die **Länge der Striemen** auf der Haut gibt Hinweise für die Prognose. Besonders bei Kindern haben Striemenlängen von 2-4 m in der Regel tödliche Folgen [2]. Bei ausgedehnter Vernesselung (Länge der Striemen bei Erwachsenen insgesamt über 6 Meter) kann Bewußtlosigkeit innerhalb von Minuten oder selbst Sekunden eintreten, das Opfer hat mitunter keine Chance mehr, das Ufer zu erreichen.

Im Vordergrund steht vor allem bei schweren Vergiftungen, in denen hohe Giftdosen injiziert wurden, die Wirkung auf das Herz: Es kommt zu Herzrhythmusstörungen und Herzinsuffizienz, die zu plötzlichem Herzversagen führt. Es werden in diesem Zusammenhang Störungen im Calciumtransport vermutet, was die Empfehlung begründet, in schweren Fällen Verapamil (i.v.) anzuwenden [12]. Ebenso ist eine sich rasch entwickelnde Ateminsuffizienz mit plötzlichem Atemstillstand todesursächlich, wobei eine zentralnervöse Giftwirkung angenommen wird, was allerdings bei der vermuteten Größe der Toxinmoleküle eher unwahrscheinlich ist. Sie vermögen wohl kaum die Blut-Hirn-Schranke zu passieren.

Erste Hilfe. Wasser sofort verlassen bzw. Verletzten sofort bergen, da Gefahr des Ertrinkens besteht. Beruhigend auf den Verletzten einwirken, Bewegungen vermeiden, betroffene Hautregionen nicht berühren oder mit dem Handtuch abwischen. Für die Inaktivierung der Nesselzellen hat sich **Haushalts-Weinessig** (5%ige Essigsäure) bewährt [3]. Die Haut soll gut damit übergossen werden, auf noch anhaftende Tentakeln besonders intensiv einwirken lassen, förmlich einweichen. Keinen Alkohol oder Süßwasser verwenden; dies führt mit Sicherheit auch zur Entladung der letzten Nesselzelle. Wenn Weinessig (auch Essigsäure bis 10%) nicht vorhanden ist, Sand auftragen, vollsaugen lassen und mit Messerrücken abschaben. Puls und Atmung überwachen, bei Atemstillstand sofort Mund-zu-Mund-(oder-Nase-)Beatmung, bei Herzstillstand externe Herzmassage. Die Verletzungen dürfen keinesfalls unterschätzt werden, vor allem bei Kindern ist sofort der nächste Arzt aufzusuchen.

Fallbeschreibungen

Tödliche Vergiftung

Ein 5jähriger Junge badete an der Küste von Gladstone (Australien) im seichten Wasser und geriet mit beiden Beinen in die Tentakeln einer Würfelqualle. Er lief schreiend zum Ufer, wo seine Großmutter mit einem Handtuch versuchte, die Tentakeln abzuwischen. Ein alarmierter Nachbar goß insgesamt 650 ml Weinessig über die Beine des Kindes (ca. 4–5 Minuten nach dem Unfall). Es wurde anschließend in weniger als drei Minuten zu einer Ambulanz-Station gefahren. Unterwegs ging es dem Kind zusehends schlechter. Bei Ankunft in der Station war es bereits bewußtlos, ohne fühlbaren Puls und zeigte dilatierte, lichtstarre Pupillen. Sauerstoff-Beatmung und Herzmassage wurden sofort vorgenommen und das Kind eilends in das nächste Krankenhaus gefahren. Das dort angelegte EKG zeigte idioventrikuläre Rhythmen. Es wurden 0,5 mg Adrenalin und eine Ampulle *Chironex*-Antiserum (20 000 Einheiten) intravenös injiziert. Die Wiederbelebungsmaßnahmen wurden fortgesetzt, wobei in der Folge mehrfach Adrenalin, Atropin, Calciumchlorid und Natriumbikarbonat injiziert wurden. Der Zustand des Kindes blieb jedoch unverändert: keine Spontanatmung und Herzaktivität, Pupillen weiterhin lichtstarr dilatiert. 20 Minuten nach der Einlieferung (40 Minuten nach dem Unfall) wurden die Wiederbelebungsmaßnahmen abgebrochen. Die Autopsie ergab keine auffälligen Organbefunde. Die 4–5 mm breiten Nesselverletzungen an den Beinen hatten eine Gesamtlänge von vier Metern [12].

Schwere, überlebte Vergiftung

Eine 26jährige Frau kam beim Baden am Strand von Townsville (Australien) mit beiden Beinen in Kontakt mit den Tentakeln einer Würfelqualle. Unter großen Schmerzen erreichte sie das Ufer, wo innerhalb von 90 Sekunden nach dem Unfall ihre Beine mit Weinessig behandelt und die anhaftenden Tentakeln entfernt wurden. Sie wurde sofort in ein Krankenhaus gebracht, wo die Beine mit Eiswasser und Lidocainsalbe, später 10%igem Lidocainspray behandelt wurden. Diese Maßnahmen waren jedoch wirkungslos, die Schmerzen hielten auch weiterhin unvermindert an. So wurden 35 Minuten nach dem Unfall zwei Ampullen (40 000 Einheiten) *Chironex*-Antiserum in 400 ml Kochsalzlösung infundiert, nachdem zuvor 100 mg Hydrocortison injiziert worden waren. Innerhalb weniger Minuten setzte eine dramatische Besserung ein, die Schmerzen gingen zurück, die intensiven Hauteruptionen und -rötungen verminderten sich zu schmalen Striemen. Nach 3 $\frac{1}{2}$ Stunden war die Patientin praktisch schmerzfrei, einige Hautstellen waren noch ödematös und dunkelrot gefärbt. So wurde eine weitere Ampulle (20 000 Einheiten) Antiserum injiziert, was zu einer weiteren Besserung der Hautvernesselungen während der nächsten zwei Stunden führte. Über die nächsten Tage wurde eine 1%ige Hydrocortison-Salbe aufgetragen. An einigen Stellen bildeten sich Hautblasen, die nach neun Tagen problemlos abheilten [14].

Literatur

[1] Cleland, J.B., Southcott, R.V. (eds.), Injuries to man from marine invertebrates in the Australian region. Nat. Health Med. Res. Council (Canberra), Special Report Series, no. **12** (1965).
[2] Sutherland, S.K., Australian animal toxins. Oxford Univ. Press, Melbourne (1983).
[3] Williamson, J.A., Callanan, V.I., Hartwick, R.F., Serious envenomation by the Northern Australian box-jellyfish *(Chironex flekkeri)*. Med. J. Aust. **1**, 13 (1980).

[4] Sutherland, S.K., Trinca, J.C., Review of the usage of various antivenoms in Queensland. In: Animal toxins and man (J. Pearn, ed.), Queensland Health Dept., Brisbane (1981).

[5] Baxter, E.H., Marr, A.G.M., Sea wasp *(Chironex fleckeri)* venom: lethal, hemolytic and dermonecrotic properties. Toxicon **7**, 195 (1969).

[6] Crone, H.D., Keen, T.E.B., Further studies on the biochemistry of the toxins from the sea wasp *Chironex fleckeri*. Toxicon **9**, 145 (1971).

[7] Crone, H.D., Chemical modification of the hemolytic activity of extracts from the box jellyfish *Chironex fleckeri* (Cnidaria). Toxicon **14**, 97 (1976).

[8] Freeman, S.E., Turner, R.J., A pharmacological study of the toxin of a cnidarian *Chironex fleckeri* Southcott. Br. J. Pharmacol. **35**, 510 (1969).

[9] Wittle, L.W., Scura, E.D., Middlebrook, R.E., Stinging coral *(Millepora tenera)* toxin: a comparison of crude extracts with isolated nematocyst extracts. Toxicon **12**, 481 (1974).

[10] Freeman, S.E., Action of *Chironex fleckeri* toxins on cardiac transmembrane potentials. Toxicon **12**, 395 (1974).

[11] Barnes, J.H., Observations on jellyfish stingings in North Queensland. Med. J. Aust. **2**, 993 (1960).

[12] Lumley, J., Williamson, J.A., Fenner, P.J., Burnett, J.W., Colquhoun, D.M., Fatal envenomation by *Chironex fleckeri*, the north Australian box-jellyfish: the continuing search for lethal mechanisms. Med. J. Aust. **148**, 527 (1988).

[13] Hartwick, R., Callanan, V., Williamson, J., Disarming the box-jellyfish. Nematocyt inhibition in *Chironex fleckeri*. Med. J. Aust. **1**, 15 (1980).

[14] Williamson, J.A., Le Ray, L.E., Wohlfahrt, M, Fenner, P.J., Acute management of serious envenomation by box-jellyfish *(Chironex fleckeri)*. Med. J. Aust. **141**, 851 (1984).

[15] Calton, G.J., Burnett, J.W., Partial purification of *Chironex fleckeri* (sea wasp) venom by immunochromatography with antivenom. Toxicon **24**, 416 (1986).

Andere Würfelquallen (Klasse: Cubozoa)

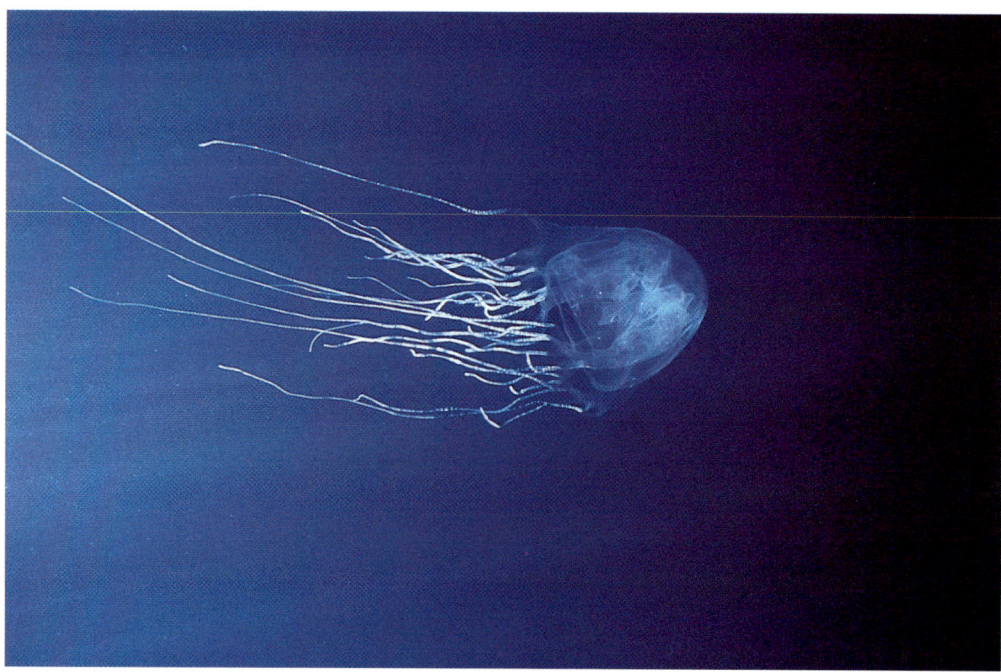

Abb. 2.19: Würfelqualle aus den Gewässern der Philippinen, *Chiropsalmus quadrigatus*.

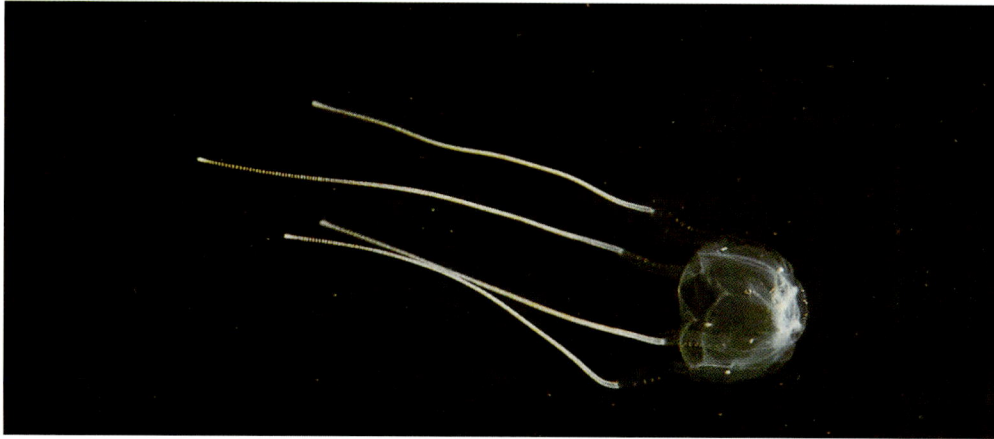

Abb. 2.20: Kleine Würfelqualle, *Carukia barnesi* (Australien).

Vergiftungen durch andere Würfelquallen-Arten als durch *Chironex fleckeri* sind vorwiegend an den Küsten Australiens aufgetreten bzw. bisher beschrieben worden. Sie kommen jedoch mit Sicherheit auch in anderen Gebieten des Pazifiks vor.

Chiropsalmus quadrigatus (Sea wasp) ist eine Würfelqualle mit nicht mehr als 7 cm Schirmdurchmesser (Abb. 2.19). Sie läßt sich nur schwer von *Chironex fleckeri* unterscheiden, hat jedoch weniger und kürzere Tentakeln. Sie ist im Indischen Ozean, an den Küsten des nördlichen Australiens und der Philippinen verbreitet, wo sie „killing jellyfish" genannt wird. Ihr Nematocyten-Gift hat ähnliche Eigenschaften wie das von *Chironex fleckeri* [1]. Auch ist das Verletzungsmuster ähnlich (rote Striemen auf der Haut). Die allgemeinen Symptome sind jedoch meist leichter Natur. Allerdings scheint diese Würfelqualle für eine Reihe von Todesfällen auf den Philippinen verantwortlich zu sein. Das *Chironex*-Antiserum scheint *Chiropsalmus*-Gift zu neutralisieren [2], doch bestand bisher noch keine Gelegenheit, es anzuwenden. Die im Golf von Mexiko vorkommende Art *Chiropsalmus quadrumanus* soll den Tod eines 5jährigen Kindes verursacht haben [3].

Carybdea rastoni („jimble") kommt an allen Küsten Australiens vor und ist über den ganzen Pazifik bis Japan und Hawaii verbreitet. Es ist eine kleine Qualle mit nur 2 cm Schirmdurchmesser und vier nicht mehr als 30 cm langen Tentakeln. Die Nesselverletzungen sind zwar schmerzhaft, doch meist geringfügiger Natur, allgemeine Symptome wurden bisher nicht beschrieben [4].

Carukia barnesi („Irukandji") ist ebenfalls eine kleine Würfelqualle (bis 2 cm Schirmdurchmesser) mit vier über 60 cm langen Tentakeln (Abb. 2.20). Sie tritt vorwiegend entlang der Nordküste Australiens auf. Eine Berührung mit den Tentakeln ist schmerzhaft, doch verschwinden die band- oder punktförmigen Hauteruptionen meist wieder innerhalb einer Stunde. Allerdings können sich innerhalb von fünf Minuten bis zu zwei Stunden Symptome entwickeln, die unter der Bezeichnung „**Irukandji-Syndrom**" zusammengefaßt werden [5, 6]. Charakteristisch hierfür ist ein **Lungenödem**, dessen Ursachen noch im Dunkeln liegen. Eine klinische Behandlung ist hierbei unbedingt angezeigt, wobei die Injektion von Phentolamin zur Blockierung einer Katecholamin-Wirkung sich als erfolgreich erwies. Die Behandlung des Lungenödems sollte wie üblich erfolgen (Oberkörper hochlegen, Diuretika etc.) [6].

„*Morbakka*" ist eine Würfelqualle, deren genaue Artdefinition noch aussteht (möglicherweise *Tamoya haplonema*). Sie kommt im Indo-Pazifik vor. Unfälle mit Nesselverletzungen von vergleichsweise leichter Natur wurden von der Ostküste Australiens beschrieben [7].

Für alle Würfelquallen hat sich zur Inaktivierung der Nematocyten Weinessig bewährt.

Literatur

[1] Keen, T.E.B., Comparison of tentacle extracts from *Chiropsalmus quadrigatus* and *Chironex fleckeri*. Toxicon **9**, 249 (1971).
[2] Baxter, E.H., Marr, A.G.M., Sea wasp *(Chironex fleckeri)* venom: lethal, hemolytic, and dermonecrotic properties. Toxicon **7**, 195 (1969).
[3] Bengston, K., Nichols, M.M., Schnadig, V., Ellis, M.D., Sudden death in a child following jellyfish envenomation by *Chiropsalmus quadrumanus*. J. Am. Med. Ass. **266**, 1404 (1991).
[4] Cleland, J.B., Southcott, R.V. (eds.), Injuries to man from marine invertebrates in the Australian region. Nat. Health Med. Res. Council (Canberra), Special Report Series, no. **12** (1965).
[5] Fenner, P.J., Williamson, J.A., Callanan, V.I., Audley, I., Further understanding of, and a new treatment for „Irukandji" *(Carukia barnesi)* stings. Med. J. Aust. **145**, 569 (1986).
[6] Fenner, P.J., Williamson, J.A., Burnett, J.W., Colquhoun, D.M., Godfrey, S., Gunarwadane, K., Murtha, W., The „Irukandji syndrome" and acute pulmonary oedema. Med. J. Aust. **149**, 150 (1988).
[7] Fenner, P.J., Fitzpatrick, P.F., Hartwick, R.J., Skinner, R., „Morbakka", another cubomedusan. Med. J. Aust. **143**, 550 (1985).

Seeanemonen, Blumentiere, Aktinien (Klasse: Anthozoa; Ordnung: Actiniaria) – sea anemones

Abb. 2.21: Wachsrose, *Anemonia sulcata* (Mittelmeer).

Merkmale: Einzelner Polyp, der kein Kalkskelett abscheidet, in Größe und Färbung stark variierend, mit Kranz von ungeteilten Tentakeln um die Mundscheibe.
Verbreitung: In allen Weltmeeren, in tropischen wie arktischen und antarktischen Gewässern.
Lebensraum/Lebensweise: Einzeln oder in Gruppen auf Steinen oder Sand mit Fußscheibe festsitzend; verschlingen oft große, durch Nematocytengift gelähmte Beute.

Die in zahlreichen Arten in der Nord- und Ostsee sowie dem Mittelmeer verbreiteten Seeanemonen stellen kein ernstes Gefahrenpotential für den Badenden dar. In Einzelfällen kann es allerdings zu unangenehmen Vernesselungen kommen, so durch die Wachsrose (*Anemonia sulcata* [1]). Auch der Kontakt mit verschiedenen tropischen Arten wie *Actinodendron plumosum* („hell's fire sea anemone") hat mitunter schmerzhafte Folgen.

Vergiftungsumstände. Da viele Seeanemonen in den Gezeitenzonen und im flachen Wasser leben, kommen Badende leicht mit ihnen in Kontakt. Hierbei scheinen Nacktbadende häufiger betroffen zu sein, so durch unvorsichtiges Setzen auf Steine oder Felsen, auf denen Seeanemonen (z.B. die Wachsrose, *Anemonia sulcata*) angesiedelt sind. Oft geraten empfindliche Hautpartien (Genitalbereich) in Kontakt mit den Tentakeln, was zu schmerzhaften Vernesselungen führen kann. Man hat sogar einen klinischen Begriff hierfür geprägt: Cnidarismus nudorum [2]. Auf die sog. „Schwammfischer-Krankheit", die bei Schwammtauchern im Mittelmeer beobachtet wurde, ist bereits hingewiesen worden. Hierbei handelt es sich um Nesselverletzungen meist an den Händen, durch die Seeanemone *Sagarti rosea*, die sich häufig an der Basis von Schwämmen ansiedelt [3].

Vorsichtsmaßnahmen. Ein Badeanzug schützt empfindliche Körperteile wirkungsvoll. Nicht in die Tentakeln greifen.

Giftapparat. In den Tentakeln (Abb. 2.21), aber auch in Fäden, die von den Septen des Magenraumes ausgehen

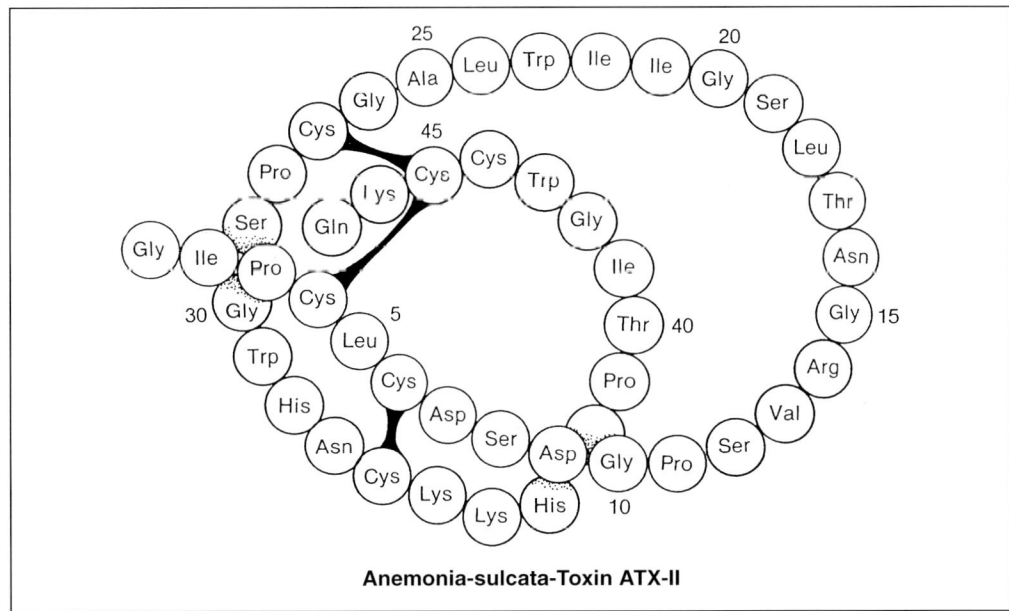

Anemonia-sulcata-Toxin ATX-II

(Mesenterialfilamente) sind zahlreiche **Nematocyten** enthalten, z.T. regelrecht in Batterien angeordnet.

Gift. Seeanemonen enthalten **Toxine von Proteinnatur**, wobei es nicht klar ist, ob diese und gegebenenfalls welche tatsächlich den Nematocyten entstammen, da zu ihrer Isolierung Seeanemonen meist gänzlich homogenisiert und aufgearbeitet werden [4]. Einige dieser Toxine stellen sehr aktive **Neurotoxine** dar [5]. So blockieren Toxine aus *Anemonia sulcata* (Anemonia-Toxine, abgekürzt: ATX) sehr spezifisch Natrium-Kanäle von Nervenmembranen. Sie verhindern, daß sich (nach einer Reizung geöffnet) die Kanäle wieder schließen, und bewirken somit eine Dauererregung. Diese aus 27 bis 49 Aminosäuren bestehenden Peptide haben meist jedoch eine relativ geringe Toxizität für Warmblüter (LD_{50} für Mäuse ca. 0,3 bis 20 mg/kg, für Strandkrabben jedoch ca. 0,002 mg/kg) und sind sicher nicht für die lokale, die Haut betreffende Vernesselung verantwortlich. Eine typische „neurotoxische" Symptomatik, etwa Lähmungen oder Reizleitungsstörungen, hat sich beim Menschen in keinem Fall beobachten lassen. Für den Neurophysiologen sind diese Toxine jedoch von großer Bedeutung, da mit ihrer Hilfe zahlreiche nervöse Mechanismen (Reizleitung, Ionen-Kanäle etc.) aufgeklärt wurden [6].

Seeanemonen enthalten jedoch noch zahlreiche andere Toxine mit vorwiegend zellschädigenden, auch hämolytischen Eigenschaften, denen man schon eher die primär lokale Wirkung des Giftes zuschreiben kann [7]. Hierbei handelt es sich um basische Proteine (Molekülmassen zwischen 16 000 und 21 000 Dalton), die Membranen durchdringen und wahrscheinlich Poren bilden, wodurch das Ionen-Gleichgewicht gestört wird.

Therapie. Therapeutische Maßnahmen sind in den meisten Fällen überflüssig.

Vergiftung. Ein Kontakt mit den Tentakeln und Mesenterialfilamenten führt zu einem brennenden, meist jedoch nicht sehr schmerzhaften Gefühl auf der betroffenen Haut. Nach wenigen Minuten bilden sich weißliche Quaddeln mit einem roten Hof, in leichten Fällen verschwinden diese wieder im Laufe der nächsten 24 Stunden. Bei schweren **Vernesselungen** können Blasen entstehen, die mit seröser Flüssigkeit gefüllt sind, oft sind Hautnekrosen mit Narbenbildung die Folge [1]. Bei großflächigen Vernesselungen (so bei Kindern) können auch allgemeine Symptome, wie Muskelschmerzen, leichte Bewußtseinstrübung, Übelkeit und Erbrechen, u.U. auch Fieber, auftreten. Schwere Symptome, wie Schock, sind nicht beschrieben worden. Eine Immunität scheint sich bei häufigem Kontakt mit Seeanemonen nicht zu entwickeln, eher ist eine Sensibilisierung zu erwarten, was bei wiederholtem Kontakt stärkere Symptome nach sich ziehen kann.

Erste Hilfe. Verlassen des Wassers und vorsichtiges Entfernen der Tentakeln, Spülen mit Seewasser (kein Süßwasser), was in leichten Fällen genügt. Bei umfangreichen Vernesselungen ist u.U. auch ein Abwaschen mit Weinessig empfehlenswert.

Literatur

[1] Maretic, Z., Russell, F.E., Stings by the sea anemone *Anemonia sulcata* in the Adriatic Sea. Am. J. Trop. Med. Hyg. **32**, 891 (1983).

[2] Maretic, Z., Cnidarismus nudorum: a new epidemological and clinical entity. Dermatologica **172**, 123 (1986).

[3] Zervos, S.G., La maladie des pêcheurs d'éponges nus et l'anémone de la mer „actinion". Bull. Acad. Méd. (Paris), Sér. 3, **119**, 379 (1938).

[4] Beress, L., Biologically active compounds from coelenterates. Pure Appl. Chem. **54**, 1981 (1982).

[5] Alsen, C., Biological significance of peptides from *Anemonia sulcata*. Fed. Proc. **42**, 101 (1983).

[6] Mebs, D., Hucho, F., Toxins acting on ion channels and synapses. In: Handbook of Toxinology (W.T. Shier, D. Mebs, eds.), S. 493, M. Dekker, New York (1990).

[7] Harvey, A.L., Cytolytic toxins. In: Handbook of Toxinology (W.T. Shier, D. Mebs, eds.), S. 1, M. Dekker, New York (1990).

Andere Nesseltiere, Steinkorallen (Ordnung: Madreporaria)

In den vorstehenden Kapiteln konnten nur die wichtigsten Nesseltiere und die durch sie verursachten Vergiftungserscheinungen vorgestellt werden. Wie mehrfach betont, führen Kontakte mit Nesseltieren der Nord- und Ostsee sowie des Mittelmeeres in aller Regel nicht zu schweren, komplikationsträchtigen Verletzungen. Auch zahlreiche andere Quallen, die zu manchen Jahreszeiten in Massen auftreten, können zwar schmerzhaft nesseln, sind aber eher unter die „harmlosen" Nesseltiere einzureihen: so die **Kompaßqualle** (*Chrysaora hyoscella*; Atlantik, Nordsee, Mittelmeer), die **Blumenkohlqualle** (Abb. 2.22) und die gelbe **Lungenqualle** (*Rhizostoma pulmo* und *R. octopus*; Atlantik, Nordsee, Mittelmeer), die **Mittelmeer-Wespe** (*Carybdea marsupialis*) und die **Spiegeleiqualle** (*Cotylorhiza tuberculata*; Mittelmeer; Abb. 2.23). Dies schließt jedoch nicht aus, daß in Einzelfällen auch schwerere Symptome, als gemeinhin zu erwarten,

Abb. 2.23: Spiegeleiqualle, *Cotylorhiza tuberculata* (Mittelmeer).

Abb. 2.22: Blumenkohlqualle, *Rhizostoma pulmo* (Mittelmeer).

Abb. 2.24: Auch Steinkorallen, wie *Eusimilia fastigiata* (Bonaire, Karibik), enthalten in ihren Tentakeln Nesselkapseln (helle Punkte an den Spitzen).

auftreten können. Dies trifft z.B. für die **Ohrenqualle** (*Aurelia aurita*, Atlantik, Nord-, Ostsee, Mittelmeer) zu. Weltweit, auch in den gemäßigten Zonen der Meere, können bei Badenden plötzlich juckende Hautausschläge auftreten, die im Englischen als „seabather's eruption" bezeichnet werden (1). Sie werden an der amerikanischen Ostküste, Long Island, NY, und Florida, in den Sommermonaten in fast epidemischem Ausmaß beobachtet (1, 2). Als Ursache konnten in allen Fällen freischwimmende Larven von Nesseltieren identifiziert werden, die infolge einer Massenvermehrung in hoher Dichte im Meer auftraten. Um Long Island handelte es sich um die Planula-Larven einer Seeanemone (*Edwardsiella lineata*), vor Florida waren es die Larven der Qualle *Linuche unguiculata* (thimble jellyfish). Weltweit kann jedoch mit einer Vielzahl verschiedener Nesseltier-Larven gerechnet werden. Die Hautschläge treten bevorzugt auf den vom Badeanzug bedeckten Hautarealen auf, wo sich die Larven verfangen und zur Entladung ihrer Nesselzellen besonders beim Verlassen des Wassers gereizt werden. Die juckenden Ausschläge halten über mehrere Tage, bei allergisch disponierten Personen auch über mehrere Wochen an. Eine Behandlung mit Antihistaminika und Corticosteroiden erwies sich in den meisten Fällen als nicht sehr effektiv.

Zu ähnlichen Hautausschlägen kann es beim Baden im Süßwasser, in Flüssen, Seen und Teichen in Afrika, inzwischen aber auch in manchen Regionen Südamerikas und Südostasiens kommen.

Abb. 2.25: Geweihkorallen, *Acropora cervicornis* (Bonaire, Karibik), können durch ihre harten und scharfen Strukturen Hautverletzungen bewirken.

Hier ist an Bilharziose (Schistosomiasis) zu denken. Schistosoma-Zerkarien sind in die Haut eingedrungen und breiten sich anschließend im Körper aus, wo sie sich mit Erreichen ihrer Geschlechtsreife weiter vermehren. Sofort einen Arzt aufsuchen!

Steinkorallen (Ordnung: Madreporaria, Scleractinia, Abb. 2.24, 2.25) rufen nur selten Nesselverletzungen hervor. Vereinzelt kann es bei Kontakt mit empfindlichen Hautregionen (auch Schleimhaut) zu leichtem, brennendem Schmerz, Hautrötung und Quaddelbildung kommen. Diese Verletzungen bedürfen in der Regel keiner besonderen Behandlung. Die scharfen Kanten des Kalkskeletts von Steinkorallen führen jedoch oft zu Hautabschürfungen und zu stark blutenden Wunden. Dies kann sehr schmerzhaft sein, wenn sich außerdem Nematocyten entladen. Derartige Verletzungen sind gut mit Wasser (auch Seewasser) abzuwaschen, um auch kleinere Korallenbruchstücke zu entfernen. Die Verletzungen bedürfen keiner besonderen Behandlung, die über die übliche für Hautwunden hinausgeht. In sauberen Meeren sind kaum Sekundärinfektionen zu befürchten. Zur Vermeidung derartiger Verletzungen sind beim Laufen auf Korallengestein Schuhe (Turnschuhe) mit fester Sohle empfehlenswert, Taucher sind durch einen Neoprenanzug in der Regel gut geschützt. Außerdem sollte man durch sorgfältiges Austarieren Kontakte mit den zerbrechlichen Korallenstrukturen vermeiden.

Literatur

[1] Wong, D.E., Meinking, T.L., Rosen, L.B., Taplin, D., Hogan, D.J., Burnett, J.W., Seabather's eruption. Clinical, histologic, and immunologic features. J. Am. Acad. Dermatol. **30**, 399 (1994).

[2] Freudenthal, A.R., Joseph, P.R., Seabather's eruption. N. Engl. J. Med. **329**, 542 (1993).

Weichtiere, Mollusken (Stamm: Mollusca)

Kegelschnecken (Unterordnung: Toxoglossa, Giftzüngler; Familie: Conidae) – cone shells

Abb. 2.26: Kegelschnecken, die für Vergiftungen beim Menschen in Frage kommen (jeweils von links nach rechts): *Conus marmoreus, geographus, litteratus, omaria, textile, magus.*

Merkmale: Schnecken mit kegelförmiger Schale, Färbung und Zeichnung stark variabel (für die Artbestimmung wichtig).
Verbreitung: Alle für den Menschen gefährlichen Arten leben in den tropischen und subtropischen Gewässern des Indopazifiks.
Lebensraum/Lebensweise: In seichtem wie in tiefem Wasser, auf sandigem Untergrund, meist in enger Beziehung zu Korallenriffen; tagsüber teilweise oder ganz im Sand vergraben, nachtaktiv.

Wegen ihrer auffälligen, oft farbenprächtigen Zeichnung sind die Schalen der Kegelschnecken begehrte Souvenirs und Sammlerstücke (Abb. 2.26). Schnorchler, Taucher und auch Strandwanderer suchen nach ihnen im Sand seichter Küstengewässer, unter Steinen und Ritzen im Riffgestein (Abb. 2.27). Zwar sind von den mehr als 500 Arten relativ wenige für den Menschen gefährlich (darunter allerdings die schönsten), doch muß vor einem sorglosen Umgang mit den lebenden Schnecken eindringlich gewarnt werden. Die einzige im Mittelmeer heimische Kegelschnecke, *Conus mediterraneus*, ist hingegen völlig ungefährlich.

Vergiftungsumstände. Zu Verletzungen und anschließender Vergiftung kann es bei unvorsichtigem **Hantieren** mit lebenden Tieren kommen, wenn die Schnecke aus dem rüsselförmigen Schlundrohr einen pfeilähnlichen Zahn „schießt" und mit seiner Hilfe Gift in die Wunde einbringt. Dies kann geschehen, wenn man die Schnecke in die Hand nimmt oder sie gar in die Hosentasche oder Badehose steckt. Auch sollte man sie nie auf der Hand oder auf dem Arm kriechen lassen. Selbst das Anfassen der Schnecke am oberen, dicken Teil der konischen Schale ist nicht ganz ungefährlich. Das lange Schlundrohr kann bei einer *Conus textile* bis zu 2,5 cm ausgestülpt werden. Halstead [1] beschreibt, daß die Schnecke leicht zum Abschießen eines der Radulazähnchen durch Berühren des Schlundrohres veranlaßt werden kann. Der Zahn durchdrang ein Blatt Papier und hinterließ dort einen Tropfen Gift. Die Kegelschnecken beißen also nicht, sondern stechen.

Vorsichtsmaßnahmen. Schnecke gleich fallen lassen, wenn sich das Schlundrohr dem Finger nähert. Nur ein derber Handschuh aus dichtem Gewebe schützt einigermaßen vor dem Eindringen des Giftzahnes in die Haut. Aus Naturschutzgründen ist das Sammeln der Schnecken jedoch zu unterlassen.

Giftapparat. Die Kegelschnecken verfügen über einen komplizierten Giftapparat. Dieser liegt in der vorderen Leibeshöhle und besteht im wesentlichen aus drei Teilen: der Giftblase, der Giftdrüse und den Giftzähnchen [1] (Abb. 2.28). Die **Giftblase**, die von dicken Muskelschichten umgeben ist, mag zwar auch zum Sammeln des Giftes dienen, doch scheint sie eher als Pumpe zu funktionieren, die das Gift aus der Giftdrüse drückt. Die **Giftdrüse** selbst ist ein mehrere Zentimeter langer drüsiger Schlauch, der sich in den Schlund (Pharynx) öffnet. Hier mündet auch eine sackförmige Ausstülpung, der Radulasack. In ihm werden die **Chitinzähnchen** gebildet und aufbewahrt (bis zu hundert). Diese sind modifizierte Produkte der Schneckenzunge (Radula). Die einzelnen Zähnchen sind nunmehr als hohle, mit Widerhaken versehende Pfeile oder Harpunen von mehreren Millimetern Länge ausgebildet (Abb. 2.29). Wenn benötigt, wird ein solcher Zahn aus dem Radulasack in das Schlundrohr befördert, dort zur äußeren Öffnung gedrückt, mit Gift „geladen" und durch Druck der Schlundmuskulatur in das Beutetier geschossen. Die rasch paralysierte Beute wird anschließend vollständig verschlungen. Der Radulazahn dient hierbei nur zum einmaligen Gebrauch. Die mehr als 600 *Conus*-Arten lassen sich je nach bevorzugter Beute in drei Gruppen einteilen: in Würmer jagende, anderen Schnecken auflauernde und solche, die auf Fische spezialisiert sind [2]. Letztere sind besonders für den Menschen gefährlich.

Abb. 2.27: Kegelschnecke, *Conus textile* (Rotes Meer).

Gift. Je nach Nahrungstyp sind die Gifte der einzelnen Arten besonders bei Wirbeltieren (Fischen), nicht jedoch bei Würmern oder Schnecken wirksam und umgekehrt [2]. Alle Gifte sind von **Protein-Natur** und enthalten eine Vielzahl biologisch äußerst wirksamer Toxine. In das Beutetier injiziert wirken sie innerhalb von Sekunden. Einzelne Gifte enthalten über 50 Einzelkomponenten und zählen damit zu den wirksamsten Toxinmischungen, die man kennt [3, 4, 5, 6, 7, 8].

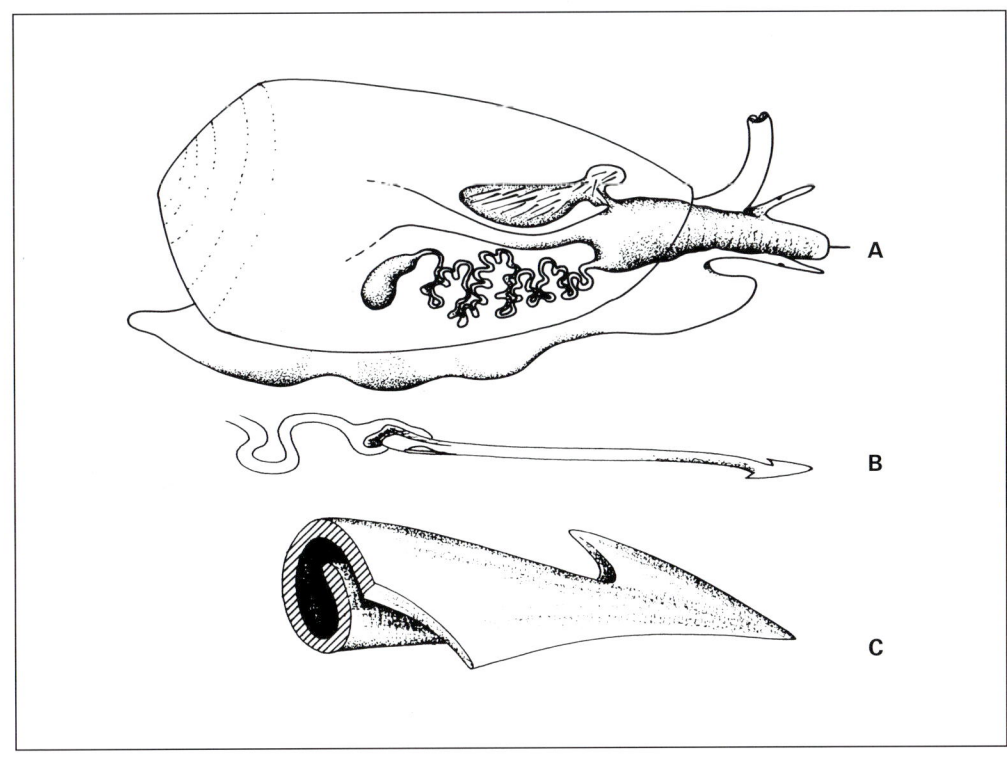

Abb. 2.28: Giftapparat einer Kegelschnecke: (A) Das Gift wird in dem langen schlauchförmigen Giftkanal gebildet und in der Giftblase gespeichert. In einem sackförmigen Anhang des Schlundes (Pharynx) sind pfeilförmige Radulazähnchen gespeichert, die in den Schlund transportiert, hier mit Gift „geladen" und aus dem Schlundrohr in die Beute geschossen werden. Jedes Radulazähnchen (B, C) stellt einen Hohlkörper aus einem eingerollten Chitinblättchen dar und ist mit Widerhaken versehen (nach [1] und [16]).

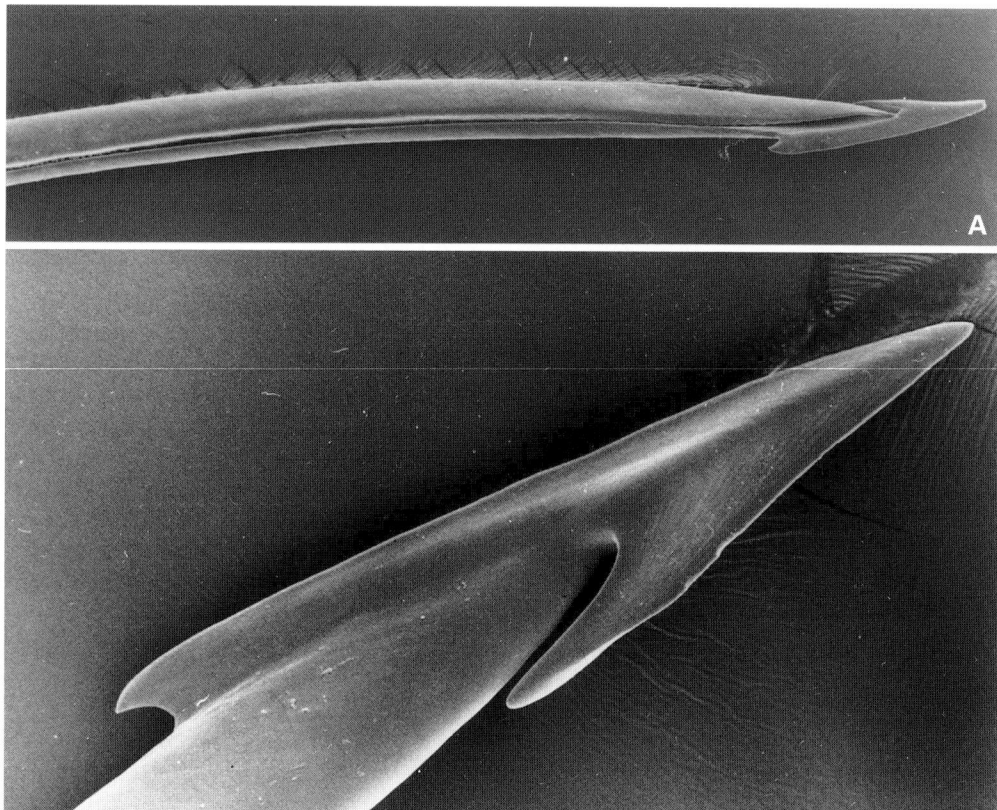

Abb. 2.29: Radulazahn von *Conus textile*. Rasterelektronenmikroskopische Aufnahme 50 × (A). Spitze mit Widerhaken versehen (B) 200 ×.

Die bisher isolierten, wichtigsten **neurotoxisch** wirksamen **Toxine** hat man in mehrere Gruppen eingeteilt:

- α-**Conotoxine**, die ähnlich dem Pfeilgift Curare die neuromuskuläre Erregungsübertragung blockieren; ihr Angriffspunkt sind die Acetylcholin-Rezeptoren an der Nervenendplatte;

- ω-**Conotoxine**, sie sind Antagonisten von Calciumkanälen und blockieren die Freisetzung von Acetylcholin an der Endplatte;

- μ-**Conotoxine**, Blocker von Natriumkanälen speziell an der Muskelmembran, sie wirken jedoch nicht an Nervenmembranen;

- δ-**Conotoxine**, sie greifen ebenfalls am Natrium-Kanal an, halten ihn offen, was zu einer Dauererregung (tetanische Kontraktion) der Muskulatur und damit zu ihrer Lähmung führt [9].

Darüber hinaus gibt es noch eine Vielzahl von Peptiden, die Namen wie Conopressin (ein dem Vassopressin homologes Peptidhormon), „sleeper peptide" (versetzt junge Mäuse in Dauerschlaf [6, 7, 10]) oder „King-Kong-Peptid" (induziert bei Krebsen Imponiergehabe [11]) tragen, und deren eigentliche Wirkungsmechanismen noch im Dunkeln liegen. Die Toxine haben sich als wichtige Werkzeuge für den Neurophysiologen erwiesen, die wichtigsten wurden bereits synthetisiert [7].

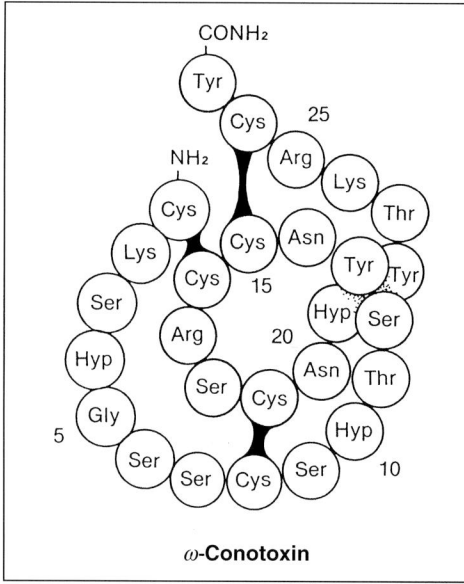

ω-Conotoxin

Die Toxine der Kegelschnecken werden als Conotoxine bezeichnet und sind relativ kleine, basische **Peptide**. So setzen sich die aus *Conus-magus-* und *Conus-geographus*-Gift isolierten Toxine aus 13 bis 29 Aminosäuren zusammen, die aus *Conus striatus* isolierten bestehen aus 30–50 Aminosäuren, während die vorwiegend nach Schnecken jagende *C. textile* Toxine mit 20–35 Aminosäuren aufweist [8]. Die Peptidkette ist durch zwei oder drei Disulfidbrücken intramolekular stabilisiert. Die Toxine stellen damit ein kompaktes und äußerst stabiles Molekül dar. Anscheinend liegen sie in der Giftdrüse in einer inaktiven Vorstufe vor und werden wahrscheinlich erst durch Proteasen von einem größeren Molekül abgespalten.

Vergiftung. Es sind vorwiegend die Fische-jagenden *Conus*-Arten, die dem Menschen gefährlich werden können: so *Conus magus*, *C. geographus*, *C. radiatus* und *C. striatus*. Aber auch einige auf Schnecken spezialisierte Arten wie *Conus textile* und *C. marmoreus* haben zu schweren Vergiftungen mit **Todesfolge** geführt.

Vergiftungen durch *Conus geographus*, die wohl gefährlichste Kegelschnecken-Art, verlaufen in der Regel schwer, Todesfälle gehen vorwiegend auf das Konto dieser Art. Meist leichter Natur sind hingegen Vergiftungen nach Stichen von

Therapie. Eine spezifische Therapie durch ein Antiserum gibt es nicht. Die Behandlung schwerer Vergiftungen muß daher symptomatisch erfolgen.
Bei Atembeschwerden ist sofort eine Intubation und Beatmung durchzuführen. Lähmungen sind reversibel und gehen meist nach einigen Stunden zurück. Antihistaminika- und Kortisongaben beeinflussen nicht den Verlauf der Vergiftung. Allergische Reaktionen sind möglich und entsprechend zu behandeln. Der Patient ist bis zum Verschwinden der Vergiftungssymptome kontinuierlich zu überwachen. Sekundärinfektionen sind bisher nicht aufgetreten. Auch bei leichten Vergiftungen ist der Patient über 24 Stunden zu überwachen.

Conus acutus, C. imperialis, C. litteratus, C. lividus, C. pilucarius, C. quercinus und *C. sponsalis* [1, 12, 13].
Die Größe der Tiere spielt sicher eine Rolle für ihre Gefährlichkeit: Kleine Exemplare injizieren offenbar weniger Gift als große. Todesfälle durch *Conus geographus* wurden meist von relativ großen Tieren mit einer Gehäuselänge von 10 bis 15 cm verursacht.
Nach dem Einstich des Radulazahns ist in der Regel ein starker, oft an einen Bienenstich erinnernder **Schmerz** um die Einstichstelle die Folge. Es bildet sich eine leichte Schwellung aus. Mitunter sind aber auch die lokalen Reaktionen so gering, daß der Stich nicht einmal bemerkt wird.
Nach meist 20 bis 30 Minuten wird die Region um die Einstichstelle gefühllos. Das **Taubheitsgefühl** breitet sich in der Folge über die ganze Extremität aus und kann auch andere Körperteile erfassen. Erste Anzeichen einer **Muskellähmung** äußern sich in allgemeiner Abgeschlagenheit, Muskelschwäche, unkoordinierten Bewegungen (Ataxie), Schluckbeschwerden, Schwierigkeiten beim Sprechen (verwaschene Sprache), Atemnot. In schweren Fällen kommt es zu einer vollständigen Lähmung der willkürlichen Muskulatur: Unfähigkeit zu sprechen, verschwommenes Sehen (evtl. Doppelbilder), Bewußtlosigkeit und Koma. Der Tod wird durch die Lähmung der Atemmuskulatur (Zwerchfell) verursacht. Er kann nach vorliegenden Berichten innerhalb von 40 Minuten bis zu 5 Stunden nach dem Stich eintreten [1, 13].
Werden schwere Vergiftungen überlebt, so halten die allgemeine Muskelschwäche und das Taubheitsgefühl über mehrere Tage an, letzteres Symptom noch bis zu einem Monat.
Im Vordergrund einer Kegelschnecken-Vergiftung stehen somit neben **lokalem Schmerz** vorwiegend **Lähmungserscheinungen** der Muskulatur und die damit verbundenen Folgen. Kreislaufprobleme wurden selten, gastrointestinale Symptome, Stoffwechselprobleme, Störungen der Blutgerinnung, Nierenversagen bisher nie beobachtet.

Erste Hilfe. Beruhigen des Patienten und rascher Transport zum Arzt. Bei Atemstillstand sofort Beatmung (Mund zu Nase, Mund zu Mund) durchführen. Kein Einschneiden oder Ausschneiden der Einstichstelle, kein Abbinden der Extremität. Die Schnecke zur späteren Identifikation mitnehmen (Vorsicht, kann weiterhin stechen!).

Fallbeschreibungen

Schwere, überlebte Vergiftung

Ein 8jähriges Mädchen brach plötzlich am Strand (Papua-Neuguinea) zusammen. Bei der Einlieferung ins Krankenhaus wurden folgende Befunde erhoben: verwaschene Sprache, oberflächliche Atmung, keine Reflexe, Lähmung der Muskulatur von Armen und Beinen, jedoch nicht der Gesichtsmuskulatur. Eine plötzlich auftretende Atemlähmung machte eine Intubation mit Beatmung notwendig. Es wurden 100 mg Vitamin-B$_1$-Komplex und 200 000 Einheiten Penicillin verabreicht (Anmerkung: nicht indiziert). Nach zwei Stunden setzte die Spontanatmung langsam wieder ein. Die Patientin war wieder voll ansprechbar und die Beatmung wurde nach weiteren zwei Stunden beendet. Reflexe und Muskelkraft normalisierten sich im Verlauf der weiteren Stunden. Die Patientin konnte am folgenden Tag entlassen werden. Sie erzählte, daß sie mit einer Kegelschnecke (als *Conus omaria* identifiziert), die sie am Strand gefunden hatte, gespielt habe; sie wurde offenbar in die Hand (schwarzer Punkt mit Schwellung) gestochen [14].

Tödlich verlaufene Vergiftung

Ein 29jähriger Mann fand beim Speerfischen in den Riffen um Guam gegen Mitternacht eine große *Conus geographus*, die er unter den Hemdärmel des linken Armes steckte. Obwohl er nichts von einem Stich bemerkte, klagte er nach einer Stunde über allgemeine Schwäche und Gefühllosigkeit im ganzen Körper. Er wurde sofort in ein Krankenhaus gebracht, wo er in fast komatösem Zustand aufgenommen wurde. Er war nicht mehr ansprechbar, seine linke Schulter war geschwollen. Es wurden 25 mg des Antihistaminikums Diphenhydramin i.m., 10 ml Calciumgluconat (10%ig) i.v. injiziert und 500 ml 5%ige Dextroselösung infundiert. Außerdem wurde die Schulter mit warmen Umschlägen behandelt. Als man den Patienten verlegen wollte, kam es ca. 2$\frac{1}{2}$ Std. nach dem Unfall zum Atemstillstand. Trotz sofortiger Beatmung starb der Patient nach weiteren 25 Minuten [15].
Bemerkung: Die verabreichten Medikamente haben keinen Einfluß auf den Vergiftungsverlauf, eine Beatmung hätte früher einsetzen müssen.

Literatur

[1] Halstead, B.W., Poisonous and Venomous Marine Animals of the World, 2nd rev. ed., Darwin Press, Princeton (1988).

[2] Endean, R., Rudkin, C., Studies on the venoms of some Conidae. Toxicon **1**, 49 (1963).

[3] Olivera, B.M., Gray, W.R., Zeikus, R., McIntosh, J.M., Varga, J., Rivier, J., de Santos, V., Cruz, L.J., Peptide neurotoxins from fish-hunting cone snails. Science **230**, 1338 (1985).

[4] Olivera, B.M., Gray, W.R., Cruz, L.J., Marine snail venoms. In: Marine Toxins and Venoms, Handbook of Natural Toxins, Vol. 3 (A.T. Tu, ed.), S. 327, M. Dekker, New York (1988).

[5] Olivera, B.M., Rivier, J., Clark, C., Ramilo, C.A., Carpuz, G.P., Abogadie, F.C., Mena, E.M., Woodward, S.R., Hillyard, D.R., Cruz, L.J., Diversity of *Conus* neuropeptides. Science **249**, 257 (1990).

[6] Gray, W.R., Conotoxins as probes of channel subtypes. In: Neurotoxins in Neurochemistry (J.O. Dolly, ed.), S. 151, E. Horwood Ltd., Chichester (1988).

[7] Gray, W.R., Olivera, B.M., Cruz, L.J., Peptide toxins from venomous *Conus* snails. Annu. Rev. Biochem. **57**, 665 (1988).

[8] Newcomb, R., Gaur, S., Bell, J.R., Cruz, L., Structural and biosynthetic properties of peptides in cone snail venoms. Peptides **16**, 1007 (1995).

[9] Shon, K.J., Grilley, M.M, Marsh, M., Yoshikami, D., Hall, A.R., Kurz, B., Gray, W.R., Imperial, J.S., Hillyard, D.R., Olivera, B.M., Purification, characterization, synthesis, and cloning of the lockjaw peptide from *Conus purpurascens* venom. Biochemistry **34**, 4913 (1995).

[10] Olivera, B.M., McIntosh, J.M., Clark, C., Middlemas, D., Gray, W.R., Cruz, L.J., A sleep-inducing peptide from *Conus geographus* venom. Toxicon **23**, 277 (1985).

[11] Hillyard, D.R., Olivera, B.M., Woodward, S., Corpus, G.P., Gray, W.R., Ramilo, C.A., Cruz, L.J., A molluscivorous *Conus* toxin: conserved framework in conotoxins. Biochemistry **28**, 358 (1989).

[12] Clench, W.J., Kondo, Y.: The poison cone shell. Amer. J. Trop. Med. **23**, 105 (1943).

[13] Kohn, A.J., Venomous marine snails of the genus *Conus*. In: Venomous and poisonous animals and noxious plants in the Pacific region (H.C. Keegan, M.V. McFarlane, eds.), S. 83, Pergamon Press, Oxford (1963).

[14] Petrauskas, L.E., A case of cone shell poisoning by „bite" in Manus Island. Papua New Guinea Med. J. **1**, 67 (1955).

[15] Rice, R.D., Halstead, B.W., Report of fatal cone shell sting by *Conus geographus* Linnaeus. Toxicon **5**, 223 (1968).

[16] Sutherland, S.K., Australian animal toxins. Oxford Univ. Press, Melbourne (1983).

Kopffüßler (Klasse: Cephalopoda)

Die Klasse der Kopffüßler (Cephalopoda) ist in allen Ozeanen vertreten. Ihre charakteristische Eigenschaft sind die direkt am Kopf ansitzenden, mit **Saugnäpfen** ausgestatteten **Arme**: acht an der Zahl bei den Kraken (Octopoden), acht plus zwei bei *Sepia* und über neunzig bei *Nautilus*. Im Zentrum ihrer Fangarme besitzen alle Vertreter dieser Gruppe einen Schnabel, der dem eines Papageis ähnlich ist. Mit diesem Mundwerkzeug zerkleinern sie ihre Beute. Gleichzeitig wird ein Sekret aus zwei Speicheldrüsen injiziert. Es enthält zum einen Enzyme, die die Verdauung unterstützen, sowie auch Toxine, die zur Immobilisierung und Tötung des Beutetieres dienen.

Eher der Phantasie als tatsächlichen Gegebenheiten entspringen Berichte über die Gefährlichkeit der Kopffüßler. Riesige Fangarme und der gefürchtete Papageienschnabel durchziehen wie ein roter Faden Erzählungen (z.B. von Jules Verne) und Abenteuerberichte. Tatsächlich jedoch sind die Kopffüßler eher scheue Tiere, die sich sofort zurückziehen, wenn man sie stört, oft mit einem Ausstoß von Farbe („Tintenfische"). Die im **Mittelmeer** heimischen, teilweise recht eindrucksvollen Kraken: der gewöhnliche Krake (*Octopus vulgaris*, Abb. 2.30), der Moschuskrake *(Eledone moschata)* und der langarmige Krake (*Octopus macropus*) sind völlig harmlose Tiere; es gibt keinen ernstzunehmenden Bericht über Verletzungen beim Menschen.

Neben **Enzymen** wie einer Hyaluronidase wurden **Amine** wie das 5-Hydroxytryptamin (Serotonin), Tyramin, Octopamin und Hydroxyoctopamin in Speicheldrüsen-Extrakten von Octopus-Arten nachgewiesen [1, 2, 3]. Beim Octopamin handelt es sich um Hydroxyphenylethanolamin, beim Hydroxyoctopamin um Noradrenalin [1]. Aus Speicheldrüsen von *Eledone moschata* und *E. aldro-*

Abb. 2.30: *Octopus vulgaris*, der gemeine Krake aus dem Mittelmeer.

vandi wurde ein aus 11 Aminosäuren bestehendes **Peptid** isoliert. Es wurde Eledoisin genannt und besitzt in hohem Maße gefäßerweiternde und damit blutdrucksenkende Eigenschaften [4]. Ähnliche Peptide finden sich übrigens auch in der Haut zahlreicher Amphibien [5, 6]. Das **Cephalotoxin** ist ein **Glycoprotein**, das im Speichel von *Octopus vulgaris*, *O. macropus* und *Eledone moschata* vorkommt [7, 8]. Es ist vorwiegend für Krabben toxisch und bewirkt bei diesen Tieren eine rasche und vollständige Lähmung.

Lane [9] berichtete, daß der Biß eines Octopus neben einem starken Schmerz, der jedoch in der Regel bald nachläßt, auch zur Schwellung und Gefühllosigkeit führen kann. In der Tat gibt es nur einen relativ kleinen und unscheinbaren Kraken, dessen Biß lebensgefährliche Folgen haben kann und auf dessen Konto einige Todesfälle gehen: den blaugeringelten Octopus (*Hapalochlaena maculosa* und *H. lunulata*). Auch dieses Tier ist scheu und lebt meist verborgen. Zu Unfällen kam es stets, wenn man mit ihm unvorsichtig außerhalb des Wassers hantierte [10].

Blaugeringelter Octopus

Hapalochlaena maculosa, H. lunulata (Klasse: Cephalopoda; Ordnung: Octopoda) – common blue-ringed or banded octopus

Abb. 2.31: Blaugeringelter Octopus, *Hapalochlaena lunulata* (Madang, Papua-Neuguinea).

Merkmale: Kleiner Krake mit acht Armen, die jeweils an der Unterseite zwei Reihen mit Saugnäpfen tragen; selten größer als 20 cm (Spannweite der Arme); in Ruhe dunkelbraun mit gelb-braunen Streifen und angedeuteten blauen Ringen; wenn erregt, lebhafter Farbwechsel (abwechselnd dunkel und hell) mit leuchtend blauen Ringen über den ganzen Körper; keine innere Schale (wie Sepia).

Verbreitung: An allen Küsten Australiens (*H. maculosa*), Neuguineas, Salomonen bis Philippinen (*H. lunulata*).

Lebensraum/Lebensweise: Meist in seichten Gewässern, aber auch in Korallenriffen, stellenweise (Südaustralien) häufig, paßt sich dem Untergrund durch Farbwechsel an, kein Farbausstoß bei Flucht, bewegt sich mit Hilfe der Arme fort oder über kurze Entfernungen durch Ausstoß von Wasser aus dem Atemsack (Rückstoßprinzip).

Es gibt zwei Arten des blaugeringelten Octopus, die allerdings nur durch genaue Messungen zu unterscheiden sind (Augenzwischenraum etc.): *Hapalochlaena maculosa* (Abb. 2.31), hauptsächlich verbreitet an den Küsten Australiens, und *H. lunulata*, der in den Gewässern des nördlichen Australiens bis zu den Inseln (Neuguinea, Salomonen etc.) um den Äquator vorkommt. Was ihre Giftigkeit angeht, dürften sie sich jedoch kaum voneinander unterscheiden, da eine tödlich verlaufende Vergiftung auch *H. lunulata* zugeschrieben wird [11].

Vergiftungsumstände. Vergiftungen durch den Octopus folgen fast alle dem gleichen Muster [10, 12]. Ein Tier wird bei Ebbe am Strand in einer Pfütze gefunden, man nimmt es heraus, setzt es auf die Hand und läßt es auf dem Arm entlang kriechen, spielt mit ihm oder demonstriert es Umstehenden. Der Biß des erregten, in die Enge getriebenen Tieres wird kaum bemerkt. Häufig sind es die ersten Vergiftungssymptome, wie Schwächegefühl, Atembeschwerden etc., die bestätigen, daß der Krake zugebissen hat. Auch die im Aquarium gehaltenen Tiere sollte man mit entsprechender Vorsicht behandeln, sie werden nicht „zahm".

Fälle, wo ein blaugeringelter Octopus einen Schwimmer oder Taucher attakierte, sind nicht bekannt geworden, was im übrigen auch sehr unwahrscheinlich ist, da das Tier scheu ist. Vor allem im Wasser auf felsigem Untergrund ist es nicht leicht zu entdecken. Der Krake verbirgt sich in kleinen Höhlen und Spalten und flüchtet, wenn man ihn stört.

Vorsichtsmaßnahmen. Wenn man die Tiere in Ruhe läßt, sie nicht stört oder fängt, kann es zu keiner Vergiftung kommen. Auf keinen Fall den Kraken mit bloßer Hand berühren oder zu fangen versuchen. Handschuhe schützen wirkungsvoll, ebenso ein Tauchanzug. Tiere im Aquarium mit Netz fangen, keinesfalls im Behälter mit bloßen Händen arbeiten.

Giftapparat. Das Gift wird in zwei großen **Speicheldrüsen** gebildet (Abb. 2.32). Ihr gemeinsamer Ausführungsgang verläuft parallel zum Ösophagus durch das Gehirn und mündet unter der Radula in der Mundhöhle. Mit einem papageienschnabelähnlichen Mundwerkzeug wird die Beute zerkleinert, wobei das Giftsekret über die Speichelflüssigkeit in die Wunde gelangt. Sie wird also nicht durch den Schnabel injiziert, eher beim Biß über die Mundhöhle in die Wunde gepreßt. Ein Biß hinterläßt auf menschlicher Haut nur eine winzige Wunde [10, 13].

Gift. Extrakte der Speicheldrüsen sind in hohem Maße toxisch. Versuchstiere sterben an Atemlähmung, das Gift hat jedoch keinen direkten Einfluß auf die Herztätigkeit, verursacht u.U. lediglich eine leichte Bradykardie [14, 15].

Das von Freeman und Turner [16] aus den Speicheldrüsen isolierte Maculotoxin macht schon in niedriger Konzentration Muskelmembranen unerregbar, eine Wirkung, die der des **Tetrodotoxins**, des Kugelfisch-Toxins, sehr ähnlich ist. Dies wurde in der Folge von mehreren Autoren bestätigt, die nachwiesen, daß Maculotoxin wie Tetrodotoxin die Natrium-Kanäle erregbarer Membranen (Nerv, Muskel) blockiert, deren Öffnen verhindert und damit zur Unerregbarkeit der Membran führt, d.h. keine Depolarisation ermöglicht [17, 18]. Schließlich konnten Sheumack und Mitarbeiter [19] zeigen, daß **Maculotoxin** und **Tetrodotoxin** identisch sind, beide wiesen das gleiche NMR-Spektrum auf (für weitere Informationen s. Kapitel: Fischvergiftungen).

Der Octopus zeigt eine bemerkenswerte Resistenz seines Nervensystems dem Toxin gegenüber, was ihn vor einer Selbstvergiftung bewahrt. Die nervöse Reizleitung des Octopus wird selbst dann nicht blockiert, wenn Tetrodotoxin-Dosen appliziert werden, die weit über denen liegen, die an Crustaceen- oder Vertebraten-Nervenpräparaten binnen weniger Minuten eine Blockade bewirken [20]. Welche Mechanismen diesem Phänomen zugrunde liegen, ist weitgehend unbekannt (andererseits eignen sich Nervenpräparate von anderen Cephalopoden, so von *Loligo*, besonders gut, die Tetrodotoxin-Wirkung nachzuweisen).

Tetrodotoxin kommt in einer Reihe von Tieren unterschiedlichster Klassen, in Wirbellosen wie in Wirbeltieren, in Wasser- wie Landtieren vor [21]. In den meisten Fällen dient es eher zum passiven Schutz, es wird durch Hautdrüsen ausgeschieden oder im Körper gespeichert. Bei *Hapalochlaena* wird es erstmals aktiv zum **Beuteerwerb** eingesetzt. Es ist unwahrscheinlich, daß dieses komplexe Toxin vom Octopus selbst synthetisiert wird. Für den marinen Bereich gibt es inzwischen gesicherte Befunde, daß Tetrodotoxin von Bakterien synthetisiert wird [22]. Neuere Untersuchungen scheinen dies auch für den Octopus zu bestätigen.

Vergiftung. Grundsätzlich verläuft eine Vergiftung nach dem Biß des Octopus ähnlich ab, wie die nach dem Verzehr von tetrodotoxinhaltigem Fisch (s. Kapitel: Fischvergiftungen). Sie setzt nur schneller ein, da das Toxin, parenteral appliziert, rascher in den Kreislauf gelangt. Die auftretenden Symptome sind allerdings die gleichen. Die ersten Symptome setzen bereits nach wenigen Minuten ein. Der Gebissene fühlt sich schwach und klagt über ein leichtes **Prikkeln** im Gesicht, vor allem im Mundbereich, im Nacken und in den Extremitäten, was von **Gefühllosigkeit** abgelöst wird. Übelkeit und Erbrechen sind häufige Symptome. Erste **Lähmungserscheinungen** zeigen sich in Schluck- und Atembeschwerden und in Störungen der Motorik. Koordiniertes Gehen wird schwierig, der Betroffene stolpert und stürzt leicht. Bei einsetzender Lähmung der Atemmuskulatur bleibt der Patient, sofern er beatmet wird, in der Regel bei vollem Bewußtsein, ohne sich jedoch artikulieren zu können (komplette Lähmung der mimischen, Zungen- und Schlundmuskulatur). **Blutdruckkrisen** mit plötzlichem Blutdruckabfall können auftreten [23]. Die Herzfunktionen bleiben in der Regel unbeeinflußt, es sei denn, es entsteht eine Hypoxie infolge

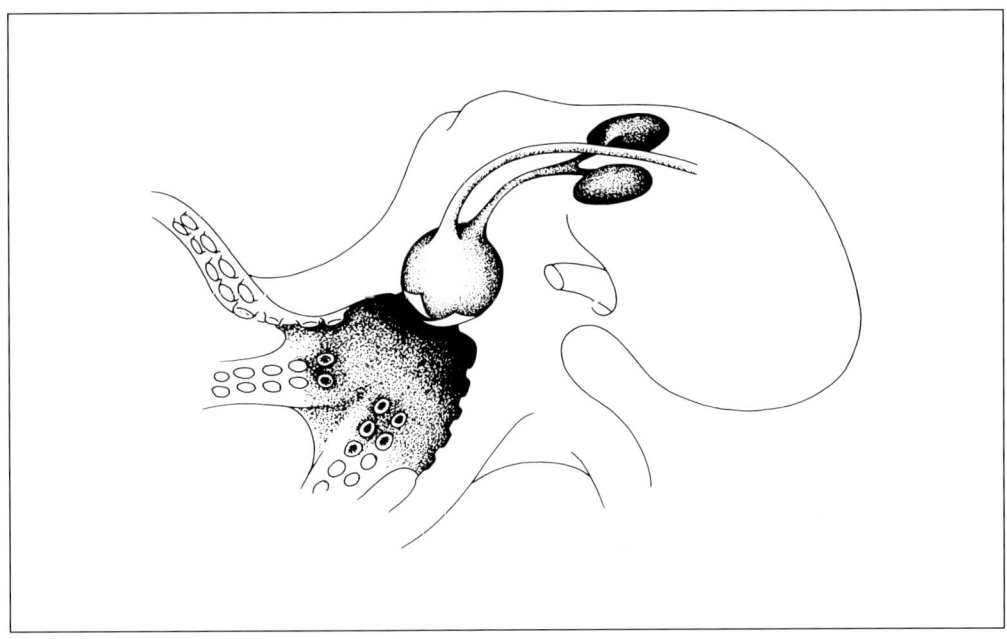

Abb. 2.32: Giftapparat des Octopus: Das Gift wird in den paarigen Speicheldrüsen gebildet und gelangt mit dem Speichel beim Biß durch die schnabelähnlichen Mundwerkzeuge in die Beute (nach [10]).

Therapie. Ein spezifisches Antidot für Tetrodotoxin gibt es nicht. Bei einsetzenden Lähmungserscheinungen (Schluck- und Atembeschwerden) ist sofortige Intubation und **Beatmung** durchzuführen. Herz- und Kreislauffunktionen sind kontinuierlich zu überwachen; trotz optimaler Beatmung muß mit plötzlichem Blutdruckabfall gerechnet werden. Ein **Blutdruckabfall** scheint sich mit **Noradrenalin** (i.v.) unter Kontrolle bringen zu lassen (Ergebnisse von Tierversuchen [23]). Die Bindung des Tetrodotoxins an erregbare Membranen ist nicht irreversibel, so daß selbst bei schweren Vergiftungen eine vollständige Restitution der Nerven- und Muskelaktivität zu erwarten ist. Die Beatmung kann meist schon nach einigen Stunden abgebrochen werden, da bei einsetzender Spontanatmung die Vergiftung als weitgehend überwunden gelten kann. Eine Beobachtung über weitere 24 Stunden ist jedoch empfehlenswert. Spätfolgen sind in der Regel nicht zu erwarten, es sei denn, ein längerer Atemstillstand hat zu hypoxischen Hirnschäden geführt. In einem Fall wurde eine allergische Urtikaria, die den ganzen Körper betraf, beobachtet. Antihistaminika waren hierbei wirkungslos [24].

der Atemlähmung. Die Blockade des peripheren Nervensystems und damit die Lähmung der Muskulatur sind ursächlich für den **Atemstillstand**, der in der Regel todesursächlich ist. Todesfälle trotz rechtzeitig durchgeführter Beatmung wurden auf Kreislaufversagen infolge plötzlichen Blutdruckabfalls zurückgeführt [23]. Bei leichten Vergiftungen mit geringen Lähmungserscheinungen, bei denen aber schwere Ataxien beobachtet wurden, werden zentrale Mechanismen (Cerebellum) diskutiert [10].

Erste Hilfe. Möglichst rasch ärztliche Hilfe aufsuchen, da die akute Gefahr einer **Atemlähmung** besteht. Wunde nicht einschneiden oder ausschneiden; auch das Aussaugen hilft nicht. Sutherland [10] empfiehlt bei Gebissenen das feste Bandagieren der betroffenen Extremität (pressure/immobilization technique), d.h. das feste Umwickeln mit Stoffstreifen etc., was den Blut- und Lymphfluß verringern und damit die Giftausbreitung verlangsamen soll; das kurzfristige Anlegen einer Staubinde (nicht länger als 15 Minuten) kann in Erwägung gezogen werden (sonst nicht empfehlenswert). Häufig wird der Biß nicht bemerkt; erste Symptome weisen auf eine Vergiftung hin. In diesem Fall sind die erwähnten Maßnahmen (Bandagieren) zwecklos, da sich das Toxin bereits im Körper befindet. Mund-zu-Nase (oder -Mund)-Beatmung ist bei einsetzender Atemlähmung umgehend durchzuführen. Wegen der Gefahr des Erbrechens Patient möglichst rasch intubieren. Da nur intensivmedizinische Maßnahmen (Beatmung) lebensrettend sind, ist jede Verzögerung ärztlicher Behandlung zu vermeiden.

Fallbeschreibungen

Tödliche Vergiftung

Ein 23jähriger Mann, der mit einer Gruppe Soldaten am Strand in der Nähe von Sydney kampierte, fand im seichten Wasser einen Octopus, den er sich auf den linken Handrücken setzte, um ihn seinen Kameraden zu zeigen. Nach etwa zehn Minuten, während er das Tier noch auf der Hand behielt, klagte er über Schwindelgefühl und gab zu erkennen, daß er das Tier selbst nicht mehr von der Hand nehmen könne. Seine Kameraden entfernten es und warfen es ins Meer. Wenige Minuten später klagte der Mann über Schluck- und Atembeschwerden. Als man ihn zum Camp zurückbrachte, war er bereits bewußtlos und apnoisch. Mund-zu-Mund-Beatmung und Herzmassage wurden sofort durchgeführt. Bei Einlieferung in das nächste Krankenhaus war der Patient tief bewußtlos und zeigte keine Spontanatmung. Die Wiederbelebungsmaßnahmen wurden ca. 90 Minuten nach dem Unfall eingestellt. Die Autopsie ergab keine pathologischen Befunde. Als Bißstelle wurden auf dem linken Handrücken zwei winzige Hautabschürfungen gefunden; die histologische Untersuchung bestätigte, daß nur die Dermis durchtrennt war [13].

Überlebte, schwere Vergiftung

Ein 43jähriger Mann fand am Strand von Queensland (Australien) einen Octopus, den er sich auf den Handrücken setzte. Als er ihn anschließend wieder ins Wasser zurückwarf, entdeckte er etwas Blut auf dem Handrücken, ohne daß er zuvor einen Biß gefühlt hatte. Kurz darauf klagte er über Enge in der Brust, rief um Hilfe und brach zusammen. Er wurde mit einem Kleinflugzeug ins nächste Krankenhaus geflogen. Während des kurzen Fluges kam es zum Atemstillstand, der Patient verlor das Bewußtsein, sein Puls war nicht mehr fühlbar. Es wurden sofort Wiederbelebungsmaßnahmen eingeleitet, und er wurde mit Sauerstoff beatmet. Bei Einlieferung auf die Intensivstation war der Patient weiterhin bewußtlos und offenbar vollständig gelähmt. Die Pupillen waren weit und lichtstarr. Der Patient wurde intubiert, 100 ml Natriumbikarbonat und 500 ml Plasmaexpander infundiert, sowie 8 mg Dexamethason i.v. injiziert (weiterhin 4 mg jede 4. Stunde über 24 Stunden; Bemerkung: ohne Einfluß auf den Vergiftungsverlauf). Fünf Stunden nach der Einlieferung konnte der Patient wieder Hände und Füße bewegen und zeigte schwache Spontanatmung. Nach einer weiteren Stunde reagierten die Pupillen wieder auf Lichtreize. Der Patient blieb jedoch noch bewußtseinsgetrübt. Nach 48 Stunden war er wieder in der Lage zu laufen, war voll orientiert, gab jedoch Erinnerungslücken an. Die erhobenen Laborparameter waren während der akuten Vergiftungsphase weitgehend normal [12].

Literatur

[1] Erspamer, V., Wirksame Stoffe der hinteren Speicheldrüsen der Oktopoden und der Hypobranchialdrüse der Purpurschnecken. Arzneimittel-Forsch. **2**, 253 (1952).

[2] Ghiretti, F., Les excitants chimiques de la secretion chez les cephalopodes octopodes. Arch. Intern. Physiol. **61**, 10 (1953).

[3] Hartman, W.J., Clark, W.G., Cyr, S.D., Jordon, A.L., Leibold, R.A., Pharmacologically active amines and their biogenesis in the octopus. Ann. N.Y. Acad. Sci. **90**, 637 (1960).

[4] Erspamer, V., Anastasi, A., Structure and pharmacological actions of eledoisin, the active endecapeptide of the posterior salivary glands of *Eledone*. Experientia **18**, 58 (1962).

[5] Erspamer, V., Bertaccini, G., Cei, J.M., Occurrence of an eledoisin-like polypeptide (physalaemin) in skin extracts of *Physalaemus fuscumaculatus*. Experientia **18**, 562 (1962).

[6] Bevins, C.L., Zasloff, M., Peptides from frog skin. Annu. Rev. Biochem. **59**, 395 (1990).

[7] Ghiretti, F., Cephalotoxin: the crab-paralyzing agent of the posterior salivary glands of cephalopods. Nature **183**, 1192 (1959).

[8] Ghiretti, F., Toxicity of octopus saliva against crustacea. Ann. N.Y. Acad. Sci. **90**, 726 (1960).

[9] Lanc, F.W., Kingdom of the octopus. The life history of the cephalopods. World of Science Edn., Pyramid Publ., New York (1962).

[10] Sutherland, S.K., Australian animal toxins. Oxford Univ. Press, Melbourne (1983).

[11] Flecker, H., Cotton, B.C., Fatal bite from an octopus. Med. J. Aust. **2**, 329 (1955).

[12] Walker, D.G., Survival after severe envenomation by the blue-ringed octopus *(Hapalochlaena maculosa)*. Med. J. Aust. **2**, 663 (1983).

[13] Sutherland, S.K., Lane, W.R., Toxins and mode of envenomation of the common ringed or blue banded octopus. Med. J. Aust. **1**, 893 (1969).

[14] Simon, S.E., Cairncross, K.D., Satchell, D.G., Gay, W.S., Edwards, S., The toxicity of *Octopus maculosus* Hoyle venom. Arch. Int. Pharmacodyn. Ther. **149**, 318 (1964).

[15] Trethewie, E.R., Pharmacological effects of the venom of the common octopus, *Hapalochlaena maculosa*. Toxicon **3**, 55 (1965).

[16] Freeman, S.E., Turner, R.J. Maculotoxin, a potent toxin secreted by *Octopus maculosus* Hoyle. Toxicol. appl. Pharmacol. **16**, 681 (1970).

[17] Dulhunty, A., Gage, P.W., Selective effects of an octopus toxin on action potentials. J. Physiol. (London) **218**, 433 (1971).

[18] Freeman, S.E., Electrophysiological properties of maculotoxin. Toxicon **14**, 396 (1976).

[19] Sheumack, D.D., Howden, M.E.H., Spence, I., Quinn, R.J., Maculotoxin: a neurotoxin from the venom glands of the octopus *Hapalochlaena maculosa* identified as tetrodotoxin. Science **199**, 188 (1978).

[20] Flachsenberger, W.A., Kerr, D.I.B., Lack of effect of tetrodotoxin and of an extract from the posterior salivary gland of the blue-ringed octopus following injection into the octopus and following application to its brachial nerve. Toxicon **23**, 997 (1985).

[21] Mebs, D., Gifte im Riff. Toxikologie und Biochemie eines Lebensraumes. Wissensch. Verlagsges. Stuttgart (1989).

[22] Simidu, U., Noguchi, T., Hwang, D.F., Shida, Y, Hashimoto, K., Marine bacteria which produce tetrodotoxin. Appl. envir. Microbiol. **53**, 1714 (1987).

[23] Flachsenberger, W.A., Respiratory failure and lethal hypotension due to blue-ringed octopus and tetrodotoxin envenomation observed and counteracted in animal models. Clin. Toxicol. **24**, 485 (1986/87).

[24] Edmonds, C., A non-fatal case of blue-ringed octopus bite. Med. J. Aust. **2**, 601 (1969).

Würmer

Würmer stellen keine einheitliche Tiergruppe dar. Unter diesen Begriff fallen Tierstämme wie die **Plattwürmer** (Plathelminthes), **Schnurwürmer** (Nemertini), **Schlauchwürmer** (Nemathelminthes) und die **Ringelwürmer** (Annelida). Zahlreiche Vertreter dieser Stämme produzieren Toxine, die sie zur Feindabwehr und zum Nahrungserwerb einsetzen [1]. Unter den vorwiegend marinen Schnurwürmern besitzen die Hoplonemertinen einen stilettähnlichen Giftapparat in ihrem Rüssel (Proboscis) [2]. Die dort in einer Giftdrüse gebildeten Toxine, die im übrigen aber auch im Integument enthalten sind, führen bei Krabben zu Krämpfen und bei anderen Würmern (z.B. Polychäten) zu Lähmungen. Diese ursprünglich auch als Amphiphorine bezeichneten Toxine sind Pyridinalalkaloide [1, 3]. Ein Stoff wie das **Anabasein**, das aus *Paranemertes peregrina* isoliert wurde, findet sich auch in Tabakpflanzen und in den Giftdrüsen von zwei Ameisenarten (*Aphenogaster* sp. [4]).

Andere **Schnurwürmer** (Heteronemertini, *Cerebratulus lacteus*) besitzen keinen Giftapparat. Dafür enthält der Schleim, den sie bei Berührung ausscheiden, Toxine, die anscheinend nicht offensiv, sondern eher defensiv eingesetzt werden. Es handelt sich dabei um **Proteine** (Molekülmasse 6000 bis 10000 Dalton), die zytolytische, aber auch neurotoxische Eigenschaften aufweisen [1, 3]. Vergiftungen beim Menschen durch diese Würmer sind nicht bekannt geworden.

Japanische Fischer benutzen gerne einen marinen Ringelwurm *(Lumbriconereis heteropoda)* als Angelköder. In einem Fall traten bei einem Fischer, der die Würmer gesammelt hatte, Vergiftungserscheinungen wie Kopfschmerzen, Erbrechen und Atemnot auf. Das in den Würmern enthaltene Toxin, das **Nereistoxin**, ist ein Amin mit einem Dithiolring, das die neuromuskuläre Erregungsübertragung blockiert (Interaktion mit dem Acetylcholin-Rezeptor [1, 5]). Erwähnt sei in diesem Zusammenhang, daß das Nereistoxin auch in hohem Maße insektizid wirkt; ein modifiziertes Syntheseprodukt wird unter dem Handelsnamen Cartap® in Japan zum Schutz von Reispflanzen eingesetzt.

Anabasein

Nereistoxin

Unter den Würmern sind es eigentlich nur wenige Anneliden-Arten, die beim Menschen Verletzungen und, damit verbunden, anscheinend auch Vergiftungssymptome auslösen können: Borstenwürmer (Klasse: Polychaeta) der Gattung *Eurythoe*, *Eunice*, *Hermodice* und *Glycera*.

Borstenwürmer

(Stamm: Annelida, Ringelwürmer; Klasse: Polychaeta; Familie: Amphinomidae, Glyceridae) – bristleworm, fire worm

Abb. 2.33: Feuerwurm, *Hermodice carunculata* (Bonaire, Karibik).

Merkmale: Langgestreckter wurmförmiger Körper, in einzelne Segmente unterteilt, mit zahlreichen Borsten, häufig auch zu Büscheln zusammengefaßt, pelzartig damit bedeckt; wenige Zentimeter bis über 1 m lange Tiere, unscheinbar grau, braun, aber auch auffallend (rot) gefärbt.
Verbreitung: In allen Weltmeeren.
Lebensraum/Lebensweise: In allen Tiefen, vorwiegend jedoch im Küstenbereich; verborgen lebend, unter Steinen und Algen, meist nachtaktiv, Aasfresser, aber auch räuberisch.

Vergiftungsumstände. Verletzungen und damit Vergiftungen durch Borstenwürmer kommen auf unterschiedliche Art und Weise zustande: durch in die Haut eindringende Borsten oder durch Bisse der Tiere. Sie ereignen sich fast ausschließlich bei unvorsichtigem **Hantieren** mit den Würmern. Vor allem in den Gewässern der Karibik, Floridas und der Bahamas kommt es häufig zu Verletzungen durch den Feuerwurm (*Hermodice carunculata*, Abb. 2.33). *Glycera*-Arten (an den Atlantikküsten anzutreffen) werden häufig als Angelköder verwendet, sie können schmerzhaft beißen.

Vorsichtsmaßnahmen. Borstenwürmer, vor allem tropische Arten, nicht berühren oder in die Hand nehmen. Vorsicht beim Umdrehen von Steinen und Korallenbruchstücken, unter denen die Tiere leben und in deren Borsten man bei dieser Gelegenheit leicht hineingreift.

Giftapparat. Borstenwürmer der Gattung *Chloeia*, *Eurythoe* und *Hermodice* (der Feuerwurm) tragen an den Parapodien (Anhangsgebilde der Körpersegmente) eine Vielzahl zu Büscheln vereinigter **Borsten** (Setae). Durch Muskeln, die an den Basen der Borsten ansitzen, sind sie beweglich, z.T. mit zahlreichen Widerhaken versehen oder nur scharf zugespitzt und glashart (Abb. 2.34). Sie sind hohl und offenbar leer. Drüsenzellen wurden weder an der Basis der Borsten noch in ihnen selbst festgestellt [8]. Große Borstenwürmer wie *Glycera dibranchiata* und *Eunice*-Arten können

Abb. 2.34: Die Borsten des Feuerwurms sind zu Büscheln vereinigt (A, 30 x) und lanzenartig ausgezogen (B, 100 x); rasterelektronenmikroskopische Aufnahmen.

kräftig zubeißen. Es sind räuberische Tiere, die an der Öffnung des Rüssels (Proboscis) vier spitze, klauenartige **Greifzähne** tragen. Sie sind von einem dünnen Kanal durchzogen, der den Ausführungsgang jeweils einer Giftdrüse darstellt. Beim Biß wird das Gift durch die Zähne injiziert [1].

Gift. Aus den Giftdrüsen von *Glycera convoluta* wurde ein **Protein-Toxin** mit einer Molekülmasse von etwa 300 000 Dalton isoliert, das α-**Glycerotoxin**, das an Synapsen die Neurotransmitter-Freisetzung stimuliert [1, 6]. Es scheint ähnlich wie das Gift der schwarzen Witwe (*Latrodectus mactans*, s. Kapitel: Spinnen) in der Nervenmembran neue Ionenkanäle zu bilden.

Vergiftung. Bei Kontakt mit Borstenwürmern bleiben meist zahlreiche Borsten, oft durch Widerhaken festgehalten, in der Haut stecken und brechen ab. Dies hat einen brennenden Schmerz zur Folge. Die Haut schwillt leicht an und ist gerötet, u.U. entwickeln sich kleine Hautbläschen. Es scheint sich um eine **Fremdkörperreaktion** zu handeln.

Bißverletzungen durch *Glycera*-Arten sind schmerzhaft, aber meist ohne ernste Folgen, u.U. besteht bei den Hautwunden die Gefahr von Sekundärinfektionen. Die in der Nordsee häufige Seemaus (*Aphrodite aculeata*) hat zwar keine „giftigen" Borsten, doch können diese ebenso leicht in die Haut eindringen und hier **Fremdkörpergranulome** bilden [7].

Therapie. Außer einer Wundversorgung sind in der Regel keine weiteren Maßnahmen nötig.

Erste Hilfe. Die in der Haut steckenden Borsten sollte man durch Darüberlegen eines Klebebandes (Heftpflaster, Isolierband etc.) und Abziehen versuchen zu entfernen. Wunden mit Alkohol (40- bis 70%ig) desinfizieren.

Literatur

[1] Kem, W.R., Worm toxins. In: Handbook of Natural Toxins, vol. 3, Marine toxins and venoms (A.T. Tu, ed.), S. 353, M. Dekker, New York (1988).

[2] Halstead, B.W., Poisonous and Venomous Marine Animals of the World (2nd rev. ed.), Darwin Press Inc., Princeton (1988).

[3] Kem, W.R., Structure and action of nemertine toxins. Amer. Zool. **25**, 99 (1985).

[4] Wheeler, J.W., Olubajo, O., Storm, C.B., Duffield, R.M., Anabaseine: venom alkaloid of *Aphaenogaster* ants. Science **211**, 1051 (1981).

[5] Hashimoto, Y., Marine Toxins and Other Bioactive Marine Metabolites. Jap. Sci. Soc. Press, Tokyo (1979).

[6] Bon, C., Saliou, B., Thieffry, M., Manaranche, R., Partial purification of α-glycerotoxin, a presynaptic neurotoxin from the venom gland of the polychaete annelid *Glycera convoluta*. Neurochem. Int. **7**, 63 (1985).

[7] Wilson, G.E., Curry, A., Kennaugh, J.H., McWilliams, L.J., Watson, J.S., Severe granulomatous arthritis due to spinous injury by a „sea mouse" annelid worm. J. Clin. Pathol. **43**, 291 (1990).

[8] Eckert, G.J., Absence of toxin-producing parapodial glands in amphinomid polychaetes (fireworms). Toxicon **23**, 350 (1985).

Stachelhäuter (Stamm: Echinodermata)

Abb. 2.35: Unter den Stachelhäutern sind Seesterne (A, *Nardoa novae-caledoniae*; Barriereriff, Australien), Haarsterne (B, Crinoidea; Palau, Mikronesien), deren gefiederte Arme leicht abbrechen und am Anzug des Tauchers hängen bleiben, sowie Schlangensterne (C, *Ophiothrix* sp.; Bonaire, Karibik) mit Ausnahme des Dornenkronenseesterns für den Menschen ungefährlich, obwohl sie in ihrem Körper oft erstaunlich hohe Konzentrationen toxischer Steroidglykoside und anderer Naturstoffe enthalten. Doch fehlen ihnen Werkzeuge, mit denen sie diese Gifte in den menschlichen Körper einbringen können. Ihre Gifte werden in der Regel nur freigesetzt und kommen zur Wirkung, wenn diese Stachelhäuter verletzt oder verzehrt werden.

Praktisch alle Echinodermaten sind mehr oder weniger giftig. **Seesterne** (Asteroidea) und **Seewalzen** (Holothuroidea) enthalten in ihrem Körper teilweise beträchtliche Konzentrationen an toxischen Substanzen wie Triterpen-Glycoside und Steroidglycoside (Holothurin, Asterosaponin etc. [1]). Sie sollen Freßfeinde abschrecken oder die Besiedelung durch Bakterien oder andere Organismen verhindern (Antibiose [2]). **Seeigel** (Echinoidea) schützen sich wirkungsvoll durch spitze Stacheln. Mit ihren Pedicellarien, die zwischen den Stacheln kleine Greifzangen darstellen, ergreifen sie die Nahrung. Z.T. sind diese Werkzeuge mit Giftdrüsen ausgestattet, deren Sekret kleine Beutetiere paralysiert.

Echinodermaten reagieren nicht aggressiv, wenn man auf sie trifft. Sie bewegen sich in der Regel nur sehr langsam und versuchen, sich zurückzuziehen, wenn sie angegriffen werden. Dem Menschen können nur relativ wenige Vertreter dieser Tiergruppe gefährlich werden: einige Seeigel, deren Stachel mit Giftdrüsen ausgestattet sind (Lederseeigel, *Asthenosoma*) oder deren Greifzangen (Pedicellarien) groß und kräftig genug sind, die menschliche Haut zu durchdringen *(Toxopneustes)*, und nur ein Seestern, der mit Hilfe seiner Stacheln schmerzhafte Wunden bewirkt und gleichzeitig ein Gift einbringt, der Dornenkronenseestern *(Acanthaster planci)*. Nur in Ausnahmefällen rufen Kontakte mit Seewalzen unangenehme Hautreaktionen hervor.

Dornenkronenseestern

Acanthaster planci (Klasse: Asteroidea, Seesterne) – crown of thorns starfish

Abb. 2.36: Dornenkronenseestern, *Acanthaster planci* (Palau, Mikronesien).

Merkmale: Seestern, bis zu 40 cm Durchmesser, 7 bis 23 Arme, Körperoberfläche dicht mit spitzen Kalkstacheln bedeckt („Dornenkrone"); entlang der Unterseite der Arme zahlreiche Saugfüßchen zur Fortbewegung. Sehr variabel in der Färbung, grau, braun bis hellgelb mit rotem Bandenmuster.
Verbreitung: In allen Korallenriffen des Indo-Pazifiks, einschließlich Rotes Meer.
Lebensraum/Lebensweise: Meist vereinzelt, nachtaktiv; tritt jedoch auch in Massen auf, dann tagaktiv; frißt bevorzugt Korallenpolypen und läßt das tote Kalkskelett zurück, Riffzerstörer [3].

Der Dornenkronenseestern (Abb. 2.36) hat in den letzten Jahren große Aufmerksamkeit erregt. In den Korallenriffen des Pazifiks, so der Fidschi-, Cook- und Ryukyu-Inseln, vor allem aber im Barriere-Riff Australiens hat er durch sein plötzliches **Massenauftreten** zu beträchtlicher **Riffzerstörung** geführt. Seine Nahrung ist das Gewebe der Korallenpolypen, über die er durch den großen zentralen Mund den Magen stülpt, sie mit Hilfe seiner Verdauungsenzyme zersetzt und den Gewebsbrei anschließend aufsaugt. Die Ursachen seines plötzlichen Massenauftretens – teilweise überzogen die Seesterne dicht an dicht liegend große Riffareale wie einen Teppich – sind völlig ungeklärt. Normalerweise kommt *Acanthaster* nur in geringer Populationsdichte (etwa 2 bis 3 Tiere pro km^2) vor und stellt dann kein ernstes Problem für das Korallenriff dar [4].

Vergiftungsumstände. In den Korallenriffen des Indo-Pazifiks, vor allem bei gehäuftem Auftreten des Seesterns, ist es leicht möglich, beim Waten in seichtem Wasser oder Springen vom Boot ins Wasser auf diesen zu treten. Taucher und Schnorchler können sich schmerzhafte Verletzungen zuziehen, wenn sie in die Stacheln greifen.

Vorsichtsmaßnahmen. Dort, wo der Seestern in Massen auftritt, ist größte Vorsicht geboten, so beim Waten in trübem Wasser. Die Stacheln durchdringen leicht die Sohlen von Strandschuhen. Dornenkronenseesterne nie mit bloßen Händen berühren. Nur dicke Handschuhe schützen einigermaßen, die von Tauchern benutzen sind oft zu dünn. Schleim und Gewebsreste bleiben mitunter am Tauchanzug hängen, daher diesen gut auswaschen.

Giftapparat. Die spitzen **Kalkstacheln** (Abb. 2.37) sind mit einem drüsigen Gewebe überzogen, das beim Eindringen des Stachels in die Haut in der Wunde verbleibt. Das in den Drüsenzellen enthaltene Gift gelangt auf diese Weise in den Körper des Opfers.

Abb. 2.37: Die Körperoberfläche des Seesterns ist mit spitzen Kalkstacheln bestückt.

Abb. 2.38: Massenansammlung von Dornenkronenseesternen in einem Riff von Aitutaki (Cook Islands).

Gift. Das aus den Drüsenzellen der Stacheln extrahierbare Gift ist von **Proteinnatur**. Es wirkt bei Versuchstieren toxisch, ruft ein Ödem und lokale Muskelnekrosen hervor. Aus Extrakten des Stachelgewebes wurde ein Toxin isoliert, offenbar ein Glykoprotein mit einer Molekülmasse um etwa 25 000 Dalton [5, 6]. Für die lokale, die Muskulatur schädigende (myotoxische) Wirkung ist ein Phospholipide spaltendes Enzym, eine **Phospholipase A_2**, verantwortlich [7]. Der Seestern selbst enthält in hoher Konzentration toxische Steroidglykoside (Thornasterosid), die ihm einen weiteren Schutz vor Freßfeinden verleihen. Diese Stoffe sind jedoch für Vergiftungen beim Menschen ohne Bedeutung.

Vergiftung. Die spitzen Stacheln dringen leicht und tief in die Haut und das darunterliegende Gewebe ein. Häufig brechen sie dabei ab, wobei Kalkbruchstücke im Gewebe zurückbleiben. Sie können in der Folge granulomatöse **Gewebswucherungen** auslösen. Eine Verletzung durch die Stacheln ist mit einem sofort einsetzenden starken **Schmerz** verbunden, der bei ausgedehnten Verletzungen durch mehrere Stacheln unerträglich werden kann. Um die sich u.U. bläulich verfärbenden Einstichstellen bildet sich ein Ödem. Die Schmerzen klingen meist nach einigen Stunden wieder ab. Übelkeit und Erbrechen [8] können als Begleitsymptome auftreten, ebenso wie auch Kreislaufprobleme. Todesfälle sind nicht bekannt geworden.

Erste Hilfe. Das Wasser verlassen, noch in der Haut steckende Stachelreste (zerkrümeln leicht) vorsichtig mit Pinzette entfernen.

Therapie. In den meisten Fällen ist keine Behandlung nötig. Das Eintauchen des betroffenen Körperteils in heißes Wasser wird zwar immer wieder empfohlen [9], führt aber nicht zum Erfolg und sollte unterlassen werden. Lokalanästhetika (Lidocain etc.) können bei schweren Schmerzzuständen versucht werden, sind jedoch nur kurzfristig wirksam. Über die Anwendung zentral wirkender Schmerzmittel liegen keine Erfahrungen vor. Stacheln soweit wie möglich entfernen, u.U. empfiehlt sich eine röntgenologische Untersuchung. Stachelreste können granulomatöse Gewebswucherungen hervorrufen, die oft druckempfindlich sind und später chirurgisch entfernt werden müssen.

Literatur

[1] Krebs, H.C., Recent development in the field of marine natural products with emphasis on biologically active compounds. Prog. Chem. Organic Natural Prod. **49**, 151 (1986).

[2] Mebs, D., Gifte im Riff. Wiss. Verlagsges., Stuttgart (1989).

[3] Moran, P.J., *Acanthaster planci* (L.): biogeographical data. Coral Reefs **9**, 95 (1990).

[4] Mebs, D., Der Dornenkronenseestern im Korallenriff. Eine ökologische Katastrophe. Naturwiss. Rdschau. **42**, 480 (1989).

[5] Shiomi, K., Itoh, K., Yamanaka, H., Kikuchi, T., Biological activity of crude venom from the crown-of-thorns starfish *Acanthaster planci*. Bull. Jap. Soc. Sci. Fisheries **51**, 1151 (1985).

[6] Shiomi, K., Yamamoto, S., Yamanaka, H., Kikuchi, T., Purification and characterization of a lethal factor in venom of the crown-of-thorns starfish *(Acanthaster planci)*. Toxicon **26**, 1077 (1988).

[7] Mebs, D., A myotoxic phospholipase A_2 from the crown-of-thorn starfish *Acanthaster planci*. Toxicon **29**, 289 (1991).

[8] Sutherland, S.K., Australian animal toxins. Oxford Univ. Press, Melbourne (1983).

Seeigel (Klasse: Echinoidea) – sea urchin

Abb. 2.39: Diademseeigel, *Diadema antillarum* (Bonaire, Karibik).

Merkmale: Fast kugelförmiger, kürbisähnlicher, aber auch abgeflachter Körper aus kalkhaltigen Platten aufgebaut, mit zahlreichen kurzen oder langen beweglichen Stacheln, dazwischen Ambulakralfüßchen und zangenförmige Pedicellarien. Mund auf der Unterseite, Afteröffnung auf der Oberseite.
Verbreitung: In allen Weltmeeren.
Lebensraum/Lebensweise: Von den Küstenzonen bis zur Tiefsee, bodenlebend, überwiegend nachtaktiv.

Seeigel können auf zwei Arten schmerzhafte Verletzungen und Vergiftungen hervorrufen: durch ihre spitzen **Stacheln,** die bei einigen Arten mit Giftdrüsen ausgerüstet sind, und mittels **Greifzangen** (Pedicellarien). Im allgemeinen sind jedoch die Seeigel europäischer Meere weitgehend ungefährlich, so der Steinseigel *(Paracentrotus lividus),* der schwarze Seeigel *(Arbacia pustulata),* der violette Seeigel *(Sphaerechinus granularis)* und der Diademseeigel *(Centrostephanus longispinus,* aus dem Mittelmeer). Letzterer besitzt zwar lange Stacheln, sie sind jedoch nicht mit denen der Diademseeigel tropischer Meere *(Diadema* sp., Abb. 2.39) vergleichbar. Zwar können sie mit ihren Stacheln Verletzungen hervorrufen, wenn man z.B. auf sie tritt, doch sind ihre Greifzangen nicht in der Lage, die menschliche Haut zu durchdringen. Vielmehr sind es einige Seeigelarten aus tropischen Gewässern, die üble Verletzungen und u.U. auch Vergiftungen verursachen können.

Vergiftungsumstände. Am häufigsten geraten Badende, Schwimmer oder Taucher in Kontakt mit den **Stacheln** von Seeigeln, sei es, daß man auf sie tritt oder unabsichtlich in ihre Stacheln greift. Es ist immer riskant, im seichten Wasser, barfuß über ein Riff oder felsigen Küstensaum zu laufen. Seeigel sind schwer zu erkennen und tagsüber in Spalten verborgen, aus denen nur die langen Stacheln herausragen. Vorsicht ist auch beim Verlassen eines Bootes im seichten Wasser geboten, Anlegestellen, um die sich Abfall sammelt, sind beliebte Aufenthaltsorte von Seeigeln. Die meisten Arten sind nachtaktiv, so daß man nach Einbruch der Dunkelheit beim Baden einem erhöhten Risiko ausgesetzt ist. Dies betrifft vor allem Taucher, die bei einem

Nachttauchgang mitunter ganze Teppiche von wandernden Seeigeln vorfinden. Vergiftungen als Folge von Verletzungen durch die **Pedicellarien** von *Toxopneustes*-Arten geschehen fast immer durch **Hantieren** mit dem Seeigel.

Vorsichtsmaßnahmen. Nie barfuß in seichtem Wasser mit steinigem Grund laufen, Turnschuhe oder Tauchschuhe mit fester Sohle tragen. Trotzdem können sich die langen Stacheln des Diademseeigels *(Diadema)* auch durch Sohlen bohren. Tropische Seeigel nicht berühren; Handschuhe schützen in gewissem Umfang, werden jedoch vielfach auch von den spitzen Stacheln durchbohrt.

Abb. 2.40: Lederseeigel, *Asthenosoma varium* (Rotes Meer).

Giftapparat. Vertreter der Seeigel-Familie Diadematidae (Diademseeigel, in der Karibik und im Indo-Pazifik beheimatet) besitzen bis 30 cm lange Stacheln, die leicht in die Haut eindringen und abbrechen. Sie sind hohl und enthalten eine bläuliche Flüssigkeit, die in die Wunde eindringt und das Gewebe schwärzlichblau verfärbt. Durch die rauhe Oberfläche der Stacheln ist ihr Entfernen aus der Wunde schwierig.

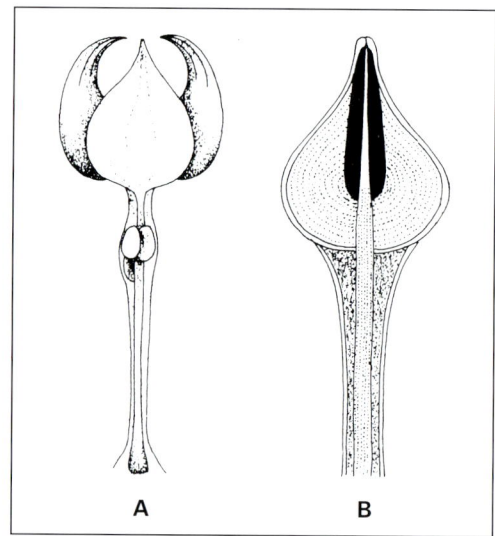

Abb. 2.42: Giftapparat von Seeigeln. Die drei zangenförmigen Klauen des Seeigels *Toxopneustes roseus* enthalten Giftdrüsen (A). Der Stachel eines Lederseeigels ist an der Spitze mit einem Giftsack (schwarz) versehen, der von Muskel- und Bindegewebe umhüllt ist (B).

Abb. 2.41: Die kurzen Stacheln des Lederseeigels sind von einem Giftdrüsenpaket ummantelt.

Lederseeigel (*Asthenosoma, Areosoma, Phormosoma* sp., im Indo-Pazifik beheimatet) tragen relativ kurze Stacheln, die an ihrer Spitze einen kugelförmigen Giftapparat besitzen (Abb. 2.40, 2.41, 2.42). Er verleiht dem Seeigel das Aussehen eines Nadelkissens. Um die Spitze der Kalkstacheln spannt sich der sog. **Giftsack**, der von einer dicken Muskellage umgeben ist und das Gift enthält. Dieses wird wahrscheinlich von Zellen, die den Giftsack auskleiden, gebildet. Berührung und leichter Druck auf die Stacheln führt zur Entleerung, d.h. zur Injektion des Giftvorrates.

Viele Seeigel (Abb. 2.43, 2.44) besitzen zwischen den Stacheln zahlreiche Greiforgane, **Pedicellarien,** die z.T. mit **Giftzangen** ausgestattet sind. Auf einem wenige Millimeter langen, beweglichen Stiel sitzen drei ineinander greifende zangenförmige Klauen (Abb. 2.42). Ihr Inneres ist mit Drüsengewebe ausgekleidet, welches Gift bildet. Dieses wird beim Zugreifen in die Wunde gepreßt. Während die Pedicellarien der meisten Seeigel nicht die menschliche Haut zu durchdringen vermögen, sind diese bei Vertretern der Gattung *Toxopneustes* besonders kräftig ausgeprägt und überragen die kurzen Stacheln. Sie können durchaus auch beim Menschen Wunden hervorrufen und ihr Gift injizieren (für ausführliche Darstellungen der Giftapparate s. [1]).

Gift. Über die Gifte der Seeigel gibt es nur wenige Untersuchungen. Beim Diademseeigel (Abb. 2.45) wurde sogar die Anwesenheit eines Giftes in den Stacheln verneint, obwohl die schmerzhafte Reaktion eigentlich den Gedanken an einen Wirkstoff nahelegt. Der wäßrige Inhalt der Stacheln bewirkt bei Versuchstieren einen Blutdruckanstieg, wobei vermutet wurde, es handele sich um Noradrenalin, könne aber auch von einem Protein verursacht sein [2].

Völlig unklar ist, welcher Natur das Gift des Lederseeigels ist. Versuche, es aus den Giftstacheln zu isolieren, scheiterten bisher. Es ist offenbar äußerst instabil (eigene Beobachtungen).

Abb. 2.43: Pfaffenhutseeigel, *Tripneustes gratilla*, tarnt sich häufig mit Seegras (Rotes Meer).

Abb. 2.44: Die kolbenförmigen Pedicellarien sind mit Giftdrüsen versehen.

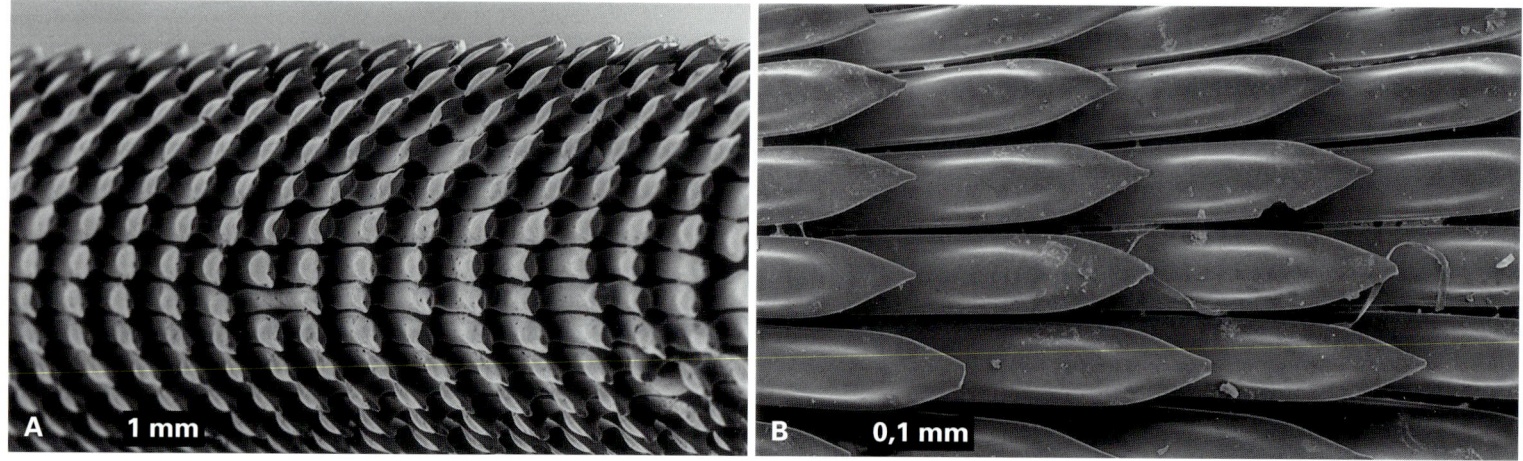

Abb. 2.45: Die Stacheln des Diademseeigels (*Diadema* sp.) sind mit dachziegelartig angeordneten, spitzen Plättchen versehen.

Pedicellarien-Gifte sind hingegen von **Proteinnatur**. So wurde aus den Giftzangen von *Toxopneustes pileolus* (Abb. 2.46) ein **basisches Toxin** mit einer Molekülmasse um 20000 Dalton isoliert [3], ein ähnliches Toxin (25000 Dalton) fand sich in Pedicellarien-Extrakten von *Tripneustes gratilla* [4]. Seine genaue Wirkungsweise ist jedoch noch unklar.

Vergiftung. Die Stacheln des Diademseeigels brechen beim Eindringen in die Haut leicht ab. Bruchstücke bleiben im Gewebe zurück. Der Stich ist **schmerzhaft,** stärker als eine rein mechanische Verletzung erwarten ließe, was für die Beteiligung eines Giftes spricht. Es bildet sich eine leichte Schwellung und Hautrötung aus, die betroffene Hautregion wird mitunter gefühllos, die Schmerzen gehen aber meist nach wenigen Stunden zurück. Ein blauer Farbstoff, der beim Einstich freigesetzt wird, verfärbt die Haut und ist noch nach Wochen sichtbar. Die Kalkbruchstücke der Stacheln werden meist rasch bindegewebig verkapselt, und es bilden sich druckschmerzhafte **Granulome** [5]. Sekundärinfektionen können auftreten. Allgemeine Symptome wie Übelkeit und Mattigkeit werden beschrieben, scheinen aber eher selten zu sein [1].

Kontakte mit Lederseeigeln führen zu kaum sichtbaren Verletzungen, sie sind dafür aber äußerst schmerzhaft. Der rasch einsetzende, brennende **Schmerz** hält allerdings nicht lange an (20 bis 30 Minuten). Es ist vorstellbar, daß sich hieraus Symptome wie Übelkeit, Kreislaufprobleme, psychische Ausnahmezustände etc. entwickeln können, die primär nicht Folge einer Vergiftung sind, sondern eher Reaktionen auf den extremen Schmerzreiz. Auch Verletzungen durch Pedicellarien, so von *Toxopneustes*-Seeigeln, sind schmerzhaft. Die ausstrahlenden Schmerzen lassen in ihrer Intensität nach 15 Minuten nach und sind nach einer Stunde meist ganz verschwunden. Gleichzeitig können jedoch auch **Lähmungserscheinungen** der Gesichtsmuskulatur und der Zunge (Sprechschwierigkeiten), aber auch der Extremitäten auftreten, die mehrere Stunden anhalten. Japanische Perlentaucher fürch-

Abb. 2.46: Giftzangen-Seeigel, *Toxopneustes pileolus* (Indonesien).

Therapie. Zur Linderung der Schmerzen wird das Eintauchen der Extremität in heißes Wasser empfohlen, ein Vorgehen, welches nicht selten eine Verbrühung zur Folge hat. Es ist daher abzulehnen. Die Schmerzen lassen sich meist ertragen und halten nicht lange an, so daß es keiner besonderen Therapie bedarf. Die Anwendung von Kortikosteroiden hat keinen Einfluß auf den Verlauf der Vergiftung. Allgemeine Reaktionen sind symptomatisch zu behandeln (meist nicht notwendig). Die chirurgische Entfernung der Stacheln ist nicht vordringlich, in leichten Fällen eitern sie nach einigen Tagen heraus. Tief eingedrungene Stacheln – sie lassen sich übrigens röntgenologisch gut darstellen –, die u.U. in Gelenkkapseln eingedrungen sind, müssen jedoch entfernt werden (Gefahr der Versteifung). Sekundärinfektionen können bei unbehandelten Wunden auftreten und sind entsprechend zu behandeln. In sauberen Gewässern sind Infektionen jedoch selten.

ten den Seeigel. Eine Taucherin soll nach dem Kontakt mit *Toxopneustes* das Bewußtsein verloren haben und ertrunken sein [6].

Seeigel werden in vielen Teilen der Welt gegessen. So stellen die Fortpflanzungsorgane des Steinseeigels *(Paracentrotus lividus)* aus dem Mittelmeer entweder roh mit Zitronensaft beträufelt, aber auch geröstet eine Delikatesse dar. Besonders zur Laichzeit sollen einige Seeigel-Arten Vergiftungssymptome wie Übelkeit, Erbrechen, Durchfall und starke Kopfschmerzen hervorrufen [1]. Die Ursachen hierfür sind völlig unbekannt (bei einem Detritus fressenden Tier vielleicht bakteriellen Ursprungs?).

Erste Hilfe. Wasser verlassen; versuchen, Stacheln oder abgerissene und in der Haut verhakte Pedicellarien soweit wie möglich zu entfernen (Splitterpinzette). Wunden mit Alkohol und Jodtinktur desinfizieren. Tief eingedrungene Stacheln nicht selbst herausschneiden. Nicht durch Klopfen und Pressen versuchen, die Stacheln im Stichkanal zu zerkleinern. Die Kalkreste werden in der Regel verkapselt und bilden subkutane oder intramuskuläre Knoten (schmerzhaft bei Druck).

Literatur

[1] Halstead, B.W., Poisonous and Venomous Marine Animals of the World (2nd rev. ed.). Darwin Press Inc., Princeton (1988).

[2] Alender, C.B., A biologically active substance from spines of two diadematid sea urchins. In: Animal Toxins (F.E., Russell, P.R. Saunders, eds.), S. 145, Pergamon Press, Oxford (1967).

[3] Nakagawa, H., Kimura, A., Partial purification of a toxic substance from pedicellariae of the sea urchin *Toxopneustes pileolus*. Jap. J. Pharmac. **32**, 966 (1982).

[4] Mebs, D., A toxin from the sea urchin *Tripneustes gratilla*. Toxicon **22**, 306 (1984).

[5] Rosco, M.D., Cutaneous manifestation of marine animal injuries, including diagnosis and treatment. Cutis **19**, 507 (1977).

[6] Hashimoto, Y., Marine toxins and their bioactive marine metabolites. Jap. Sci. Societies Press, Tokyo (1979).

Seewalzen, Seegurken, Holothurien (Klasse: Holothuroidea) – sea cucumber

Abb. 2.47: Seewalze, *Bohadschia argus*, mit ausgeschleuderten Cuvierschen Schläuchen (Palau, Mikronesien).

Merkmale: Längliche, wurm- oder walzenartige Körperform ohne Gliedmaßen, im Mundbereich mehr oder weniger entwickelte, teilweise verzweigte Tentakelanhänge. Meist unauffällig braun bis schwarz gefärbt, einige Arten jedoch auch farbenprächtig, Hautoberfläche lederartig, glatt oder warzig skulpturiert.
Verbreitung: In allen Weltmeeren.
Lebensraum/Lebensweise: Im Korallenriff wie in der Tiefsee; Detritus-Fresser, bodenlebend, wenige Spezialisten Planktonfresser, langsam kriechende Fortbewegung.

Seewalzen sind durchweg harmlose Tiere und zu keiner Angriffshandlung fähig. Vergiftungen im eigentlichen Sinne gibt es mit diesen Tieren kaum oder nur unter ganz besonderen Umständen.

Vergiftungsumstände. Manche Holothurien stoßen, wenn man sie ergreift oder reizt, weiße oder rosafarbene Fäden aus der Kloake aus (Abb. 2.47). Hierbei handelt es sich um die sog. **Cuvierschen Schläuche**, die äußerst klebrig sind und an Haut, Badebekleidung und Neoprenanzug haften bleiben. Bei Kontakt mit Schleimhaut und Wunden führt dies zu unangenehmen Reaktionen. Manche Arten (Abb. 2.48) haben einen schleimartigen Überzug, der ebenfalls an den Händen haften bleibt, sich jedoch leichter entfernen läßt.

„Trepang" oder „Bêche-de-mer" ist ein in Ostasien häufig zubereitetes Gericht, das z.B. in China und Malaysia als Delikatesse gilt, außerdem wird ihm eine aphrodisierende Wirkung zugeschrieben (Abb. 2.49, 2.50). Es sind dies besonders zubereitete Seewalzen, wobei die Innereien entfernt wurden und das Tier ausgekocht worden ist. Ihr Genuß (sofern man davon sprechen kann; geschmacklich und vom Aussehen her sind sie nicht jedermanns Sache) ist in der Regel ungefährlich. Werden sie jedoch unsachgemäß zubereitet oder will man etwa selbst Seewalzen für Nahrungszwecke verwenden („Überlebenstraining"), so ist die Gefahr einer Vergiftung durchaus gegeben.

Vorsichtsmaßnahmen. Hände nach Hantieren mit Holothurien gut waschen; Cuviersche Schläuche, die an Haut und Ba-

Abb. 2.48: *Thelonota rubrolineata* (Madang, Papua-Neuguinea).

Abb. 2.49: Getrocknete Seewalzen in einer chinesischen Apotheke in Singapore.

deanzug kleben, entfernen (gelingt von Kleidung meist nicht vollständig), Schleimhautkontakt vermeiden. Trepang möglichst nicht selbst zubereiten.

Giftapparat. Holothurien enthalten im gesamten Körper Giftstoffe. Diese sind jedoch besonders konzentriert in den **Cuvierschen Schläuchen** enthalten: Es sind dies weiße oder rosagefärbte, schlauch oder fadenförmige Anhänge der Wasserlungen. Als Abwehrreaktion werden sie nach Einreißen der Enddarmerweiterung durch den After ausgestoßen. Sie setzen eine klebrige Substanz frei, die sie auf allen Oberflächen gut haften läßt. Gleichzeitig werden Giftstoffe frei, die einen Angreifer abschrecken, betäuben, wenn nicht sogar töten. Die Cuvierschen Schläuche werden innerhalb weniger Monate wieder regeneriert.

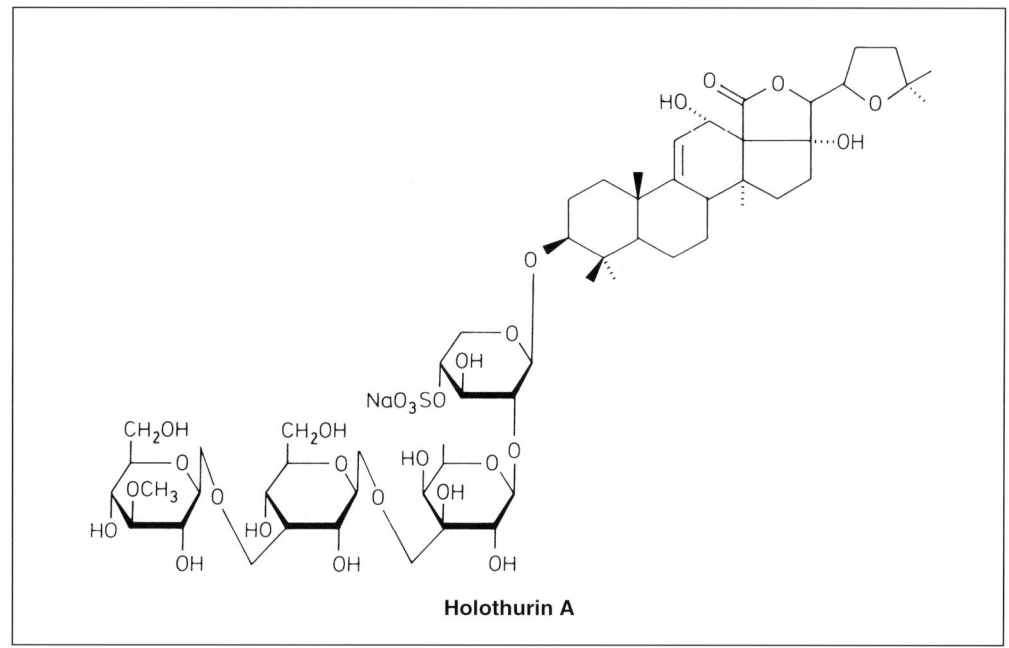

Holothurin A

Abb. 2.50: Trepang auf dem Markt von Miri (Borneo).

Stachelhäuter

Gift. Holothuriengift besteht aus Substanzen, die alle einer Stoffklasse angehören: Es sind **Steroidglykoside.** Sie bilden in Wasser eine Seifenlauge-ähnliche Lösung, was zu ihrem Namen: Saponine führte. Es sind teilweise sehr aktive Toxine, wie das Holothurin, das aus einem Steroidgrundkörper (Genin, Aglykon) besteht, an welchem vier (**Holothurin A**) bzw. zwei (**Holothurin B**) Zuckerreste gebunden sind [1]. Wie alle Saponine sind auch die Holothurien-Toxine in hohem Maße oberflächenaktiv. Sie wirken noch in starker Verdünnung hämolytisch (in vitro). Wie ein Detergens verursachen sie die Zerstörung der Zellmembran, sie machen sie durch Herauslösen von Strukturelementen durchlässig. Dies führt zum Zusammenbruch des osmotischen Gleichgewichtes und zum Zerplatzen der Zelle.

Vergiftung. In der Regel zeigen sich kaum oder keine Hautveränderungen nach dem Kontakt mit Holothurien oder deren Cuvierschen Schläuchen. Schleimhautkontakte oder Einreiben in Hautwunden oder in die Augen können lokale Schwellungen, Rötung und leichte Hauteruptionen zur Folge haben. Allgemeine Symptome wie Übelkeit oder gar Kreislaufprobleme sind selten.

Vergiftungen durch den Verzehr unsachgemäß zubereiteten Trepangs sind nicht bekannt geworden, doch sind wie auch bei Saponinen pflanzlicher Herkunft auftretende gastrointestinale Beschwerden wie Magen-Darmreizung, Koliken und Diarrhöe, Übelkeit und Erbrechen zu erwarten.

Erste Hilfe. Bei Hautkontakt bedarf es in der Regel keiner besonderen Maßnahmen. Schleim abwaschen, Cuviersche Schläuche entfernen (abkratzen). Beim Auftreten von Übelkeit nach einem Trepang-Gericht (muß allerdings nicht eine Vergiftung sein, kann auch an der ungewöhnlichen Delikatesse selbst liegen) u.U. Erbrechen provozieren.

Therapie. Die meist nur leichten Hautveränderungen machen eine Behandlung überflüssig. Bei Vergiftungen nach dem Verzehr von Seegurken-Gerichten: Magenspülung (bei häufigem Erbrechen überflüssig), sonst symptomatische Behandlung.

Literatur

[1] Burnell, D.J., ApSimon, J.W., Echinoderm saponins. In: Marine natural products (P.J. Scheuer, ed.), Bd. 5, S. 287, Academic Press, New York (1983)

Fische

Vergiftungen im Zusammenhang mit Fischen können im wesentlichen auf dreierlei Art und Weise erfolgen: durch den **Verzehr** gifthaltiger Fische, nach **Verletzungen** an Knochenstacheln, die mit Giftdrüsen versehen sind, oder durch Kontakt mit abgesondertem Schleim.

Fischvergiftungen sind eine besondere Form einer **Lebensmittelvergiftung** und werden in einem eigenen Kapitel behandelt. Die folgenden Ausführungen befassen sich ausschließlich mit Vergiftungsfolgen, die dann auftreten, wenn Fische ihre Abwehrwaffen erfolgreich einsetzen konnten. Dies geschieht fast immer durch **Knochenstrahlen,** die mit einer Giftdrüse in Verbindung stehen oder mit giftproduzierendem Epithel bedeckt sind. Diese spitzen oder scharfkantigen Knochen müssen zunächst eine Verletzung bewirken, die es dem giftigen Drüsenprodukt ermöglicht, über die Wunde in den Körper des Opfers einzudringen. Meist injiziert sich das Opfer durch den Druck, den es auf die Knochenstrahlen und Giftdrüsen ausübt, das Gift selbst. Es gibt bei den Fischen keinen durch eigene Muskelkraft gesteuerten Injektionsmechanismus.

Sowohl **Knorpelfische** (Klasse: Chondrichthyes), zu denen Haie, Rochen und Chimären zählen, als auch **Knochenfische** (Klasse: Osteichthyes) besitzen diese Abwehrwaffen. Sie dienen ausschließlich zur Abwehr und sind zum Beuteerwerb nicht geeignet. Zahlenmäßig stellen diese „Waffenträger" unter den Fischen jedoch eher eine Minderheit dar. Es ist erstaunlich, daß in dieser Tiergruppe nur relativ wenige Familien und Arten über derartige Abwehrmechanismen verfügen [1].

Die **Gifte,** die auf diese Weise appliziert werden, sind allesamt Toxingemische von **Proteinnatur.** Sie sind meist äußerst empfindlich gegenüber äußeren Einflüssen (höhere Temperaturen, pH-Verschiebung etc.), die leicht zu ihrer Denaturierung führen. Dies begründet die für diese Vergiftungen empfohlene, jedoch zweifelhafte Therapieform: die „Heißwasser-Therapie", bei der die Hand oder der Fuß in etwa 50 °C heißes Wasser eingetaucht wird, was eine Denaturierung des Giftes bewirken und das rasche Abklingen des Schmerzes zur Folge haben soll (aber auch Gewebsschäden, Verbrühungen etc.). Andererseits haben gerade diese Gifteigenschaften, ihre Instabilität, aber auch die Tatsache, daß die Gifte in der Regel nur in sehr geringer Menge vorliegen, bisher detaillierte Untersuchungen behindert. So sind die Kenntnisse über die chemischen Eigenschaften der Toxine, sowie deren Wirkungsweise nur sehr fragmentarisch.

Durch die vergleichsweise geringe Zahl von Fischen, die Giftapparate der erwähnten Art besitzen, sind **Vergiftungen beim Menschen ein eher seltenes Ereignis.** Es halten sich zwar hartnäckig Gerüchte, daß manche Gifte, etwa das des Rotfeuerfisches, mit dem der Kobra vergleichbar seien oder daß der Stich des Steinfisches binnen weniger Minuten zum Tode führe, doch entbehren sie jeglicher wissenschaftlicher Grundlage. Obwohl meist sehr schmerzhaft, sind viele Vergiftungen durch Fische eher leichter Natur und sollten in ihrer Gefährlichkeit keinesfalls überschätzt werden. Trotzdem sollten sie auch nicht als triviales Ereignis behandelt werden, da ungünstige Begleitumstände auch zu tödlichen Zwischenfällen führen können.

Knorpelfische (Klasse: Chondrichthyes)

Rochen

(Ordnung: Elasmobranchii; Unterordnung: Batoidea), Stachelrochen, Stechrochen – stingray

Abb. 2.51: Süßwasserstechrochen, *Potamotrygon* sp. (Südamerika).

Merkmale: Fische mit runder oder rhombischer, abgeplatteter Körperform, Brustflossen stark vergrößert und ganz mit den Längsseiten des Körpers verwachsen, oft flügelförmig (Fortbewegungsorgan), Rückenflosse fehlt, Schwanz peitschenförmig ausgezogen (Steuerorgan); meist grau-braun gefärbt, aber auch mit gemusterter Zeichnung.
Verbreitung: In allen tropischen und subtropischen Meeren; Süßwasserformen in südamerikanischen, afrikanischen und asiatischen Flüssen.
Lebensraum/Lebensweise: Vorwiegend bodenlebend, im Sand und Schlamm eingewühlt, aber auch einzeln oder in Gruppen frei im Meer schwimmend.

Unter den Rochen sind es ausschließlich die Stachel- oder Stechrochen, die dem Menschen gefährlich werden können. Sie sind durch einen oder mehrere Stacheln auf dem Rücken des Schwanzes ausgezeichnet, der bei Bewegung abgespreizt wird. Stachelrochen verteilen sich auf sechs Familien, auf eine im Süßwasser vertretene (Potamotrygonidae, Abb. 2.51) und auf fünf marine Familien: Dasyatidae (**Stachelrochen**, Abb. 2.52), wie die europäischen Arten *Dasyatis pastinaca* und *D. violacea* (im Atlantik, gelegentlich in der Nordsee und im Mittelmeer anzutreffen); Gymnuridae, die **Schmetterlingsrochen** (weltweit in tropischen Meeren); Myliobatidae, **Adlerrochen** (weltweit, oft in Schwärmen auftretend); Rhinopteridae, **Kuhnasen-Rochen** (weltweit, auch im Mittelmeer); Urolophidae, **runde Rochen** (weltweit). Die kleinsten Stechrochen haben eine Körpergröße von 30 cm, oft auch darunter, Riesenstechrochen (manche *Dasyatis*-Arten) erreichen einen Körperdurchmesser von mehr als 2 m und wiegen oft über 300 kg. Die riesigen Mantas oder Teufelsrochen (Mobulidae) besitzen mit wenigen Ausnahmen keinen Stachel. Der im östlichen Atlantik und im Mittelmeer vorkommende Teufelsrochen *(Mobula mobular)* hat jedoch einen Stachel nahe der Schwanzwurzel.
Mit **Stachelrochen** muß in allen tropischen Gewässern gerechnet werden, wo sie im flachen Küstenbereich, hier mitun-

ter recht häufig, aber auch in Tiefen bis zu 50 m anzutreffen sind. Sie dringen auch in Brackwasserlagunen und Flußmündungen vor. **Süßwasserarten** (sie haben alle einen Stachel) finden sich in den Flußsystemen des Amazonas, Paranas, Rio Magdalenas und des Orinocos (Südamerika), in Afrika im Niger und in Südostasien im Mekong (Laos und Vietnam). Die Tiere sind meist vollständig im Sand eingewühlt, so daß nur die Augen freiliegen. Aufgestöbert fliehen sie sofort.

Vergiftungsumstände. Rochen greifen den Menschen nicht an. Unfälle lassen sich meist auf zwei Umstände zurückführen: Badende treten beim Waten im seichten Wasser auf den im Sand oder Schlamm eingegrabenen Rochen; dieser schnellt seinen Schwanz reflexartig bogenförmig empor und verursacht mit dem abgespreizten Stachel eine Verletzung am Bein, bei Kindern mitunter auch im Bauch- oder Brustraum (Abb. 2.53). Die zweite Unfallsituation betrifft Angler oder Fischer, die einen Rochen an der Angel haben oder im Netz vorfinden. Das erregte Tier schlägt wild mit dem Schwanz um sich, wobei auch hier der Stachel Verletzungen hervorrufen kann. In eine ähnliche Situation können Taucher kommen, wenn sie die Tiere bedrängen (beim Fotografieren etc.).

Vorsichtsmaßnahmen. Einer Verletzung durch Stechrochen vorbeugen, heißt, vermehrte Aufmerksamkeit dem **Meeresboden** zu widmen. Waten und Schwimmen in unübersichtlichen Küstenbereichen, aber auch im **trüben Wasser** südamerikanischer Flüsse stellen ein Risiko dar und sollten stets mit großer Vorsicht geschehen. Scharren im Sand mit den Füßen und Stochern mit einem Stab schreckt die Tiere meist auf und läßt sie die Flucht ergreifen. Entdeckt man einen Stechrochen, so sollte man eine Begegnung nicht provozieren. Sein abwehrender Schwanzschlag verläuft so blitzartig, daß ein Ausweichen kaum möglich ist. Hat man einen Rochen an der Angel oder im Netz, so ist Abstand einzuhalten und das Tier mit Stangen etc. zu fixieren. Schutz-

Abb. 2.52: Blaupunktrochen, *Taeniura lymma* (Rotes Meer).

kleidung wie Tauchanzüge helfen nicht, da der Stachel selbst einen Gummistiefel mühelos durchschlägt.

Taucher sollten nicht dicht über dem Sandboden schwimmen, da darin eingewühlte Rochen plötzlich aufgeschreckt werden. In einem Fall wurde ein Taucher an Oberschenkel und Bauch verletzt [2]. Vorsicht auch beim Hantieren in Aquarien, in denen sich Stachelrochen befinden. Selbst kleine Süßwasserarten können schmerzhafte Verletzungen bewirken.

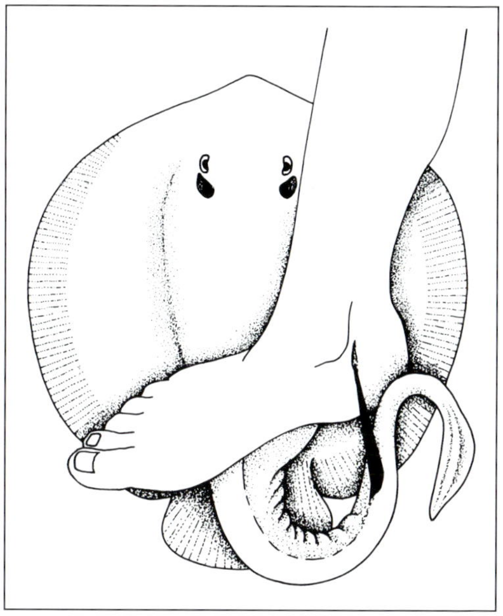

Giftapparat. Stechrochen besitzen auf dem rückwärtigen Teil des Schwanzes einen, bei manchen Arten auch mehrere **Stacheln** (Abb. 2.54). Diese variieren stark in Größe und Ausprägung sowie in ihrer Lage auf dem Schwanz. So ist bei den Schmetterlingsrochen (Gymnuridae) der Stachel wenig entwickelt, klein und näher der Schwanzwurzel gelegen. Bei den Adlerrochen (Myliobatidae) ist der Stachel zwar auch nahe der Schwanzwurzel lokalisiert, doch größer und stärker ausgeprägt (Abb. 2.55). Am effektvollsten sind die Stacheln der eigentlichen Stachelrochen (Dasyatidae und Urolophidae), sie sind mehr zum Schwanzende hin gelegen. Mit dem Schwanz schlagen Rochen über den Rücken oder auch seitlich nach dem Angreifer, wobei der Stachel vom Schwanz abgespreizt wird und tiefe Wunden schlagen kann. Bei großen Rochen können die Stacheln bis zu 30 cm lang werden. Die

Abb. 2.53: Tritt man im seichten Wasser auf einen Stachelrochen, so schlägt dieser mit dem Schwanz nach oben, wobei der abgespreizte Stachel in den Fuß eindringt (nach [14]).

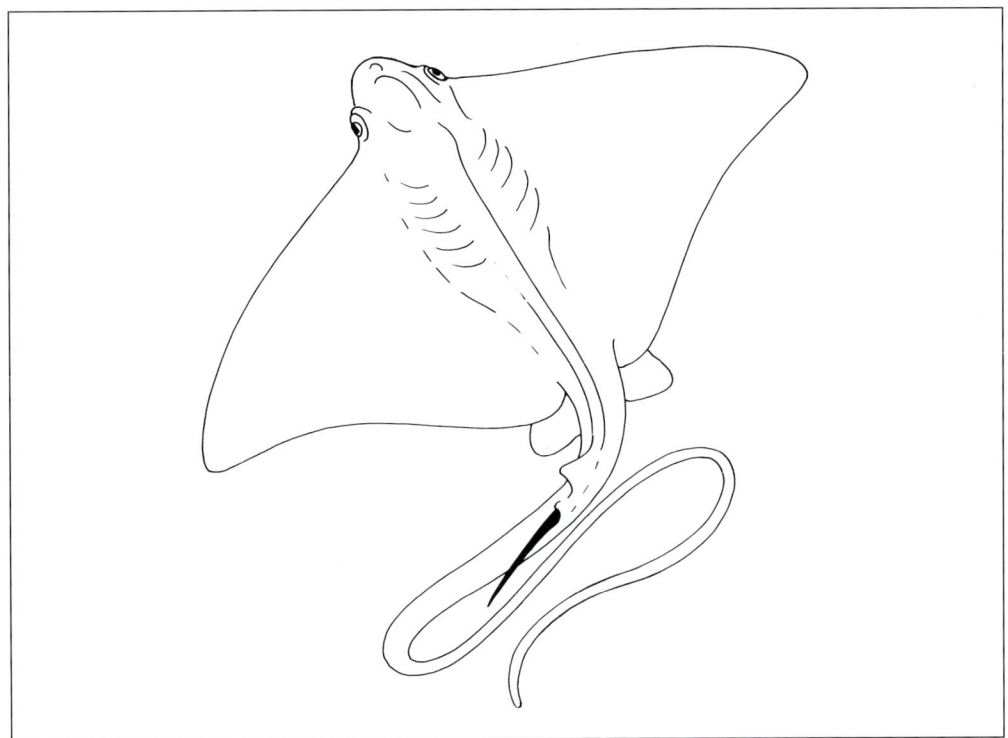

Abb. 2.54: Stachelrochen tragen auf dem Rücken des Schwanzes einen oder mehrere Stachel.

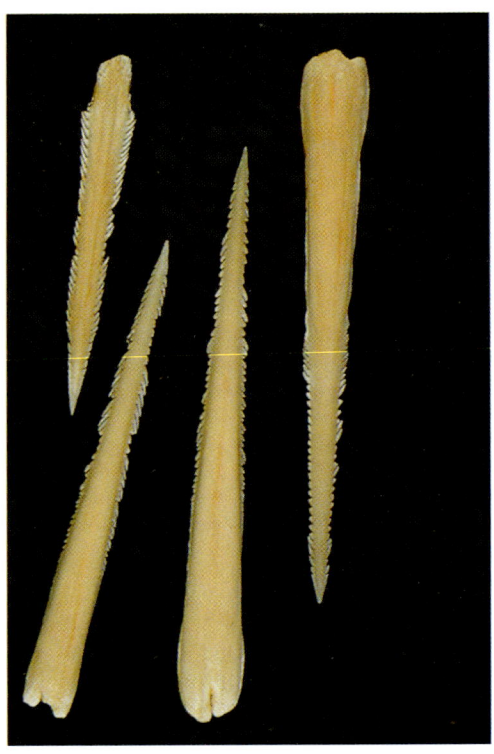

Abb. 2.55: Stechrochenstacheln (*Myliobatis* sp.).

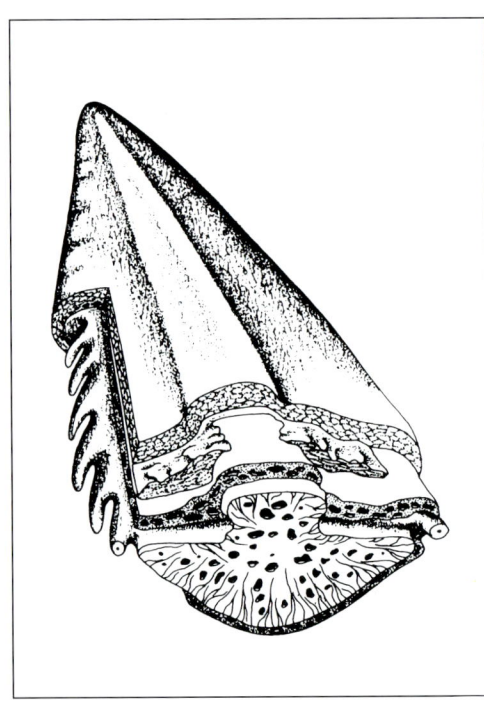

Abb. 2.56: Das Knochengerüst des Stachels ist mit Drüsengewebe bedeckt, das Gift bildet. Es wird beim Eindringen in einen Körper abgestreift und verbleibt in der Wunde (nach [14]).

zuletzt erwähnten Rochenfamilien sind für den Menschen am gefährlichsten.

Die flachen, zugespitzten Stacheln bestehen aus knochenähnlichem Material (**Vasodentin**). Sie besitzen an ihren beiden Rändern jeweils eine Reihe von **Widerhaken**. An der Stachelunterseite verlaufen zwei Rinnen längs der Mitte, die mit schwammartigem **Drüsengewebe** gefüllt sind, welches Gift produziert. Knochen und Drüsengewebe sind von der Epidermis umkleidet (Abb. 2.56). Die Applikation des Giftes geschieht durch Abstreifen oder Abreißen des Drüsengewebes, welches in der Wunde verbleibt, die der Stachel geschlagen hat. Häufig bricht der Stachel ab und verbleibt ebenfalls ganz oder in Bruchstücken in der Wunde. Das Gift gelangt anschließend durch Diffusion aus dem meist zerfetzten Drüsengewebe in den Körper des Opfers. Abgebrochene Stacheln werden regeneriert.

Gift. Die Tatsache, daß Stachelrochen keine ausgeprägten Giftdrüsen besitzen und eine Giftgewinnung daher schwierig ist, hat Untersuchungen über deren Gift behindert. Es scheint sich um ein Gemisch von **Protein-Toxinen** zu handeln, die extrem temperaturempfindlich sind und schon durch Gefriertrocknung ihre Toxizität zum größten Teil einbüßen. Giftextrakte von *Urolophus halleri* waren enzymatisch aktiv (5'-Nukleotidase, Phosphodiesterase, jedoch keine proteolytische Aktivität). Das Gift blockierte nicht die neuromuskuläre Erregungsübertragung. Es scheint vorwiegend Herz-Kreislauf-Funktionen zu beeinträchtigen, wobei eine direkte Wirkung auf den Herzmuskel vermutet wird [3, 4, 5].

Vergiftung. Verletzungen und in diesem Zusammenhang erlittene Vergiftungen durch Stechrochen sind im allgemeinen selten, können jedoch in manchen Weltregionen gehäuft auftreten. So schätzt Russell [6, 7] ca. 750 Fälle pro Jahr allein für die USA. Marinkelle [8] spricht von einigen tausend Fällen pro Jahr in

Kolumbien, die auf Süßwasserrochen zurückgehen sollen. In einem kleinen Urwaldhospital sollen in fünf Jahren 8 Todesfälle, 23 Amputationen und 114 schwere Verletzungen als Folge derartiger Unfälle registriert worden sein.

Die meisten Verletzungen betreffen die Füße oder Unterschenkel, da beim Waten im seichten Wasser unbeabsichtigtes Treten auf den Stachelrochen die reflexartige Schwanzbewegung auslöst. Der Stachel verursacht meist eine **tiefe Wunde**, wobei während des Zurückziehens durch die Widerhaken das Gewebe weiter aufgerissen wird. Nicht selten bricht der Stachel ab und bleibt ganz oder in Teilen in der Wunde stecken. Unmittelbar danach tritt meist ein stechender **Schmerz** auf, der sich in seiner Intensität steigert und mehrere Stunden anhalten kann. Um die oft stark blutende Wunde erscheint die Haut zunächst grau, dann gerötet bis zyanotisch blau. Es entwickelt sich ein Ödem, das die gesamte Extremität erfassen kann. Die betroffene Hautregion fühlt sich anschließend oft taub an. **Nekrosen**, meist Folge einer **Sekundärinfektion** (Gangrän-Gefahr) komplizieren den Heilungsverlauf. Dies betrifft vor allem Verletzungen durch Süßwasserrochen, in unbehandelten Fällen waren Amputationen notwendig [8], auch besteht die Gefahr einer Tetanusinfektion. An allgemeinen Symptomen können Schweißausbruch, Angstgefühl, Diarrhöe, Erbrechen, Herzrhythmusstörungen und Kreislaufkollaps auftreten. Sie werden z.T. durch die erheblichen Schmerzen im Wundbezirk ausgelöst und sind selten auf eine direkte Giftwirkung zurückzuführen. Als schwer ist eine Vergiftung stets dann zu betrachten, wenn der Stachel in den Bauch- oder Brustraum eingedrungen ist. In solchen Fällen ist mit schweren inneren, oft tödlichen Verletzungen bzw. Vergiftungsfolgen zu rechnen [9]. Bei einem Kind verletzte der Stachel den Herzbeutel, was nach Tagen zum Tod infolge einer Herzbeuteltamponade führte (siehe Fallbeschreibung, [10]).

Wenn eine Verletzung durch einen Stachelrochen schmerzlos verläuft, so ist entweder kein Drüsengewebe in der Wunde zurückgeblieben oder der Stachel war selbst verletzt (Verfangen im Netz) und enthielt kein Drüsengewebe mehr. Trotzdem können Splitter des Stachels in der Wunde stecken und Sekundärinfektionen auslösen.

Therapie. Die Heißwasser-Methode wird nicht empfohlen. Ein Bein oder einen Arm in heißem Wasser zu baden, führt in der Regel wegen der größeren Körpermasse nicht zum Erfolg. Zur lokalen Schmerzbekämpfung wird die Injektion von Lidocain (1%ig) um die Wunde empfohlen. Dies ist zwar meist nur für kurze Zeit von Nutzen, doch ist es zur Vorbereitung einer genauen Wundinspektion sinnvoll. Pentazocin (i.v. oder i.m.) soll den Schmerz deutlich lindern [1]. Den Wundkanal sorgfältig sondieren und alle Stachelreste entfernen; hierzu auch die Wundregion u.U. röntgen, Stachelfragmente lassen sich gut darstellen. Eine chirurgische Wundversorgung ist bei tiefen Verletzungen oft notwendig. Tetanusprophylaxe, falls erforderlich. Sind Abdomen oder Thorax betroffen, muß der Patient auf eine Intensivstation verlegt werden, um alle diagnostischen Möglichkeiten (Laparoskopie etc.) ausschöpfen zu können und um auf alle Komplikationen (innere Blutungen etc.) vorbereitet zu sein [10]. Heilungsverlauf weiterhin überwachen, es können Wundnekrosen auftreten [12].

Erste Hilfe. Wasser sofort verlassen bzw. Verletzten bergen. Stachel, wenn möglich, entfernen, aber nur, wenn er nicht zu tief in der Wunde steckt. Wunde mit Seewasser spülen. Keine Staubinde anlegen, Wunde nicht einschneiden oder irgendetwas einreiben. Arzt aufsuchen.

Fallbeschreibungen

Verletzung durch Süßwasserrochen

Ein 43jähriger Tierpfleger stieg zum Reinigen in ein großes Aquarium, aus dem das Wasser zum größten Teil abgelassen worden war. Es befanden sich jedoch noch einige Pfauenaugenstechrochen *(Potamotrygon motoro)* im Behälter. Eines der in der Laichzeit besonders leicht erregbaren Tiere mit einem Körperdurchmesser von ca. 40 cm reagierte aggressiv und schlug mit dem Schwanz in Richtung Gummistiefel, wobei der etwa 9 cm lange Stachel glatt durch die Gummihaut in die rechte Ferse eindrang. Unmittelbar nach dem Stich stellten sich Schmerzen „wie glühendes Eisen" ein, die bis zum Knie ausstrahlten. Die Wunde blutete leicht, die Einstichstelle schwoll geringfügig an. Der Patient fühlte Benommenheit, zeigte leichte Blässe, war jedoch bei der Aufnahme in eine nahegelegene Klinik unauffällig. Die Schmerzen gingen ohne Behandlung im Verlauf mehrerer Stunden zurück. Motorik und Sensibilität des Fußes blieben intakt, Zehen und Fersengang waren möglich. Ruhigstellen des Beines sowie tägliche desinfizierende Fußbäder und Terramycin-Salbenverbände waren die einzigen therapeutischen Maßnahmen. Die Wundheilung verlief komplikationslos, der Patient wurde nach drei Tagen aus der Klinik entlassen. Zurück blieb eine etwa 2 cm lange Narbe, doch verspürte der Patient noch nach vier Wochen ein nesselartiges, prickelndes Gefühl um die Stichstelle [13].

Tödliche Verletzung

Bei einer Bootsfahrt entlang der Küste von Nord-Queensland (Australien) wurde ein 12jähriger Junge vom Schwanz eines großen, aus dem Wasser springenden Rochens (Art blieb unbekannt) getroffen. Dies geschah gleich zweifach: Ein Stich drang in die Brust unterhalb der linken Brustwarze ein, der zweite traf das linke Knie, wo der Stachel in der Wunde stecken blieb. Der Junge klagte anschließend über Brustschmerzen und Atembeschwerden. Man fuhr sofort zur Küste zurück und traf ca. 30 Minuten nach dem Unfall bei einem Arzt ein. Der Patient war blaß und klagte über starke Schmerzen im Wundbereich. Er blutete aus der etwa 2 cm langen Brustwunde, in der Kniewunde steckte noch der 8 cm lange Stachel. Die Herztöne waren normal, die Lungen frei. Heiße Umschläge wurden auf Brust und Knie gebracht, der Stachel nach Lidocain-Anästhesie (1%ig) herausgezogen. Sodann wurde der Patient ins nächst Krankenhaus eingeliefert, wo sein Zustand als stabil und unauffällig beschrieben wurde. Die Röntgenübersichtsaufnahme des Thorax ergab keine Hinweise auf eine penetrierende Verletzung (eine Wundsondierung wurde offenbar unterlassen). Die Wunden wurden chirurgisch versorgt, der Patient blieb über Nacht in der Klinik und wurde am anderen Tag nach Hause entlassen. Bei einer Nachuntersuchung (48 Stunden nach dem Unfall) erschien er müde, aber ansonsten unauffällig. Am 6. Tag kollabierte der Junge plötzlich, „nach Luft schnappend". Seine Mutter unternahm Wiederbelebungsversuche (Mund-zu-Mund-Beatmung) während der Fahrt zur Ambulanzstation. Hier wurde er einige Zeit erfolglos beatmet und Herzmassage durchgeführt, schließlich für tot erklärt. Bei der durchgeführten Autopsie wurde eine 1 cm dicke Schicht geronnenen Blutes im Herzbeutel sowie ca. 100 ml flüssigen Blutes in der Pleurahöhle festgestellt. Ursache hierfür war eine 3 mm große, von nekrotischem Gewebe umgebene Wunde im oberen Teil der rechten Herzkammer, die die Herzwand durchbrochen hatte und eine Herzbeuteltamponade zur Folge hatte. Offenbar hatte der Stachel des Rochens beim Stich in die Brust den Herzbeutel durchstochen und den Herzmuskel verletzt, was schließlich zur Herzbeuteltamponade führte [10]. In diesem Fall steht also eher eine mechanische Verletzung als eine Vergiftung im Vordergrund.

Stachelhai

(Ordnung: Elasmobranchii; Familie: Squaloidae) und Chimäre (Ordnung: Holocephala; Familie: Chimaeridae) – spiny dogfish, chimaera

Vergiftungen durch **Stachelhaie** und **Chimären** sind sehr selten und betreffen fast ausschließlich Fischer oder Angler, die sich an den Stacheln der Rückenflossen verletzen.

Unter den Haien, die sich üblicherweise eher durch ihr wehrhaftes Gebiß Respekt verschaffen, können lediglich die Stachelhaie zu den Giftieren gezählt werden. Der **Dornhai** (Squalus acanthias; im Atlantik, einschließlich der Nordsee, im Mittelmeer und im Pazifik verbreitet, bis 1,5 m Länge) und **Doggen- oder Hornhai** (Heterodontus sp.; im Pazifik) besitzen je einen **Knochenstachel** vor den beiden Rückenflossen. Dieser enthält in einer Längsrinne eine langgestreckte Giftdrüse (für eine ausführliche Beschreibung des Giftapparates s. [14]). Dringt dieser Stachel in die Haut etwa des Fischers ein, der den Hai aus dem Netz zu nehmen versucht, so wird durch den Druck auf die Giftdrüse das Gift in die Wunde gepreßt. Der Stich ist sehr schmerzhaft, bewirkt ein Anschwellen und eine Rötung der Einstichstelle. Ernste Vergiftungen sind jedoch bisher nicht aufgetreten. Über das **Gift** selbst gibt es keine Erkenntnisse, es ist wahrscheinlich, wie bei den meisten Fisch-Giften, ein Gemisch von Proteinen.

Ähnlich verhält es sich mit den **Chimären**, auch **Seeratten** oder **Rattenfische** genannt. Sie haben einen massigen Körper, der in einen langen, fadenförmigen Schwanz ausläuft. Auch sie tragen einen langen Giftstachel in der Rückenflosse. Dieser ist an den beiden Seitenkanten gesägt, dazwischen ist in einer leichten Vertiefung Drüsengewebe eingebettet, welches für die Giftproduktion in Frage kommt [14]. In den Gewässern des Nordatlantiks und des Mittelmeeres ist die Spöke (Chimaera monstrosa, European ratfish oder rabbitfish) verbreitet. Die kleine Seeratte (Hydrolagus affinis) ist ebenfalls im Nordatlantik beheimatet; Hydrolagus collieri kommt an der pazifischen Küste Nordamerikas recht häufig vor. Oft sind Chimären Beifang in den Fischernetzen. Fischer fürchten jedoch mehr ihren Biß als den Stich ihres **Rückenstachels**, der im übrigen sehr schmerzhaft sein soll. In einem Selbstversuch beobachteten Halstead und Bunker [15], daß ein leichtes Kratzen mit dem Stachel auf der Haut innerhalb weniger Minuten eine Rötung und einen leichten, dumpfen Schmerz hervorrief. Bei Mäusen bewirkte die Injektion (i.p.) eines wäßrigen Extraktes des Drüsengewebes toxische Symptome wie Hyperaktivität, Lähmung der Hinterbeine, Lethargie, die Tiere starben meist erst nach Tagen. Mehr ist über das Gift nicht bekannt. Verletzungen durch Stachelhai oder Chimäre sind oft trivial und bedürfen in der Regel keiner ärztlichen Behandlung. Es ist jedoch eine sorgfältige Wundreinigung vorzunehmen, um Sekundärinfektionen vorzubeugen.

Literatur

[1] Cameron, A.M., Toxicity of coral reef fishes. In: Biology and geology of coral reefs (O.A. Jones, R. Endean, eds.), Bd. 3, S. 155, Academic Press, New York (1973).

[2] Cross, T.B., An unusual stingray injury – the skindiver at risk. Med. J. Aust. 2, 947 (1976).

[3] Russell, F.E., Van Harreveld, A., Cardiovascular effects of the venom of the round stingray, Urobatis halleri. Arch. Int. Physiol. 62, 232 (1954).

[4] Russell, F.E., Barrit, W.C., Fairchild, M.D., Electrocardiographic patterns evoked by venom of the stingray. Proc. Soc. exp. Biol. Med. 96, 634 (1957).

[5] Russell, F.E., Fairchild, M.C., Michaelson, J., Some properties of the venom of the stingray. Med. Arts. Sci. 12, 78 (1958).

[6] Russell, F.E., Injuries by venomous animals in the United States. J. Amer. Med. Assoc. 177, 903 (1961).

[7] Russell, F.E., Marine toxins and venomous and poisonous marine animals. Adv. Mar. Biol. 3, 255 (1965).

[8] Marinkelle, C.J., Accidents by venomous animals in Colombia. Ind. Med. Surg. 77, 988 (1966).

[9] Russell, F.E., Panos, T.C., Kang, L.W., Warner, W.M., Colket, T.C., Studies on mechanisms of death from stingray venom. A report of two fatal cases. Am. J. Med. Sci. 235, 566 (1958).

[10] Fenner, P.J., Williamson, J.A., Skinner, R.A., Fatal and non-fatal stingray envenomation. Med. J. Aust. 151, 621 (1989).

[11] Mullanney, P.J., Treatment of stingray wounds. Clin. Toxicol. 3, 613 (1970).

[12] Barss, P., Wound necrosis caused by the venom of stingrays. Pathological findings and surgical management. Med. J. Austr. 141, 854 (1984).

[13] Mebs, D., Stechrochen-Vergiftungen. Dtsch. med. Wschr. 105, 1289 (1980).

[14] Halstead, B.W., Poisonous and venomous marine animals of the world (2nd rev. ed.). Darwin Press Inc., Princeton (1988).

[15] Halstead, B.W., Bunker, N.C., The venom apparatus of the ratfish, Hydrolagus collieri. Copeia (3), 128 (1952).

Knochenfische (Klasse: Osteichthyes)

Weberfische, Drachenfische, Petermännchen
(Familie: Trachinidae, früher *Trachinus* spp., jetzt *Echiichthys* spp.) – weeverfish

Abb. 2.57: Petermännchen, *Echiichthys draco* (Mittelmeer).

Merkmale: Fische mit langgestrecktem, seitlich abgeflachtem Körper, bis 50 cm lang, Augen hoch am Kopf, Maul schräg nach oben abgewinkelt, Kiemendeckel mit nach oben gerichtetem Dorn, erste Rückenflosse kurz, zweite anschließende Rückenflosse langgestreckt. Färbung oft dem Bodengrund angepaßt.
Verbreitung: Nordsee, Atlantikküste, Mittelmeer und Schwarzes Meer.
Lebensraum/Lebensweise: Tagsüber im Sand und Schlamm eingegraben, so daß nur Augen sichtbar sind, vorwiegend nachtaktiv.

Weberfische werden für die wohl **giftigsten Fische Europas** gehalten, was jedoch nicht heißen soll, daß eine Begegnung mit ihnen lebensgefährliche Folgen hat. Ihr Name leitet sich von der ursprünglichen Bezeichnung Vipernfische ab und ist offenbar durch Verballhornung entstanden, denn mit Webern hat der Fisch nichts zu tun. Es gibt vier *Echiichthys* (*Trachinus*)-Arten: *Echiichthys draco* (Abb. 2.57), das gewöhnliche Petermännchen (entlang der Atlantik-Küste, im Mittelmeer und Schwarzen Meer), *E. vipera*, das kleine Petermännchen oder die Viperqueise (entlang europäischer Küstengewässer, im Mittelmeer), *E. radiatus* oder *lineatus*, das Strahlenpetermännchen (im Mittelmeer, entlang der West-Küste Afrikas), *E. araneus*, das Mittelmeer-Petermännchen (entlang der Atlantikküste, im Mittelmeer). Petermännchen sind vor allem in Frankreich geschätzte Speisefische.

Vergiftungsumstände. Zur Laichzeit (Frühjahr, Sommer) suchen Petermännchen flache Gewässer auf und sind an den Küsten z.T. sehr häufig. **Strandwanderer**, sofern sie beim Waten im flachen Wasser keine Schuhe tragen, und Badende sind dann in Gefahr, auf die im Sand eingegrabenen, nicht sichtbaren Tiere zu treten (Abb. 2.58). Diese flüchten nicht unbedingt bei Annäherung, sie stellen vielmehr ihre Rückenstacheln drohend auf. Sie sollen sogar auf Taucher zuschwimmen und versuchen, mit den Stacheln der Rückenflosse oder mit dem Dorn des Kiemendeckels den Angreifer zu verletzen. **Fischer**, aber auch **Angler** finden den Fisch häufig im Netz bzw. an der Angel und verletzen sich beim Abnehmen vom Haken leicht an den Stacheln. Selbst an den Stacheln toter Fische kann man sich noch verletzen bzw. vergiften.

Vorsichtsmaßnahmen. An Küsten, wo Petermännchen vorkommen, Vorsicht beim Waten im seichten Wasser, u.U. Strandschuhe (auch Turnschuhe) tragen. Besonders vorsichtig beim Entnehmen der zappelnden Fische aus Netzen oder vom Angelhaken vorgehen, dicke Handschuhe bzw. Hakenfaßzange benutzen. Taucher sollten Abstand von den Fischen halten; das Aufstellen ihrer ersten Rückenflosse zeigt die Erregung des Tieres an, mit einem plötzlichen Angriff ist dann zu rechnen. Vorsicht auch bei der Zubereitung der Fische, wenn die Giftstacheln nicht entfernt wurden.

Giftapparat. Die vier bis acht **Knochenstrahlen** (18–24 mm lang) der ersten Rückenflosse sind spitz zulaufend und stellen Stacheln dar (Abb. 2.59). Auf ihrer Rückseite ist entlang einer Kammlinie beidseitig Drüsengewebe (die **Giftdrüse**) in jeweils eine Rinne gebettet. Knochenstrahlen und Drüsen sind von einer dünnen Haut überzogen. Die Stacheln sind beweglich, Muskelzüge an ihrer Basis stellen sie senkrecht auf. Weiterhin tragen Petermännchen auf dem **Kiemendeckel** einen nach unten gerichteten **Dorn**, der bei Gefahr ausgeklappt wird. Auch er ist mit zwei Rinnen versehen, die mit dicken Drüsenpaketen gefüllt sind. Dringen die Rückenstrahlen oder dieser Dorn in die Haut ein, so wird das schützende Integument zurückgeschoben und das Drüsengewebe förmlich ausgequetscht, wobei das Gift in die entstandene Stichwunde gepreßt wird [1, 2].

Gift. Das in den Drüsen der Rücken- und Kiemendeckelstachlen gebildete Giftsekret enthält neben hitzelabilen, großmolekularen **Proteinen** (nicht dialysierbar), die offenbar auch die Träger der Toxizität sind, in seinem kleinmolekularen Anteil Serotonin und eine Substanz, die aus Zellen und Gewebe Histamin freisetzen

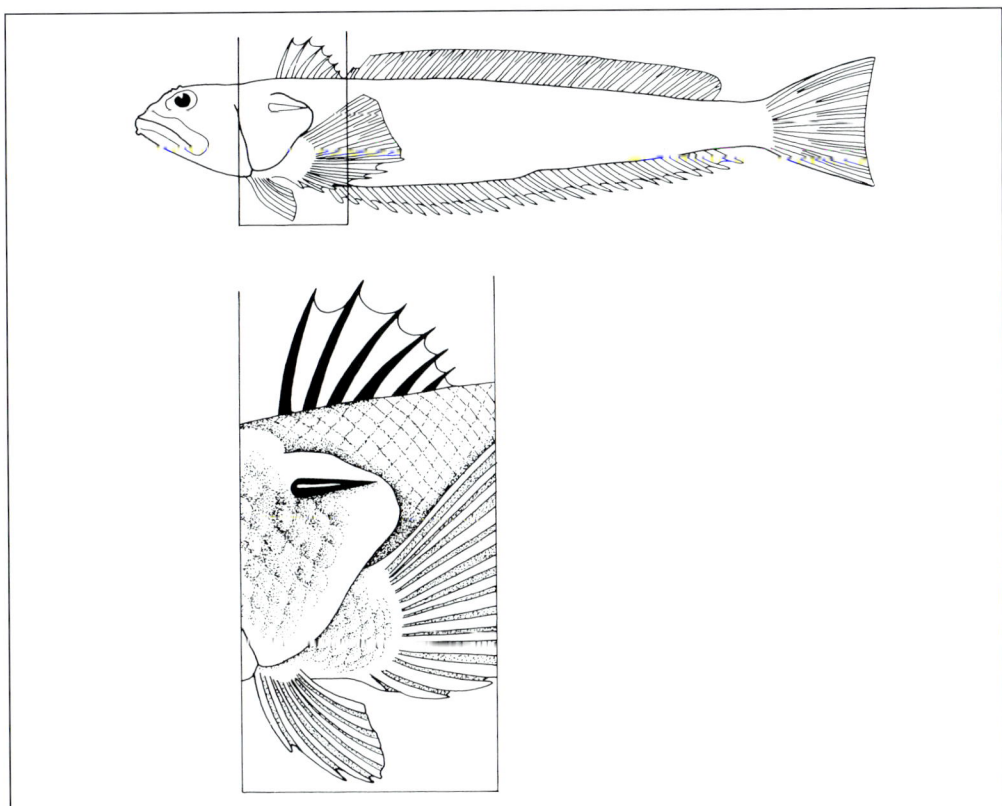

Abb. 2.59: Flossenstrahlen der Rückenflosse und ein Dorn auf dem Kiemendeckel sind bei Weberfischen mit Drüsengewebe versehen, das Gift bildet.

Abb. 2.58: Petermännchen, halb im Sand eingegraben.

soll [2, 3, 4, 5]. Letztere Giftfraktion soll für die Schmerzauslösung in Frage kommen. Im Tierversuch führte das Gift zu einem abrupten Blutdruckabfall, der von Veränderungen im Elektrokardiogramm (atrio-ventrikulärer Block) begleitet war. Das Gift hat jedoch keine Wirkung auf die neuromuskuläre Erregungsübertragung. Es verursacht an der Einstichstelle eine lokale Gewebsnekrose [3]. Ein Toxin (**Trachinin**, Molekülmasse ca. 340 000 Dalton) aus dem Gift von *Echiichthys vipera* ist extrem labil [6]. Kaninchen ließen sich durch Injektion von *Echiichthys-draco*-Drüsenextrakten immunisieren. Das so erhaltene Antiserum war für das Gift hochspezifisch. Es zeigte keine Kreuzreaktion mit Gift von Skorpionsfischen (*Scorpaena* sp.). Es wurde in insgesamt 24 Fällen auch zur Behandlung von *Echiichthys*-Stichen beim Menschen angewandt; wie die Autoren berichten, mit gutem Erfolg [7].

Aus dem sehr instabilen Gift des gewöhnlichen Petermännchens, *Echiichthys draco*, wurde ein Toxin isoliert, das Dracotoxin, mit einer Molekülmasse von 105 000 Dalton [8]. Es hämolysiert mit hoher Spezifität Kaninchen-Erythrozyten (menschliche Erythrozyten sind dem Toxin gegenüber resistent) und bewirkt die Depolarisation von Zellmembranen aus Rattenhirn [9]. Wie es letztlich beim Menschen wirkt, ist unklar.

Vergiftung. Der Stich durch die Strahlen der Rückenflosse und des Kiemendeckels ist sehr schmerzhaft. Der **Schmerz** setzt sofort ein, steigert sich in den folgenden 10 bis 30 Minuten und breitet sich auf benachbarte Körperregionen aus; so vom Finger ausgehend über die Hand, den Arm bis zur Schulter. Die Wunde blutet zunächst, und es entwickelt sich meist rasch ein Ödem, das sich über die ganze Extremität ausbreiten kann. U.U. bilden sich um die Einstichstelle kleine Hautblasen, die mit seröser Flüssigkeit gefüllt sind. Die Schmerzen können bis zu 24 Stunden anhalten. Danach erscheint die Wundregion oft taub und gefühllos. Das Ödem geht erst im Laufe von einigen Tagen zurück. In Ausnahmefällen hielt es sogar mehrere Wochen an, was eine physiotherapeutische Behandlung erforderlich machte.

Die Symptome sind überwiegend lokaler Natur. **Allgemeine Symptome** wie kalter Schweiß, Bewußtseinstrübung, Brechreiz, erhöhte Temperatur und Kreislaufkollaps sind selten. In einem Fall entwickelte sich nach fünf Tagen eine Urtikaria. Die Blutparameter sind in der Regel unauffällig. Im EKG zeigten sich in etwa 20% der Fälle Veränderungen, die von Tachykardien, ventrikulären Extrasystolen bis zu Anzeichen eines atrio-ventrikulären Blocks reichten. Sie nahmen jedoch keine lebensbedrohlichen Ausmaße an.

Todesfälle wurden in neuerer Zeit nicht bekannt. Die in der älteren Literatur erwähnten tödlich verlaufenen *Echiichthys*-Vergiftungen sind mit hoher Wahrscheinlichkeit auf schwere Sekundärinfektionen zurückzuführen [2]. Die Wundheilung ist meist problemlos, Komplikationen sind häufig Folgen von Sekundärinfektionen (z.B. Panaritium), so auch Nekrosen um die Einstichstelle, die u.U. sogar zur Versteifung eines Fingergelenks führen können.

Erste Hilfe. Noch in der Wunde steckende Stacheln und Gewebsreste entfernen, Wunde desinfizieren, nicht einschneiden, keine Staubinde anlegen. Bei starken Schmerzen und auftretenden Allgemeinsymptomen Arzt aufsuchen. Die Hitzeeinwirkung einer brennenden Zigarette auf die Wunde (oft empfohlen) ist zu unterlassen (Verbrennungsgefahr).

Therapie. Allgemein ist festzustellen, daß sich bei *Echiichthys*-Stichen in der Regel keine lebensbedrohliche Vergiftung anschließt. Anstelle der Heißwasser-Methode, die nicht angewandt werden sollte (Maretic [2] beschreibt eindrucksvoll einen Fall, bei dem heißes Wasser zu ausgedehnten Verbrühungen führte), ist eine symptomatische Behandlung angezeigt. Die Injektion von Antihistaminika, Kortikosteroiden beeinflußt den Vergiftungsverlauf nicht. Lidocain-Injektionen haben nur kurzfristig schmerzlindernde Wirkung. Auch starke Analgetika (z.B. Morphin-Derivate) erwiesen sich als weitgehend wirkungslos. Bei überreagierenden Patienten ist die Verabreichung von Benzodiazepinen zur Beruhigung oft hilfreich. Zur Vermeidung von Sekundärinfektionen ist die Wunde zu säubern, Tetanusprophylaxe falls erforderlich.

Fallbeschreibung

Beim Angeln vor Athos (Ägäis, Mittelmeer) verletzte sich ein Angler (selbst Arzt) beim Ablösen eines ca. 20 cm langen *Echiichthys draco* an den Rückenstacheln. Aus den vier Stacheleinstichen an der Innenseite des rechten Zeigefingers trat Blut hervor, ein starker Schmerz breitete sich rasch aus. Mit Nylonband wurde zuerst eine Stauung, dann eine vollständige Abschnürung erzeugt (kontraindiziert!), die geringen Blutaustritte noch abgesaugt. Nach 40 Minuten wurde die Abschnürung gelöst, Treupel®-Tabletten (enthalten Codein, Salicylamid, Paracetamol) genommen, Decortin und Pentazocin (30 mg, Fortral®, offenbar zu niedrig dosiert) injiziert. Nach dem Finger schwoll jetzt die Hand an und der völlig unbeeinflußte Schmerz strahlte im Medianusverlauf bis in die Achselhöhle aus. Durch Einlegen der Hand in Eiswasser wurde nur geringe Erleichterung erzielt. Erst nach vier Stunden verringerte sich der Schmerz. Nach drei Tagen begann die Hand langsam abzuschwellen, noch nach 14 Tagen war die Beugungsfähigkeit des Fingers eingeschränkt. Es traten während der ganzen Zeit keine allgemeinen Symptome wie Herz-Kreislauf-Probleme auf [10].

Himmelsgucker (Familie: Uranoscopidae) – stargazer

Sie sind mit den Petermännchen eng verwandt und ähneln diesen, haben jedoch einen plumperen Körper, leben aber auch meist vergraben im Sand (Abb. 2.60). Die Himmelsgucker sind in den wärmeren Regionen des Atlantiks, Indischen Ozeans und des Pazifiks verbreitet; im Mittelmeer und Schwarzen Meer ist nur eine Art, *Uranoscopus scaber*, beheimatet. Die ebenfalls spitzen **Strahlen** der ersten Rückenflosse sind klein, aber „ungiftig", d.h. hier sind keine Giftdrüsen festzustellen (Abb. 2.61).

An den großen knöchernen **Kiemendeckeln** trägt der Fisch jedoch einen stilettartigen, nach hinten ragenden **Stachel**, der mit Längsrinnen versehen ist. In der Hautscheide, die den Stachel umhüllt, findet sich nahe der Basis in taschenförmigen Einstülpungen gelatinöses Material, das Gift enthalten soll. Typisches Drüsengewebe ist jedoch nicht vorhanden. Zwar erwähnen Halstead und Dalgleish [11] sogar Todesfälle, die im Mittelmeerraum durch *Uranoscopus* verursacht worden sein sollen, doch sind keine Details über Vergiftungsumstände bekannt. Hingegen berichtet Maretic [2], daß sowohl Stiche mit dem Stachel des Kiemendeckels als auch die Injektion von Extrakten des Gewebes, das den Stachel umgibt, keinerlei toxische Symptome bei Versuchstieren auslösten. Auch sei ihm in seiner langjährigen Praxis nie ein Vergiftungsfall im Zusammenhang mit diesem Fisch begegnet.

Zwar kann der Himmelsgucker durchaus eine Stichverletzung mit dem Stachel des Kiemendeckels, wohl auch mit den Knochenstrahlen der Rückenflosse verursachen, was schmerzhaft sein kann. Eine sich daran anschließende Vergiftung ist nach den bisher vorliegenden Beobachtungen eher unwahrscheinlich. Der Himmelsgucker wird daher unter die ungiftigen Fische einzureihen sein.

Abb. 2.60: Himmelsgucker, *Uranoscopus scaber* (Atlantik).

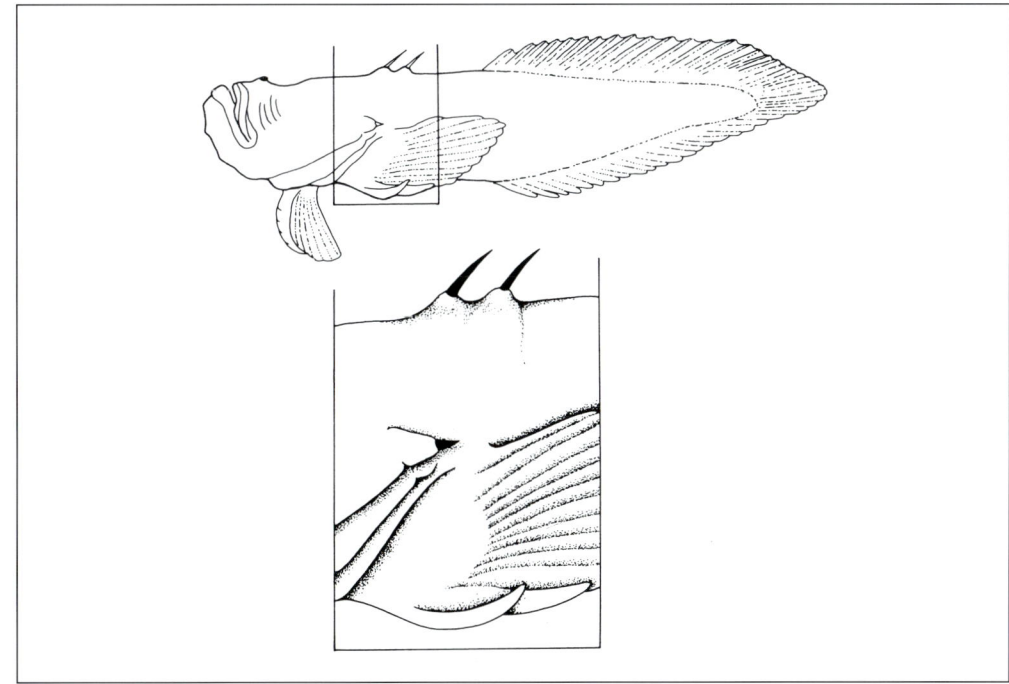

Abb. 2.61: Der Himmelsgucker trägt zwar auf dem Rücken zwei spitze Flossenstrahlen und einen Stachel auf dem Kiemendeckel, doch ist hier kein Drüsengewebe vorhanden, das Gift bilden könnte.

Literatur

[1] Halstead, B.W., Poisonous and Venomous Marine Animals of the World (2nd rev. ed.). Darwin Press Inc., Princeton (1988).

[2] Maretic, Z., Fish venoms. In: Handbook of Natural Toxins, vol. 3, Marine Toxins and Venoms (A.T. Tu, ed.), S. 445, M. Dekker, New York (1988).

[3] Russell, F.E., Emery, J.A., Venom of the weevers *Trachinus draco* and *Trachinus vipera*. Ann. N.Y. Acad. Sci. **90**, 805 (1960).

[4] Carlisle, D.B., On the venom of the lesser weeverfish *Trachinus vipera*. J. Marine Biol. Assoc. U.K. **42**, 155 (1962).

[5] Skeie, E., Weeverfish Toxin. Some physicochemical and immunological observations. Acta pathol. microbiol. scand. **56**, 229 (1962).

[6] Perriere, C., Goudey-Perriere, F., Petek, F., Purification of a lethal fraction from the venom of the weever fish, *Trachinus vipera*. C.V. Toxicon **26**, 1222 (1988).

[7] Matic-Piantanida, D., Vidakovic-Bival, V., Radman, B., Maretic, Z., Antisera against weever and scorpion fish venom. A preliminary report. In: Natural Toxins (D. Eaker, D. Wadström, eds.), S. 99, Pergamon Press, Oxford (1980).

[8] Chhatwal, I., Dreyer, F., Isolation and characterization of dracotoxin from the venom of the greater weever fish *Trachinus draco*. Toxicon **30**, 87 (1992).

[9] Chhatwal, I., Dreyer, F., Biological properties of a crude venom extract from the greater weever fish *Trachinus draco*. Toxicon **30**, 77 (1992).

[10] Fried, K.H., Petermännchens Rache. Berliner Ärztekammer, Heft 7 (1978).

[11] Halstead, B.W., Dalgleish, A.E., The venom apparatus of the European stargazer, *Uranoscopus scaber* Linnaeus. In: Animal venoms (F.E. Russell, P.R. Saunders, eds.), S. 177, Pergamon Press, Oxford (1967).

Skorpionsfische (Familie: Scorpaenidae) – scorpionfish

Abb. 2.62: Der Filament-Teufelsfisch, *Inimicus filamentosus* (Rotes Meer). Bei Bedrohung stellt er die mit Giftdrüsen ausgestatteten Rückenstacheln, die Knochenstrahlen der reduzierten Rückenflosse auf und breitet seine Brustflossen aus.

Skorpionsfische leben in großer Artenzahl zwar überwiegend in den tropischen Meeren, sie sind jedoch auch in den kühleren, ja sogar arktischen Meeresregionen anzutreffen, so der Rotbarsch *(Sebastes viviparus)*, ein wichtiger Nutzfisch aus dem Nordatlantik. Von den etwa 350 Skorpionsfisch-Arten sind etwa 80 „giftig", d.h. sie tragen an einigen Knochenstrahlen der Rücken-, Bauch- und Afterflosse mehr oder minder ausgeprägte Giftdrüsen. Diese Eigenschaft hat zu ihrem Namen Skorpionsfische geführt (der Rotbarsch zählt allerdings zu den „ungiftigen" Arten). Ihr Giftsekret bewirkt, wenn es in die durch den Stachel verursachte Wunde eindringt, ähnliche Symptome wie das der Rochen und Petermännchen: starke, lokale Schmerzen und Ödeme. Schilderungen und Bemerkungen in der Literatur, daß von diesen Fischen eine potentiell tödliche Gefahr ausgeht, entbehren jedoch jeglicher Grundlage. Gleiches gilt für den Steinfisch.

Nach der Morphologie des Giftapparates teilt Halstead [1] die Skorpionsfische in drei Gruppen ein: die *Scorpaena*- (eigentliche **Skorpionsfische** oder **Drachenköpfe**), die *Pterois*- (**Feuerfische**) und die *Synanceja*-Gruppe (**Steinfische**). Diese Einteilung wird auch in den folgenden Kapiteln beibehalten.

Drachenköpfe, Skorpionsfische (Familie: Scorpaenidae; *Scorpaena* und andere Gattungen) – scorpionfish, sculpin

Abb. 2.63: Skorpionsfisch, *Scorpaena plumieri* (Bonaire, Karibik).

Merkmale: Fische mit auffallend großem, gepanzertem, auch mit Knochendornen versehenem Kopf, mit vorstehenden, obenliegenden Augen und großer Mundöffnung. Zahlreiche Hautfransen an Kopf und Körper. Rückenflosse zweigeteilt. Färbung variabel, rot bis braun, mit dunkler oder heller Fleckenzeichnung.
Verbreitung: In allen Weltmeeren.
Lebensraum/Lebensweise: Grundfische, meist gut getarnt zwischen Seegras, in Höhlen, auf Fels oder Schlammgrund, oft teilweise eingegraben; schwimmen nur kurze Strecken, da die Schwimmblase zurückgebildet ist, dämmerungsaktiv.

Die Gruppe der Skorpionsfische (auch eigentliche Skorpionsfische genannt) umfaßt eine Reihe von Gattungen: *Apistus* (Indo-Pazifik), *Centropogon* (Australische Küste), *Erosa* (Japanisches Meer), *Gymnopistes* (Australien), *Helicolenus* (Atlantik, Indischer Ozean, Mittelmeer), *Inimicus, Minous* (Indo-Pazifik), *Notesthes* (Australien), *Scorpaena* (Abb. 2.63; Atlantik, Karibik, Mittelmeer, Schwarzes Meer), *Scorpaenopsis* (Indo-Pazifik), *Sebastes, Sebastodes* (Atlantik, Pazifik). Im Mittelmeer und entlang der europäischen Atlantikküste sind der große Drachenkopf (*Scorpaena scrofa*, auch „Meersau" genannt), ein rötlich gefärbter, bis zu 50 cm langer Fisch, und drei kleinere Arten (20 bis 30 cm lang) verbreitet: der braune (*Scorpaena porcus*), der kleine, rote Drachenkopf (*Scorpaena ustulata, S. notata*) und der Felsenbarsch (*Helicolenus dactylopterus*). Der kleine Drachenkopf ist wichtiger Bestandteil der französischen Fischsuppe Bouillabaisse (Abb. 2.64).
Angehörige der Gattung *Notesthes* sind Süßwasserbewohner und haben die Flüsse Ostaustraliens und in deren Mündungsgebiet die Brackwasser-Regionen besiedelt. Stiche durch ihre Rückensta-

Abb. 2.64: Skorpionsfische gibt es auf allen Fischmärkten im Mittelmeerraum, meist sind die giftigen Rückenstacheln entfernt.

cheln können Vergiftungssymptome bewirken, die sich von denen, die marine Skorpionsfische verursachen, nicht unterscheiden [2].

Vergiftungsumstände. Schwimmer und Taucher werden nur selten mit Skorpionsfischen in Kontakt kommen, da diese meist in Höhlen, zwischen Steinen etc. gut getarnt verborgen bleiben. Sie greifen so gut wie nie an. Mitunter kann es vorkommen, daß man beim Springen ins Wasser oder beim Waten auf den Fisch trifft. Zwar entfernen sich die meisten Skorpionsfische beim Herannahen, doch ist dies nicht die Regel; manche vertrauen auf ihre Tarnung und stellen nur zur Abwehr die **Rückenstacheln** auf (Abb. 2.65). Die meisten Unfälle geschehen jedoch beim unvorsichtigen Abnehmen der Fische vom Angelhaken oder dem Entfernen aus dem Netz. Bei den mehr als 300 Unfällen mit Skorpionsfischen pro Jahr in den USA ist dies die häufigste Ursache [3]. Zu Verletzungen kann es auch beim Ausnehmen und Zubereiten toter Fische kommen [4]. Die Giftdrüsen an den Flossenstrahlen enthalten, vor allem wenn der Fisch gekühlt wurde, noch für ein bis zwei Tage aktives Giftsekret. Auch unvorsichtiges Hantieren in Aquarien, in denen Skorpionsfische gehalten werden, kann zu Unfällen führen.

Vorsichtsmaßnahmen. Besondere Vorsicht ist beim Abnehmen von Fischen vom Angelhaken oder beim Entleeren von Netzen geboten. Zwar schützen kräftige Handschuhe in den meisten Fällen, doch können die spitzen Rückenstacheln selbst dichte Lederhandschuhe durchdringen. Daher empfiehlt es sich, jeden Kontakt mit den Flossen zu vermeiden. Beim Waten im Wasser, vor allem bei steinigem Grund, Strandschuhe tragen (auch Turnschuhe), die das Risiko einer Verletzung mindern. Taucher sollten nicht versuchen, selbst mit geschützten Händen Skorpionsfische aus Höhlen herauszuziehen, da man sehr leicht in die abgespreizten Flossenstrahlen greift. Aquarienfische sollten beim Hantieren im Behälter vorher mit dem Netz herausgefangen werden.

Abb. 2.65: Flossenstrahlen der Rückenflosse, die Giftdrüsen tragen.

Abb. 2.66: Die ersten 12 bis 15 Strahlen der Rücken-, die ersten 2 der Bauch- und die ersten 3 der Afterflosse tragen bei den Skorpionsfischen Giftdrüsen.

Giftapparat. Jeweils die ersten 12 bis 15 **Strahlen** der **Rückenflosse**, die ersten drei der **After-** und die ersten zwei der **Bauchflosse** sind wie ein Stachel spitz zulaufend und tragen in ihrer oberen Hälfte entlang zweier Rinnen **Giftdrüsen** (Abb. 2.66). Diese sind, wie auch der gesamte Stachel von einer z.T. recht dicken Haut überzogen. Beim Eindringen der Stacheln in die Hand oder den Fuß wird Druck auf die Giftdrüsen ausgeübt, die Haut reißt ein und das Gift wird in die Wunde gepreßt. Besondere Ausführungsgänge haben die Drüsen nicht. Die Stacheln, die vom Rand des Kiemendeckels ausgehen oder auf diesem sitzen, tragen hingegen keine Giftdrüsen, sie können jedoch ebenfalls blutende Verletzungen hervorrufen [1]. Bei Gefahr stellen Skorpionsfische ihre Rückenstacheln auf, drehen sich häufig auch mit dem Rücken zum Angreifer hin und schwimmen diesem mitunter in dieser Position ruckartig entgegen.

Fische | **109**

Gift. Das Gift der Skorpionsfische stellt ein Gemisch vorwiegend großmolekularer **Proteine** dar. Drüsengewebe von Flossenstrahlen von *Scorpaena guttata* wurde nach wäßriger Extraktion lyophilisiert und nach Lösen in Phosphatpuffer mit Dithiothreitol stabilisiert. Eine toxische Fraktion wies eine Molekülmasse von über 50 000, aber unter 800 000 Dalton auf [5]. Das Gift hatte keinen Einfluß auf die neuromuskuläre Erregungsübertragung, bewirkte jedoch einen raschen Abfall des Blutdrucks (durch Atropin reversibel [6, 7]). Außerdem führte das Gift bei Versuchstieren zu Bronchokonstriktion, Lungenödem und zu hämodynamischen Veränderungen (Blutdruckanstieg in den Pulmonalarterien und Portalvenen etc.). Neben der Freisetzung autopharmakologisch wirksamer Substanzen (u.a. Acetylcholin) werden direkte Einflüsse des Giftes, etwa auf neurogene Reflexmechanismen, diskutiert.

Vergiftung. Die Symptome, die durch den Stich eines Skorpionsfisches ausgelöst werden, sind denen, die Petermännchen verursachen, sehr ähnlich: ein sofort einsetzender, brennender **Schmerz**, der sich im Laufe der folgenden Stunden, wie einige Patienten angeben, bis zur Unerträglichkeit steigern kann. Um die anfangs blutende Einstichstelle bildet sich ein roter Hof und ein sich langsam ausdehnendes **Ödem**. Dieses erfaßt oft die gesamte Extremität und kann Tage anhalten. Nach Abklingen der Schmerzen ist die Einstichstelle oft gefühllos [4].

Allgemeine Symptome sind selten. Direkt toxische Effekte sind nur bei massiven Verletzungen, etwa bei Kontakt mit mehreren Stacheln, zu erwarten. Dies schließt Übelkeit, Schweißausbruch, Blässe, Herzklopfen, allgemeines Schwächegefühl ein (kann jedoch auch psychisch überlagert sein). Auch unbehandelt klingen diese Symptome meist innerhalb eines Tages wieder ab. Todesfälle sind nicht bekannt geworden. Spätfolgen sind außer einer Sekundärinfektion der Wunde (selten) nicht zu befürchten. Die Vergiftungssymptomatik scheint im allgemeinen leichterer Natur als beim Petermännchen zu sein.

Erste Hilfe. Wasser verlassen. Keine Staubinde anlegen, Wunde nicht einschneiden oder gar ausschneiden. Die Heißwasser-Methode sollte auch hier nicht angewandt werden.

Literatur

[1] Halstead, B.W., Poisonous and Venomous Marine Animals of the World (2nd rev. ed.). Darwin Press Inc., Princeton (1988).
[2] Harris, J., Pearn, J., Bulltrout stings. In: Toxic plants and animals. A guide for Australia (J. Covacevich, P. Davie, J. Pearn, eds.), S. 15, Queensland Museum, S. Brisbane (1987).
[3] Russell, F.E., Marine toxins and venomous and poisonous marine animals. Adv. Marine Biol. **3**, 255 (1965).
[4] Kizer, K.W., McKinney, H.E., Auerbach, P.S., Scorpaenidae envenomation. A five-year poison center experience. J. Amer. Med. Assoc. **253**, 807 (1971).

Therapie. Selten auftretende Komplikationen können nur symptomatisch behandelt werden. Über den Nutzen von Analgetika liegen keine Erfahrungen vor, die lokale Anwendung etwa von Lidocain ist nur von kurzfristiger Wirkung. Wunde zur Vermeidung von Sekundärinfektionen reinigen und desinfizieren (bei den üblichen Stichverletzungen nicht sehr effektiv möglich). Tetanusprophylaxe falls erforderlich. Das Antiserum gegen Steinfisch-Vergiftungen (Commonwealth Serum Laboratories, CSL, Parkville, Australien) soll auch gegen Skorpionsfisch-Vergiftungen wirksam sein, was jedoch nicht belegt ist. Es besteht in der Regel keine Notwendigkeit einer Antiserum-Therapie.

[5] Schaeffer, R.C., Carlson, R.W., Russell, F.E., Some chemical properties of the venom of the scorpion fish *Scorpaena guttate*. Toxicon **9**, 69 (1971).
[6] Carlson, R.W., Schaeffer, R.C., La Grange, R.G., Roberts, C.M., Russell, F.E., Some pharmacological properties of the venom of the scorpionfish *Scorpaena guttata* – I. Toxicon **9**, 379 (1971).
[7] Carlson, R.W., Schaeffer, R.C., Whigham, H., Weil, M.H., Russell, F.E., Some pharmacological properties of the venom of the scorpionfish *Scorpaena guttata* – II. Toxicon **11**, 167 (1973).

Rotfeuerfische, Feuerfische, Zebrafisch

(Familie: Scorpaenidae; Gattung: *Pterois, Brachyurus*) – lion fish, fire fish

Abb. 2.67: Strahlenfeuerfisch, *Pterois radiata* (Rotes Meer).

Merkmale: Farbenprächtige Fische mit weit ausladenden, aufgefächerten Brust- und Rückenflossen, Flossenstrahlen meist ohne Zwischenhäute; vorstehende, obenliegende Augen, große Mundöffnung mit Hautanhängen. Meist streifenförmige Zeichnung (Zebrafisch), abwechselnd hellrot bis dunkelbraun, weiß bis gelb.

Verbreitung: In den Korallenriffen des Indo-Pazifiks.

Lebensraum/Lebensweise: Meist ruhig im Wasser schwebend, Brust- und Rückenflosse fächerartig ausgebreitet, oft in Höhlen verborgen, vorwiegend dämmerungsaktiv.

Die Rotfeuerfische zählen zu den auffälligsten und farbenprächtigsten Bewohnern von Korallenriffen. Sie fehlen in keinem größeren Schauaquarium. Am weitesten verbreitet ist der Rotfeuerfisch, *Pterois volitans* (Abb. 2.68), der eine Körperlänge von über 40 cm erreichen kann. Arten wie *Pterois antennata* und *P. radiata* (Abb. (2.67) sind hingegen kleiner. Ihnen eng verwandt und auch ähnlich sind *Brachyurus*-(*Dendrochirus*-) Arten.

Vergiftungsumstände. Taucher, die versuchen, die ruhig im Wasser schwebenden Fische zu ergreifen, kommen mit den Fingern leicht in Kontakt mit den spitzen Strahlen der Rückenflosse. In die Enge getrieben greift der Rotfeuerfisch an und schwimmt ruckartig mit gespreizter Rückenflosse auf den Angreifer zu. Häufig kommt es jedoch zu Unfällen mit Aquarienfischen, wobei beim Hantieren im Behälter die Tiere in Panik geraten und die Hand angreifen.

Vorsichtsmaßnahmen. Rotfeuerfische sind harmlose Fische, solange man sie nicht in die Enge treibt oder versucht, sie zu ergreifen. Beim Hantieren in Aquarien Fische vorher herausfangen oder durch eine Scheibe abtrennen.

Giftapparat. Bei den Rotfeuerfischen sind 13 Strahlen der **Rücken-**, drei der **After-** und zwei der **Bauchflosse** mit Giftdrüsen ausgestattet (Abb. 2.69, 2.70). Die Brustflossen tragen hingegen keine Giftdrüsen. In zwei Längsfurchen der spitz zulaufenden Knochenstacheln

Abb. 2.68: Rotfeuerfisch, *Pterois volitans* (Rotes Meer).

ist in den oberen zwei Dritteln **Drüsengewebe** eingebettet. Stachel und Drüsengewebe sind von einer dünnen Haut umhüllt, ein besonderer Ausführungsgang für das Gift fehlt. Greift der Fisch an, so stellt er die Rückenstacheln auf, dreht sich mit dem Rücken zum Gegner und versucht, diesen mit den Stacheln zu rammen. Durch Druck auf den Stachel reißt die Epidermis auf, das Gift wird aus den Drüsen herausgedrückt und in die Wunde gepreßt [1].

Gift. *Pterois*-Gift enthält hohe Konzentrationen an **Acetylcholin** und darüber hinaus ein Toxin (wahrscheinlich ein **Protein**), das an motorischen Endplatten Acetylcholin freisetzt und Muskelzuckungen hervorruft. Diese Toxinwirkung, aber auch das im Gift enthaltene Acetylcholin selbst, können für die starke Schmerzwirkung in Frage kommen [2].

Vergiftung. Ein Kontakt mit den langen Rückenstacheln ist mit einem sofort einsetzenden, brennenden **Schmerz** verbunden. Dieser breitet sich rasch über die gesamte Extremität aus. Gleichzeitig bildet sich ein **Ödem** aus, das mehrere Tage an-

Abb. 2.69: Die Strahlen der Rückenflosse sind spitz auslaufend und tragen Giftdrüsen.

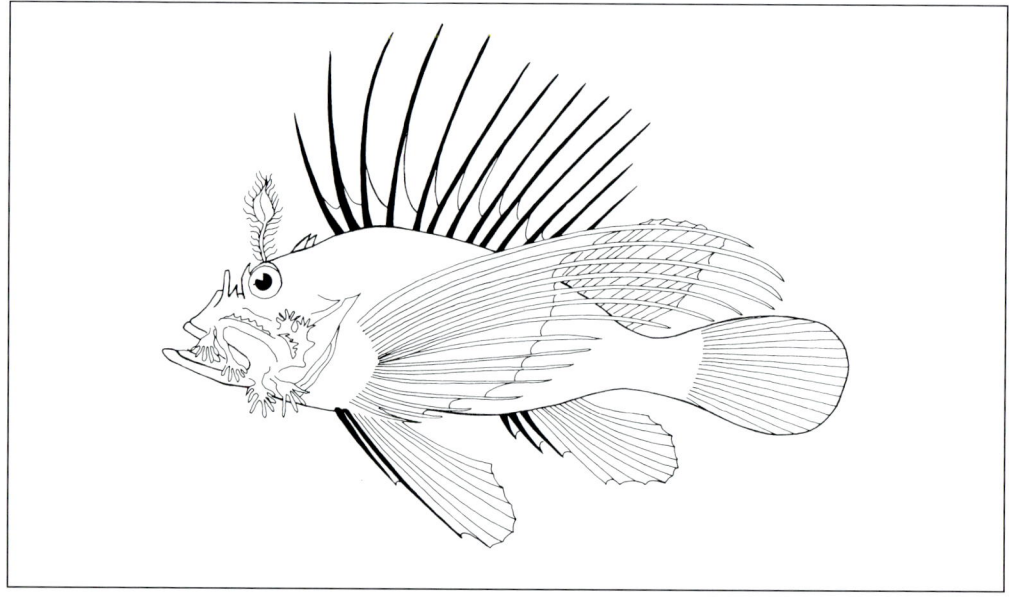

Abb. 2.70: Die ersten 13 Strahlen der Rücken-, die ersten 2 der Bauch- und die ersten 3 der Afterflosse tragen bei den Rotfeuerfischen Giftdrüsen. Die Brustflossen sind nicht mit Giftdrüsen versehen.

Therapie. Zur Schmerzbekämpfung werden Analgetika empfohlen, doch liegen keine Erfahrungen vor. Zur Beruhigung eines überreagierenden Patienten ist die Verabreichung eines Benzodiazepins durchaus sinnvoll. Die lokale Blockade mit Lidocain hat nur kurzfristige Wirkung. Eine Wundreinigung ist bei den Stichverletzungen kaum effektiv durchzuführen. Antibiotikaschutz ist bei sich abzeichnender Sekundärinfektion angezeigt. Tetanusprophylaxe ist meist nicht notwendig.

Erste Hilfe. Die Heißwasser-Methode wird nicht empfohlen. Keine Staubinde anlegen, Wunde nicht einschneiden.

Literatur

[1] Halstead, B.W., Poisonous and Venomous Marine Animals of the World (2nd rev. ed.). Darwin Press Inc., Princeton (1988).
[2] Cohen, A.S., Olek, A.J., An extract of lionfish *(Pterois volitans)* spine tissue contains acetylcholine and a toxin that affects neuromuscular transmission. Toxicon 27, 1367 (1989).
[3] Kizer, K.W., McKinney, H.E., Auerbach, P.S., Scorpaenidae envenomation. A five-year poison center experience. J. Amer. Med. Assoc. **253**, 807 (1971).
[4] Stock, K.P., Bartels, O., Vergiftung mit dem Rotfeuerfisch. Münch. med. Wschr. **124**, 601 (1982).
[5] Kasdan, M.L., Kasdan, A.S., Hamilton, D.L., Lionfish envenomation. Plastic reconstr. Surg., Okt. 1987, S. 613.
[6] Kindt, H., Stichverletzung durch Rotfeuerfische. Aquarienmagazin **2**, 62 (1973).

halten kann. Mitunter ist anschließend die betroffene Hautregion gefühllos. Hautrötung, manchmal auch Hautbläschen treten auf. Allgemeine Symptome wie Übelkeit, Erbrechen, Atemnot, Brust- und Bauchschmerzen, Somnolenz, allgemeines Schwächegefühl, Herzklopfen sind selten [3, 4, 5]. Als Komplikationen sind in einigen Fällen Sekundärinfektionen der Wunde aufgetreten. Todesfälle sind nicht bekannt geworden. Trotz gelegentlicher Dramatisierung in der Laien-, aber auch Fachliteratur muß betont werden, daß eine Vergiftung durch *Pterois*-Stiche keinesfalls lebensbedrohlich ist. Sie ist auch nicht, wie mitunter in der Aquarienliteratur angegeben [6], mit einem Kobrabiß vergleichbar. Die im Vordergrund stehende Schmerzsymptomatik löst offenbar psychologisch bedingte Ängste und irrationale Reaktionen aus.

Fallbeschreibung

Der folgende Fall demonstriert, wie eine übertriebene, nicht adäquate Behandlung zu Komplikationen führen kann [5].
Eine 30jährige Frau wurde von einem Rotfeuerfisch *(Pterois volitans)* in das vordere Glied des rechten Zeigefingers gestochen, als sie versuchte, ihn mit der Hand im Aquarium aufzuscheuchen. Sie fühlte sofort einen brennenden Schmerz und begab sich ins nächste Krankenhaus, wo der Finger mit Eis gekühlt wurde. Nach 13 Stunden wurde sie einem Chirurgen vorgestellt. Die Hand war stark geschwollen und schmerzte. Der gesamte Finger wurde an der Seite eingeschnitten und die Wunde mehrfach gespült. Im Wundgebiet entwickelte sich eine geringfügige Nekrose, doch trat eine Versteifung der Fingergelenke als Folge einer Gelenkfibrose ein, was eine physiotherapeutische Behandlung erforderlich machte. Noch nach einem Jahr war eine Bewegungseinschränkung von 10° feststellbar, das vordere Fingerglied war leicht atrophisch mit Taubheitsgefühl, die Narbe überempfindlich.
Hier hat die chirurgische Behandlung selbst zu Komplikationen geführt (Fibrose in den Fingergelenken), nicht die Vergiftung. Offenbar in der irrigen Vorstellung, man könne das lokal noch vorhandene Toxin ausschwemmen, war die umfangreiche Inzision vorgenommen worden. Selbst unbehandelte Stichverletzungen durch Giftfische heilen problemlos, Sekundärinfektionen sind selten.

Steinfisch, Teufelsfisch (Familie: Scorpaenidae; Gattung: *Synanceja*) – stonefish

Abb. 2.71: Steinfisch, *Synanceja verrucosa* (Rotes Meer).

Merkmale: Plumpe, mitunter fast kugelige Fische, Augen hoch am Kopf stehend, dicht beieinanderliegend, die große Mundöffnung ist hochgezogen, fast senkrecht zur Körperachse; große Brustflossen, durchgehende Rückenflosse, Körper nicht mit Schuppen bedeckt, sondern mit warzenartigen Erhebungen bedeckte Haut, oft mit Algen bewachsen, Färbung variabel, grünlich, grau, braun, gefleckt; hervorragend dem Untergrund angepaßt.
Verbreitung: Im Indo-Pazifik weit verbreitet.
Lebensraum/Lebensweise: Meist in Flachwasserzonen von Korallenriffen anzutreffen, teilweise in Sand oder Schlamm eingegraben. Grundfisch, schwimmt nur selten kurze Strecken.

Der Name „Steinfisch" beschreibt zutreffend das Aussehen dieses Fisches. Seine kompakte, plumpe Körperform, die rauhe, sich oft fetzig ablösende Haut, von Algen bewachsen, und seine dem Untergrund hervorragend angepaßte Färbung macht eine Unterscheidung von einem Stein oder einem Klumpen Schlamm schwer. Die drei häufigsten Arten, *Synanceja verrucosa* (Abb. 2.71), *S. horrida* und *S. trachynis* sind meist um 20 cm groß, erreichen aber auch eine Länge bis fast 50 cm. Sie sind nicht selten, fallen aber durch ihre Tarnfärbung nicht auf und sind daher nur schwer zu finden. Ihnen nahe verwandt sind die allerdings selteneren, auch kleineren Arten der Gattung *Caracanthus* und *Choriodactylus*. Mitunter wird auch die Gattung *Minous* dem Verwandtschaftskreis der Steinfische zugeordnet.

Vergiftungsumstände. Die meisten Unfälle mit Steinfischen geschehen beim Waten im seichten Wasser, aber auch beim Wandern bei Ebbe über die Riffplattform, wo der Fisch in kleinen Wasserpfützen zwischen Steinen liegen kann. Seiner Tarnung vertrauend, bleibt er an Ort und Stelle, wobei man leicht auf ihn und damit in die aufgestellten **Rückenstacheln** tritt. Auch beim Anfassen der Tiere, etwa in Aquarien oder beim Lösen vom Angelhaken, kommt es nicht selten zu Stichverletzungen.

Vorsichtsmaßnahmen. Neben besonderer Vorsicht beim Waten im seichten Wasser stellen Schuhe zwar einen gewissen Schutz dar, doch können die kräftigen Stacheln der Rückenflosse durchaus auch die Sohlen eines Strandschuhes durchdringen. Hat man einen Steinfisch entdeckt, so sollte man nicht versuchen, ihn mit den Händen zu ergreifen. Die

Tiere selbst verhalten sich in aller Regel ruhig und greifen einen Taucher oder Schwimmer nicht an.

Giftapparat. Der Steinfisch hat unter den Vertretern der Familie Scorpaenidae, aber auch von allen Fischen, den am besten entwickelten Giftapparat. Zwar sind auch drei **Strahlen** der **After-** und zwei der **Bauchflosse** mit Giftdrüsen ausgestattet, doch sind vor allem die 13 kurzen, aber kräftigen Strahlen (Stacheln) der **Rückenflosse** mit großen **Drüsenpaketen** versehen (Abb. 2.72). Jeder dieser Knochenstrahlen hat zwei längsverlaufende Rinnen, die in der unteren Hälfte mit jeweils einem Drüsenpaket ausgelegt sind. Ein feiner Ausführungsgang leitet das Drüsensekret zur Spitze des Stachels. Eine dicke Hautscheide ummantelt Drüsen und Stachel. Beim Eindringen des Stachels in einen anderen Körper wird die Haut zurückgeschoben, die Drüsen durch den auf sie einwirkenden Druck entleert und das Gift durch die Ausführungsgänge in die Wunde injiziert (Abb. 2.73). Hierzu muß der Stachel etwa 0,6 bis 1,0 cm eindringen [1]. Die Strahlen der Brustflosse, aber auch die Knochendorne, die auf dem Kopf sitzen, stehen nicht mit Giftdrüsen in Verbindung [2].

Abb. 2.72: Die ersten 13 Strahlen der Rückenflosse tragen beim Steinfisch dicke Drüsenpakete; auch die ersten 2 Strahlen der Bauch- und die ersten 3 der Afterflosse sind mit Giftdrüsen versehen.

Gift. Jede der Giftdrüsen der Rückenstacheln enthält etwa 0,03 ml Giftflüssigkeit oder 3 mg Trockengift [3]. Es stellt ein Gemisch von hochmolekularen **Proteinen** dar [4]. Bei Versuchstieren bewirkt Steinfischgift einen atrio-ventrikulären Block am Herzen sowie Kammerflimmern, einen dramatischen Abfall des Blutdrucks und außerdem eine Lähmung der Skelettmuskulatur [4]. Letztere wird auf eine massive Freisetzung von Neurotransmittern, aber auch auf eine direkte Schädigung von Nerven und Muskulatur zurückgeführt. Das aus dem Gift von *Synanceja horrida* isolierte Stonustoxin hat eine Molekülmasse von ca. 150 000 Dalton und besteht aus zwei Untereinheiten (α – 71 000, β – 79 000) [5]. Die Aminosäuresequenz der beiden Toxin-Untereinheiten zeigt keine Ähnlichkeiten mit denen bekannter anderer Proteine. Ebenso wie das Rohgift führt das Toxin zu einem raschen Blutdruckabfall, der letztlich die tödliche Wirkung des Toxins begründet. Darüber hinaus enthält das Gift von Steinfischen eine sehr aktive Hyaluronidase, die als sog. spreading-factor die Zellzwischenräume erweitert und die Ausbreitung des Giftes erleichtert. Das Gift, wie auch das Stonustoxin, wirkt zwar in vitro stark hämolytisch, nicht jedoch im Versuchstier. Auch beeinflußt es nicht die Blutgerinnung.

Vergiftung. Steinfisch-Verletzungen sind extrem schmerzhaft. Schon kurz nach dem Eindringen des Stachels setzt ein starker, brennender **Schmerz** ein, der sich in den folgenden Minuten steigert und über mehrere Stunden, ja sogar ein bis zwei Tage anhalten kann. Gleichzeitig entwickelt sich um die Einstichstelle ein **Ödem**, das auf die gesamte Extremität übergeht. Die Haut ist gerötet, mitunter bilden sich Hautblasen und kleine Wundnekrosen. Aufgrund der starken Schmerzen kann es zu irrationalen, hysterischen Reaktionen des Verletzten kommen. Begleitsymptome, wie allgemeines Schwächegefühl, Übelkeit, Erbrechen, Durchfall, Kopfschmerzen, Herzklopfen, Pulsarrhythmien bis hin zum Kreislaufkollaps, müssen daher nicht unbedingt auf einer direkten Giftwirkung beruhen, sondern können auch Folge der Schmerzreaktionen sein. Allerdings entwickelte sich bei einem 34jährigen Mann, der beim Waten im seichten Wasser auf einen Steinfisch trat, und bei dem insgesamt sechs Rückenstacheln in die Fußsohle eingedrungen waren, innerhalb einer halben Stunde nach dem Unfall ein Lungenödem [6]. Der Heilungsprozeß der Stichverletzungen kann außerdem durch Sekundärinfektionen kompliziert werden.

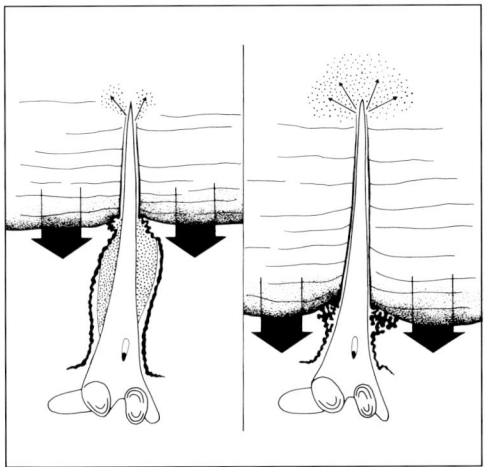

Abb. 2.73: Tritt man auf einen Steinfisch, so wird mit dem Eindringen des Flossenstrahls die Giftdrüse ausgequetscht und das Gift in die Wunde injiziert (nach [1]).

Therapie. Bei starken Schmerzen (bei den meisten Verletzungen der Fall) kann eine lokale Schmerzblockade mit Lidocain-Injektionen, deren Wirkung je nach Dosierung auch mehrere Stunden anhält, versucht werden. Zentral wirkende Analgetika (Opiate) sind in ihrer Wirkung oft enttäuschend. Zur Beruhigung des stark agitierten Patienten kann ein Benzodiazepin verabreicht werden. Die Heißwasser-Methode wird nicht empfohlen.

Für Steinfisch-Vergiftungen steht ein **Antiserum** zur Verfügung, das von den Commonwealth Serum Laboratories (CSL), Parkville, Australien produziert wird, jedoch außerhalb Australiens kaum verfügbar sein dürfte: Stonefish-Antiserum, gegen alle *Synanceja*-Arten anwendbar. Es wird durch Hyperimmunisierung von Pferden mit *Synanceja trachynis*-Gift hergestellt. Eine Antiserum-Einheit soll 0,01 mg Steinfisch-Gift neutralisieren. Eine Ampulle (2 ml) enthält 2 000 Einheiten, so daß 20 mg Gift neutralisiert werden können (die beiden Giftdrüsen eines Stachels sollen etwa 5 bis 10 mg Gift enthalten). Die Anwendung des Antiserums kann indiziert sein, wenn schwere Schmerzzustände oder gravierende Begleitsymptome auftreten. Bei leichten Verletzungen ohne starke Schmerzen oder bei länger zurückliegenden Verletzungen, aber inzwischen verbessertem Allgemeinzustand und Nachlassen der Schmerzen, soll auf die Antiserum-Anwendung verzichtet werden. Der Hersteller empfiehlt die intramuskuläre Injektion des Antiserums, jedoch nicht um die Einstichstelle. Entgegen dieser Empfehlung ist Antiserum gerade bei schweren Fällen zum Zwecke eines schnelleren Wirkungseintrittes und zur Vermeidung von Resorptionsverlusten in der Regel intravenös zu verabreichen.

Es werden folgende **Dosierungen** empfohlen: bei 1 bis 2 Stichen eine Ampulle, bei 3 bis 4 Stichen zwei Ampullen und bei 5 bis 6 Stichen drei Ampullen [1]. Das Antiserum sollte jeweils in 50 bis 100 ml Kochsalz-Lösung verdünnt und über einen schnellaufenden Tropf infundiert werden.

Es sind hierbei besondere Vorsichtsmaßnahmen zu beachten, wie bei der Anwendung von Antiseren allgemein üblich (s. allgemeiner Teil). Die Wirkung des Antiserums wird als dramatisch beschrieben. Trotzdem sollte mit seiner Anwendung sehr zurückhaltend verfahren werden. Nur in wirklich schweren Fällen, so bei mehreren Stichwunden oder bei Kindern, sollte seine Anwendung erwogen werden.

Bei tiefen Verletzungen kann es zu **Sekundärinfektionen** kommen, mitunter auch infolge von in der Wunde zurückgebliebenen Fremdkörpern (abgebrochene Stacheln). Wenn möglich, ist die Wunde daraufhin zu sondieren. Antibiotikaschutz ist empfehlenswert, Tetanusprophylaxe falls erforderlich. Wie bei allen Stichverletzungen durch Fische ist auch bei den vom Steinfisch verursachten die Anwendung von Antihistaminika, Kortikosteroiden oder Calcium ohne Einfluß auf den Vergiftungsverlauf.

Trotz allem sind Steinfisch-Vergiftungen keineswegs so gefährlich wie vielfach angenommen. Todesfälle, vorwiegend durch *Synanceja verrucosa*, wurden beschrieben und betreffen einen 15jährigen Jungen und einen Erwachsenen in Mozambique [7], beide starben innerhalb einer Stunde. Die Möglichkeit einer anaphylaktischen Reaktion wird man einbeziehen müssen. Neuere Berichte mit genauen klinischen Daten liegen jedoch nicht vor. Eine hohe Mortalitätsrate ist Steinfisch-Vergiftungen in keinem Fall zuzuschreiben.

Erste Hilfe. Wasser verlassen bzw. Verletzten aus dem Wasser bergen. Keine Staubinde anlegen, Wunde nicht einschneiden oder gar ausschneiden. Umgehend Arzt aufsuchen.

Fallbeschreibung

Ein 35jähriger Tierpfleger verletzte sich beim Reinigen eines Aquariums an zwei Strahlen der Rückenflosse eines 12 cm großen Steinfisches *(Synanceja verrucosa)*. Am vorderen und mittleren Glied (Innenseite) des rechten Mittelfingers waren zwei Einstichstellen zu sehen. Nach wenigen Minuten setzte ein brennender Schmerz ein, und der Finger schwoll während der folgenden 30 Minuten stark an. Nach 90 Minuten hatte das Ödem auf den Handrücken übergegriffen. Der Patient wurde in die Universitätsklinik aufgenommen, wo ihm eine Ampulle Pentazocin (30 mg, Fortral®, offenbar zu niedrig dosiert) injiziert wurde, die jedoch keine lindernde Wirkung auf die anhaltenden Schmerzen in der Hand hatte. Weiterhin wurden 100 mg Decortin und eine Ampulle Clemastin (Tavegil®) injiziert. In den folgenden Stunden ließen die Schmerzen langsam nach. Das Ödem hatte sich nach 12 Stunden auf den Unterarm ausgedehnt, ging jedoch auf dem Handrücken langsam zurück, Schmerzen im Finger waren weiterhin leicht zu verspüren. Nach drei Tagen war der Finger noch deutlich geschwollen, jedoch schmerzfrei, es stellte sich ein prickelndes Gefühl ein. Der Patient wurde nach drei Tagen entlassen, die Wundheilung verlief problemlos. Allgemeinsymptome waren nicht aufgetreten, die Blutparameter lagen im Normbereich. Antiserum wurde nicht angewandt (eigene Beobachtung).

Literatur
[1] Sutherland, S.K., Australian animal toxins. Oxford Univ. Press, Melbourne (1983).

[2] Endean, R., A study of the distribution, habitat, behaviour, venom apparatus, and venom of the stonefish. Aust. J. Freshwater Res. **12**, 177 (1961).
[3] Wiener, S., Observations on the venom of the stonefish *(Synanceja trachynis)*. Med. J. Aust. **1**, 620 (1959).
[4] Gwee, M.C.E., Gopalakrishnakone, P., Yuen, R., Khoo, H.E., Low, K.S.Y., A review of stonefish venoms and toxins. Pharmac. Ther. **64**, 509 (1994).
[5] Ghadessy, F.J., Chen, D.S., Kini, R.M., Chung, M.C.M., Jeyaseelan, K., Khoo, H.E., Yuen, R., Stonustoxin is a novel lethal factor from stonefish *(Synanceja horrida)* venom – cDNA cloning and characterization. J. Biol. Chem. **271**, 25575 (1996).
[6] Lehmann, D.F., Hardy, J.C., Stonefish envenomation. N. Engl. J. Med. **329**, 510 (1993).
[7] Smith, J.L.B., Two rapid fatalities from the stonefish stabs. Copeia, Nr. **3**, 249 (1957).

Welse (Unterordnung: Siluroidea) – catfish

Abb. 2.74: Korallenwelse, *Plotosus anguillaris* (Indischer Ozean).

Merkmale: Fische mit langgezogener Körperform, kurze oder auch lange fadenförmige Barteln um das Maul.

Verbreitung: Die meisten Welsarten sind Süßwasserbewohner und in den Flüssen aller Kontinente vertreten. Relativ wenige wie die Korallenwelse (Plotosidae, im Indo-Pazifik verbreitet) oder die Kreuzwelse (Ariidae, Karibik) leben im Meer.

Lebensraum/Lebensweise: Grundfische, die vielfach flache Gewässer bevorzugen, z.T. in Schwärmen wie die Korallenwelse.

Allen Welsen ist gemeinsam, daß sie mit den Strahlen ihrer Brust- und Rückenflosse schmerzhafte Verletzungen bzw. Vergiftungen verursachen können.

Vergiftungsumstände. Welse (Abb. 2.74) greifen den Schwimmer nicht an. Zu Unfällen kommt es fast ausschließlich bei Anglern (Welse sind beliebte Angelfische) und Fischern, die sich bei Abnehmen vom Haken oder aus dem Netz an den Flossenstrahlen verletzen. Auch Aquarianer sind betroffen, wenn sie unvorsichtig mit den Tieren hantieren.

Vorsichtsmaßnahmen. Beim Abnehmen vom Angelhaken oder aus dem Netz den Fisch hinter den abgespreizten Brustflossen anfassen. Kontakt mit der ersten, meist senkrecht aufgestellten Rückenflosse vermeiden.

Giftapparat. Der erste **Knochenstrahl** sowohl der **Rücken-** als auch der beiden **Brustflossen** (Abb. 2.75) ist bei den Welsen besonders groß ausgebildet, spitz zulaufend und meist sägeartig an beiden Rändern mit Zähnchen besetzt. Diese Knochenstrahlen rasten beim Aufrichten,

Abb. 2.75: Der erste Knochenstrahl der Brustflosse ist bei Welsen sehr kräftig und mit Widerhaken versehen.

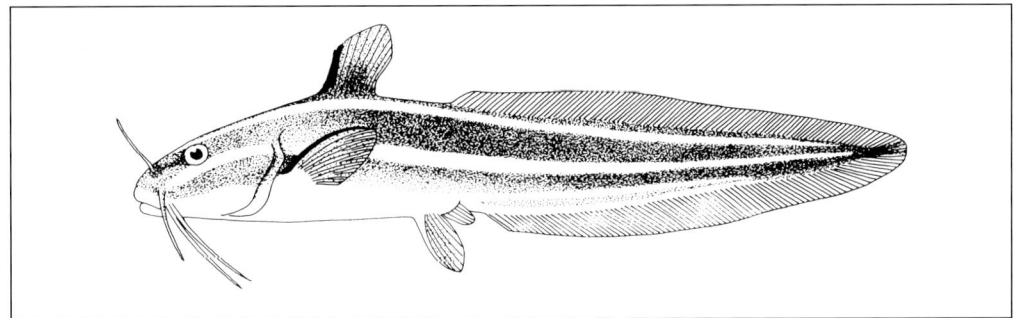

Abb. 2.76: Der erste Strahl von Rücken- und Brustflosse trägt bei Welsen Giftdrüsen.

so beim Einnehmen der Drohhaltung des Fisches, im Gelenk ein. Drüsiges Gewebe (**Giftdrüsen**) ist den Flossenstrahlen beidseitig aufgelagert (Abb. 2.76) und von einer dicken Haut umgeben. Ein Ausführungskanal fehlt. Wie auch bei anderen Giftstacheln tragenden Fischen wird bei den Welsen das Gift erst durch Auspressen frei, was beim Einstich des Flossenstrahls in die Haut des Opfers geschieht. Die Annahme, das Gift würde ständig abgegeben und überziehe das Integument, entbehrt jeder Grundlage [1]. Die Knochenzähne des Stachels führen beim Herausziehen aus der Wunde zu starken Gewebszerreißungen, was das Eindringen des Giftes (aber auch Sekundärinfektionen) erleichtert.

Gift. Über das Gift der Welse gibt es keine neueren Untersuchungen. Es scheint wie die meisten Fischgifte von **Proteinnatur** zu sein. Das sog. **Plototoxin**, ein Extrakt aus den Giftdrüsen des Korallenwelses *Plotosus anguillaris* (Abb. 2.74) führte bei Versuchstieren nach intraperitonealer Injektion binnen kurzer Zeit zum Tode [2]. Dieses Gift zeigt, wie auch ein Drüsenextrakt des indischen Süßwasserwelses, *Heteropneustes fossilis*, in vitro hämolytische Eigenschaften [3].

Vergiftung. Als Folge eines Stiches durch Brust- oder Rückenflosse setzt sofort ein stechender **Schmerz** um die Einstichstelle ein. Er hält mehrere Stunden, oft sogar über 24 Stunden an und kann auf benachbarte Körperregionen übergreifen. Die Einstichstelle verfärbt sich rötlichblau und schwillt an, das **Ödem** breitet sich mitunter auf die gesamte Extremität aus. Allgemeine Symptome wie Übelkeit, Erbrechen, Kreislaufkollaps etc. scheinen selten zu sein. Größere Welse können stark blutende Wunden hervorrufen, die leicht infiziert werden, u.U. können Nerven und Sehnen verletzt werden. Ein Todesfall war auf eine Wundinfektion mit anschließender Sepsis zurückzuführen [4].

Erste Hilfe. Die Heißwasser-Methode wird auch hier nicht empfohlen. Sie führt zwar zum Nachlassen des Schmerzes, aber nur solange man etwa die Hand im heißen Wasser läßt (was die Gefahr einer Verbrühung in sich birgt). Unterbricht man die Behandlung, setzt der Schmerz wieder unvermindert ein [5]. Wunde reinigen und desinfizieren.

Therapie. Die lokale Anwendung von Lidocain bewirkt nur eine kurzfristige Schmerzlinderung. Opiate (Morphin) erwiesen sich als weitgehend wirkungslos [5]. Weitere Maßnahmen sollten sich nach den u.U. auftretenden Symptomen richten. Wegen der Gefahr einer Sekundärinfektion, vor allem bei größeren Wunden, ist ein Antibiotikaschutz empfehlenswert, ebenso Tetanusprophylaxe und Wundexploration (abgebrochene Stachelreste).

Literatur

[1] Halstead, B.W., Poisonous and Venomous Marine Animals of the World (2nd rev. ed.). Darwin Press Inc., Princeton (1988).

[2] Toyoshima, T., Serological study of toxin of the fish, *Plotosus anguillaris* Lacepede. J. Jap. Protoz. Soc. 6, 45 (1918).

[3] Bhimachar, B.W., Poison glands in the pectoral spines of two catfishes – *Heteropneustes fossilis* (Bloch) and *Plotosus arab* (Forsk), with remarks on the nature of their venom. Proc. Indian Acad. Sci. B, 19, 65 (1944).

[4] McKinstry, D.M., Catfish stings in the United States: Case report and review. J. Wilderness Med. 4, 293 (1993).

[5] Pacy, H., Australian catfish injuries with report of a typical case. Med. J. Aust. 2, 63 (1966).

Andere Fische mit Giftstacheln

Abb. 2.77: Tüpfel-Kaninchenfisch, *Siganus stellatus* (Indo-Pazifik).

Abb. 2.78: Doktorfisch, *Acanthurus sohal* (Rotes Meer).

Im Mittelmeer ist der **Frosch- oder Krötenfisch** beheimatet: *Batrachoides didactylus* (Ordnung: Batrachoidiformes; toad fish), ein bis zu 20 cm langer Fisch mit gestreckter Körperform; andere Arten wie *Batrachoides grunnensis* und *Barchatus cirrhosus* sind im Indo-Pazifik bzw. im Roten Meer, Vertreter der Gattung *Thalassophryne* in der Karibik und im Südatlantik anzutreffen. Einige Arten dringen sogar in die Flußmündungen vor oder leben ganz im Süßwasser. Es sind ausnahmslos Grundfische, die meist im Sand eingegraben sind. Durch ihre Körperzeichnung sind sie vorzüglich getarnt und nur schwer zu entdecken.

Die **Krötenfische** besitzen auf dem Kiemendeckel einen nach unten gerichteten Knochenstachel, ebenso sind zwei etwas gekrümmte Knochenstrahlen der nur kleinen vorderen Rückenflosse als **Stachel** ausgebildet. Diese sind, im Gegensatz zu allen bisher beschriebenen Giftapparaten von Fischen, hohl und haben an der Spitze, ähnlich einer Injektionsnadel, eine schräge Öffnung. Die Basis dieser Stacheln ist von einem dicken **Drüsenpaket** umgeben, wobei dessen Sekret (das Gift) durch Druck auf die Drüsen in den Stachelkanal entleert und injiziert wird [1]. Ein solcher Stich ist äußerst **schmerzhaft**, es bildet sich ein **Ödem** um die Einstichstelle, weitergehende Vergiftungssymptome sind jedoch nicht bekannt [2].

Kaninchenfische (rabbitfish) der Familie Siganidae (Ordnung: Perciformes) sind eiförmig flache, bis etwa 30 cm große Fische, die die Korallenriffe des Indo-Pazifiks bevölkern (Abb. 2.77). Zwei Arten sind aus dem Roten Meer über den Suezkanal sogar in das Mittelmeer eingewandert: *Siganus rivulatus* und *S. luridus*. Die meist in kleinen Schwärmen auftretenden Kaninchenfische sind reichlich mit **Giftdrüsen** tragenden **Stacheln** ausgerüstet: 13 Knochenstrahlen der Rückenflosse, sieben der After- und vier der Bauchflosse. Der Fisch ist damit rundherum bewehrt. Jeder dieser Knochenstrahlen (im Querschnitt einem T-Träger ähnlich) trägt zwei längliche **Giftdrüsen,** die in grubenähnlichen Vertiefungen liegen [1]. Bei Berührung wird die Haut, die Knochenstrahl und Drüsen umgibt, verletzt. Durch von außen einwirkenden Druck wird auch hier das Gift in die Wunde gepreßt. Dies ruft starke **Schmerzen** hervor, die jedoch meist nicht lange anhalten.

Während man im seichten Wasser auf Krötenfische treten kann, die meisten Verletzungen daher den Fuß betreffen, kommen mit den Flossenstrahlen der Kaninchenfische eigentlich nur Fischer und Angler in Kontakt. Eine sorgfältige Wundreinigung reicht meist aus.

Über das **Gift** der Krötenfische gibt es keine neueren Untersuchungen (obwohl es sich relativ leicht durch Druck auf die Drüsen an der Spitze der Stacheln auffangen läßt). Es scheint sich, wie bei bisher allen Fischgiften, um ein **Proteingemisch** zu handeln. Meerschweinchen starben unter Lähmungserscheinungen nach dem subkutanen Stich eines Rückenstachels von *Thalassophryne* [3]. Über das Gift der Kaninchenfische ist nichts bekannt.

Doktorfische (surgeonfish) der Familie Acanthuridae (Ordnung: Perciformes) werden immer wieder unter den Giftfischen geführt, obwohl ihre Giftigkeit eher zweifelhaft ist (Abb. 2.78). An beiden Seiten der Schwanzwurzel besitzen sie einen **Dorn,** der wie ein Taschenmesser herausgeklappt werden kann, spitz und in der Tat messerscharf ist (ähnlich einem Skalpell, daher der Name Doktorfisch). Dies ist eine vortreffliche Verteidigungswaffe. Mit Schwanzschlägen können dem Angreifer tiefe Schnittwunden beigebracht werden. Vor allem Fischer können sich üble **Verletzungen** zuziehen, wenn sie die Fische aus dem Netz nehmen wollen. Zu Vergiftungen kommt es jedoch in der Regel nicht, obwohl hin und wieder von Schmerzen berichtet wird, die eigentlich einer mitunter nur geringen Verletzung nicht entsprechen [4]. Typisches Drüsengewebe hat man bisher allerdings nicht in der Nähe des Dornes nachweisen können [1, 5]. Einige Doktorfisch-Arten, so *Prionurus microlepidotus*, sollen jedoch an den Stacheln der Rücken-, Bauch- und Afterflosse Giftdrüsen besitzen [6].

Auch **Muränen** (Familie: Muraenidae; moray eel) wurde über Jahrhunderte hin nachgesagt, daß ihr Biß zu Vergiftungen führe (Abb. 2.79). Durch sorgfältige histologische Untersuchung wurde jedoch bei der Mittelmeer-Muräne, *Muraena helena*, nachgewiesen, daß ihre Zähne weder uber Giftkanäle verfügen noch in der Mundhöhle Giftdrüsen oder Drüsen-ähnliche Strukturen vorhanden sind [1, 7]. Allerdings kann der Biß einer Muräne (die jedoch nur zubeißt, wenn man sie in ihrer Höhle aufstöbert, zu fangen oder zu füttern versucht) stark blutende Wunden zur Folge haben. Bei ungenügender Wundbehandlung ist die Gefahr einer Sekundärinfektion gegeben.

Hin und wieder scheinen bei Fischen auch Giftdrüsen in Verbindung mit Giftzähnen vorzukommen. So besitzen **Schleimfische** der Gattung *Meiacanthus* (Familie: Blenniidae) auf beiden Seiten des Unterkiefers einen Zahn mit einer Rinne und einer Giftdrüse an der Basis [8]. Über die Wirkung des Giftes liegen keine Informationen vor, auch nicht, ob es zur Verteidigung oder zum Beuteerwerb eingesetzt wird.

Literatur

[1] Halstead, B.W., Poisonous and Venomous Marine Animals of the World (2nd rev. ed.). Darwin Press Inc., Princeton (1988).

[2] Froes, H.P., Sur un poisson toxiphore bresilien: le „niquim" *Thalassophryna maculosa*. Rev. Sud.-Am. Med. Chir. **3**, 871 (1932).

[3] Froes, H.P. Studies on venomous fishes of tropical countries. J. Trop. Med. Hyg. **36**, 124 (1933).

[4] Randall, J.E., Report of a caudal spine wound from the surgeonfish *Acanthurus lineatus* in the Society Islands. Wasmann J. Biol. **17**, 245 (1959).

[5] Cameron, A.M., Venomous fishes hazardous to humans. In: Animal Toxins and Man (J. Pearn, ed.), S. 29, Queensl. Health Dept., Brisbane (1981).

[6] Tange, Y., Beitrag zur Kenntnis der Morphologie des Giftapparates bei den japanischen Fischen. XII. Über den Giftapparat bei *Xesurus scalprum* (Cuvier et Valenciennes). Yokohama Med. Bull. **6**, 171 (1955).

[7] Maretic, Z., Fish venoms. In: Handbook of natural Toxins, vol. 3, Marine Toxins and Venoms (A.T. Tu, ed.), S. 445, M. Dekker, New York (1988).

[8] Fishelson, L., Histology and ultrastructure of the recently found buccal toxic gland in the fish *Meiacanthus nigrolineatus* (Blenniidae). Copeia 1974, 386.

Abb. 2.79: Muräne, *Lycodontis javanicus* (Rotes Meer).

Fische mit giftigen Hautsekreten

Wie anfangs erwähnt, machen nur relativ wenige Fische von der Möglichkeit Gebrauch, Gifte mittels eines Werkzeuges, eines zum Stachel umgebildeten Flossenstrahles etwa zu applizieren. Viel häufiger scheint hingegen die Fähigkeit verbreitet zu sein, mittels **Hautdrüsen** Giftstoffe abzusondern. Diese Fische werden als **crinotoxisch** bezeichnet, ihre giftigen Drüsenprodukte als **Ichthyocrinotoxine** [1]. Nur äußerst selten führen Kontakte mit ihnen beim Menschen zu vergiftungsähnlichen Symptomen. Dies ist sicher eine Erklärung für die nur fragmentarischen Kenntnisse auf diesem Gebiet.

Diese oft schleimartigen Hautsekrete sind meist in hohem Maße für andere Fische toxisch (**ichthyotoxisch**). Damit haben sie für den Fisch eine wichtige Abwehrfunktion und schützen ihn vor Freßfeinden. Schon in niedrigen Konzentrationen an das Wasser abgegeben, wirken sie als Warnstoffe und schrecken effektvoll ab.

So wird die **Mosesflunder** im Roten Meer, *Pardachirus marmoratus* (Plattfische, Ordnung: Heterosomata), und ihre pazifische Verwandte, *P. pavoninus*, von Raubfischen gemieden. Haie spucken sie reflexartig wieder aus. Das milchige Sekret, das sie in Drüsen auf dem Rücken bilden, enthält als **Pardaxine** bezeichnete Polypeptide und Steroidglykoside, sog. **Pavoninine** [2, 3].

Kofferfische (Familie: Ostraciontidae, Abb. 2.80) scheiden in ihrem Hautsekret **Cholinester** der β-Acetoxy-palmitinsäure, das **Pahutoxin**, aus, welches die sich nur langsam im Korallenriff bewegenden Fische vor Freßfeinden schützt [4]. Die Funktion von Ichthyotoxinen beschränkt sich jedoch nicht nur auf das Warnen und Abschrecken. Vielen scheinen auch antibiotische Eigenschaften zuzukommen, die dem Schutz der Haut vor Infektionen dienen [5]. Gelangen derartige Hautsekrete in Wunden, wenn man sich etwa an spitzen Flossenstrahlen verletzt, so rufen sie meist einen leichten, aber auch mehr oder minder stark brennenden **Schmerz** hervor. Krötenfische der Gattung *Thalassophryne* stehen im Verdacht, auf diese Weise Sekrete aus Hautdrüsen der Brustflossen in Wunden zu applizieren [1]. Auch mag der Dorn, der bei Doktorfischen auf beiden Seiten der Schwanzwurzel wie ein Stilett herausgeklappt wird, Hautschleim in die Wunde einbringen, die von ihm geschlagen wurde. Dies könnte das Ausmaß der Schmerzreaktionen erklären, das in einigen Fällen über das hinausgehen soll, was von der Verletzung selbst zu erwarten ist.

Ganz allgemein ist zu bemerken, daß der **Schleim**, den die meisten Fische absondern, auch allergische Reaktionen bei entsprechend disponierten Menschen

Pardaxin

Pavoninin

$$H_3C-(CH_2)_{12}-\overset{\overset{OAc}{|}}{CH}-CH_2-COO-(CH_2)_2-\overset{\oplus}{N}(CH_3)_3 \; Cl^{\ominus}$$

Pahutoxin

auslösen kann, angefangen von leichter Hautrötung bis zu anhaltenden Ausschlägen, was nicht mit einer direkt toxischen Wirkung verwechselt werden darf.
Verletzungen, in die Hautsekrete eingedrungen sind, müssen gut ausgewaschen und desinfiziert werden. Außer mit Sekundärinfektionen, die auf ungenügende Wundversorgung zurückzuführen sind, muß mit keinen Komplikationen gerechnet werden.

Literatur

[1] Halstead, B.W., Poisonous and Venomous Marine Animals of the World (2nd rev. ed.). Darwin Press Inc., Princeton (1988).
[2] Tachibana, K., Sakaitani, M., Nakanishi, K., Pavoninins: shark-repelling ichthyotoxins from the defense secretion of the Pacific sole. Science **226**, 703 (1984).
[3] Thompson, S.A., Tachibana, K., Nakanishi, K., Kubota, I., Melittin-like peptides from shark-repelling defense secretion of the sole *Pardachirus pavoninus*. Science **223**, 341 (1986).
[4] Boylan, D.E., Scheuer, P.J., Pahutoxin: a fish poison. Science **155**, 52 (1967).
[5] Mebs, D., Gifte im Riff. Toxikologie und Biochemie eines Lebensraumes. Wiss. Verlagsges., Stuttgart (1989).

Abb. 2.80: Kofferfisch, *Lactophrys triqueter* (Karibik).

Seeschlangen (s. Kapitel: Schlangen)

Seeschlangen der Unterfamilien Hydrophiinae und Laticaudinae (Familie: Elapidae, Giftnattern) sind ausnahmslos giftig. Sie zählen zu den wenigen Reptilien, die sich dem Leben im Meer vollständig angepaßt haben. So verlassen die *Laticauda*-Arten fast nur noch zur Eiablage das Meer, alle anderen sind lebendgebärend (ovovivipar). Seeschlangen besitzen wie alle ins Meer zurückgekehrten Landtiere Lungen und müssen regelmäßig zum Luftholen auftauchen.

Mit den landlebenden Giftnattern (Elapidae) wie den Kobras, Kraits und Korallenschlangen sind sie eng verwandt. Das Gift, das sie in den Drüsen im Oberkörper produzieren, hat eine sehr ähnliche Zusammensetzung wie das dieser Landschlangen. Auch zeigt die Vergiftungssymptomatik Gemeinsamkeiten mit der von Kobras etc. So erscheint es sinnvoll, die Seeschlangen im Kapitel Schlangen zu behandeln.

Passiv giftige Meerestiere

Vergiftungen nach dem Verzehr von Meerestieren

Weitaus häufiger als nach dem oft unfreiwilligen Kontakt, nach Verletzungen durch Meerestiere, kommt es beim Menschen zu Vergiftungen, wenn er diese als Nahrungsmittel verzehrt. Dies betrifft nicht nur den einzelnen, sondern kann leicht epidemische Ausmaße annehmen. Sogar Massenvergiftungen sind bekannt geworden. Weniger ist hierbei an übliche Lebensmittelvergiftungen gedacht, wie sie durch bakterielle Kontamination (infolge von Meeresverschmutzung, unsachgemäßer Lagerung, hygienischer Mängel bei der Zubereitung etc.) oder durch erhöhte Belastung mit Schwermetallen oder anderen Umweltgiften zustande kommen. Es gibt eine Reihe von Giftstoffen natürlichen Ursprungs, die Meerestiere über die **Nahrungskette** aufnehmen und speichern. Auf diese Weise können z.B. Muscheln oder Fische plötzlich giftig werden.

Oft genug trifft dies einen Konsumenten, für den Meerestiere eine wichtige, mitunter die wichtigste Proteinquelle sind, unerwartet und unvorbereitet. Die Bevölkerung vieler Inseln der Karibik, des Pazifiks und des Indischen Ozeans ist so alljährlich epidemisch auftretenden Vergiftungen ausgesetzt. Aber auch der Ferntourist, der diese Weltgegenden bereist, kann davon betroffen werden, wie auch der Feinschmecker in Europa, wenn er in einem Restaurant fernab des Meeres Muscheln oder exotische Fische ißt. Die Schäden, die hieraus für die Volkswirtschaft, für die Fischerei und Muschelkulturen entstehen, sind oft beträchtlich und können in die Millionen gehen.

Im Gegensatz zu den „echten" Vergiftungen durch Giftfische wie die Kugelfische, die das hochgiftige Tetrodotoxin enthalten, liegt den meisten anderen Vergiftungen durch Muscheln, Krebse und Fisch ein besonderes Phänomen zugrunde: eine **Planktonblüte**, Algenblüte, auch rote Tide (engl.: red tide) genannt. Der Begriff Blüte ist in diesem Zusammenhang mißverständlich. Es handelt sich bei Algen ja nicht um Blütenpflanzen. Dieser Begriff soll die explosionsartige Vermehrung dieser Pflanzen charakterisieren. Bestimmte einzellige, meist begeißelte Algen (Flagellaten) vermehren sich zu manchen Jahreszeiten asexuell durch Zellteilung explosionsartig. Innerhalb weniger Tage entstehen dichte Algenpopulationen, was zu einer auffälligen Verfärbung des Wassers in grün, braun, auch rot [1] führt (daher auch der Name rote Tide; der Name des Roten Meeres leitet sich davon ab). Die Algenblüte geht meist dann zu Ende, wenn die Nährstoffe im Wasser erschöpft sind. Die Algen bilden sodann in der Regel als Folge sexueller Fortpflanzung Dauercysten, die auf den Grund absinken und hier mehrere Jahre überdauern können, bis günstigere Bedingungen (Temperatur, Nährstoffe etc.) zum Auskeimen führen und eine neue Algenblüte beginnen kann. Planktonblüten treten auf, solange es Algen gibt. Selbst im eozänen Ölschiefer der Grube Messel bei Darmstadt wurden Verbindungen nachgewiesen, die als fossile Relikte von Algenblüten angesehen werden können [2].

Dieses von z.T. noch unbekannten Faktoren ausgelöste Ereignis führt zu drastischen Veränderungen im **Phytoplankton** des Meeres. Dem Absterben großer Algenmassen folgt meist ein Massensterben von Fischen und niederen Lebewesen infolge von Sauerstoffmangel und Schwefelwasserstoffbildung. Manche Algen (vorwiegend jene, die zu den Dinoflagellaten zählen) produzieren Toxine, die zu den stärksten Wirkstoffen zählen, die man derzeit kennt [3, 4, 5]. Einige sind in hohem Maße für Fische toxisch (ichthyotoxisch) und haben z.B. im Golf von Mexiko einen hohen Anteil am dort auftretenden Fischsterben.

Planktonfiltrierer wie Muscheln nehmen diese Algen als Nahrung auf und speichern die Toxine. So werden Muscheln plötzlich für den Menschen giftig. Fische akkumulieren ähnliche Toxine über die Nahrungskette und bewirken eine Vergiftung, die Ciguatera genannt wird. Die Existenz derartig toxischer Wirkstoffe in Meeresorganismen ist ein äußerst interessantes Phänomen und noch mit vielen Fragen verbunden. Es mehren sich die Befunde, die vermuten lassen, daß diese Toxine von Bakterien, die endosymbiontisch in den Algen leben, produziert werden.

Planktonblüten werfen somit für die menschliche Gesundheit nicht zu unterschätzende Probleme auf [5]. Dies betrifft nicht nur die Verschmutzung von Badestränden durch Schaumberge und Schleimteppiche aus Algen, durch Massen verendeter Fische etc. Die Risiken sind unkalkulierbar, falls Algentoxine in **marine Nahrungsketten** Eingang finden. „Killeralgen" (es handelt sich um die Art *Chrysochromulina polylepis*) zogen im Frühjahr 1988 als dicker Teppich an der schwedischen und norwegischen Küste entlang und drohten die Lachskulturen stark in Mitleidenschaft zu ziehen. Nur durch ein großes Aufgebot an Schiffen konnten die umfangreichen Marikulturen vor Norwegens Küste gerettet werden, indem die Anlagen weiter in die Fjorde gezogen wurden.

Beunruhigend ist die weltweite Zunahme von Planktonblüten, die überwiegend Küstenregionen betreffen. Denn hier finden ca. 30% der marinen Primärproduktion statt, hier leben aber auch 70% der Erdbevölkerung. Es gibt Hinweise dafür, daß menschliche Aktivitäten zumindest für den Trend zu vermehrten Algenblüten verantwortlich sind. Traten z.B. 1965 in der Seto Inland Sea (Japan) etwa 40 rote Tiden auf, so waren dies 1973 bereits 300. Seit man mit erheblichem Aufwand den Einstrom von Nährstoffen (Abwässer) reduzierte, hatte dies seit 1975 eine kontinuierliche Abnahme der roten Tiden zur Folge [6]. Auch für das vermehrte Auftreten von Ciguatera im Pazifik werden menschliche, vorwiegend militärische, Aktivitäten in Erwägung gezogen [7].

Ein weiteres Phänomen ist das Verdriften von Algenblüten. Der zunächst rätselhafte Tod von 158 **Seekühen** (Manatees) 1996 in Florida fand seine Erklärung in einer Algenblüte, die durch den Dinoflagellaten *Gymnodinium breve* verursacht wurde (Abb. 2.81). Er produziert Neurotoxine, die massives **Fischsterben** zur Folge haben. Starke Winde und Meeresströmungen trieben die Algenteppiche näher zur Küste, wo die Seekühe sie mit ihrer Pflanzennahrung aufnahmen. Es sind also nicht nur Fische von Algenblüten betroffen. So trieben 1987 an der amerikanischen Ostküste nach Boston 14 **Buckelwale** tot an, die ebenfalls Opfer einer Algenblüte geworden waren, diesmal von *Alexandrium tamarense* (Abb. 2.82). Der Golfstrom trägt neuerdings Algenblüten aus dem karibischen Raum entlang der nordamerikanischen Ostküste, wo es nunmehr (South-, North-Carolina) regelmäßig zu Fischsterben kommt. Ein Zusammenhang mit Klimaveränderungen (Treibhauseffekt) wird diskutiert [8].

In Frankreich gingen 1993 in der Bucht von Camaret (Bretagneküste) tonnenweise Seelachs und -forellen zugrunde. Auslöser war eine Massenvermehrung der Alge *Heterosigma akashiwo*. Diese Algenart ist als „Fischkiller" in Japan, Kanada und Neuseeland bekannt, in Frankreich trat sie erstmalig auf.

Für ein rätselhaftes Fischsterben in der Chesapeake Bay (Ostküste der USA) konnte erst kürzlich eine neue Dinoflagellaten-Art, *Pfiesteria piscicida*, verantwortlich gemacht werden [9]. Veränderte Umweltbedingungen wie das Einschwemmen von Dünger aus der Landwirtschaft in die Flüsse haben wahrscheinlich dazu geführt, daß der Dinoflagellat, der sich üblicherweise von Algen und Bakterien ernährt, sich massenhaft vermehrte. Die von ihm freigesetzten Toxine (sie wurden bisher noch nicht identifiziert) sind hochgiftig und töten Fische noch in extremer Verdünnung. Deren verfaulende Körper scheinen eine neue Nahrungsgrundlage für die nunmehr eine amöbenähnliche Gestalt annehmenden Flagellaten zu bilden. Auch für den Menschen scheinen seine Toxine nicht harmlos zu sein. Neben Hautwunden traten bei Fischern, die in den betroffenen Gebieten fischten, und bei den Wissenschaftlern, die mit Dinoflagellaten-Kulturen arbeiteten, neurologische Störungen auf.

Nachgewiesen ist allerdings, daß die moderne **Seeschiffahrt** an der Ausbreitung der Algen beteiligt ist. In den Küstenregionen Südaustraliens ist in den letzten Jahren ein kontinuierlicher Anstieg von Algenblüten, verbunden mit einem vermehrten Auftreten von Muschelvergiftungen, zu beobachten. Verursacht wird dies durch die Dinoflagellaten-Art *Alexandrium tamarense*. Der Verdacht, daß diese Algen mit dem **Ballastwasser** großer Schiffe eingeschleppt wurden, hat sich bestätigt [10]. In der Tat zeigen Dinoflagellaten von den Küstenregionen um Japan und Korea mit denen von der Südküste Australiens genetisch große Ähnlichkeiten. Die Handelswege von Australien nach Japan und Korea, der Transport von Kohle und Holz nach Asien, Leerfahrten mit dem Ballastwasser zurück nach Australien bieten eine Erklärung für dieses Phänomen. Große Schiffe nehmen bis zu 20 000 Tonnen Ballastwasser auf, in dem die Algen zwar z.T. in den dunklen Laderäumen absterben, jedoch oft Dauercysten bilden, die auch widrige Umstände überstehen. Inzwischen macht man sich Gedanken, wie man dem Problem begegnen kann, denn weltweit werden pro Jahr etwa 10 Milliarden Tonnen Ballastwasser bewegt. Allein in australischen Häfen werden jährlich 120 Millionen Tonnen entleert. **Planktonblüten** sind natürliche Ereignisse, wobei es noch vieler Forschungsarbeit bedarf, die Ursachen für ihr Auftreten abzuklären. Treten sie gehäuft auf, so sind sie auch als Warnzeichen zu deuten, daß im marinen Ökosystem Veränderungen, etwa in den Nährstoffkreisläufen, stattgefunden haben. Neue Vergiftungserscheinungen, wie sie erst vor wenigen Jahren im Zusammenhang mit einer Muschelvergiftung und nach Verzehr von Haifischfleisch auftraten, rücken plötzlich ebenso in den Mittelpunkt des Interesses wie die beunruhigende Tatsache, daß toxinproduzierende Blaualgen inzwischen auch in der Ostsee vorkommen (s. Kapitel: Blaualgen als Toxinproduzenten). Neu ist auch die Beobachtung, daß mit Planktonblüten auch pathogene Keime wie die Cholera verbreitet werden [8, 11, 12, 13].

Abb. 2.81: Ein Massenauftreten der Dinoflagellaten-Art *Ptychodiscus brevis* bewirkte im Golf von Mexiko eine bräunlich-rote Verfärbung des Wassers, wobei die freigesetzten Toxine zu einem Fischsterben führten.

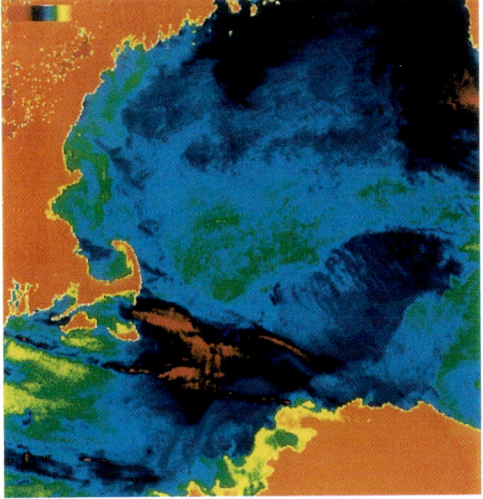

Abb. 2.82: Algenblüten lassen sich auch durch Infrarot-Satellitenaufnahmen verfolgen. In der Aufnahme aus dem Jahre 1987 ist zu erkennen, daß erwärmte Wassermassen, grün dargestellt, und mit ihnen die Giftalgen *Alexandrium tamarense* entlang der amerikanischen Küste verfrachtet wurden, wo sie den Tod zahlreicher Wale verursachten.

Literatur

[1] Anderson, D.M., Giftalgenblüten. Spektrum d. Wissensch., S. 70, Okt. 1994.
[2] Habermehl, G., Hundrieser, H.J., Fossile Relikte der „Wasserblüte" im Messeler Ölschiefer. Naturwissenschaften 70, 566 (1983).
[3] Steidinger, K.A., Baden, D.G., Toxic marine dinoflagellates. In: Dinoflagellates (D.L. Spector, ed.), S. 201, Academic Press, Orlando (1984).
[4] Shimizu, Y., Dinoflagellate toxins. In: The biology of dinoflagellates (F.J.R. Taylor, ed.), Bot. Monographs 21, S. 282, Blackwell Sci. Publ., Oxford (1987).
[5] Baden, D.G., Public health problems of red tides. In: Marine Toxins and Venoms, Handbook of Natural Toxins (A.T. Tu, ed.), Bd. 3, S. 259, M. Dekker, New York (1988).
[6] Cherfas, J., The fringe of the ocean, under siege from land. Science 248, 163 (1990).
[7] Ruff, T.A., Ciguatera in the Pacific: a link with military activities. Lancet, Jan. 28, 201 (1989).
[8] Patz, J.A., Epstein, P.R., Burke, T.A., Balbus, J.M., Global climate change and emerging infectious diseases. J. Amer. Med. Ass. 275, 217 (1996).
[9] MacIlwain, C., Scientists close in on 'cell from hell' lurking in Chesapeake Bay. Nature 389, 317 (1997).
[10] Carlton, J.T., Geller, J.B., Ecological roulette: the global transport of nonindigenous marine organisms. Science 261, 78 (1993).
[11] Richards, G.P., Outbreaks of shellfish-associated enteric virus illness in the United States: requisite for development of viral guidelines. J. Food Protec. 48, 815 (1985).
[12] Saavedra-Delgado, A.M., Metcalf, D.D., Seafood Toxins. Clin. Rev. Allergy 11, 241 (1993).
[13] Epstein, P.R., Emerging diseases and ecosystem instability: new threats to public health. Am J. Public Health 85, 168 (1995).

Muschelvergiftungen

Muscheln sind **Planktonfiltrierer**. Durch Wimpern auf ihren Kiemen erzeugen sie einen Wasserstrom. Aus diesem Atemwasser entnehmen sie auch die gesamte Nahrung. Diese besteht zu einem erheblichen Teil aus Kleinplankton, das mittels Schleimfäden fixiert, durch die Wimpern zum Mund transportiert wird und von dort in den Magen gelangt. Die Muschel reichert auf diese Weise zahlreiche, z.T. auch toxische Stoffe in ihrem Körper an, jedoch ohne dabei selbst in ihren Lebensäußerungen beeinträchtigt zu werden. Sie ist damit ein wichtiger **Bioindikator**. Will man Umweltbelastungen im Meer verfolgen (Schwermetalle, Chemikalien etc.), so findet man sie besonders konzentriert im Muschelfleisch wieder. Die in Japan beobachtete und als „Minimata-disease" bekannt gewordene chronische Quecksilber-Vergiftung war u.a. auch auf den Verzehr von Muscheln zurückzuführen, in denen Quecksilber aus Industrieabwässern hochkonzentriert enthalten war.

So gelangen auch **Toxine**, die Planktonorganismen entstammen, in die Muscheln, werden im Muschelfleisch gespeichert und dieses damit angereichert. Da Muscheln weltweit eine Delikatesse darstellen und hierzu in großem Umfang kultiviert werden, besteht daher eine latente Gefahr von Vergiftungen beim Menschen. In Europa ist es vor allem die Miesmuschel, *Mytilus edulis,* die auch im Binnenland auf den Speisekarten vieler Restaurants steht (Abb. 2.83). Doch können Vergiftungen praktisch durch alle Muscheln, so auch durch die Strandmuschel, *Mya arenaria,* ausgelöst werden (falls man sie überhaupt für den menschlichen Konsum als lohnenswert erachtet). In Nordamerika sind es neben einer anderen Miesmuschelart, *Mytilus californianus* (California mussel), die Buttermuscheln (butter clam), *Saxidomus giganteus* und *S. nuttalli*.

Vergiftungen nach dem Verzehr von Muschelfleisch treten in verschiedenen Weltteilen sporadisch, mitunter auch regelmäßig auf. Sie sind in der medizinischen Literatur seit über zwei Jahrhunderten immer wieder beschrieben worden [1]. Als in den achtziger Jahren des letzten Jahrhunderts in Wilhelmshaven insgesamt 26 Personen nach dem Verzehr von Miesmuscheln erkrankten und sechs starben, widmete sich kein geringerer als Rudolf Virchow dieser Erkrankung [2, 3]. Die Ursachen der Vergiftungen waren lange Zeit unklar, wobei bakterielle Infektionen, Fäulnis oder die Anreicherung von Metallsalzen diskutiert wurden.

Erst in den dreißiger Jahren wiesen Sommer und Mitarbeiter [4] auf den Zusam-

Abb. 2.83: Miesmuscheln, *Mytilus edulis,* sind auch im Binnenland auf den Speisekarten von Restaurants zu finden.

menhang zwischen dem massiven Auftreten von Algen, **Dinoflagellaten** der Gattung *Gonyaulax*, und giftigen Muscheln hin. So waren die betreffenden Dinoflagellaten nur im Verdauungskanal von giftigen Muscheln, nicht jedoch von ungiftigen nachzuweisen. Weiterhin fiel das Auftreten giftiger Muscheln mit dem Höhepunkt von **Planktonblüten** zusammen. Wurden giftige Muscheln in klarem Seewasser ohne Fütterung gehalten, so reduzierte sich ihre Toxizität nach zehn Tagen um etwa die Hälfte, die Toxizität stieg jedoch an, wenn dem Seewasser erneut Dinoflagellaten zugegeben wurden. Extrakte von Muscheln bewirkten wie Extrakte von Dinoflagellaten bei Mäusen (i.p. Injektion) identische Vergiftungssymptome. Allerdings dauerte es fast vierzig Jahre, bis das verantwortliche Toxin **Saxitoxin** rein isoliert und in seiner Struktur aufgeklärt werden konnte [5]. Hatte man lange Zeit unter Muschelvergiftung nur ein Krankheitsbild verstanden, das durch Lähmungserscheinungen charakterisiert ist, so hat sich dies in den letzten Jahren grundsätzlich geändert. Heute ist davon auszugehen, daß Muschelvergiftungen mindestens vier **Symptomkomplexe** umfassen. Die verwendeten Begriffe wie paralytisch und neurotoxisch führen mitunter zur Begriffsverwirrung. Denn bei den ersten drei Formen von Muschelvergiftungen ist stets das periphere oder zentrale Nervensystem betroffen. Es sind somit generell neurotoxische Vergiftungen. Trotzdem soll die bisherige Nomenklatur beibehalten werden, um keine weitere Verwirrung zu stiften.

- **Die paralytische Form.** Sie ist die „klassische" Muschelvergiftung, die durch das Dinoflagellaten-Toxin Saxitoxin ausgelöst wird. Lähmungserscheinungen sind das Leitsymptom.

- **Die neurotoxische Form.** Hierunter ordnet man für den Menschen relativ selten gefährliche Muschelvergiftungen ein, die durch Toxine des Dinoflagellaten *Ptychodiscus brevis* hervorgerufen werden. Sie sind eher im Zusammenhang mit Atembeschwerden bekannt geworden, wenn die Algen, vom Wind versprüht, eingeatmet werden. Auch sind sie für das plötzliche Auftreten von Fischsterben im Golf von Mexiko verantwortlich.

- **Vergiftung mit ZNS-Beteiligung.** Sie ist erstmalig 1987 aufgetreten und durch neurologische Ausfallserscheinungen, u.a. Gedächtnisverlust, charakterisiert. Als das auslösende Toxin wurde die Domosäure identifiziert, als ihr Produzent eine Kieselalge (Diatomee).

- **Die gastroenterale Form.** Auch sie wird durch Toxine von Dinoflagellaten, Okadasäure und ihre Derivate, verursacht. Hier sind Magen-Darm-Beschwerden (Diarrhöen) vorherrschend.

Mitunter treten nach dem Konsum von Muscheln Hautrötungen mit starkem Juckreiz im Gesicht und am übrigen Körper, auf. Diese auch als **erythematöse Form** einer Muschelvergiftung beschriebene Symptomatik ist allerdings keine Vergiftung, sondern gehört zu den **Allergien.** Je nach individueller Empfindlichkeit schließt dies nicht nur Muscheln, sondern auch andere Nahrungsmittel (z.B. Krebse, Fische, Erdbeeren etc.) ein. Alle **Muschelvergiftungen** werden durch **Toxine** aus Einzellern ausgelöst. In der Mehrzahl sind dies **Dinoflagellaten**, einzellige Organismen mit einem Panzer aus Zelluloseplatten, die sich mit zwei Geißeln fortbewegen (Panzergeißler). Zoologen und Botaniker sind sich nicht immer einig, ob die Dinoflagellaten den Protozoen, Tieren also, oder eher den Pflanzen zuzuordnen sind. Da viele dieser Einzeller zur Photosynthese befähigt sind, ist ihre Gruppierung unter die Algen (also Pflanzen) durchaus begründet. Ein Kompromiß, der sie in eine eigene Gruppe, die der Protisten (einzellige, eukaryotische Organismen) stellt, ist für beide Seiten akzeptabel [6].

Mit den oben erwähnten Vergiftungssymptomen ist das Kapitel Muschelvergiftung keineswegs abgeschlossen. Es gibt noch zahlreiche weitere Dinoflagellaten-Arten, die Toxine produzieren, über deren Struktur und Wirkungsweise jedoch keine gesicherten Erkenntnisse vorliegen [7]. Treten diese Organismen in Massen (als Planktonblüte) auf, so bewirken sie nicht selten umfangreiche **Fischsterben**, so auch die Süßwasserform *Peridinium polonicum* [8]. In Frankreich mußten 1993 Muscheln aus dem Verkehr gezogen werden, weil toxikologische Analysen im Tierversuch ergaben, daß die Muscheln mit Toxinen belastet waren, die offenbar Dinoflagellaten der Gattung *Alexandrium* entstammten. Mäuse, an die man die Muschelextrakte verfütterte, starben schon nach wenigen Minuten unter epileptiformen Krämpfen. Das Toxin konnte nicht identifiziert werden. Die Entdeckungen gerade in den letzten Jahren [9, 10] lassen vermuten, daß es bei Planktonblüten auch zu Muschelvergiftungen mit bisher unbekannter (oder unbeachteter) Symptomatik kommen kann. Es sollte allerdings auch nicht vergessen werden, daß Muscheln auch als **Überträger** zahlreicher bakterieller wie auch viral bedingter Erkrankungen in Frage kommen. Typhus- und Cholerabakterien (Salmonellen bzw. Vibrionen) werden ebenso von ihnen gespeichert wie Enteroviren, angefangen von Polio- bis zu Hepatitisviren [11]. Gerade Muschelkulturen im küstennahen Bereich sind häufig ungeklärten Abwässern ausgesetzt und können so mit pathogenen Keimen in Kontakt kommen. Andererseits dienen offenbar auch Planktonblüten Cholerabakterien und anderen darmpathogenen Keimen als Reservoir, wo sie sich am Exoskelett von Planktonorganismen anheften und hier überdauern [12]. Kühlen der geernteten Muscheln läßt die Keime lange Zeit überleben. Werden Muscheln außerdem noch roh gegessen (z.B. Austern), erhöht sich natürlich das **Infektionsrisiko**. Zwar unterliegen Muscheln, wenn sie in den Handel gebracht werden, den üblichen (stichprobenartigen) Lebensmittelkontrollen, doch kann dies nicht letzte Sicherheit bieten. Außerdem ist der Nachweis von Viren äußerst schwierig. Die Überwachung der Küstengewässer, in denen Muscheln kultiviert werden, ist daher besonders vordringlich – eine notwendige, meist jedoch illusorische Forderung.

Literatur

[1] McFarren, E.F., Schafer, M.L., Campbell, J.E., Lewis, K.H., Jensen, F.T., Schantz, E.J., Public health significance of paralytic shellfish poison. A review of literature and unpublished research. Proc. Nat. Shellfisheries Assoc. **47**, 114 (1956).

[2] Virchow, R., Über die Vergiftungen durch Miesmuscheln in Wilhelmshaven. Berlin. klein. Wschr. **22**, 781 (1885).

[3] Schmidtmann, K., Miesmuschelvergiftungen zu Wilhelmshaven im Herbst 1887. Z. Med.-Beamte **1**, 19, 49 (1888).

[4] Sommer, H., Whedon, W.F., Kofoid, C.A., Strohler, R., Relation of paralytic shellfish poison to certain plankton organisms of the genus *Gonyaulax*. Arch. Pathol. **24**, 537 (1937).

[5] Schantz, E.J., Ghazarossian, V.E., Schnoes, H.K., Strong, F.M., Springer, J.P., Pezzanite, J.O., Clardy, J., The structure of saxitoxin. J. Am. Chem. Soc. **97**, 1238 (1975).

[6] Taylor, F.J.R. (ed.), The biology of dinoflagellates. Bot. Monographs **21**, Blackwell Sci. Publ., Oxford (1987).

[7] Shimizu, Y., Dinoflagellate toxins. In: The biology of dinoflagellates (F.J.R. Taylor, ed.), Bot. Monographs **21**, S. 282, Blackwell Sci. Publ., Oxford (1987).

[8] Hashimoto, Y., Okaichi, T., Dang, L.D., Noguchi, T., Glenodine, an ichthyotoxic substance produced by a dinoflagellate, *Peridinium polonicum*. Bull. Jap. Soc. Sci. Fisheries **34**, 528 (1968).

[9] Smayda, T.J., Shimizu, Y. (eds.), Toxic Phytoplankton Blooms in the Sea. Developments in Marine Biology, Bd. **3**, Elsevier, Amsterdam (1993).

[10] Yasumoto, T., Oshima, Y., Fukuyo, Y. (eds.), Harmful and Toxic Algal Blooms. Intergov. Oceanogr. Comm., *Unesco*, Tokyo (1996).

[11] De Leon, R., Gerba, C.P., Viral disease transmission by seafood. In: Food Contamination from Environmental Sources (J.O. Nriagu, M.S. Simmons, eds.), Adv. Environm. Sci. Technol. **23**, 639, J. Wiley and Sons, New York (1990).

[12] Epstein, P.R., Emerging diseases and ecosystem instability: new threats to public health. Am. J. Public Health **85**, 168 (1995).

Paralytische Form

Dies ist die älteste und damit „klassische Form" der Muschelvergiftung. Sie tritt in allen Weltteilen meist epidemisch gehäuft auf und kann lebensgefährliche Ausmaße annehmen. Die Bezeichnung des Krankheitsbildes als paralytische Muschelvergiftung leitet sich von der englischen Bezeichnung **paralytic shellfish poisoning** ab (abgekürzt: **PSP**).

In manchen Meeresregionen, in denen Muscheln kultiviert werden, stellt diese Vergiftung ein ernstes **Gesundheitsrisiko** dar, so entlang der west- und nordostamerikanischen Küste. Die Gesundheitsbehörden der USA und Kanadas sehen sich daher zu strengen Kontrollen veranlaßt. Die Shellfish Sanitation Section des US Public Health Service überwacht die Gebiete, in denen Muscheln geerntet werden, erklärt Küstenstriche zu Gefahrenzonen und sperrt sie für die kommerzielle Verwertung von Muscheln, wenn dort giftige Muscheln auftreten, d.h. in diesen eine bestimmte Toxinkonzentration überschritten wird. Dies führt bei dem betroffenen Industriezweig zu oft erheblichen Einschränkungen und Verlusten; z.B. in Alaska, wo in manchen Küstenstrichen fast das ganze Jahr über Muscheln giftig sein können. Aber auch in Gebieten, wo man mit dieser Vergiftung traditionell nicht rechnet, kann es plötzlich und unerwartet zu derartigen Ereignissen kommen. So erkrankten im Juli/August 1987 an der pazifischen Küste von Guatemala 187 Personen nach dem Verzehr von Muscheln, 26 von ihnen starben [1].

Auch in Europa kommt es immer wieder zu Muschelvergiftungen, glücklicherweise nicht mit tödlichem Ausgang. Die letzte größere „Epidemie" trat im Oktober 1976 auf, als in verschiedenen Ländern Westeuropas etwa 200 Personen nach dem Genuß von Miesmuscheln erkrankten, die aus Vigo (Spanien) stammten [2, 3]. In Deutschland waren es allein 19 Fälle [4]. Auch in den letzten Jahren traten an europäischen Küsten Muschelvergiftungen auf. Es muß auch weiterhin mit diesem Krankheitsbild gerechnet werden [5].

Vergiftungsumstände. Zu Muschelvergiftungen kann es in allen Weltteilen kommen [6]. Besonders gefährdet sind Personen, die in Gebieten, die für giftige Muscheln bekannt sind, selbst Muscheln sammeln und zubereiten. Es ist schwer (fast unmöglich) vorauszusagen, wann Muscheln giftig sind. Entlang der pazifischen Küste Nordamerikas besteht während des Winters (November bis Januar) meist keine Gefahr, doch ist zwischen Mai und Oktober mit giftigen Muscheln zu rechnen (Abb. 2.84). In dieser Zeit sollte man hier das Sammeln von Muscheln unterlassen. Für Europa trifft dies ungefähr auch zu (Muscheln sollten nur in Monaten mit einem „r" im Namen, so empfiehlt der Volksmund, gegessen werden). Für tropische und subtropische Regionen gibt es für das gehäufte Auftreten von giftigen Muscheln keine Regeln.

Vorsichtsmaßnahmen. Man sieht es den Muscheln nicht an, ob sie giftig sind oder nicht. Einfache Tests, die man an Ort und Stelle durchführen könnte, gibt es derzeit nicht. Kochen und Braten inaktiviert die Toxine nicht, doch reduziert das Wegschütten von Kochwasser oder Bratenfett das Vergiftungsrisiko in gewissem Umfang, da hier die Toxine z.T. extrahiert vorliegen. Durch Zufügen von Natron (Alkalisieren) lassen sich die Toxine zwar inaktivieren, doch geht diese Prozedur auf Kosten des Geschmacks. Der Hinweis, bei giftigen Muscheln würde ein Silberlöffel anlaufen, ist schlichtweg Unsinn.

Das Risiko von Muschelvergiftungen ist bei Muscheln aus dem Handel und im Restaurant eher gering. Entgiften kann man in gewissem Umfang lebende Muscheln, wenn man sie einige Wochen in fließendem (algenfreiem) Seewasser hält. Die beste Vorsichtsmaßnahme ist jedoch, auf den Verzehr von Muscheln aus Gebieten, in denen Vergiftungen aufgetreten sind, zu verzichten.

Giftproduzent. Nicht nur Speisemuscheln wie die Miesmuschel (*Mytilus edulis*), die Strandmuschel (*Mya arenaria*) oder die Buttermuschel (*Saxidomus* sp.) können giftig werden, sondern alle Muscheln. Sie sind alle **Planktonfiltrierer** und nehmen aus dem Atemwasser auch giftige Organismen auf. Deren Gift speichern sie in ihrem Körper. Trotz der sehr hohen Toxizität dieser Giftstoffe werden die Muscheln davon nicht beeinträchtigt, sterben auch nicht ab.

Die eigentlichen Giftproduzenten sind jedoch einzellige **Panzeralgen, Dinoflagellaten** (Phycobionta, Algen; Klasse: Dinophyceae), die infolge massiver Vermehrung Plankton- oder Algenblüten verur-

Abb. 2.84: Bei Auftreten von giftigen Muscheln wird in den USA und Kanada das Sammeln von Muscheln verboten.

sachen. Folgende Arten wurden im Zusammenhang mit der paralytischen Form der Muschelvergiftung identifiziert [7]:

- *Alexandrium tamarense* (identisch mit *Protogonyaulax, Gessnerium tamarensis, Gonyaulax excavata, G. tamarensis, G. tamarensis var. excavata*; diese Art ist für die Muschelvergiftungen in Europa verantwortlich)
- *Alexandrium catenella*
- *Alexandrium monilatum* (identisch mit *Gonyaulax, Gessnerium monilatum* und *Pyrodinium monilatum*)
- *Alexandrium minutum*; diese Art tritt mehr und mehr in europäischen Gewässern, auch in der Ostsee, auf
- *Pyrodinium bahamense* var. *compressa*
- *Gymnodinium catenatum* (Abb. 2.85).

Diese Liste ist sicher nicht vollständig, da in den verschiedenen Meeresregionen Arten entdeckt werden, die z.T. den beschriebenen sehr ähnlich sind und eher als Stämme bezeichnet werden, jedoch Unterschiede in ihrer Toxinproduktion zeigen.

Inzwischen gibt es jedoch Hinweise [8], daß Algen die Toxine nicht selbst produzieren, sondern in ihnen angesiedelte (endosymbiontisch lebende) **Bakterien**.

Gift. Aus der Alaska butter clam (*Saxidomus giganteus*) wurde erstmals 1957 ein Toxin rein isoliert, das für die paralytische Muschelvergiftung verantwortlich ist [9]. Gemäß seiner Herkunft (aus der Muschel *Saxidomus*) wurde es **Saxitoxin** genannt (es ist mit dem Mytilotoxin früherer Arbeiten identisch). Eine Reihe von Strukturhomologen dieses Toxins wurde in der Folge aus Muscheln, aber auch aus Dinoflagellaten-Kulturen isoliert [10] und sodann als **Gonyautoxine** bezeichnet, was sicher korrekter ist. Saxitoxin ist ein Purinderivat (3,4,6-Trialkyltetrahydropurin), wobei die zwei Guanidingruppen für die biologische Aktivität von Bedeutung sind. Das Toxin ist in saurem Milieu äußerst stabil, wird jedoch unter leicht alkalischen Bedingungen rasch inaktiviert.

Bisher wurden 11 Strukturhomologe des Saxitoxins isoliert, wobei sie je nach Art der Substitution in vier Gruppen eingeteilt werden. Von ihnen werden die Gonyautoxine I–III sowie das Neosaxitoxin am häufigsten von den Dinoflagellaten gebildet. Saxitoxin liegt eher in geringer Konzentration vor.

Die **Toxizität** des Saxitoxins bzw. der Gonyautoxine wird im standardisierten Mäuse-Test (s. Analytik) bestimmt, wobei eine Einheit (als Maus-Einheit, MU, bezeichnet) als die Toxinmenge definiert ist, die bei intraperitonealer Injektion eine Maus in 15 Minuten tötet (die LD_{50} beträgt 9 µg/kg und ist mit der des Tetrodotoxins identisch (Toxin der Kugelfische, s. Kapitel: Fischvergiftungen). Die verschiedenen Strukturhomologe besitzen jeweils eine unterschiedliche Toxizität, wobei die Modifizierung der 11 α-Hydroxylgruppe zu einem inaktiven Molekül führt. Saxitoxin wurde synthetisiert; seine Biosynthese nimmt von der Aminosäure Arginin ihren Ausgang [11].

Saxitoxin und Gonyautoxine haben ihren spezifischen **Angriffspunkt** an allen erregbaren Membranen, die auf Reizung mit der Bildung eines Aktionspotentials reagieren. Das Toxin wird reversibel an einen Rezeptor gebunden und blockiert den Einstrom von Natrium-Ionen durch den **Natriumkanal**. Nach einer Modellvorstellung soll das Toxin wie ein Korken den Kanal von außen verstopfen, nach einer anderen Vorstellung soll es sich eher wie ein Augenlid über die Kanalöffnung schieben [12]. Hierdurch wird die Depolarisation der Membran verhindert, es kann als Reizantwort kein Aktionspotential mehr gebildet werden. Der Muskel oder Nerv spricht somit auf keinen Reiz mehr an. Diese Wirkung ist mit der des Tetrodotoxins identisch und macht beide Toxine zu wertvollen Hilfsmitteln bei der Aufklärung vieler neurophysiologischer Vorgänge [13]. Die Charakterisierung des Natrium-Kanals wäre ohne sie kaum möglich gewesen.

Was nun die **Biosynthese** dieser Toxine angeht, so mehren sich die Zweifel, daß die Algen sie tatsächlich selbst produzieren. Die Toxin-Produktion der einzelnen *Alexandrium*-Stämme hängt von verschiedenen Bedingungen ab, wobei keineswegs eine direkte Korrelation zwischen Wachstumsrate und Toxinproduktion besteht. Einige Stämme verlieren in der Kultur ihre Fähigkeit, Toxin zu bilden. Außerdem scheinen die Toxine in den Dinoflagellaten als Komplex mit Ribonukleinsäure (RNA) vorzuliegen, da sie durch RNAse oder saure Hydrolyse freigesetzt werden können [14]. Hierbei erhebt sich die Frage, ob es sich um RNA der Alge oder um externe RNA handelt. Die Entdeckung, daß Dinoflagellaten in ihrem Zellkörper **Bakterien** enthalten, ist in diesem Zusammenhang von besonderer Bedeutung [15]. Diese Bakterien produzierten, nachdem sie aus den Algen isoliert worden waren, in Kultur Saxitoxin [8]; allerdings nur Saxitoxin, wäh-

	R_1	R_2	R_3	R_4
Saxitoxin	H	H	H	H
Neosaxitoxin	OH	H	H	H
Gonyautoxin 3	H	OSO_3^-	H	H
Gonyautoxin 2	H	H	OSO_3^-	H
Gonyautoxin 4	OH	OSO_3^-	H	H
Gonyautoxin 1	OH	H	OSO_3^-	H
Gonyautoxin 5	H	H	H	SO_3^-
Gonyautoxin 6	OH	H	H	SO_3^-
Epigonyautoxin 8	H	H	OSO_3^-	SO_3^-
Gonyautoxin 8	H	OSO_3^-	H	SO_3^-
C3	OH	H	OSO_3^-	SO_3^-
C4	OH	OSO_3^-	H	SO_3^-

Saxitoxin und seine Derivate

Abb. 2.85 A

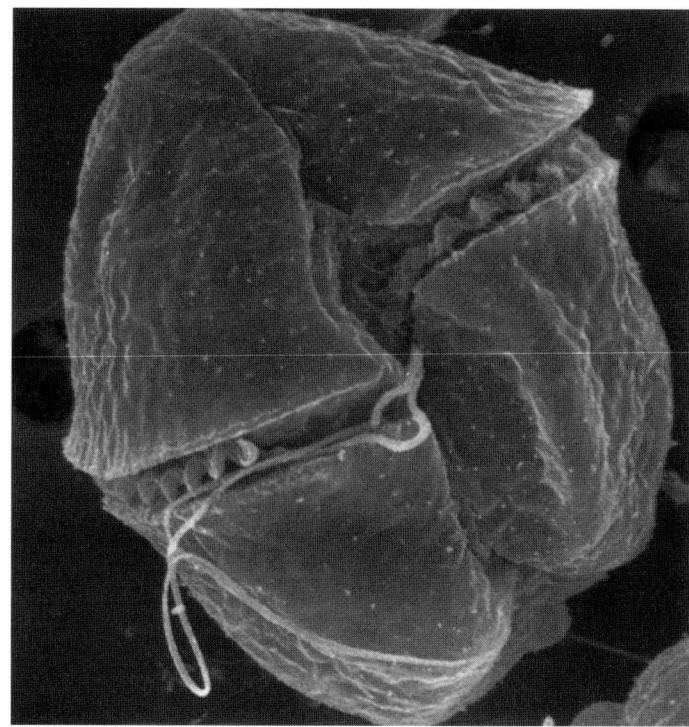
Abb. 2.85 B

rend in den Dinoflagellaten selbst andere Gonyautoxine vorlagen. Dies spricht dafür, daß eine enge Beziehung zwischen **Bakterium** und **Alge** besteht und daß Saxitoxin offenbar von der Alge modifiziert wird. Die bakterielle Herkunft des Saxitoxins würde auch die Anwesenheit dieses Toxins in anderen Tieren wie Krebsen, Schnecken und selbst im Kugelfisch erklären, in Tieren also, die selbst keine Planktonfiltrierer sind (s. auch Kapitel: Fischvergiftungen). Andererseits gibt es Hinweise dafür, daß die Algen selbständig und kontinuierlich, d.h. unabhängig von Bakterien, Toxine produzieren, während die mit ihnen assoziierten Bakterien (*Moraxella* sp.) in Kultur dies nur sporadisch tun [32]. Die Möglichkeit eines Austauschs bzw. Transfers von Genmaterial von der Alge auf das Bakterium etwa durch Phagen muß in diesem Zusammenhang in Erwägung gezogen werden.

Analytik. Die wichtigste Methode zum Nachweis von Muscheltoxinen ist der **Toxizitätstest** an Mäusen. Es ist jedoch zu erwarten, daß er durch chromatographische (HPLC) und immunologische Verfahren weitgehend ersetzt wird. Zur Toxizitätsbestimmung wird Muschelfleisch mit 0,1 N HCl extrahiert, der Extrakt mit 0,1 N NaOH neutralisiert und in Verdünnungsreihen 20 g schweren Mäusen intraperitoneal injiziert. Es wird die Zeit bis zum Eintritt des Todes der Maus gemessen, wobei eine Maus-Einheit (MU) als diejenige Toxinmenge gilt, die die Maus in 15 Minuten tötet. Anhand einer Vergleichskurve mit Saxitoxin kann auf die Menge Toxin (pro 100 g) Muschelfleisch umgerechnet werden [16]. Die Methode liefert erstaunlich gut reproduzierbare Ergebnisse. Eine MU entspricht etwa 0,18 g Saxitoxinhydrochlorid [17].

Auch durch **Dünnschichtchromatographie** auf Kieselgelplatten lassen sich Muscheltoxine nachweisen. Nach Chromatographie in verschiedenen Lösungsmittelsystemen (z.B. Pyridin-Ethylacetat-Wasser-Eisessig, 75:25:30:15, v/v) werden die Platten an der Luft getrocknet, anschließend mit 1%iger Wasserstoffperoxid-Lösung besprüht und 30 Minuten bei 110 °C erhitzt. Die Toxine fluoreszieren unter langwelligem UV-Licht (360 nm) bläulich [18]. Die Methode eignet sich gut zur Auftrennung der einzelnen Gonyautoxine [19, 33].

Die **Hochdruckflüssigkeitschromatographie** (HPLC) spielt bei der Analyse von Muscheltoxinen eine immer größere Rolle, da in relativ kurzer Zeit die einzelnen Toxine quantitativ bestimmt werden können. Es werden sowohl Bondapak-Amino- als auch Nukleosil-Cyano-Säulen mit Methanol und Ammoniumphosphat-Puffern als mobile Phasen verwendet. Die Detektion erfolgt fluorimetrisch nach (postcolumn Derivatisierung) Oxidation mit alkoholischer Perjodatlösung [20, 21]. Eine Kopplung mit einem Massenspektrometer erlaubt die sichere Identifizierung auch underivatisierter Toxine. Auch **immunologische Verfahren** (RIA oder ELISA) dürften sich, wenn sie preisgünstig zur Verfügung stehen, für Reihenuntersuchungen von Muschelproben empfehlen.

Vergiftung. Schon innerhalb von 30 Minuten nach dem Verzehr von giftigen Muscheln treten erste Symptome auf

[6, 22]. Sie beginnen mit einem leichten Kribbeln und Brennen im Zungen-, Lippenbereich, das sich über das Gesicht ausbreitet und langsam fortschreitend Hals, Arme, Fingerspitzen, Beine und Füße erfaßt. Diese Mißempfindungen (**Parästhesien**) gehen anschließend in ein **Taubheitsgefühl** über, das mehrere Tage lang anhalten kann. Arme und Beine erscheinen schwer, ein allgemeines **Schwächegefühl** erfaßt den gesamten Körper. Benommenheit, Schwindel und Koordinationsstörungen (Ataxien) können hinzutreten.

Gastrointestinale Beschwerden wie Übelkeit, Erbrechen und Durchfall spielen eine untergeordnete Rolle. In schweren Fällen stellen sich alsbald Schluck- und Atembeschwerden ein, Augen- (Ptosis) und Gesichtsmuskulatur sind gelähmt. Doppelsehen und vorübergehende Blindheit sind ebenfalls möglich. Die **Lähmung** der Atemmuskulatur führt zum Tode. Herz- und Kreislauffunktionen bleiben jedoch meist unbeeinträchtigt. Die Blutparameter zeigen keine auffälligen Befunde.

Die Symptome erreichen ihr Maximum innerhalb der ersten 12 Stunden, danach sind die Patienten meist außer Gefahr. Die meisten Symptome gehen innerhalb von 48 Stunden zurück. Spätfolgen treten in der Regel nicht auf, es sei denn durch vergiftungsunabhängige Komplikationen. Eine Immunität wird bei mehrfacher Vergiftung nicht erworben.

In einer, allerdings schon länger zurückliegenden Studie (1953), die 409 Fälle umfaßte, wurde eine **Mortalitätsrate von 8,5%** errechnet [23]. Immerhin starben bei einer 1987 in Guatemala epidemisch aufgetretenen Vergiftung von 187 Patienten 26, was einer Mortalitätsrate von 14% entspricht [1]. Die meisten der Todesfälle (ca. 50%) betrafen Kinder unter 16 Jahren, die gegenüber den Toxinen wahrscheinlich auch eine höhere Empfindlichkeit besitzen. Auch gibt es große individuelle Schwankungen, was die Toleranz bzw. Resistenz den Toxinen gegenüber angeht.

Leichte **Parästhesien** lassen sich bei einer Aufnahme von ca. 2 000 bis 10 000 MU Toxinmenge beobachten. Bei 10 000 bis

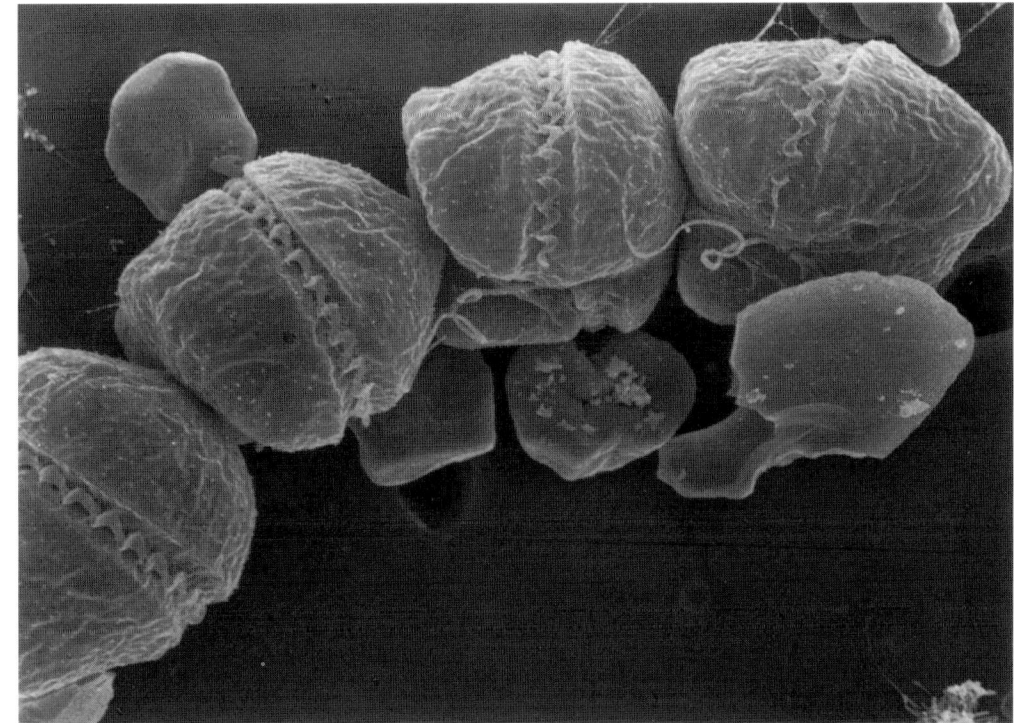
Abb. 2.85 C

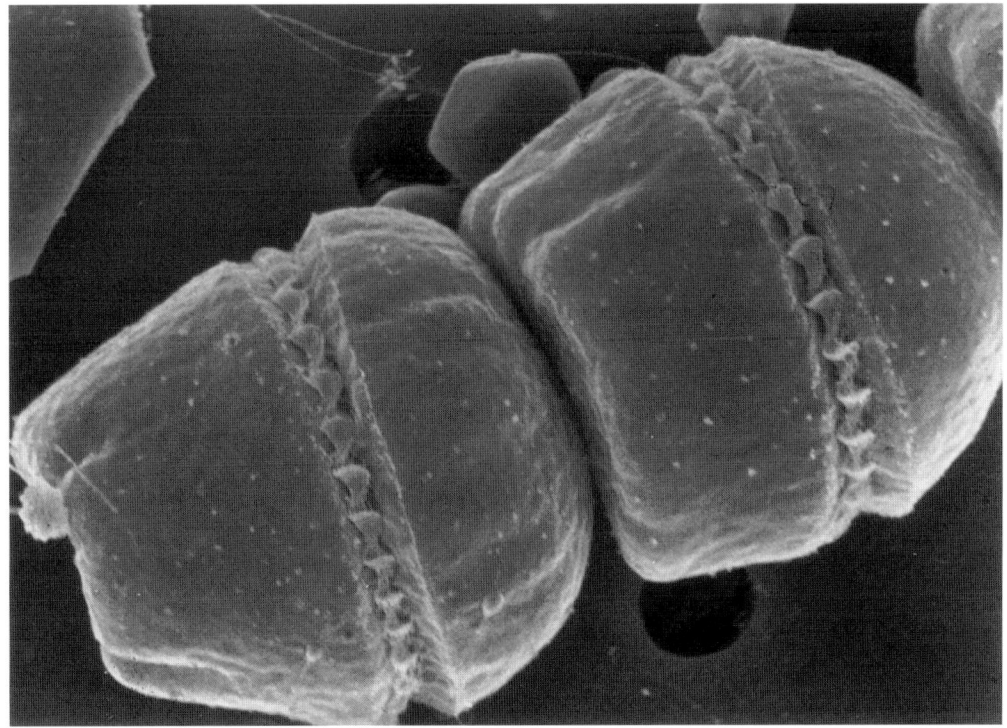
Abb. 2.85 D

Abb. 2.85: Auch die Dinoflagellaten *Pyrodinium bahamense* var. *compressum* (A, 2 000 ×) und *Gymnodinium catenatum* (B einzeln, 1 500 ×; C und D eine Kette bildend, 950 × bzw. 1 500 ×) sind als Auslöser der paralytischen Form der Muschelvergiftung identifiziert worden (rasterelektronenmikroskopische Aufnahmen).

Therapie. Ein spezifisches Antidot für Saxitoxin gibt es nicht, so daß die Therapie der Vergiftung weitgehend symptomatisch zu erfolgen hat. Nach Magenspülung mit abschließender Instillation von Aktivkohle ist der Patient mindestens über 12 Stunden zu beobachten. Treten Schluck- und Atembeschwerden auf, so ist zu intubieren und gegebenenfalls Beatmung einzuleiten. Kinder sind stärker gefährdet als Erwachsene. Neostigmin und Cholinesterase-Reaktivatoren (Oxim-Präparate) sind wirkungslos, da sie keinen Einfluß auf die Toxinwirkung (Blockieren der Natrium-Kanäle) haben. Da das Toxin rasch resorbiert und gebunden wird, ist eine forcierte Diurese wenig sinnvoll.

Die Symptome erreichen ihren Höhepunkt in den ersten Stunden nach der Muschelmahlzeit, klingen selbst bei schweren Vergiftungen in der Regel nach 3–4 Tagen wieder ab; die Patienten sind daher über 1–2 Tage zu beobachten. Spätfolgen treten nicht auf.

20 000 MU treten erste paralytische Symptome auf. Die **letale Dosis** dürfte bei 20 000 bis 40 000 MU liegen [23, 24]. Bei Vergiftungen 1976 in Deutschland enthielt das Muschelfleisch 6 000–20 000 MU/100 g [4]. Die betroffenen Patienten dürften zwischen 18 000 bis 24 000 MU Toxinmenge aufgenommen haben, was mit den beobachteten leichten bis mittelgradigen Vergiftungssymptomen in Einklang stand. Bei den Vergiftungsfällen in Guatemala wurde die tödliche Dosis für Erwachsene mit 11 000 bis 35 000 MU (480–4 375 MU/kg) angenommen, bei den Kindern wurde sie mit nur 140 bis 600 MU/kg errechnet [1].

Der Grenzwert, bei dem man in den USA und Kanada Muscheln für den menschlichen Konsum als unbedenklich ansieht, liegt bei 400 MU/100 g Muschelfleisch. Dies entspricht etwa 80 µg Saxitoxin pro 100 g. Auch in Europa gilt dieser Grenzwert, dem meist noch der Toxizitätstest an Mäusen zugrunde liegt.

Erste Hilfe. Bei ersten Anzeichen einer Muschelvergiftung, wie Kribbeln gefolgt von Taubheitsgefühl im Mundbereich, Erbrechen provozieren. Dies ist jedoch bei fortgeschrittener Vergiftung zu unterlassen (Gefahr der Speisebreiaspiration). Keinen Alkohol verabreichen. Arzt umgehend aufsuchen.

Fallbeschreibung

Eine 53jährige Frau aß während eines Picknicks an der Nordostküste der USA Muscheln *(Mya arenaria)*, die sie gesammelt hatte und in denen später 2 100 bis 5 300 µg Saxitoxin/100 g (entspricht etwa 11 000 bis 29 000 MU/100 g) nachgewiesen wurden. Wenig später bemerkte sie Kribbeln und Brennen im Gesichtsbereich und erbrach sich. Sie suchte ein Krankenhaus auf, wo sie über Schwächegefühl und Atembeschwerden klagte. Da sie plötzlich kurzatmig wurde, erfolgte Intubation und Beatmung. Kurz darauf entwickelte sich eine komplette Ophthalmoplegie, Kiefer- und Gesichtsmuskeln waren gelähmt, ebenfalls die Zunge. Arme und Beine waren kraftlos. Die Sehnenreflexe fehlten, jedoch war das sensorische Empfinden unbeeinträchtigt. Elektromyographische Untersuchungen ergaben Hinweise auf eine gestörte Nervenleitfähigkeit und verlängerte Reaktionszeit der Muskulatur. Der Zustand der Patientin besserte sich kontinuierlich während der nächsten fünf Tage. Als Komplikation trat eine Aspirationspneumonie und Tracheobronchitis auf [25].

Neurotoxische Form

Eine „neurotoxische" Form einer Muschelvergiftung (neurotoxic shellfish poisoning, abgekürzt: NSP) soll in diesem Zusammenhang nicht unerwähnt bleiben, obwohl die Bezeichnung **neurotoxisch** nicht sehr glücklich gewählt wurde. Denn wie das „paralytische" Saxitoxin, das natürlich auch ein Neurotoxin im klassischen Sinn darstellt, greifen die hier wirksamen Toxine ebenfalls am peripheren Nervensystem an. Im Gegensatz zur paralytischen Form handelt es sich durchweg um leichte Vergiftungen, die im Golf von Mexiko, bevorzugt an der Ostküste von Florida, auftreten. Hier sind massive **Fischsterben** keine Seltenheit, wobei die Strände meilenweit mit toten Fischen bedeckt sind. Verbunden ist die Erscheinung mit einer Planktonblüte, an der vor allem der Dinoflagellat *Ptychodiscus brevis* (neuerdings auch wieder *Gymnodinium breve*) beteiligt ist. Die Muschelbänke müssen für diese Zeit und danach geschlossen werden. Kommen trotzdem Muscheln zum Verzehr, so ähneln die Symptome denen der Fischvergiftung Ciguatera (s. Seite 153). Leichtes Kribbeln und Brennen im Mundbereich und in den Extremitäten, dann Taubheitsgefühl, Ataxien, Magen- und Darmbeschwerden, Umkehrung der Temperaturempfindung für warm und kalt. In der Regel sind die Symptome jedoch leichter Natur und meist nach 36 Stunden verschwunden [26]. Todesfälle sind bei dieser Form der Muschelvergiftung bisher nicht bekannt geworden.

Häufig treten bei bestimmten Personen, vor allem Allergikern, asthmaähnliche Atembeschwerden auf, wenn sie die Meeresbrise eingeatmet haben, in der offensichtlich in Aerosolform Reizstoffe (Toxine) dieser Dinoflagellaten enthalten sind [27].

Diese Form der Muschelvergiftung ist jedoch nicht mehr nur auf den Golf von Mexiko beschränkt. 1987/88 wurde eine Planktonblüte mit *Ptychodiscus brevis* entlang der Ostküste der USA beobachtet, die offenbar durch den Golfstrom zu den Küstengewässern von North Carolina transportiert worden war [28]. Insgesamt erkrankten 48 Personen nach dem Verzehr von Muscheln, worauf die Muschelkulturen gesperrt wurden.

Aus Kulturen von *Ptychodiscus brevis* konnten mehrere Toxine, als **Brevetoxine** bezeichnet, isoliert werden, die eine komplexe polyzyklische Etherstruktur aufweisen [29]. Sie sind noch in sehr geringer Konzentration kardiotoxisch, zytotoxisch und erwartungsgemäß ichthyotoxisch, d.h. für das Fischsterben verantwortlich. Auch sie greifen am **Natrium-Kanal** von erregbaren Membranen an, wirken jedoch anders als das Saxitoxin. Sie scheinen an einer anderen Stelle als Saxitoxin zu binden und führen zu einem vermehrten Einstrom von Natrium-Ionen und damit zu einer Hyperaktivierung des Natrium-Kanals. Nerven- und Muskelmembranen werden depolarisiert und damit erregt, der Muskel verharrt in Kontraktion. Saxitoxin, das den Natrium-Kanal verschließt, hebt diese Wirkung folgerichtig auf [30, 31].

Therapie. Ein spezifisches Antidot für Brevetoxine gibt es nicht, eine Behandlung der allgemein eher leicht verlaufenden Vergiftung hat daher weitgehend symptomatisch zu erfolgen. Elektrolyt- und Flüssigkeitsersatz ist bei starken Durchfällen angezeigt.

Literatur

[1] Rodrigue, D.C., Etzel, R.A., Hall, S., de Porras, E., Velasquez, O.H., Tauxe, R.V., Kilbourne, E.M., Blake, P.A., Lethal paralytic shellfish poisoning in Guatemala. Am. J. Trop. Med. Hyg. **42**, 267 (1990).

[2] Zwahlen, A., Blanc, M.H., Robert, M., Epidemie d'intoxication par les moules („Paralytic Shellfish Poisoning"). Schweiz. med. Wschr. **107**, 226 (1977).

[3] Lüthy, J., Zweifel, U., Schlatter, C., Hunyady, G., Häsler, S., Hsu, C., Shimizu, Y., Vergiftungsfälle durch Miesmuscheln in der Schweiz 1976. Sanitätspolizeiliche Maßnahmen und Analyse der PSP-Toxine. Mitt. Gebiete Lebensm. Hyg. **69**, 467 (1978).

Brevetoxine

[4] Simon, B., Mebs, D., Gemmer, H., Stille, W., Vergiftungserscheinungen nach dem Verzehr von Miesmuscheln. Dtsch. med. Wschr. **102**, 1114 (1977).

[5] Vivares, C., Consommer des coquillages est-il dangereux? Contamination, surveillance et santé publique. La Recherche **22**, 120 (1991).

[6] Smart, D., Clinical toxicology of shellfish poisoning. In: Handbook of Clinical Toxicology of Animal Venoms and Poisons (J. Meier, J. White, eds.), S. 33, CRC Press, Boca Raton (1995).

[7] Steidinger, K.A., Baden, D.G., Toxic marine dinoflagellates. In: Dinoflagellates (D.L. Spector, ed.), S. 201, Academic Press, Orlando (1984).

[8] Kodama, M., Ogata, T., Toxification of bivalves by paralytic shellfish toxins. Asia Pacific J. Pharmacol. **3**, 99 (1988).

[9] Schantz, E.J., Mold, J.B., Stanger, D.W., Shavel, J., Riel, F.J., Bowden, J.B., Lynch, J.M., Wyler, R.S., Riegel, B., Sommer, H., Paralytic shellfish poison. VI. A procedure for the isolation and purification of the poison from toxic clams and mussels. J. Am. Chem. Soc. **79**, 5230 (1957).

[10] Shimizu, Y., Dinoflagellate toxins. In: The biology of dinoflagellates (F.J.R. Taylor, ed.). Bot. Monographs **21**, S. 282, Blackwell Sci., Publ., Oxford (1987).

[11] Shimizu, Y., The chemistry of paralytic shellfish toxins. In: Handbook of Natural Toxins, Bd. 3, Marine Toxins and Venoms (A.T. Tu, ed.), S. 63, M. Dekker, New York (1988).

[12] Shimizu, Y., Recent progress in marine toxine research. Pure appl. Chem. **54**, 1973 (1982).

[13] Narahashi, T., Mechanism of tetrodotoxin and saxitoxin action. In: Handbook of Natural Toxins, Bd. 3, Marine Toxins and venoms (A.T. Tu, ed.), S. 185, M. Dekker, New York (1988).

[14] Kodama, M., Ogata, T., Takahashi, Y., Niwa, T., Matsura, F., Gonyautoxin associated with RNA-containing fraction in the toxic scallop digestive gland. J. Biochem. **92**, 105 (1982).

[15] Silva, E.S., Relationship between dinoflagellates and intracellular bacteria. Mar. Algae Pharm. Sci. **2**, 269 (1982).

[16] Adams, W.N., Miscier, J.J., Commentary on AOAC method for paralytic shellfish poisoning. J. Assoc. Off. Anal. Chem. **63**, 1336 (1980).

[17] Association of Official Analytical Chemists (AOAC), Official methods of analysis of the Association of Official Analytical Chemists, 14th ed., Association of Official Analytical Chemists, Washington, S. 344 (1984).

[18] Buckley, L.J., Ikawa, M., Sommer, J.J., Isolation of *Gonyaulax tamarensis* toxins from soft shell clams *(Mya arenaria)* and a thin-layer chromatographic-fluorometric method for their detection. J. Agric. Food Chem. **24**, 107 (1976).

[19] Onoue, Y., Noguchi, T., Maruyama, J., Hashimoto, K., Seto, H., Properties of two toxins newly isolated from oysters. J. Agric. Food Chem. **31**, 420 (1983).

[20] Sullivan, J.J., Iwaoka, W.T., High pressure liquid chromatographic determination of the toxins associated with paralytic shellfish poisoning. J. Assoc. Offic. Anal. Chem. **66**, 297 (1983).

[21] Sullivan, J.J., Methods of analysis for algal toxins: dinoflagellate and diatom toxins. In: Algal Toxins in Seafood and Drinking Water (I.R. Falconer, ed.), S. 29, Academic Press, London (1993).

[22] Kao, C.Y., Paralytic shellfish poisoning. In: Algal Toxins in Seafood and Drinking Water (I.R. Falconer, ed.), S. 75, Academic Press, London (1993).

[23] Meyer, K.F., Medical progress; food poisoning. New Engl. J. Med. **248**, 765, 804, 843 (1953).

[24] Edwards, H.I., The etiology and epidemiology of paralytic shellfish poisoning. J. Milk, Food Technol. **19**, 331 (1956).

[25] Long, R.R., Sargent, J.C., Hammer, K., Paralytic shellfish poisoning: a case report and serial electrophysiological observations. Neurology **40**, 1310 (1990).

[26] Gervais, A.J., MacLean, J.L., Management. In: Toxic Dinoflagellates (D.M. Anderson, A.W. White, D.G. Baden, eds.), S. 530, Elsevier, New York (1985).

[27] Baden, D.G., Mende, T.J., Bikhazi, G.M., Leung, I., Bronchoconstriction caused by Florida red tide toxins. Toxicon **20**, 929 (1982).

[28] Tester, P.A., Stumpf, R.P., Vukovich, F.M., Fowler, P.K., Turner, J.T., An expatriate red tide bloom – transport, distribution, and persistence. Limnol. Oceanogr. **36**, 1053 (1991).

[29] Baden, D.G., Brevetoxins – unique polyether dinoflagellate toxins. FASEB-J. **3**, 1867 (1989).

[30] Catterall, W.A., Gainer, M., Interaction of brevetoxin A with a new receptor site on the sodium channel. Toxicon **23**, 497 (1985).

[31] Baden, D.G., Trainer, V.L., Mode of action of toxins of seafood poisoning. In: Algal Toxins in Seafood and Drinking Water (I.R. Falconer, ed.), S. 87, Academic Press, London (1993).

[32] Shimizu, Y., Giorgio, C., Koerting-Walker, C., Ogata, T., Nonconformity of bacterial production of paralytic shellfish poisons – neosaxitoxin production by a bacterium strain from *Alexandrium tamarense* Ipswich strain and its significance. In: Harmful and Toxic Algal Blooms (Yasumoto, T., Oshima, Y., Fukuyo, Y., eds.), S. 359, Intergov. Oceanogr. Commission UNESCO (1996).

[33] Luckas, B., Phycotoxins in seafood – toxicological and chromatographic aspects. J. Chromatogr. **624**, 439 (1992).

Muschelvergiftung mit ZNS-Beteiligung

Diese vor einigen Jahren erstmals aufgetretene Form einer Muschelvergiftung ist insofern besonders gefährlich, als sie bleibende **Schäden im Zentralnervensystem** (ZNS) verursacht.

Vergiftungsumstände. Im November/Dezember 1987 kam es an der Ostküste Kanadas zu Muschelvergiftungen, bei denen ganz andere Symptome beobachtet wurden, als bei den bisher bekannten (paralytischen, gastroenteralen) Vergiftungen. Die betreffenden Miesmuscheln, *Mytilus edulis*, entstammten Kulturen aus einer engumschriebenen Region vom Ostteil der Prince Edward Insel [1]. Meeresbiologen hatten in diesem Gebiet eine Algenblüte beobachtet. Es besteht durchaus die Gefahr, daß unter ähnlichen Umständen auch in anderen Weltregionen plötzlich solche Vergiftungen auftreten können.

Vorsichtsmaßnahmen. Nicht möglich.

Giftproduzent. Die beobachtete Algenblüte war von Kieselalgen, **Diatomeen** (Diatomeae) ausgelöst worden, die von einer Art, *Pseudonitzschia pungens forma multiseries* (früher: *Nitzschia*) dominiert wurde [2] (Abb. 2.86). Dies ist übrigens der erste Hinweis darauf, daß auch Diatomeen und nicht nur Dinoflagellaten an Muschelvergiftungen beteiligt sein können. *Pseudonitzschia* ist in den Küstengewässern des Atlantiks, Pazifiks und Indischen Ozeans weit verbreitet.

Gift. Im üblichen **Bioassay** an Mäusen (intraperitoneale Injektion eines sauren wäßrigen Extraktes des verdächtigen Muschelfleisches) konnten für die sonst übliche paralytische Vergiftung ungewöhnliche Symptome (langanhaltendes Kratzverhalten) beobachtet werden, die auf ein neues Toxin hinwiesen. Mittels umfangreicher Reinigungsverfahren konnte schließlich das Toxin aus Muschelfleisch isoliert und als **Domosäure** identifiziert werden [3, 4]. Es ist eine bereits bekannte, natürlich vorkommende Aminosäure, die schon aus Rotalgen (*Chondria* sp., Familie: Rhodomelaceae) isoliert worden war. Der Name leitet sich aus dem japanischen „domoi" für Seetang ab. Domosäure wird in Japan als Wurmmittel benutzt [5]. Sie zählt jedoch zu den aktivsten Neurotoxinen mit Angriffspunkt im Zentralnervensystem [6, 7].

Domosäure bewirkt nach spezifischer Bindung an einen **Glutaminsäure-Rezeptor** eine kontinuierliche Stimulation von Neuronen. Ähnlich der Kainsäure (sie ist

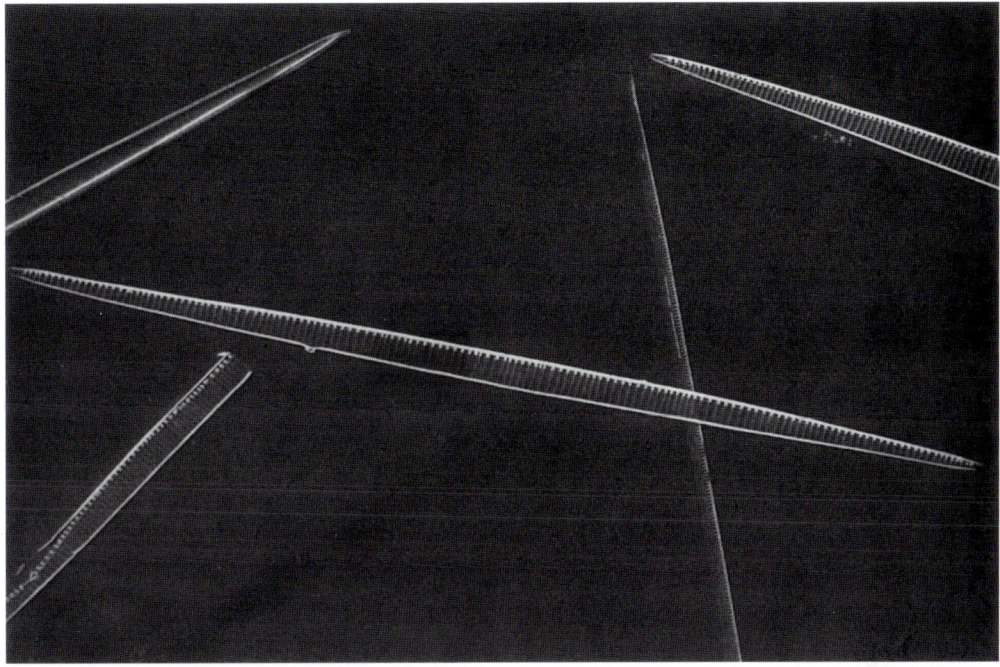

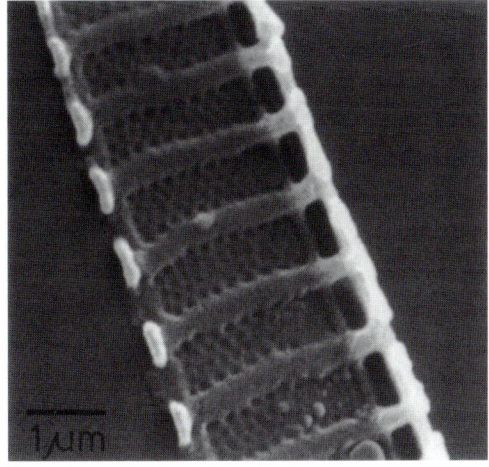

Abb. 2.86: Die Diatomee *Pseudonitzschia pungens forma multiseries* (A, 1000 ×). Oberflächenstruktur (B, C), rasterelektronenmikroskopische Aufnahme.

Domosäure

im Seetang, *Diginea simplex*, enthalten), jedoch dreimal aktiver, löst sie Krämpfe und ein Hirnödem aus und hinterläßt bei Versuchstieren im Bereich des Hippocampus und Hypothalamus **Degenerationsherde**. Diese Schäden traten dosisabhängig (i.p. Injektion von 4 bis 7 mg Domosäure/kg) auf. Hingegen ist bei oraler Verabreichung des Toxins die 15fache Menge notwendig, um gleichartige Symptome und Schäden zu verursachen. Die schnelle Identifizierung des Toxins war einigen günstigen Umständen zu verdanken: der guten Wasserlöslichkeit des Toxins (der störende Lipidanteil im Extrakt konnte verworfen werden), seiner hohen Konzentration in den Muscheln (0,9 mg/kg) und der Tatsache, daß der Stoff bereits in der chemischen Literatur bekannt war.

Analytik. Muschelfleisch wird homogenisiert, in Wasser gekocht, abgekühlt und zentrifugiert. Die wasserlösliche Domosäure wird im Überstand durch **HPLC** (reversed-phase) bestimmt, wobei sie anhand ihres UV-Spektrums (Absorptionsmaximum bei 242 nm) identifiziert wird. Die Nachweisgrenze liegt bei 0,5 µg/g Muschelfleisch [8]. Wesentlich empfindlicher ist der Nachweis nach Derivatisierung der Domosäure mit 9-Fluorenylmethylchlorformiat (FMOC) und anschließender HPLC [9]. Auch im Serum konnte Domosäure durch HPLC nachgewiesen werden [10].

Vergiftung. Insgesamt erkrankten 153 Personen nach dem Verzehr von Muscheln aus dem beschriebenen Gebiet. Neben Durchfall, Erbrechen und Magen-Darm-Krämpfen traten alsbald **neurologische Ausfallserscheinungen** wie Kopfschmerzen, Störungen der Bewegungskoordination (Ataxie), Desorientiertheit und Gedächtnisverlust auf. In einigen schweren Fällen wurden die Patienten bewußtlos und fielen in ein tiefes **Koma**. Drei ältere Patienten starben. Einige leiden seither an erheblichen **Gedächtnisstörungen**. Die zerebralen Symptome sind sicher Folge irreversibler Hirnschäden. Was die Empfindlichkeit für dieses Toxin angeht, so scheint es große individuelle Unterschiede zu geben. Wegen ihrer vorwiegend zentralen, Erinnerungslücken provozierenden Wirkung wird diese Form der Muschelvergiftung im Englischen als **amnesic shellfish poisoning** bezeichnet [3].

Erste Hilfe. Da die Symptome erst nach einigen Stunden einsetzen, ist eine Magenentleerung, vor allem bei andauerndem Erbrechen, nicht mehr nötig.

> **Therapie.** Ein spezifisches Antidot für die Domosäure gibt es nicht, so daß sich eine Behandlung an den auftretenden Symptomen orientieren muß. Bei uncharakteristischer Symptomatik (gastroenterale Beschwerden, neurologische Ausfallserscheinungen) ist eine klinische Beobachtung, vor allem bei Risikopatienten (ältere Menschen, Kinder), über einige Tage in jedem Fall geboten.

Weitere Vergiftungen. 1991 erkrankten Fischer an der Westküste der USA (Washington) nach dem Verzehr von Muscheln (razor clams, *Seliqua patula*). In diesen Muscheln, aber auch in Krabben wurde Domosäure nachgewiesen. Die Vergiftung verlief glücklicherweise ohne schwere Folgen. Die daraufhin verstärkt durchgeführten Planktonanalysen ergaben, daß vorwiegend im Herbst und Winter *Pseudonitzschia australis* vermehrt, z.T. sogar massenhaft, auftritt. *Pseudonitzschia*-Arten wurden auch in den Gewässern vor Korea, Japan, Hongkong und Neuseeland gefunden, wo sie sogar als Algenblüte auftraten. Sie alle besaßen die Fähigkeit, Domosäure zu bilden. Aber auch in Europa, in Muschelkulturen vor der Küste Galiciens (NW-Spanien), vor Dänemark und Frankreich ließ sich Domosäure, allerdings glücklicherweise in nur sehr geringer Konzentration nachweisen. Bisher traten dort keine Vergiftungen auf. 1993 konnten in der Wadden-See Hollands vermehrt Domosäure-bildende *Pseudonitzschia*-Arten *(P. pungens forma pungens)* entdeckt werden. Dies hat dazu geführt, daß man diesen Planktonorganismen mehr Aufmerksamkeit widmet und bei toxikologischen Analysen auch die Domosäure berücksichtigt.

Doch nicht nur der Mensch ist von dieser Vergiftung betroffen. 1991 wurden Hunderte toter Pelikane und Kormorane an der Küste von Monterey Bay (Kalifornien) angeschwemmt. Die Tiere hatten Anchovis verzehrt, in denen Domosäure enthalten war. 1996 kam es zu einem Massensterben von Pelikanen entlang der Südküste von Baja California (Mexiko) [11]. Die überlebenden Tiere einer Vogelkolonie waren lethargisch und verhielten sich desorientiert. Es wird vermutet, daß das merkwürdige Verhalten von Sturmtauchern *(Puffinus griseus)* in der Nähe von Santa Cruz (Kalifornien), die sich auf Menschen stürzten, Fenster und Windschutzscheiben zerstörten und halbverdaute Anchovis erbrachen, ebenfalls auf eine Domosäure-Vergiftung zurückzuführen ist.

Eine Algenblüte, verursacht durch den Dinoflagellaten *Pfiesteria piscicida*, im Pocomoke River und der Chesapeake Bay in Maryland, USA, hat bei Personen, die mit dem Wasser intensiven Kontakt hatten, wie Fischern und Wassersportlern, neben Symptomen wie Müdigkeit, Kopfschmerzen, Diarrhö, Hautwunden auch Erinnerungslücken ausgelöst. Diese als *Pfiesteria*-human-illness syndrome (PHIS) bezeichnete Vergiftung [12] wird wahrscheinlich durch Algentoxine verursacht, deren Identifizierung bisher nicht gelang. Eine detaillierte Studie hat ergeben [13], daß die neurologischen Ausfälle sich vorwiegend in einer verminderten Lern- und Merkfähigkeit zeigen.

Diese Symptome verschwanden nach drei bis sechs Monaten, wenn eine weitere Exposition zu den betroffenen Gewässern vermieden wurde. Die Forschung steht hier noch am Anfang.

Literatur

[1] Perl, T., Bedard, L., Kosatsky, T., Hockin, J., Remis, R., Gastrointestinal and neurological illness related to mussels from Prince Edward Island: a new clinical syndrome associated with domoic acid (Abstr.). Epidemic Intell. Serv. Conf., Center f. Disease Control, Atlanta, GA, April (1988).

[2] Bates, S., Bird, C.J., de Freitas, A.S.W., Pennate diatom *Nitzschia pungens* as the primary source of domoic acid, a toxin in shellfish from eastern Prince Edward Island, Canada. Can. J. Fish. Aquat. Sci. **46**, 1203 (1989).

[3] Quilliam, M., Wright, J.L.C., The amnesic shellfish poisoning mystery. Analyt. Chem., Sept. **15**, 1053 (1989).

[4] Thibault, P., Quilliam, M.A., Jamieson, W.D., Boyd, R.K., Mass spectrometry of domoic acid, a marine neurotoxin. Biomed. Environm. Mass Spectr. **18**, 373 (1989).

[5] Daigo, K., Studies on the constituents of *Chondria armata*. II. Isolation of an anthelminthic constituent. J. Jap. Pharm. Ass. **79**, 353 (1959).

[6] Iverson, F., Truelove, J., Nera, E., Tryphonas, L., Campbell, J., Lok, E., Domoic acid poisoning and mussel-associated intoxication: preliminary investigations into the response of mice and rats to toxic mussel extract. Fd. Chem. Toxicol. **27**, 377 (1989).

[7] Sutherland, R.J., Hoesing, J.M., Whishaw, I.Q., Domoic acid, an environmental toxin, produces hippocampal damage and severe memory impairment. Neurosci. Lett. **120**, 221 (1990).

[8] Quilliam, M.A., Sim, P.G., McCulloch, A.W., McInnes, A.G., High-performance liquid chromatography of domoic acid, a marine neurotoxin, with application to shellfish and plankton. Int. J. Environ. Anal. Chem. **36**, 139 (1989).

[9] Pocklington, R., Milley, J.E., Bates, S.S., Bird, C.J., de Freitas, A.S.W., Quilliam, M.A., Trace determination of domoic acid in sea water and phytoplankton by high-performance liquid chromatography of the fluorenylmethoxycarbonyl (FMOC) derivative. Int. J. Environ. Anal. Chem. **38**, 351 (1990).

[10] Blanchard, J.R.T., Tasker, R.A.P., High-performance liquid chromatographic assay for domoic acid in serum of different species. J. Chromatogr. Biomed. Appl. **526**, 546 (1990).

[11] Sierra Beltran, A., Palafox-Uribe, M., Grajales-Montiel, J., Cruz-Villacorta, A., Ochoa, J.L., Sea bird mortality at Cabo San Lucas, Mexico: evidence that toxic diatom blooms are spreading. Toxicon **35**, 447 (1997).

[12] Shoemaker, R.C., Diagnosis of *Pfiesteria*-human illness syndrome. Md. Med. J. **46**, 521 (1997).

[13] Grattan, L.M., Oldach, D., Perl, T.M., Lowitt, M.H., Matuszak, D.L., Dickson, C., Parrott, C., Schoemaker, R.C., Kauffman, C.L., Wasserman, M.P., Hebel, J.R., Charache, P., Morris, J.G., Learning and memory difficulties after environmental exposure to waterways containing toxin-producing *Pfiesteria* or *Pfiesteria*-like dinoflagellates. Lancet **352**, 532 (1998).

Gastroenterale Form

Erbrechen, Magen-Darmkrämpfe und Durchfall waren die vorwiegenden Symptome, die gehäuft nach dem Verzehr von Miesmuscheln (Mytilus edulis) in den achtziger Jahren in Holland und zuletzt auch an der deutschen Nordseeküste auftraten. Obwohl Meyer sie schon 1953 als eine besondere Form der Muschelvergiftung erkannt hatte [1], glaubte man lange Zeit eher an eine bakterielle Ursache. In Holland wie in Japan und Chile mehrten sich jedoch die Befunde, daß gastroenterale Symptome nach Muschelmahlzeiten im Zusammenhang mit dem vermehrten Auftreten (Planktonblüte) von Dinoflagellaten stehen [2, 3, 4]. Diese Erkrankung wird im Englischen mit gastrointestinal oder (häufiger) mit **diarrhetic shellfish poisoning** (abgekürzt: **DSP**) bezeichnet.

Vergiftungsumstände. Diese Form der Muschelvergiftung trat bisher nur in gemäßigten Breiten (Europa, Japan, Chile) auf und wurde noch nicht in tropischen Gewässern beobachtet (oder erkannt). In Holland waren Muscheln aus Kulturen der Küstengewässer in den Sommermonaten (Juli bis September) giftig, in Japan im Juni/Juli [2, 3]. Vergiftungen traten in unregelmäßigen Abständen seit 1961 auf [3]. Seit Ende der achtziger Jahre werden diese Muschelvergiftungen zunehmend auch in Muschelbänken der nördlichen Adria beobachtet [5].

Vorsichtsmaßnahmen. Auch hier kann nur auf das verwiesen werden, was zur paralytischen Form der Muschelvergiftung ausgeführt wurde. Man sieht es den Muscheln nicht an und schmeckt es auch nicht, ob sie giftig sind. Die Muscheln werden in den Kulturen innerhalb von vier Wochen wieder ungiftig, vorausgesetzt, die betreffenden Dinoflagellaten verschwinden.

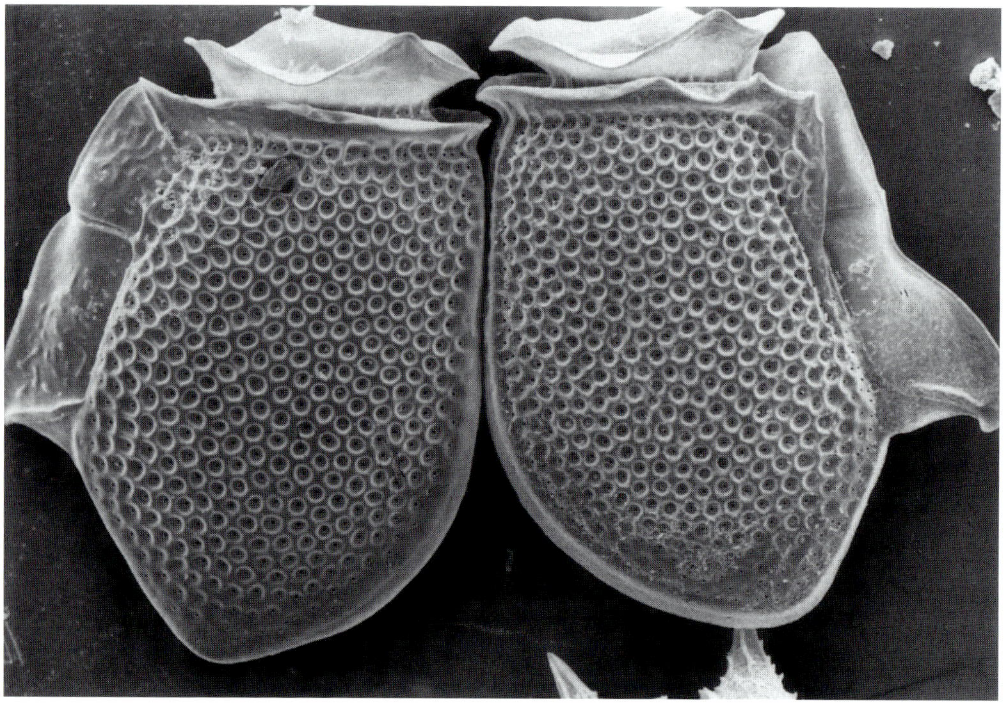

Giftproduzent. Auslöser dieser Muschelvergiftung sind Toxine aus **Dinoflagellaten** (Klasse: Dinophyceae), die durch Massenvermehrung in Form einer Planktonblüte auftreten: *Dinophysis acuminata* (in Holland) und *Dinophysis fortii* (in Japan), möglicherweise kommen aber noch andere Arten hierfür in Betracht [6, 7] (Abb. 2.87).

Gift. Sowohl aus Muscheln als auch aus Dinoflagellaten-Kulturen konnten verschiedene Toxine isoliert werden: aus europäischen Miesmuscheln die **Okadasäure**, ein Polyether, der strukturell den aus japanischen Algen und Muscheln isolierten Dinophysis-Toxinen sehr ähnlich ist. Sie unterscheiden sich nur in einer Methylgruppe bzw. in einem Acylrest (Dinophysistoxin 3) [8, 9]. Zwei weitere Toxine wurden aus japanischen Muscheln, *Patinopecten yessoensis*, isoliert, das **Pectenotoxin** und seine Derivate, komplexe Makrolide (Polyether-Lacton) [10], und das **Yessotoxin** [11], ein Stoff mit sehr ähnlicher Polyetherstruktur wie die Brevetoxine von *Ptychodiscus brevis*. Dieses Toxin wurde auch in Muscheln aus der Adria nachgewiesen, wofür *Dinophysis*-Dinoflagellaten verantwortlich gemacht werden [5].

Aufgrund des gesundheitlichen Risikos und des erheblichen wirtschaftlichen Schadens, der durch das Auftreten von Vergiftungsfällen entsteht, wurde in den Niederlanden ein Screeningprogramm eingeführt. Neben einer Untersuchung des Muschelfleisches auf verdächtige Dinoflagellaten und einem Fütterungsversuch (Ratten) umfaßt es zusätzlich zur Zeit der größten Gefahr einer **Algenblüte** in den Kulturgebieten eine Kontrolle des Phytoplanktons [7]. Ratten werden mit Muschelfleisch und normalem Futter nach 24stündiger Nahrungskarenz gefüttert, wobei die Annahme bzw. Ablehnung des Futters und die Kotkonsistenz beobachtet werden. Der bei Muschelvergiftungen sonst übliche Bioassay an

Abb. 2.87: Der Dinoflagellat *Dinophysis acuminata* wurde als Auslöser der gastroenteralen Form der Muschelvergiftung identifiziert (920 ×, rasterelektronenmikroskopische Aufnahme).

Therapie. Ein spezifisches Antidot gibt es auch für diese Muschelvergiftung nicht. Bei starken Durchfällen ist einer Dehydratation durch entsprechende Flüssigkeitszufuhr, gegebenenfalls (bei Kindern) auch durch Infusion von isotonischen Salzlösungen, vorzubeugen. Bei leichteren Vergiftungen ist in der Regel keine Behandlung notwendig. Todesfälle sind im Zusammenhang mit dieser Muschelvergiftung bisher nicht aufgetreten. Eine Differentialdiagnose zu Lebensmittelvergiftungen bakteriellen Ursprungs ist schwierig und ohne Untersuchung der betreffenden Muscheln kaum möglich.

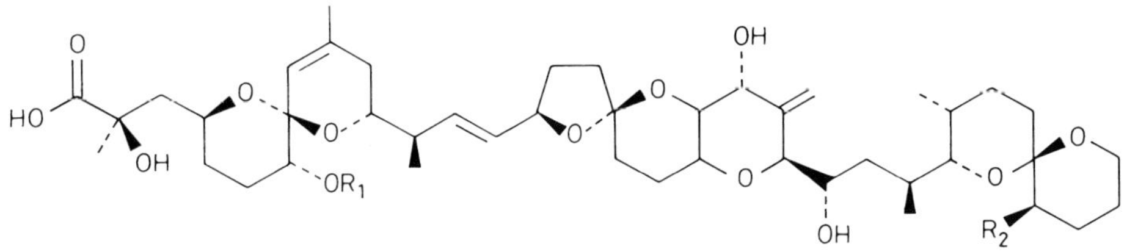

Okadasäure:	$R_1 = H$,	$R_2 = H$
Dinophysistoxin-1:	$R_1 = H$,	$R_2 = CH_3$
Dinophysistoxin-3:	$R_1 = acyl$,	$R_2 = CH_3$

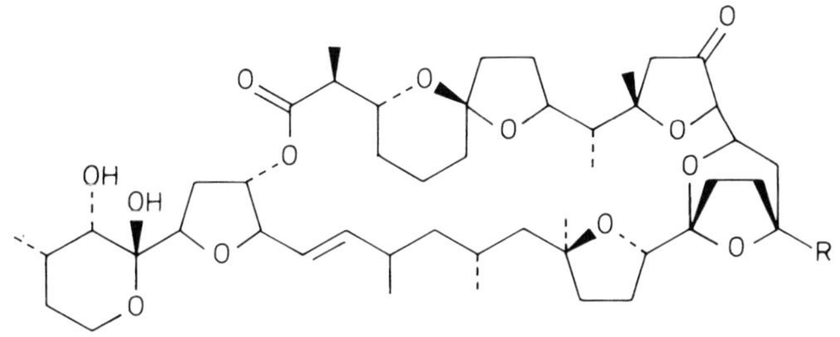

Pectenotoxin-1:	$R = CH_2OH$
Pectenotoxin-2:	$R = CH_3$
Pectenotoxin-3:	$R = CHO$
Pectenotoxin-6:	$R = COOH$

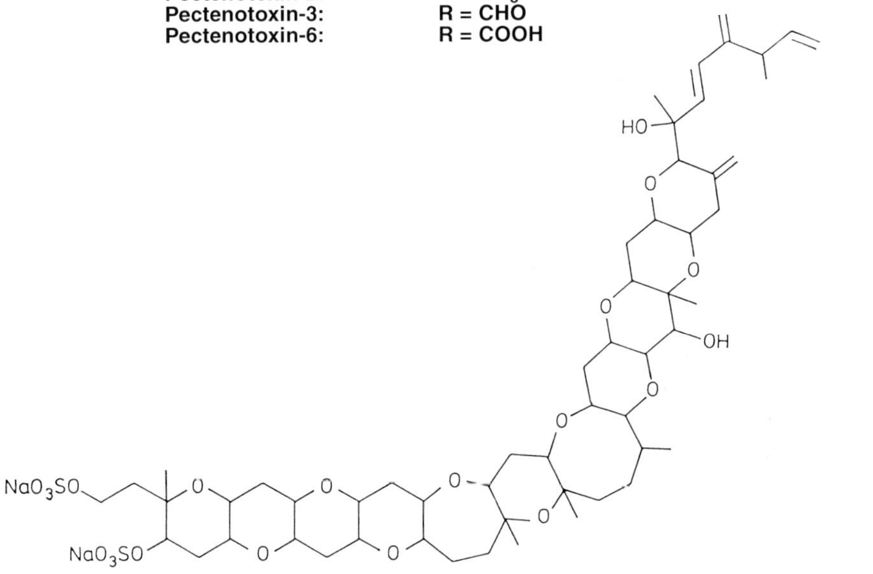

Yessotoxin

Mausen wurde auch angewandt, wobei längere Überlebenszeiten als bei Saxitoxin gemessen wurden [2]. Eine HPLC-Methode zur Bestimmung der einzelnen Toxine dürfte diese Methode jedoch bald ersetzen, wobei eine Derivatisierung der Toxine mit 9-Anthryldiazomethan (ADAM) ihre fluorimetrische Detektion erlaubt [12].

Okadasäure ist übrigens ein Stoff, der schon länger bekannt ist. Er wurde zuerst aus den Schwämmen *Halichondria okadai* und *H. melanodocia* isoliert [13]. Später zeigte es sich, daß der Schwamm die Okadasäure von einem Dinoflagellaten, *Prorocentrum lima*, bezog, den er aus dem Plankton filtrierte [14]. Außer daß sie **Diarrhöen** auslöst (Mechanismus noch nicht klar), hat die Okadasäure noch eine andere wichtige Eigenschaft: Sie fördert das Wachstum von Krebszellen. Sie greift durch spezifische Hemmung von Proteinphosphatasen entscheidend in den Zellstoffwechsel (Kontrolle der reversiblen Phosphorylierung) und in die Regulation der Zellteilung ein. Damit wurde sie zu einem wichtigen Hilfsmittel für die Zellforschung [15].

Vergiftung. Etwa 5 bis 6 Stunden nach der Muschelmahlzeit zeigen sich erste Vergiftungssymptome, in schweren Fällen sogar schon früher, etwa nach 30 Minuten. Beginnend mit Übelkeit, Erbrechen und starken Bauchschmerzen stellen sich bald **Durchfälle** ein, die bis zu 20mal pro Tag auftreten [16]. Symptome wie Brennen und Kribbeln in Gesichtsbereich und Fingern, wie sie für die paralytische Form der Muschelvergiftung typisch sind, fehlen. Leichte Vergiftungen, Diarrhöen mit geringer Frequenz, korrelierten mit Toxinmengen, die etwa 12 Mäuse-Einheiten (MU) entsprechen [2]. Auch ohne Behandlung gehen die Symptome innerhalb von drei Tagen zurück.

Erste Hilfe. Da die Symptome meist erst mehrere Stunden nach der Muschelmahlzeit auftreten, sind besondere Maßnahmen (provoziertes Erbrechen) nicht anwendbar.

Literatur

[1] Meyer, K.F., Medical progress; food poisoning. New Engl. J. Med. 248, 765, 804, 843 (1953).

[2] Yasumoto, T., Oshima, Y., Yamaguchi, M., Occurrence of a new type of shellfish poisoning in the Tohoku Districts. Bull. Jap. Soc. Sci. Fisheries **44**, 1248 (1978).

[3] Kat, M., The occurrence of *Prorocentrum* species and coincidental gastrointestinal illness of mussel consumers. In: Toxic Dinoflagellate Blooms (D.L. Taylor, H.H. Seliger, eds.), S. 215, Developm. Marine Biol., Bd. **1**, Elsevier/North-Holland, New York (1979).

[4] Avaria, S., Red tides off the coast of Chile. In: Toxic Dinoflagellate Blooms (D.L. Taylor, H.H. Seliger, eds.), S. 161, Developm. Marine Biol., Bd. **1**, Elsevier/North-Holland, New York (1979).

[5] Ciminiello, P., Fattorusso, E., Forino, M., Magno, S., Poletti, R., Satake, M., Viviani, R., Yasumoto, Y., Yessotoxin in mussels of the northern Adriatic Sea. Toxicon **35**, 177 (1997).

[6] Yasumoto, T., Oshima, Y., Suguwara, W., Fukuyo, Y., Oguri, H., Igarashi, T., Fugita, N., Identification of *Dinophysis fortii* as the causative organism of diarrhetic shellfish poisoning. Bull. Jap. Soc. Sci. Fisheries **46**, 1045 (1980).

[7] Kat, M., Diarrhetic mussel poisoning in the Netherlands related to dinoflagellate *Dinophysis acuminata*. Antonie v. Leeuwenhoek **49**, 417 (1983).

[8] Yasumoto, T., Murata, M., Oshima, Y., Sano, M., Matsumoto, G.K., Clardy, J., Diarrhetic shellfish toxins. Tetrahedron **41**, 1019 (1985).

[9] Kumagai, M., Yanagi, T., Murata, M., Yasumoto, T., Kat, M., Lassus, P., Rodriguez-Vazquez, J.A., Okadaic acid as the causative toxin of diarrhetic shellfish poisoning in Europe. Agr. Biol. Chem. **50**, 2853 (1986).

[10] Murata, M., Sano, M., Iwashita, T., Naoki, H., Yasumoto, T., The structure of pectenotoxin-3, a new constituent of diarrhetic shellfish toxins. Agric. Biol. Chem. **50**, 2693 (1986).

[11] Murata, M., Kumagai, M., Lee, J.S., Yasumoto, T., Isolation and structure of yessotoxin, a novel polyether compound implicated in diarrhetic shellfish poisoning. Tetrahedron Lett. **28**, 5869 (1987).

[12] Sullivan, J.J., Methods of analysis for algal toxins: dinoflagellate and diatom toxins. In: Algal Toxins in Seafood and Drinking Water (I.R. Falconer, ed.), S. 29, Academic Press, London (1993).

[13] Tachibana, K., Scheuer, P.J., Tsukitani, Y., Kikuchi, H., van Enden, D., Clardy, J., Gopichaud, Y., Schmitz, F.J., Okadaic acid, a cytotoxic polyether from two marine sponges of the genus *Halichondria*. J. Amer. Chem. Soc. **103**, 2469 (1981).

[14] Oshima, Y., Yasumoto, T., Identification of okadaic acid as a toxic component of a marine dinoflagellate *Prorocentrum lima*. Bull. Jap. Soc. Sci. Fisheries **48**, 69 (1982).

[15] Cohen, P., Holmes, C.F.B., Tsukitani, Y., Okadaic acid: a new probe for the study of cellular regulation. Trends Pharmacol. Sci. **15**, 98 (1990).

[16] Aune, T., Yndestad, M., Diarrhetic shellfish poisoning. In: Algal Toxins in Seafood and Drinking Water (I.R. Falconer, ed.), S. 87, Academic Press, London (1993).

Fischvergiftungen

Fische sind in vielen Teilen der Welt wichtige, oft die wichtigste Proteinquelle. Sie stellen eine leicht verderbliche Ware dar und werden bei unsachgemäßer Lagerung und Verarbeitung schnell mit Bakterien besiedelt. Vergiftungssymptome nach dem Verzehr von Fisch sind daher in den meisten Fällen Infektionskrankheiten mit all ihren Folgen wie Erbrechen, Diarrhöen, Fieber etc., wobei eine Vielzahl von Keimen in Frage kommt.

Es gibt jedoch auch Fischvergiftungen, die ihren Ursprung in spezifischen **Toxinen** haben, die der Fisch von Natur aus enthält, die er über die Nahrungskette erwirbt und in seinem Körper speichert, oder die als Folge einer bakteriellen Infektion entstehen. Lassen sich Vergiftungen der ersten Kategorie relativ leicht umgehen, indem man eben „giftige" Fische nicht ißt, sind die, bei denen Speisefische plötzlich und unerwartet giftig werden, kaum zu vermeiden. Während Muschelvergiftungen ein Phänomen überwiegend der gemäßigten Zonen sind, kommen die zuletzt erwähnten Fischvergiftungen hauptsächlich in den Tropen vor.

Vergiftungen durch Fische und durch deren Produkte (Eier) lassen sich nach Halstead [1] in mehrere Kategorien einteilen, die mehr oder weniger die Herkunft bzw. Wirkungsweise des Giftes charakterisieren. Dies wird im folgenden etwas vereinfacht, so daß drei Hauptkategorien übrigbleiben und seltenere Vergiftungen zusammen aufgeführt werden:

- **Tetrodotoxische Fische;** von Natur aus giftige Fische, die fast immer das hochgiftige Tetrodotoxin in ihrem Körper enthalten.

- **Ciguatoxische Fische;** sie erwerben das Toxin (Ciguatoxin) über die Nahrungskette und bewirken eine charakteristische Vergiftung: **Ciguatera.**

- **Scombrotoxische Fische;** ihr „Toxin" (überwiegend Histamin) entsteht in toten Fischen durch bakterielle Aktivität.

- **Andere Fischvergiftungen:** Hier sind eher seltene Vergiftungserscheinungen zusammengefaßt, wie sie nach dem Verzehr von Heringen (**clupeotoxische Fische**), Makrelen (**gempylotoxische Fische**), von Fischeiern (**ichthyootoxische Fische**), dem Blut mancher Fischarten (**ichthyoohämotoxische Fische**) auftreten. Nach manchen Fischmahlzeiten ist bei dem Konsumenten mitunter von Halluzinationen berichtet worden (**halluzinogene Fische**).

Wie dramatisch Fischvergiftungen verlaufen können, zeigt der Fall einer Massenvergiftung 1993 auf Madagaskar. Mehr als 500 Personen erkrankten, nachdem sie das Fleisch eines **Haies** gegessen hatten, 68 Patienten starben. Zwar ähneln einige der Symptome Ciguatera. Die hohe Mortalitätsrate ist jedoch außergewöhnlich und legt die Vermutung nahe, daß es sich um eine neuartige Form einer Fischvergiftung handelt.

Der Europäer muß eigentlich kaum derartige Fischvergiftungen fürchten. Hingegen kann es den Fernreisenden unerwartet treffen. Oft, wie im Fall von Ciguatera, stellen sich die eigentlichen Vergiftungssymptome erst richtig ein, wenn er wieder zu Hause ist; der Hausarzt wird mit rätselhaften, ihm unbekannten Symptomen konfrontiert, die leicht den Verdacht eines hypochondrischen Verhaltens aufkommen lassen.

Literatur

[1] Halsteadt, B.W., Poisonous and Venomous Marine Animals of the World (2nd rev. ed.), Darwin Press, Princeton (1988).

Tetrodotoxische Fische

Abb. 2.88: Maskenkugelfisch, *Arothron diadematus* (Rotes Meer).

Wer in Japan zu Gast ist, wird irgendwann mit einer besonderen kulinarischen Spezialität Bekanntschaft machen: „Fugu", rohes, in hauchdünne Scheiben geschnittenes Fleisch des Kugelfisches (Abb. 2.89). Bei seinem sich in Maßen haltenden Konsum (nicht nur wegen seiner Giftigkeit, sondern auch wegen seines hohen Preises) empfindet man recht schnell ein leichtes Prickeln und Brennen im Mundbereich, das anschließend von einem Taubheitsgefühl abgelöst wird. In der Tat bewirkt der Verzehr dieses Fischfleisches (das ansonsten keine besonderen Geschmacksqualitäten aufweist) eine erwünschte, **leichte Vergiftung.** Nur ein lizenzierter Koch darf diese Delikatesse zubereiten, wobei Innereien und Haut sorgfältig entfernt werden müssen, bevor das Muskelfleisch herausgelöst wird. Kam trotzdem der Gast zu Schaden, so stand darauf im alten Japan die Todesstrafe. Auch die im strengen Judentum praktizierte Vorschrift, nur schuppentragende Fische zu essen, hat den realen Hintergrund, Vergiftungen durch die schuppenlosen Kugelfische (im Roten Meer häufig, Abb. 2.88) zu vermeiden. Für die Zubereitung von Fugu kommen **Kugelfische** (engl.: puffer fish) der Familie Tetraodontidae (Ordnung: Tetraodontiformes), meist Arten wie *Fugu rubripes, F. vermicularis* und *F. pardalis* in Betracht. Diese Familie enthält jedoch noch weitere Gattungen wie *Amblyrhynchotes, Arothron* (Abb. 2.90), *Lagocephalus, Sphaeroides* und *Tetraodon.* Zusammen mit den **Igelfischen** (Familie: Diodontidae) haben sie als gemeinsames Merkmal die gedrungene, runde Körperform und die Fähigkeit, sich bei Bedrohung gewaltig mit Wasser aufzupumpen (Abb. 2.91), was sie relativ unbeweglich macht, einem Feind gegenüber aber größer erscheinen läßt. Außerdem stellen die Igelfische auf diese Weise ihre Stacheln wirkungsvoll auf.

Die Mundöffnung hat meist durch Verschmelzung der Zahnreihen eine schnabelähnliche Form; die Fische können damit schmerzhaft zubeißen.

Kugelfische sind keine ausdauernden Schwimmer, bewegen sich aber geschickt zwischen Korallen mit propellerartigen Bewegungen ihrer Brustflossen und der breiten Schwanzflosse. Kugel- und Igel-

Abb. 2.89: Das Fleisch der Kugelfische wird als Fugu in Japan als eine Delikatesse geschätzt. Restaurants machen diese durch Aushang und in ihren Auslagen durch präparierte Fische kenntlich.

fische sind in ihrer Verbreitung auf die warmen Meere (meist um Korallenriffe) beschränkt. Auch der große **Mondfisch** (Familie: Molidae) ist giftig, er ist ebenfalls in allen Meeren anzutreffen. Kugelfische sind auch Süßwasserbewohner, wie z.B. einige Tetraodon-Arten, die häufig die Flüsse Südostasiens bevölkern.

Vergiftungsumstände. Zu Vergiftungen kommt es eigentlich nur, wenn man (ähnlich wie beim Pilzesammeln) selbst Fische fängt und sie für eine Mahlzeit verwendet, ohne sie zu kennen. Weder gerät man in einem japanischen Restaurant in Gefahr, durch Fugu vergiftet zu werden, noch bekommt man auf Märkten pazifischer Inseln etc. den Fisch als Speisefisch angeboten. So ist in der Regel nur der gefährdet, der selbst auf Fischfang geht und unbedarft alles zubereitet, was ihm ins Netz geht.
Gelegentlich kommt es auch, wie 1996 in den USA, zu Vergiftungen, wenn Fugu illegal importiert, wohl auch unsachgemäß zubereitet und gegessen wird [1].

Vorsichtsmaßnahmen. Zur Vermeidung einer Fischvergiftung durch **Tetrodotoxin**, dem Gift der Kugelfische, folgt man am besten der mosaischen Regel, Fische, die **keine Schuppen** haben, **nicht zu essen**. Auf keinen Fall sollte man sich selbst eine Fugu-Mahlzeit zubereiten. Dies fordert auch in Japan alljährlich einige Menschenleben, allerdings ausschließlich in Privathaushalten [2]; Fugu-Restaurants (an einem aufgeblasenen Kugelfisch über dem Eingang zu erkennen) sind sicher.

Giftverteilung. Einen besonderen Giftapparat gibt es nicht, das Gift, Tetrodotoxin, ist praktisch **im ganzen Körper** des Fisches enthalten, liegt jedoch in einigen Organen wie der **Leber** und den **Ovarien** besonders konzentriert vor. Der Toxingehalt ist jedoch jahreszeitlich wie geographisch starken Schwankungen unterworfen. Selbst innerhalb der gleichen Art gibt es extreme, individuelle Unterschiede. Fische in der einen Meeresbucht können hochgiftig, in der nächsten weitgehend ungiftig sein. Vor allem zur Fort-

Abb. 2.90: Kugelfisch, *Arothron* sp. (Guadalcanal, Solomon Islands).

Abb. 2.91: Bei Bedrohung pumpen sich Kugelfische mit Wasser auf und werden somit relativ unbeweglich (Palau, Mikronesien).

pflanzungszeit enthalten die Weibchen in den Ovarien **hohe Toxin-Konzentrationen**. Dies trifft auch für die im Süßwasser lebenden Arten zu, die nur sporadisch giftig zu sein scheinen, wobei die Haut, weniger die Eingeweide, die höchsten Toxin-Konzentrationen aufweisen [3].

Gift. Tetrodotoxin (abgekürzt: **TTX**) ist das wohl am längsten bekannte und zugleich eines der wirksamsten marinen Toxine. Seine mittlere letale Dosis (LD_{50}) liegt bei 9 µg/kg (i.v. Injektion). Bereits um die Jahrhundertwende versuchte Tahara [4] es aus Kugelfischen zu isolieren, jedoch wies das Produkt, dem er den Namen Tetrodotoxin gab, nur eine Reinheit von 0,2% auf. Erst 1950 wurde Tetrodotoxin kristallin dargestellt [5] und Jahre später seine komplexe Struktur aufgeklärt [6, 7, 8]. Tetrodotoxin ist ein **Aminoperhydroxychinazolin-Derivat** und hat eine ungewöhnliche Struktur: zwei Ringe, die durch einen Hemilactonring überbrückt werden, sechs Hydroxylgruppen und eine Guanidinogruppe. Letztere ist für die biologische Aktivität des Toxins von Bedeutung. Seine hohe Toxizität ist durch den spezifischen Angriffspunkt am Nervensystem begründet [9, 10]. An nervösen (oder allgemein: erregbaren) Membranen bewirkt es schon nach kurzer Inkubation die **Blockade von Natrium-Kanälen**, sehr ähnlich wie das Muschel(Algen)gift **Saxitoxin**. Dieses besetzt die gleiche Stelle außen am Kanal, unabhängig von dessen Funktionszustand (aktiviert, inaktiviert, in Ruhe) wie Tetrodotoxin (Abb. 2.92).
Auch Tetrodotoxin verstopft den Natrium-Kanal, was z.B. am Nervenaxon die

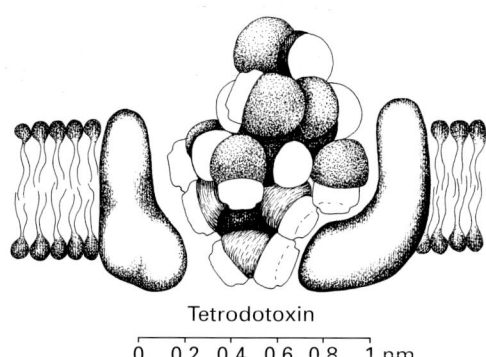

Abb. 2.92: Modell zur Blockade des Natriumkanals durch Tetrodotoxin. Das Toxin bindet von außen am Kanal und verstopft ihn ähnlich wie ein Korken.

Fortleitung eines Nervenimpulses und damit am Erfolgsorgan Muskel dessen Kontraktion verhindert. Diese Wirkung ist reversibel, das Toxin läßt sich wieder vom Natriumkanal verdrängen. Tetrodotoxin ist wie Saxitoxin für den Neurophysiologen ein wichtiges Hilfsmittel, das ihm ermöglicht, den Natrium-Kanal zu charakterisieren und dessen Molekularbiologie aufzuklären [11, 12].
Erstaunlicherweise ist **Tetrodotoxin** auch bei **anderen Tieren** nachzuweisen: in der **Meeresgrundel**, *Gobius criniger*, in Papageienfischen (*Scarus gibbus, Ypsicarus ovifrons*), einem Kaiserfisch (*Pomacanthus semicirculatus*), den Eiern des kalifornischen **Molches**, *Taricha torosa* (auch in ihm selbst), und im amerikanischen Molch (*Notophthalmus viridescens*), in Vertretern der **Krötengattung** *Atelopus*, im Färberfrosch *Colosthetus inguinalis*, in einigen **Meeresschnecken** (*Babylonia japonica, Charonia sauliae, Tutufa lissostoma*) sowie in diversen Arten der Naticidae (*Natica* spp.) und Nassaridae (*Zeuxis* spp.), in einem **Strudelwurm** (*Planocera multientaculata*), in einem **Seestern** (*Astropecten* sp.) und in einer Reihe von **Krabben**-Arten (s. Kapitel: Vergiftungen durch Krebse) [13–17]. Schließlich enthält der bereits erwähnte blaugeringelte **Oktopus**, *Hapalochlaena maculosa*, Tetrodotoxin in seinen Speicheldrüsen (s. Kapitel: Kopffüßler). Dies zeigt, daß dieser komplexe Naturstoff sowohl im Meer wie auch auf dem Lande vorkommt und hier in den unterschiedlichsten Tierklassen, in **Wirbellosen** wie in **Wirbeltieren** (Abb. 2.93).
Damit stellt sich natürlich die Frage nach der **Herkunft**, der **Biogenese** dieses Stoffes. Die Molche sind z.B. nicht befähigt, dieses Toxin selbst zu synthetisieren. Radioaktiv markierte Metabolite wurden nicht in das Toxinmolekül eingebaut [18]. Kugelfische, die man künstlich aufzog, waren frei von Tetrodotoxin. Setzte man sie jedoch zu Wildformen, fütterte man sie mit Toxin-haltiger Fischleber oder setzte man sie einfach in ihre natürliche Umgebung, so akkumulierten sie recht bald das Toxin in ihrem Körper [13]. Dies legt den Schluß nahe, daß der Fisch zur Toxinbildung selbst nicht in der Lage ist, diese Fähigkeit also nicht vererbt wird, sondern daß er sie erwirbt. Ähnlich wie bei den Muscheltoxinen fiel der Verdacht auf **Bakterien**. So wurde in der Haut des Kugelfisches *Fugu poecilonotus* eine *Pseudomonas*-Art identifiziert, die in Kultur Tetrodotoxin und seine Derivate (Anhydrotetrodotoxin) bildete [19, 20]. Inzwischen ist eine Reihe von Bakterienstämmen (*Bacillus, Micrococcus, Acinetobacter, Alteromonas* etc.) aus marinen Sedimenten isoliert worden, die zur Tetrodotoxin-Synthese befähigt ist [21]. Offenbar müssen Kugelfische erst mit diesen Bakterien infiziert werden, um in ihrem Körper das Toxin akkumulieren zu können. Derartige Bakterienstämme kommen sowohl im Meer wie auf dem Land vor.
Übrigens sind Kugelfische dem Tetrodotoxin gegenüber in hohem Maße unempfindlich, eine wichtige Voraussetzung für ihr Überleben mit hohen Toxin-Konzentrationen in ihrem Körper. Diese Eigenschaft ist allerdings angeboren, denn auch „ungiftige" Kugelfische, die aus Eiern aufgezogen wurden, sind Toxinresistent [22].
Erstaunlicherweise wurden in Süßwasser-Kugelfischen nicht Tetrodotoxin, sondern das Muschelgift (s. Kapitel: Muschelvergiftungen) Saxitoxin und seine Derivate, die Gonyautoxine, nachgewiesen; so in *Tetraodon cutcutia* und *Chelonodon patoca* aus den Flüssen von Ban-

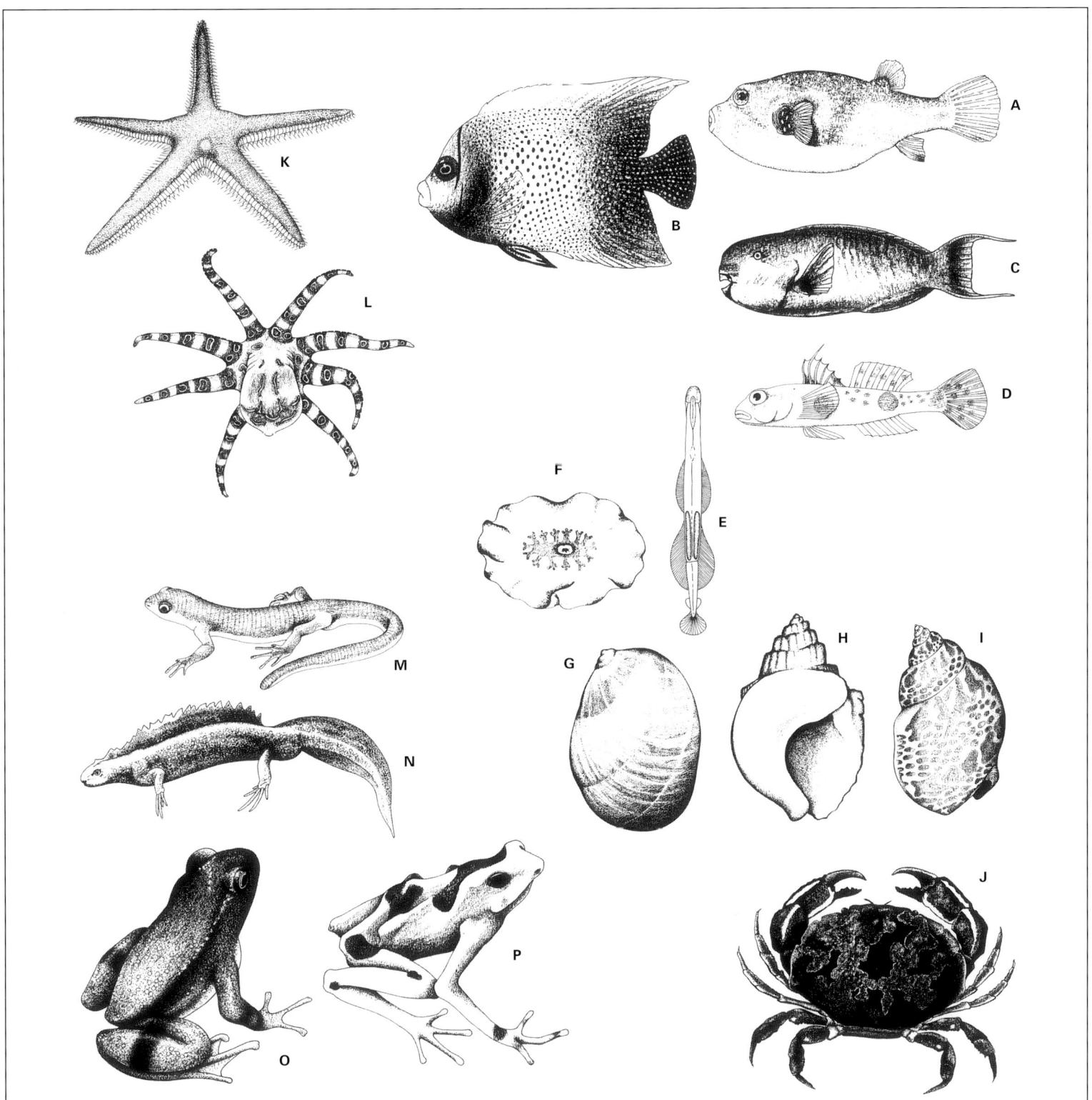

Abb. 2.93: Tetrodotoxin kommt in zahlreichen Meerestieren vor, so in Kugelfischen (A), im Kaiserfisch (B, *Pomacanthus semicirculatus*), in Papageifischen (C, *Scarus gibbus*), Grundeln (D), Pfeilwürmern (E), einem Strudelwurm (F, *Planocera* sp.), in einigen Meeresschnecken (G, Naticidae, H, Nassariidae, I, *Charonia* sp.), Krabben (J, *Atergatis* sp.), in einem Seestern (K, *Astropecten* sp.), im Octopus (L, *Hapalochlaena maculosa*), aber auch in Landtieren wie Molchen (M, *Taricha* spp., N, *Triturus* spp.), einem Färberfrosch (O, *Colosthetus inguinalis*) und in Kröten (P, *Atelopus* spp.).

Fischvergiftungen

gladesh [23] und in *Tetraodon fangi* aus Thailand [24]. Wie diese Fische zu diesem Toxin kommen, ist unbekannt, wahrscheinlich jedoch über die Nahrungskette (Algen). Die Fische werden in Thailand häufig gegessen und scheinen in ihrer Toxizität starken Schwankungen unterworfen zu sein, möglicherweise sind sie nur gelegentlich giftig.

Analytik. Ähnlich wie bei den Muscheltoxinen ist der **Tierversuch** an Mäusen schnell und zuverlässig durchzuführen. Eine Differenzierung zwischen Tetrodotoxin, Saxitoxin und den diversen Gonyautoxinen etc. ist natürlich nicht möglich. Die Toxizität wird ebenfalls in Mäuseeinheiten angegeben, wobei eine Einheit die Giftmenge repräsentiert, die eine 20 g schwere Maus innerhalb einer Stunde tötet.

Tetrodotoxin läßt sich wie Saxitoxin auch durch **Dünnschichtchromatographie** nachweisen (Bedingungen s. paralytische Form der Muschelvergiftung). Für primär forensische Zwecke wurde eine gaschromatographische Methode zum Nachweis des Toxins aus Organmaterial beschrieben [25]. Nach alkalischer Hydrolyse von Tetrodotoxin wurde die C_9-Base (2-Amino-6-hydroxymethyl-8-hydroxychinazolin) silyliert (mittels N.0-Bis(trimethylsilyl)acetamid) und durch Gaschromatographie/Massenspektrometrie identifiziert. Diese Methode eignet sich auch zum Nachweis des Toxins im Blut und Urin von Patienten [26]. Darüber hinaus bietet die **Hochdruckflüssigkeitschromatographie** (HPLC) eine weitere Möglichkeit zum Nachweis der einzelnen Tetrodotoxin-Derivate, die fluorimetrisch nach Derivatisierung mit o-Phthalaldehyd oder nach Alkali-Hydrolyse identifiziert werden [27, 28].

Vergiftung. Schon 10 bis 20 Minuten nach dem Verzehr von Kugelfisch-Fleisch treten die ersten Vergiftungssymptome auf. Wie bei der paralytischen Form der Muschelvergiftung (Saxitoxin wirkt ja auf die gleiche Weise) ist zunächst ein prickelndes, brennendes Gefühl (**Parästhesien**) auf Lippen und Zunge zu verspüren, das sich in der Folge auf die Extremitäten bis in Zehen und Fingerspitzen ausbreitet und von **Gefühllosigkeit** abgelöst wird. Es besteht leichter Brechreiz, doch ist Erbrechen selten. Schwächegefühl, Benommenheit, Schwierigkeiten beim Gehen (Ataxie), verwaschene Sprache, u.U. Muskelkrämpfe, Schluck- und **Atembeschwerden** sowie Blutdruckabfall sind alarmierende Zeichen einer fortschreitenden Vergiftung. In klinischen elektrophysiologischen Untersuchungen ließen sich **Störungen der Reizleitung** der Nerven messen, die mit dem Abklingen der Vergiftung verschwanden [26].

Während der Vergiftung ist der Patient meist bei vollem Bewußtsein, kann sich jedoch nicht artikulieren. Ohne geeignete Maßnahmen wie Beatmung führt eine schwere Vergiftung unweigerlich zum Tode infolge einer kompletten **Lähmung** der Atemmuskulatur. Von den zwischen 1967 und 1976 in Japan registrierten 610 Vergiftungsfällen verliefen 372 (61,3%) tödlich [2].

Erste Hilfe. Beim Auftreten erster Vergiftungssymptome sofort Erbrechen provozieren und umgehend einen Arzt aufsuchen, jedoch kein Erbrechen bei fortgeschrittener Vergiftungssymptomatik (Schluckbeschwerden) auslösen (Gefahr der Speisebreiaspiration). Bei aussetzender Atmung Mund-zu-Nase (bzw. -Mund)-Beatmung durchführen.

Therapie. Ein spezifisches Antidot für Tetrodotoxin gibt es nicht, so daß die Behandlung der Vergiftung **ausschließlich symptomatisch** zu erfolgen hat. Nach Magenspülung ist der Patient auch bei leichten Vergiftungen über 12 Stunden zu beobachten, bei einsetzenden Atembeschwerden ist nach Intubation **Sauerstoff-Beatmung** einzuleiten. Je nach Schwere der Vergiftung setzt eine Besserung meist innerhalb von 24 Stunden ein. Bei komplikationslosem Verlauf treten Spätfolgen nicht auf.

Fallbeschreibungen

1. Fall

Eine Familie kampierte an der Küste Ost-Australiens (Nowra, NSW) und hatte dort ca. 20 kleine Kugelfische geangelt, die enthäutet über Nacht in Seewasser eingeweicht wurden. Am darauffolgenden Tag wurden diese gekocht und zum Mittagessen serviert. Der 14jährige Sohn der Familie aß davon einen Fisch, der später als *Amblyrhynchotes richei* identifiziert werden konnte. Kurze Zeit nach der Mahlzeit brach man das Zelt ab. Während des Zusammenpackens klagte der Junge über Gefühllosigkeit in der Zunge und beschrieb ein allgemeines Gefühl der Leichtigkeit und des Schwebens. Ca. 45 Minuten nach der Mahlzeit erbrach er sich und gab Schluckbeschwerden an. Man fuhr ihn sofort in ein Krankenhaus, wo er zyanotisch und ohne Spontanatmung aufgenommen wurde. Nach Intubation wurde er beatmet und in eine größere Klinik verlegt. Der Patient war die ganze Zeit über bei Bewußtsein, jedoch komplett gelähmt und ohne Reflexe; die Pupillen waren weit und lichtstarr, Puls und Blutdruck waren jedoch normal. Der Patient blieb über 12 Stunden vollständig gelähmt und konnte erst andertags gegen 6 Uhr seine Augenlider bewegen, zwei Stunden später die Zunge und Lippen. Ca. 24 Stunden nach der Fischmahlzeit konnte die Beatmung beendet werden, allerdings war das Atemvolumen noch reduziert. Der Zustand besserte sich zusehends während der folgenden Stunden, und die volle Vitalkapazität wurde erreicht.

Die anderen Familienmitglieder waren weniger schwer betroffen. Der Vater klagte über Gefühllosigkeit und Schwäche in den Extremitäten sowie über Schluckbeschwerden. Die beiden Brüder des Patienten hatten sich übergeben und berichteten über eine leichte Gefühllosigkeit im Gesichtsbereich. Die Mutter gab keinerlei Beschwerden an. Zu erwähnen ist noch, daß eine Krähe, die die Familie als Haustier hielt, mit Fisch gefuttert worden war. Das Tier sei binnen weniger Minuten gestorben [29].

2. Fall

In Thailand zeigten sechs Personen nach dem Konsum einer Fischsuppe (Tom Yam) mit Süßwasser-Kugelfischen, *Tetraodon fangi*, Vergiftungssymptome. Bei einem 57jährigen Bauern, der diese Suppe mit neun Fischen zum Frühstück gegessen hatte, zeigten sich bereits 25 Minuten danach die ersten Symptome wie Übelkeit, Erbrechen, Taubheitsgefühl im Mundbereich und in den Gliedern. Eine sich rasch entwickelnde allgemeine Muskelschwäche gab Anlaß, ihn zum nächsten Hospital zu bringen, wo er bei seiner Aufnahme ansprechbar war, Puls, Blutdruck und Atmung waren normal. Der Patient erhielt eine Infusion von 5%iger Dextroselösung. Zwei Stunden nach seiner Aufnahme kam es zu kurzzeitigem Herzstillstand, die Schmerzreflexe waren aufgehoben. Der Patient wurde intubiert und beatmet, inzwischen war Bewußtlosigkeit eingetreten. An seinen Extremitäten waren Muskelzuckungen zu beobachten. Acht Stunden später erwachte der Patient aus seiner Bewußtlosigkeit, atmete regelmäßig, und es bestand keine Muskelschwäche mehr. Sein Zustand besserte sich kontinuierlich, er konnte nach vier Tagen entlassen werden.

Seine beiden Kinder (5 und 7 Jahre alt) aßen etwa 100 ml von der Suppe. Bei ihnen zeigten sich Vergiftungssymptome nach einer Stunde. Bei der Einlieferung ins Hospital traten bei beiden Atembeschwerden auf, sie wurden daraufhin intubiert und über 24 Stunden beatmet, worauf in beiden Fällen als Komplikation eine Aspirationspneumonie auftrat. Weitere Familienmitglieder (zwei Erwachsene, ein 4jähriges Kind), die nur etwas Muskelfleisch mit der Suppe gegessen hatten, entwickelten nach drei Stunden nur leichte Symptome wie Taubheitsgefühl in den Lippen und den Händen. Die Beschwerden waren nach acht Stunden verschwunden [3].

Die relativ kleinen Fische (7–8 cm, 15–30 g) enthielten in Haut, Gonaden, Muskulatur und Leber – wie man damals vermutete – Tetrodotoxin in Konzentrationen, wie sie auch bei Kugelfischen aus dem Meer gemessen werden. Spätere Untersuchungen ergaben jedoch [24], daß Süßwasser-Kugelfische wie auch die Art aus Thailand (*Tetraodon fangi*) nicht Tetrodotoxin, sondern Saxitoxin enthalten, welches im übrigen aber die gleiche Vergiftungssymptomatik hervorruft.

Literatur

[1] [Anonym], Tetrodotoxin poisoning associated with eating puffer fish transported from Japan-California, 1996. J. Am. Med. Ass. **275**, 1631 (1996).

[2] Tsunenari, S., Uchimura, Y., Kanda, M., Puffer poisoning in Japan – a case report. J. Forsens. Sci. **25**, 240 (1980).

[3] Laobhripatr, S., Limpakarnjanarat, K., Sangwonloy, O., Sudhasaneya, S., Anuchatvorakul, B., Leelasitorn, S., Saitanu, K., Food poisoning due to consumption of the freshwater puffer *Tetraodon fangi* in Thailand. Toxicon **28**, 1372 (1990).

[4] Tahara, Y., Studies on the pufferfish toxin. J. Pharm. Soc. Japan. **29**, 587 (1909).

[5] Yokoo, A., Chemical studies on tetrodotoxin. Report III. Isolation of spheroidine. J. Chem. Soc. Japan **71**, 591 (1950).

[6] Goto, T., Kishi, Y., Takahashi, S., Mirata, Y., The structure of tetrodotoxin. Tetrahedron Lett., S. 2105 (1963).

[7] Tsuda, K., Tachikawa, R., Sakai, K., Tammura, C., Amakaru, O., Kawamura, M., Ikuma, S., On the structure of tetrodotoxin. Chem. Pharm. Bull. (Tokyo) **12**, 642 (1964).

[8] Woodward, R.B., The structure of tetrodotoxin. Pure Appl. Chem. **9**, 49 (1964).

[9] Narahashi, T., Moore, J.W., Schott, W.R., Tetrodotoxin blockade of sodium conductance increase in lobster giant axons. J. Gen. Physiol. **47**, 965 (1964).

[10] Kao, C.Y., Tetrodotoxin: mechanism of action. Science **144**, 319 (1964).

[11] Kao, C.Y., Levinson, S.R. (eds.), Tetrodotoxin, saxitoxin, and the molecular biology of the sodium channel. Ann. N.Y. Acad. Sci. **479** (1986).

[12] Narahashi, T., Mechanism of tetrodotoxin and saxitoxin action. In: Marine Toxins and Venoms, Handbook of Natural Toxins (A.T. Tu, ed.), Bd. 3, S. 185, M. Dekker, New York (1988).

[13] Yasumoto, T., Nagai, H., Yasumura, D., Michishita, T., Endo, A., Yotsu, M., Kotaki, Y., Interspecies distribution and possible origin of tetrodotoxin. Ann. N.Y. Acad. Sci. **479**, 44 (1986).

[14] Hwang, D.F., Chueh, C.H., Jeng, S.S., Occurrence of tetrodotoxin in the gastropod mollusc *Natica lineata*. Toxicon **28**, 21 (1990).

[15] Hwang, D.F., Lin, L.C., Jeng, S.S., Occurrence of a new toxin and tetrodotoxin in two species of the gastropod mollusc *Niotha clathrata*. Toxicon **30**, 41 (1992).

[16] Hwang, D.F., Lin, L.C., Jeng, S.S., Variation and secretion of toxins in gastropod mollusc *Niotha clathrata*. Toxicon **30**, 1189 (1992).

[17] Daly, J.W., Gusovsky, F., Myers, C.W., Yotsu-Yamashita, M., Yasumoto, T., First occurrence of tetrodotoxin in a dendrobatid frog (*Colosthetus inguinalis*), with further reports for the bufonid genus *Atelopus*. Toxicon **32**, 279 (1994).

[18] Shimizu, Y., Kobayashi, M., Apparent lack of tetrodotoxin biosynthesis in captured *Taricha torosa* and *Taricha granulosa*. Chem. Pharm. Bull. **31**, 3625 (1983).

[19] Yasumoto, T., Yasumura, D., Yotsu, M., Michishita, T., Endo, A., Kotaki, Y., Bacterial production of tetrodotoxin and anhydrotetrodotoxin. Agric. Biol. Chem. **50**, 793 (1986).

[20] Yotsu, M., Yamazaki, T., Meguro, Y., Endo, A., Murata, M., Naoki, H., Yasumoto, T., Production of tetrodotoxin and its derivatives by *Pseudomonas* sp. from the skin of a pufferfish. Toxicon **25**, 225 (1987).

[21] Do, H.K., Kogure, K., Simidu, U., Identification of deep-sea-sediment bacteria which produce tetrodotoxin. Appl. Environ. Microbiol. **56**, 1162 (1990).

[22] Saito, T., Noguchi, T., Harada, T., Murata, O., Abe, T., Hashimoto, K., Resistibility of toxic and nontoxic pufferfish against tetrodotoxin. Bull. Jap. Soc. Sci. Fisheries **51**, 1371 (1985).

[23] Zaman, L., Arakawa, O., Shimosu, A., Onoue, Y., Occurrence of paralytic shellfish poison in Bangladeshi freshwater puffers. Toxicon **35**, 423 (1997).

[24] Sato, S., Kodama, M., Ogata, T., Saitanu, K., Furuya, M., Hirayama, K., Kakinuma, K., Saxitoxin as a toxic principle of a freshwater puffer, *Tetraodon fangi*, in Thailand. Toxicon **35**, 137 (1997).

[25] Suenaga, K., Kotoku, S., Detection of tetrodotoxin in autopsy material by gas chromatography. Arch. Toxikol. **44**, 291 (1980).

[26] Oda, K., Araki, K., Totoki, T., Shibasaki, H., Nerve conduction study of human tetrodotoxication. Neurology **39**, 743 (1989).

[27] Onue, Y., Noguchi, T., Nagashima, Y., Hashimoto, K., Kanoh, S., Ito, M., Tsukada, K., Separation of tetrodotoxin and paralytic shellfish poisons by high-performance liquid chromatography with a fluorometric detection using o-phthalaldehyde. J. Chromatogr. **257**, 373 (1983).

[28] Yotsu, M., Endo, A., Yasumoto, T., An improved tetrodotoxin analyzer. Agric. Biol. Chem. **53**, 893 (1989).

[29] Torda, T.A., Sinclair, E., Ulyatt, D.B., Puffer fish (tetrodotoxin) poisoning. Clinical record and suggested management. Med. J. Aust. **1**, 599 (1973).

Ciguatera

Ciguatera ist wohl die wichtigste Fischvergiftung. Sie tritt weltweit auf, allerdings vorwiegend in tropischen (weniger in subtropischen) Meeresregionen, und entspricht damit (auch was den Ursprung des Giftes angeht) der Muschelvergiftung in den kalten Gewässern. Der Name leitet sich von einer Meeresschnecke, *Turbo* oder *Livona pica*, ab, die im 15. Jahrhundert von den spanischen Konquistadoren in Kuba „cigua" genannt wurde. Ihr Verzehr führte zu Vergiftungssymptomen, wobei man kurzerhand den Namen Ciguatera auf alle marinen Vergiftungen ausdehnte. Er beinhaltet heute allerdings nur eine besonders charakteristische Fischvergiftung.

Auch die ersten europäischen Seefahrer im Pazifik machten unliebsame Bekanntschaft mit dieser Vergiftung [1]. Fast wäre 1774 die Weltreise von Kapitän James Cook in Port Sandwich auf den Neu-Hebriden zu Ende gewesen, als die Mannschaft nach einer Fischmahlzeit (wahrscheinlich Schnapper, *Lutjanus bohar*) schwer erkrankte. Der Schiffsarzt Anderson berichtete später darüber in den Philosophical Transactions der Royal Society in London [2]. Dies ist die erste, „klassische" Beschreibung einer Ciguatera-Fischvergiftung.

Gerade im Zeitalter der Fernreisen werden in steigendem Maße auch Touristen von dieser Vergiftung betroffen. So bei Reisen in die Karibik, wo mitunter ganze Reisegruppen erkranken [3, 4, 5]. Prozesse auf Schadenersatz werden angestrengt, meist ohne Erfolg für den klagenden Touristen.

Die **komplexe Erscheinungsform** der Vergiftung konfrontiert den Arzt mit oft schwierigen diagnostischen und therapeutischen Problemen.

Vergiftungsumstände. Ciguatera tritt sporadisch nach dem Verzehr von Fischen auf, die normalerweise „ungiftig" sind und als **Speisefische** gehandelt werden. Zwar lassen erste Symptome wie Erbrechen und Durchfall zunächst an eine Lebensmittelvergiftung bakteriellen Ursprungs denken, doch sind vor allem einige **neurologische Symptome** charakteristisch für diese Erkrankung mit Vergiftungscharakter. Ciguatera ist im wesentlichen auf die tropischen Meere (Karibik, Indischer Ozean, Pazifik) beschränkt (Abb. 2.94), kommt aber auch in einigen subtropischen Regionen (Florida, Hawaii etc.) vor. Es sind hauptsächlich Fische des Korallenriffs und hier vorwiegend der ozeanischen Riffe, weniger der Saumriffe des Festlandes, nicht jedoch Fische der Hochsee, die plötzlich und nicht vorhersehbar „giftig" werden. Ciguatera hat mitunter **streng lokalen Charakter**; Fische der einen Bucht sind „**ciguatoxisch**", die der nächsten nicht. Es können aber auch ganze Inselgruppen davon betroffen sein, so daß deren Bewohner oft monatelang auf Fisch verzichten müssen und Vergiftungen epidemische Ausmaße annehmen können. Man schätzt, daß weltweit jährlich zwischen 10 000 und 50 000 Personen darunter zu leiden haben [6, 7]. So können schon bis zu über 40% der Bevölkerung auf Inseln im Südpazifik erkranken. Selbst in Florida rechnet man mit fünf Fällen von Ciguatera pro 10 000 Einwohner, mit insgesamt etwa 2 300 Fällen pro Jahr in den USA und Kanada [6, 8]. Letztere gehen hauptsächlich auf das Konto importierter Fische aus tropischen Meeren. Andererseits wird von einem Fall berichtet, in welchem der Verzehr von **Lachsfleisch** aus einer chilenischen

Abb. 2.94: Fisch kann Auslöser einer in den tropischen Regionen verbreiteten Vergiftung sein: Ciguatera.

Abb. 2.95: Raubfische wie Zackenbarsch (A, *Epinephelus tukula*, Barriere Riff, Australien), Barrakudas (B, *Sphyraena* sp., Bonaire, Karibik) oder Muränen (C, *Gymnothorax moringa*, Bonaire, Karibik), aber auch Pflanzenfresser wie Papageifische (D, *Scarus vetula*, Bonaire, Karibik) können plötzlich „ciguatoxisch" werden.

Handel gebracht werden oder sind von einem Vermarktungsverbot betroffen. So ist man mit dem Import tropischer Fische, auf der Speisekarte europäischer Feinschmecker-Restaurants durchaus gängig, aus Gebieten, in denen Ciguatera vorkommt, vorsichtig geworden.

Halsteadt [1] listet mehr als 110 Fischarten auf, die mit Ciguatera in Beziehung gebracht worden sind. Nicht alle sind typische Speisefische. Unter diesen sind aber zahlreiche Arten, die besonders häufig Ciguatera auslösen: **Pflanzenfresser** wie Papageifische (Familie: Scaridae), Doktorfische (Acanthuridae) und Drückerfische (Balistidae), **Raubfische** wie Muränen (Muraenidae), Stachelmakrelen (Carangidae), Schnapper (Lethrinidae, Lutjanidae), Lippfische (Labridae), Barben (Mullidae), Zackenbarsche (Serranidae), Barrakudas (Sphyraenidae) und einige in Küstennähe lebende Makrelen und Thunfische (Scombridae) (Abb. 2.95).

Von Ciguatera kann jeder betroffen werden, der in tropischen Regionen Fisch ißt. Quarantänebestimmungen gibt es nur selten (in Florida z.B. darf Barrakuda nicht gehandelt werden [6]), so daß man selbst in First-Class-Hotels nicht davor gefeit ist.

Vorsichtsmaßnahmen. Als Tourist hat man im Prinzip nur eine Möglichkeit, Ciguatera abzuwenden: Man verzichtet konsequent auf Fisch. Ist man als Abenteuertourist unterwegs und fängt sich den Fisch selbst, sollte man einige Regeln beachten, die das Risiko einer Vergiftung zwar nicht ausschließen, jedoch niedrig halten. Empfehlungen wie eine Silbermünze mit dem Fisch zu kochen (wenn diese sich schwarz färbt, sei der Fisch giftig) entbehren jeglicher rationalen Grundlage ebenso wie manche Methoden der Einheimischen, den Fisch nach seinem Aussehen (Färbung der Zähne oder Kiemen, Fliegen auf dem Fisch seien ein Zeichen für seine Ungefährlichkeit) zu beurteilen. Man sieht es einem Fisch definitiv nicht an, ob er toxisch ist!

Versuche, dies herauszufinden, indem man Fischstücke an einen Hund, eine Katze oder an Hühner verfüttert, sind da

Fischkultur Ciguatera-ähnliche Symptome hervorrief [9]. Da Lachs bisher noch nie mit Ciguatera in Verbindung gebracht wurde und in Chile diese Vergiftung bisher nie auftrat (das Land liegt größtenteils außerhalb des Tropengürtels), wird angenommen, daß die verantwortlichen Toxine mit dem Futter (Mehl von ciguatoxischen Fischen) in den Lachs gelangten.

Ungefähr 400 Millionen Menschen leben in Gebieten, in denen Ciguatera regelmäßig auftritt, sie sind somit potentielle Opfer dieser Vergiftung. Die lokalen Gesundheitsbehörden scheinen oftmals die Erkrankung nicht ernst zu nehmen, zumal es nur äußerst selten zu Todesfällen im Zusammenhang mit Ciguatera kommt. Vielfach macht sich eine fatalistische Einstellung breit, daß man diese Vergiftung nicht vermeiden könne und man dieses Risiko eben einzugehen habe. Ähnlich wie bei Muschelvergiftungen sind die **ökonomischen Auswirkungen** von Ciguatera nicht zu unterschätzen. Der Fischfang ist oft erheblich eingeschränkt (was allerdings den Küstenbereich mancher Inseln vor dem Überfischen bewahrt), wertvolle Speisefische können zumindest zeitweise nicht in den schon eher aussagekräftig (doch von der Durchführbarkeit limitiert). Man sollte folgende **Regeln** beachten:

- Niemals Innereien (Leber, Gonaden, Eier) von Fischen essen.

- Keine Raubfische (Barrakudas, Stachelmakrelen, Schnapper, Zackenbarsche, vor allem keine Muränen) essen, diese sind in der Regel giftiger als etwa Pflanzen- oder Detritusfresser (Papageifische).

- Durch Kochen und Braten wird das Gift nicht zerstört. Abgießen des Kochwassers entfernt zwar einen Teil des wasserlöslichen Toxinanteils, jedoch nicht alles (kaum das lipidlösliche Ciguatoxin), vermindert aber die Gesamttoxizität.

- Wenn möglich, nur Fische im offenen Meer – entfernt von Korallenriffen – fangen.

Giftproduzent. Über die Ursachen, die einen Fisch plötzlich „ciguatoxisch" werden lassen, hat man lange gerätselt, bis sich auch hier bestätigte, daß das Toxin nicht vom Fisch selbst, sondern aus seiner Nahrung stammt. Bei einem Ausbruch von Ciguatera auf den Gambier-Inseln (Polynesien) konnte erstmals die Beteiligung eines **Dinoflagellaten**, *Gambierdiscus toxicus* (Abb. 2.96), nachgewiesen werden. Im Gegensatz zu den Dinoflagellaten-Arten, die für die Muschelvergiftungen verantwortlich sind, findet sich diese Art aber nicht im Plankton, sondern lebt auf Algen des Korallenriffs.

Dieser Einzeller hat eine relativ niedrige Teilungsrate mit einem Zyklus von drei Tagen, der noch durch niedrige Salzkonzentrationen und hohe Lichtintensität verlängert wird. Dementsprechend wächst der Dinoflagellat nicht in Flußmündungen oder auf flachen, sandigen Stränden. Sein Kalkpanzer ist von einer muköse Membran umgeben, so daß er auf Wasserzirkulation u.a. zur Befreiung von Ablagerungen angewiesen ist [6, 11]. Die Ursachen, die zu einer plötzlichen Vermehrung der Dinoflagellaten (eine sog. benthische **Algenblüte**) führen oder diesen zur Toxinproduktion anregen, sind weitgehend unbekannt. So wurde beobachtet, daß nach Wirbelstürmen, Seebeben, starken Regenfällen etc. die Zahl der Ciguatera-Vergiftungen anstieg. Darüber hinaus werden Beziehungen zwischen den militärischen Aktivitäten (Atombombentests) im Pazifik und dem vermehrten Auftreten von Ciguatera diskutiert [12]. Auch Klimaveränderungen (El Niño, Treibhauseffekt) werden in Erwägung gezogen. Ein Schutz der Korallenriffe ist sicher eine wichtige Maßnahme, denn abgestorbene Korallen werden von Algen und mit ihnen von *Gambierdiscus toxicus* schnell besiedelt.

In der Karibik wird eine weitere Dinoflagellaten-Art, *Ostreopsis lenticularis*, mit Ciguatera in Beziehung gebracht, wobei man beobachtet hat, daß mit der Alge assoziierte Bakterien offenbar die Toxin-Produktion anregen oder zumindest begünstigen [13]. Im Pazifik scheint diese Alge auch an der Bildung von Palytoxin (s. Kapitel: Fischvergiftung durch Palytoxin) beteiligt zu sein [14].

Mit den Algen (Makroalgen, meist diverse Tange wie *Turbinaria*-, *Jania*- und *Amphiroa*-Arten) werden die Dinoflagellaten von **pflanzenfressenden Fischen** aufgenommen. Das Toxin (**Ciguatoxin**) gelangt auf diese Weise in die **Nahrungskette** und akkumuliert im Pflanzenfresser. Dieser hinwiederum fällt **Raubfischen** zum Opfer, wobei das Toxin erneut konzentriert wird (Abb. 2.97). So kommt es, daß manche Raubfische wie

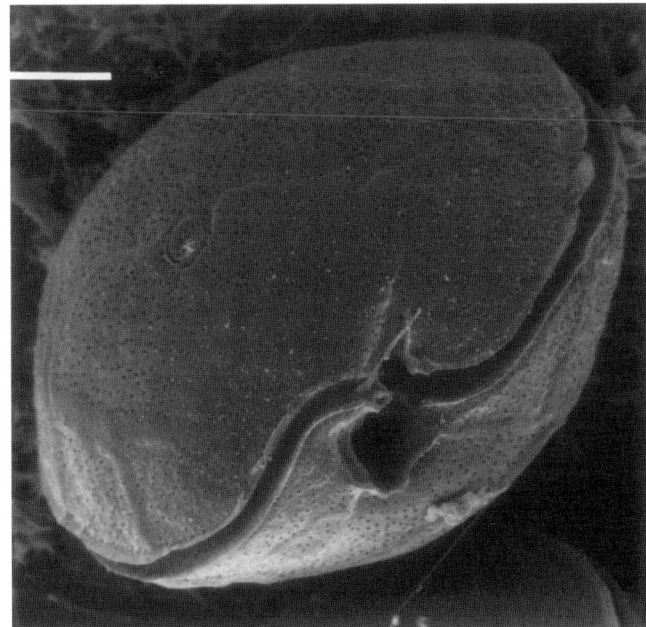 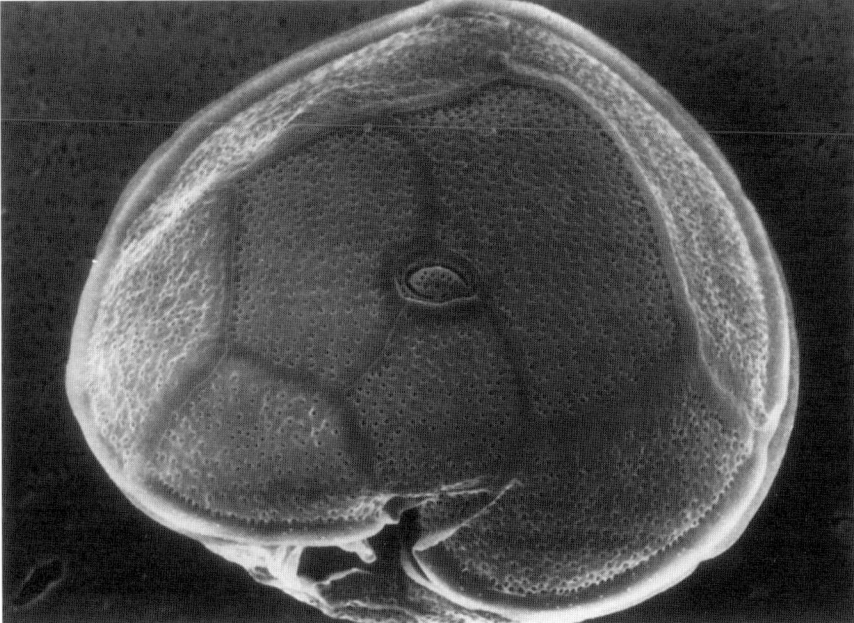

Abb. 2.96: Dinoflagellat *Gambierdiscus toxicus*, Produzent des Ciguatoxins; rasterelektronenmikroskopische Aufnahmen (1 500 ×).

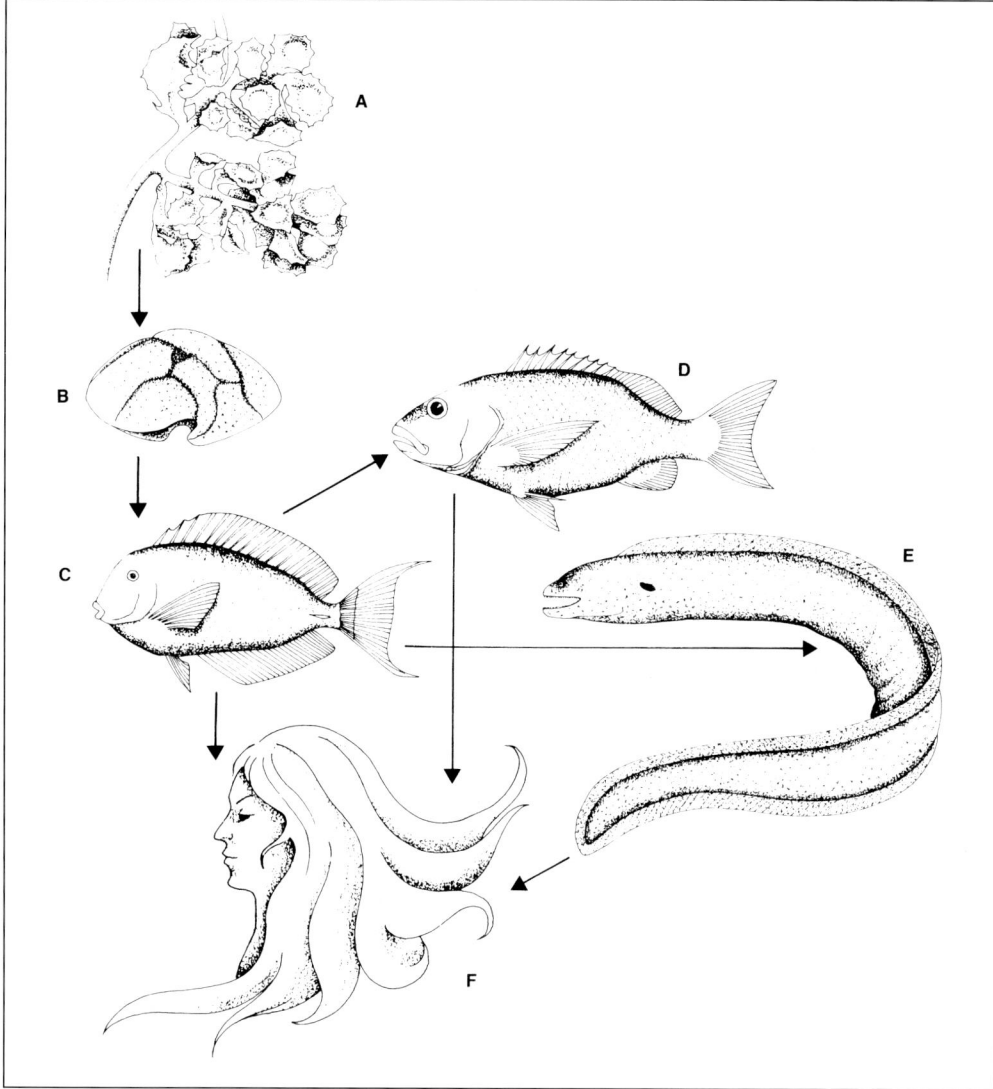

Abb. 2.97: Ciguatoxin, von dem Dinoflagellaten *Gambierdiscus toxicus* gebildet (B), wird über die Nahrungskette angereichert. Pflanzenfressende Fische (C) weiden Tang (A) ab, auf dem die Dinoflagellaten leben und nehmen damit auch das Toxin auf, das sie in ihrem Körper speichern. Raubfische (D, E) akkumulieren das Toxin weiter, wenn sie den Pflanzenfresser verzehren. Unter dem Toxin selbst leidet nur der Mensch (F) am Ende der Nahrungskette.

Barrakudas und Muränen besonders toxisch sind. Obwohl dieses Toxin für Landwirbeltiere (einschließlich Mensch) äußerst wirksam ist, werden Fische davon offenbar wenig beeinträchtigt [6]. In hohen Dosen wirkt Ciguatoxin aber auch Fisch-toxisch. Wahrscheinlich spielen auch Wirbellose wie Schnecken und Würmer, die ja ebenfalls Algen abgrasen und ebenfalls von Fischen verzehrt werden, eine nicht zu unterschätzende Rolle in der Bioakkumulation der Toxine.

Gift. Ciguatoxin ist biologisch hochaktiv, doch in den Fischen relativ niedrig konzentriert. So benötigte man etwa eine Tonne Leber der Muräne, *Gymnothorax javanicus*, um daraus 1 mg reines Toxin zu isolieren [15]. Durch Kultur des Dinoflagellaten *Gambierdiscus toxicus* ist dieses Problem derzeit kaum zu lösen, da die Ausbeuten nur äußerst gering sind. Ciguatoxin ist hochgiftig (LD_{50}: 0,45 µg/kg für Mäuse, i.p. Injektion, die im übrigen nicht sehr empfindlich auf dieses Toxin reagieren). Es ist eine lipidlösliche Substanz. Erste Untersuchungen zu seiner Struktur ließen große Ähnlichkeiten zur **Okadasäure**, ein Toxin der gastroenteralen Form der Muschelvergiftung, erkennen. So handelt es sich beim Ciguatoxin ebenfalls um einen komplexen **Polyether** [16, 17]. Das Ciguatoxin-Molekül kommt in verschiedenen Abwandlungen vor, wobei es erst kürzlich gelang, einen *Gambierdiscus*-Stamm zu identifizieren, der in Kultur Ciguatoxin und ein verwandtes Molekül, das Gambierol, synthetisiert [18].

Angriffspunkt des Ciguatoxins sind die **Natrium-Kanäle** erregbarer Membranen [16]. Es bewirkt eine Öffnung der Natrium-Kanäle; so kann vermehrt Natrium in die Zelle strömen, was zu erhöhter Erregbarkeit, Dauerstimulation des Nerven und letztlich zu seiner Blockade führt. Tetrodotoxin, das die Natrium-Kanäle verschließt, ist somit ein Antagonist des Ciguatoxins.

Neben Ciguatoxin kommen noch andere Toxine im Zusammenhang mit der Vergiftung vor. **Maitotoxin** wurde zuerst aus den Eingeweiden von Doktorfischen (tahitischer Name: maito) isoliert. *Gambierdiscus toxicus* produziert es in Kultur fast ausschließlich [19]. Im Gegensatz zu Ciguatoxin ist es gut wasserlöslich und noch giftiger (LD_{50}, 0,05 µg/kg für Mäuse). Mit seiner langen Polyetherkette, seinen 32 aneinander gereihten Etherringen, ist es noch größer als das Ciguatoxin und das Palytoxin [20]. Nimmt man die Proteine einmal aus, ist es das größte Toxin-Molekül. Es wirkt auch auf andere Weise als Ciguatoxin, denn es greift spannungsabhängige **Calcium-Kanäle** an und aktiviert diese, was zu einem erhöhten Einstrom von Calcium-Ionen in die Zelle führt [21, 22]. An der neuromuskulären Endplatte hat dies eine vermehrte Transmitterfreisetzung zur Folge, die den Muskel kontrahiert und lähmt. Dies hat Maitotoxin zu einem wichtigen Werkzeug des Neurophysiologen gemacht.

Auch das **Scaritoxin**, zunächst aus dem Fleisch von Papageifischen (Scaridae)

Gambierol

Ciguatoxin

isoliert, scheint ebenfalls häufiger als ursprünglich vermutet vorzukommen [23]. Es ist wie das Ciguatoxin lipophil. Sicher ist damit die Zahl der im Zusammenhang mit Ciguatera stehenden Toxine keineswegs erschöpft, so daß durchaus noch überraschende Ergebnisse zu erwarten sind. Dies hat sich erst jüngst bei einer Vergiftung durch **Haifisch-Fleisch** gezeigt.

Analytik. Der **Toxizitätstest** an Mäusen (obwohl diese auf Ciguatoxin nicht gerade empfindlich reagieren) ist häufig noch Standardmethode zur Unterscheidung von giftigem und ungiftigem Fisch, ein ähnlicher Test wird auch bei Muscheln durchgeführt. Auf vielen Inseln des Pazifiks, wo derartige Tests nicht möglich sind, behilft man sich mit Mungos und Katzen, die sehr empfindlich (durch Erbrechen) auf Ciguatoxin reagieren, wenn man ihnen Fisch füttert. Auch einen Hühner-Fütterungstest hat man entwickelt [24], ja sogar die Injektion von Fischfleisch-Extrakten in Moskitos wurde als Bioassay empfohlen [25].

Die Zukunft gehört aber sicher dem **immunologischen Test,** der einfach und schnell die Erkennung mit Ciguatoxin kontaminierten Fisches erlaubt [26]. In einem Radioimmunoassay (RIA) wurden radioaktiv markierte Antikörper gegen gereinigtes Ciguatoxin mit Humanalbumin als Hapten benutzt [27], ein allerdings sehr unökonomischer, da zu aufwendiger Test. Die Entwicklung eines **Stick-Enzym-Immunoassays** (S-EIA) stellte gewissermaßen einen Durchbruch dar [28]. Ein mit Saugpapier beschichtetes Bambusstäbchen wird in das Fischgewebe gesteckt, woran evtl. vorhandenes Toxin adsorbiert wird. Sodann wird das Stäbchen in eine Lösung getaucht, die mit Peroxidase gekoppelte Ciguatoxin-Antikörper enthält. Kommt es zur Antigen-(Ciguatoxin-)Antikörper-Reaktion, so wird diese im letzten Schritt über eine Farbreaktion (freigesetzte Peroxidase-Aktivität) sichtbar gemacht. Auch dieses Verfahren, das allerdings keine sehr hohe Spezifität aufweist, eignet sich mehr für Labortests, weniger für Untersuchungen auf dem Schiff, direkt beim Sortieren des Fangs. Hierfür wurde ein vereinfachter Test (solid-phase immunobead assay, SPIA) entwickelt [29]. Ein Toxinnachweis im Blut oder Urin von Patienten ist derzeit noch nicht möglich. Auch sind die genannten Tests bisher nur sehr beschränkt verfügbar.

Vergiftung. Die ersten Symptome können innerhalb von Minuten, aber auch erst mehrere Stunden (bis zu 30) nach der Fischmahlzeit einsetzen, in der Regel jedoch innerhalb der ersten sechs Stunden. Eine bereits früher einmal erlittene Ciguatera-Vergiftung beschleunigt den Krankheitseintritt wie auch eine besonders ausgiebige Fischmahlzeit [1, 6, 27]. Charakteristisch für diese Vergiftung sind neben gastrointestinalen Beschwerden zeitgleich oder versetzt auftretende **neurologische Symptome.** In 40 bis 75% der Fälle beginnt Ciguatera mit Übelkeit, Erbrechen, wäßriger Diarrhöe, Abdominalkrämpfen, gefolgt oder begleitet von metallischem Geschmack, Prickeln und Brennen im Mundbereich (Lippen, Zunge, Gaumen) mit anschließendem Taub-

Maitotoxin

158 | Passiv giftige Meerestiere

heitsgefühl, das sich über die Extremitäten bis in die Finger- und Zehenspitzen ausbreitet. Für die Differentialdiagnose wichtig ist ein seltenes Symptom: **Kälteempfindlichkeit,** ein Mißempfinden bei Kontakt mit kaltem Wasser oder kalter Luft. Dieses Phänomen ist ausschließlich für Ciguatera charakteristisch und findet sich bei keiner Muschelvergiftung. Besonders unangenehm ist ein penetranter **Juckreiz** (Pruritus) an den Handinnenflächen und Fußsohlen. Bei schweren Vergiftungen treten darüber hinaus noch Schwindel, Tremor, Ataxien und Reflexminderungen auf, auch tonisch-klonische Krämpfe, Stupor bis hin zum Koma.

Mitunter sind die Symptome durchaus denen einer schweren Grippe ähnlich. Die Patienten klagen über Muskel- und Gelenkschmerzen, vor allem in den Beinen, verschwommenes Sehen, Benommenheit, allgemeine Erschöpfung und Schwäche. Auch Herz-Kreislauf-Probleme wie Herzrhythmusstörungen (Bradykardie, Reizleitungsstörungen, z.B. atrioventrikulärer Block) und Blutdruckabfall können hinzutreten. Die einzelnen Symptome können in ihrer Stärke und Ausprägung stark variieren. Dies ist von der Toxinkonzentration, offensichtlich aber auch von der Herkunft (Fischart) des Toxins abhängig. In der Karibik scheint Ciguatera allgemein schwerer zu verlaufen. Hier stehen gastrointestinale Beschwerden wie wäßrige Diarrhöe im Vordergrund. Im Pazifik treten sie nur bei jedem zweiten oder dritten Patienten auf. In Réunion (Indischer Ozean) berichteten Patienten in 16% der Fälle über halluzinatorische Erscheinungen als weiteres Symptom [30]. Ciguatera wird sicher nicht alleine von nur einem Toxin (Ciguatoxin) ausgelöst [31].

Während die akuten Symptome meist innerhalb von 8 bis 10 Stunden abklingen, können die neurologischen Symptome, wie Pruritus, Taubheitsgefühl und Kälteempfindlichkeit, Tage, ja Wochen und, in (seltenen) Extremfällen, Monate anhalten. In Belastungssituationen wird von den Patienten manchmal über neu auftretende **Muskel- und Gelenkschmerzen** sowie über **Erschöpfungszustände** geklagt. Die Blutparameter sind in der Regel unauffällig (mit Ausnahme vielleicht von erhöhten Harnstoffwerten). Insgesamt ist jedoch die **Prognose gut.** Todesfälle sind selten, die Mortalitätsrate wird mit weniger als 0,5% angegeben [27]. Bagnis und Mitarbeiter [32] berichten über drei Todesfälle unter 3009 Ciguatera-Fällen im Südpazifik (Mortalitätsrate: 0,1%). Diese waren weniger auf eine direkte Toxinwirkung als auf Komplikationen infolge von Erbrechen und Diarrhöe (z.B. Elektrolytverluste) oder Muskelschwäche (Ateminsuffizienz) zurückzuführen.

Überstanden bewirkt Ciguatera **keine Immunität.** Im Gegenteil, mit jeder neuen Erkrankung verstärken sich die Symptome, der Krankheitsverlauf wird schwerer.

Therapie. Ein spezifisches Antidot gegen Ciguatera gibt es nicht. Eine Therapie der Vergiftung muß daher symptomatisch erfolgen. Vitamin B$_6$-Präparate, Kortikosteroide, Ca-Glukonat, Pyridoxin und Acetylsalicylsäure haben keinen Einfluß auf den Verlauf der Vergiftung. Atropin, das auch in einer von den Eingeborenen Neu-Kaledoniens verwendeten Pflanze, *Duboisia myoporides,* enthalten ist, bessert zwar Herzbeschwerden (Bradykardie), hat jedoch keine Wirkung auf die neurologische Symptomatik.

Eine Magenspülung erübrigt sich meist bei anhaltendem Erbrechen. Es ist auf ausreichende Flüssigkeits- und Elektrolytzufuhr zu achten; vor allem bei heißem Klima kann sonst ein plötzlicher Kreislaufkollaps auftreten. Eine (sehr seltene) Ateminsuffizienz kann Intubation und Beatmung nötig machen. Möglichen Krampfanfällen (nur in wirklich schweren Fällen zu erwarten) kann durch Sedierung (Benzodiazepine, keine Opiate) entgegengewirkt werden. Zwar kann für den anhaltenden Juckreiz eine kalte Dusche kurzfristig Linderung bewirken, jedoch ist dies nicht in den Fällen angebracht, in denen Störungen im Temperaturempfinden vorliegen. Alkoholkonsum scheint den Juckreiz zu verstärken [33].

Mannit-Infusionen scheinen den Vergiftungsverlauf positiv zu beeinflussen. So erlangte ein an Ciguatera erkrankter, komatöser Patient nach Mannit-Infusion binnen weniger Minuten wieder das Bewußtsein. Bei einem anderen Patienten verschwanden Symptome wie Juckreiz und allgemeines Unwohlsein innerhalb weniger Stunden. Es werden Infusionen in einer Dosierung von z.T. 1 g Mannit (meist in 10- oder 20%iger Lösung)/kg/ 45 Minuten empfohlen [34, 35], dies jedoch erst, wenn der u.U. stark dehydrierte Patient vollständig flüssigkeitssubstituiert ist, da Mannit die Diurese anregt. Der Wirkungsmechanismus für den positiven Effekt bei Ciguatera ist unklar. Kontrollierte klinische Studien fehlen noch. Auch scheint die Wirkung einer Mannit-Infusion nachzulassen, je später sie durchgeführt wird. 24 Stunden nach dem Auftreten der ersten Ciguatera-Symptome sind offenbar das Limit.

Erste Hilfe. Bei schnellem Auftreten von Symptomen Erbrechen provozieren. Meist ist dies jedoch nicht nötig, da Erbrechen eines der ersten Symptome ist. Keinen Alkohol trinken. Bei schweren Vergiftungen, auch bei Komplikationen durch Elektrolytverluste (Erbrechen, Diarrhöen), Arzt aufsuchen, diesen auf die Fischmahlzeit hinweisen.

Da diese Vergiftung in Europa weitgehend unbekannt ist, muß der Patient, vor allem bei den Spätsymptomen, seinen Arzt auf möglicherweise vorliegende Ciguatera hinweisen.

Fallbeschreibungen

Leichte Vergiftung

Im März 1989 traten bei Urlaubsgästen in einem Hotel an der Nordküste der Dominikanischen Republik (Karibik) nach dem Abendessen (als Hauptgang hatte es gebratenen Thunfisch gegeben) im Laufe der Nacht Vergiftungserscheinungen auf. Beginnend mit gastrointestinalen Beschwerden wie abdominalen Schmerzen, Darmkrämpfen, Übelkeit und Erbrechen, stellten sich bei manchen Urlaubern wäßrige Diarrhöen ein. Ein Betroffener berichtete über eine anderntags auftretende ausgeprägte Muskelschwäche in den Gliedmaßen, die später von ziehenden Schmerzen in den Beinen begleitet war. Außerdem war das Temperaturempfinden beeinträchtigt: Kaltes fühlte sich deutlich kälter an als gewohnt. Hingegen klagte ein anderer Urlauber über ein starkes Hautbrennen beim Baden im Meer, andere klagten über einen unerträglichen Juckreiz. Vereinzelt trat Pruritus an den Handinnenflächen und um die Knöchel auf. Insgesamt waren etwa 20 Personen betroffen, von denen nur wenige einen Arzt aufsuchten, der symptomatisch mit Elektrolytzufuhr und Analgetika behandelte. Die Symptome klangen nach einigen Tagen wieder ab [3].

Tödliche Vergiftung

In Französisch-Polynesien erkrankte ein 42jähriger Mann kurz nach einer Fischmahlzeit (Schnapper, *Lethrinus miniatus*) mit Anzeichen von Ciguatera: Übelkeit, Erbrechen, Diarrhöen und leichte Parästhesien. Ca. 40 Stunden später hatte er Schwierigkeiten beim Laufen (Ataxie) und fühlte sich schwach. Er wurde sofort in ein Krankenhaus eingeliefert. Hier klagte er über einen unerträglichen Juckreiz am ganzen Körper. Wenig später fiel er in einen deliranten Zustand, war zeitweilig stark agitiert und hatte leichtes Fieber (37,8 °C), klagte über Atembeschwerden. Nach vier Tagen wurde eine Lähmung der Augenmuskeln (Ophthalmoplegie) beobachtet. Der Patient fiel in ein tiefes Koma, die Körpertemperatur stieg auf 41–42 °C. Die Arme waren verkrampft, und es entwickelte sich eine linksseitige Lähmung, die Kiefermuskulatur zeigte spastische Kontraktionen. Der Tod trat sechs Tage nach der Fischmahlzeit ein. Die Frau des Patienten, die ebenfalls von dem betreffenden Fisch gegessen hatte, war gleichfalls von Ciguatera betroffen, die Vergiftung war jedoch leichter Natur [36].

Vergiftungen in Zusammenhang mit Ciguatera

Vergiftung durch Palytoxin

Hin und wieder treten Vergiftungen auf, die durch ihr rasches Einsetzen und den schweren Verlauf auffallen. Hierbei hat die Fischmahlzeit meist aus Drückerfischen der Familie Balistidae (engl. trigger fish) bestanden, die oft recht zahlreich in den Korallenriffen des Indo-Pazifiks anzutreffen sind. Schon früh kam die Vermutung auf, es könne sich um ein anderes Toxin handeln [36]. Dies hat sich in den letzten Jahren bestätigt. So wurde im Drückerfisch *Melichthys vidua* Palytoxin nachgewiesen [37].

Palytoxin ist einer der giftigsten Naturstoffe (LD_{50}: 10 ng/kg, i.v. Injektion bei Mäusen). Es wurde zuerst aus Krustenanemonen (Ordnung: Zoantharia) der Gattung *Palythoa* isoliert (Abb. 2.98). Die Beteiligung von **Bakterien** an der Synthese dieses komplexen Moleküls wird diskutiert, ist jedoch nie zweifelsfrei nachgewiesen worden [38]. Ostreocin, ein Toxin, das aus Kulturen der Panzeralge *Ostreopsis siamensis* isoliert wurde, erwies sich als ein Palytoxin-Derivat

Abb. 2.98: Krustenanemone, *Palythoa* caesia (Lizard Island, Australien).

Palytoxin

[39]. Dies legt die Vermutung nahe, daß auch Algen an der Bildung dieses Toxins beteiligt sein könnten. Palytoxin ist ein **Polyketid,** das sich durch eine hohe Zahl von Hydroxylgruppen auszeichnet. Es wirkt stark zytolytisch und erhöht die Permeabilität der Zellmembran für Ionen [40, 41, 42]. Hierbei scheint es mittels der Na$^+$, K$^+$-ATPase, ein Enzym, das in der Zellmembran lokalisiert ist und von Palytoxin gehemmt wird, **Poren** (Kanäle) zu bilden. Diese besitzen eine gewisse Selektivität für Ionen: Natrium- und Kalium-Ionen können passieren, nicht jedoch Calcium-Ionen [43, 44]. Auch dieses Toxin ist hitzestabil und wird durch Kochen nicht zerstört.

Die **Herkunft** dieses Toxins im Fisch ist unklar. Fragmente der Krustenanemone fanden sich zumindest nicht im Magen-Darm-Trakt. Die Tatsache, daß sich das Toxin auch in Krabben (*Lophozozymus pictor* und *Demania* sp.; s. Kapitel: Vergiftungen durch Krebse) findet, weist darauf hin, daß dieser Naturstoff im marinen Bereich weiter verbreitet ist, als man bisher angenommen hat. So wurde das Toxin in Krebsen und Polychaeten gefunden, die in enger Nachbarschaft von *Palythoa*-Kolonien leben oder sich von ihnen ernähren [45]. Dies zeigt, daß Palytoxin leicht in die Nahrungskette Eingang finden kann. Bei einem Feilenfisch, *Alutera scripta* (Familie: Monacanthidae), scheint die Herkunft des Palytoxins hingegen klar. Er ernährt sich von Krustenanemonen [46].

Vergiftungen infolge von Palytoxin sind jedoch nicht nur auf Drückerfische beschränkt. In Japan erkrankten zwei Personen schwer nach dem Verzehr eines Papageifisches, *Ypsicarus ovifrons*: Krämpfe, starke Muskelschmerzen und Atembeschwerden waren die Hauptsymptome [47]. Die Serumwerte für die Kreatinkinase (CK), Laktatdehydrogenase (LDH) und Glutamat-Oxalat-Transaminase (GOT) waren stark erhöht, außerdem wurde Myoglobinurie beobachtet. Ein Patient starb nach vier Tagen, der zweite erholte sich im Laufe einer Woche.

In einem Import geräucherter Makrelen *(Decapterus macrosoma)* aus den Philippinen wurde ebenfalls Palytoxin nachgewiesen, nachdem ein 35jähriger Mann schwer erkrankt war, der einen Fisch gegessen hatte [48]. Neben typischen Zeichen von Ciguatera, wie Erbrechen, Diarrhöe, Parästhesien im Gesicht und in den Extremitäten, fielen unkontrollierbare, tonische Kontraktionen von Muskelpartien auf. Wegen einsetzender Atembeschwerden wurde intubiert und beatmet. Auch in diesem Fall waren infolge der Muskelkrämpfe die Serumwerte für die Kreatinkinase extrem hoch (41 000 U/l, Normalwerte: 45–235 U/l). Der Urin war durch Myoglobulin dunkelbraun gefärbt (Myoglobinurie).

Nicht allein wegen der Gefahr einer Vergiftung ist der Verzehr von Drückerfischen (manchmal auch von anderen Fischen) mit einem nicht geringen Risiko verbunden: Palytoxin ist eine der aktivsten Substanzen, die das Wachstum von Tumorzellen fördern [49].

Vergiftung durch Haifleisch

Abb. 2.99: Auf vielen Fischmärkten Asiens, wie hier in Miri (Borneo), werden Haie angeboten.

Im November 1993 kam es in Manakara, einer Stadt an der Ostküste **Madagaskars**, nach dem Verzehr von Haifleisch zu einer **Massenvergiftung**. Jeder, der davon gegessen hatte, erkrankte; 60 bis 68 Menschen starben [50, 51, 52]. Vergiftungsursache war das Fleisch eines etwa 100 kg schweren, 150–200 cm langen Haies, *Carcharinus leucas*, von dem etwa 40 kg auf dem Markt verkauft wurden. Ein Hund, der vom Schlachtabfall gefressen hatte, wurde anderntags tot aufgefunden. Von allen Konsumenten wurde das Fleisch etwa eine Stunde lang gekocht.

Fünf bis zehn Stunden nach der Mahlzeit zeigten fast alle, die von dem Fleisch, vor allem aber von der Leber des Haies gegessen hatten, schwere Vergiftungserscheinungen: Gefühllosigkeit in Fingerspitzen und Zehen, Brennen und Prickeln in Mund und Lippen, schwere Störungen der Bewegungskoordination, was sich in einem staksigen Gang ausdrückte. Einige Patienten klagten über einen anhaltenden Juckreiz am ganzen Körper. Gastrointestinale Beschwerden traten vergleichsweise wenig auf. Insgesamt wurden 188 Patienten in das örtliche Hospital aufgenommen. Schwervergiftete Patienten wurden rasch bewußtlos und fielen in ein tiefes Koma. Ein Ärzteteam, das nach fünf Tagen aus der Hauptstadt Antananarivo eintraf, fand noch 150 Patienten im Hospital vor, 35 davon in kritischem Zustand, 15 davon starben nach Tagen unter Krämpfen, Atemnot infolge eines Lungenödems und Kreislaufversagen. Die Behandlung bestand im wesentlichen aus Infusionen zur Rehydratation der Patienten, Gabe von Aktivkohle, Kortikoiden und den Kreislauf stützenden Präparaten. Auch wurden Mannit-Infusionen verabreicht, der Erfolg bzw. Mißerfolg wurde nicht dokumentiert.

Im Hospital starben 50 Patienten, 5 bis 18 zu Hause. Insgesamt lag die **Mortalitätsrate** bei ca. 30%, wohl auch wegen der eingeschränkten medizinischen Versorgung bzw. Behandlungsmöglichkeiten. Zwar erinnern einige Symptome durchaus an Ciguatera, die in den Gewässern um Madagaskar keineswegs selten auftritt [7, 8]; so die neurologischen Symptome wie Parästhesien im Mundbereich und in den Gliedern. Auffällig ist jedoch die geringe Frequenz von Erbrechen und Diarrhöe, bei Ciguatera häufiges Symptom, sowie allgemein die Schwere der Vergiftung, **Koma mit tödlichem Ausgang**. Hingegen ist die Mortalitätsrate von Ciguatera mit 0,1% sehr niedrig.

Mit dem wenigen Material, Leber und Fleischresten, das für Untersuchungen zur Verfügung stand, wurden zunächst bakteriologische Untersuchungen durchgeführt, die jedoch keinen Hinweise auf pathogene Keime ergaben. Die alkoholischen Extrakte der Leberreste zeigten bei Mäusen hohe Toxizität. Die weitere Analyse ergab, daß es sich um fettlösliche (lipophile) Toxine handeln muß. Wie Ciguatoxin sind sie hitzeresistent, doch sind sie von diesem Toxin in ihrem chromatographischen Verhalten deutlich zu unterscheiden. Eine Strukturaufklärung der als **Carchatoxin-A** und **-B** bezeichneten Wirkstoffe war jedoch wegen der geringen Materialmenge nicht möglich.

Diese in der Tat dramatischen Vergiftungsumstände und -folgen sind bisher einmalig, was nicht bedeutet, daß ähnliche Vergiftungen in der Vergangenheit nicht auch schon, wenn auch nur vereinzelt, aufgetreten sind. Im vorliegenden Fall wurden die Gesundheitsbehörden durch das Ausmaß der Vergiftung alarmiert, sonst hätte man wohl kaum Notiz davon genommen. Beschreibungen von Vergiftungen mit tödlichen Folgen nach dem Verzehr von Hai-Leber [1], die bisher kaum Beachtung fanden, erscheinen nunmehr in neuem Licht. So erkrankten 1873 in Neukaledonien sieben Personen nach dem Verzehr der Leber eines Haies [53]. Neurologische und gastrointestinale

Trimethylaminoxid → **Trimethylamin**

Trimethylammonium = Tetramin

Symptome entwickelten sich rasch, ein Patient starb. Ein Schwein, an das man die Reste der Leber verfüttert hatte, verendete kurz danach. Auf den Gilbert-Inseln sollen mehrere Personen nach dem Verzehr der Leber eines Tigerhaies *(Galeocerdo cuvieri)* gestorben sein [54].

Das Fleisch des Grönland-Haies, *Somniosus microcephalus,* wird schon lange als nicht ungefährlich eingeschätzt [55]. Schlittenhunde sterben, wenn man an sie größere Mengen davon verfüttert. Als toxischer Faktor konnte **Trimethylamin** identifiziert werden. Es wird von Darmbakterien durch Reduktion des Trimethylaminoxids, das im Fleisch von Haien durchaus häufig vorkommt, gebildet. Trimethylamin ist für den fisch- und tranartigen Geruch leicht verdorbenen Fisches verantwortlich. Daß es beim Menschen kaum zu Vergiftungen kommt, ist wohl eine Dosisfrage, da im Vergleich zu Schlittenhunden, die das Fleisch roh verzehren, vergleichsweise wenig auf den Teller gelangt. Durch mehrmaliges Kochen, durch Trocknen, Einfrieren und Auftauen, wobei man das Tauwasser ablaufen läßt, wird das Fleisch leicht entgiftet.

Literatur

[1] Halstead, B.W., Poisonous and Venomous Marine Animals of the World (2nd rev. ed.), Darwin Press, Princeton (1988).
[2] Anderson, J., An account of some poisonous fish of the South Seas. Phil. Trans. Roy. Soc. London **66**, 544 (1776).
[3] Mebs, D., Albert, H., Fischvergiftung in der Karibik: Ciguatera. Dtsch. med. Wschr. **114**, 1009 (1989).
[4] Krause, G., Andersch-Borchert, I., Diesfeld, H.J., Krause, G., Neue Fälle von Fischvergiftungen bei deutschen Urlaubern in der Karibik. Dt. Med. Wschr. **119**, 975 (1994).
[5] Lange, W.R., Snyder, F.R., Fudala, P.J., Travel and ciguatera fish poisoning. Arch. Intern. Med. **152**, 2049 (1992).
[6] Withers, N.W., Ciguatera fish toxins and poisoning. In: Marine Toxins and Venoms, Handbook of Natural Toxins (A.T. Tu, ed.), Bd. 3, S. 31, M. Dekker, New York (1988).
[7] Swift, A.E.B., Swift, T.R., Ciguatera. Clin. Toxicol. **31**, 1 (1993).
[8] Glaziou, P., Legrand, A., The epidemiology of ciguatera fish poisoning. Toxicon **32**, 863 (1994).
[9] Ebesu, J.S.M., Nagai, H., Hokama, Y., The first reported case of human ciguatera possibly due to a farm-cultured salmon. Toxicon **32**, 1282 (1994).
[10] Yasumoto, T., Nakajima, I., Bagnis, R.A., Adachi, R., Finding of a dinoflagellate as a likely culprit of ciguatera. Bull. Jap. Soc. Sci. Fisheries **43**, 1021 (1977).
[11] Yasumoto, T., Raj, U., Bagnis, R.A., Seafood poisoning in tropical regions. Lab. of Food Hygiene, Fac. of Agriculture, Tohoku Univ., Sendai, Japan (1984).
[12] Ruff, T.A., Ciguatera in the Pacific: a link with military activities. Lancet, Jan. 28, 201 (1989).
[13] Gonzales, I., Tosteson, C.G., Hensley, V., Tosteson, T.R., Role of associated bacteria in growth and toxicity of cultured benthic dinoflagellates. Bull. Soc. Path. Exp. **85**, 457 (1992).
[14] Usami, M., Satak, M., Ishida, S., Inoue, A., Kan, Y., Yasumoto, T., Palytoxin analogs from the dinoflagellate *Ostreopsis siamensis.* J. Am. Chem. Soc. **117**, 5389 (1995).
[15] Scheuer, P.J., Takahashi, W., Tsutsumi, J., Yoshida, T., Ciguatoxin. Isolation and chemical nature. Science **155**, 1267 (1967).
[16] Murata, M., Legrand, A.M., Ishibashi, Y., Yasumoto, T., Structures of ciguatoxin and its congener. J. Amer. Chem. Soc. **111**, 8929 (1989).
[17] Yasumoto, T., Satake, M., Chemistry, ethiology and determination methods of ciguatera toxins. J. Toxicol.-Toxin Rev. **15**, 91 (1996).
[18] Satake, M., Murata, M., Yasumoto, T., Gambierol: a new toxic polyether compound isolated from the marine dinoflagellate *Gambierdiscus toxicus.* J. Am. Chem. Soc. **115**, 361 (1993).
[19] Yasumoto, T., Hashimoto, Y., Bagnis, R., Randall, J.E., Banner, A.H., Marine toxins from the Pacific. IX. Toxicity of surgeon fishes. Bull. Jap. Soc. Sci. Fisheries **37**, 724 (1971).
[20] Murata, M., Naoki, H., Iwashita, T., Matsunaga, S., Sasaki, M., Yokoyama, A., Yasumoto, T., Structure of maitotoxin. J. Am. Chem. Soc. **115**, 2060 (1993).
[21] Ohizumi, Y., Pharmacological action of the marine toxins ciguatoxin and maitotoxin isolated from poisonous fish. Biol. Bull. **172**, 132 (1987).
[22] Gusvosky, F., Daly, Y., Maitotoxin: a unique pharmacological tool for research on calcium-dependent mechanisms. Biochem. Pharmacol. **39**, 1633 (1990).
[23] Hashimoto, Y., Marine toxins and other Bioactive Metabolites. Jap. Soc. of Science, Tokyo (1979).
[24] Vernoux, J.P., Lahlou, N., Magras, L.P., Greaux, J.B., Chick feeding test: a simple system to detect ciguatoxin. Acta Tropica **42**, 235 (1985).
[25] Bagnis, R., Barsinas, M., Prieur, A., Pompon, E., Chungue, E., Legrand, A.M., The use of the mosquito bioassay for determining the toxicity to man of ciguateric fish. Biol. Bull. **172**, 137 (1987).
[26] Hokama, Y., Immunological analysis of low molecular weight marine toxins. J. Toxicol.-Toxin. Rev. **10**, 1 (1991).
[27] Hokama, Y., Miyahara, J.T., Ciguatera poisoning: clinical and immunological aspects. J. Toxicol.-Toxin Rev. **5**, 25 (1986).
[28] Hokama, Y., Shirai, K., Iwamoto, L.M., Kobayashi, M.N., Goto, C.S., Nakagawa, L.K., Assessment of a rapid enzyme immunoassay stick test for the detection of ciguatoxin and related polyether toxins in fish tissues. Biol. Bull. **172**, 144 (1987).
[29] Hokama, Y., Simplified solid-phase immunobead assay for detection of ciguatoxin and related polyethers. J. Clin. Lab. Analysis **4**, 213 (1990).
[30] Quod, J.P., Turquet, J., Ciguatera in Reunion Island (SW Indian Ocean): epidemiology and clinical patterns. Toxicon **34**, 779 (1996).
[31] Kodama, A.M., Hokama, Y., Variations in symptomatology of ciguatera poisoning. Toxicon **27**, 593 (1989).
[32] Bagnis, R., Kuberski, T., Laugier, S., Clinical observations on 3,009 cases of ciguatera fish poisoning in the South Pacific. Am. J. Trop. Med. Hyp. **28**, 1067 (1979).
[33] Hampton, M.T., Hampton, A.A., Ciguatera fish poisoning. J. Amer. Acad. Dermatol. **20**, 510 (1989).

[34] Pearn, J.H., Lewis, R.J., Ruff, T., Tait, M., Quinn, J., Murtha, W., King, G., Mallett, A., Gillespie, N.C., Ciguatera and mannitol: experience with a new treatment regimen. Med. J. Aust. **151**, 77 (1989).

[35] Williamson, J., Ciguatera and mannitol: a successful treatment. Med. J. Austr. **153**, 306 (1990).

[36] Bagnis, R., Concerning a fatal case of ciguatera poisoning in the Tuamotu Island. Clin. Toxicol. **3**, 579 (1970).

[37] Fukui, M., Murata, M., Inoue, A., Gawel, M., Yasumoto, T., Occurrence of palytoxin in the trigger fish *Melichthys vidua*. Toxicon **25**, 1121 (1987).

[38] Moore, R.E., Helfrich, P., Patterson, G.M.L., The deadly seaweed of Hana. Oceanus **25**, 54 (1982).

[39] Usami, M., Satake, M., Ishida, S., Inoue, A., Kan, Y., Yasumoto, T., Palytoxin analogs from the dinoflagellate *Ostreopsis siamensis*. J. Am. Chem. Soc. **117**, 5389 (1995).

[40] Moore, R.E., Bartolini, G., Structure of palytoxin. J. Amer. Chem. Soc. **103**, 2491 (1981).

[41] Uemura, D., Hirata, Y., Iwashita, T., Naoki, H., Studies on palytoxin. Tetrahedron **41**, 1007 (1985).

[42] Hirata, Y., Uemura, D., Ohizumi, Y., Chemistry and pharmacology of palytoxin. In: Marine Toxins and Venoms, Handbook of Natural Toxins (A.T. Tu, ed.), Bd. 3, S. 241, M. Dekker, New York (1988).

[43] Habermann, E., Palytoxin acts through Na^+, K^*-ATPase. Toxicon **27**, 1171 (1989).

[44] Kim, S.Y., Marx, K.A., Wu, C.H., Involvement of the Na, K-ATPase in the induction of ion channels by palytoxin. Naunyn-Schmiedebergs Arch. Pharmacol. **351**, 542 (1995).

[45] Gleibs, S., Mebs, D., Werding, B., Studies on the origin and distribution of palytoxin in a Caribbean coral reef. Toxicon **33**, 1531 (1995).

[46] Hashimoto, Y., Fusetani, N., Kimura, S., Aluterin: a toxin of filefish, *Alutera scripta*, probably originating from a zoantharian *Palythoa tuberculosa*. Bull. Jap. Soc. Sci. Fisheries **35**, 1086 (1969).

[47] Noguchi, T., Hwang, D., Arakawa, O., Daigo, K., Sato, S., Ozaki, H., Kawai, N., Ito, M., Hashimoto, K., Palytoxin as the causative agent in the parrotfish poisoning. In: Progress in Venom and Toxin Research (P. Gopalakrishnakone, C.K. Tan, eds.), S. 325, Singapore Nat. Univ. (1987).

[48] Kodama, A.M., Hokama, Y., Yasumoto, T., Fukui, M., Manea, S.J., Sutherland, N., Clinical laboratory findings implicating palytoxin as cause of ciguatera poisoning due to *Decapterus macrosoma* (mackerel). Toxicon **27**, 1051 (1989).

[49] Fujiki, H., Suganuma, M., Nakayosa, M., Hakii, H., Horiuchi, T., Takayama, S., Sugimura, T., Palytoxin is a non-12-O-tetradecanoylphorbol-13-acetate type tumor promoter in two-stage mouse skin carcinogenesis. Carcinogenesis **7**, 707 (1986).

[50] Habermehl, G.G., Krebs, H.C., Rasoanaivo, P., Ramialiharisoa, A., Severe ciguatera poisoning in Madagascar: a case report. Toxicon **32**, 1539 (1994).

[51] Boisier, P., Ranaivoson, G., Rasolofonirina, N., Adriamahefazafy, B., Roux, J., Chanteau, S., Satake, M., Yasumoto, T., Fatal mass poisoning in Madagascar following ingestion of a shark *(Carcharhinus leucas)*: clinical and epidemiological aspects and isolation of toxins. Toxicon **33**, 1359 (1995).

[52] Ramialiharisoa, A., Rafenoherimanana, R., Deharo, L., Jouglard, F., Ciguatera poisoning after eating shark in Madagascar – data collected by the Antananarive medical team. Presse Med. **25**, 1350 (1996).

[53] Coutaud, H., Observations sur sept cas d'empoisonnement par le foie de requin. MD Thésis, Fac. Méd., Paris (1879).

[54] Cooper, M.J., Ciguatera and other marine poisonings in the Gilbert Islands. Pacific Sci. **18**, 411 (1964).

[55] Anthoni, U., Christophersen, C., Gram, L., Nielsen, N.H., Nielsen, P., Poisoning from flesh of the Greenland shark, *Somniosus microcephalus*, may be due to trimethylamine. Toxicon **29**, 1205 (1991).

Scombrotoxische Fische

Die Scombroid-Fischvergiftung, auch als **Scombrotoxismus** bezeichnet (engl.: scombroid fish poisoning), ist nach Ciguatera die zweithäufigste Form von Fischvergiftung.

Vergiftungsumstände. Vergiftungssymptome treten nach dem Verzehr bestimmter Fisch-Arten auf, die bei der Zubereitung nicht mehr besonders frisch waren. Es wird dies vor allem bei Vertretern der **Makrelen** (Familie: Scombridae, daher auch der Name Scombroid-Fischvergiftung) wie **Thunfisch** (*Thunnis* sp.), **Bonitos** (*Sarda* spp.) und **Makrelenhechten** (Scomberesocidae), aber auch bei **Stachelmakrelen** (Carangidae), **Heringen** und **Sardinen** (Clupeidae), **Anchovis** und **Sardellen** (Engraulidae) und beim **bluefish** (Pomatomidae) beobachtet [1].
Durch unsachgemäße Lagerung und infolge mangelhafter Hygiene sind die Fische **bakteriell** kontaminiert, wobei durch bestimmte Bakterien-Stämme **Histamin** gebildet wird. Es handelt sich also nicht um ein Toxin, das der Fisch zu Lebzeiten über die Nahrungskette akkumulierte (wie bei Ciguatera), sondern um postmortal entstandene, giftige Stoffwechselprodukte, im engeren Sinne **Fäulnisprodukte** [2]. Dies betrifft nicht nur Fisch, der nach dem Fang verzehrt wird, sondern auch Fischkonserven in Dosen, deren Verzehr ebenfalls zu Vergiftungen führen kann (Abb. 2.100) [3].

Vorsichtsmaßnahmen. Vor allem in wärmeren Gegenden sollten Fische der beschriebenen Arten (aber grundsätzlich auch andere) nach dem Fang sofort gekühlt und alsbald konsumiert werden. Nicht immer kann man erkennen, ob der Fisch schon längere Zeit (unsachgemäß) lagerte. Ein Blick auf die Kiemen gibt jedoch häufig eindeutige Hinweise, wobei bei geringsten Anzeichen von Fäulnis auf den Verzehr verzichtet werden sollte. Ein scharfer, pfefferartiger Geschmack ist ebenfalls ein Warnzeichen.

Gift und Giftentstehung. Das die Erkrankung auslösende Toxin ist **Histamin**. Es entsteht durch **enzymatische Decarboxylierung** aus der Aminosäure **L-Histidin**, welche im Muskelfleisch der betreffenden Fischarten besonders hoch konzentriert vorliegt. Dies geschieht nicht durch autolytische Vorgänge, sondern erst eine Besiedlung durch Bakterien, vor allem durch *Proteus morganii*, *Klebsiella pneumoniae*, *Lactobacillus* sp., *Alcaligenes metalcaligenes* (Enterobacterioceae), führt zu einem massiven Anstieg von Histamin im Fischgewebe. So können Histamin-Konzentrationen von mehr als 50 mg/100 g Fleisch entstehen, in Ausnahmefällen bis zu 400 mg/100 g [1]. Histamin ist als **Gewebshormon** im Warmblüterkörper weit verbreitet und ruft eine Reihe von physiologischen Reaktionen hervor: u.a. Erweiterung der Kapillaren, Blutdrucksenkung, Erregung der glatten Muskulatur etc. Es wird bei allergischen und anaphylaktischen Reaktionen freigesetzt.

Analytik. Zum Nachweis von Histamin in biologischem Material gibt es eine Reihe von Methoden. Es läßt sich am einfachsten durch **Dünnschichtchromatographie** von Methanol-Extrakten oder nach einfachem Auspressen des Fleisches auf Silicagel in Lösungsmittelsystemen wie Methanol: Ammoniak (20:1, v/v) oder in Chloroform-Methanol-Ammoniak (2:2:1, v/v) und Sichtbarmachung durch Ninhydrin (qualitativ) nachweisen. Quantitative Tests setzen eine besondere Extraktion bzw. Vorreinigung an Ionenaustauschern voraus. Der Nachweis erfolgt fluorimetrisch nach Kopplung mit o-Phthalaldehyd [1]. Nach Trimethylsilylierung läßt sich Histamin auch **gaschromatographisch** in Verbindung mit Massenspektrometrie identifizieren [4].
Der Nachweis von **Histamin-bildenden Bakterien**, z.B. von *Proteus*-Stämmen, gelingt durch Kultur auf Agarplatten (pH 5,3), die 2,7% Histidin-HCl und 0,006% Bromkresolpurpur als Indikator enthalten. Die Decarboxylierung von Histidin zu Histamin ist mit einem Anstieg des pH-Wertes verbunden, was zu einer Purpur-Färbung der Kolonie führt [5].

Vergiftung. Es handelt sich um eine klassische **Histamin-Vergiftung**. Sie setzt meist rasch, schon wenige Minuten nach der Fischmahlzeit, manchmal aber auch

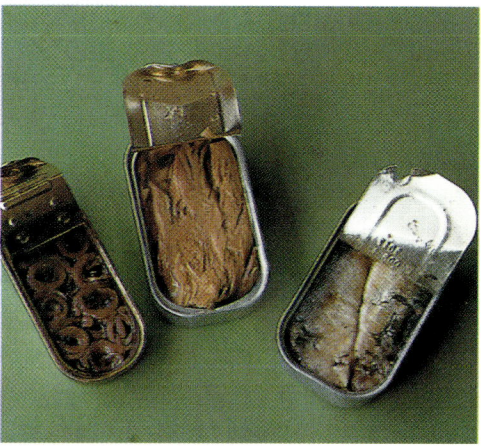

Abb. 2.100: Sardellen, Thunfisch oder Sardinen können als Konserven hohe Konzentrationen an Histamin enthalten und eine Vergiftung auslösen.

Fischvergiftungen

erst nach einigen Stunden ein. Auch ist sie meist nur von kurzer Dauer, die Symptome verschwinden in der Regel innerhalb weniger Stunden.

Typisch ist eine plötzlich auftretende **rötliche Verfärbung der Haut,** fleckig, auch ähnlich einem Ausschlag, ein roter Kopf (wie bei Hitzewallungen), Juckreiz, Schweißausbruch, Brennen im Mundbereich, ein scharfer, pfefferähnlicher Nachgeschmack folgen. Gastroenterale Beschwerden wie Übelkeit, Erbrechen, Magenschmerzen, Diarrhöe können sich anschließen, jedoch nicht immer. Ein Blutdruckabfall ist häufig (plötzliche Blässe). Im **Urin** der Patienten finden sich erhöhte Werte von **Histamin** und seinem Metaboliten N-**Methylhistamin** [6]. Allerdings treten die Symptome nur selten alle gemeinsam auf. Sie sind nicht spezifisch für eine Histamin-Vergiftung und werden häufig mit allergischen Reaktionen auf bestimmte Nahrungsmittel in Verbindung gebracht (wobei Histamin in der Tat auch hier eine führende Rolle, da im Körper freigesetzt, spielt). Bei ausschließlich gastrointestinalen Symptomen muß jedoch eher eine Lebensmittel-Vergiftung, etwa durch Staphylokokken-Kontamination, in Betracht gezogen werden. Schwere Komplikationen sind bisher nicht bekannt geworden. Auch unbehandelt gehen die Symptome innerhalb von 12 bis 24 Stunden zurück.

Die Vergiftung kann praktisch in allen Weltregionen auftreten, wenn die hygienischen Voraussetzungen bei der Behandlung frisch gefangener Fische nicht optimal sind. Sie kann jedoch leicht epidemische Ausmaße annehmen, wenn **Fischkonserven** als Ursache in Frage kommen. So konnten in den USA nach einer Massenerkrankung von 232 Personen Thunfischkonserven als Auslöser identifiziert werden [7].

Wie erwähnt, können die auftretenden Symptome auch auf **allergische Reaktionen** zurückgeführt werden, die wie bei fast allen Lebensmitteln auch beim Verzehr von Meeresprodukten (nicht nur bei Fischen, sondern auch bei Muscheln und Krebsen) auftreten können [1]. Hierbei lösen spezifische Allergene bei prädisponierten Patienten an Mastzellen die Freisetzung von Histamin aus.

Erste Hilfe. Bei Ausbruch der Vergiftung (meist leichte Symptomatik) sind keine besonderen Maßnahmen möglich, u.U. Antihistaminika (s. Therapie) einnehmen. Bei stärkerer Symptomatik Arzt aufsuchen.

Therapie. Antihistaminika sind spezifische **Antidote,** die üblicherweise recht schnell zum Abklingen der Symptome führen. Präparate, die Diphenhydramin und Chlorpheniramin (H_1-Antagonisten), aber auch Cimetidin (H_2-Antagonist, für Personen geeignet, die nicht auf Diphenhydramin reagieren) enthalten, können am besten per os verabreicht werden (eine i.v. Applikation ist meist nicht notwendig). In leichten Fällen (ohne gastrointestinale Symptome) sind therapeutische Maßnahmen nicht erforderlich.

Literatur

[1] Taylor, S.L., Bush, R.K., Allergy by ingestion of seafood. In: Marine Toxins and Venoms, Handbook of Natural Toxins (A.T. Tu, ed.), Bd. 3, S. 149, M. Dekker, New York (1988).

[2] Taylor, S.L., Stratton, J.E., Nordlee, J.A., Histamine poisoning (scombroid fish poisoning): an allergy-like intoxication. Clin. Toxicol. **27**, 225 (1989).

[3] Murray, C.K., Hobbes, G., Gilbert, R.J., Scombrotoxin and scombrotoxin-like poisoning from canned fish. J. Hyg. **88**, 215 (1982).

[4] Henion, J.D., Nosanchuk, J.S., Bilder, B.M., Capillary gas chromatographic mass spectrometric determination of histamine in tuna fish causing scombroid poisoning. J. Chromatogr. **213**, 475 (1981).

[5] Niven, C.F., Jeffrey, M.B., Corlett, D.A., Differential plating medium for quantitative detection of histamine-producing bacteria. Appl. Environ. Microbiol. **41**, 321 (1981).

[6] Morrow, J.D., Margolies, G.R., Rowland, J., Roberts, L.J., Evidence that histamine is the causative toxin of scombroid-fish poisoning. New Engl. J. Med. **324**, 716 (1991).

[7] Merson, M.H., Baine, W.B., Gangarosa, E.J., Swanson, R.C., Scombroid fish poisoning. Outbreak traced to commercially canned tuna fish. J. Amer. Med. Ass. **228**, 1268 (1974).

Andere Fischvergiftungen

Es gibt eine Reihe weiterer Vergiftungsformen, die mit dem Verzehr von Fisch in Beziehung stehen. Sie sind allerdings recht selten und unterscheiden sich in ihrer Symptomatik von den beschriebenen Tetrodotoxin-, Ciguatera- und Scombrotoxin-Vergiftungen. Z.T. sind sie auf bestimmte Fischarten, u.U. auch auf bestimmte Fischorgane, beschränkt oder zeichnen sich durch eine ungewöhnliche Symptomatik aus.

● **Vergiftungen durch Heringe (clupeotoxische Fische).** Ähnlich wie bei Ciguatera treten sporadisch nach dem Verzehr von Heringen, Sardinen oder Anchovis (Clupeiformes, Familie: Clupeidae und Engraulidae) Vergiftungssymptome auf. Der Fisch hat in diesen Fällen einen eigenartig **metallischen Geschmack**, es folgen recht schnell Übelkeit, Erbrechen, Magen-Darm-Krämpfe und Diarrhöe. Herzklopfen und selbst ein Kreislaufkollaps sind nicht selten. An neurologischen Symptomen können neben Kopfschmerzen, Gefühllosigkeit in den Gliedern, Muskelschmerz, Lähmungen und Krämpfe auftreten. So erkrankten nach dem Konsum von marinierten oder gekochten Sardinen (*Sardinella* sp.) auf den Philippinen 30 Personen; ein über 50jähriger Mann starb nach wenigen Stunden. Der Geschmack des Fisches wurde als bitter und metallisch beschrieben [1].
Vergiftungen dieser Art kommen hauptsächlich in tropischen Meeresgebieten wie der Karibik, dem Indischen und Pazifischen Ozean vor; vereinzelt sollen sie aber auch im Mittelmeer aufgetreten sein. Das auslösende Toxin ist ebenso unbekannt wie seine Herkunft, wobei eine Anreicherung über die Nahrungskette vermutet wird. Kochen und Braten inaktiviert es nicht. Präventive Maßnahmen sind nicht möglich, die therapeutischen Möglichkeiten beschränken sich auf die Behandlung der auftretenden Symptome [2].

● **Vergiftung durch Makrelen (gempylotoxische Fische).** Einige wenige Makrelen-Arten der Familien Anoplopomatidae, Gempylidae und Zeidae (Ordnung: Perciformes), sie kommen im Indopazifik und tropischen Atlantik vor, enthalten ein **Öl**, das (ähnlich wie Rizinusöl) **abführend** wirkt. Es wird nicht durch Kochen oder Braten zerstört. So können nach einer Fischmahlzeit leichte **Diarrhöen** auftreten, die jedoch meist keiner besonderen Behandlung bedürfen [2].

● **Vergiftung durch Fischeier (ichthyootoxische Fische).** Hierbei handelt es sich überwiegend um Süßwasser Fische, deren Gonaden (Rogen und Milch) besonders zur Fortpflanzungszeit „giftig" sind: Fische wie Hechte (*Esox* sp.), Brachsen (*Abramis brama*), Barben (*Barbus barbus*), Karpfen (*Cyprinus carpio*), Schleien (*Tinca tinca*), Welse (*Silurus* sp.), Stör (*Acipenser sturio*) und Lachs (*Salmo* sp.). Bald nach dem Verzehr von Gonaden treten Übelkeit, Erbrechen, Diarrhöe, Bauchschmerzen, Kopfschmerz und kalter Schweiß auf, auch unregelmäßiger Puls, Herzklopfen, bitterer Geschmack und Tinnitus. Zu Todesfällen kam es in jüngerer Zeit in Japan [3]. Die Symptome verschwinden in den meisten Fällen auch ohne Behandlung nach zwei bis drei Tagen. Zur Vorbeugung sollte man grundsätzlich die Eier und Gonaden von Fischen zu deren Fortpflanzungszeit nicht essen. Bei den toxischen Komponenten scheint es sich um **Phospholipide** zu handeln [4].

● **Vergiftungen durch Fischblut (ichthyohämotoxische Fische).** Sie sind eigentlich klinisch nicht relevant und können nur auftreten, wenn man das Blut von Aalen (*Anguilla anguilla*), Meeraalen (*Conger conger*) oder Muränen (Familie: Muraenidae) trinkt, was zu Übelkeit, Erbrechen, Diarrhöe mit blutigem Stuhl, unregelmäßigem Puls und allgemeinem Schwächegefühl führen kann. Untersuchungen zum Wirkstoff sind meist älteren Datums, neuere Ergebnisse, so auch über die Natur des Toxins, liegen nicht vor [2].

● **Vergiftungen durch Fischleber (ichthyohepatotoxische Fische).** Sie wurden überwiegend aus Japan berichtet [2]. Die Leber mancher Fische wie der japanischen Makrele (*Scomberomorus niphonius*) scheint zu manchen Jahreszeiten giftig zu sein, wobei nach ihrem Verzehr neben Übelkeit, Erbrechen und leichter Diarrhöe ein roter **Hautausschlag** (ähnlich wie bei scombrotoxischen Fischen) gefolgt von großflächiger Abschuppung der Haut auftritt. Eine **Vitamin-A-Überdosierung** wird als auslösender Faktor diskutiert.

● **Vergiftungen durch Fischgalle.** In Asien wird Gallenflüssigkeit von Graskarpfen (*Clenopharyngodon idellus*) und Lotusfisch (*Labeo robita*) roh, getrocknet oder gekocht als Medizin für zahlreiche chronische Erkrankungen (Verdauungsstörungen, Asthma bronchiale, Rheuma etc.) gegessen [5, 6]. Nicht selten entwickeln sich, je nach aufgenommener Menge, innerhalb von 12 Stunden gastrointestinale Beschwerden, wie Magen-Darm-Krämpfe, Übelkeit und Erbrechen. In schweren Fällen traten Nierenversagen, das bei eingeleiteter Hämodialyse reversibel war, sowie Anzeichen einer Leberschädigung (Ikterus, erhöhte Serum-Enzymwerte) auf. Das auslösende Agens (Toxin?) ist unbekannt, es wird durch Kochen nicht zerstört.

● **Vergiftungen mit halluzinatorischen Symptomen (ichthyoallyeinotoxische Fische).** Sie sind ein seltenes, aber um so merkwürdigeres Ereignis. Sie treten nach dem Verzehr von einigen Fischen aus Korallenriffen, vor allem von Meeresächen (Familie: Mullidae) auf. Charakteristisch sind schon nach wenigen Minuten auftretende Halluzinationen, Wahnvorstellungen, aber auch Koordinationsstörungen und Störungen des Gleichgewichtssinnes. Angstgefühle und Depression kommen auf. Es scheint sich jedoch um eine leichte Vergiftungsform ohne schwerwiegende Folgen zu handeln.

Literatur

[1] Alcala, A.C., Recent cases of crab, cone shell, and fish intoxication on Southern Negros Island, Philippines. Toxicon, suppl. 3, 1 (1983).

[2] Halstead, B.W., Poisonous and Venomous Marine Animals of the World (2nd rev. ed.), Darwin Press, Princeton (1988).

[3] Asano, M., Itoh, M., Toxicity of a lipoprotein and lipids from the roe of a blenny *Dinogunellus grigorjewi* Herzenstein. Tohoku J. Agr. Res. **13**, 151 (1962).

[4] Burns, T.A., Ichthyootoxic fish. In: Marine Toxins and Venoms, Handbook of Natural Toxins (A.T. Tu, ed.), Bd. 3, S. 227, M. Dekker, New York (1988).

[5] Chan, D.W.S., Yeung, C.K., Chan, M.K., Acute renal failure after eating raw fish gall bladder. Br. Med. J. 290 (1985).

[6] Sahoo, R.N., Mohapatra, M.K., Sahoo, B., Das, G.C., Acute renal failure associated with freshwater fish toxin. Trop. Geogr. Med. **47**, 94 (1995).

Vergiftungen durch Krebse

Krebse sind weltweit geschätzte Meeresfrüchte; ihr Verzehr ist in den meisten Fällen ungefährlich. Zu **Vergiftungen** sogar mit **Todesfolge** kommt es jedoch hin und wieder im indopazifischen Raum, wobei das Ausmaß dieser Vergiftungen nicht unterschätzt werden darf. Genaue Zahlen fehlen allerdings. Diese Vergiftungen sollen jedoch hier besonders erwähnt werden, da es vielen Rucksack- und Abenteuertouristen verlockend erscheinen mag, Krabben an fremden Gestaden für den Kochtopf zu sammeln. Sicher ist, daß einige Krebs-Arten hochgiftig sein können, was in umfangreichen Reihenuntersuchungen nachgewiesen wurde [1, 2]. Es handelt sich hierbei vorwiegend um **Krabben** (Zehnfußkrebse, Decapoda; Ordnung: Eucarida) der Familie Xanthidae, die fast alle tropischen und subtropischen Küsten des Indo-Pazifiks besiedeln und fast handtellergroß werden: *Atergatis floridus, Atergatopsis germaini, Carpilius convexus, C. maculatus, Demania alcalai, D. toxica, Eriphia sebana, Lophozozymus pictor, Platypodia granulosa, Zozymus aeneus* (Abb. 2.101) (vereinzelt auch Arten aus den Familien Porturidae, Grapsidae, Majidae, Parthenopidae), aber auch um den an Land lebenden **Palmendieb**, *Birgus latro* (Familie: Coenobitidae; coconut crab). Letzterer ist großen Einsiedlerkrebsen ähnlich, doch nur die Jungtiere tragen noch ein leeres Schneckenhaus mit sich, mit welchem sie ihren weichen Hinterleib schützen. Schließlich sind noch die asiatischen **Pfeilschwanzkrebse** (engl.: horseshoe crab, Abb. 2.102), *Carcinoscorpius rotundicauda* und *Tachypleus gigas*, zu erwähnen, urtümliche Vertreter der Cheliceraten, die eine eigene Klasse (Merostomata) bilden und den Spinnen näher stehen als den Krebsen [1, 2].

Vergiftungsumstände. Die erwähnten Krabbenarten sind nicht immer giftig.

Abb. 2.101: Krabben, die mit Vergiftungen in Zusammenhang gebracht wurden: *Atergatis floridus* (A), *Carpilius convexus* (B), *Zozymus aeneus* (C), *Birgus latro* (D), alle sind im indopazifischen Raum heimisch.

Sie zählen im indopazifischen Raum durchaus zu den häufig konsumierten Meeresprodukten. Vergiftungen treten **sporadisch** überall auf den Inseln (auch Japan) auf und sind sicher nicht allein, wie manchmal vermutet [1], mit der Fortpflanzungszeit der Tiere korreliert. Eher hängt dies vom Futterangebot für die Krabben ab.

Krabben werden gekocht, selten roh (vielfach jedoch deren Eier) gegessen. Die Giftstoffe werden beim Kochen extrahiert und befinden sich dann in der Suppe. So kommt es immer wieder zu

Abb. 2.102: Pfeilschwanzkrebs (hier die atlantische Art, *Limulus polyphemus*, an der Küste Floridas). Die Arten im indopazifischen Raum sind zeitweilig giftig. Die Pfeilschwanzkrebse haben auch dadurch Berühmtheit erlangt, daß mit Hilfe ihres Gerinnungssystems bakterielles Endotoxin mit hoher Empfindlichkeit nachgewiesen werden kann (Limulus-Test).

schwerwiegenden Vergiftungen, die ganze Familien betreffen.

Vorsichtsmaßnahmen. Krabben sind zwar in den meisten Fällen eßbar, doch sollte man grundsätzlich bei Tieren aus Korallenriffen, vor allem, wenn es sich um die bezeichneten Arten handelt, darauf verzichten.

Giftproduzent. Die genannten Krabbenarten enthalten die **Gifte** in ihrem **gesamten Körper** und nehmen sie zumindest zum Teil mit der Nahrung auf. So konnte eine Rotalgen-Art, *Jania* sp. (Rhodophyta), identifiziert werden, die **Gonyautoxine** enthielt und offenbar von den Krabben abgeweidet wird [3].

Gift. Die von der paralytischen Form der Muschelvergiftung her bekannten Toxine: **Saxitoxin** und seine Strukturhomologe, **Gonyautoxine**, finden sich in z.T. sehr hohen Konzentrationen in den meisten der erwähnten Krabben-Arten wieder [4, 5, 6]. Nun sind Krebse keine Planktonfresser, womit sich die Frage nach der Herkunft der Toxine stellt. Da diese häufig auch in der Rotalge, *Jania* sp., nachzuweisen sind, liegt der Schluß nahe, daß sie der Nahrung der Krabben entstammen.

Der Befund, daß in den Krabben Gonyautoxine zu Saxitoxin offenbar durch **Bakterien** metabolisiert werden [7], läßt vermuten, daß Bakterien überhaupt, in der Rotalge wie auch in den Krabben, für die Bildung der Toxine von Bedeutung sind (s.a. Kapitel: Paralytische Form der Muschelvergiftung). Darüber hinaus fand sich bei einigen Krabben noch **Tetrodotoxin**, das Gift der Kugelfische (s. Kapitel: Fischvergiftungen – Tetrodotoxische Fische). Bei der Krabbe *Lophozozymus pictor* kommt es im Verhältnis 9:1 zum Gonyautoxin vor [8]. Hier konnte eindeutig nachgewiesen werden, daß es durch Bakterien (*Vibrio* sp.), die aus dem Darm der Krabbe *Atergatis floridus* isoliert worden waren, synthetisiert wird [9].

Auch beide Arten der **Pfeilschwanzkrebse**, *Carcinoscorpius rotundicauda* und *Tachypleus gigas*, können **Tetrodotoxin** enthalten, besonders konzentriert in den Eiern und dem Hepatopankreas [10].

Ein weiteres Toxin konnte in den Krabbenarten *Lophozozymus pictor* und *Demania alcalai* identifiziert werden, das offenbar auch für tödliche Vergiftungen auf den Philippinen verantwortlich ist: das **Palytoxin** bzw. ein Isomer dieses Moleküls [11, 12]. Es entstammt ursprünglich Krustenanemonen (Ordnung Zoantharia) der Gattung *Palythoa* und ist einer der giftigsten Naturstoffe (s. Kapitel: Fischvergiftungen – Ciguatera). Es ist unklar, ob die Krabbe durch Abweiden der Krustenanemonen das Toxin erwirbt und akkumuliert.

Welche Giftstoffe für Vergiftungen durch den Palmendieb, *Birgus latro*, verantwortlich sind, ist unbekannt. Vermutungen, es könne sich bei diesem landlebenden Krebs um Pflanzengifte handeln, die seiner Nahrung entstammen, haben sich nicht bestätigt [13].

Analytik. Für den Nachweis von Saxitoxin und die Gonyautoxine sei auf die Methoden im Kapitel: Paralytische Form der Muschelvergiftung verwiesen, für Tetrodotoxin s. Kapitel: Fischvergiftungen. Palytoxin kann nach einigen Reinigungsschritten (u.a. HPLC) **dünnschichtchromatographisch** identifiziert werden, doch steht auch hier der Toxizitätstest (Maus-Bioassay) im Vordergrund [11]. Auch ein **Radioimmunoassay** wurde für Palytoxin entwickelt [14]. Der Nachweis von Palytoxin im Hämolyse-Test, parallel dazu dessen Hemmung durch Vorinkubation mit Ouabain ist jedoch am einfachsten [15].

Vergiftung. Die Symptomatik einer Vergiftung nach einer Krabbenmahlzeit ist mit der identisch, wie sie nach Muschelvergiftungen (paralytische Form) auftritt, vorausgesetzt, es handelt sich tatsächlich um Saxitoxin (auch Tetrodotoxin) und seine Strukturhomologe.

Die **hohe Konzentration der Toxine** in den Krabben und die Tatsache, daß eine Krabbensuppe, die somit einen guten Toxinextrakt darstellt, meist vollständig konsumiert wird, führt zum raschen Eintritt der Vergiftung und birgt ein **hohes Mortalitätsrisiko** [16].

Die Vergiftung, verursacht durch Krabben *(Demania toxica, Lophozozymus pictor)*, die (z.B. auf den Philippinen) Palytoxin enthalten, ist durch **gastroenterale Symptome,** generalisierten Muskelschmerz, Krämpfe, Blutdruckabfall, Schock und **Atemlähmung** charakterisiert; die Mortalitätsrate ist ebenfalls hoch [17].

Die nach dem Verzehr des Palmendiebes, *Birgus latro,* auftretenden Symptome scheinen sich erst nach einigen Stunden einzustellen: **Bewußtseinstrübung,** Übelkeit, kalter Schweiß, allgemeines Schwächegefühl, Bauchschmerzen, Anurie; die Symptome halten mehrere Tage mit Episoden von **Erbrechen** und **Diarrhöen** an [18].

Erste Hilfe. Beim Auftreten von Vergiftungserscheinungen wie Kribbeln und Brennen im Mundbereich Erbrechen provozieren; bei fortgeschrittener Vergiftung ist dies jedoch zu unterlassen (Gefahr der Speisebreiaspiration); umgehend einen Arzt aufsuchen.

Therapie. Sie erfolgt analog den Empfehlungen, wie sie bei der paralytischen Form der Muschelvergiftung und bei Fischvergiftungen (tetrodotoxische Fische) gegeben wurden. Da es kein Antidot gibt, kann sie nur symptomatisch erfolgen.

Fallbeschreibungen

1. Fall

Ein Fischer (52 Jahre alt) auf den Ryukyu-Inseln (Japan) hatte morgens eine Krabbe gefangen (wahrscheinlich *Zozymus aeneus*), die anschließend von der Hausfrau (49 Jahre alt) als Einlage in der Suppe („miso") zum Frühstück gekocht wurde. Schon kurze Zeit nach dem Essen wurde es dem Hausherrn übel. Er sah noch, wie das Hausschwein, dem man die Reste der Suppe verfüttert hatte, sich erbrach und kurz darauf starb. Er verließ daraufhin das Haus, um seine Frau zu suchen, brach aber bewußtlos zusammen und starb ca. 4 Stunden nach dem Frühstück. Die Frau wurde am Dorfrand gefunden, sie konnte nicht sprechen und war bewegungsunfähig. Auch sie verstarb kurze Zeit später. Der 9jährige Sohn, der über Gefühllosigkeit in den Lippen und über Lähmung der Beine klagte, wurde wie zwei ältere Verwandte, die nur leichte Symptome aufwiesen (Parästhesien im Mundbereich), in das nächste Krankenhaus gebracht, wo forciertes Erbrechen angewandt wurde. Der Sohn erholte sich im Laufe der nächsten Tage. Sechs Hühner, die das Erbrochene des Hausherrn aufgepickt hatten, fand man tot auf dem Anwesen. Die Vergiftung wurde mit hoher Wahrscheinlichkeit durch Saxitoxin oder Gonyautoxinhomologe ausgelöst [19] (Abb. 2.103).

2. Fall

Ein 49jähriger Mann (auf Negros, Philippinen) briet sich über dem Holzkohlenfeuer eine Krabbe *(Demania reynaudii)*, die er morgens mit seinem Netz an der Küste gefangen hatte. Nachdem er etwa ein Viertel der Krabbe verzehrt hatte, wurde es ihm übel, er fühlte sich müde und war mit kaltem Schweiß bedeckt. Außerdem verspürte er im Mund einen metallischen Nachgeschmack. Er trank einen Softdrink und bekam wenig später Durchfall. Als er sah, daß ein Hund, der die Reste der Krabbe verzehrt hatte, vor seinen Augen starb, ließ er sich in das ca. 30 km entfernte Krankenhaus bringen. Unterwegs klagte er über Müdigkeit und Gefühllosigkeit in Händen und Beinen. Er erbrach sich mehrfach. Im Krankenhaus zeigte er Unruhe, Muskelkrämpfe; das Erbrechen hielt an. Perioden mit normaler Herzfunktion wechselten mit Bradykardien (30 Schläge/Min.) und rascher flacher Atmung ab. Der Patient schied keinen Urin mehr aus, Lippen und Hände waren zyanotisch blau verfärbt. Es wurden erfolglos Adrenalin, Atropin und ein Antihistaminikum injiziert. Der Patient starb ca. 15 Stunden nach der Krabbenmahlzeit. Die Analyse (HPLC) der restlichen Teile des Tieres erbrachte den Nachweis von Palytoxin [17].

Literatur

[1] Halstead, B.W., Poisonous and Venomous Marine Animals of the World (2nd rev. ed.), Darwin Press, Princeton (1988).

[2] Llewellyn, L.E., Endean, B., Toxic coral reef crabs from Australian waters. Toxicon 26, 1085 (1988).

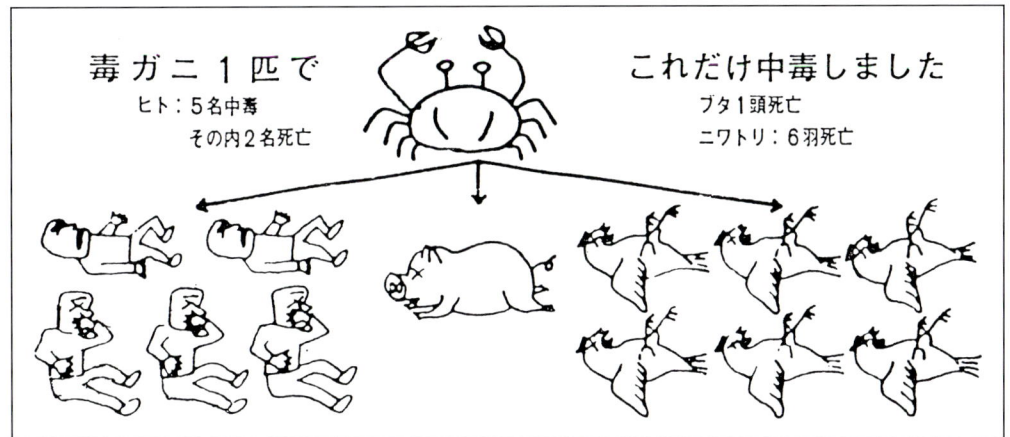

Abb. 2.103: Zeitgenössische bildliche Darstellung der Vergiftung nach dem Verzehr einer Krabbe (s. Fallbeschreibungen: 1. Fall).

[3] Kotaki, Y., Tajiri, M., Oshima, Y., Yasumoto, T., Identification of a calcareous red alga as the primary source of paralytic shellfish toxins in coral reef crabs and gastropods. Bull. Jap. Soc. Sci. Fisheries **49**, 283 (1983).

[4] Raj, U., Haq, H., Oshima, Y., Yasumoto, T., The occurrence of paralytic shellfish toxins in two species of xanthid crab from Suva barrier reef, Fiji Island. Toxicon **21**, 547 (1983).

[5] Yasumoto, T., Oshima, Y., Konta, T., Analysis of paralytic shellfish toxins of xanthid crabs in Okinawa. Bull. Jap. Soc. Sci. Fisheries **47**, 957 (1981).

[6] Yasumoto, T., Oshima, Y., Tajiri, M., Kotaki, Y., Paralytic toxins in previously unrecorded species of coral reef crabs. Bull. Jap. Soc. Sci. Fisheries **49**, 633 (1983).

[7] Kotaki, Y., Oshima, Y., Yasumoto, T., Bacterial transformation of paralytic shellfish toxins in coral reef crabs and a marine snail. Bull. Jap. Soc. Sci. Fisheries **51**, 1009 (1985).

[8] Tsai, Y.H., Hwang, D.F., Chai, T.J., Jeng, S.S., Occurrence of tetrodotoxin and paralytic shellfish poison in the Taiwanese crab *Lophozozymus pictor*. Toxicon **33**, 1669 (1995).

[9] Noguchi, T., Jeon, J.K., Arakawa, O., Sugita, H., Deguchi, Y., Shida, Y., Hashimoto, K., Occurrence of tetrodotoxin and anhydrotetrodotoxin in *Vibrio* sp., isolated from the intestines of a xanthid crab, *Atergatis floridus*. J. Biochem. (Tokyo) **99**, 311 (1986).

[10] Sairanu, K., Piyakarnchana, T., Sato, S., Ogata, T., Kodama, M., Toxicity of two species of horseshoe crab in Thailand. In: Progress in Venom and Toxin Research (P. Gopalakrishnakone, C.K. Tan, eds.), S. 493, Nat. Univ. of Singapore (1987).

[11] Yasumoto, T., Yasumura, D., Ohizumi, Y., Takahashi, M., Alcala, A.C., Alcala, L.C., Palytoxin in two species of xanthid crab from the Philippines. Agric. Biol. Chem. **50**, 163 (1986).

[12] Lau, C.O., Tan, C.H., Khoo, H.E., Yuen, R., Lewis, R.J., Corpuz, G.P., Bignami, G.S., *Lophozozymus pictor* toxin: a fluorescent structural isomer of palytoxin. Toxicon **33**, 1373 (1995).

[13] Fusetani, N., Hashimoto, K., Mizukami, I., Kimya, H., Yonabaru, S., Lethality in mice of the coconut crab *Birgus latro*. Toxicon **18**, 694 (1980).

[14] Levine, L., Fujikim, H., Gjika, H.B., van Vunakis, H., A radioimmunoassay for palytoxin. Toxicon **26**, 1115 (1988).

[15] Gleibs, S., Mebs, D., Werding, B., Studies on the origin and distribution of palytoxin in a Carribean coral reef. Toxicon **33**, 1531 (1995).

[16] Hashimoto, Y., Marine Toxins and Other Bioactive Metabolites. Jap. Soc. of Science, Tokyo (1979).

[17] Alcala, A.C., Alcala, L.C., Garth, J.S., Yasumura, D., Yasumoto, T., Human fatality due to ingestion of the crab *Demania reynaudii* that contained a palytoxin-like toxin. Toxicon **26**, 105 (1988).

[18] Bagnis, R., A case of coconut crab poisoning. Clin. Toxicol. **3**, 585 (1970).

[19] Hashimoto, Y., Konosu, S., Yasumoto, T., Inoue, A., Noguchi, T., Occurrence of toxic crabs in Ryukyu and Amami Islands. Toxicon **5**, 85 (1967).

Vergiftungen durch Schnecken

Meeresschnecken gehören zu den eher **exotischen Delikatessen**, obwohl sie in manchen Regionen des Pazifiks durchaus in größeren Quantitäten gegessen werden.

Vergiftungsumstände. Vor allem aus dem pazifischen Raum (vorwiegend Japan) wurde über Vergiftungen nach dem Verzehr von Meeresschnecken berichtet [1, 2, 3]. Häufig handelt es sich um Arten, die sonst bedenkenlos gegessen werden, jedoch plötzlich und unerwartet an einem begrenzten Küstenstrich giftig werden. Andere Arten führten durch unsachgemäße Zubereitung (**giftige Organe** wurden nicht entfernt) zu Vergiftungen. Ganz allgemein sollte man gerade bei Meeresschnecken vorsichtig sein und, was deren Auswahl und Zubereitung angeht, den Empfehlungen von Einheimischen folgen.

Giftproduzenten. Einige Schneckenarten werden gehäuft mit Vergiftungen in Verbindung gebracht: so die Turbanschnecken, *Turbo argyrostoma* und *T. marmorata* (Familie: Turbinidae), die Dachschnecken, *Tectus nilotica*, *T. maxima* und *T. pyramis*, die Trompetenschnecke, *Charonia sauliae* (Familie: Tonnacea), die Elfenbeinschnecke, *Babylonia japonica*, und Nacktschnecken der Gattung *Aplysia* (Abb. 2.104) und *Dolabella* (Familie: Aplysiacea, wegen ihrer lappigen Fortsätze am Kopf Seehasen genannt; sie stoßen bei Bedrohung eine violette Farbwolke aus). *Buccinum-*, *Neptunea-* und *Fusitriton-* (Hornschnecken) sowie *Haliotis*-Arten (Abalone) sollen vor allem in Japan Vergiftungen hervorgerufen haben. Die vor allem in Skandinavien häufig gegessene Hornschnecke *Neptunea antiqua* führt mitunter zu Vergiftungen, die auf einen erhöhten Gehalt an **Tetramin** (Tetramethylammonium) vor allem in den Speicheldrüsen der Schnecke zu-

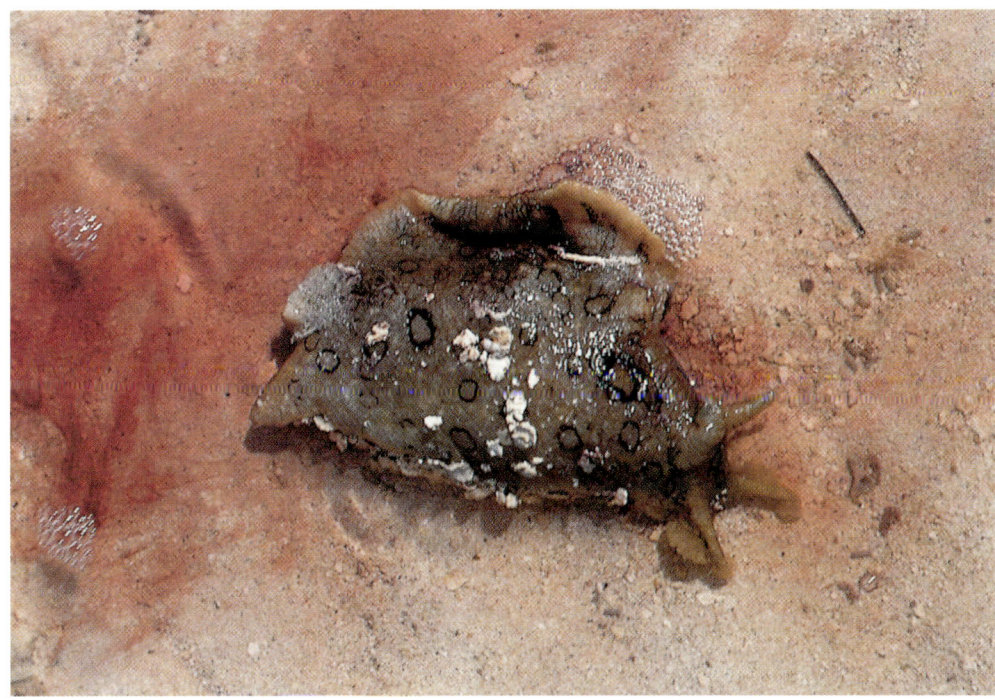

Abb. 2.104: Seehase, *Aplysia* sp. (Barriereriff, Australien). Bei Bedrohung stößt *Aplysia* einen roten Farbstoff aus.

rückzuführen ist [4]. Kochen inaktiviert Tetramin nicht. Todesfälle wurden nach dem Verzehr der Schnecke *Oliva vidua fulminans* (Familie: Olividae) in Borneo registriert [2].

Gift. In den **Eingeweiden** (aber auch im Fuß) der *Turbo-* und *Tectus-* Arten wurde **Saxitoxin** und seine Strukturhomologe **Neosaxitoxin** und die **Gonyautoxine** nachgewiesen [5]. Dies scheint auch für die Olivenschnecke zuzutreffen [2]. In *Charonia sauliae*, *Babylonia japonica*, *Tutufa lissostoma*, aber auch in *Niotha-*, *Nassarius-*, *Natica-* und *Zeuxis*-Arten, sowie in *Polinices didyma* wurde hingegen **Tetrodotoxin** als das giftige Agens identifiziert [5, 6, 7, 8]. Die Herkunft der Toxine ist unklar. Sie sind nicht in allen Schnecken der gleichen Art enthalten. Außerdem schwanken die Toxin-Konzentrationen stark. Die Aufnahme von Saxitoxin über die Nahrungskette ist wahrscheinlich. Beim Tetrodotoxin wird ein bakterieller Ursprung diskutiert (s. Kapitel: Tetrodotoxische Fische).

Andererseits ist *Babylonia japonica* dafür bekannt, daß sie **Glykoside** enthält, **Surugatoxin und Neosurugatoxin**, die einen Atropin-ähnlichen Effekt am Auge haben (Mydriasis, Pupillenerweiterung) und eine hohe Spezifität für cholinerge Synapsen in den Ganglien besitzen (verhindert hier z.B. die Bindung von Nikotin [9, 10]). Diese Stoffe treten jedoch auch nur saisonal in der Schnecke auf, die Tiere verlieren die Toxine, wenn man sie lange genug in sauberem Seewasser hält. Auch hier wird eine bakterielle Herkunft diskutiert [1].

Vertreter der Aplysiacea (Seehasen) enthalten eine Vielzahl von Naturstoffen

Surugatoxin

Debromaplysiatoxin

(u.a. Brom-haltige Verbindungen wie das **Aplysiatoxin**), die sie mit ihrer Nahrung (Algen) aufnehmen und in ihren Verdauungsorganen speichern [11, 12].

Vergiftung. Die Symptome, die nach dem Verzehr von Saxitoxin- und Tetrodotoxin-haltigen Schnecken auftreten, sind mit der **paralytischen** Form der Muschelvergiftung bzw. der Vergiftung durch tetrodotoxische Fische identisch (s. dort). Diese können auch bei einer Mahlzeit aus Meeresschnecken durchaus tödliche Folgen haben; so starben in Borneo fünf Kinder nach dem Verzehr von Olivenschnecken [2]. In Taiwan kam es bei 17 Personen zu Vergiftungen, nachdem sie Schnecken (*Nassarius castus* und *N. conoides*) gegessen hatten (geschmort oder frittiert), die **Tetrodotoxin** enthielten [13]. Auffällig war, daß jeder zweite Patient unter starkem Blutdruckanstieg litt, was bei Tetrodotoxin-Vergiftungen bisher nicht in diesem Umfang beobachtet wurde. Während in den meisten Fällen die Vergiftung relativ leicht verlief, starb eine 71jährige Patientin, nachdem sie wegen Atemdepression intubiert und beatmet werden mußte, nach vier Wochen an den Folgen einer Lungenentzündung und multiplem Organversagen, Komplikationen offenbar im Zusammenhang mit den therapeutischen Maßnahmen (Aspirationspneumonie) und einer labilen Gesundheitssituation (Diabetes mellitus).

Neosurugatoxin und Surugatoxin (*Babylonia-japonica*-Schnecke) bewirken Erbrechen, Diarrhöe und Bewußtseinstrübung; **große Pupillen** (**Mydriasis**) sind für diese Vergiftungsform charakteristisch. Die Inhaltsstoffe von Seehasen *(Aplysia, Dolabella)* bewirken langanhaltende neurologische Ausfälle wie Tremor, psychomotorische Überaktivität, Ataxie und Muskelzuckungen, Erscheinungen wie sie auch nach einer Brom-Überdosierung auftreten [14].

Der Verzehr von Schnecken, die Tetramin (Tetramethylammonium) enthalten, führt plötzlich zu schweren Kopfschmerzen, zu Seekrankheit-ähnlichen Symptomen (Schwindelgefühl, Übelkeit, Erbrechen), kurzzeitigem Doppelsehen und sogar Blindheit. In der Regel verschwinden die Symptome innerhalb einer Stunde, die Vergiftung bleibt meist folgenlos [4].

Erste Hilfe. Erbrechen provozieren, Arzt umgehend aufsuchen.

Therapie. Spezifische Antidote gibt es nicht, die Behandlung erfolgt ausschließlich symptomatisch (s.a. Kapitel: Paralytische Form der Muschelvergiftung; tetrodotoxische Fische).

Literatur

[1] Hashimoto, Y., Marine Toxins and Other Bioactive Metabolites. Jap. Soc. of Science, Tokyo (1979).

[2] Kan, S.K.P., Singh, N., Chan, M.K.C., *Oliva vidua fulminans*, a marine mollusc, responsible for five fatal cases of neurotoxic food poisoning in Sabah, Malaysia. Trans. Roy. Soc. Trop. Med. Hyg. **80**, 64 (1986).

[3] Halstead, B.W., Poisonous and Venomous Marine Animals of the World (2nd rev. ed.), Darwin Press, Princeton (1988).

[4] Anthoni, U., Bohlin, L., Larsen, C., Nielsen, P., Nielsen, N.H., Christophersen, C., The toxin tetramin from the edible whelk *Neptunea antiqua*. Toxicon **27**, 717 (1989).

[5] Kotaki, Y., Oshima, Y., Yasumoto, T., Analysis of paralytic shellfish toxins of marine snails. Bull. Jap. Soc. Sci. Fisheries **47**, 943 (1981).

[6] Shiomi, K., Tanaka, E., Yamanaka, H., Kikuchi, T., Accumulation of tetrodotoxin by marine gastropods. Bull. Jap. Soc. Sci. Fisheries **50**, 1269 (1984).

[7] Hwang, D.F., Lin, L.C., Jeng, S.S., Occurrence of a new toxin and tetrodotoxin in two species of the gastropod mollusc Nassariidae. Toxicon **30**, 41 (1992).

[8] Hwang, D.F., Lin, L.C., Jeng, S.S., Variation and secretion of toxins in gastropod mollusc *Niotha clathrata*. Toxicon **30**, 1189 (1992).

[9] Kosuge, T., Zenda, H., Ochiai, A., Isolation and structure determination of a new marine toxin, surugatoxin, from the Japanese ivory shell, *Babylonia japonica*. Tetrahedron Lett. **25**, 4407 (1972).

[10] Yamada, S., Isogai, M., Kagawa, Y., Takanayagi, N., Hayashi, E., Tsuji, K., Kosuge, T., Brain nicotinic acetylcholine receptors. Biochemical characterization by neosurugatoxin. Mol. Pharmacol. **28**, 120 (1985).

[11] Barrow, K.D., Biosynthesis of marine metabolites. In: Marine Natural Products (P.J. Scheuer, ed.), Bd. 5, S. 51, Academic Press, New York (1983).

[12] Mebs, D., Gifte im Riff. Wissensch. Verlagsges., Stuttgart (1989).

[13] Yang, C.C., Han, K.C., Lin, T.J., Tsai, W.J., Deng, J.F., An outbreak of tetrodotoxin poisoning following mollusc consumption. Hum. exp. Toxicol. **14**, 446 (1995).

[14] Sorokin, M., Human poisoning by ingestion of sea hare *(Dolabella auricularia)*. Toxicon **26**, 1095 (1988).

Andere Gesundheitsrisiken

In diesem Kapitel werden einige Vergiftungen erörtert, die nur äußerst selten auftreten, nur einen bestimmten Personenkreis betreffen oder bei veränderten Umweltbedingungen bisher noch unbekannte Folgen haben können.

Vergiftungen durch Schildkrötenfleisch. Das Fleisch der Meeresschildkröten ist geschätzt und wird in großem Umfang konsumiert, was manche Arten an den Rand der Ausrottung brachte. Vereinzelt kommt es jedoch im Indo-Pazifik, besonders in Sri Lanka, Südindien und im malayischen Archipel zu schweren, auch tödlich verlaufenden Vergiftungen nach dem Verzehr von Schildkrötenfleisch [1]. Hierbei handelt es sich um die Suppenschildkröte, *Chelonia mydas* (Abb. 2.105), die echte Karettschildkröte, *Eretmochelys imbricata* und die Lederschildkröte, *Dermochelys coriacea*. Der Ursprung, die Chemie und Wirkungsweise des Giftes ist unbekannt, auch hier ist eine Akkumulation über die Nahrungskette (u.U. Algen etc.) wahrscheinlich. Die **Vergiftungssymptomatik** beginnt mit **Übelkeit, Erbrechen,** Brennen im Mundbereich und kann schwere Formen mit Schluckbeschwerden, allgemeiner Schwäche, Somnolenz bis hin zum Koma annehmen. Todesfälle scheinen nicht selten zu sein; ein 15 Monate altes Kind soll über die Milch der Mutter, die giftiges Fleisch gegessen hatte, eine tödliche Vergiftung erlitten haben [2]. Die Behandlung einer derartigen Vergiftung kann nur symptomatisch erfolgen.

Doggerbank-Krankheit. Die Doggerbank, mitten in der Nordsee zwischen Großbritannien und Dänemark gelegen, ist ein bevorzugter Fischgrund. Nicht selten tritt bei Fischern, die mit Grundschleppnetzen arbeiten, eine Hauterkrankung auf, die als „doggerbank itch" (Doggerbank-Jucken) bezeichnet wird. Sie ist eine schmerzhafte Hautentzündung, die auf einer **Allergie** beruht. Sie tritt nach dem Kontakt mit Bryozoenkolonien (**Moostierchen,** Bryozoa) der Art *Alcyonidium gelatinosum* auf (Abb. 2.106). Es sind festsitzende, koloniebildende Tiere von gelatineartiger Konsistenz. Sie sind Teil des Bodenbewuchses. Vom Grundschleppnetz abgerissen, gelangen sie beim Leeren des Netzes an Bord. Die Fischer kommen beim Sortieren des Fangs unwillkürlich mit ihnen in Kontakt. Nach einer Sensibilisierungsphase, die wenige Monate bis Jahre betragen kann, entwickelt sich ein schweres **Ekzem** (Rötung, Schwellung, Blasenbildung) vorwiegend an den Händen.

$$H_3C\diagdown\overset{O}{\underset{\diagup}{S}}\oplus$$
$$H_3C\diagup\quad\diagdown CH_2CH_2OH$$

Sulfoxonium-Ion

Das verantwortliche **Allergen** ist ein **(2-Hydroxyethyl)-Dimethylsulfoxonium-Ion** das zwar nur in sehr geringer Konzentration in den Bryozoen vorkommt (ca. 5 ppm der Trockenmasse), gleichwohl jedoch äußerst wirksam ist. Es wirkt als Hapten, das erst nach Kopplung an Haut- oder Serumproteine zum kompletten Antigen wird, welches letztlich die allergische Hautreaktion auslöst [3, 4].

Vergiftungen durch Blaualgen. Blaualgen (Cyanophyta) gehören zu den ältesten Pflanzen und stehen den Bakterien (daher auch der Name **Cyanobakterien**) sehr nahe. Sie sollen, obwohl sie natürlich nicht zu den giftigen Tieren gehören, in diesem Zusammenhang nicht unerwähnt bleiben, da ihre Toxine durchaus auch in die **Nahrungskette** von marinen Tieren Eingang finden. So stammt ein Teil der von Schnecken der Familie Aplysiacea (Seehasen, s. Kapitel: Vergiftungen durch Schnecken) gespeicherten To-

Abb. 2.105: Seeschildkröte, *Chelonia mydas* (Guadalcanal, Solomon Islands).

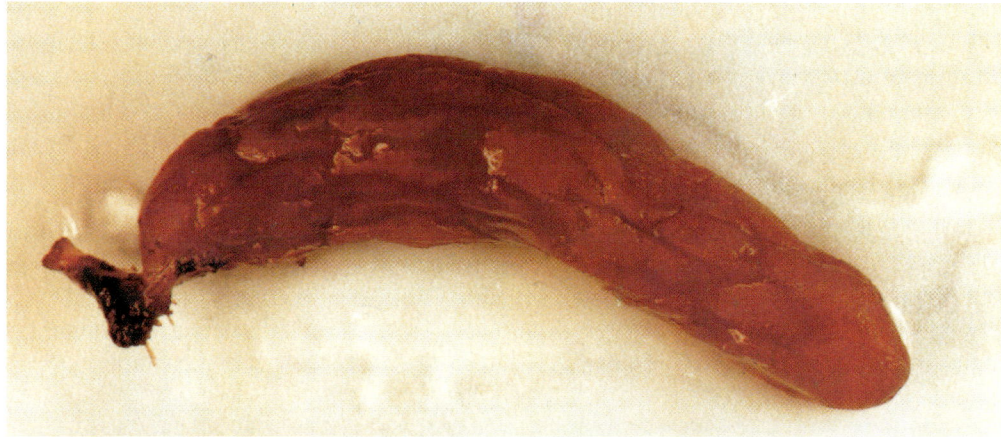

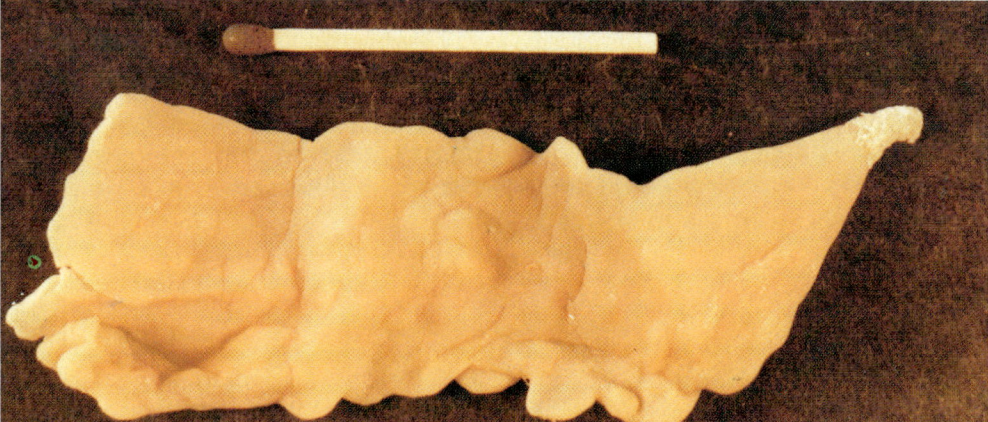

Abb. 2.106: Moostierchen-Kolonie, *Alcyonidium gelatinosum* (Nordsee).

Abb. 2.107: Blaualgen bilden, wie hier *Oscillatoria rubescens,* infolge einer Massenvermehrung auf Seen und Teichen zu manchen Jahreszeiten dicke, schleimige Matten.

xine von Blaualgen, die von den Schnekken abgeweidet werden [5].

Blaualgen sind sowohl im **Süßwasser** wie im **Meer** vertreten. Oft bilden sie infolge einer Massenvermehrung (**Algenblüte**) dicke, schleimige Matten auf Seen und Teichen (Abb. 2.107). Einige Arten, zu ihnen zählen *Anabaena, Aphanizomenon, Microcystis, Nodularia* und *Oscillatoria* spp., bilden Toxine, die Wasservögel, aber auch Weidetiere, die von dem Wasser trinken, töten. In den Jahren 1940 und 1943 führte das „Blühen" von *Microcystis toxica* im Stausee des Vaal-Damms in Transvaal (Südafrika) dazu, daß Tausende von Rindern und Schafen, die hier zur Tränke kamen, verendeten. Blaualgen bilden zwei Arten von **Toxinen: Neurotoxine** und **Hepatotoxine** (die Leber schädigende Toxine) [5, 6, 7]. Zu den Neurotoxinen gehört das Anatoxin (von der Süßwasserform *Anabaena flos-aquae* produziert, Abb. 2.108), ein Alkaloid, das den Acetylcholin-Rezeptor blockiert und damit zur Unterbrechung der Erregungsübertragung vom Nerv auf den Muskel führt, sowie seltsamerweise auch das **Saxitoxin** (von *Aphanizomenon flos-aquae* produziert), das als Muscheltoxin bekannt ist (s. Kapitel: Paralytische Form der Muschelvergiftung). Die Hepatotoxine wie das **Cyanogenosin** und **Microcystin** (von *Microcystis aeruginosa* gebildet, Abb. 2.108) sind zyklische **Peptide** (Heptapeptide oder Pentapeptide wie das Nodularin von *Nodularia*-Arten). Ähnlich wie das Pilzgift Phalloidin (aus dem grünen Knollenblätterpilz, *Amanita phalloides*) hat es besonders bei Leberzellen eine tiefgreifende Wirkung auf die Zellmembran [8].

Bisher zumindest sind beim Menschen keine schwerwiegenden Vergiftungen im

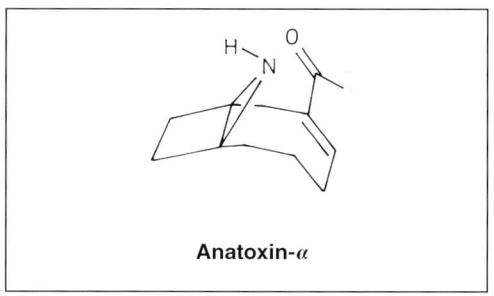

Anatoxin-α

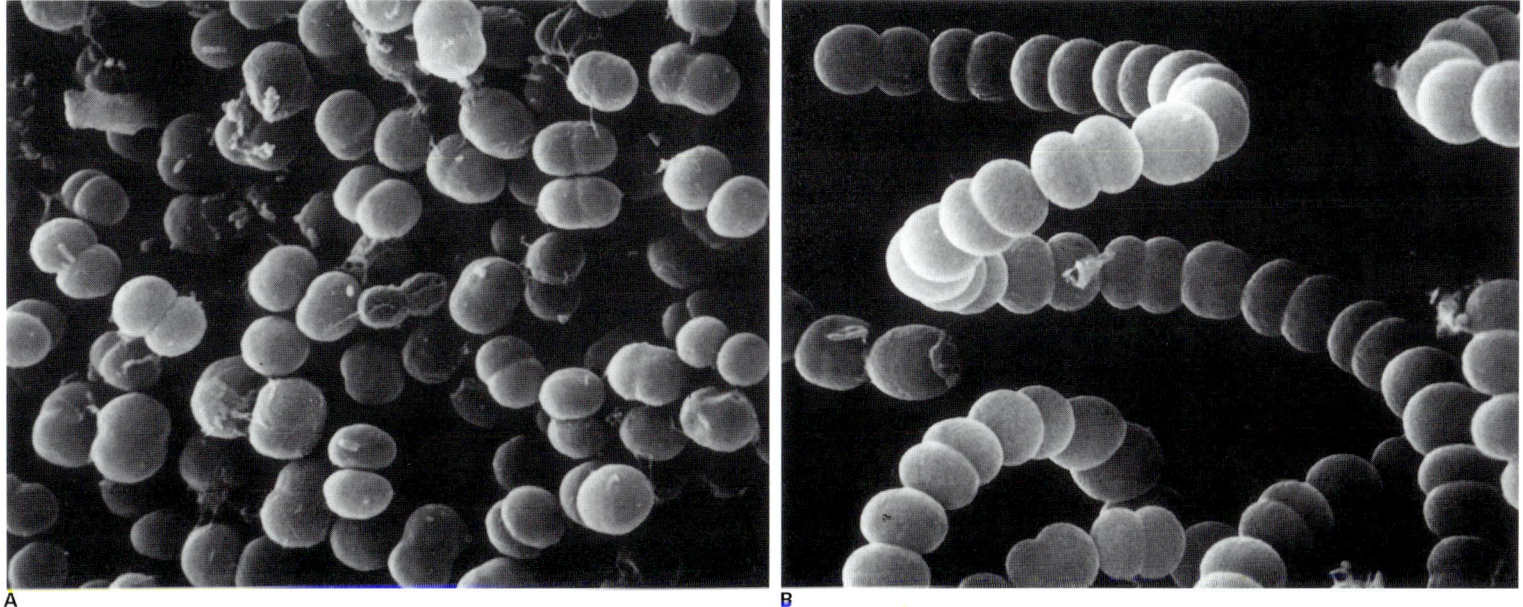

Abb. 2.108: Blaualgen: *Microcystis aeruginosa* (A), *Anabaena flos-aquae* (B), rasterelektronenmikroskopische Aufnahmen (2500 ×).

Zusammenhang mit Blaualgen aufgetreten. Mehrere Autoren weisen jedoch darauf hin, daß es bei Kontamination des Trinkwassers mit Blaualgen zu **Darmerkrankungen**, aber auch zu **Leberschäden** kommen kann. In Australien wurden bei einer Stichprobe unter der Bevölkerung einer Stadt, in deren Trinkwasser-Reservoir eine Massenvermehrung toxischer *Microcystis*-Algen aufgetreten war, erhöhte Leberwerte (GOT) im Serum nachgewiesen [9]. Microcystin kommt auch in Seen und Teichen Europas in z.T. beachtlichen Konzentrationen vor [10]. Dies ist vor allem unter dem Aspekt bedenklich, daß dieses Toxin, aber auch die anderen **Hepatotoxine** als **Tumorpromotoren** das Wachstum von Krebszellen fördern. Es wird sogar in Erwägung gezogen, daß das vermehrte Auftreten von Leberkrebs in manchen Provinzen Chinas durch Trinkwasser verursacht wird, das diese Toxine enthält. Diese Toxine sind außerdem kochstabil. Blaualgen stellen bei der Trinkwasser-Aufbereitung ein sicher nicht zu unterschätzendes Problem dar [11].

Marine Blaualgen sind im Gegensatz zu denen des Süßwassers (noch) kein ernsthaftes Gesundheitsproblem. Gelegentlich tritt bei Schwimmern in Hawaii und Okinawa eine **Dermatitis** mit Rötung, Juckreiz, Blasenbildung und Ödem auf. Ursache hierfür sind Kontakte mit abgebrochenen Fäden der Blaualge *Lyngbya majuscula*, wobei die Inhaltsstoffe **Debromoaplysiatoxin** und **Lyngbyatoxin A** diese Reaktion direkt (nicht als Allergen) auslösen. Diese Stoffe kommen übrigens in den schon erwähnten Schnecken (*Aplysia* und *Dolabella* sp.) vor.

Bedenklich erscheint jedoch die Tatsache, daß toxische Blaualgen auch bereits in der Ostsee (finnische Küstengewässer) auftreten [12].

Abb. 2.109: Eisbär, *Thalarctos maritimus*.

Eisbär. Der Vollständigkeit (auch der Kuriosität) halber sei erwähnt, daß die Leber des Eisbären (Abb. 2.109), *Thalarctos maritimus*, infolge ihres hohen Gehaltes an **Vitamin A** giftig ist, was übrigens auch für die Leber anderer arktischer Tiere wie **Seehund** und **Walroß** zutrifft. Eskimos wissen dies und essen die Leber nicht, was auch der Abenteuertourist beherzigen sollte.

Literatur

[1] Halstead, B.W., Poisonous and Venomous Marine Animals of the World (2nd rev. ed.), Darwin Press, Princeton (1988).

[2] Chandrasiri, N., Ariyananda, P.L., Fernando, S.S.D., Autopsy findings in turtle flesh poisoning. Med. Sci. Law **28**, 142 (1988).

[3] Carle, J.S., Christophersen, C., Dogger bank itch. 2. An allergic contact dermatitis. Bull. Soc. Chim. Belg. **89**, 1087 (1980).

[4] Christophersen, C., Secondary metabolites from marine bryozoans. A review. Acta Chem. Scand. **B39**, 517 (1985).

[5] Carmichael, W.W., Mahmood, N.A., Hyde, E.G., Natural toxins from cyanobacteria (blue-green algae). In: Marine Toxins: Origin, Structure and Molecular Pharmacology (S. Hall, G. Strichartz, eds.), S. 87, Amer. Chem. Soc. (1990).

[6] Carmichael, W.W., Cyanobacteria secondary metabolites – the cyanotoxins. J. appl. Bacteriol. **72**, 445 (1992).

[7] Carmichael, W.W., The toxins of cyanobacteria. Sci. American **270**, 78 (1994).

[8] Eriksson, J.E., Meriluoto, J.A.O., Kujari, H.P., Janel Al-Layl, K., Codd, G.A., Cellular effects of cyanobacterial peptide toxins. Toxic Asn. **3**, 511 (1988).

[9] Falconer, I.R., Beresford, A.M., Runnegar, M.T.C., Evidence of liver damage by toxin from a bloom of the blue-green alga, *Microcystis aeruginosa*. Med. J. Aust. **1**, 511 (1983).

[10] Ueno, Y., Nagata, S., Tsutsumi, T., Hasegawa, A., Yoshida, F., Suttajit, M., Mebs, D., Pütsch, M., Vaconcelos, V., Survey of microcystins in environmental water by a highly sensitive immunoassay based on monoclonal antibody. Natural Toxins **4**, 271 (1996).

[11] Himberg, K., Keijola, A.M., Hiisvirta, L., Pyysalo, H., Sivonen, K., The effect of water treatment processes on the removal of hepatotoxins from *Microcystis* and *Oscillatoria* cyanobacteria: a laboratory study. Wat. Res. **23**, 979 (1989).

[12] Kononen, K., Carmichael, W.W., Dahlem, A.M., Rinehart, K.L., Kivirantha, J., Niemelä, S.I., Occurrence of the hepatotoxic cyanobacterium *Nodularia spumigena* in the Baltic Sea and structure of the toxin. Appl. Envir. Microbiol. **55**, 1990 (1989).

Tiere des Festlandes

Die Schwarze Witwe, *Latrodectus tredecimguttatus*

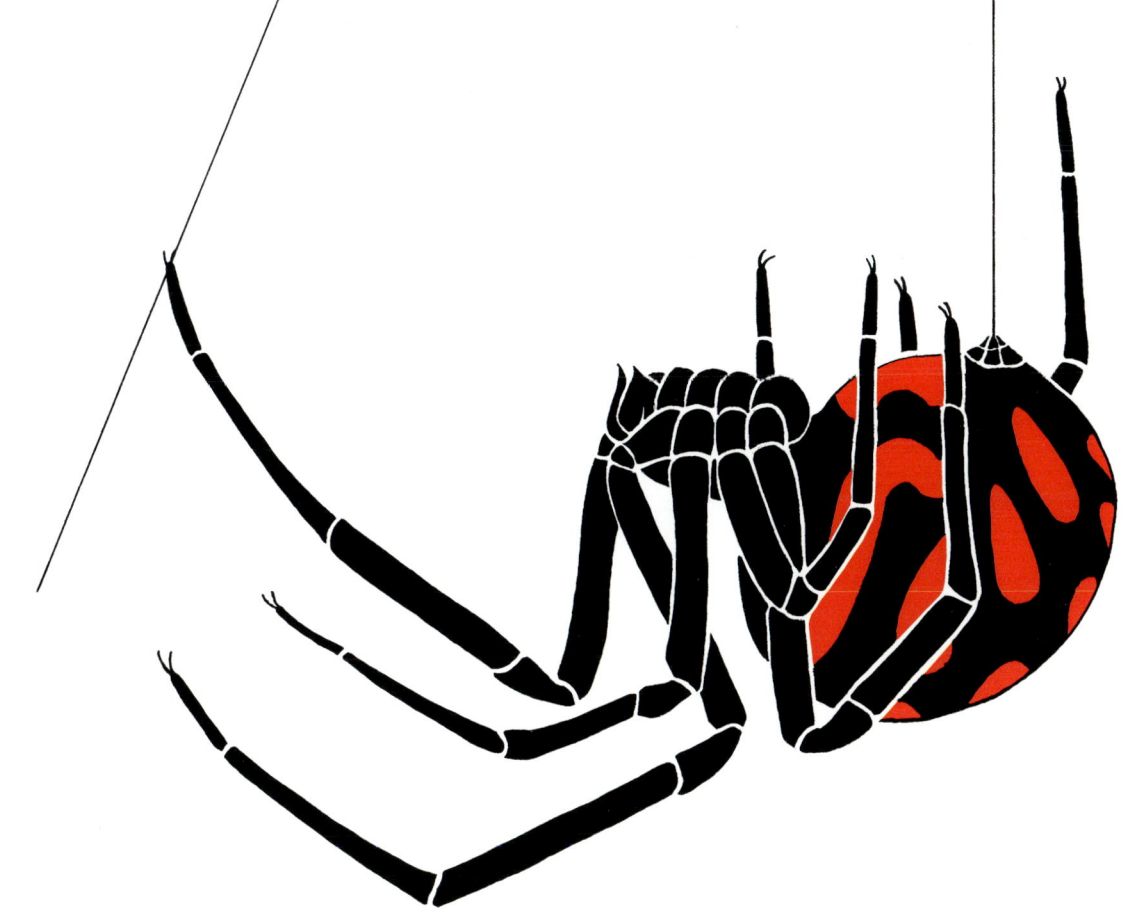

Es sind nicht Meerestiere, sondern eher Spinnen, Skorpione und Schlangen, die im allgemeinen Bewußtsein das Bild eines typischen Gifttieres bestimmen und oft rational nicht begründbare Ängste auslösen (Arachnophobie). Im Gegensatz zum Lebensraum Meer, der sich dem Menschen nur schwer erschließt, wo Kontakte mit giftigen Meerestieren daher in der Regel selten sind, verhält sich dies auf dem Festland anders. Einerseits ist allein schon die Zahl der Gifttiere größer. Zum anderen sind nicht gerade wenige von ihnen Kulturfolger, sie besiedeln Häuser und landwirtschaftlich genutzte Gebiete.

In **tropischen Ländern** zählen Vergiftungen nach Biß- und Stichverletzungen vor allem unter der ländlichen Bevölkerung keineswegs zu den seltenen Ereignissen. In Burma z.B. sind Todesfälle nach Schlangenbiß die fünfthäufigste Todesursache. Skorpionstiche stellen in Nordafrika und Mexiko ein ernstes Gesundheitsproblem dar.

In den **gemäßigten Weltregionen** sind derartige Vergiftungen jedoch eher selten. Hier sind es nicht Giftschlangen, deren Biß Todesopfer fordert, sondern es sind Bienen und Wespen, die in Europa und Nordamerika jährlich Dutzende von Menschenleben fordern. Allerdings ist es nicht die Giftwirkung selbst, sondern die bei allergisch reagierenden Menschen ausgelöste anaphylaktische Reaktion, die nicht selten zum Tode führt.

Sind es im marinen Bereich überwiegend die **passiv giftigen Tiere**, die beim Menschen z.B. erst nach deren Verzehr Vergiftungen hervorrufen und hinter denen die mit Giftstachel und Nesselzellen aktiven Tiere zurücktreten, so werden auf dem Festland **Giftzahn** und **Giftstachel** als Werkzeuge zur Giftbeibringung äußerst vielfältig und erfolgreich eingesetzt.

In den folgenden Kapiteln finden neben den europäischen auch die außereuropäischen Gifttiere Berücksichtigung. Denn nicht nur Fernreisende, die allerdings sehr selten mit Gifttieren in Kontakt kommen, sondern auch zahlreiche Menschen, die in Übersee als Entwicklungshelfer, Arzt oder anderweitig tätig sind, fragen sich, welche Gifttiere sie in diesem oder jenem Land zu erwarten haben, wie sie sich u.U. verhalten, was sie an Vorsichtsmaßnahmen beachten müssen. Doch auch im privaten Bereich (nicht nur in Zoos und Schausammlungen) werden eine Vielzahl exotischer Gifttiere, Spinnen und vor allem Giftschlangen, gehalten. Im Vergiftungsfall stellen sich für den Arzt oder auch Ersthelfer oft schwierige therapeutische Probleme und provozierten of genug dramatische Rettungseinsätze.

Wirbellose

Skorpione (Klasse: Arachnida, Spinnentiere; Ordnung: Scorpiones) – scorpions

Abb. 3.1: Europäischer Skorpion, *Euscorpius italicus*.

Abb. 3.2: Weibchen mit Jungen.

Merkmale: Langgestreckter, schwanzförmig auslaufender Körper, der in drei Abschnitte gegliedert ist: Cephalothorax (Kopfbruststück) mit den charakteristischen scherenförmigen Pedipalpen (zum Festhalten der Beute), zwei Chelizeren (zu Mundwerkzeugen umfunktionierte Gliedmaßen; wie die Spinnen gehören die Skorpione zum Unterstamm: Chelicerata), vier Beinpaare (was sie u.a. von den Insekten, die drei Beinpaare besitzen, unterscheidet); das gegliederte Prä- und Postabdomen, letzteres dünn ausgezogen und nach oben gebogen, das letzte Glied ist mit einem gekrümmten Stachel versehen. Färbung variabel, meist dem Untergrund bzw. dem Lebensraum angepaßt (helles Gelb bis Schwarz).

Verbreitung: In allen Erdteilen verbreitet, in großer Artenzahl vorwiegend in den tropischen und subtropischen Regionen, weniger in den gemäßigten Zonen.

Lebensraum/Lebensweise: Trockene (Wüsten, Savannen, Grasland) wie feuchte (Regenwälder, Gezeitenzonen) Lebensräume werden in oft erstaunlicher Populationsdichte besiedelt, ebenso menschliche Siedlungen. Hitze und Trockenheit werden in hohem Maße toleriert. Überwiegend nachtaktiv, tagsüber unter Steinen und Vegetation (Rinde) verborgen, auch in der Erde vergraben. Obwohl vorwiegend bodenlebend, klettern sie auch an Wänden empor. Lebendgebärend (vivipar), auch ovovivipar (die Jungen verlassen kurz nach der Geburt die Eihüllen). Die meist erst nach einigen Häutungen vollentwickelten Jungen werden auf dem Rücken getragen [1].

Skorpione zählen zu den urtümlichsten Vertretern der Spinnentiere. Ihnen geht zwar der Ruf voraus, durch ihren Stich einen Menschen töten zu können, doch sind von den ca. 1500 Skorpionarten tatsächlich weniger als 25 hierzu in der Lage. Die meisten Skorpione produzieren Gifte, die beim Menschen nur geringfügige lokale Reaktionen hervorrufen. Mit Einschränkung kann die Regel „Je größer, desto harmloser" angewandt werden; Skorpione mit schlanken Scheren (sie gehören meist zur Familie Buthidae) sind eher als gefährlich einzustufen als Skorpione mit großen, plumpen Scheren (Abb. 3.3). Gerade die imposanten, handtellergroßen *Hadogenes-*, *Heterometrus-* und *Pandinus-*Arten sind für den Menschen praktisch ungefährlich.

Andererseits sind in den Tropen und Subtropen nach den Schlangen Skorpione die wichtigsten Gifttiere. In manchen Ländern sind Skorpionstiche ein **ernstes Gesundheitsrisiko,** so in Mexiko, Brasilien, Tunesien, Algerien, Marokko und Libyen.

Die für den Menschen gefährlichen Skorpione gehören alle der Familie Buthidae an, die man (dies trifft auch z.T. für die Giftzusammensetzung zu) in alt- und neuweltliche Arten unterteilt: *Androctonus-*Arten wie *australis* (Abb. 3.4), *crassicauda*, *mauretanicus* und *amoreuxi*, *Buthus occitanus*, *Leiurus quinquestriatus* (Nordafrika und Mittlerer Osten), *Parabuthus* sp. (Südafrika), *Mesobuthus (Buthotus)* spp. (Indien), *Buthus martensi* (Korea, Mongolei, China) und die nordamerikanischen und mexikanischen *Centuroides-*Arten (*Centuroides sculpturatus, exilicauda, limpidus, noxius, suffusus*) (Abb. 3.5, 3.6), wie die südamerikanischen *Tityus-*Arten (*Tityus bahiensis, serrulatus, trinitatis*, Abb. 3.7 [2]). Der im Mittelmeergebiet durchaus häufige kleine *Euscorpius italicus* (Abb. 3.1, 3.2) vermag hingegen beim Menschen kaum einen wirksamen Stich anzubringen und ist harmlos, löst jedoch häufig genug bei Touristen Panik aus. Etwas schmerzhafter ist schon der Stich von *Buthus occitanus*, der bis 10 cm groß werden kann und in Südfrankreich,

Abb. 3.3: Dieser große Skorpion, *Heterometrus cyaneus*, mit dicken Scheren ist relativ harmlos (Java, Indonesien).

Abb. 3.4: Dickschwanz-Skorpion, *Androctonus australis* (Nordafrika).

Spanien und Nordafrika (hier verfügt diese Art offenbar über ein stärkeres Gift) vorkommt [3, 4].

Vergiftungsumstände. Skorpione stechen, sie beißen nicht (wie die Spinnen). Sie greifen den Menschen nicht an und versuchen meist zu fliehen, wenn man sie aufstöbert. In die Enge getrieben, richten sie ihr schwanzförmiges Körperende bogenförmig auf, die Scheren werden drohend aufgeklappt, der Giftstachel „schwebt" förmlich über dem Körper.

Zu Stichen kommt es aber meist, wenn man den Skorpion unbeabsichtigt preßt oder quetscht, Schuhe oder Kleider anzieht, in welchen sich ein Skorpion verborgen hat, oder wenn man unter Holz oder Steine greift, wo Skorpione sitzen. In Häusern tritt, legt oder setzt man sich leicht auf die nachtaktiven Tiere. Kinder werden häufig von Skorpionen gestochen, wenn sie mit ihnen spielen.

Vorsichtsmaßnahmen. In Gebieten, in denen Skorpione besonders häufig vor-

Abb. 3.5: Nordamerikanischer Skorpion, *Centruroides sculpturatus*.

Abb. 3.6: Mexikanischer Skorpion, *Centruroides noxius*.

kommen (Süden der USA, Mexiko, Nordafrika), vor allem in ländlicher Gegend, ist beim Kampieren im Freien besondere Vorsicht angebracht, man muß mit diesen Tieren stets rechnen. **Kleidung** und **Schuhe** sollten vor dem Anziehen gründlich **inspiziert** und ausgeschüttelt werden. Fühlt (oder sieht) man etwas über den Körper krabbeln (es könnte ein Skorpion sein), mit der flachen Hand schnell abstreifen, nicht draufschlagen, was dann mit hoher Wahrscheinlichkeit einen Stich zur Folge hätte. Nachts alles ausleuchten, wohin man sich setzt oder legt. In Mexiko werden besondere Empfehlungen zum Hausbau gegeben, um das Eindringen von Skorpionen zu verhindern. Eine Reihe glasierter Kacheln soll wenig über dem Boden an der Hauswand, aber auch an Treppen angebracht werden, Pflanzen sollen mit einem Abstand von der Hauswand angepflanzt werden etc.; Hühner sind ein wirksamer Schutz, da sie Skorpione vertilgen. Insektensprays sind meist nicht sehr effektiv.

Giftapparat. Am Ende des gegliederten **Postabdomen** (auch Metasoma genannt) ist das letzte Glied (**Telson**) blasenförmig aufgetrieben und mit einem spitzauslaufenden, nadelähnlichen **Stachel** versehen (Abb. 3.8, 3.9). Dieser ist hohl und hat zwei Ausführungsgänge von paarigen Giftdrüsen, die das Telson ausfüllen. Der Stachel wird in das Beutetier, das mit den zangenförmigen Pedipalpen festgehalten wird, gestoßen. Das Gift wird durch Muskeldruck auf die Drüsen entleert und tritt als Tropfen, mitunter auch als feiner Strahl durch den Stachel aus.

Gift. Skorpiongifte sind ein Gemisch hochwirksamer **Polypeptid-Toxine**. Zwar sind auch **Enzyme** in manchen Giften enthalten, so Phospholipasen A, Phosphoesterasen und Hyaluronidasen [5], doch scheinen sie, wenn überhaupt, nur eine untergeordnete Rolle im Vergiftungsgeschehen zu spielen. Im Vordergrund stehen Neurotoxine, die mit hoher Spezifität nervöse Strukturen, insbesondere **Ionen-Kanäle**, beeinflussen. Ähnlich wie bei den Toxinen der Kegelschnecken (*Conus*, s. Kapitel: Kegelschnecken) zeigen sich auch hier bemerkenswerte Anpassungen an den Beutetyp. Während sich einige Toxine als hochspezifisch für Nervenstrukturen von Wirbeltieren erweisen (vor allem in jenen Skorpiongiften, die auch für den Menschen gefährlich sind), wirken andere bevorzugt am Nervensystem von Invertebraten (besonders Insekten) [6, 7, 8].

Es sind basische Polypeptid-Toxine, die entweder aus weniger als 40 oder aber 60 bis 70 Aminosäuren bestehen und die durch vier Disulfidbrücken stabilisiert sind. Dies macht sie zu kompakten, sehr stabilen Molekülen. Ihr Hauptangriffspunkt ist der **Natrium-Kanal** erregbarer Membranen. Zum einen bewirken sie hier, daß er sich nach dem Öffnen nicht wieder schließt, was eine Dauererregung zur Folge hat (so durch die sog. α-**Toxine** aus Skorpiongiften von Arten der alten Welt, wie *Androctonus australis* und *Leiurus quinquestriatus*). Andere Toxine verhindern (oder verzögern) das Öffnen des Kanals und blockieren damit die Fortleitung der Erregung (sog. β-**Toxine**, hauptsächlich aus Skorpiongiften von Arten der neuen

Welt, wie *Centruroides sculpturatus*). **Toxin** γ aus dem Gift des brasilianischen Skorpions *Tityus serrulatus* macht beides: Es verzögert das Öffnen des Kanals und, ist dieser offen, sein Schließen.

Der Neurophysiologe nutzt diese Toxine, um den Natrium-Kanal zu studieren. Andere Toxine kommen in den Giften nur in sehr geringer Konzentration vor wie das **Noxiustoxin** (aus *Centruioides-noxius*-Gift) und das **Charybdotoxin** (aus *Leiurus-quinquestriatus*-Gift). Sie blockieren mit hoher Spezifität **Kalium-Kanäle** [6, 7, 8, 9, 10, 11, 12].

Die zuletzt erwähnten Toxine spielen allein schon wegen ihres geringen Anteils am Gift bei Vergiftungen sicher keine Rolle. Bei der Vielzahl von Neurotoxinen im Skorpionsgift sollte man eigentlich erwarten, daß im Vergiftungsfall Lähmungserscheinungen auftreten. Dies ist jedoch fast nie der Fall, außer daß um die Einstichstelle für eine gewisse Zeit (mehrere Stunden) ein Taubheitsgefühl auftritt. Das Gift passiert nicht die Blut-Hirn-Schranke. Vielmehr zeichnet sich eine Vergiftung nach Skorpionstich (dies trifft für alle Arten zu, die dem Menschen gefährlich werden können) durch eine äußerst **komplexe Symptomatik** aus. Auslöser sind wahrscheinlich die am Natrium-Kanal angreifenden Toxine, die im Organismus vielfältige und entsprechend variable Symptome provozieren. Dies läßt sich selten auf ein einziges Toxin zurückführen. Vielmehr scheint die

Abb. 3.7: Südamerikanischer Skorpion, *Tityus serrulatus*.

Interaktion mehrerer Giftkomponenten eine wichtige Rolle zu spielen. Im Vordergrund steht hierbei die massive Ausschüttung von Transmittern, von Katecholaminen und Acetylcholin, die das autonome Nervensystem direkt stimulieren. Daraus resultieren je nach Art des ausgeschütteten Transmitters Folgeerscheinungen unterschiedlicher Intensität und Ausprägung. So bewirkt die Freisetzung von Acetylcholin (kurzzeitig) Erbrechen, Speichelfluß, Schweißausbruch, Bradykardie, Priapismus (schmerzhafte Erektion) und eine Senkung des arteriellen Blutdrucks. Die freigesetzten Katecholamine (langanhaltende Wirkung) haben einen Anstieg des Blutdrucks, Tachykardie, erhöhten Blutzucker (Hyperglykämie) und schwere Störungen der Herzmuskelfunktionen (kardiomyopathischer Effekt) zur Folge.

Vergiftung. Ein Skorpionstich ruft, wenn er nicht gerade trivialer Natur und damit nur schmerzhaft ist, eine Reihe von Symptomen hervor, die ein äußerst **komplexes,** nur schwer überschaubares **Vergiftungsbild** ergeben. Es treten plötzliche, meist unerwartete **Komplikationen** auf, die, wenn sie nicht rechtzeitig behandelt werden, den tödlichen Ausgang der Vergiftung begründen.

In Ländern wie Mexiko rechnet man mit ca. 100 000 Fällen von Skorpionstichen

Abb. 3.8: Giftapparat eines Skorpions: Telson mit Stachel am Körperende.

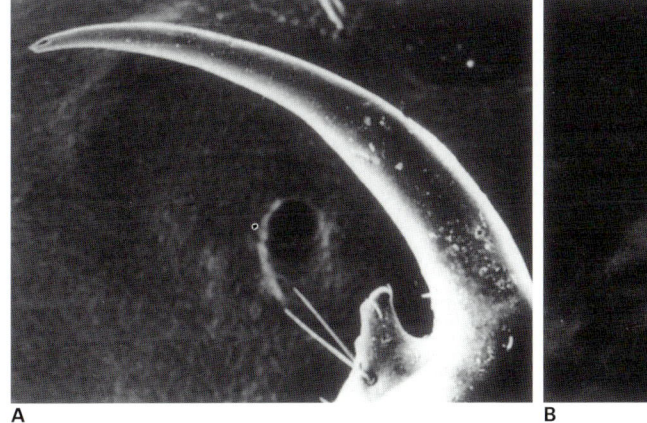 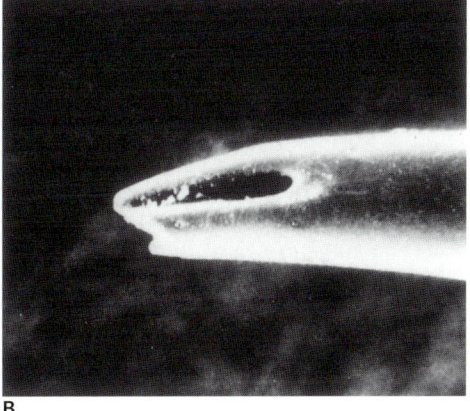

Abb. 3.9: Stachel (A) und Ausführungsgang (B), rasterelektronenmikroskopische Aufnahmen (30 × bzw. 300 ×).

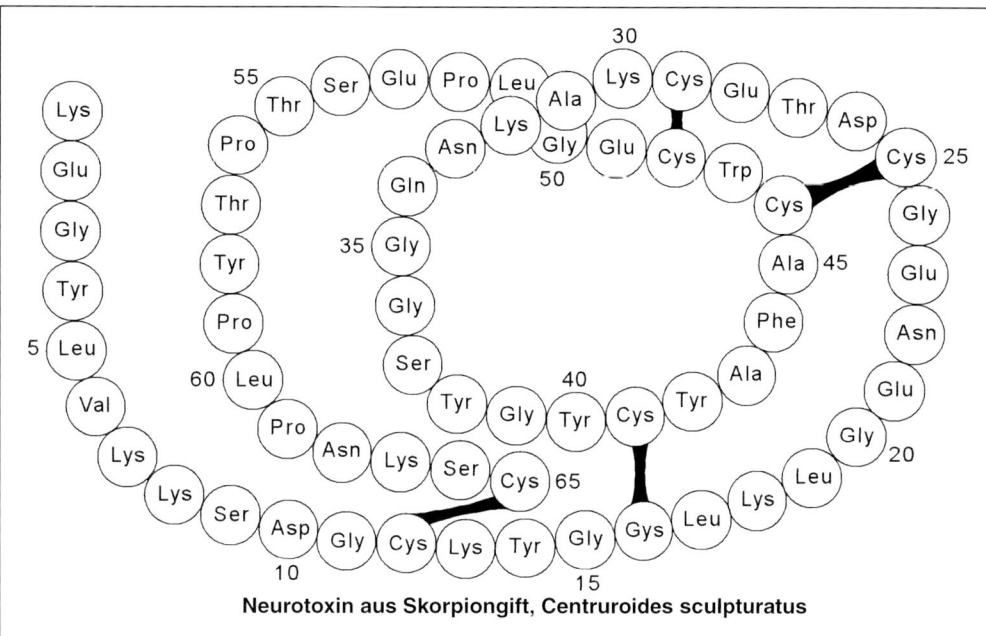

Neurotoxin aus Skorpiongift, Centruroides sculpturatus

(*Centruroides*-Arten) pro Jahr, wovon ca. 800 Vergiftungen tödlich verlaufen [10]. Hiervon sind besonders Kinder betroffen, bei denen in der Regel ein schwerer Vergiftungsverlauf zu beobachten ist. In Brasilien ergab eine Studie, daß die Mortalitätsrate bei Skorpionstichen (*Tityus*-Arten) mit 0,28% zwar sehr niedrig ist, jedoch befanden sich unter den Todesfällen ausschließlich Kinder, die erst nach mehr als drei Stunden in ärztliche Behandlung gekommen waren [13]. Auch in Nordafrika wird man sich dieses Problems bewußt. In Algerien und Tunesien sterben jährlich mehr als 30 Menschen nach Skorpionstichen *(Androctonus australis)*. In einem Distrikt Zentraltunesiens kommt es jährlich zu mehr als 4 500 Skorpionstichen mit 20 Todesfällen [14].

Unabhängig von der Artzugehörigkeit zeigen Skorpionstiche ein sehr ähnliches, allerdings komplexes Vergiftungsbild. Schmerz, leichtes Ödem, Hautrötung und manchmal auch kleine Hautbläschen, mitunter gefolgt von Taubheitsgefühl, sind lokale Symptome um die Einstichstelle.

Allgemeine Symptome können sofort, aber auch erst nach mehreren Stunden auftreten, bei Kindern jedoch meist recht schnell. Schweißausbruch, Kurzatmigkeit, Übelkeit und Erbrechen sind erste Anzeichen einer systemischen Vergiftung. Die am peripheren Nervensystem angreifenden Toxine bewirken u.a. die **Freisetzung von Neurotransmittern** wie Katecholaminen und Acetylcholin, die das weitere Vergiftungsbild bestimmen.

In schweren Fällen dominieren **Kreislaufprobleme**, Bluthochdruck und Tachykardie sowie als Komplikation ein massives **Lungenödem**. Darüber hinaus lassen sich Muskelzuckungen und -krämpfe, aber auch ein herabgesetzter Muskeltonus feststellen, die Reflexe sind vermindert, können aber auch verstärkt sein. Kinder fallen durch Ruhelosigkeit und Hyperaktivität auf. Herzbeschwerden, Abdominalkrämpfe, Erbrechen, Durchfall, erhöhter Speichelfluß (Schaum vor dem Mund), verwaschene Sprache, verschwommenes Sehen, Augenzucken (Nystagmus), Schluckbeschwerden, schnelle Atmung sind weitere Symptome, die unregelmäßig auftreten können. Die Katecholaminwerte in Blut und Urin sind deutlich erhöht. Eine mitunter schwere Hyperglykämie weist auf eine Stoffwechselentgleisung hin; Hyperkalämie und Hyponaträmie sind ebenfalls nicht selten.

Obwohl **Kreislaufversagen** und **Lungenödem** letztlich **Todesursache** sind, tragen zum tödlichen Ausgang einer derartigen Vergiftung eine Reihe sekundärer Effekte bei, die im Einzelnen kaum abzuschätzen sind. Die Kombination mehrerer Giftkomponenten kann im Organismus Substanzen freisetzen und Reaktionen auslösen (etwa eine Wirkung auf das Renin-Angiotensin-System). So ist die schwerste **Komplikation** bei Skorpionstichen, das sich rasch entwickelnde Lungenödem, möglicherweise das Ergebnis mehrerer Umstände und Faktoren (Mediatoren), angefangen mit einer herabgesetzten Herzleistung, einer Ateminsuffizienz durch Lähmung der Atemmuskulatur, bis zu einer vermehrten Schleimsekretion in den Bronchien. Andere Autoren stellen hingegen einen ausschließlich kardiogenen Einfluß, die stetig abnehmende Herzleistung, in den Vordergrund [15–21].

Erste Hilfe. Sofortmaßnahmen müssen sich an den auftretenden Symptomen orientieren. Primär steht auch hier die **Beruhigung** des Betroffenen im Vordergrund, der oft in Panik gerät und glaubt, eine tödliche Vergiftung zu erleiden. Die betroffene Extremität sollte ruhig gestellt werden (Arm in Schlinge). Manipulationen an der Einstichstelle wie Einschneiden, aber auch das Abbinden einer Extremität sind zu unterlassen. Vor allem **Kinder** sollten umgehend in ärztliche Behandlung gebracht werden.

Wurde der Skorpion getötet, zum Zweck der späteren Identifizierung aufbewahren bzw. in die Klinik mitnehmen.

Antiseren. Dies ist keine vollständige Liste, sondern nur eine Auswahl unter den wichtigsten Produzenten.

Nordafrikanische Skorpione *(Androctonus australis, Buthus occitanus)*: Polyvalentes Antiserum (10 ml/Ampulle), Institut Pasteur, Algier, Algerien; Institut Pasteur, Tunis, Tunesien; Pasteur-Mérieux Sérum et Vaccins, Av. Géneral Leclerc, F-69007 Lyon.

Mittlerer Osten *(Androctonus crassicauda, Buthotus* sp.*, Scorpio maurus* etc.*)*: Polyvalentes Antiserum (5 ml/Ampulle), Institut d'Etat des Sérums et Vaccins Razi, Teheran, Iran.

Südafrika *(Parabuthus transvaalicus)*: Scorpion antivenom, South African Institute for Medical Research, P.O. Box 1038, Johannesburg 2000, South Africa.

Therapie. Die meisten Skorpionstiche sind beim Erwachsenen relativ leichter Natur und bedürfen keiner Behandlung. Kinder, ältere und organisch vorgeschädigte (Herz) Menschen sind hingegen Risikopatienten. In diesen Fällen ist eine Beobachtung über mindestens 24 Stunden angebracht (Überwachung der Herz-Kreislauffunktionen, Atmung etc.).

Schmerzen um die Stichwunde bedürfen meist keiner Behandlung, Analgetika können versuchsweise angewandt werden (sie haben meist keine durchgreifende Wirkung; Morphin-Derivate sind wegen ihrer zentraldämpfenden Wirkung nicht indiziert). Die Schmerzen lassen sich durchaus auch ertragen. Häufiges Erbrechen kann zu Wasser- und Elektrolytverlusten und zu Verschiebungen im Säure-Basen-Gleichgewicht führen, was durch Infusionen unter Kontrolle gebracht werden kann. Atropin, das oft schon routinemäßig eingesetzt wird, sollte nur bei schwerer Bradykardie als Notmaßnahme angewandt werden [13]. Propanolol, Antihistaminika, Kortikosteroide werden zwar hin und wieder empfohlen, ihr positiver Einfluß auf den Vergiftungsverlauf ist jedoch keineswegs nachgewiesen.

Der Einsatz von **Antiserum** wird sehr **kontrovers beurteilt**. Einerseits ist man sich der z.T. nicht sehr hohen Wirksamkeit kommerzieller Antiseren bewußt und fordert Verbesserungen. In den meisten Ländern mit häufigen Vergiftungen durch Skorpione sind Antiseren jedoch (falls überhaupt verfügbar) wichtigste Therapiemaßnahme [22, 23]. Andererseits rät eine Gruppe israelischer Ärzte dringend von der Verwendung von Antiseren ab, sie verzögere nur eine konsequent durchgeführte symptomatische Therapie [24, 25]. Vielfach wird man in den Tropen jedoch nicht die Voraussetzungen für eine Intensivbehandlung, wie sie von diesen Autoren vorgeschlagen wird, antreffen. Daher sollten sich eine Behandlung mit Antiserum und symptomatischer Therapie eher ergänzen.

Antiserum sollte **nur in kritischen Fällen** Anwendung finden. Meist wird es aber nicht verfügbar sein. Außerdem zeigen Antiseren gegen Skorpionstiche nur eine sehr **eingeschränkte Kreuzneutralisation**, d.h. sie sind in der Regel nur gegen die Gifte wirksam, die zur Immunisierung verwendet wurden. Keineswegs sind Antiseren gegen mexikanische Skorpiongifte etwa gegen jene nordafrikanischer Arten (und umgekehrt) wirksam.

Entscheidend für den Erfolg der Antiserum-Therapie ist, daß sie frühzeitig angewandt wird. Eine Verzögerung von mehreren Stunden reduziert die therapeutischen Möglichkeiten ganz erheblich, da die zwischenzeitlich vom Gift ausgelösten autopharmakologischen Reaktionen (Katecholamin-Freisetzung etc.) nicht durch Antiserum zu kontrollieren sind.

Antiserum ist stets **intravenös** anzuwenden, am besten als Infusion verdünnt in 250 ml physiologischer Kochsalzlösung. Zwei, in kritischen Fällen auch vier Ampullen können die Mindestdosis darstellen. Bei der Anwendung von Antiseren (die Indikation ist vor allem bei Erwachsenen sehr eng zu stellen) sind Maßnahmen zu treffen, um auf eine plötzlich auftretende anaphylaktische Reaktion vorbereitet zu sein (Hinweise hierzu s. Teil 1). Besonders in Fällen, bei denen bereits Kreislaufprobleme und ein Lungenödem manifest sind, ist Antiserum nicht mehr erfolgreich einzusetzen. Hier ist eine symptomatische Behandlung angezeigt. Beim Auftreten kardiovaskulärer Probleme werden α-Rezeptoren-Blocker (Prazosin), ACE-Hemmer (Captopril) und eine Kombination von Hydralazin und Nifedipin (Calciumantagonist) empfohlen. Dies sind Maßnahmen, mit denen man den auftretenden erhöhten Blutdruck senkt, die Herzleistung verbessert und den Herzmuskel vor den massiv freigesetzten Katecholaminen schützt. Ferner wird durch Prazosin die Insulinsekretion, durch die Vergiftung stark gesenkt, normalisiert und einer Hyperglykämie vorgebeugt [26, 27]. Die Behandlung eines sich abzeichnenden **Lungenödems** sollte rechtzeitig erfolgen, der Patient ist zu intubieren, was das Absaugen von Sekret und eine notwendig werdende Beatmung erleichtert. Bei lebensbedrohlichen Zuständen ist Natriumnitroprussid anzuwenden, Diuretika (Furosemid) nur bei einem Schock-freien Patienten. Es kann nicht oft genug betont werden, daß vor allem Kinder, die ja die gleiche Giftmenge wie ein Erwachsener erhalten haben, die eigentliche Risikogruppe darstellen und sie umgehende in ärztliche Behandlung zu bringen sind.

Indischer Subkontinent *(Buthotus tamulus)*: Monovalent scorpion antivenom, Central Research Institute, 173204 Kasauli, India.

Südliche USA und Mexiko (*Centruroides* sp.): Suero Antialacran, Alacramyn®, Laboratorios BIOCLON, Calzada de Tlalpan 4687, Mexico D.F. 14050, Mexico.

Südamerika (Brasilien; *Tityus* spp.): Soro antiscorpionico, Instituto Butantan, CP 65, São Paulo, S.P., Brasilien.

Fallbeschreibungen

Überlebte Vergiftung

In Mexiko wurde eine 48jährige Frau zweimal von einem Skorpion *(Centruroides infamatus infamatus)* in die linke Hand gestochen. Innerhalb von fünf Minuten fühlte sie starke Schmerzen um die Einstichstelle, klagte über eine allgemein erhöhte Schmerzempfindlichkeit und Schluckbeschwerden, zeigte eine erhöhte Lichtempfindlichkeit und vermehrten Speichelfluß, ihre Sprache war verwaschen. Beim Eintreffen im Krankenhaus wurde ihr Blutdruck mit 160/110 mm Hg (normal) gemessen, Puls 102/Min., ihre Augen waren gerötet. Der Blutzukkergehalt war erhöht (212 mg/dl), ihr Urin wies Glucose auf. Skorpion-Antiserum (eine Ampulle, i.v.) wurde 30 Minuten nach dem Stich injiziert. Der Zustand der Patientin besserte sich innerhalb der nächsten zwei Stunden, worauf sie ent lassen wurde. Eine Nachuntersuchung bestätigte normale Blutzuckerwerte, die Patientin war keine Diabetikerin, der erhöhte Blutzuckerwert daher Folge der Vergiftung [19].

Tödliche Vergiftung

In der Nähe von Belo Horizonte (Brasilien) wurde ein 16jähriger Junge von einem Skorpion, *Tityus serrulatus*, in die linke Hand gestochen. Bei seiner Einlieferung (30 Minuten später) in das örtliche Krankenhaus klagte er über Schmerzen an der Einstichstelle und über Übelkeit, er hatte erbrochen und war schweißgebadet. Ihm wurden insgesamt 40 ml Antiserum i.v. (Skorpion-Antiserum, Butantan, São Paulo) injiziert (offenbar nicht sofort). Da sich sein Zustand in den folgenden Stunden nicht besserte, wurde er (drei Stunden nach dem Stich) in ein anderes Krankenhaus verlegt. Bei seiner Aufnahme wurde niedriger Blutdruck (90/50 mm Hg) festgestellt, ein Puls von 120/Min., der Patient war zyanotisch. Die Röntgen-Thorax-Übersichtsaufnahme zeigte beidseitig alveoläre Infiltrate, Anzeichen eines Lungenödems, keine auffälligen Befunde am Herzen; im EKG wurde eine Sinus-Tachykardie (130 Systolen/Min.) diagnostiziert. Es wurden weitere 40 ml Antiserum i.v. verabreicht. Sauerstoffbeatmung und 80 mg Furosemid (i.v.) hatten keine Besserung des Lungenödems zur Folge. Der Patient wurde intubiert und auf die Intensivstation verlegt. Er litt weiterhin unter Atemnot, hatte niedrigen Blutdruck (80/50 mm Hg) und einen Puls von 130/Min. Die Beatmung wurde mit 100% Sauerstoff durchgeführt, der Patient mit 0,15 mg Midazolam ruhig gestellt und eine Schockbehandlung mit 20 µg/kg/Min. Dobutamin und der gleichen Dosis Dopamin (i.v.) eingeleitet. Ein sich entwickelnder Pneumothorax (rechts) wurde mit einer Thoraxdrainage behandelt, wobei sich der Zustand des Patienten kurzzeitig besserte. In den folgenden Stunden (18 Stunden nach dem Stich) verschlimmerte sich bei anhaltender Tachykardie das Lungenödem zusehends, im Blut wurden hohe Adrenalinwerte (530 pcg/ml, normal sind weniger als 110 pcg/ml) gemessen, die Werte für Noradrenalin lagen mit 636 pcg/ml im Normbereich. 24 Stunden nach dem Stich zeigte das Röntgenbild alveoläre Infiltrate in beiden Lungen, links ebenfalls einen leichten Pneumothorax und ein vergrößertes Herz. 32 Stunden nach dem Stich starb der Patient [17].

Todesursächlich war das Lungenödem, dem hauptsächlich ein Versagen des linken Herzventrikels zugrunde lag, auch wurde eine Schädigung der Lunge und als Folge eine erhöhte Gefäßpermeabilität angenommen. Hieran mag aber die Beatmung mit reinem Sauerstoff über längere Zeit nicht unbeteiligt gewesen sein. Die Anwendung des Antiserums, die offenbar bei dem bereits mit Anzeichen einer schweren Vergiftung eingelieferten Patienten zu spät erfolgte, hat das sich entwickelnde Lungenödem nicht rückgängig machen können, die Behandlung der Herzinsuffizienz war nicht ausreichend.

Literatur

[1] Polis, G.A. (ed.), The biology of scorpions. Stanford Univ. Press, Stanford, CA (1990).
[2] Keegan, H.L., Scorpions of medical importance. Univ. Press Mississippi, Jackson (1980).
[3] Gonzales, D., Scorpionisme en Espagne. C.R. Colloque Arach. IX, S. 83, Barcelona (1980).
[4] Lucas, S.M., Meier, J., Biology and distribution of scorpions of medical importance. In: Handbook of Clinical Toxicology of Animal Venoms and Poisons (J. Meier, J. White, eds.), S. 205, CRC Press, Boca Raton (1995).
[5] El-Asmar, M.F., Metabolic effects of scorpion venom. In: Handbook of Natural Toxins (A.T. Tu, ed.), Bd. 2, Insect poisons, allergens and other invertebrate venoms, S. 551, M. Dekker, New York (1984).
[6] Couraud, F., Jover, E., Mechanism of action of scorpion venom. In: Handbook of Natural Toxins (A.T. Tu, ed.), Bd. 2, Insect poisons, allergens and other invertebrate venoms, S. 659, M. Dekker, New York (1984).
[7] Mebs, D., Hucho, F., Toxins acting on ion channels and synapses. In: Handbook of toxinology (W.T. Shier, D. Mebs, eds.), S. 493, M. Dekker, New York (1990).
[8] Possani, L.D., Structure of scorpion toxins. In: Handbook of Natural Toxins (A.T. Tu, ed.), Bd. 2, Insect poisons, allergens and other invertebrate venoms, S. 513, M. Dekker, New York (1984).
[9] Watt, D.D., Simard, J.M., Neurotoxic proteins in scorpion venom. J. Toxicol.-Toxin Rev. 3, 181 (1984).
[10] Simard, J.M., Watt, D.D., Venoms and toxins. In: The biology of scorpions (G.A. Polis, ed.), S. 414, Stanford Univ. Press, Stanford, CA (1990).
[11] Dreyer, F., Peptide toxins and potassium channels. Rev. Physiol. Biochem. Pharmacol. 115, 93 (1990).
[12] Strong, P., Potassium channel toxins. Pharmac. Ther. 46, 137 (1990).
[13] Freire-Maia, L., Campos, J.A., Pathophysiology and treatment of scorpion poisoning. In: Natural Toxins (C.L. Ownby, G.V. Odell, eds.), S. 139, Pergamon Press, Oxford (1989).
[14] Champetier de Ribes, G., Envenimation scorpionique chez l'enfant. Ann. Pediatr. (Paris) 32, 399 (1985).
[15] Gueron, M., Sofer, S., Cardiac dysfunction and pulmonary edema following scorpion envenomation. Chest 102, 1307 (1992).
[16] Murthy, K.R.K., Hase, N.K., Scorpion envenoming and the role of insulin. Toxicon 32, 1041 (1994).
[17] Amaral, C.F.S., Barbosa, A.J.F., Leite, V.H.R., Tafuri, W.L., de Rezende, N.A., Scorpion sting-induced pulmonary oedema: evidence of increased alveolo-capillary membrane permeability. Toxicon 32, 999 (1994).
[18] Bawaskar, H.S., Bawaskar, P.H., Vasodilators: scorpion envenoming and the heart (an Indian experience). Toxicon 32, 1031 (1994).
[19] Dehesa-Davila, M., Alagon, A.C., Possani, L., Clinical toxicology of scorpion stings. In: Handbook of Clinical Toxicology of Animal Venoms and Poisons (Meier, J., White, J.), S. 221, CRC Press, Boca Raton (1995).
[20] Ismail, M., The scorpion envenoming syndrome. Toxicon 33, 825 (1995).

[21] Gueron, M., Ilia, R., Non-cardiogenic pulmonary oedema after scorpion envenomation: a true entity? Toxicon **34**, 393 (1996).

[22] Freiremaia, L., Campos, J.A., Amaral, C.F.S., Approaches to the treatment of scorpion envenoming. Toxicon **32**, 1009 (1994).

[23] Ismail, M., The treatment of the scorpion envenoming syndrome: The Saudi experience with serotherapy. Toxicon **32**, 1019 (1994).

[24] Gueron, M., Sofer, S., The role of the intensivist in the treatment of the cardiovascular manifestations of scorpion envenomation. Toxicon **32**, 1027 (1994).

[25] Gueron, M., Margulis, G., Ilia, R., Sofer, S., The management of scorpion envenomation 1993: Toxicon **31**, 1971 (1993).

[26] Bawaskar, H.S., Bawaskar, P.H., Severe envenoming by the Indian red scorpion *Mesobuthus tamulus:* the use of prazosin therapy. Q.J. Med. **89**, 701 (1996).

[27] Gueron, M., Sofer, S., Vasodilators and calcium blocking agents as treatment of cardiovascular manifestations of human scorpion envenomation. Toxicon **28**, 127 (1990).

Spinnen (Ordnung: Araneae, Webspinnen)

Mit annähernd 30 000 Arten sind die Spinnen die artenreichste Ordnung unter den Chelizeraten (zu denen auch die Skorpione und Tausendfüßler gehören). Man findet sie in allen Teilen der Welt und in nahezu allen Lebensräumen. Es sind überwiegend Landlebewesen, einige Arten sind jedoch vollständig zum Leben im Wasser übergegangen. Von winzigen (unter 1 mm Körpergröße) bis zu stattlichen Vertretern (bis über 10 cm Körpergröße, sog. Vogelspinnen) reicht die Spannweite ihrer Erscheinungsform.

Spinnen sind **Räuber** und ernähren sich überwiegend von Insekten. Sie spielen im Naturhaushalt eine wichtige Rolle. Mit Hilfe von Spinndrüsen konstruieren sie kunstvolle Netze, legen Fangfäden aus, bauen Fallen, um ihrer Beute habhaft zu werden. Diese wird mit Hilfe spezieller Mundgliedmaßen, den Chelizeren, immobilisiert oder getötet. In Drüsen, die überwiegend im Cephalothorax (Kopfbruststück) liegen, wird Gift gebildet und mit Hilfe der Giftklauen injiziert. Alle Spinnen sind daher Gifttiere. Spinnen **beißen** mit ihren Mundwerkzeugen, sie stechen nicht.

Allerdings sind es nur vergleichsweise wenige Spinnenarten, die dem Menschen gefährlich werden. Unter den einheimischen Spinnen ist dies allenfalls die **Dornfingerspinne** *(Cheiracanthium punctorium)*. Die Wasserspinne *(Argyroneta aquatica)* oder die Grasgrüne Huschspinne *(Micromata roseum)* können in seltenen Fällen einen Biß anbringen, der in seiner Schmerzwirkung eher einem Nadelstich vergleichbar ist. Die meisten sind entweder nicht in der Lage, mit ihren Chelizerenklauen die menschliche Haut zu durchdringen, oder ihr Gift ist für den Menschen kaum wirksam (da für andere „Beutetiere" bestimmt). Trotzdem stellen **Spinnenbisse** nicht nur in den Tropen, sondern auch in den gemäßigten Regionen ein zwar nicht häufiges, jedoch meist

Abb. 3.10: Frontalansicht einer Wolfsspinne: von den insgesamt 8 Augen sind nur 6 sichtbar (2 große und 4 kleine), darunter die mächtigen Mundwerkzeuge (Chelizeren).

sehr **schmerzhaftes**, u.U. auch folgenreiches Ereignis dar. Es sind dabei gerade nicht die handtellergroßen Vogelspinnen, die dies bewirken, sondern eher unscheinbare, kleine Arten, die man leicht übersieht, wie z.B. die schwarze Witwe *(Latrodectus sp.)*.

Die Vergiftung durch Spinnenbiß bzw. der damit verbundene Symptomkomplex wird als **Araneismus, Araneidismus** oder **Arachanidismus** bezeichnet. Genauer sind jedoch Bezeichnungen, die den Namen der jeweiligen Spinne einschließen wie Latrodectismus, Loxoscelismus etc.

Nicht nur der Biß einer Spinne kann den Menschen in seiner Gesundheit beeinträchtigen. Sekrete, Haare und selbst Netze von Spinnen lösen mitunter bei entsprechend sensibilisierten Personen allergische Reaktionen aus.

In den folgenden Kapiteln werden exemplarisch einige europäische und außereuropäische Spinnen sowie die Auswirkungen ihres Giftes behandelt. Ausführungen zu ihren charakteristischen Eigen-

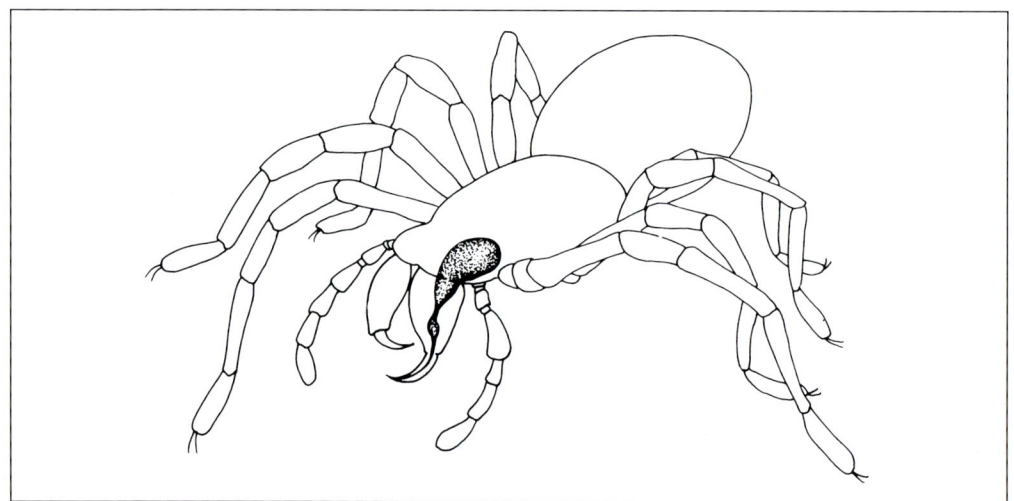

Abb. 3.11: Giftapparat einer Spinne. Die Giftdrüse liegt ganz oder teilweise im Cephalothorax, das Gift wird über einen Ausführungsgang in die Chelizerenklauen geleitet, die an ihrer Spitze eine Öffnung besitzen.

schaften, zur Morphologie und Funktion ihres Giftapparates sowie zur Chemie des Giftes treffen für die meisten Spinnen zu und werden daher vorangestellt.

Spinnen besitzen meist einen großen, kugel- oder eiförmigen Hinterleib (Abdomen), der taillenartig vom vorderen Körperteil (Prosoma, Cephalothorax) abgesetzt und mit diesem durch einen dünnen Stiel verbunden ist. Am Cephalothorax (Kopfbruststück), der auch den Kopf einschließt, setzen die vier Beinpaare an; am Kopfteil ein Paar Taster (Pedipalpen) und die kräftig ausgebildeten Kiefer (**Chelizeren**) (Abb. 3.10), wobei letztere Teile des Giftapparates der Spinne sind. Ihre Netze bilden Spinnen aus Fäden, die als Sekret der Spinndrüsen am Ende des Abdomen abgesondert werden. Spinnen legen Eier, die sie oft als Eipaket mit sich tragen.

Giftapparat. Die dicken, keulenförmigen **Chelizeren** sind paarig angelegt und enthalten jeweils eine **Giftdrüse**, die meist in den Cephalothorax zurückreicht oder auch ganz in diesem gelegen ist (Abb. 3.11). Sie wird durch Muskeldruck entleert. Das Drüsensekret tritt über einen Kanal in die hohlen Kieferklauen ein, die beim Biß in die Beute (oder in die menschliche Haut) geschlagen werden. Nahe ihrer Spitze sind diese Klauen mit einer kleinen Öffnung versehen, aus der das Gift tritt. Die Giftklauen können sich entweder parallel zueinander und damit zur Körperachse bewegen (**orthognathe**

Abb. 3.12: Beispiel einer orthognathen Anordnung der Chelizeren: Sie bewegen sich parallel zur Körperachse. Vogelspinne.

Abb. 3.13. Beispiel einer labidognathen Anordnung der Chelizeren: Sie bewegen sich scherenförmig zueinander. Schwarze Witwe, *Latrodectus mactans*.

Bewegung; zur Abteilung Orthognatha gehören z.B. die Vogelspinnen) oder sind zangenförmig gegeneinander gerichtet (**labidognathe Bewegung**; zu den Labidognatha zählen die meisten, sog. „echten" Spinnen).

Gift. Träger der physiologischen Wirkung, die von Spinnengiften ausgeht, sind **Peptide** und **Proteine** sowie kleinmolekulare Komponenten wie **Polyamine**. Vor allem Vertreter der Kreuzspinnen (Familie: Araneidae), z.B. die Gattung *Araneus*, *Argiope*, und *Nephila*, enthalten in ihrem Gift hauptsächlich Substanzen, die aus Polyaminen (Cadaverin, Putreszin, Spermidin) und einer Aminosäure (z.B. Asparagin) bestehen, die an ihrer Aminogruppe mit hydroxylierter Phenyl- oder Indolessigsäure substituiert ist. Diese Toxine tragen Namen wie **Argiopin**, **Argiotoxin** (aus *Argiope*-Gift) und sind Antagonisten von **Glutamat-Rezeptoren**, wie sie an Synapsen von Invertebraten, aber auch im Gehirn von Säugern vorkommen. Mit Hilfe die-

Polyamin-Toxine aus dem Gift von *Nephila maculata* (NSTX oben) und von *Nephila clavata* (ISTX unten)

ser Wirkstoffe lassen sich nervöse Vorgänge, bei denen Glutaminsäure als Neurotransmitter auftritt, untersuchen [1, 2]. Derartige Toxine spielen jedoch für Vergiftungen beim Menschen keine Rolle. Hierfür kommen ausschließlich **Peptide** und **Proteine** in Frage. Nach ihrer Wirkungsweise unterscheidet man zwei Gruppen: **Neurotoxine** und sog. **Nekrotoxine** (besser: nekrosenbildende Toxine [3, 4]). Zur ersten Gruppe zählen zwar auch die erwähnten kleinmolekularen Polyamin-Toxine, doch sind es hier überwiegend hochgiftige Peptidtoxine wie das **Robustoxin** aus dem Gift der australischen Trichternetzspinne, *Atrax robustus*, oder das großmolekulare Protein **Latrotoxin** aus dem Gift der Schwarzen Witwe, *Latrodectus* sp. Robustoxin z.B. ist ein Polypeptid aus 42 Aminosäuren, das eine massive Transmitter-Freisetzung aus motorischen Synapsen bewirkt [5]. Chemie und Wirkungsweise des Latrotoxins werden im Kapitel Schwarze Witwe behandelt.

Nekrosen, die sich um die Bißstelle bilden, und intravaskuläre Hämolyse sind für Gifte der Spinnengattung *Loxosceles* charakteristisch [3, 4]. Ursache für die sich langsam ausbreitenden Hautläsionen wie auch für die Zerstörung der Erythrozyten ist ein **Enzym,** eine **Sphingomyelinase D** (auch als Phospholipase D bezeichnet). Sie hydrolysiert das Phospholipid Sphingomyelin, einen essentiellen Bestandteil von Zellmembranen, unter Abspaltung von Cholin zu N-Acylsphingosin [6]. Dieses Enzym kommt sonst nicht in tierischen Giften vor, wird jedoch auch von einigen Bakterien *(Corynebacterium pseudotuberculosis)* gebildet, die ähnliche Hautreaktionen provozieren [7].

Neben der Phospholipase A$_2$ (s. Kapitel: Giftschlangen) ist dies ein weiteres eindrucksvolles Beispiel dafür, daß auch andere Phospholipide-hydrolysierende Enzyme schwerwiegende Vergiftungen auslösen können [8].

Auch die Vogelspinne *Dugesiella hentzi* enthält in ihrem Gift eine Komponente, die rasch zur lokalen Nekrose von Muskelzellen führt [9]. Hautläsionen werden auch nach dem Biß der nordamerikanischen Spinne *Tegenaria agrestis* [10] und der australischen Spinne *Lampona cylindrata* [11] beobachtet.

Literatur

[1] Jackson, H., Parks, T.N., Spider toxins: recent applications in neurobiology. Annu. Rev. Neurosci. 12, 405 (1989).

[2] Kawai, N., Miwa, A., Shimazaki, K., Sahara, Y., Robinson, H.P.C., Nakajima, T., Spider toxin and the glutamate receptors. Comp. Biochem. Physiol. 98 C, 87 (1991).

[3] Geren, C.R., Neurotoxins and necrotoxins of spider venoms. J. Toxicol.-Toxin Rev. 5, 161 (1986).

[4] Geren, C.R., Odell, G.V., Biochemistry of spider venoms. In: Handbook of Natural Toxins (A.T. Tu, ed.), Bd. 2, Insect poisons, allergens and other invertebrate venoms, S. 441, M. Dekker, New York (1984).

[5] Sheumack, D.D., Claassens, R., Whitley, N.M., Howden, M.E.H., Complete amino acid sequence of a new type of lethal neurotoxin from the venom of the funnelweb spider *Atrax robustus*. FEBS Lett. 181, 15 (1985).

[6] Kurpiewski, G., Forrester, L.J., Barret, T.J., Campbell, B.J., Platelet aggregation and sphingomyelinase A activity of a purified toxin from the venom of *Loxosceles reclusa*. Biochim. Biophys. Acta 678, 467 (1981).

[7] Bernheimer, A.W., Campbell, B.J., Forrester, L.J., Comparative toxinology of *Loxosceles reclusa* and *Corynebacterium pseudotuberculosis*. Science 228, 590 (1985).

[8] Schenone, H., Suarez, G., Venoms of Scytodidae. Genus *Loxosceles*. In: Arthropod venoms (S. Bettini, ed.), Handb. exp. Pharmak., Bd. 48, S. 247, Springer Verl., Berlin (1978).

[9] Ownby, C.L., Odell, G.V., Pathogenesis of skeletal muscle necrosis induced by tarantula venom. Exp. Molec. Pathol. 38, 283 (1983).

[10] Vest, D.K., Necrotic arachnidism in the Northwest United States and its probable relationship to *Tegenaria agrestis* (Walckenaer) spiders. Toxicon 25, 175 (1987).

[11] White, J., Hirst, D., Hender, E., 36 cases of bites by spiders, including the white-tailed spider, *Lampona cylindrata*. Med. J. Austr. 150, 401 (1988).

Dornfingerspinne

Cheiracanthium punctorium (Familie: Clubionidae, Sackspinnen) – yellow sack spider

Abb. 3.14: Dornfingerspinne, Männchen, *Cheiracanthium punctorium* (Nordbaden).

Merkmale: Spinnen bis 15 mm Körperlänge (Weibchen etwas größer als das Männchen), bräunlich-gelbe Färbung, Jungtiere mit zwei hellen, gelbgrünen Längsbändern auf dem olivgrünen Hinterleib, erwachsene Tiere mit nur einem Band. Ausgeprägte, gelbrote, am unteren Teil schwarz gesäumte Chelizeren, beim Männchen länger als beim Weibchen.

Verbreitung: Weltweit verbreitet; *C. punctorium* in nahezu ganz Europa, vereinzelt am Oberrhein, im Odenwald, Rhein-Main Gebiet, in Rheinhessen, recht häufig auch in Schleswig-Holstein, dem Saarland und in Oberfranken [1], *C. mildei* im Mittelmeergebiet (von hier wurde sie auch in die USA eingeschleppt) und *C. japonica* in Japan.

Lebensraum/Lebensweise: Auf feuchten Wiesen, aber auch auf Trockenrasen, Ödland, an Ufergürteln und auf Waldlichtungen, zwischen Gräsern und niedrigen Sträuchern, wo sie ihre röhrenförmigen weißen Fangnetze von der Größe eines Hühnereies anbringt. Das Weibchen legt Ende August die Eier am Grund eines Brutgespinstes ab, bewacht es wie auch die ausschlüpfenden Jungspinnen.

Neben der Schwarzen Witwe (*Latrodectus* sp.) ist die Dornfingerspinne in Europa wohl die einzige, die für bemerkenswerte Vergiftungen beim Menschen in Frage kommt. Trotzdem sind Bißverletzungen durch diese Spinne eine Seltenheit. Sie können, wenn man die Spinne selbst nicht bemerkt hat, leicht mit einem Wespenstich verwechselt werden.

Vergiftungsumstände. Bißfälle sind selten. Sie ereignen sich meist, wenn man unbeabsichtigt an das Gespinst der Spinnen stößt oder es zerreißt. Häufig wird die Spinne beim Biß übersehen und der plötzliche Schmerz eher einem Wespenstich zugeordnet. In den Vereinigten Staaten soll *Cheiracanthium mildei* in ländlicher Gegend auch in Häusern vorkommen [2].

Vorsichtsmaßnahmen. Besondere Vorsichtsmaßnahmen sind nicht möglich (auch nicht nötig). Gegebenenfalls sollte man sich von den röhrenförmigen Gespinsten fernhalten (falls man sie überhaupt rechtzeitig bemerkt), doch gehören die meisten derartigen Gespinste zu harmlosen Spinnen.

Giftapparat. Die großen Klauen der paarigen **Chelizeren** sind sowohl beim Männchen wie beim Weibchen in der Lage, die menschliche Haut zu durchdringen und das Gift zu injizieren.

Gift. Hauptbestandteile des Giftes sind **Proteine**, die z.T. bei Versuchstieren (Mäusen) neurotoxische Symptome hervorriefen (Proteinfraktion mit einer Molekülmasse von ca. 60 000 Dalton [3, 4]).

Vergiftung. Bißverletzungen sind besonders in Jugoslawien [5, 6], Japan [3], den USA [2], aber auch in Deutschland beobachtet worden [1, 7]. An der Bißstelle tritt sofort ein heftig brennender, einem Bienen- oder Wespenstich ähnlicher Schmerz auf. Die Haut schwillt leicht an, ist gerötet und bleibt mitunter über mehrere Tage gefühllos. Die regionalen Lymphknoten sind u.U. druckschmerzempfindlich. An der Bißstelle kann sich eine kleine Hautnekrose bilden. Bei Kindern traten Übelkeit, Erbrechen und Kopfschmerzen wie auch eine leichte Temperaturerhöhung auf. In einigen Fällen wurde über Schüttelfrost und Beklemmungsgefühle in der Brust geklagt. EKG und Blutwerte sind in der Regel unauffällig. Die Beschwerden klingen im allgemeinen innerhalb von 24 Stunden ab.

Spinnen | 193

Therapie. Die Bißstelle sollte weitgehend unbehandelt bleiben; gegebenenfalls ist sie nur zu reinigen, weitere Maßnahmen erübrigen sich meist. Bei kreislauflabilen Personen, u.U. auch bei einer sich abzeichnenden allergischen Reaktion ist eine symptomatische Behandlung angezeigt.

In den Ländern, in denen die Dornfingerspinne mit Speispinnen (*Loxosceles* spp.) gemeinsam vorkommt, wird sicher ein Teil der durch sie verursachten Bisse irrtümlich *Loxosceles* zugeschrieben.

Erste Hilfe. Es sind keine besonderen Maßnahmen nötig.

Literatur

[1] Wolf, A., *Cheiracanthium punctorium* – Portrait einer berüchtigten Spinne. Natur u. Museum 118, 310 (1988).
[2] Spielman, A., Levi, H.W., Probable envenomation by Chiracanthium mildei; a spider found in houses. Amer. J. Trop. Med. Hyg. 19, 729 (1970).
[3] Ori, M., Envenomation of *Chiracanthium japonicum* and the properties of the spider venom. Jap. J. Med. Sci. Biol. 31, 200 (1978).
[4] Ori, M., Biology of and poisoning by spiders. In: Handbook of Natural Toxins (A.T. Tu, ed.), Bd. 2, Insect poisons, allergens and other invertebrate venoms, S. 397, M. Dekker, New York (1984).
[5] Maretic, Z., *Chiracanthium punctorium* Villiers – eine europäische Giftspinne. Med. Klein. 57, 1576 (1962).
[6] Maretic, Z., The medical importance of the bite of *Chiracanthium punctorium* Villiers. Proc. 6th. Int. Arachn. Congr., S. 183 (1975).
[7] Habermehl, G., Mebs, D., Spinnenbisse in Deutschland. Dtsch. med. Wschr. 104, 681 (1979).

Fallbeschreibung

Eine 63jährige Frau wurde beim Erdbeerpflücken in die Spitze des rechten Zeigefingers gebissen. Die Bißstelle schmerzte stark, aus der winzigen Hautverletzung blutete es leicht. Innerhalb von 24 Stunden war die ganze Hand bis zum Gelenk angeschwollen. Der Arzt, den sie anderntags aufsuchte, verordnete Eispackungen über drei Tage, doch hielten Schwellung und Schmerzen noch über zwei Wochen an. Während dieser Zeit entwickelte sich eine Nekrose an der Fingerspitze, die chirurgisch abgetragen wurde. Die Patientin hatte außerdem das Gefühl in den Fingerspitzen der rechten Hand verloren, offensichtlich hatte die exzessive Kühlung zu leichten Erfrierungen, u.U. auch erst zur Nekrosebildung infolge mangelhafter Durchblutung geführt [6].

Schwarze Witwe

Latrodectus spp. (Familie: Theridiidae, Kugelspinnen) – black widow spider, red-back spider, jockey spider (Australien)

Abb. 3.15: Schwarze Witwe, *Latrodectus mactans*, mit Eikokon (South Carolina, USA).

Merkmale: Die beiden Geschlechter unterscheiden sich deutlich in ihrer Größe: Das Weibchen ist mit 15 mm Körperlänge erheblich größer als das Männchen (3–5 mm) und hat einen eher rundlichen Hinterleib (Kugelspinnen); meist durchgehend schwarz gefärbt mit unregelmäßigen roten Flecken auf dem Hinterleib, etwa 13 (auch mehr) bei *Latrodectus mactans tredecimguttatus*, mitunter auch fleckenlos durchgehend schwarz; die Flecken des Männchens sind meist weiß gerandet.

Verbreitung: Fast über die ganze Erde verbreitet, sie fehlt nur in den nördlichen Teilen Nordamerikas und Eurasiens sowie in Mitteleuropa und Ostasien. Mehr als 10 Arten und diverse Unterarten: z.B. *Latrodectus mactans* in Nord- und Südamerika; *L. tredecimguttatus* im Mittelmeergebiet und in Südrußland; *L. hasselti* in Indien, Südostasien und Australien; *L. geometricus* (Braune Witwe) in Afrika und Südamerika.

Lebensraum/Lebensweise: Die Spinnen besiedeln eine Vielzahl von Lebensräumen, meist trockene und sonnige Gebiete mit niedrigem Gebüsch, aber auch kultiviertes Land (Getreidefelder). Sie bauen ihre Netze oft in Kolonien an Grabenrändern, in Häusern, Scheunen etc. Nach der Kopula wird das Männchen vom Weibchen in das Netz eingesponnen, getötet und ausgesogen (daher der Name: Schwarze Witwe), eine bei Spinnen übrigens keineswegs seltene Verhaltensweise.

Die Schwarze Witwe ist Europas einzige gefährliche Spinne (Abb. 3.15). Ihr Gattungsname, *Latrodectus* („der geheime Beißer"), beschreibt eine ihrer besonderen Eigenschaften, ihren Biß meist unbemerkt anzubringen, dessen Folgen sich dann nach 10 bis 15 Minuten einstellen [1, 2].

In diesem Zusammenhang sei angemerkt, daß die „Tanzkrankheit" (**Tarantismus**; der Volkstanz Tarantella leitet sich hiervon ab) mit Sicherheit nicht auf den Biß der europäischen Tarantel, *Lycosa tarentula*, zurückzuführen ist. Ihr Biß ruft nämlich kaum mehr als eine geringe lokale Reaktion vor. Tarantismus tritt überwiegend bei neurotisch veranlagten Personen auf und ist ein Phänomen von Massenhysterie und hysterischer Choreomanie. Doch kommen zumindest in manchen Fällen *Latrodectus*-Bisse als Auslöser in Frage [3].

Vergiftungsumstände. Im Mittelmeerraum geschehen die meisten Bißfälle durch *Latrodectus tredecimguttatus* (Malmignatte, Karakurte) im Freien, so bei der Feldarbeit. In Nordamerika ist die Spinne auch im Haus anzutreffen, sie spinnt ihre Netze in Schuppen, Garagen etc. Die meisten Unfälle ereignen sich hier wie auch in rustikalen Toilettenhäusern (out-house) im Freien, wo die Spinnen unter der Brille sitzen. Der Biß wird, wenn man nicht gerade die Spinne sieht, selten bemerkt.

Vorsichtsmaßnahmen. Im Mittelmeergebiet ist in trockenem, unübersichtlichem Gelände Vorsicht angebracht, wobei man auf Spinnennetze oder auch noch so unscheinbare Gespinste achten sollte, be-

Abb. 3.16: Verschiedene *Latrodectus*-Arten: *Latrodectus curacaviensis* (A) aus Brasilien und *L. hasselti* (B) aus Papua-Neuguinea (Madang).

vor man sich am Wegrand oder auf einer Steinmauer niederläßt. Beim Sammeln von Holz, auch bei geschichtetem Holz, darauf achten, wohin man greift. Bei sanitären Einrichtungen im Freien unter den Toilettendeckel schauen. *Lactrodectus* ist von Natur aus nicht aggressiv, beißt jedoch zu, wenn sie beim Bewachen ihres Geleges gestört wird oder sich in die Enge getrieben fühlt.

Giftapparat. Die **Giftdrüsen** sind bei *Latrodectus* (Abb. 3.16) im Cephalothorax gelegen. Die paarigen Drüsen sind von Muskulatur umhüllt, werden durch sie zusammengepreßt, wobei das Giftsekret über einen dünnen Ausführungsgang zu den frontalen, beweglichen **Giftklauen** fließt, die es in die Beute injizieren. Nur das Weibchen verfügt über einen ausgeprägten Giftapparat, dessen Klauen auch menschliche Haut zu durchdringen vermögen. Der des Männchens ist kleiner und daher für den Menschen ungefährlich.

Gift. *Latrodectus* besitzt ein äußerst potentes Gift, dessen Hauptbestandteil ein **Protein**, das α-**Latrotoxin**, ist. Mit einer Molekülmasse von ca. 125 000 Dalton ist es ein relativ großmolekulares Toxin, das seine Wirkung am peripheren Nervensystem entfaltet, es gehört somit zu den **Neurotoxinen** [4]. α-Latrotoxin bewirkt, daß Neurotransmitter aus cholinergen wie adrenergen Nervenendigungen freigesetzt werden, was zu einer kontinuierlichen Stimulation etwa von Muskulatur, aber auch von Schmerzrezeptoren führt. Das Toxin bindet an ein Rezeptormolekül, das Bestandteil der präsynaptischen Membran ist, und wurde inzwischen mit zwei Namen belegt: Latrophilin [5] und Neurexophilin [6], wobei es sich aber um das gleiche Molekül handeln dürfte. In der Folge bildet sich ein **Ionen-Kanal** aus, an dessen Struktur das Toxin wahrscheinlich selbst maßgeblich beteiligt ist und der besonders für Calcium-Ionen durchlässig ist. Einstrom von Calcium-Ionen führt zur Freisetzung der Transmitter. Diese hohe Spezifität des α-Latrotoxins hat es zu einem wichtigen Werkzeug des Neurophysiologen gemacht, der damit Fragen nach den Mechanismen der Transmitterfreisetzung nachgehen kann [4].

Vergiftung. Von der Mehrzahl der Betroffenen wird der Biß, der kaum zu einer lokalen Reaktion führt, nicht einmal bemerkt. Oft kann die Bißstelle nicht lokalisiert werden. Winzige rote Punkte markieren die Einstichstellen der Chelizerenklauen. Ein Ödem ist, wenn überhaupt, nur geringfügig ausgeprägt.

10 bis 15 Minuten, längstens eine Stunde nach dem Biß setzt ein sich stetig steigernder **Schmerz** in den Lymphknoten der Achselhöhle oder Leistengegend ein. Erscheint der Schmerz zunächst nur gering, so steigert er sich in den folgenden Minuten und Stunden bis ins Unerträgliche. Er strahlt in den Bauch, den Lendenbereich, in Arme und Beine aus. Der Patient ist vor Schmerz nicht mehr in der Lage zu stehen, wälzt sich stöhnend und schreiend auf dem Boden. Beklemmungsgefühle in der Brust treten auf. Die Haut ist schweißbedeckt und extrem schmerzempfindlich, selbst leichtes Berühren der Haare wird als Schmerz empfunden. Die Atmung ist schnell und oberflächlich. Versuche, den Körper aufzurichten, werden rasch wieder aufgegeben, der Patient verhält sich wie bei einer schmerzhaften Lumbago. Die Spastizität läßt gelegentlich an einen Wundstarrkrampf denken.

Das Gesicht ist gerötet, schweißbedeckt und durch Grimassen verzerrt, ein charakteristisches Symptom, das als „Facies latrodectismica" bezeichnet wird. Augenlider und Augenbindehaut sind entzündlich geschwollen, der Speichelfluß ist gesteigert, in anderen Fällen auch reduziert, mitunter kommt es zu plötzlichem Tränenfluß.

Diese **neuro-vegetativen Symptome** sind Folge einer massiven Neurotransmitter-Freisetzung, von Noradrenalin und Acetylcholin. Sie bewirken Schweißausbruch, Speichelfluß und Erbrechen (cholinerge Effekte), aber auch Blutdruckanstieg, schnellen Puls und Herzrhythmusstörungen (adrenerge Effekte). Gleichzeitig wird die Skelettmuskulatur stimuliert, die Muskelfasern zucken, kontrahieren sich und verkrampfen, was die generalisierte **Schmerzsymptomatik** begründet, die eine *Latrodectus*-Vergiftung charakterisiert. Sie hat eine Reihe psychisch bedingter Reaktionen wie Hysterie, Halluzinationen, delirantes Verhalten bis hin zu akuten Psychosen zur Folge.

Herz-Kreislauf-Funktionen sind im allgemeinen wenig beeinträchtigt. Der Puls ist zunächst beschleunigt, später verlangsamt, der Blutdruck leicht erhöht, Herzarrhythmien und Extrasystolen können auftreten. Das Toxin passiert jedoch nicht die Blut-Hirn-Schranke.

Übelkeit und Erbrechen, Spannung der Bauchdeckenmuskulatur sowie eine starke Zunahme der Leukozytenzahl läßt u.U. den Verdacht einer Blinddarm-Entzündung aufkommen, eine **Fehldiagnose**. Die Mehrzahl der Patienten weist eine verminderte Harnausscheidung auf (offenbar wegen verminderter Flüssigkeitsaufnahme). Nierenversagen tritt jedoch nicht auf. Auch finden sich keine auffälligen Veränderungen in den üblichen Blutparametern (die Gerinnungswerte sind normal).

Diese akuten Symptome halten, wenn keine Behandlung einsetzt, 12 bis 24 Stunden an. Die Schmerzen lassen nur langsam nach. In den Füßen verspürt der Patient ein starkes Kribbeln, sowie ein heftiges Brennen in den Fußsohlen. Nach einigen Tagen entwickelt sich meist ein Hautausschlag (Erythem), der den ganzen Körper erfaßt.

Die Differentialdiagnose: **Latrodectismus/akutes Abdomen** kann problematisch sein. Wie erwähnt, können Bauchdeckenspannungen und erhöhte Leukozytenzahl auf ein akutes Abdomen hinweisen. Im Gegensatz zu einer Entzündung im Bauchraum läßt sich jedoch der Schmerz nicht im Abdomen lokalisieren. Dagegen spricht auch ein anhaltender Schmerz in Oberschenkeln und Beinen sowie eine allgemeine Muskelspannung. Insgesamt verläuft eine *Latrodectus*-Vergiftung meist sehr dramatisch und ist von komplexer Symptomatik geprägt, die den Patienten in Panik versetzt. Eine erschöpfende Darstellung des Vergiftungsverlaufs findet sich bei Maretic [7].

Im allgemeinen ist jedoch die **Prognose** der Vergiftung auch ohne Behandlung **gut**. Todesfälle werden nur in der älteren Literatur erwähnt, wobei weniger eine direkte Giftwirkung als vielmehr Komplikationen hierfür verantwortlich gewesen sein dürften.

Therapie. Einzige spezifische Therapie eines *Latrodectus*-Bisses ist die Anwendung eines **Antiserums**. Intravenös verabreicht soll es innerhalb von 10 bis 20 Minuten eine dramatische Besserung bewirken, die bis zum völligen Verschwinden der Symptome innerhalb von ein bis zwei Stunden führt. Bei intramuskulärer Anwendung dauert dies entsprechend länger. Im allgemeinen soll eine Ampulle (2,5 ml), die man noch mit physiologischer Kochsalzlösung (1:10) verdünnen sollte, ausreichen.

Allerdings sollte die Anwendung von Antiserum, falls es überhaupt verfügbar ist, nur wirklich schweren Fällen vorbehalten bleiben (Kinder, ältere Menschen etc.). Antiserum sollte keineswegs nur beim Verdacht einer Vergiftung injiziert werden. Die meisten Vergiftungen verlaufen zwar äußerst schmerzhaft, jedoch ohne Komplikationen und klingen nach 12 Stunden ab; sie bedürfen keiner Behandlung mit Antiserum, ihr steht man im übrigen zunehmend kritisch gegenüber.

Bei einer Antiserum-Therapie sind alle Vorsichtsmaßnahmen zu beachten, auf die im allgemeinen Teil hingewiesen wurde. Die Möglichkeit eines anaphylaktischen Schocks ist bei Patienten mit Allergien in der Vorgeschichte gegeben. Diese Komplikation ist jedoch selten. In einer australischen Studie trat sie in 0,5% der Fälle auf [8], man sollte jedoch darauf vorbereitet sein (Adrenalin, 0,1 mg in 1 ml, aufgezogen etc.). Es muß betont werden, daß Antiserum nur von einem Arzt verabreicht werden darf, der sich der Risiken bewußt und auf mögliche Zwischenfälle vorbereitet ist.

Als unterstützende Maßnahme wird die Injektion von Calciumglukonat (10 ml, 10%ig, langsam i.v.) empfohlen, was ebenfalls ein rasches, jedoch nur vorübergehendes Nachlassen der Schmerzen bewirken soll [7, 9].

Zur Beruhigung des Patienten ist die Gabe eines Benzodiazepins durchaus angebracht. Herkömmliche Analgetika sind weitgehend wirkungslos. Auch Opiate zeigen selbst in hohen Dosen nur eine bescheidene Wirkung. Ein heftig reagierender Patient sollte mindestens 24 Stunden überwacht werden. Nach Tagen, auch Wochen, kann eine „Serumkrankheit", eine allergische Reaktion (juckender Hautausschlag am ganzen Körper, geschwollene Lymphdrüsen und Fieber) auf das Antiserum auftreten (in der erwähnten australischen Studie in 1,7% der Fälle [8]).

Fallbeschreibung

Eine 28jährige Frau wurde beim Verladen von Heu in Australien von einer Spinne, es handelte sich um *Latrodectus hasselti* (red-back spider), in den linken zweiten Zeh gebissen. Nach einigen Minuten bemerkte sie einen leicht stechenden Schmerz im Zeh, kurz darauf breitete sich ein anschwellender, sich bis ins Unerträgliche steigernder Schmerz vom linken Bein aus bis zur Nierengegend und ergriff auch das rechte Bein. Die Patientin erbrach ca. 30 Minuten nach dem Biß und ging zu Bett. Die untere Körperhälfte, besonders das Bein, war schweißnaß. Ca. 7 Stunden nach dem Biß rief sie einen Arzt, der auf dem Rücken des Zehs eine Schwellung mit 1 cm Durchmesser feststellte, von der ein etwa 15 cm langer roter Streifen das Bein aufwärts ausging. Das Bein war schweißnaß, der Blutdruck (100/70 mm Hg) erniedrigt, der Puls beschleunigt (100/Min.). Der Patientin wurden 500 Einheiten Red-Back-Spider-Antiserum intramuskulär in den linken Gesäßmuskel injiziert. Ca. 9 Stunden nach dem Biß ließen die Schmerzen nach, das Bein war jedoch noch stark schweißgebadet. Nach weiteren 14 Stunden war die Patientin beschwerdefrei und verspürte lediglich nur noch einen leichten Juckreiz im Zeh [8].

Erste Hilfe. Besondere Maßnahmen können nicht empfohlen werden. Die Bißwunde (falls überhaupt sichtbar) sollte unbehandelt bleiben (nicht einschneiden!). Den in Panik geratenen Patienten beruhigen.

Antiseren:
Black Widow Spider antivenom: Merck, Sharp & Dohme Int., New Jersey, USA (2,5 ml/Ampulle).
Anti-Latrodectus mactans tredecimguttatus-Serum: Institute of Immunology, Zagreb, Jugoslawien.
Red-backed Spider Antivenom: Commonwealth Serum Laboratories, Parkville, VIC, Australien (gefriergetrocknet, ca. 1 ml/Ampulle).

Literatur

[1] Maretic, Z., *Latrodectus* und Latrodectismus. Natur u. Museum 95, 124 (1965).
[2] White, J., Cardoso, J.L., Fan, H.W., Clinical toxicology of spider bites. In: Handbook of Clinical Toxicology of Animal Venoms and Poisons (J. Meier, J. White, eds.), S. 260, CRC Press, Boca Raton (1995).
[3] Maretic, Z., Lebez, D., *Lycosa tarantula* in fact and fiction. Bull. Mus. Nat. d'Hist. Nat. 41, 260 (1970).
[4] Rosenthal, L., Meldolesi, J., α-Latrotoxin and related toxins. Pharmac. Ther. 42, 115 (1989).
[5] Davletov, B.A., Shamitienko, O.G., Lelianova, V.G., Grishin, E.V., Ushkaryov, Y.A., Isolation and biochemical characterization of a Ca^{2+}-independent alpha-latrotoxin-binding protein. J. Biol. Chem. **271**, 23239 (1996).
[6] Petrenko, A.G., Ullrich, B., Missler, M., Krasnoperov, V., Rosahl, T.W., Sudhof, T., Structure and evolution of neurexophilin. J. Neurosci. **16**, 4360 (1996).
[7] Maretic, Z., Venoms of Theridiidae, genus *Latrodectus*. B. Epidemiology of envenomation, symptomatology, pathology and treatment. In: Arthropod venoms (S. Bettini, ed.), Handb. exp. Pharmak., Bd. 48, S. 185, Springer Verl., Berlin (1978).
[8] Sutherland, S.K., Trinca, J.C., Survey of 2144 cases of red-back spider bites. Australia and New Zealand, 1963–1976. Med. J. Australia 2, 620 (1978).
[9] Binder, L.S., Acute arthropod envenomation. Incidence, clincal features, and management. Med. Toxicol. Adverse Drug Exp. 4, 163 (1989).

Andere Giftspinnen

Die folgenden Spinnen sind außereuropäische Arten, die in den entsprechenden Ländern gefürchtet sind, da sie z.T. schwere, mitunter sogar lebensbedrohliche Vergiftungen verursachen können. Die Gefahr, daß sie aus tropischen Ländern etwa mit Südfrüchten oder tropischen Hölzern eingeschleppt werden, ist heutzutage äußerst gering. In den meisten Überseeländern werden Früchte, wie Bananen, Reinigungs- und Konservierungsprozessen unterzogen, die Spinnen kaum überleben. Andererseits erfreuen sich tropische Spinnen bei Tierfreunden steigender Beliebtheit. Zwar sind dies meist harmlose Vogelspinnen, doch werden durchaus auch gefährliche Giftspinnen in Terrarien gehalten.

Speispinnen

Loxosceles spp. (Familie: Scytodidae) – brown spider, fiddleback spider

Abb. 3.17: *Loxosceles rufescens* (Arizona, USA).

Merkmale: Meist braune Spinnen von 8–15 mm Körperlänge.

Verbreitung: In mehr als 200 Arten weltweit verbreitet: *Loxosceles reclusa* (brown recluse spider, Abb. 3.18) in den USA, *L. laeta* in Südamerika, *L. rufescens* im Mittelmeergebiet. Zwei Arten wurden weltweit verschleppt, so nach China, Japan, Süd-Australien (*L. rufescens*), nach Nordamerika, Nordeuropa und Australien (*L. laeta*).

Lebensraum/Lebensweise: Sie sind eher in Häusern (auch in Städten) als im Freien anzutreffen, bauen in Winkeln meist nachts ein großes Netz, leicht mit anderen Hausspinnen zu verwechseln; nachtaktiv.

Vergiftungsumstände. Bei zufälligem Kontakt mit den Spinnen, etwa beim Entfernen des Netzes, wenn man sie mit Kleidern oder Bettuch gegen den Körper preßt, kommt es leicht zu Bissen. Die Speispinnen sind nicht aggressiv, Unfälle geschehen häufig nachts.

Vorsichtsmaßnahmen. Bei Hausspinnen in den erwähnten Ländern (USA, Südamerika) ist stets Vorsicht angebracht. Die im Mittelmeergebiet heimische *Loxosceles rufescens* (Abb. 3.17) ist hingegen weitgehend harmlos. Regelmäßiges Entfernen von Netzen beugt der Ansiedlung der Spinne vor. Die Spinnen sind überwiegend durch Verschleppung in anderen Ländern (Australien, Asien) verbreitet worden. In Israel kam es in einer Citrus-Plantage zu häufigen Bissen mit nekrotischen Hautveränderungen, die von eingeschleppten *Loxosceles rufescens* verursacht wurden [2].

Giftapparat. Ähnlich wie bei *Latrodectus mactans* liegen die Giftdrüsen im Cephalothorax und sind über Ausführungsgänge mit den Chelizeren verbunden.

Gift. *Loxosceles*-Gifte rufen z.T. ausgedehnte **Hautnekrosen** um die Bißstelle hervor. Verursacht wird dies höchstwahrscheinlich durch ein **Enzym**, eine **Sphingomyelinase D** (auch Phospholipase D genannt [3]). Das hier als Toxin wirkende Enzym wird auch als **Nekrotoxin** bezeichnet [1]. Andererseits gibt es Hinweise, daß für die Auslösung von Nekrosen auch ein Protein mit einer Molekülmasse von 33 000–35 000 Dalton verantwortlich ist [4].

Vergiftung. Als Folge eines Bisses, der zunächst trivial wirkt, wird im Laufe von mehreren Tagen die Haut um die Bißstelle nekrotisch. Es bildet sich Schorf, der sich später ablöst und eine **tiefe Wunde** hinterläßt. Diese näßt, verheilt nur schlecht und sehr langsam; häufig hinterläßt sie eine ausgeprägte Narbe. Diese Symptomatik wird als kutane Form des **Loxoscelismus** bezeichnet.

Eine mit **systemischen Reaktionen** verbundene Verlaufsform ist durch eine schwere **intravaskuläre Hämolyse** (hämolytische Anämie) mit Hämoglobinurie und Hämaturie gekennzeichnet, Symptome, die sich schon innerhalb von 6 bis 24 Stunden nach dem Biß entwickeln und allgemein bei Gifttier-Bissen sehr selten sind. Als Komplikation tritt Nierenversagen auf. Die, wenn auch wenigen, Todesfälle ereignen sich als Folge dieser schweren Verlaufsform (viscerokutane Form des Loxoscelismus), von der besonders Kinder betroffen sind [5, 6]. Allerdings ist zu bemerken, daß in keinem der Fälle die Spinne positiv identifiziert wurde.

Erste Hilfe. Keine besonderen Maßnahmen.

Andere Spinnen in Verbindung mit Loxoscelismus

In den meisten Fällen einer sog. schweren *Loxosceles*-Vergiftung wurde die Spinne nie identifiziert, so daß die Diagnose Loxoscelismus lediglich aus den beobachteten Symptomen (Hautnekrose, hämolytische Anämie) abgeleitet ist. So können auch schon einmal mechanische Verletzungen mit anschließender Wundinfektion in den entsprechenden Vorkommensgebieten der Spinnen unter Bißverletzungen mit Vergiftung eingeordnet werden. Andererseits sind Spinnenbisse in der Regel steril, nur selten entwickeln sich Sekundärinfektionen.

In den letzten Jahren mehren sich in den Vereinigten Staaten die Berichte, in denen eine andere Spinnenart für derartige Verletzungen ebenfalls in Frage kommt. Es ist *Tegenaria agrestis* (hobo-spider), die in Südeuropa überwiegend im Freien, selten im Haus zu finden ist, wo sie von der harmlosen großen Hausspinne, *Tegenaria gigantea*, verdrängt wird. In den dreißiger Jahren wurde *Tegenaria agrestis* in den Nordwesten der USA verschleppt, wo sie sich erfolgreich bis nach Kanada ausbreitete und sich überwiegend in menschlichen Behausungen ansiedelte. Ihre mögliche Konkurrentin, *Loxoscelus reclusa* (brown recluse spider), kommt in diesen Gebieten nicht vor [7].

Die Folgen des Bisses von *Tegenaria agrestis* sind ähnlich denen von *Loxosceles*. Um die Bißstelle bildet sich ein Erythem aus, in dessen Zentrum sich eine Blase entwickelt, die eine oft tiefe Wunde zurückläßt und die sich in den folgenden Wochen und Monaten vergrößert. Sie heilt ausgesprochen schlecht, vor allem wenn Fettgewebe betroffen ist. Die Patienten klagen anfänglich über Brechreiz und Kopfschmerzen, auch werden Benommenheit, verschwommenes Sehen und Gelenkschmerzen beschrieben [8]. Zur Therapie wird die Gabe von Kortikosteroiden empfohlen.

Auch die Dornfingerspinne (*Cheiracanthium* sp.) kann durch ihren Biß Symptome bewirken, die mit denen der Speispinnen verwechselt werden können.

Therapie. Ein **Antiserum** (polyvalentes Spinnen-Antiserum, Soro antiarachnidico, Instituto Butantan, Sao Paulo, Brasilien) ist bei einer schweren systemischen Vergiftung eher von Nutzen als bei der sich überwiegend auf Hautnekrosen beschränkenden Form, wo es außerdem meist zu spät (erst nach Tagen) zur Anwendung kommt. Eine chirurgische Behandlung des betroffenen Hautareals unter der Nekrosebildung hat sich als eher schädlich erwiesen, da häufig eine sich anschließende Hauttransplantation notwendig wurde.

Hämolyse ist mit Transfusionen, Nierenversagen durch Hämodialyse zu behandeln. Kinder und ältere Menschen sind Risikopatienten.

Literatur

[1] Geren, C.R., Neurotoxins and necrotoxins of spider venoms. J. Toxicol.-Toxin Rev. 5, 161 (1986).

[2] Borkan, J., Gross, E., Lubin, Y., Oryan, I., An outbreak of venomous spider bites in a citrus grove. Am. J. Trop. Med. Hyp. 52, 228 (1995).

[3] Kurpiewski, G., Forrester, L.J., Barrett, T.J., Campbell, B.J., Platelet aggregation and sphigomyelinase A activity of a purified toxin from the venom of *Loxosceles reclusa*. Biochim. Biophys. Acta 678, 467 (1981).

[4] Barbaro, K.C., Sousa, M.V., Morhy, L., Eickstedt, V.R.D., Mota, I., Compared chemical properties of dermonecrotic and lethal toxins from spiders of the genus *Loxosceles* (Araneae). J. Prot. Chem. 15, 337 (1996).

[5] Schenone, H., Suarez, G., Venoms of Scytodidae. Genus *Loxosceles*. In: Arthropod venoms (S. Bettini, ed.), Handb. exp. Pharmak. Bd. 48, S. 247, Springer Verl., Berlin (1978).

[6] Binder, L.S., Acute arthropod envenomation. Incidence, clinical features and management. Med. Toxicol. Adverse Drug Exp. 4, 163 (1989).

[7] Vest, D.K., Necrotic arachnidism in the northwest United States and its probable relationship to *Tegenaria agrestis* (Walckenaer) spiders. Toxicon 25, 175 (1987).

[8] Vest, D.K., Keene, W.E., Heumann, M., Kaufman, S., Necrotic arachnidism – Pacific Northwest, 1988–1996. Morb. Mort. Week. Rep. 45, 433 (1996).

Abb 3.18: *Loxosceles laeta* aus Chile.

Wolfsspinnen

(Familie: Lycosidae; *Lycosa* spp., Taranteln) – wolf spider, tarantula

Abb. 3.19: *Lycosa* sp. (Australien).

Mit mehr als 2000 Arten sind die Wolfsspinnen (Abb. 3.19) über die ganze Erde verbreitet. Sie erreichen selten eine Größe von mehr als 1 cm. Obwohl diesen Spinnen der Ruf vorauseilt, besonders gefährlich zu sein, zeigen genauere Untersuchungen gerade das Gegenteil.

Die im Mittelmeergebiet verbreitete europäische Tarantel *(Lycosa tarantula)* soll durch ihren Biß Menschen in psychische Ausnahmezustände versetzen. Jedoch ist diese Spinne kaum in der Lage, durch ihren Biß mehr als eine lokale, einem Bienenstich ähnliche Reaktion hervorzurufen. Die als Tarantismus bezeichnete Vergiftung ist wohl eher auf den Biß der Schwarzen Witwe *(Latrodectus tredecimguttatus)* zurückzuführen, und die überzogenen Reaktionen können als Auswüchse von Massenhysterie gesehen werden (es finden sich meist spontan mehrere Betroffene zusammen). Jedenfalls entbehrt der Ausspruch: „wie von der Tarantel gestochen" jeglicher sachlicher Grundlage [1].

Auch die genauere Prüfung von 515 Fällen, die im Hospital Vital Brazil (Instituto Butantan) als *Lycosa-raptoria*-Bisse behandelt wurden, ergab, daß außer einem leichten Schmerz um die Bißstelle keine weiteren Symptome auftraten [2]. Die früher beschriebenen Hautnekrosen um die Bißstelle sind wahrscheinlich auf *Loxosceles*-Bisse zurückzuführen, eine Spinne, die mit *Lycosa* häufig verwechselt wird. Es besteht daher keine Notwendigkeit, Antiserum gegen dieses Spinnengift herzustellen.

Der Biß der Tarantel ist somit als harmlos einzuordnen und bedarf in der Regel keiner Behandlung.

Literatur

[1] Maretic, Z., Lebez, D., *Lycosa tarantula* in fact and fiction. Bull. Mus. Nat. d'Hist. Nat. 41, 260 (1970).
[2] Ribeiro, L.A., Jorge, M.T., Piesco, R.V., de Andrade Nishioka, S., Wolf spider bites in São Paulo, Brazil: a clinical and epidemiological study of 515 cases. Toxicon 28, 715 (1990).

Wander- oder Bananenspinne

Phoneutria nigriventer (Familie: Ctenidae, Kammspinnen) – armed, wandering, banana spider

Abb. 3.20: Bananenspinne, *Phoneutria nigriventer* (Brasilien).

Merkmale: Große Spinne (bis 5 cm Körperlänge) mit langen Beinen, grau bis graubraun, kurz behaart.
Verbreitung: Südamerika, südlicher Teil (Brasilien, Uruguay, Argentinien).
Lebensraum/Lebensweise: In Häusern und Plantagen, wurde früher häufig mit Bananen eingeschleppt; baut kein Netz, geht nachts auf Nahrungssuche; reckt bei Gefahr die vorderen Beinpaare empor, kann bis zu einem halben Meter weit springen [1].

Vergiftungsumstände. Meist werden in den betreffenden Ländern Landarbeiter von der Spinne gebissen, wenn sie Bananenstauden abnehmen und transportieren. In der kalten Jahreszeit besiedeln die Spinnen auch Häuser. Hier geschehen Unfälle, wenn sie sich in Kleidern oder Schuhen verstecken.

Vorsichtsmaßnahmen. In Hütten und Häusern (ländliche Gegenden, Stadtrand) Kleider und Schuhe ausschütteln.

Giftapparat. Die Spinne hat auffällig große (bis 5 mm) Giftklauen an den Cheliceren, die leicht in die menschliche Haut eindringen. Die Giftdrüsen liegen im Cephalothorax.

Gift. *Phoneutria*-Gift besteht aus **Proteinen** und **Polypeptiden,** die eine Reihe von Symptomen (Schmerz, Krämpfe, Tremor, Muskelzuckungen, Lähmung) verursachen [2]. Eine Aktivierung (Öffnen) von **Natrium-Kanälen** und damit eine Dauererregung scheint die Giftwirkung zu bestimmen [3]. Aus dem Gift wurden bisher über 20 Neurotoxine mit Molekülmassen von 2000 bis 16 000 isoliert. Sie zeigen z.T. eine hohe Spezifität für Insekten [4].

Vergiftung. In Brasilien ist *Phoneutria* für die meisten Spinnenbisse verantwortlich [1]. Ein starker **Schmerz** breitet sich von der Bißstelle über den ganzen Körper aus.
Blutdruckanstieg, erhöhte Körpertemperatur, Tachykardie, Tränen- und Speichelfluß, allgemeine Müdigkeit sind Symptome, die verschwinden, wenn der Schmerz abklingt. Schwere Vergiftungen, bei denen es zu Schock, Lungenödem und Kreislaufversagen kam, sind

Therapie. Analgetika können versucht werden, meist ist ihr Erfolg jedoch eher bescheiden. **Antiserum** (Soro antiarachnidico, Instituto Butantan, São Paulo, Brasilien) ist, wenn überhaupt, nur selten indiziert.

selten (in Brasilien wurden seit 1926 nur 8 Todesfälle beschrieben). Die **Prognose** ist im allgemeinen **gut** [26].

Erste Hilfe. Keine besonderen Maßnahmen. Patient beruhigen, Arzt aufsuchen; wenn möglich, getötete Spinne zur Identifizierung mitnehmen.

Literatur

[1] Lucas, S., Spiders in Brazil. Toxicon 26, 759 (1988).

[2] Schenberg, S., Pereira Lima, F.A., Venoms of Ctenidae. In: Arthropod venoms (S. Bettini, ed.), Handb. exp. Pharmak., Bd. 48, S. 217, Springer Verl., Berlin (1978).

[3] Fontana, M.D., Vital Brazil, O., Mode of action of *Phoneutria nigriventer* spider venom at the isolated phrenic nerve-diaphragm of the rat. Braz. J. Med. Biol. Res. 18, 557 (1985).

[4] Cordeiro, M.N., Richardson, M., Gilroy, J.S.G., Figueiredo Beirao, P.S.L., Diniz, C.R., Properties of the venom from the South American „armed" spider *Phoneutria nigriventer* (Keyserling, 1891). J. Toxicol.-Toxin Rev. 14, 309 (1995).

Trichternetzspinnen

Atrax und *Hadronyche* sp. (Familie: Dipluridae, Doppelschwanzspinnen) – funnel-web spider

Abb. 3.21: *Atrax robustus* (Australien).

Merkmale: Schwarze, ca. 3 cm lange Spinnen, leicht anhand der zwei langen Spinnwarzen am Hinterleib zu identifizieren (Doppelschwanzspinnen).

Verbreitung: Südost-Australien und Tasmanien; die wichtigste Art, *Atrax robustus*, ist auf das Stadtgebiet von Sydney beschränkt.

Lebensraum/Lebensweise: Offenbar Kulturfolger; legt ihre röhrenförmigen Netze an feuchten, kühlen Plätzen, in Steinhaufen, um das Fundament von Häusern und in selbst gegrabenen Löchern an; reagiert äußerst aggressiv bei Störung, nachtaktiv.

Vergiftungsumstände. Bisse geschehen meist zufällig, bei der Gartenarbeit, beim Hausputz, beim Beseitigen der Netze.

Vorsichtsmaßnahmen. Trichter- oder eher röhrenförmige Netze können die Spinne enthalten; Abstand halten, wenn die Spinne aus dem Netz mit aufgerichteten Beinpaaren herauskommt.

Giftapparat. Die **Chelizeren** sind mit kräftigen Klauen versehen, die leicht die menschliche Haut durchdringen können. Die etwas schlankeren **Männchen** sind gefährlicher als die plumperen Weibchen.

Gift. Unter den **Proteinen** und **Polypeptiden**, Hauptbestandteilen des Giftes, ist das **Robustoxin** Träger der letalen Eigenschaften. Es besteht aus einer Polypeptidkette mit 42 Aminosäuren, die intramolekular durch vier Disulfidbrücken stabilisiert ist [1]. In seiner Aminosequenz zeigt das Toxin keinerlei Ähnlichkeiten zu Strukturen anderer Toxine. An motorischen Synapsen führt es zur spontanen **Transmitterfreisetzung**. Interessant ist die Tatsache, daß Primaten, einschließlich des Menschen, extrem empfindlich für das Gift sind, während Nicht-Primaten, wie die üblichen Versuchstiere, Mäuse, Ratten und Meerschweinchen, weitaus weniger darauf reagieren.

Vergiftung. *Atrax robustus* (Abb. 3.21) zählt (im weltweiten Maßstab) sicher zu den gefährlichsten Spinnen. Seit 1927 wurden in Australien 13 Todesfälle nach dem Biß der Spinne registriert. Der Biß ruft einen starken, lang anhaltenden **Schmerz** hervor. Übelkeit, Erbrechen, Bauchschmerzen, Durchfall, starkes Schwitzen, Speichel- und Tränenfluß, Atembeschwerden, oft verursacht durch ein Lungenödem, nicht beherrschbare Zuckungen der Muskulatur, Bewußtseinstrübung, Verwirrtheit sind charakteristische Symptome einer **systemischen Vergiftung**. Vor allem bei Kindern kann sich rasch ein Lungenödem entwickeln, sie fallen in einen **komatösen Zustand**. Todesfälle sind jedoch selten [2, 3, 4].

Erste Hilfe. Ein rascher Transport zum nächsten Arzt ist vordringlich. Sind Extremitäten betroffen, so wird das Bandagieren („pressure/immobilization"-Methode) des Armes oder Beines mit einer enganliegenden Binde empfohlen (s. Kapitel: Giftschlangen).

Therapie. Antiserum (Funnel-web spider antivenom, Commonwealth Serum Laboratories, Parkville, VIC, Australien; 7,5 ml/Ampulle) ist in kritischen Fällen indiziert (Kinder). Die Minimaldosis wird mit zwei Ampullen angegeben (i.v. Anwendung, als Infusion in physiologischer Kochsalzlösung [3]). Ansonsten ist symptomatisch zu behandeln. Der Patient sollte mindestens 12 Stunden überwacht werden.

Fallbeschreibungen

Tödliche Vergiftung

Eine 31jährige Frau wurde morgens in ihrem Haus beim Bettenmachen von einem Männchen der Sydney-Trichternetzspinne ins Handgelenk gebissen. Sie legte sofort ein Staubinde am Unterarm an, 30 Minuten später, auf der Fahrt zum Hospital setzten Sehstörungen (verschwommenes Sehen) und Schweißausbruch ein. Bei ihrer Aufnahme wurden eine Stunde nach dem Biß erhöhter Blutdruck (170/105 mm Hg) und unkontrollierbare Muskelkrämpfe festgestellt. Da sich ein Lungenödem auszubilden begann, wurde die Patientin intubiert und beatmet. Ihr Zustand blieb mehrere Stunden stabil, bis eine Blutdruckkrise eintrat, die durch Infusion von Plasmaexpandern und Dopamin (10 µg/kg/Min.) beherrscht werden konnte. Ca. 11 Stunden nach dem Biß war der Kreislauf der Patientin stabil, sie zeigte jedoch enge, auf Licht reagierende Pupillen. Über die nächsten Tage verschlimmerte sich das Lungenödem, die Patientin bekam Fieber, sie war bei vollem Bewußtsein. Am vierten Tag verschlechterte sich ihr Allgemeinzustand zusehends, sie fiel ins Koma, eine Verbrauchskoagulopathie war aufgetreten und es setzten Blutungen aus Mund und Nase sowie aus Punktionsstellen ein. Die Patientin starb am sechsten Tag nach dem Biß ohne das Bewußtsein wiedererlangt zu haben nach einem plötzlichen Blutdruckabfall, der nicht durch Dopamin korrigierbar war [5].

Eine Antiserum-Therapie war zum damaligen Zeitraum nicht möglich, das Funnel-web-spider-antivenom wurde erst wenig später entwickelt.

Erfolgreiche Behandlung mit Antiserum

Ein 3jähriges Kind wurde von einer Trichternetzspinne beim Spielen im Garten in den linken großen Zeh gebissen. Die Mutter legte dem weinenden Kind eine arterielle Staubinde an und fuhr mit ihm ins Krankenhaus, wo sie 10 Minuten später eintraf. Das Kind klagte über Schmerzen im Zeh, nach 30 Minuten wurde die Staubinde gelöst und eine lymphatische Bandagierung vorgenommen. Binnen weniger Minuten traten verstärkter Tränen- und Speichelfluß, Schwitzen und Piloarrektion (Aufrichten der Haare) auf. Der Blutdruck stieg systolisch auf 160 mm Hg, die Pulsrate auf 160/Min. Das Kind hatte Schaum vor dem Mund, wurde zyanotisch und desorientiert. Es erhielt 0,6 mg Atropin, 100 mg Hydrocortison, 10 mg Diazepam, 25 mg Promethazin und 500 mg Methylprednisolon. Da nach 10 Minuten keine Besserung eintrat, wurde das Kind intubiert und beatmet, ein beginnendes Lungenödem konnte unter Kontrolle gehalten werden. Ca. 1 Stunde nach dem Biß wurden 5 ml Antiserum intravenös injiziert, worauf sich der Allgemeinzustand stetig besserte, obwohl noch hin und wieder Herzarrhythmien auftraten. Eineinhalb Stunden nach dem Biß konnte die Beatmung aufgehoben und das Kind extubiert werden. Piloarrektion und starkes Schwitzen hielten noch mehrere Stunden an. Am folgenden Tag wurde das Kind beschwerdefrei entlassen, allergische Spätreaktionen auf das verabreichte Antiserum traten nicht auf [6].

Der Fall demonstriert die schlagartige Giftwirkung nach dem Lösen der Staubinde und die rasche Besserung nach der Antiserum-Therapie.

Literatur

[1] Sheumack, D.D., Claassens, R., Whitley, N.M., Howden, M.E.H., Complete amino acid sequence of a new type of lethal neurotoxin from the venom of the funnel-web spider *Atrax robustus*. FEBS Lett. 181, 15 (1985).
[2] Gray, W.R., Sutherland, S.K., Venoms of Dipluridae. In: Arthropod venoms (S. Bettini, ed.), Handb. exp. Pharmak., Bd. 48, S. 121, Springer Verl., Berlin (1978).
[3] Sutherland, S.K., Australian animal toxins. Oxford Univ. Press, Melbourne (1983).
[4] White, J., Cardoso, J.L., Fan, H.W., Clinical toxicology of spider bites. In: Handbook of Clinical Toxicology of Animal Venoms and Poisons (J. Meier, J. White, eds.), S. 259, CRC Press, Boca Raton (1995).
[5] Torda, T.A., Loong, E., Greaves, T., Severe lung oedema and fatal consumption coagulopathy after funnel-web bite. Med. J. Aust. 2, 442 (1980)
[6] Fisher, M.M., Raftos, J., McGuiness, R.T., Dicks, I.T., Wong, J.S., Burgess, K.R., Sutherland, S.K., Funnel-web spider (*Atrax robustus*) antivenom. 2. Early clinical experience. Med. J. Aust. 2, 525 (1981).

Vogelspinnen

(Unterordnung: Mygalomorphae, Vogelspinnenartige; Familie: Theraphosidae) – tarantulas

Seit einigen Jahren sind Vogelspinnen (Abb. 3.22 und Abb. 3.23) beliebte Terrarientiere und als solche (noch) in Tierhandlungen erhältlich. Für den ernsthaften Tierfreund gibt es anschauliche Literatur [1, 2]. Trotz, vielleicht sogar wegen ihrer beachtlichen Größe (sie repräsentieren die größten Spinnen überhaupt) verfügen sie über ein nur sehr mäßig wirksames Gift. Die Giftdrüsen sind im Verhältnis zu den mächtigen Chelizeren relativ klein. In den meisten Fällen wird die Beute (Insekten) nicht durch Gift, sondern mechanisch, durch den Biß selbst, getötet.

Abb. 3.22 (links): Vogelspinne, *Lasiodora parahybana* (Brasilien).

Abb. 3.23 (rechts): Vogelspinne, *Brachypelma smithi* (Mexiko).

Merkmale: Große, kräftige Spinnen (Körperlänge bis 11 cm), dicht behaart, meist dunkel gefärbt, auch mit heller Zeichnung versehen; Chelizeren sind parallel zur Körperachse ausgerichtet (orthognath).

Verbreitung: Weltweit (mehr als 800 Arten); besonders artenreich in Mittel- und Südamerika vertreten.

Lebensraum/Lebensweise: Baum- oder Bodenbewohner; einige Arten leben auch unterirdisch in Erdlöchern; überwiegend in Regenwäldern, verborgen, seßhaft, wandern nur selten umher; bauen trichterartige Gespinste, nachtaktiv.

Über die **Gifte** der Vogelspinnen ist wenig bekannt. Es sind, wie bei der afrikanischen Art *Pterinochilus* sp. **Proteingemische**, unter denen auch Neurotoxine vertreten sein sollen [3, 4]. Das Gift der südamerikanischen *Grammostola*- und *Acanthoscurria*-Arten hatte bei Versuchstieren eine sedierende Wirkung, war jedoch nur wenig toxisch für Warmblüter [5]. Ein sog. **Nekrotoxin**, das Hautnekrosen hervorruft, wurde aus dem Gift von *Dugesiella hentzi* isoliert (Molekülmasse ca. 6000 bis 7000 Dalton [6]). Neben den auch in anderen Spinnengiften enthaltenen **Polyaminen** kommen in Vogelspinnen-Giften auch basische Peptide, deren Wirkung zum größten Teil noch unbekannt ist, vor [7, 8].

Amerikanische Vogelspinnen werden durchweg als **harmlos** klassifiziert und gelten schon in ihrer Verhaltensweise („zahm") als wenig aggressiv. Bisse sind nur schwer zu provozieren und bleiben meist ohne Wirkung [9]. Hin und wieder kann es jedoch auch zu geringen lokalen Reaktionen (Ödemen) kommen [10]. Anders verhält es sich bei **asiatischen** (*Poecilotheria* sp.) und u.U. auch **afrikanischen** Arten (*Pterinochilus* sp.), die durchaus einen **schmerzhaften Biß**, verbunden mit einem Ödem und Anschwellen der lokalen Lymphdrüsen, anbringen können [11, 12].

Häufig streifen Vogelspinnen, wenn sie gefangen oder erschreckt werden, mit ihren Hinterbeinen **Körperhaare** vom Abdomen ab. Diese geraten leicht in die Augen oder Schleimhäute von Mund und Nase und rufen entzündliche, nicht selten auch **allergische Reaktionen** hervor.

Literatur

[1] Schmidt, G., Vogelspinnen. Blücke u. Philler Verl., Minden (1989).
[2] Klaas, P., Vogelspinnen im Terrarium. Verl. E. Ulmer, Stuttgart (1989).
[3] Freyvogel, T.A., Honegger, C.G., Maretic, Z., Zur Biologie und Giftigkeit der ostafrikanischen Vogelspinne *Pterinochilus* spec. Acta Tropica 25, 217 (1968).
[4] Perret, B.A., The venom of the East African spider *Pterinochilus* sp. Toxicon 12, 303 (1974).
[5] Bücherl, W., Südamerikanische Spinnen und ihre Gifte. Arzneim. Forsch. 6, 293 (1956).
[6] Lee, C.K., Chan, T.K., Ward, B.C., Howell, D.E., Odell, G.F., Characterization of a necrotoxin from tarantula, *Dugesiella hentzi* (Girard) venom. Arch. Biochem. Biophys. 164, 341 (1974).
[7] Odell, G.V., Hudiburg, S.A., Aird, S.D., Kaiser, I., Spider venom toxins. In: Neurotoxins in neurochemistry (J.O. Dolly, ed.), S. 193, E. Harwood Ltd., Chichester (1988).
[8] Savel-Niemann, A., Tarantula *(Eurypelma californicum)* venom, a multicomponent system. J. Biol. Chem. Hoppe-Seyler 370, 485 (1989).
[9] Schmidt, G., Wie gefährlich sind Spinnenbißvergiftungen wirklich? Natur u. Museum 117, 197 (1987).
[10] Mehlmann, H.J., Bißverletzung durch eine mittelamerikanische Vogelspinne. Natur u. Museum 109, 285 (1979).
[11] Schmidt, G., Wie gefährlich sind Vogelspinnenbisse? Dtsch. Ärztebl. 85, 1424 (1988).
[12] Schmidt, G., Efficacy of bites from Asiatic and African tarantulas. Trop. Med. Parasit. 40, 114 (1989).

Zecken (Ordnung: Acari, Milben; Familie: Ixodidae) – ticks

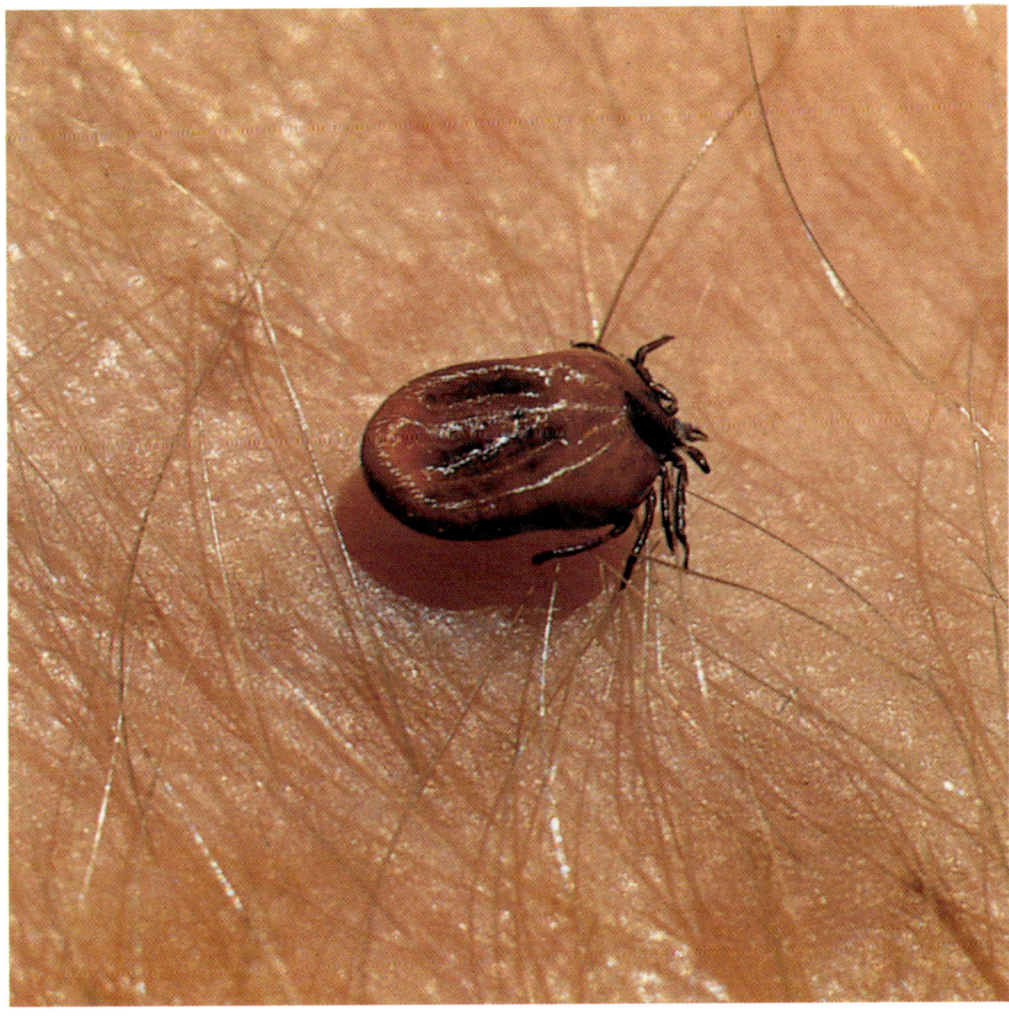

Abb. 3.24: Holzbock, *Ixodes ricinus* (Deutschland).

Merkmale: Wenige Millimeter große, eiförmige Milben mit hartem Rückenschild. Mit Blut vollgesogen können sie eine beachtliche Größe (so bei *Ixodes ricinus* bis zum 500fachen des Gewichtes, ca. 1 cm groß) erreichen. Stationäre Ektoparasiten auf Reptilien und Warmblütern.
Verbreitung: Weltweit.
Lebensraum/Lebensweise: Vorwiegend in lichten Wäldern, buschigen Gegenden, aber auch sonst überall im Freien anzutreffen. Zecken sitzen auf Blättern und lassen sich auf den Wirt fallen, bohren sich mit den Mundwerkzeugen durch die Haut und saugen Blut. Vollgesogen lösen sie sich vom Wirt; oft wird in jedem Entwicklungsstadium (Larve, Nymphe, adulte Zecken) der Wirt gewechselt. Zecken können über ein Jahr hungern, die Eier werden in der Erde abgelegt.

Zecken sind **Parasiten.** Sie zählen zwar auch zu den Gifttieren, was allgemein wenig bekannt ist, doch betrifft dies vorwiegend außereuropäische Arten. Als blutsaugende Parasiten sind sie **Überträger** (Vektoren) zahlreicher durch Viren, Bakterien oder Protozoen ausgelöster Erkrankungen. Auf diese Aspekte soll in diesem Kapitel ebenfalls kurz eingegangen werden. Zecken, aber auch Milben kommen ebenfalls für **Allergien** (z.B. im Hausstaub) in Frage.

Vergiftung durch Zecken

Für die als **Zecken-Toxikose** bezeichnete Vergiftung kommen zahlreiche (mehr als 43) Zecken-Arten in Frage, doch sind es im wesentlichen nur zwei, die für den Menschen gefährlich sind: *Dermacentor andersoni* in Nordamerika und *Ixodes holocyclus* in Australien. Die anderen Arten sind mehr in der Veterinärmedizin, bei der Nutztierhaltung, von Bedeutung [1, 2]. Die in Europa heimische Zecke, der gemeine **Holzbock** (Abb. 3.24, *Ixodes ricininus*), produziert kein Gift, ist aber **Überträger** der **Lyme-Krankheit** (**Borreliose**) und der **Frühsommer-Meningo-Enzephalitis** (abgekürzt: FSME).

Vergiftungsumstände. Zecken, die sich von Blättern und Zweigen auf den Menschen fallen lassen, suchen feuchtwarme Hautstellen auf, so die Kopfhaut, Achselhöhlen, das Ohr, den Genitalbereich. Oft sind sie, vor allem die nur 1–2 mm großen Nymphen, kaum zu sehen (z.B. in den Haaren).

Zecken-Toxikosen (tick paralysis) treten saisonal, mit dem Höhepunkt der Zeckenaktivität auf: in Nordamerika von April bis Juni, in Australien im Frühling und Sommer. Besonders Kinder sind betroffen. Hier sind die Zecken meist im Kopfhaar verborgen, teilweise haben sie sich in die Kopfhaut eingebohrt.

Vorsichtsmaßnahmen. In Nordamerika und Australien stellen Zecken wegen der durch sie ausgelösten Vergiftung eine Gefahr dar, in Europa vor allem wegen der Übertragung von Krankheiten. Bewegt man sich abseits von Waldwegen, streift durch das Gebüsch, picknickt oder kampiert im Wald, sollte man sich vor dem Zeckenbefall schützen. Enganliegende Kleidung, lange Hosen, festes Schuhwerk und eine Kopfbedeckung vermindern das Risiko. Repellentien gegen Insekten (z.B. Diethyltoluamid, Autan®) als Sprays, Creme oder Lotion auf Kragen und nackte Haut aufgetragen, schützen eine gewisse Zeit, bis der Wirkstoff verdampft ist (bei höheren Außentemperaturen und starkem Schwitzen meist kürzer).

Der europäische Holzbock (*Ixodes ricinus*) – er sei an dieser Stelle erwähnt, obwohl er nicht zu den Giftproduzenten zählt – ist von Frühling bis Herbst aktiv, besonders bei feuchtem, mildem Wetter, weniger in einem trockenen, heißen Sommer. Im Mittelmeergebiet ist er auch im Winter aktiv.

Kleider sind gut auszuschütteln, der Körper von Kindern (besonders die Kopfhaut) ist sorgfältig zu kontrollieren. Entdeckt man eine Zecke am Körper (meist löst sie einen Juckreiz aus, wenn sie sich in den Körper eingebohrt hat), so ist sie umgehend zu entfernen.

Entgegen anderen Empfehlungen, Alkohol, Benzin oder auch Klebstoff auf die Zecke zu träufeln (dies regt die Parasiten an, noch größere Mengen Speichel abzugeben), sollte sie ohne Vorbehandlung nach oben herausgezogen werden, indem man sie mit Daumen- und Zeigefingernagel oder mit einer spitzen Pinzette, die am vorderen Teil des Körpers, möglichst in Kopfnähe angesetzt wird, packt. So läßt sie sich unter leichter Schaukelbewegung herausziehen. Auf diese Weise reißt auch der Kopf der Zecke nicht ab, was leicht durch Drehen während des Herausziehens geschieht. Für das häufig empfohlene Drehen gibt es keine vernünftige Grundlage, der Stechapparat stellt kein Schraubengewinde dar. Keinesfalls sollte die Zecke, noch in der Haut steckend, zerquetscht werden. Auch hierdurch wird Speichel, der Toxine oder Krankheitserreger enthalten kann, in die Wunde injiziert.

Haustiere wie Hunde und Katzen werden häufig von Zecken befallen. Zur Abwehr gibt es für die Haustiere Zeckenhalsbänder, die den Parasitenbefall stark einschränken, wenn nicht sogar verhindern.

Giftapparat. Einen speziellen Giftapparat besitzen Zecken nicht. Sie übertragen Toxine oder Krankheitserreger mit ihrem **Speichel**. Mit Hilfe ihrer **Mundwerkzeuge** bohren sie sich in die Haut ein und saugen Blut. Hierzu wird durch Einstemmen der scherenartigen Chelizeren die Haut aufgeschlitzt und das **Hypostom**, ein keulenartiger Kopffortsatz, der mit zahlreichen Widerhaken besetzt ist,

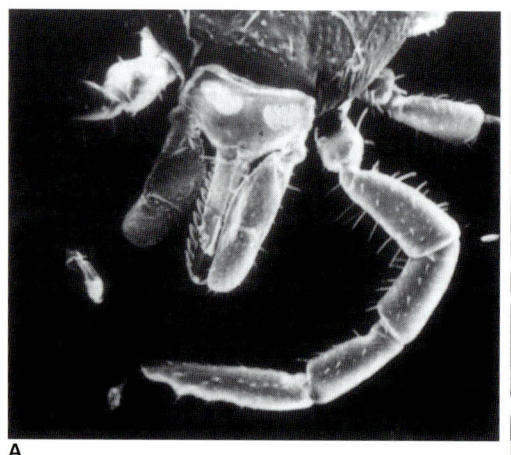 

A B

Abb. 3.25: Mundwerkzeuge des Holzbockes: Die Pedipalpen (Kiefertaster) flankieren Chelizeren und Hypostom, Werkzeuge, mit denen die Zecke die Haut anbohrt (A). Das Hypostom ist mit zahlreichen Widerhaken versehen, die seine feste Verankerung in der Haut ermöglichen (B); rasterelektronenmikroskopische Aufnahmen (30 × bzw. 500 ×).

in die Wunde geschoben (Abb. 3.25). Dies dient auch zur Verankerung des Zeckenkörpers am Wirt. Gleichzeitig fließt in die Wunde Speichel, der sowohl eine Betäubung des Einstichschmerzes als auch eine Hemmung der Blutgerinnung bewirkt.

Gift. Die erwähnten Zeckenarten *Dermacentor andersoni* und *Ixodes holocyclus* produzieren in ihren Speicheldrüsen **Toxine**, die sie ihrem Wirt mit dem Speichel injizieren. Das **Holocyclotoxin**, das aus den Speicheldrüsen von *Ixodes holocyclus* isoliert wurde, ist ein Protein mit einer Molekülmasse zwischen 40 000 und 60 000 Dalton [3]. Es ist ein **Neurotoxin**, das an der neuromuskulären Endplatte angreift und die Freisetzung des Neurotransmitters Acetylcholin blockiert. Dies hat eine Lähmung der Muskulatur zur Folge.

Vergiftung. Die ersten Symptome einer durch Zecken ausgelösten Vergiftung treten erst 5 bis 7 Tage nach dem Zeckenbefall auf. Zum einen wird offenbar durch die Blutaufnahme in der Zecke die Toxinproduktion stimuliert. Andererseits muß erst eine gewisse Toxinmenge in den Wirt eingedrungen sein, um Vergiftungssymptome auszulösen. Diese zeigen sich in allgemeinem **Schwächegefühl**, in Ataxie und fortschreitender **Lähmung** der Muskulatur von Armen und Beinen. Der Betroffene kann nicht mehr gehen und stehen, die Atmung wird schwer und flach. Erste Anzeichen (meist bei *Dermacentor*) können auch in Gefühllosigkeit in Armen und Beinen oder prickelndem Gefühl in Lippen, Mund und Gesicht (bei *Ixodes holocylus*), in allgemeinem Unwohlsein, Appetitlosigkeit, Kopfschmerzen und Erbrechen bestehen.

Trotz der Schwere dieser Vergiftung, die potentiell tödlich verlaufen kann, sind z.B. in Australien seit 1945 keine Todesfälle aufgetreten, was überwiegend auf die verbesserte Diagnose und Behandlung zurückzuführen ist [2, 4, 5].

Therapie. Auch nach Entfernen der Zecken verschwinden die Vergiftungssymptome keineswegs, da das Toxin ja bereits im Körper ist. Die Behandlung muß in der Regel symptomatisch erfolgen. Nur in Australien steht ein **Antiserum** zur Verfügung (Tick antivenom; Commonwealth Serum Laboratories, Parkville, VIC). Seine Anwendung ist auch hier nur bei schweren Vergiftungen (Lähmung der Atemmuskulatur) indiziert. Kinder sind über mehrere Tage zu überwachen [4].

Erste Hilfe. Körper sorgfältig nach Zecken absuchen (Kopfhaar) und diese versuchen zu entfernen (nicht zerquetschen). Bei Anzeichen einer Vergiftung umgehend den Arzt aufsuchen.

Infektionskrankheiten

Zecken können Viren, Bakterien und Protozoen übertragen, die verschiedene Krankheiten auslösen. In Europa sind es zwei Erkrankungen, die gerade in den letzten Jahren Zecken wieder in den Mittelpunkt des Interesses gerückt haben: die **Lyme-Krankheit** und die **Frühsommer-Meningo-Enzephalitis** (abgekürzt: FSME). Auf Krankheitsursachen und -verlauf sei daher in diesem Zusammenhang kurz eingegangen.

Lyme-Krankheit. Sie ist die häufigste durch Zecken übertragene Infektionskrankheit in Europa. Auch **Lyme-Borreliose** genannt (Lyme ist eine Stadt in Connecticut, USA, wo die ersten Erkrankungen Anfang der siebziger Jahre in Form von Arthritis auftraten) wird sie durch das Schraubenbakterium *Borrelia burgdorferi* ausgelöst und äußert sich in mannigfaltigen Symptomen (**Multisystemerkrankung**). Eine ringförmige, wandernde Hautrötung (Erythema migrans) um die Einstichstelle der Zecke ist das erste Stadium der Erkrankung (allerdings nur in jedem zweiten Fall). Tage und Wochen nach dem Zeckenbiß treten relativ unspezifische Beschwerden auf, wie Fieberschübe, anfallsartige Gelenkschmerzen, Kopfschmerzen, Müdigkeit und allgemeine Abgeschlagenheit. Leicht wird dies als eine Erkältung oder Sommergrippe fehldiagnostiziert. In schweren Fällen sind Herzmuskel (Myokarditis) und Hirnhäute (Meningitis) betroffen. Die Krankheit kann spontan ausheilen, jedoch auch chronische Beschwerden (Arthritis) zurücklassen.

In Deutschland rechnet man jährlich mit mehr als 10 000 Erkrankungen (was vielfach als zu niedrig geschätzt gilt). Die **Diagnose** ist nicht einfach. Nicht immer ist der **Erreger** direkt nachweisbar, die serologische Diagnostik muß hierbei unterstützend herangezogen werden. Das Patientenblut wird in einem ELISA-(Enzyme Linked Immunosorbent Assay)-Suchtest auf die Anwesenheit von Antikörpern gegen *Borrelia burgdorferi* untersucht, dem sich bei positivem Ergebnis weitere Bestätigungstests (Immunoblot; Antikörpernachweis mit antigenspezifischer Differenzierung) anschließen. Mit Einführung der Polymerase-Kettenreaktion (PCR) kann in Liquor, Urin und Gelenkpunktaten Borrelien-DNA mittels spezifischer DNA-Sonden nachgewiesen werden [6]. **Antibiotika** (Cephalosporine, Penicillin, Tetracyclin), hochdosiert angewandt, sind derzeit die üblichen **Therapiemaßnahmen.** Ein Impfstoff steht gegenwärtig noch nicht zur Verfügung [7].

Frühsommer-Meningo-Enzephalitis. Sie wird häufig mit der Lyme-Borreliose verwechselt, ist jedoch eher selten und tritt nur regional auf. Auslöser ist ein **Virus** (Familie: Flaviviridae). Es wird in allen Stadien der Zeckenentwicklung übertragen. Infektionsherde finden sich in Skandinavien und Südost-Europa, vor allem in den Alpenländern und Süd-Deutschland (Schwarzwald, Bayerischer Wald). Die Mehrzahl der Infektionen (ca. 70%) verläuft ohne klinische Symptomatik. Kommt es zur Erkrankung, so treten nach einer Inkubationszeit von 5 bis 14 Tagen **Fieber, Kopf- und Gliederschmerzen** auf (auch sie werden häufig als Grippe mißdeutet). Bei wenigen Patienten (10–30%) entwickelt sich eine schwere Verlaufsform mit **neurologischer Symptomatik** (meningitischer, meningoenzephalitischer Verlauf), die das zentrale Nervensystem betrifft (Hirnhaut, Gehirn, Rückenmark).

Eine spezifische Therapie gibt es wie bei vielen Virus-Erkrankungen nicht. Die Gabe von **FSME-Immunglobulinen** wird bis zu 96 Stunden nach dem Zeckenbiß empfohlen, was wegen der üblicherweise späten Diagnosestellung nur selten möglich ist. Somit bleibt dem Arzt nur eine symptomatische Therapie unter intensivmedizinischen Bedingungen. Allerdings kann durch eine **Impfung** vorgebeugt werden. Geimpft werden sollten vor allem Personen, die in den Endemiegebieten wohnen, dort Urlaub machen oder beruflich (Forstpersonal) ein besonderes Infektionsrisiko tragen [8].

Für beide Krankheitsbilder gilt, daß die Vermeidung von Zeckenbissen durch entsprechende Maßnahmen (s. Vorsichtsmaßnahmen) besonders wichtig ist.

Allergische Reaktionen

Verwilderte **Haustauben** sind in vielen Städten zu einer regelrechten Plage geworden. Sie sind nicht nur Überträger zahlreicher Krankheits- und Seuchenerreger, sondern sind auch mit Ektoparasiten wie der Taubenzecke *(Argas reflexus)* befallen. Diese Zecke hat eine hohe Wirtsspezifität, kommt nur gelegentlich bei anderen Vogelarten vor, beim Menschen eigentlich nie. In der Nähe von Taubennestern oder beim Hantieren mit Tauben kann es jedoch auch beim Menschen zum **Zeckenbefall** kommen. Die eiformigen, streichholzkopfgroßen Zecken verweilen allerdings nur kurz (nicht länger als 30 Minuten) am Körper. Ihr Stich wird manchmal als schmerzhaft empfunden, vielfach aber nicht einmal bemerkt. Er verläuft in der Regel harmlos.

Mitunter kann ein Stich aber auch **allergische Reaktionen** auslösen: Stark juckende, anschwellende Einstichstellen, an denen sich Knoten entwickeln, die erst nach Monaten verschwinden, sind die Folge. In Einzelfällen kann es, ähnlich wie bei Bienen- oder Wespenstichen, nach häufigen Stichen und bei besonders prädisponierten Menschen (Allergien in der Vorgeschichte) zu schweren, allergisch bedingten Allgemeinreaktionen kommen, die lebensbedrohliche Folgeerscheinungen nach sich ziehen können: generalisierte Hautrötung, Anschwellen von Gesicht und Zunge mit Schluckbeschwerden, Atemnot, Bewußtseinstrübung, Ansteigen von Atem- und Pulsfrequenz, Fieber, Übelkeit und Diarrhöe. Diese über eine Lokalreaktion hinausgehenden anaphylaktischen Reaktionen werden durch **Antikörper der IgE-Klasse** vermittelt (s. Kapitel: Bienen, Wespen, Hornissen und Hummeln). Antihistaminika und Kortikosteroide (Prednisolon, i.v.), in schweren Fällen auch Adrenalin (i.v.) sind die wichtigsten Medikamente, die möglichst rasch zu verabreichen sind. Es ist nicht immer leicht, Zecken als Auslöser von Allergien zu identifizieren. Die Tiere verbergen sich in Ritzen und Spalten, aus denen sie meist erst nachts herauskommen und ausnahmsweise auch den Menschen befallen, wenn ihr eigentlicher Wirt, die Taube, nicht zur Verfügung steht. Neben Methoden, die die Ansiedlung von verwilderten Tauben in Gebäuden verhindern und ihre Ausbreitung begrenzen, ist bei einem stärkeren Zeckenbefall eine Bekämpfung mit Kontaktinsektiziden und Hitzebehandlung notwendig. Eine Desensibilisierung der betroffenen Patienten ist nicht möglich. Man sollte den Kontakt mit Tauben und ihren Nestern konsequent meiden [9].

Literatur

[1] Gothe, R., Kunze, K., Hoogstraal, H., The mechanism of pathogenicity in the tick paralysis. J. Med. Entomol. **16**, 357 (1979)
[2] Wikel, S.K., Tick and mite toxicosis and allergy. In: Handbook of Natural Toxines (A.T. Tu, ed.), Bd. **2**, Insect poisons, allergens, and other invertebrate venoms, S. 371, M. Dekker, New York (1984).
[3] Stone, B.F., Commins, M.A., Kemp, D.H., Artifical feeding of the Australian paralysis tick, *Ixodes holocylus* and collection of paralysing toxin. Int. J. Parasitol. **13**, 447 (1983).
[4] Sutherland, S.K., Australian Animal Toxins. Oxford Univ. Press Melbourne (1983).
[5] Murnaghan, M.F., O'Rourke, F.J., Tick paralysis. In: Arthropod venoms (S. Bettini, ed.) Handb. Exp. Pharmak. **48**, S. 419, Springer Verl., Berlin (1978).
[6] Wilske, B., Preac-Mursic, V., Fuchs, R., Schierz, G., Diagnostik der Lyme-Borreliose. Diagnose & Labor **40**, 24 (1990).
[7] Herzer, P., Lyme, Borreliose. Epidemiologie, Ätiologie, Diagnostik, Klinik und Therapie. Steinkopf Verl. Darmstadt (1990).
[8] Jäger, G., Roggendorf, M., Die Frühsommer-Meningo-Enzephalitis in Deutschland. Die gelben Hefte **31**, 8 (1991).
[9] Bauch, R.J., Lübbe, D., Lebensbedrohliche Komplikationen durch *Argas refluxus* (Ixodoidea, Argasidea). Z. gesamte Hyg. **36**, 308 (1990).

Hundertfüßler, Skolopender (Unterklasse: Chilopoda der Klasse: Antennata) – centipede, scolopender

Abb. 3.26: Tropischer Skolopender, *Etmostigmus* sp. (Papua-Neuguinea).

Merkmale: Früher mit den Progoneata (Zwergfüßlern, Doppelfüßlern, Wenigfüßlern) zu Tausendfüßler zusammengefaßt. Charakteristisch sind die zahlreichen Beinpaare, von denen das erste zu Gifthaken umgeformt ist, und die ausgeprägten Fühler (Antennen); abgeflachte Körperform, pro Körpersegment ein Beinpaar (Skolopender werden bis zu 10 cm, tropische Arten über 30 cm lang).
Verbreitung: Weltweit.
Lebensraum/Lebensweise: Verborgen lebend, unter Steinen, Baumrinde, in der Erde, an feuchten Stellen, äußerst flink; nachtaktiv.

In Südeuropa ist der Gürtelskolopender (*Scolopendra cingulata*) mit bis zu 10 cm Körperlänge der größte europäische Hundertfüßler, sein Biß vermag die menschliche Haut zu durchdringen und ist schmerzhaft. Hingegen ist der Steinkriecher (*Lithobius forficatus*, ca. 3 cm lang) völlig harmlos. Die großen tropischen Arten hingegen sind nicht ungefährlich.

Vergiftungsumstände. Skolopender sind oft auch im Haus anzutreffen. Zu Bißverletzungen kann es durch eher zufälligen Kontakt kommen, wenn die Tiere in Kleider kriechen etc. Meist läßt der Skolopender nach dem Biß gleich wieder los, mitunter sind die Giftklauen aber nur gewaltsam zu entfernen.

Vorsichtsmaßnahmen. Große Skolopender sind mit Vorsicht zu behandeln, nicht versuchen, sie zu fangen.

Giftapparat. An den **Mundwerkzeugen** ist auch das erste Rumpfbeinpaar beteiligt. Diese als Maxillipeden bezeichneten Extremitäten sind als kräftige, gebogene Zangen geformt und bilden eine Giftklaue, an deren Spitze eine **Giftdrüse** mündet (Abb. 3.27). Diese füllt das Lumen der Giftklauen aus und wird durch Muskeldruck entleert [1, 2, 3]. Große Skolopender können mit dem lang ausgezogenen letzten Beinpaar empfindlich kneifen, sondern damit aber kein Gift ab.

Gift. Neben Histamin und Serotonin sind toxische, auch enzymatisch aktive **Proteine** Bestandteil des Skolopendergiftes. So wurde ein hitzelabiles, kardiotoxisches Protein (Molekülmasse ca. 60 000 Dalton) aus dem Gift von *Scolopendra subspinipes* isoliert [2, 4]. Enzyme wie Esterasen und Phosphatasen wurden im Gift von *Scolopendra morsitans* nachgewiesen [5].

Vergiftung. Der Biß eines Skolopenders hinterläßt auf der Haut meist zwei eng beieinanderliegende, blutunterlaufene, punktförmige Verletzungen, von denen ein stark brennender **Schmerz** ausgeht. Um die Bißstelle kann sich ein leichtes **Ödem** entwickeln, u.U. wird auch ein Anschwellen der benachbarten Lymphknoten beobachtet. Die Schmerzen klingen meist innerhalb weniger Stunden wieder ab. Komplikationen, wie sie in der älteren Literatur beschrieben werden, u.a. Gewebsnekrosen, Gangrän etc. sind wahrscheinlich auf Sekundärinfektionen zurückzuführen [2].

Neben lokalen Reaktionen können besonders nach Bissen großer Skolopender der Tropen (Abb. 3.26) auch Allgemeinbeschwerden wie Übelkeit, Schwindel, Kopfschmerzen, Ruhelosigkeit, Tachykardie und Fieber auftreten [6, 7]. In Arizona, USA, traten nach dem Biß des großen Wüsten-Skolopenders (*Scolopendra heros*) bei einem 44jährigen Mann Myoglobinurie und Nierenversagen nach massiver Rhabdomyolyse auf, eine eher ungewöhnliche Reaktion [8].

Erste Hilfe. Besondere Maßnahmen sind in der Regel nicht notwendig. Die Bißstelle nicht einschneiden; kein, wie in der Literatur empfohlen, Kaliumpermanganat einreiben.

Therapie. Im allgemeinen ist keine Behandlung notwendig. Bei starken Schmerzzuständen können Analgetika versucht werden. Tetanusprophylaxe ist angebracht, falls erforderlich. Ein Antiserum gibt es nicht.

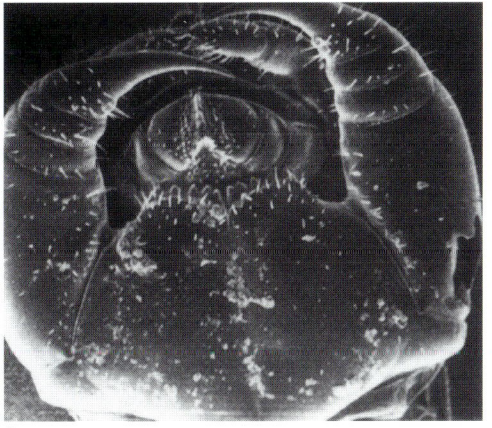 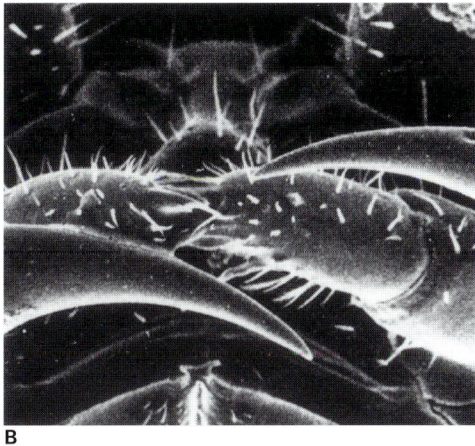

Abb. 3.27: Mundwerkzeuge des Steinkriechers *(Lithobius forficatus)*: Die sich zangenförmig zueinander bewegenden, spitz auslaufenden Giftklauen sind mit Giftdrüsen gefüllt, deren Sekret durch eine Öffnung an der Spitze der Klauen austritt; rasterelektronenmikroskopische Aufnahmen (30 ×, A bzw. 100 ×, B).

Fallbeschreibung

Eine 71jährige Frau, die in Israel nachts an einem Lagerfeuer saß, wurde von einem 10 cm großen Skolopender, der von einem Baum fiel, in den Nacken gebissen. Bei der Aufnahme in eine Klinik war die Bißstelle leicht geschwollen und die Haut leicht gerötet. Die Patientin klagte über Juckreiz und starke Schmerzen, die von der Bißstelle ausgingen. Antihistaminika (i.v.) und kalte Umschläge waren die einzigen therapeutischen Maßnahmen. Am folgenden Tag waren alle Symptome verschwunden [9].

Literatur

[1] Minelli, A., Secretions of centipedes. In: Arthropod venoms (S. Bettini, ed.), Handb. exp. Pharmak., Bd. **48**, S. 73, Springer Verl., Berlin (1978).

[2] Jangi, B.S., Centipede venoms and poisoning. In: Handbook of Natural Toxins (A.T. TU, ed.), Bd. **2**, Insect poisons, allergens and other invertebrate venoms, S. 333, M. Dekker, New York (1984).

[3] Menez, A., Zimmerman, K., Zimmerman, S., Heatwole, H., Venom apparatus and toxicity of the centipede *Ethmostigmus rubripes* (Chilopoda, Scolopendridae). J. Morphol. **206**, 303 (1990).

[4] Gomes, A., Datta, A., Sarangi, B., Kar, P.K., Lahiri, S.C., Isolation, purification and pharmacodynamics of a toxin from the venom of centipede, *Scolopendra subspinis dehaani* Brandt. Ind. J. exp. Biol. **21**, 203 (1983).

[5] Mohamed, A.H., Abu-Sinna, G., El-Shabaka, H.A., Abd El-Aal, A., Proteins, lipids, lipoproteins and some enzyme characterizations of the venom extract from the centipede *Scolopendra morsitans*. Toxicon **21**, 371 (1983).

[6] Dhanvantari, I.N.H.S., Clinical aspects of centipede bite in the Andamans. J. Ass. Physicians India **38**, 163 (1990).

[7] Lin, T.J., Yang, C.C., Yang, G.Y., Ger, J., Tsai, W.J., Deng, J.F., Features of centipede bites in Taiwan. Trop. Geogr. Med. **47**, 300 (1995).

[8] Logan, J.L., Ogden, D.A., Rhabdomyolysis and acute renal failure following the bite of the giant desert centipede *Scolopendra heros*. Western J. Med. **142**, 249 (1985).

[9] Mumcuoglu, K.Y., Leibovici, V., Centipede (*Scolopendra*) bite: a case report. Isr. J. Med. Sci. **25**, 47 (1989).

Insekten (Klasse: Insecta; Hexapoda; Sechsfüßer)

Mit mehr als 2 Millionen (geschätzten) Arten sind die Insekten die **größte Tiergruppe.** Sie besiedeln alle Formen von Lebensräumen, haben sich extremen Bedingungen angepaßt und vielfältige Überlebensstrategien entwickelt. Für den Menschen sind sie u.a. harte Konkurrenten beim Nahrungserwerb (als sog. „Schadinsekten" bei der Kultivierung von Pflanzen) oder spielen als Überträger von Krankheiten (Malaria, Schlafkrankheit etc.) eine nach wie vor große Rolle. Der Insektenkörper ist deutlich in drei Teile gegliedert: in Kopf, Thorax und Abdomen. Charakteristisch sind die drei Extremitätenpaare (Hexapoda), die am Thorax ansetzen (Spinnen wie Skorpione haben vier Beinpaare), wie auch die Flügel. Die Mundwerke der Insekten haben je nach Nahrungstyp und Methode der Nahrungsaufnahme erhebliche Abwandlungen bzw. Anpassungen erfahren.

Bei der ungeheuren Artenfülle der Insekten ist es erstaunlich, daß nur vergleichsweise wenige als „echte" Gifttiere zu klassifizieren sind. Gemeint sind damit jene, die auch dem Menschen gefährlich werden können. Man denkt dabei zuallererst an **Bienen** und **Wespen,** deren Stich schmerzhafte Folgen hat, mitunter auch Reaktionen beim Menschen auslöst, die zum Tode führen können. In der Tat sind es diese von Insektengiften lediglich ausgelösten, bei sensibilisierten Menschen sich einstellenden Symptome, wie **Allergie,** die manche Insekten gefährlich machen. Es scheint kein Insektengift zu geben, das von seiner eigentlich toxischen Wirkung her den Tod eines Menschen verursachen könnte, wie dies bei Skorpiongiften sehr wohl der Fall sein kann. Zweifellos ist dies aber auch eine Frage der Dosis, da einige hundert Bienenstiche durchaus tödlich sein können.

Wenn man **Biene und Wespe** als die **wichtigsten Gifttiere Europas,** aber auch anderer Weltregionen wie Nordamerika, bezeichnet, so ist dies nicht auf ihre Giftigkeit zurückzuführen, sondern auf die vom Giftsekret ausgelösten **anaphylaktischen Reaktionen.**

In den folgenden Kapiteln sollen nur die Insektengruppen behandelt werden, deren **Kontakt** oder **Stich** beim Menschen **Vergiftungen** bzw. folgenschwere (**allergische**) **Reaktionen** auslösen können, so die Brennhaare von Schmetterlingsraupen, die Stiche von Bienen, Wespen, Hornissen, Hummeln und Ameisen.

Läuse, Wanzen, Flöhe, Fliegen und Mücken werden in diesem Zusammenhang nicht zu den Gifttieren gezählt. Mit ihren stechenden Mundwerkzeugen durchdringen sie die Haut und saugen Blut, das sie mit Hilfe ihres Speichels (ähnlich wie die Zecken) ungerinnbar machen. Ihr Stich ist oft schmerzhaft, so können Bremsenstiche (*Tabanus* spp.) auch bei Pferden und Rindern Panik auslösen. Die kleinen, schwarzen Kriebelmücken (*Simulium* spp., ca. 4 mm Körperlänge, auch Kribbelmücken genannt), aber auch die noch kleineren Gnitzen (*Ceratopogon* spp., 0,5–3 mm) setzen einen schmerzhaften Stich, der heftigen Juckreiz und u.U. geringe Unterblutungen hervorruft. Wenn sie in Massen auftreten und über Rinder herfallen, können diese sogar an den Folgen der zahllosen Stiche sterben, wobei die Ursachen noch völlig unklar sind (man spricht von einer „Blutvergiftung"). Bei allergisch reagierenden Personen können diese Insekten auch über das normale Ausmaß hinausgehende Reaktionen (Erythem, Ödem) hervorrufen. So können auch in Mitteleuropa Schwärme von Stechmücken, Bremsen und Kriebelmücken etc. äußerst unangenehm werden. Folgenschwerer ist jedoch die Rolle dieser Insekten als Überträger zahlreicher Infektionskrankheiten vor allem in tropischen Weltregionen.

Schmetterlinge und Raupen (Ordnung: Lepidoptera) – butterflies, caterpillars

Schmetterlinge sind mit mehr als 165 000 Arten eine der größten Insektengruppen. Vom Ei über Larven und Puppen machen sie eine vollständige Metamorphose bis zum fertigen Falter (Imago) durch, der aus der Puppe schlüpft. Auch sie versuchen sich auf vielfältige Weise vor Freßfeinden zu schützen, wobei die Aufnahme und Speicherung von Giften aus Futterpflanzen, die Absonderung von Sekreten etc. häufige Methoden aus dem Repertoire von Abwehrmaßnahmen sind. Schuppen und Haare werden ebenfalls erfolgreich eingesetzt, Feinde von einer tödlichen Attacke abzuhalten.

Der Kontakt mit **Brennhaaren** von **Schmetterlingsraupen** wie auch von den Faltern selbst ist für den Menschen äußerst unangenehm und kann zu lokalen Vergiftungserscheinungen, aber auch zu allergischen Reaktionen führen.

Lepidopterismus nennt man krankhafte Erscheinungen, die im Zusammenhang mit Schmetterlingen auftreten. Für ähnliche Symptome, die beim Kontakt mit Raupen auftreten, hat man den Begriff **Eruzismus** geprägt. Allerdings lassen sich nicht immer klare Trennungen vornehmen. Vor allem dann nicht, wenn sich Raupenhaare auch im Puppengespinst wiederfinden. Raupen, die Brennhaare besitzen, nennt man **phanerotoxisch**; jene, die nur in ihrer Körperflüssigkeit Gift enthalten, **kryptotoxisch**.

Vergiftungsumstände. In Europa kommt es im Wesentlichen zu Hautreaktionen mit Vergiftungscharakter, wenn die erwähnten **Raupen** in großen Massen auftreten und man (Forstpersonal, Obstbauer) mit ihnen Hautkontakt hat (Abb. 3.30). Bei starkem Raupenbefall können **Raupenhaare** auch in der Luft schweben, sich auf die Haut legen, in die Augen geraten oder eingeatmet werden. **Schmetterlinge** bewirken mit ihren Haaren oder Schuppen in Europa keine

Abb. 3.28 (links): Raupe des Goldafterspinners, *Euproctis chrysorrhoea* (Holland).

Abb. 3.29 (rechts): Raupen des japanischen Goldafterspinners, *Euproctis subflava* (Japan).

Merkmale: Raupen z.B. des Kiefernprozessionsspinners (*Thaumetopoea pinivora, T. processionea*), bis 5 cm, dunkelbraun bis schwarz, mit hellen Warzen, behaart.

Verbreitung: Die drei wichtigsten Arten: Kiefernprozessionsspinner (*Thaumetopoea pinivora, T. processionea*), Schwammspinner (*Lymantria dispar*) und der Goldafter (*Euproctis chrysorrhoea*) sind über ganz Europa verbreitet. In den Tropen, vor allem in Südamerika, tragen die Raupen vieler Schmetterlinge äußerst giftige Haare.

Lebensraum/Lebensweise: Die Raupen der drei erwähnten Arten können plötzlich in großen Massen (Mai bis Juli) in Eichen- und Kiefernwäldern auftreten, die des Schwammspinners und Goldafters in Obstanlagen. Prozessionsspinner-Raupen wandern in langer Reihe hintereinander (prozessionsartig).

Abb. 3.30: Schwammspinner-Raupen, *Lymantria dispar*, treten in manchen Jahren in Massen auf.

schwerwiegenden Reaktionen, die gefährlichen Arten (nicht nur die Raupen) finden sich überwiegend in den Tropen.

Vorsichtsmaßnahmen. Behaarte Raupen nicht anfassen (vor allem nicht in den Tropen). Gebiete mit starkem Raupenbefall bei ersten Anzeichen von Hautreizung verlassen. Gefährdete Personen (Forstarbeiter) müssen sich durch entsprechende Kleidung schützen.

Giftapparat. Raupen des Prozessionsspinners (*Thaumetopoea* sp.) tragen auf jedem Körpersegment dichte Büschel mit sog. **Spiegelhaaren**, die mit Stacheln versehen und überdies hohl sind. Eine Raupe hat davon mehr als 630 000 [1, 2, 3]. Dringen sie in die Haut ein, was allerdings schon eine mechanische Reizung auslöst, brechen die Haare ab und entlassen das in ihnen gespeicherte Gift.
Die **Haare** der Goldafterraupe (*Euproctis* sp., Abb. 3.28 und 3.29) sind an der Spitze in eine drei- bis fünfstrahlige Krone aufgespalten. Am unteren Teil zeigt der Haarschaft eine spaltförmige Öffnung. Offensichtlich wird während der Haarbildung der Hohlraum, der das Haarinnere insgesamt durchzieht, mit Gift „geladen" (Abb. 3.31) [4].

Gift. Das in den Haaren enthaltene Gift, das beim Abbrechen frei wird, besteht überwiegend aus **Proteinen**. Neben **Histamin** wurde im Gift der Goldafterraupe (*Euproctis* sp.) ein **Kallikrein** (ein proteolytisches Enzym), das aus Plasma gefäßaktive, schmerzauslösende **Kinine** freisetzt, erstmalig bei Insekten nachgewiesen [3]. Ein Toxin, **Thaumetopoein** (Molekülmasse 28 000, es besteht aus zwei Untereinheiten mit 13 000 und 15 000 Molekülmasse) wurde aus den Raupenhaaren des Prozessionsspinners *Thaumetopoea pityocampa* isoliert. Es wirkt nicht nur stark hautreizend, sondern ist auch ein starkes Allergen, das bei manchen Menschen für die z.T. massiven allergischen Reaktionen schon nach leichtem Kontakt mit den Raupenhaaren verantwortlich sein mag [5, 6].
Die Raupe der südamerikanischen Augenspinner-Arten *Lonomia achelous* und *L. obliqua* (Saturniidae) enthält in ihrer Hämolymphe und in ihren Haaren äußerst aktive **Gerinnungsenzyme**: eine Protease, die Fibrin auflöst und für die schweren Vergiftungsfolgen verantwortlich ist, sowie einen Prothrombin-Aktivator [7].

Vergiftung. Der Kontakt mit den Raupenhaaren, die in die Haut eindringen, abbrechen und ihr Gift entlassen, bewirkt eine **Dermatitis**, die sich in Hautrötung, leichter Schwellung, schmerzhaftem Brennen und Juckreiz äußert. Die Haut ist geschwollen, es bilden sich Papeln und Quaddeln. Die Hautveränderungen erreichen meist innerhalb einer Woche ihren Höhepunkt (allerdings ohne erneute Exposition) und heilen nach etwa einer weiteren Woche wieder ab. Besonders unangenehm sind Reizungen der Schleimhaut. So stellt sich oft

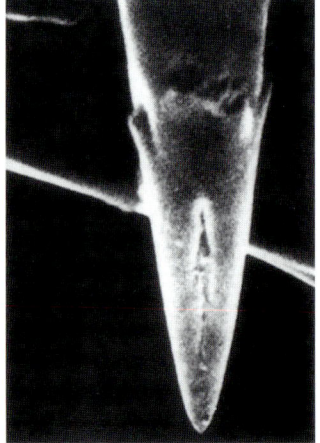

A B C

Abb. 3.31: Spitzen der Haare der Goldafterraupe, *Euproctis subflava*, (A, 1300 ×) und von *Euproctis similis* (B, 12 000 ×), Öffnung an der Basis eines Haares (C, 18 000 ×); rasterelektronenmikroskopische Aufnahmen.

Therapie. Antihistaminika, u.U. auch Kortikosteroide sind bei schmerzhaften Raupenhaar-Dermatitiden sinnvoll (als Salbe wie auch in Tablettenform). Sind Raupenhaare ins Auge gekommen, ist ein Augenarzt zu konsultieren. Gegebenenfalls müssen die ins Gewebe eingedrungenen Haare unter dem Operationsmikroskop entfernt werden.

Abb. 3.32: Raupe des brasilianischen Augenspinners, *Lonomia obliqua*, (A), in dichter Ansammlung auf einem Ast (B).

eine Bindehautentzündung ein. Wurden die Haare eingeatmet, sind Nasen- und Rachenraum entzündet. Bronchitis und schmerzhafter Husten können die Folgen sein.

Es ist nicht einfach, zwischen mechanischen, toxischen und **allergischen Reaktionen** zu unterscheiden. Besonders bei Allergikern kann das Krankheitsbild erheblich verstärkt sein [3, 8].

In Südamerika, vor allem in Venezuela und Brasilien, führen Kontakte mit der Raupe von Augenspinnern (*Lonomia achelous*, *L. obliqua*, Saturniidae, Abb. 3.32) zu schweren, nicht selten tödlichen Vergiftungen. In Brasilien stellen die Raupen ein ernstes Gesundheitsproblem dar. Die Mortalitätsrate der Vergiftung ist hier drei bis sechsfach höher als die durch Giftschlangenbisse verursachte [9]. Eine Berührung der Raupenhaare hat einen brennenden Schmerz zur Folge. Wenige Stunden später klagen die Patienten über starke Kopfschmerzen. Ausgehend von den Kontaktstellen mit der Raupe entwickeln sich scharfbegrenzte Hautunterblutungen (Ekchymosen), die sich sodann über den ganzen Körper verteilen. Zahnfleischbluten tritt auf, verschorfte Wunden beginnen erneut zu bluten. Ursächlich hierfür ist eine vom Raupengift ausgelöste Ungerinnbarkeit des Blutes, wie sie in ähnlichem Umfang nur nach dem Biß einiger Giftschlangen auftritt. Im Blut des Patienten läßt sich eine gesteigerte fibrinolytische Aktivität und ein sehr niedriger Fibrinogenspiegel über Tage und Wochen feststellen. Auslösend hierfür scheint die Inaktivierung des Gerinnungsfaktors F XIII durch eine Giftkomponente (Lonomin V) zu sein, was zu einer Störung der Fibrinvernetzung führt und die Blutungsneigung fördert [11]. Blutungen im Gehirn haben Bewußtlosigkeit zur Folge und erklären den tödlichen Ausgang mancher Vergiftungen. Ein Antiserum wird in Brasilien erprobt [12].

Erste Hilfe. Die noch nicht eingedrungenen Raupenhaare können eventuell mit dem Strahl einer Dusche abgespült werden. Nicht abreiben, da die Haare dabei noch weiter in die Haut getrieben werden. Das Auflegen von Klebebändern (Heftpflaster, Isolierband und ähnliches) und langsames Abziehen entfernt manche in die Haut eingedrungene Raupenhaare.

Fallbeschreibungen

Überlebte Vergiftung

In Venezuela trat ein 27jähriger Mann barfuß auf einige Raupen *(Lonomia acheolus)*. Er fühlte sofort ein starkes Brennen im Fuß. Wenig später klagte er über starke Kopfschmerzen und bemerkte Zahnfleischbluten. Anderntags hatte sich eine fast verheilte Wunde geöffnet und blutete. Der Urin war blutigrot (Hämaturie). Am dritten Tag wurde der Patient in ein Hospital eingewiesen, wo man Zahnfleischbluten und ausgedehnte Hautunterblutungen an beiden Beinen, Armen und Abdomen feststellte, unter den Blutparametern fiel ein extrem niedriger Fibrinogenwert auf. Neben Plasmainfusion und intravenöser Gabe von Aminocapronsäure bestand die Therapie aus häufiger Fibrinogen- und Aprotinininjektion (i.v.), woraufhin sich die Blutgerinnung innerhalb der nächsten zwei Tage normalisierte. Der Patient wurde beschwerdefrei entlassen [10].

Tödliche Vergiftung

In Brasilien berührte eine 52jährige Frau mit ihrem Arm Raupen *(Lonomia obliqua)* an einem Pflaumenbaum. Sie empfand ein starkes Brennen, wenige Stunden später fühlte sie sich schwach und hatte Kopfschmerzen. Während der nächsten zwei Tage entwickelten sich Hautunterblutungen am ganzen Körper, die Patientin fühlte sich zunehmend schlechter und erbrach mehrfach. Schließlich wurde sie in bewußtlosem Zustand in das örtliche Krankenhaus eingeliefert. Sie blutete kontinuierlich aus Punktionswunden und fiel in ein tiefes Koma. Ihr Blut war ungerinnbar mit stark reduzierter Prothrombin-Aktivität. Die Computertomographie des Schädels ließ ein ausgedehntes intrazerebrales Hämatom in der rechten parieto-occipitalen Region erkennen. Die Patientin starb vier Tage nach dem Kontakt mit den Raupen, ohne das Bewußtsein wiedererlangt zu haben [9].

Literatur

[1] Maschwitz, U.W.J., Kloft, W., Morphology and function of the venom apparatus of insects – bees, wasps, ants and caterpillars. In: Venomous animals and their venoms (W. Bücherl, E. Buckley, eds.) Bd. 3, S. 1, Academic Press, New York (1971)

[2] Ducombs, G., Lamy, M., Bergand, J.J., Tamisier, J.M., Gervais, C., Texier, L., La chenille processionnaire (*Thaumetopoea pityocampa* Schiff. Lepidopteres) et l'homme. Etude morphologique de l'appareil urticant. Enquête épidémiologique. Ann. Dermatol. Vénéréol. (Paris) **106**, 769 (1979).

[3] Kawamoto, F., Kumada, N., Biology and venoms of Lepidoptera. In: Handbook of natural Toxins. Bd. **2**, Insect poisons, allergens and other invertebrate venoms (A.T. Tu, ed.), S. 291, M. Dekker, New York (1984).

[4] Kawamoto, F., Sato, C., Kumada, N., Studies of the venomous spicules and spines of moth caterpillars. 1. Fine structure and development of the venomous spicules of the *Euproctis caterpillars*. Jap. J. Med. Sci. Biol. **31**, 291 (1978)

[5] Lamy, M., Pastureaud, M.H., Novak, F., Ducombs, G., Vincendeau, P., Maleville, J., Texier, L., Thaumetopoein: an urticating protein from the hairs and integument of the pine processionary caterpillar (*Thaumetopoea pityocampa* Schiff., Lepidoptera, Thaumetopoeidae). Toxicon **24**, 347 (1986).

[6] Wermo, J., Lamy, M., Vincendeau, P., Caterpillar hairs as allergens. Lancet **342**, 936 (1993).

[7] Guerrero, B., Arocha-Pinango, C.L., Activation of human prothrombin by the venom of *Lonomia achelous* (Cramer) caterpillars. Thromb. Res. **66**, 169 (1992).

[8] Delgado Quiroz, A., Venoms of Lepidoptera. In: Arthropod venoms (S. Bettini, ed.), S. 555, Handb. exp. Pharmak., Bd. **48**, Springer Verl., Berlin (1978).

[9] Duarte, A.C., Crusius, P.S., Pires, C.A.L., Schilling, M.A., Fan, H.W., Intracerebral haemorrhage after contact with *Lonomia* caterpillars. Lancet **348**, 1033 (!1996)

[10] Arocha-Pinango, C.L., de Bosch, N.B., Torres, A., Goldstein, C., Nouel, A., Arguello, A., Carvajal, Z., Guerrero, B., Ojeda, A., Rodriguez, A., Rodriguez, S., Six new cases of caterpillar-induced bleeding syndrome. Thromb. Haemostasis **67**, 48 (1992).

[11] Guerrero, B.A., Arocha-Pinango, C.L., Gil San Juan, A., *Lonomia achelous* caterpillar venom (LACV) selectively inactivates blood clotting factor XIII. Thrombosis Res. **87**, 83 (1996).

[12] Da Silva, W.D., Campos, A.C.M.R., Goncalves, L.C.R., Sousa e Silva, M.C.C., Higashi, H.G., Yamagushi, I.K., Kelen, E.M.A., Development of an antivenom against toxins of *Lonomia obliqua* caterpillars. Toxicon **34**, 1045 (1996).

Bienen, Hummeln, Wespen, Hornissen

(Ordnung: Hymenoptera, Hautflügler) – bees, bumblebees, wasps, hornets

Abb. 3.33: Hornisse, *Vespa crabro* (Familie: Vespidae).

Merkmale: Größte europäische Wespenart (bis 3,5 cm). Rotbraune, gelbe Färbung, rote, V-förmige Zeichnung an der Oberseite des Thorax.
Verbreitung: Hornissen kommen überwiegend in den gemäßigten Weltregionen vor (Nord- und Mittelamerika, Europa, Mittlerer Osten, Asien, südliches Australien und Neuseeland). In Deutschland ist die Hornisse selten geworden und ist geschützt.

Abb. 3.34: Hornissennest in einer Baumhöhle.

Lebensraum/Lebensweise: Hornissen leben sozial und legen ihre Papiernester meist in hohlen Bäumen an. Es sind Raubinsekten, deren Nahrung vorwiegend aus anderen Insekten besteht. Hornissen fliegen auch zur Nachtzeit.

Stiche durch Hautflügler (Hymenoptera) sind die häufigste, meist triviale Form einer Vergiftung durch Tiere. Neben einem bald abklingenden Schmerz bleibt der Stich meist ohne schwerwiegende Folgen. Andererseits enthalten die Gifte von Bienen und Wespen sehr aktive **Allergene**. Disponierte Menschen können schon durch einen Stich hochgradig sensibilisiert werden, so daß es bereits beim folgenden zu lebensgefährlichen Reaktionen kommen kann. Mehr als bei irgendeinem anderen Gift spielen gerade diese immunologischen Reaktionen hierbei eine besondere Rolle.

Im wesentlichen sind es zwei Hymenopteren-Familien, die für den Menschen gefährlich sein können: die **Bienen** (Familie: Apidae), zu denen auch die Hummeln (Abb. 3.36) zählen, und die **Wespen** (Familie: Vespidae), wobei Hornissen (Abb. 3.33 und 3.34) eben große Wespen sind. Beide Familien, aber auch die Ameisen (Formicidae), gehören zur Unterordnung: Aculeata (**Stechimmen**). Dies sind Insekten, bei denen der Legeapparat der weiblichen Tiere zu einem Giftstachel umgebildet ist. Folglich stechen nur die Weibchen, denn die Männchen besitzen keinen Stachel, mit dem sie sich wehren könnten.

Bienen und Hummeln (Familie: Apidae) – bee, bumblebee

Abb. 3.35: Honigbiene, *Apis mellifera*.

Abb. 3.36: Hummel, *Bombus hortorum*.

Merkmale: Staatenbildende Insekten (aber auch solitär lebend) mit einer eierlegenden Königin, Arbeiterinnen, die für Nestbau, Nahrungsbeschaffung und Brutpflege verantwortlich sind, und nur zeitweise auftretenden Männchen (Drohnen); Honigbiene *(Apis mellifera)* mit schwarzer Grundfarbe und gelb-brauner Behaarung; Hummeln (*Bombus* spp.) meist mit dichtem Haarpelz (unterschiedlich gefärbt, weiß, gelbbraun, rot, streifenförmig abgesetzt), größer und kräftiger als die Bienen (bis 2,5 cm Länge).

Verbreitung: Die Honigbiene ist in einigen Rassen weltweit verbreitet. Eine als „Mörderbiene" („Killerbees") bezeichnete Rasse, *Apis mellifera scutellata*, entstammt einer in Südamerika durchgeführten Kreuzung von *Apis mellifera ligustica* (Italien-Biene) mit *Apis mellifera adansonii* (Afrika-Biene). Sie ist verwildert und zeichnet sich durch geringe Sammelaktivität, aber besondere Angriffslust aus. Diese Bienen sind bis in den Süden der USA vorgedrungen. Was ihr Gift angeht, so unterscheidet es sich nicht von dem ihrer europäischen Verwandten.

Lebensraum/Lebensweise: Blütenbesucher, Pollen- und Nektarsammler. Meist sozial, aber auch einzeln lebend. Die Honigbiene wird als Haustier in Kästen und Körben gehalten. Sie bildet große Staaten mit 30 000 bis 50 000 Arbeiterinnen; Nestbau erfolgt mit Wachs, Bienenvölker überwintern; die Staatsgründung geschieht durch Schwärmen: Eine Königin verläßt mit einem Teil des Volkes das Nest, wird beim sog. Hochzeitsflug von Drohnen begattet. Hummeln bilden kleinere Staaten (bis 1000 Individuen, meist jedoch weniger) und bauen unterirdische Nester, auch in hohlen Bäumen (Baumaterial: Wachs). Nur eine junge Königin überwintert und gründet im Frühjahr einen neuen Staat. Tagaktiv.

Wespen und Hornissen (Familie: Vespidae) – wasp,

Abb. 3.37: Deutsche Wespe, *Paravespula germanica*.

Merkmale: Auch Faltenwespen genannt, da die Flügel in Ruhe der Länge nach gefaltet werden; charakteristische schwarz-gelbe Zeichnung auf dem Hinterleib; deutsche und gemeine Wespe (*Paravespula germanica, P. vulgaris*) 1,5–2 cm groß.
Verbreitung: Weltweit.
Lebensraum/Lebensweise: Sozial lebend, kleine Staaten bildend; bauen Nester und Waben aus zerkautem Holz (Papiernester), die frei an Dachbalken hängen, auch in Baumhöhlen, Nistkästen, unterirdisch in Erdhöhlen angelegt werden. Wespen sind Räuber, die hauptsächlich andere Insekten erbeuten, aber auch Obst und Fleisch verzehren. Tagaktiv.

Vergiftungsumstände. Mit Bienen (Abb. 3.35) und Wespen (Abb. 3.37) kommt man während der warmen Jahreszeiten täglich in Kontakt. Sie sind keineswegs angriffslustig, jedoch reagieren viele Menschen mit wilden Handbewegungen, um die Tiere zu verscheuchen. Dadurch werden diese erst in Erregung versetzt und zum Stechen veranlaßt. Zu multiplen Stichen kann es kommen, wenn man auf ein Wespennest trifft, in ein Erdnest tritt oder gegen ein frei hängendes Papiernest stößt. Die erregten Tiere reagieren auf Bewegung (Wegrennen, Armbewegungen etc.) und stechen zu. Hat erst eine Wespe gestochen, so stechen auch andere, durch Duftstoffe (Alarmpheromone) angeregt, die beim Stich abgegeben werden. Dies trifft auch für Hornissen zu, die keineswegs so angriffslustig sind, wie man ihnen nachsagt.

Stiche im Bereich der Mundhöhle, auch der Speiseröhre kommen, wenn auch selten, dadurch zustande, daß Bienen oder Wespen, die auf Kuchen sitzen oder ins Trinkglas gefallen sind, unbemerkt beim Essen oder Trinken in den Mund gelangen.

Die sog. **Killerbienen**, eine Kreuzung aus europäischer und afrikanischer Biene, sind 1957 in Brasilien verwildert und haben sich seitdem über den südamerikanischen Kontinent und nach Norden über Mittelamerika und Mexiko bis in den Süden der USA, Texas und Arizona ausgebreitet. Diese Biene zeichnet sich durch eine erhöhte Aggressivität aus. Schon eine geringe Störung des Schwarmes genügt, um einen Massenangriff auszulösen [1, 2].

Vorsichtsmaßnahmen. Es kann nicht oft genug betont werden, daß Bienen und

Insekten | 223

Abb. 3.38: Bienenstock.

Abb. 3.39: Eingang zu einem Erdnest der gemeinen Wespe.

Abb. 3.40: Papiernest einer tropischen Wespe (Mexiko).

Wespen nur stechen, wenn sie sich bedroht fühlen. Sie sind von Natur aus **keineswegs aggressiv.** Dies zeigen eindrucksvolle Bilder, wenn z.B. ein Imker einen ganzen Bienenschwarm als Haube auf dem Kopf trägt.

Trotzdem sollten Personen, die um ihre **allergischen Reaktionen** nach einem Hymenopteren-Stich wissen, einige **Regeln** beachten, um **Stiche zu vermeiden.** Sie sollten Orte meiden, die gerne von Bienen und Wespen aufgesucht werden: so z.B. blühende Wiesen, Obstgärten (vor allem dann, wenn der Boden mit herabgefallenem Obst bedeckt ist). Vorsicht ist auch beim Essen im Freien (Picknick etc.) geboten. Durch Kuchen, Marmelade, Obst, aromatische Getränke werden Bienen, Wespen auch durch Fleisch- und Wurstwaren angelockt. Tauchen die Insekten auf, so ist jede hektische Bewegung zu vermeiden, die die Tiere in Erregung versetzen könnte. Bei Personen, die besonders gefährdet sind, sollten grundsätzlich alle Körperpartien mit Kleidung bedeckt sein. Ein farbiges Muster, auch schwarze Kleidung, zieht Insekten an, helle Farben (weiß, hellbraun) jedoch weniger. Nicht barfuß durchs Gras gehen (Bienen sammeln hier Honig). Abfallkörbe wie auch Mülltonnen sind Anziehungspunkte für Wespen. Bienenschwärme und Wespennester durch Imker oder die Feuerwehr entfernen lassen. Motorradfahrer sollten stets mit geschlossenem Visier fahren. **Bienenstöcken** (Abb. 3.38) sollte man sich (wenn überhaupt) vorsichtig nähern, Wespennester (Abb. 3.39 und 3.40) nur aus der Ferne betrachten. Ist man in ein **Wespennest** getreten, an ein hängendes Papiernest gestoßen, so ist die Chance nicht sehr groß, durch Weglaufen den Insekten zu entkommen. Sicher gelingt es den wenigsten, sich ruhig zu verhalten und zu warten, bis die Wespen sich beruhigt haben und sich zurückziehen.

Giftapparat. Der **Stachel** der Hymenopteren liegt an der Abdomenspitze und ist ein umgebildeter **Legeapparat** (Ovipositor). Er ist daher nur bei weiblichen Tieren, der Königin und den Arbeiterinnen, vorhanden. Männchen, die Drohnen, können nicht stechen. Der Stachel dient den nektarsammelnden Bienen zur **Verteidigung** des Stockes. Denn gerade Bienenstöcke werden von zahlreichen Honigräubern (auch großen Wirbeltieren, z.B. vom Menschen) heimgesucht. Die räuberischen Wespen benutzen ihr Gift darüber hinaus zum **Beuteerwerb.**

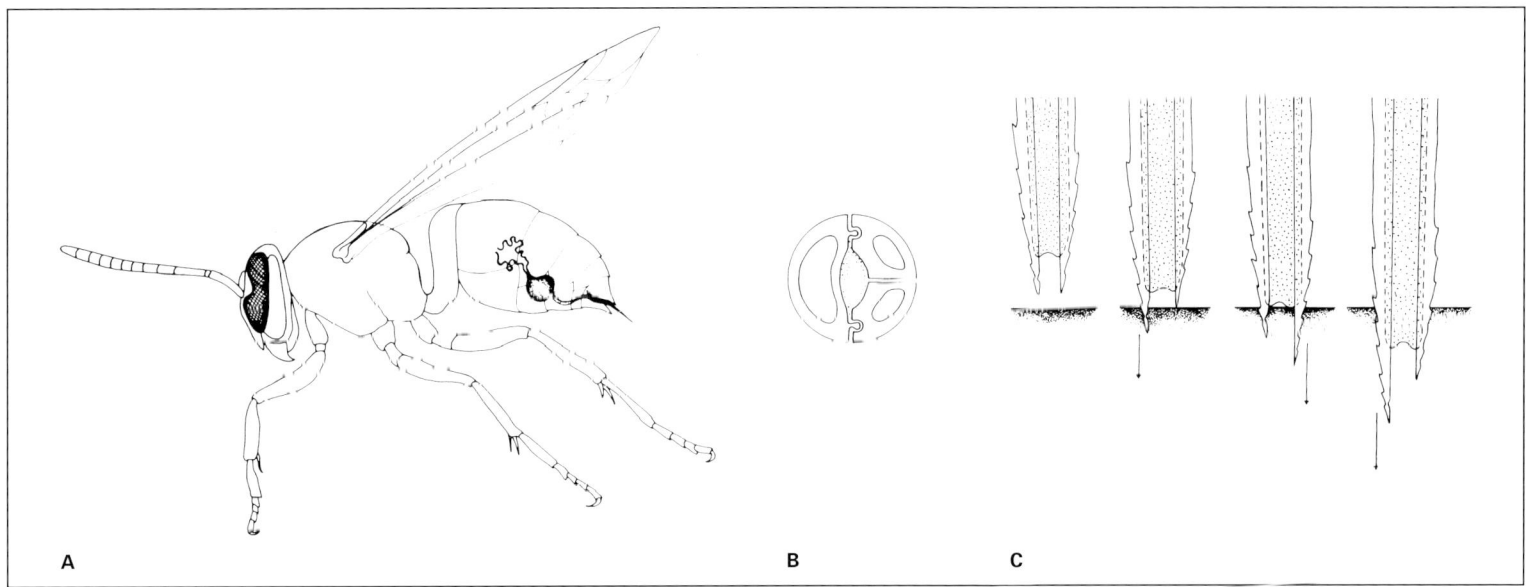

Abb. 3.41: Giftapparat einer Wespe: Die schlauchförmige Giftdrüse entläßt ihr Sekret in die Giftblase, deren Ausführungsgang zum Stachel führt (A). Stachelquerschnitt (B): Stachel mit dem Giftkanal (links), an dem zwei Stechborsten beweglich inseriert sind. Durch wechselseitige Bewegung der Stechborsten wird der Stachel in die Haut getrieben. Die Widerhaken erleichtern die Fixierung (C).

Der **Stachel** besitzt beiderseits eine Rinne, in der zwei unabhängig voneinander bewegliche Stechborsten liegen (Abb. 3.41). Im Zentrum des Stachels verläuft der **Giftkanal,** durch den das Gift in die Wunde gepreßt wird. In Ruhe ist der Stachel im Abdomen gelagert und wird beim Stich ausgefahren. Hierbei wird er nach unten bewegt und die Stechborsten in die Haut eingestoßen. Diese sind an der Spitze mit **Widerhaken** versehen, bei Bienen wie bei Wespen (Abb. 3.42). Alternierende Bewegungen der beiden Stechborsten führen zu einem raschen Einbohren des Stachels. Die Widerhaken halten ihn dabei fest.

Während es den Wespen in der Regel gelingt, nach Injektion des Giftes den Stachel wieder aus der Haut zu ziehen (sie können daher mehrfach stechen), bleibt der Stachel der Biene im Wundkanal stecken, da die Widerhaken über den Stachelquerschnitt hinausragen [3]. Fliegt die Biene weg, so reißt an präformierter Stelle der komplette Giftapparat mit Giftdrüse und -blase ab. Die Biene stirbt wenig später, ein Opfer, das sie wohl unfreiwillig für ihr Volk bringt. Die prall gefüllte **Giftblase** wird durch weitere, autonome Kontraktion der Muskulatur des Stachelapparates entleert. Das Abreißen des Giftapparates geschieht allerdings nur beim Stich in die elastische Wirbeltierhaut, aus der die Widerhaken nicht zu lösen sind. Aus der starren Chitinhaut von Insekten läßt sich der Stachel hingegen leicht herausziehen. Die **Giftdrüse** selbst, ein schlauchförmiges Gebilde, entläßt ihr Sekret in die Giftblase. Zwei bis drei Wochen nach ihrem Schlüpfen verfügt die Biene über einen besonders großen Giftvorrat; zu dieser Zeit bewacht sie am Flugloch den Stock. Wenn sie danach als Sammlerin von Nektar und Pollen unterwegs ist, nimmt der Giftvorrat stetig ab. Beim Menschen dringt der Bienen- oder Wespenstachel ca. 2–3 mm in die Haut (Unterhautgewebe) ein. Bienen injizieren etwa 50–100 µg Gift, Wespen und Hornissen, die wiederholt stechen können, weitaus weniger: etwa 2–10 µg [4].

Gift

Bienen. Bienengift ist das am besten erforschte Tiergift [5, 6, 7, 8, 9]. Es besteht aus **Enzymen** und biologisch aktiven **Peptiden.** Darüber hinaus sind noch das biogene Amin **Histamin,** Monosaccharide und Lipide enthalten. Die beim Stich injizierte Histaminmenge reicht zwar für lokalen Schmerz und Gefäßerweiterung aus, nicht aber für eine Allgemeinvergiftung.

Mit etwa 12% des Trockengiftes ist die **Phospholipase A_2** das wichtigste Enzym, das auch in vielen anderen tierischen Giften vorkommt. Es hydrolysiert Phospholipide und bildet unter Abspaltung einer ungesättigten Fettsäure (z.B. Arachidonsäure) Lysophosphoglyceride, die weiter durch eine Lysophospholipase (auch Phospholipase B genannt) abgebaut werden; auch dieses Enzym ist in Bienengift enthalten, wenn auch nur mit geringer Konzentration und Aktivität.

Sowohl die Phospholipase A_2 als auch die Lysophosphoglyceride (z.B. Lysolecithin) sind äußerst aktiv gegenüber biologischen Membranen, das Enzym vor allem im Zusammenwirken mit dem Peptid **Melittin.** Ein Hydrolyseprodukt der Phospholipase A_2, die ungesättigte Fettsäure, ist Ausgangsprodukt für Entzündungsmediatoren (z.B. Leukotriene und Prostaglandine). **Phospholipase A_2** ist außerdem das wichtigste **Allergen** im Bienengift.

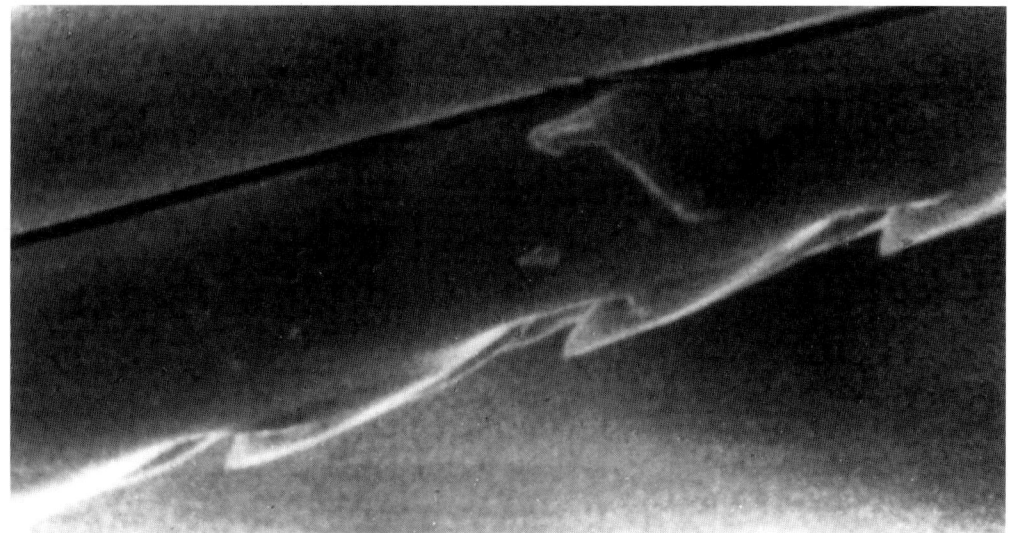

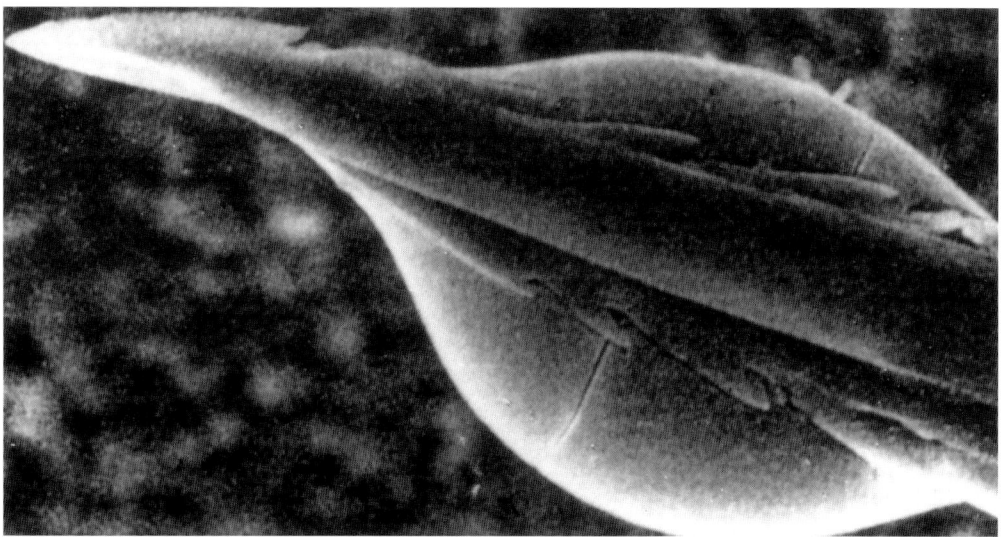

Abb. 3.42: Widerhaken an den Stechborsten eines Bienenstachels (A, 500 x); Stachelspitze eines Wespenstachels mit ausgetretenem Gifttropfen (B, 300 x); rasterelektronenmikroskopische Aufnahmen.

Die **Hyaluronidase** depolymerisiert das Mukopolysaccharid Hyaluronsäure, eine wichtige Substanz im Bindegewebe (Kittsubstanz der Zellen). Ihre Auflösung öffnet den Interzellulärraum und erleichtert die Ausbreitung des Giftes. Das Enzym wird daher auch als „**spreading factor**" bezeichnet.

Eine saure Phosphomonoesterase und eine α-D-Glucosidase sind zwei weitere (weniger wichtige) Bienengift-Enzyme. Zu 50 bis 60% sind im Bienengift **Peptide** enthalten. Mit allein 50% am Gesamtgewicht des Trockengiftes ist es das **Melittin**, in geringerem Umfang das **Apamin**, das **Mastzellen-degranulierende Peptid** (MCD-Peptid; beide Peptide haben einen Anteil von jeweils unter 3% am Gesamtgift). Weiteren Peptiden wie dem Secapin, Procamin und Tertiapin und einem Protease-Inhibitor konnte bisher keine biologische Funktion zugeordnet werden [8].

Melittin ist ein schwefelfreies Peptid aus 26 Aminosäuren. Bemerkenswert ist die Verteilung der Aminosäuren in der Peptidkette: **unpolare** (hydrophobe und neutrale) **Aminosäuren** im N-terminalen Teil, **polare** (hydrophile und basische) im C-terminalen Teil. Dies verleiht dem Molekül **amphiphile Eigenschaften** (es ist sowohl lipo- wie hydrophil), wie dies für oberflächenaktive Tenside charakteristisch ist. Melittin ist somit, neben dem Lysolecithin (Hydrolyseprodukt der Phospholipase A_2), ein weiteres **natürliches Detergens**, was seine hohe Membranaktivität bzw. Oberflächenaktivität erklärt.

Melittin ist für die **Schmerzwirkung** des Bienengiftes verantwortlich. Es dringt leicht in Zellmembranen ein und bildet hier Tetramere, die regelrecht **Poren** formen, durch die Ionen diffundieren können. Melittin wirkt somit als **Ionophor** (auch als Quasi-Ionophor klassifiziert; dies sind Stoffe, die den Transport von Ionen durch Membranen durchführen oder, wie im Fall des Melittins, durch Porenbildung ermöglichen). **Schmerzrezeptoren** (Nozirezeptoren) in der Haut sind Nervenfasern in der Myelinscheide, die auf vielfältige Reize reagieren. Melittin-Tetramere bewirken hier durch Po-

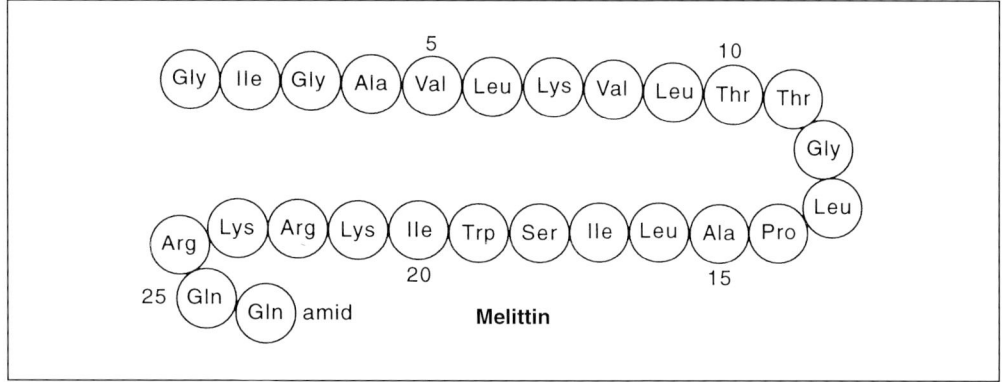

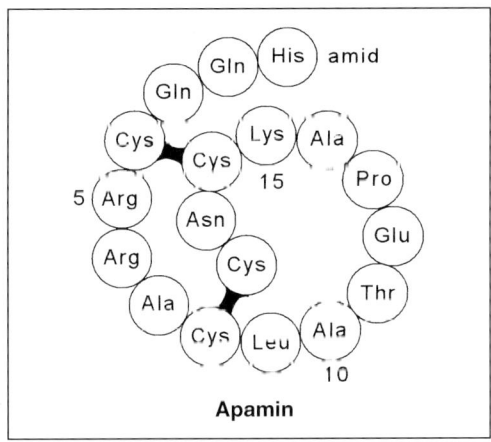

Apamin

renbildung einen Zusammenbruch des Ruhepotentials, und damit eine rasche Depolarisierung der Nervenfaser, was Schmerzempfindung auslöst [10]. Andere Peptide, die nur in relativ geringer Konzentration im Bienengift vorliegen, sind bei Vergiftungen wahrscheinlich ohne Bedeutung. So ist **Apamin**, ein basisches Peptid aus einer Kette von 18 Aminosäuren (durch zwei Disulfidbrücken in eine äußerst stabile Form gebracht), ein spezifischer **Blocker** von **Calcium-abhängigen Kalium-Kanälen** [11, 12]. Das **Mastzellen-degranulierende Peptid (MCD-Peptid)**, ein basisches Peptid, 22 Aminosäuren, zwei Disulfidbrücken, setzt mit hoher Aktivität **Histamin** aus Mastzellen frei. Es hat sich darüber hinaus als ein spezifischer Blocker von **Kalium-Kanälen**, in diesem Fall des potentialabhängigen Kalium-Kanals erwiesen [13, 14, 15, 16]. Beide Peptide sind wichtige Hilfsmittel des Neurophysiologen.

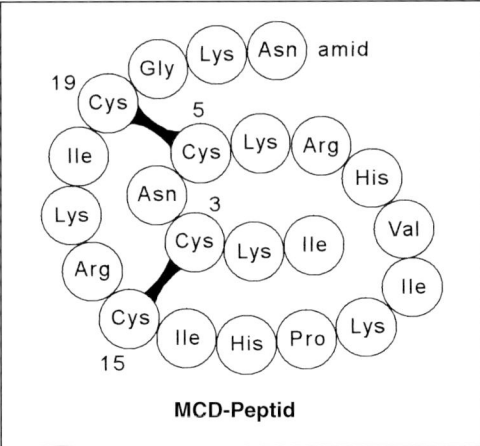

MCD-Peptid

Zu erwähnen ist noch, daß die Aufklärung der **Melittin-Biosynthese** wichtige Einblicke in die Biosynthese von Peptiden ganz allgemein ermöglicht hat. Melittin wird als **Präpromelittin**, ein Peptid aus 70 Aminosäuren, in der Zelle synthetisiert und mit Hilfe eines Signalpeptids (Prä-Peptid) durch die Zellmembran geschleust. Als Promelittin (49 Aminosäuren, noch inaktiv, nicht zytolytisch wird es von der Giftdrüse sezerniert und erst nach Abspaltung des Propeptids und eines C-terminalen Glycins durch eine Peptidase in seine aktive Form gebracht (die allerdings rasch zum inaktiven Tetramer aggregiert [17]).

Wespen und Hummeln. Diese Gifte zeichnen sich vor allem durch ihren hohen Gehalt an Peptiden aus, die, wie das MCD-Peptid im Bienengift, **Histamin** aus Mastzellen freisetzen. Diese als **Mastoparan** (Wespen und Hornissen), **Crabrolin** (Hornisse, *Vespa crabro*) und **Bombolitin** (Hummeln) bezeichneten Peptide bestehen aus 13 bis 17 Aminosäuren (keine Disulfidbrücken). Auch diese Moleküle besitzen (ähnlich wie das Melittin) **amphiphile Eigenschaften**.
Bewirken schon diese Peptide durch ihre rasche Histamin-Freisetzung einen starken Schmerz, so tragen **Kinine** hierzu auch noch bei. Als **Wespenkinine** bezeichnet, sind es Peptide, die in ihrer Struktur dem Bradykinin (einem aus Plasmaprotein, dem Kininogen, freigesetzten Peptid) ähnlich sind und an ihrem N- oder C-Terminus um einige Aminosäuren verlängert sind. Sie bewirken einen sofort einsetzenden Schmerz, eine Erweiterung und erhöhte Permeabilität der Gefäße (Ödembildung, wie im übrigen auch Histamin, das gleichfalls im Wespengift vorkommt).
Auch einige **Enzyme** sind im Wespengift enthalten, wie Phospholipasen und Hyaluronidase, die besonders für die allergene Wirkung der Gifte verantwortlich sind [18, 19].

Vergiftung. Eigentlich sind Bienen- und Wespengifte, sieht man einmal von den allergischen/anaphylaktischen Reaktionen ab, für den Menschen nicht sonderlich toxisch. Meist bleibt es bei den bekannten Symptomen eines Bienen- oder Wespenstiches: sofort auftretender starker **Schmerz**, der einige Stunden anhalten kann und von Juckreiz abgelöst wird, die Haut ist gerötet, schwillt an, mitunter zeigt sich eine punktförmige Unterblutung. Das **Ödem** kann je nach Lokalisation auch größere Ausmaße annehmen (Augenlieder, Nase). Nicht ungefährlich sind Stiche im Mund-, Schlund- und im Kehlkopfbereich, wenn das Insekt versehentlich verschluckt wurde. Ein massives Anschwellen der Schleimhäute (Larynx-Ödem) kann Erstickungsgefahr heraufbeschwören.
Hornissenstiche sind keineswegs so gravierend wie vielfach angenommen. Zwar sind sie schmerzhafter als Wespenstiche, erreichen jedoch selten die Wirkung des Bienenstiches.
Viele Stiche multiplizieren zwar auch den Schmerz, jedoch bedarf es schon einer größeren Zahl, um **Allgemeinsymptome** auszulösen. Selbst 50 bis 100 Stiche werden durchaus verkraftet. Kinder stellen allerdings auch hier Risikopatienten dar. Einige hundert Stiche können jedoch als Folge der zytotoxischen Wirkung Gewebsschäden, Rhabdomyolyse und Hämolyse bewirken, die zu **Komplikationen** wie akutem Nierenversagen führen. Die massiven **Ödeme** haben eine Flüssigkeitsverschiebung mit der Gefahr eines hypovolämischen Schocks zur Folge. **Todesfälle**, die erst nach Tagen auftreten, sind zwar **extrem selten** [4, 20], jedoch in den letzten Jahren vor allem in Südamerika nach Attacken von sog. **Killerbienen** beschrieben worden [1]. Von fünf Patienten mit 200 bis über 1 000 Stichen starben drei nach 22 bis 71 Stunden. Man schätzt, daß in Südamerika in den 28 Jahren nach der Einführung der Bienen mehr als 1000 Menschen ihren Stichen erlegen sind [2].

Bienen- und Wespengift-Allergie: Allergische Sofortreaktionen bis hin zum anaphylaktischen Schock mit rapide abfallendem Blutdruck, der ohne rasche ärztliche Hilfe meist tödlich endet, sind die **häufigsten Komplikationen** eines Bienen- oder Wespenstiches. Reaktionen mit verzögertem Wirkungseintritt sind selten. 0,15 bis 4% der Bevölkerung sollen nach Schätzungen in den USA allergisch auf Insektenstiche reagieren. Pro Jahr sterben dort etwa 40 Menschen nach Insektenstichen (wobei die Chance, an den Folgen eines Blitzschlages zu sterben, zweieinhalbmal größer ist [21]). Genaue Zahlen gibt es für Europa nicht. Unabhängig von Alter und Geschlecht betrifft es Personen, die allgemein allergisch reagieren, jedoch auch Personen, die bisher unauffällig reagierten, plötzlich jedoch eine gesteigerte Reaktionsbereitschaft entwickeln. Trotzdem sind Todesfälle selten; in Dänemark rechnet man mit einem, in Deutschland mit etwa 10 Todesfällen pro Jahr [22, 23].

Vermittelt werden diese **allergischen Sofortreaktionen** durch **Antikörper** der **IgE-Klasse**. Diese werden bei entsprechend disponierten Personen schon nach einmaligem Kontakt mit Bienengift (besonders die Phospholipase A_2, aber auch die Hyaluronidase und Melittin sind in hohem Maße allergen) gebildet (**Sensibilisierung**). Die Antikörper lagern bevorzugt an Mastzellen und basophilen Granulozyten. Bei erneutem Antigen-(Allergen-)Kontakt werden IgE-Moleküle durch Allergene vernetzt. Dies führt zu Membranveränderungen und als Folge davon zur Abspaltung von Arachidonsäure aus Membranlipiden, zur Synthese von Entzündungsmediatoren (Leukotriene und Prostaglandine), aber auch zur Freisetzung von Histamin. Diese Stoffe bewirken letztlich die verschiedenen **Allergie-Symptome** wie Hautausschlag, Ödem, asthmatische Beschwerden, Kreislaufzusammenbruch etc. Charakteristisch ist der kurze Zeitraum zwischen dem Stich und dem Auftreten der ersten Symptome: wenige Minuten bis höchstens eine Stunde [4]. Im fortgeschrittenen Stadium treten die Symptome auch an anderen Körperstellen auf (Ödem im Gesicht, Zuschwellen der Augen mit Tränenfluß), es folgen oft Schluckbeschwerden, Schwierigkeiten beim Sprechen, Atemnot. Brennen im Rachenraum und auf der Zunge, Brennen und starker Juckreiz an Handinnenflächen und Fußsohlen, Hitzewallungen sowie Schwächegefühl sind Vorstufen eines sich plötzlich entwickelnden **anaphylaktischen Schocks**.

Als schwere **Lokalreaktion** ist eine Schwellung an der Stichstelle mit einem Durchmesser von mehr als 10 cm und einer Dauer von länger als 24 Stunden anzusehen.

Erste Hilfe. Die meisten Bienen- und Wespenstiche (auch die von Hornissen) sind trivialer Natur und bedürfen keiner besonderen Behandlung. Die Schmerzen lassen sich durch kalte Umschläge (Eisbeutel) lindern. Maßnahmen, wie Ammoniak oder angerührtes Backpulver (Ammoniumbikarbonat) aufzugießen, Zwiebelscheiben aufzulegen oder andere Hausmittel aufzutragen, sind nur psychologisch wirksam. Unsinnig sind sog. Giftextraktoren (Einmalspritze mit Sauganzatz), mit denen Gift aus dem Stichkanal gezogen werden soll. Antihistaminika, lokal angewandt, mildern den Schmerz.

Bei Stichen im Hals und Mundbereich ist wegen der Erstickungsgefahr sofort ärztliche Hilfe aufzusuchen.

Der nach einem Bienenstich noch in der Haut steckende **Stachel** ist **vorsichtig** zu **entfernen**, ohne die Giftblase auszudrücken. Am besten führt man dies mit einer spitzen Pinzette durch, mit der man den Stachel ergreift. Ansonsten kann man den Stachel mit dem Daumennagel herausheben.

Bei **allergisch** reagierenden Personen werden die folgenden Maßnahmen empfohlen. Voraussetzung ist jedoch, daß die für den Notfall empfohlenen Medikamente mitgeführt werden. Das in diesem Zusammenhang noch häufig angeratene Anlegen einer Staubinde wird nicht empfohlen.

Therapie.
Toxische Reaktionen (Vergiftung). Sie treten bei nicht allergisch reagierenden Patienten meist erst nach vielen Stichen (mehr als 50 bei Kindern, ab 100 beim Erwachsenen) auf. Hier besteht die Gefahr von Komplikationen, wie Hämolyse, Nierenversagen etc. Der Patient muß überwacht werden. Die Therapiemaßnahmen müssen sich an den auftretenden Symptomen orientieren, wie Flüssigkeitssubstitution bei ausgedehnten Ödemen, Bluttransfusion und Plasmapherese bei intravasaler Hämolyse und Gerinnungsstörungen, Dialyse bei Nierenversagen.

Noch in der Haut steckende Stacheln (nach Bienenstichen, selten nach Wespenstichen) müssen umgehend und sorgfältig mit spitzer Pinzette **entfernt** werden, ohne die Giftblase zu entleeren (keine flache Pinzette benutzen). Die Stichwunden können infiziert sein, was durch Kratzen begünstigt wird. Ein Breitspektrum-Antibiotikum ist daher durchaus angezeigt.

Bei ausgedehnten Lokalreaktionen, wie dem Ödem eines Armes oder Beines, das über mehrere Tage anhalten kann, sind Ruhigstellung und Hochlagern der betroffenen Extremität sowie kalte Umschläge angezeigt. Besondere Aufmerksamkeit ist Stichen in der Mundhöhle, am Hals und Nacken zu widmen, da durch die auftretende Schwellung die Atemwege blockiert werden können. Gegebenenfalls ist zu intubieren.

Allergische Reaktionen. Sie sind durch ihr rasches Auftreten binnen weniger Minuten nach einem einzelnen Stich gekennzeichnet. Bei einer schweren **anaphylaktischen Allgemeinreaktion** besteht akute Lebensgefahr.

Wichtigste Medikamente zur Behandlung der allergischen Reaktion sind Adrenalin, Antihistaminika und Kortikosteroide. Bei schweren Schockzuständen ist die rasche Injektion von **Adrenalin** sinnvoll (0,5 ml Suprarenin® 1:1000 in 20 ml Kochsalzlösung, langsam i.v. zu injizieren; bei Kindern Dosis reduzieren). Sodann sind **Antihistaminika** (i.v.) und **Kortikosteroide** (Prednisolon, 250 bis 1000 mg i.v.) zu verabreichen.

- Inhalieren eines Dosier-Aerosols (Adrenalin-Medihaler, Epinephrinhydrogentartrat, 10 bis 15 Hübe, je nach Bedarf).

- Antihistaminikum (z.B. Fenistil®-Lösung) und Kortikosteroide (Prednison, 100 mg) sofort einnehmen (in dieser Reihenfolge).

- Nur bei Herz-Kreislaufreaktionen (Schock): Selbstinjektion von Adrenalin (0,5 ml Suprarenin® 1:1000) i.m. mit kommerziell erhältlichem Spritzenset.

Bei besonders gefährdeten Personen kann u.U. eine **Hyposensibilisierungsbehandlung,** die eine spezifische Immuntherapie darstellt, angezeigt sein. Dies trifft für Personen zu, die bereits bei einem Stich mit einer generalisierten Anaphylaxie reagieren. Die Behandlung ist jedoch nicht frei von Nebenwirkungen allergischer Art, auch nicht in jedem Fall erfolgreich, so daß die Indikation eng zu stellen ist (auch Todesfälle sind vorgekommen). Sie ist bei Kindern zu empfehlen, bei Erwachsenen wegen der höheren Komplikationsrate nur unter Vorsicht angezeigt. Neben einer sicheren Anamnese mit schwerer allergischer Reaktion müssen zwei Tests durchgeführt werden:

- **Hauttest,** bei dem Verdünnungsreihen von Bienen- und Wespengift intrakutan injiziert werden,

- **Radio-Allergo-Sorbens-Test (RAST),** in welchem die im Blut zirkulierenden IgE-Antikörper nachgewiesen werden. Ist der Hauttest mit einem gewissen Risiko für den Patienten verbunden (allergische, bzw. anaphylaktische Reaktion) und daher nur unter klinischen Bedingungen durchzuführen, so ist der RAST-Test, da im Patientenserum durchgeführt, unproblematisch.

Prinzip des RAST-Verfahrens: An einem Träger (Dextran, Filterpapierscheibchen) gebundenes Allergen (Bienen-/Wespengift) wird mit dem Serum des Patienten inkubiert, wobei IgE-Antikörper (aber auch andere, z.B. IgG-Antikörper) gebunden werden. Nach Auswaschen unspezifischer Antikörper werden radioaktiv markierte Anti-IgE Antikörper zugefügt, die nur an die Allergen-fixierten IgE-Antikörper binden. Nach erneutem Waschvorgang wird die gebundene Radioaktivität gemessen. Das Ergebnis wird in Einheiten ausgedrückt.

Weniger als 0,3 Einheiten (Normalwert bei Nicht-Allergikern) werden als RAST-negativ, Werte über 0,7 bis 3,4 Einheiten als positiv beurteilt [4]. Der RAST-Test gibt während der Hyposensibilisierungsbehandlung Aufschluß über den Erfolg der Therapie, wobei das Absinken der IgE-Werte einen Hinweis auf eine erfolgreiche Behandlung darstellt. Allerdings reagiert nur ein kleiner Teil der RAST-positiven Personen bei Exposition (Insektenstich) mit allergischen Reaktionen. Daher ist ein positiver RAST-Test für sich allein keine Indikation zur Hyposensibilisierung.

Hohe Titer von Bienengift-spezifischen **IgG-Antikörpern** finden sich häufig im Serum von **Imkern,** die eine Immunisierung durch häufige Bienenstiche erfahren. Andererseits können Imker durch Bienenstiche auch sensibilisiert werden, was zur Aufgabe der Tätigkeit führt. IgG-Antikörper finden sich auch in steigender Konzentration im Serum von Patienten, bei denen eine Hyposensibilisierungsbehandlung durchgeführt wird.

Fallbeschreibungen

Tödliche Vergiftung nach massenhaften Wespenstichen

Ein vierjähriger Junge wurde von einem Wespenschwarm überfallen, nachdem sein Zwillingsbruder in ein Wespennest getreten war. Der Hausarzt, zu dem das Kind gebracht wurde, injizierte 75 mg Solu-Decortin® und überwies den Patienten in eine Klinik. Bei der Aufnahme wirkte er schläfrig, war jedoch ansprechbar. Die Haut des Gesichtes, die Arme und Beine waren übersät mit z.T. hämorrhagischen Stichmarken (etwa 200 bis 250), die Reflexe waren normal, auch lagen die Laborwerte im Normbereich, der Patient schied jedoch blutigen Urin aus. Nach Anlegen eines Dauer-Tropfes wurden 50 mg Solu-Decortin® und 10 mg Furosemid (i.v.) verabreicht. Nachts trat ein deutlicher Meningismus auf, der Babinski-Reflex war beidseitig positiv. Das Kind war jetzt somnolent, aber noch ansprechbar und reagierte auf Schmerzreize.

Innerhalb der ersten 12 Stunden wurden insgesamt 465 ml blutigen Urins ausgeschieden. Außerdem trat zusätzlich eine Magenblutung auf, wobei sich aus der Magenablaufsonde ständig Hämatin entleerte. Der Allgemeinzustand verschlechterte sich zusehends. Auffallend war ein zunehmender Ikterus.

Trotz weiterer Gaben von Solu-Decortin® (insgesamt mehr als 200 mg) und Furosemid konnte der progrediente Verlauf nicht aufgehalten werden. Weitere Maßnahmen: Ampicillin, Promethacin und lokale Behandlung mit dem Antihistaminikum Soventol®, 5 ml Calciumglukonat (10%ig). Neben dem fortschreitenden Ikterus stellte sich eine zunehmende Oligurie ein, der Stuhl war blutig. Der Kreislauf war stabil.

26 Stunden nach dem Vorfall wurde der Patient in eine Kinderklinik verlegt. Bei der Aufnahme war das Kind bewußtlos, schrie bisweilen schrill auf. Die Haut des Gesichts und des Kopfes war prall geschwollen und mit lividen Stichmarken übersät. Die Laborwerte bestätigten auch im weiteren Verlauf den schweren Leber- und Nierenfunktionsschaden (Gesamtbilirubin über 23 mg/dl, Harnstoff 128 mg/dl, extrem hohe Leberenzym-

Werte), die Gerinnungswerte waren jedoch weitgehend normal.

Bald nach der Behandlungsübernahme fiel der Blutdruck stark ab, der Puls war nicht mehr tastbar. Durch Infusionen von Humanalbumin (25%), Plasmaexpander und Sorbit konnte der Kreislauf stabilisiert werden. Nach zusätzlicher Digitalisierung und neuerlicher Verabreichung von Furosemid kam die zuvor aufgehobene Diurese wieder in Gang, wenn auch nur in geringem Umfang (in den folgenden 12 Stunden 100 ml blutiger Urin). Ca. 40 Stunden nach dem Vorfall trat ein Atem- und Herzstillstand ein. Nach Orciprenalin/Adrenalin-Injektion, Intubation und Reanimation blieb das Kind tief bewußtlos. Die Pupillen waren mittelweit und lichtstarr; Blut-pH von 6,85 wurde durch Natriumkarbonat innerhalb von 7 Stunden auf pH 7,32 korrigiert. Eine eingeleitete Peritonealdialyse förderte blutiges bis bernsteinfarbiges Dialysat. Unter der Dialyse wurden wegen extremen Blutdruckabfalls (systolisch 20 mm Hg) erneut Plasmaexpander und Humanalbumin infundiert. Wegen Absinken des Hämoglobinwertes auf 6,6 g% wurde Erythrozytenkonzentrat transfundiert. Eine weitere Peritonealdialyse wurde 60 Stunden nach dem Vorfall durchgeführt, nach 74 Stunden zeigte das EEG keine Hirnströme mehr, die Körpertemperatur war auf 33,6 °C abgesunken, sie konnte durch äußere Wärmezufuhr nur gering angehoben werden. Der Tod trat $5^1/_2$ Tage nach dem Vorfall durch Herzstillstand ein [20]. In diesem Fall wurde das Krankheitsbild durch das nach $1^1/_2$ Tagen progredient verlaufende Leber- und Nierenversagen (ikterohämorrhagische Symptomatik mit Niereninsuffizienz) bestimmt, keinesfalls durch eine anaphylaktische Reaktion.

Anaphylaxie durch Wespenstich

1. Fall

Ein 56jähriger Mann wurde beim Kirschenpflücken von einer Wespe in die rechte Hand gestochen. Dies konnte er seiner Lebensgefährtin noch mitteilen, ehe er Atemnot bekam, im Gesicht blau anlief, zu zittern begann, und sich auf den Boden legte. Der Notarzt, der eine halbe Stunde später kam, konnte nur noch den Tod feststellen.

Der Betroffene war bereits 13 Jahre vor diesem Vorfall von einer Wespe gestochen worden, worauf er kollabierte und notärztlich behandelt werden mußte. Eine allergologische Abklärung der Reaktion war nicht erfolgt. Die Bestimmung der Antikörper (Gesamt-IgE, RAST, und spezifische IgE und IgG gegen Wespen- und Bienengift) im Blut des Toten ergaben keine auffälligen Befunde [24].

2. Fall

Eine 59jährige Frau wurde in der Kajüte eines Bootes von einer Wespe in den rechten Oberarm gestochen. Nach ca. zwei Minuten klagte sie über Sehstörungen und Luftnot. Nach weiteren zwei Minuten trat eine zyanotische Verfärbung im Gesicht auf, und sie wurde bewußtlos. Der herbeigerufene Notarzt stellte 30 Minuten später nach erfolgloser Reanimation den Tod fest. Die Befragung des Hausarztes ergab, daß bei der Frau eine allergische Diathese, diverse Nahrungsmittelallergien (u.a. auf Milchprodukte), asthmoide Anfälle, ein Altersdiabetes, eine Hypertonie sowie eine euthyreote diffuse Struma bestand, eine Insektenstichallergie war nicht bekannt. Die Befragung des Verlobten erbrachte den Hinweis auf einen bereits erfolgten Wespenstich im Spätsommer des Vorjahres, seit diesem Zeitpunkt habe sie panische Angst vor Wespen gehabt. Die Bestimmung der spezifischen IgE (RAST) gegen Wespen im Blut der Toten verlief positiv, für Bienen und Hornissen negativ [24].

Diese Fälle demonstrieren den schnellen Verlauf einer anaphylaktischen Reaktion bereits nach einem einzigen Stich, wobei beide Personen Sensibilisierung gegen Wespengift in der Anamnese aufwiesen. Ein negativer RAST-Test, dies zeigt der erste Fall, schließt keine Anaphylaxie aus.

Literatur

[1] Taylor, O.R., Health problems associated with African bees. Annals Int. Med. **104**, 267 (1986).

[2] Franca, F.O.S., Benvenuti, L.A., Fan, H.W., Dos Santos, D.R., Hain, S.H., Picchi-Martins, F.R., Cardoso, J.L.C., Kamiguti, A.S., Theakston, R.D.G., Warrell, D.A., Severe and fatal mass attacks by „killer" bees (Africanized honey bees, *Apis mellifera scutellata*) in Brazil: clinicopathological studies with measurement of serum venom concentrations. Q. J. Med. **87**, 269 (1994).

[3] Meier, J., Stammesgeschichtliche Entwicklung und Funktionsweise des Stechapparates bei Hautflüglern (Hymenoptera). Tätigkeitsber. Naturf. Ges. Baselland **33**, 179 (1985).

[4] Müller, U.R., Insektenstichallergie. Klinik, Diagnostik und Therapie. G. Fischer Verl., Stuttgart (1988).

[5] Habermann, E., Chemistry, pharmacology and toxicology of bee, wasp and hornet venoms. In: Venomous animals and their venoms (W. Bücherl, E. Buckley, eds.) Bd. 3, S. 61, Academic Press, New York (1971).

[6] Habermann, E., Bee and wasp venoms. Science **177**, 314 (1972).

[7] O'Connor, R., Peck, M.L., Venoms of Apidae. In: Arthropod venoms (S. Bettini, ed.), S. 613, Handb. exp. Pharmak., Bd. 48, Springer Verl. Berlin (1978).

[8] Banks, B.E.C., Shipolini, R.A., Chemistry and Pharmacology of honey-bee venom. In: Venoms of Hymenoptera. Biochemical, pharmacological and behavioural aspects. (T. Piek, ed.), S 330, Academic Press, London (1986).

[9] Hider, R.C., Honeybee venom: a rich source of pharmacological active peptides. Endeavour **12**, 60 (1988).

[10] Prince, R.C., Gunson, D.E., Scarpa, A., Sting like a bee! The ionophoric properties of melittin. Trends Biochem. Sci. **10**, 99 (1985).

[11] Hugues, M., Romey, G., Duval, D., Vincent, J.P., Lazdunski, M;, Apamin as a selective blocker of calcium-dependent potassium channel in neuroblastoma cells: Voltage-clamps and biochemical characterization of the toxin receptor. Proc. Nat. Acad. Sci. USA **79**, 1308 (1982).

[12] Lazdunski, M., Barnhanin, J, Fosset, M., Frelin, C., Hugues, M., Lombet, A., Meiri, H., Mourre, C., Pauron, D., Renaud, J.F., Romey, G., Schmid, A., Schmid-Antomarchi, H., Schweitz, H., Vigne, P., Vijverberg,

H.P.M., Polypeptide toxins as tools to study Na⁺ channels and Ca^{2+} activated K⁺ channels. In: Neurotoxins and their pharmacological implications. (P. Jenner, ed.) S. 65, Raven Press, New York (1986).

[13] Rehm, H., Bidard, J.N., Schweitz, H., Lazdunski, M., The receptor site for bee venom mast cell degranulating peptide. Affinity labeling and evidence for a common molecular target for mast cell degranulating peptide and dendrotoxin I, a snake toxin active on K⁺ channels. Biochemistry **27**, 1827 (1988).

[14] Dreyer, F., Peptide toxins and potassium channels. Rev. Physiol. Biochem. Pharmacol. **115**, 93 (1990).

[15] Strong, P., Potassium channel toxins. Pharmac. Ther. **46**, 137 (1990).

[16] Ziai, M.R., Russek, S., Wang, H.C., Beer, B., Blume, A.J., Mast cell degranulating peptide – a multi-functional neurotoxin. J. Pharm. Pharmacol. **42**, 137 (1990).

[17] Kreil, G., Biosynthese eines Bienengift-Peptids. Naturw. Rdschau **32**, 358 (1979).

[18] Edery, H., Ishay, J., Gitter, S., Joshua, H., Venoms of Vespidae. In: Arthropod venoms (s. Bettini, ed.) S. 691 Handb. exp. Pharmak., Bd. 48, Springer Verl. Berlin (1978).

[19] Nakajima, T., Pharmacological biochemistry of vespid venoms. In: Venoms of Hymenoptera. Biochemical, pharmacological and behavioural aspects (T. Piek, ed.) S. 309, Academic Press, London (1986).

[20] Gödecke, R., Helwig, H., Otto, M., Schindera, F., Weineck, B., Tödliche Vergiftungskrankheit eines Kindes nach massenhaften Wespenstichen. Med. Klin. **72**, 1487 (1977).

[21] Schmidt, J.O., Allergy to Hymenoptera venoms. In: Venoms of the Hymenoptera. Biochemical, pharmacological and behavioural aspects (T. Piek, ed.), S. 509, Academic Press London (1986).

[22] Mosbech, H., Death caused by wasp and bee stings in Denmark 1960–1980. Allergy **38**, 195 (1983).

[23] Przybilla, B., Ring, J., Diagnostik und Therapie der Allergie vom Sofort-Typ gegenüber Bienen- und Wespengift. Allergologie **8**, 1. Sonderh., S. 31 (1985).

[24] Trübner, K., Mohsenian, F., Müller, U., Kichn, M., Püschel, K., Drei Todesfälle nach Wespenstichen. Rechtsmed. **1**, 153 (1991).

Ameisen (Ordnung: Hymenoptera, Familie: Formicidae) – ants

Abb. 3.43: Rote Waldameise, *Formica rufa*.

Merkmale: Kopf, Brust und Hinterleib sind nur durch dünnen Stiel miteinander verbunden, wobei das 1. Segment (oft auch das 2.) des Hinterleibs verschmälert ist (Petiolus). 1–2 mm bis über 2 cm Körperlänge (tropische Arten), gelb, braun, rötlich (rote Waldameise, *Formica rufa*) oder schwarz gefärbt.

Verbreitung: Weltweit.

Lebensraum/Lebensweise: Ameisen legen z.T. ausgedehnte Nester an, unterirdisch, in Holz, Bäumen etc., staatenbildend; die Arbeiterinnen sind oft polymorph als Sammlerin, Wächterin, Brutpflegerin etc.; Allesfresser, auch räuberisch, tag- und nachtaktiv [1].

Auch die Ameisen (ca. 8000 Arten) zählen zu den Hautflüglern, doch sind nur die Männchen geflügelt; die Königin wirft die Flügel nach dem Hochzeitsflug ab. Vergiftungen durch Ameisen spielen in Europa keine Rolle. Dies verhält sich in den Tropen, aber auch in Nordamerika, etwas anders (z.B. durch die eingeschleppte Feuerameise).

Vergiftungsumstände. Auf Ameisen trifft man praktisch überall. Sie sind allgegenwärtig. Vor allem in tropischen Ländern (Abb. 3.44), wo Ameisen auch auf Büschen und Bäumen leben, dort ihre Nester bauen (z.B. Weberameisen, Abb. 3.45), kann es zu unangenehmen Begegnungen kommen.

Vorsichtsmaßnahmen. Beachten, wohin man sich im Freien setzt. Besonders in den Tropen auf freihängende Ameisennester achten; zu Wanderwegen (Ameisenstraßen) Abstand halten.

Giftapparat. Bei vielen Ameisen ist der **Stachel**, der ähnlich wie der von Bienen und Wespen gebaut ist, rückgebildet, jedoch ist die **Giftdrüse** noch erhalten. Das Gift wird in diesem Fall versprüht. Der Giftdrüse, die in eine Giftblase mündet, ist die **Dufour-Drüse** eng benachbart. Die Produkte beider Drüsen werden unabhängig voneinander, aber auch zusammen mit dem Stachel appliziert oder auch versprüht. Das Gift wird zur Verteidigung, aber auch zum Beuteerwerb eingesetzt. Hingegen enthalten die Sekrete der Dufour-Drüse Pheromone, es sind Kommunikationsträger. Pheromone werden aber auch in der Giftdrüse (und anderen exokrinen Drüsen) gebildet [1, 2, 3, 4, 5].

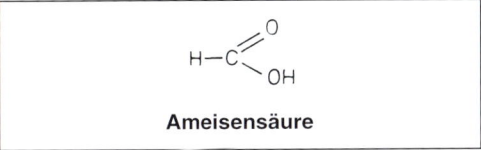

Ameisensäure

Gift. Im Ameisengift ist ein breites Spektrum von Naturstoffen enthalten: **kleinmolekulare organische Stoffe** wie **Ameisensäure**, **Alkaloide**, Pheromone unterschiedlicher Struktur, **Peptide** und **großmolekulare Proteine**.

Ameisensäure wird von allen Vertretern der Unterfamilie Formicinae gebildet und mangels eines Stachels in Richtung des Angreifers gespitzt, so auch von der roten Waldameise (*Formica rufa*, Abb. 3.43). Oft enthalten Ameisen 20% ihres Körpergewichts als Ameisensäure (Konzentration bis zu 70%) in der Giftblase.

Feuerameisen der Gattung *Solenopsis* synthetisieren **Piperidin-Alkaloide** (Solenopsin) in den Giftdrüsen. Im Gift der Knotenameisen (Myrmicinae) sind neben **Histamin** auch **Kinine**, **Enzyme** (Hyaluronidase, Phospholipase A$_2$) und **Proteine** enthalten, die Erythrozyten lysieren (**Hämolysine**) und Histamin aus Mastzellen freisetzen.

Die Reiz- und Schmerzwirkung steht bei den meisten Ameisengiften im Vordergrund, vor allem, wenn es darum geht, Wirbeltiere (auch den Menschen) abzuwehren. Dies wird dadurch noch verstärkt, daß Ameisensäure in die Bißwunden, die viele Ameisen in der Haut hinterlassen, gespritzt wird.

Einige Inhaltsstoffe wirken auch in hohem Maße als **Allergene** [2, 3, 4, 5].

Vergiftung. Vergiftungen durch Ameisen kommen in Europa praktisch nicht vor. Kontakte mit den im übrigen kleinen Knoten- und Stachelameisen (Myrmicinae; der Petolius ist vom Hinterleib ab-gesetzt und bildet zwischen Thorax und Abdomen eine knotenartige Verdickung (*Myrmica laevinodis*, *M. ruginodis*, *Messor structor* etc.) wie auch die Stechameisen (*Ponera*- und *Hypoponera*-Arten)) können bei empfindlicher Haut (Kinder) schmerzhafte Stiche setzen, doch hält sich dies meist in erträglichen Grenzen. Unangenehmer kann es schon werden, wenn die hochkonzentrierte Ameisensäure etwa der roten Waldameise in die Augen oder auf die Schleimhaute gelangt, was einen brennenden **Schmerz** zur Folge hat.

Stiche der in Nordamerika heimischen Ernteameisen (*Pogonomyrmex*-Arten), der dort eingeschleppten Feuerameise (*Solenopsis* sp.), der großen südamerikanischen *Paraponera*-Arten und der australischen Bulldogameise, *Myrmecia pyriformis*, sind hingegen **äußerst schmerzhaft** und übertreffen an Intensität und Dauer die Wirkung eines Wespenstichs bei weitem. Nicht umsonst tragen die in den Regenwäldern Südamerikas anzutreffenden *Paraponera*-Arten Namen wie „la pica" oder „veinticuatro horas hormiga" (24-Stunden-Ameise, weil der Schmerz ihres Stiches 24 Stunden anhält) [3, 4, 5].

Allergische Reaktionen, lokale Schwellung und Hautrötung bis zu tödlich verlaufenem anaphylaktischen Schock wurden nach dem Stich der Feuerameisen, *Solenopsis richteri* und *S. invicta*, beobachtet. Auslöser hierfür sind jedoch nicht die im Gift mit 95% Anteil vorkommenden Piperidin-Alkaloide, sondern der mit 5% relativ geringe Protein-Anteil [6, 7].

Erste Hilfe. Keine besonderen Maßnahmen; Ameisensäure in Augen und auf Schleimhäuten mit Wasser auswaschen.

Therapie. Eine Behandlung von Ameisenstichen ist in Europa in der Regel überflüssig. Stiche außereuropäischer Arten behandeln: wie Bienen- und Wespenstiche kühlen, evtl. Antihistaminika.

Abb. 3.44: Südamerikanische Ameise, *Paraponera* sp. (Venezuela).

Abb. 3.45: Weberameisen, *Oecophylla* spp., bauen in Büschen und Bäumen Nester aus zusammengefalteten Blättern; stößt man daran, so greifen die Ameisen in großen Massen an (Madang, Papua Neuguinea).

H_3C—[Piperidin]—$CH_2(CH_2)_n$·CH_3

$n = 9, 11, 13$

Solenopsin

Literatur

[1] Hölldobler, B., Wilson, E.O., The ants. Springer Verl. Berlin (1990).

[2] Blum, M.S., Hermann, H.R., Venoms and venom apparatuses of the Formicidae: Myrmeciinae, Ponerinae, Dorylinae, Pseudomyrmecinae, Myrmicinae, and Formicinae. In: Arthropod venoms (S. Bettini, ed.), S. 801, Handb. exp. Pharmak., Bd. 48, Springer Verl. Berlin (1978).

[3] Blum, M.S., Hermann, H.R., Venoms and venom apparatuses of the Formicidae: Dolichoderinae and Aneuretinae. In: Arthropod venoms (S. Bettini, ed.) S. 871, Handb. exp. Pharmak., Bd. 48, Springer Verl. Berlin (1978).

[4] Schmidt, J.O., Chemistry, pharmacology and chemical ecology of ant venoms. In: Venoms of the Hymenoptera. Biochemical, pharmacological and behavioural aspects (T. Piek, ed.) S. 425, Academic Press, London (1986).

[5] Blum, M.S., Ant venoms: chemical and pharmacological properties. J. Toxicol.-Toxin Rev. **11,** 15 (1992).

[6] Stablein, J.J., Lockley, R.F., Adverse reactions to ant stings. Clin. Rev. Allergy **5,** 161 (1987).

[7] DeSazo, R.D., Butcher, B.T., Banks, W.A., Reactions to the stings of the imported fire ant. N. Engl. J. Med. **323,** 402 (1990).

„Spanische Fliege", Blasenkäfer, Pflasterkäfer, Ölkäfer, Maiwürmer

(Ordnung: Coleoptera, Käfer; Familie: Meloidae, Oedemeridae, Staphylinidae) – blister beetle, spanish fly, whiplash rove beetle

B

C

Abb. 3.46: Spanische Fliege, *Lytta vesicatoria*, mit dem zugehörigen Apothekenglas aus der Apotheke in Treffurt (Thüringen; Hessisches Landesmuseum Darmstadt) (A). *Mylabris cichorii*, ebenfalls aus einer Apotheke (B). Männchen des Schenkelbockes *(Oedemera flavipes)* (C).

Merkmale: Mittelgroße, z.T. stattliche (3–4 cm) Käfer, einige Arten (*Meloe*, Ölkäfer, mit dickem Abdomen) sind flugunfähig mit verkürzten Flügeldecken, die meisten (wie *Lytta vesicatoria*, „Spanische Fliege") können jedoch fliegen; Oedemeriden sind bockkäferähnlich, haben weiche Flügeldecken; Staphyliniden mit stark verkürzten Flügeldecken (Kurzflügler).
Verbreitung: Weltweit.

Lebensraum/Lebensweise: Ölkäfer sind vereinzelt in und auf Blüten zu finden, bei Massenauftreten kann die „Spanische Fliege" durch Blattfraß schädlich werden; sie fliegt wie auch viele Staphyliniden gerne ans Licht.

Die „Spanische Fliege", ein meist getrockneter Käfer der Familie Meloidae (z.B. *Lytta vesicatoria*, aber auch *Mylabris cichorii, M. phalerata*) ist seit dem Mittelalter Bestandteil der europäischen Volksmedizin und der Apotheke: als Aphrodisiakum und in blasenziehenden Pflastern (Cantharidenpflaster) als Vesikans. Der Inhaltsstoff, das Monoterpen Cantharidin, ist jedoch in hohem Maße giftig, so daß seine Verwendung in Arzneimitteln seit geraumer Zeit verboten ist. Sein Ruf als Aphrodisiakum und als die Manneskraft stärkend hat jedoch bewirkt, daß es nach wie vor in traditionellen Arzneimittel-Zubereitungen (z.B. in der chinesischen Medizin seit über 2000 Jahren) enthalten ist, vielfach zwar in geringer, schadloser Dosierung, mitunter aber auch in höheren Konzentrationen. Dies hat zu schweren, auch tödlichen Vergiftungen geführt.

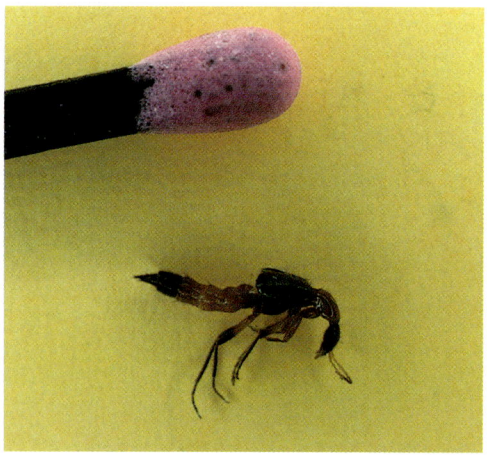

Abb. 3.47: Das Körpersekret der Kenya Fly (*Paederus* sp.), eines winzigen Käfers aus der Familie der Staphyliniden, bewirkt schlecht heilende Hautwunden (Ruanda, Ostafrika).

Vergiftungsumstände. Die häufigsten, lokalen Vergiftungserscheinungen entstehen durch Hautkontakt mit den Käfern. Ihr Sekret ruft schlechtheilende, nässende Wunden hervor. Ist dies in Europa ein eher seltenes Ereignis, kann es in tropischen Ländern fast schon epidemische Ausmaße annehmen. In den Abendstunden durch Licht angelockt, treten Käfer aus der Familie der Kurzflügler (Staphylinidae) oft in Massen auf. So mußte in den Northern Territories Australiens eine ganze Gemeinde von Ureinwohnern vorübergehend aus ihrem Dorf evakuiert werden. Wegen des Massenauftretens eines Blasenkäfers *(Paederus australis)* traten in großem Umfang schmerzhafte Hautverletzungen auf [1]. Vier Patienten mußten wegen großflächiger Hautverletzungen hospitalisiert werden. Auch die „Kenya fly", ebenfalls eine Staphylinide, verursacht nässende Wunden auf der Haut, wenn man sie dort zerdrückt [2, 3, 4]. In den Vereinigten Staaten kommt es zu Vergiftungen bei Weidetieren, vor allem bei Pferden, wenn ihnen Luzerne-Heu verfüttert wird, in dem sich Blasenkäfer befinden [5].
Daß Cantharidin auch in anderen Tieren über die Nahrungskette angereichert werden kann, zeigt ein Fall aus dem Jahre 1861 [6]. Ein französischer Militärarzt berichtete über eine seltsame Erkrankung, die er in einem Feldlazarett in Nordafrika beobachtet hatte. Dort waren zahlreiche Legionäre eingeliefert worden, die über Priapismus, eine langanhaltende und schmerzhafte Erektion, klagten. Auf der Suche nach der Ursache dieses Phänomens kam dem Arzt die Vermutung, die Patienten hätten wohl Käfer gegessen, die Cantharidin enthielten. Die Patienten verneinten dies, gaben aber an, Froschschenkel gegessen zu haben. Die Frösche entstammten einem nahen Sumpf, wo sich große Mengen der Käfer (als „Spanische Fliege" bezeichnet) angesammelt hatten, die sich sodann auch im Mageninhalt der Frösche wiederfanden. Die Froschschenkel waren also die Ursache für die Cantharidin-Vergiftung.
Eine solche Anreicherung von Cantharidin über die Nahrungskette wurde in Fütterungsversuchen an Fröschen bestätigt. Anschließend findet sich Cantharidin im gesamten Körper der Amphibien [6].

Vorsichtsmaßnahmen. In Gebieten, wo die Käfer mitunter in Massen auftreten und auf die Haut fliegen, vor dem Zuschlagen zuerst hinschauen. Die oft nur wenigen Millimeter großen Staphyliniden vorsichtig von der Haut abstreifen.

Giftapparat. Die Käfer verfügen über keinen Giftapparat. Bei Gefahr geben Blasenkäfer (Meloidae, Oedemeridae) durch sog. Reflexbluten aus den Beingelenken Hämolymphe ab, in der Cantharidin in z.T. hoher Konzentration enthalten ist. Die Männchen der Ölkäfer speichern in Anhangsdrüsen des Geschlechtsapparates Cantharidin. Bei der Kopulation werden davon größere Mengen an das Weibchen weitergegeben [7]. Staphyliniden spritzen aus Analdrüsen ihr Sekret dem Angreifer entgegen.

Gift. Käfer der Familien Meloidae und Oedemeridae enthalten in ihrem Körper mehrere Milligramm des Monoterpens Cantharidin; *Epicauta*-Arten bis zu 11 mg. Cantharidin ist für Wirbeltiere in hohem Maße toxisch, 10–60 mg sollen für den Menschen, per os aufgenommen, tödlich sein. Die Toxizität des Cantharidins beruht auf seiner Hemmung der Proteinphosphatasen vom Typ 1 und 2A, was zur Unterbrechung wichtiger Regulationsvorgänge in der Zelle (Kon-

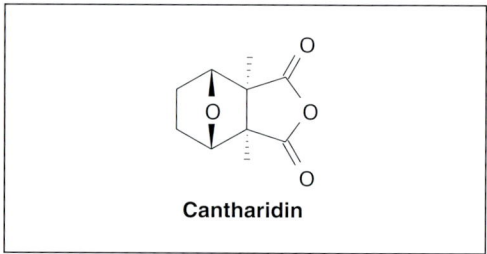

trolle von Proteinkinase, Regulation von Membrankanälen und -rezeptoren etc.) führt [8, 9], ähnlich wie dies auch die Okadasäure (s. Kapitel: Muschelvergiftungen) bewirkt. Auf die unverletzte Haut gebracht, bewirkt Cantharidin eine leichte Rötung, woraus sich eine mit Flüssigkeit gefüllte Blase entwickelt.
Pederin und sein Derivat Pederon sind komplexe sekundäre Amide, die nur in geringer Konzentration (jedoch ausreichend, um eine Blase zu bewirken) in Staphyliniden vorkommen (ca. 1 µg pro Käfer).

Vergiftung. Hautkontakt mit den Käfern, bzw. mit ihren Sekreten, Cantharidin oder Pederin, die vor allem durch Zerquetschen der Tiere frei werden, führt zu starken Ausschlägen und Blasen, die sich erst nach Stunden entwickeln. Oft wird eine Verbindung zu den betreffenden Käfern nicht einmal vermutet. Die stark nässenden Hautverletzungen können über mehrere Tage bestehen und zeigen meist eine schlechte Heilungstendenz [10]. Die Käfersekrete können unbeabsichtigt ins Auge gerieben werden, was zu einer starken Schwellung der Lider und zu Konjunktivitis führt.
Vergiftungen nach oraler Aufnahme von Cantharidin-Zubereitungen (als Aphrodisiakum, „spanish fly") verursachen schon in geringen Dosen nach anfänglichem Brennen in Mund und Speiseröhre sowie Übelkeit mit blutigem Erbrechen heftige Schmerzen in der Nierengegend, in Harnröhre und Blase, gefolgt von blutigem Urin, Anurie und Nierenversagen [11, 12]. Todesfälle sind bekannt geworden, vor allem bei Anwendung derartiger Zubereitungen als Abtreibungsmittel [13].

Erste Hilfe. Bei Hautkontakt mit den Käfern sofort mit Wasser abwaschen.

Therapie. Ein Antidot zum Cantharidin gibt es nicht. Bei der Behandlung von Hautblasen ist darauf zu achten, daß keine Sekundärinfektionen entstehen. Kortisonpräparate und Antihistaminika haben keinen Einfluß auf die Blasenbildung [4]. Ist Sekret ins Auge gelangt, gut mit Wasser spülen. Bei einer Vergiftung nach oraler Aufnahme von Cantharidin-Präparaten ist eine reichliche Flüssigkeitszufuhr zur Ausschwemmung des Toxins angezeigt, im übrigen ist eine symptomatische Behandlung angebracht (u.U. Hämodialyse etc.).

Literatur

[1] Todd, R.E., Guthridge, S.L., Montgomery, B.L., Evacuation of an Aboriginal community in response to an outbreak of blistering dermatitis induced by a beetle (Paederus australis). Med. J. Australia **164**, 238 (1996).

[2] Fischer, E., Hinkel, H., Natur Ruandas. Ministerium des Inneren, Mainz (1992).

[3] McCrae, A.W.R., Visser, S.A., Paederus (Coleoptera: Staphylinidae) in Uganda. I. Outbreaks, clinical effects, extraction and bioassay of the vesicating toxin. Ann. trop. Med. Parasit. **69**, 109 (1975).

[4] Deneys, J.B., Zumpt, F., Rove beetle dermatitis in southwest Africa. S.A. Med. J. **37**, 1284 (1963).

[5] Edwards, W.C., Edwards, R.M., Ogden, L., Whaley, M., Cantharidin content of two species of Oklahoma blister beetles associated with toxicosis in horses. Vet. & Hum. Toxicol. **31**, 442 (1989).

[6] Eisner, T., Conner, J., Carrel, J.E., McCormick, J.P., Slagle, A.J., Gans, C., O'Reilly, J.C., Systemic retention of ingested cantharidin by frogs. Chemoecology **1**, 57 (1990).

[7] Dettner, K., Inter- and intraspecific transfer of toxic insect compound cantharidin. In: Ecological Studies, Bd. 130, Vertical Food Web Interactions (K. Dettner, ed.), S. 115, Springer Verl., Berlin (1997).

[8] Li, Y.M., Casida, J.E., Cantharidin-binding protein, identification as protein phosphatase 2A. Proc. Natl. Acad. Sci., USA **89**, 11867 (1992).

[9] Honkanen, R.E., Cantharidin, another natural toxin that inhibits the activity of serine/threonine phosphatases types 1 and 2A. FEBS Letters **330**, 283 (1993).

[10] Nicholls, D.S., Christmas, T.I., Greig, D.E., Oedemerid blister beetle dermatosis: a review. J. Amer. Acad. Dermat. **22**, 815 (1990).

[11] Mallari, R.Q., Saif, M., Sapru, A., Ingestion of a blister beetle (Meloidae family). Pediatrics **98**, 458 (1996).

[12] Karras, D.J., Forell, S.E., Harrigan, R.A., Henretig, F.M., Gealt, L., Poisoning from „Spanish fly" (cantharidin). Amer. J. Emerg. Med. **14**, 478 (1996).

[13] Cheng, K.C., Lee, H.M., Shum, S.F., Yip, C.P., A fatality due to the use of cantharides from Mylabris phalerata as an abortifacient. Med. Sci. Lwa **30**, 336 (1990).

Wirbeltiere

Lurche, Amphibien (Klasse: Amphibia)

Neben den Schlangen sind die Amphibien die wichtigste Gruppe der giftproduzierenden Wirbeltiere. Trotzdem sind sie für Vergiftungen beim Menschen praktisch ohne Bedeutung.

Gemeinsames Merkmal aller Amphibien ist ihre nackte (nicht von Schuppen bedeckte), meist feuchte **Haut,** die ein zusätzliches Atmungsorgan darstellt und gleichzeitig auch zur Regulation des Wasserhaushaltes dient. Diese Haut muß besonders in einem Biotop (feuchte modrige Substrate, Sumpf etc.), der vor Mikroorganismen strotzt, wirkungsvoll vor Infektionen geschützt werden. So bilden zahlreiche Hautdrüsen einen Schleimfilm, der den ganzen Körper überzieht und antibiotisch wirkt. In der Tat verhindert das Sekret noch in hoher Verdünnung das Wachstum von Mikroorganismen. Beraubt man Amphibien ihres Hautschutzes, indem man sie „entgiftet", so verpilzen sie meist binnen weniger Tage [1].

Andererseits sind Amphibien oft genug Opfer vieler räuberischer Wirbeltiere. Um das eigene Überleben, aber auch das der Art, zu sichern, sind Stoffe im Hautsekret besonders wichtig, die bitter, abstoßend schmecken oder Vergiftungssymptome hervorrufen. Hat ein Angreifer die Erfahrung gemacht, daß er sich beim Verzehr eines Frosches oder einer Kröte vergiftet, so helfen ihm oft Warnfarben, die diese Amphibien tragen (Feuersalamander, Pfeilgiftfrösche), sich diese leichter zu merken.

Die Klasse der Amphibien wird in drei Ordnungen unterteilt:

- die **Anuren** (Salientia, Froschlurche)
- die **Urodelen** (Urodela, Schwanzlurche)
- die **Gymnophionen** (Apoda, Blindwühlen).

Letztere sind meist unterirdisch lebende, wurmförmige Amphibien ohne Extremitäten. Über ihre Hautsekrete ist nichts bekannt.

Kröten und Frösche (Ordnung: Anura) – toads, frogs

Abb. 3.48: Erdkröte, *Bufo bufo* (Deutschland).

Merkmale: Größte Gruppe der Amphibien. Frösche: mit kräftigen Sprungbeinen (Hinterbeine), Haut glatt, meist feuchtglänzend, äußerst variabel in Gestalt und Färbung, Zeichnung und Größe; Kröten: gedrungener Körper, Sprungvermögen zurückgebildet, Haut warzig, meist trocken.

Verbreitung: In allen Erdteilen, besonders artenreich in den Tropen.

Lebensraum/Lebensweise: Bevorzugen überwiegend feuchte Biotope, sind jedoch auch zu vielen Anpassungen fähig, z.T. vollständig aquatil (im Wasser lebend), landlebend, auch auf Bäumen (Laubfrösche), in trockenen Regionen die meiste Zeit in der Erde vergraben. Eierlegend, Eier meist in Klumpen oder Schnüren im Wasser, Entwicklung über verschiedene Larvenstadien und Metamorphose (Umwandlung) zu Frosch oder Kröte; Brutfürsorge ist nicht selten, z.B. Geburtshelferkröte *(Alytes obstetricans),* die die Eier auf dem Rücken trägt.

Molche und Salamander (Ordnung: Urodela) – newts, salamanders

Abb. 3.49 (oben): Feuersalamander, *Salamandra salamandra*.

Abb. 3.50 (unten): Alpensalamander, *Salamandra atra*.

Merkmale: Langgestreckte Körperform mit Schwanz, z.T. mit äußerst auffälliger Zeichnung (Feuersalamander, *Salamandra salamandra*), aber auch unauffällig, einfarbig, der Umgebung angepaßt.

Verbreitung: Vorwiegend in den kühleren Regionen der Nordhalbkugel verbreitet.

Lebensraum/Lebensweise: Viele Molche sind fast immer aquatil und verlassen das Wasser selten; eierlegend. Salamander sind hingegen überwiegend landlebend, legen ihre Eier im Wasser ab, einige Arten sind auch lebendgebärend (ovovivipar, Alpensalamander, *Salamandra atra*).

Vergiftungsumstände. Vergiftungen durch Amphibien sind äußerst selten. Mit europäischen Arten kann man sich praktisch nicht vergiften (wenn man die Tiere bzw. deren Sekret nicht ißt). Kröten (Abb. 3.48) sondern meist keine größeren Mengen des weißlichen, klebrigen Hautsekrets ab, wenn man sie nicht gerade quetscht oder verletzt. Das gilt auch für den Feuersalamander.

Färberfrösche oder Baumsteigerfrösche (Dendrobatidae), die z.T. äußerst toxische Hautsekrete produzieren, stellen zumindest theoretisch ein Risiko dar, wenn man sie anfaßt. Die Erfahrung zeigt jedoch, daß sie nur unter Streß und bei Verletzung größere Mengen Hautsekret absondern. Die in menschlicher Obhut gezüchteten Färberfrösche haben allerdings schon in der zweiten Generation ihre Fähigkeit verloren, Gift zu produzieren, sind also völlig ungefährlich. Die im Tierhandel angebotenen Tiere entstammen inzwischen in der Regel Nachzuchten, so daß von ihnen keine Gefahr ausgeht.

Vorsichtsmaßnahmen. Nach dem Hantieren mit Amphibien empfiehlt es sich, die Hände zu waschen, um zu vermeiden, daß man sich Hautschleim in die Augen reibt. Es besteht wirklich kein Anlaß, Färberfrösche nur mit Handschuhen anzufassen, vor allem nicht Nachzuchttiere.

Giftapparat. Über die gesamte **Haut** verteilt sorgen bei Amphibien **Drüsen** für einen Sekretfilm, der eine gleichmäßige Befeuchtung sicherstellt, vor Austrocknung schützt und die Besiedlung durch Mikroorganismen verhindern soll. Darüber hinaus dienen hochwirksame **Toxine**

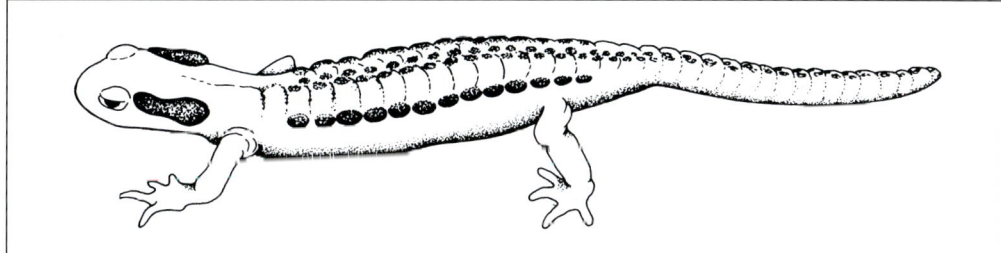

Abb. 3.51: Bei Salamandern sind die Hautdrüsen in dicken Paketen am Kopf (Parotoiddrüsen) und knopfförmig über den Rücken verteilt.

A

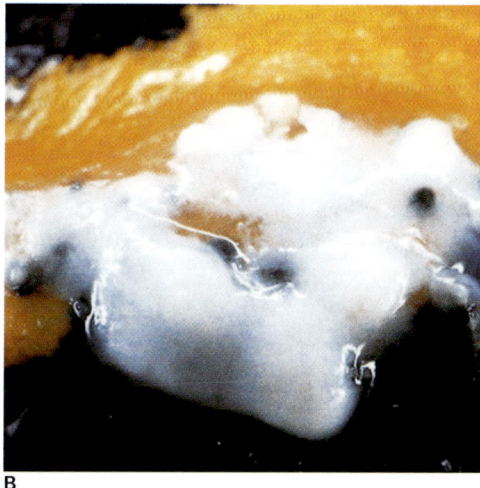

B

Abb. 3.52: Parotoiddrüse des Feuersalamanders (A), mit austretendem Giftsekret (B).

einem effektiven Schutz vor Freßfeinden. Diese kommen dann zur Wirkung, wenn der Angreifer mit dem Sekret Schleimhautkontakt hat. Mitunter wird er schon durch den bitteren Geschmack abgeschreckt.

Bei Kröten und Salamandern sind die Hautdrüsen besonders auf dem Rücken konzentriert, als wulstige **Parotoiddrüsen** hinter dem Ohr oder knopfförmig über den Rücken verteilt (Abb. 3.51). Druck auf diese Drüsenpakete läßt das weißliche, klebrige Sekret austreten [2] (Abb. 3.52). Salamander können ihr Gift sogar verspritzen [3].

Gift. Die Hautsekrete der Amphibien enthalten vielerlei Wirkstoffe: biogene **Amine, Steroide, Alkaloide** und **Peptide**.

Ebenso vielfältig ist ihre Wirkungsweise, wobei einige, wie das **Batrachotoxin**, zu den stärksten **Neurotoxinen** überhaupt zählen [4, 5, 6].

Das Gift der **Kröten** (Familie: Bufonidae) ist durch **biogene Amine** wie das Adrenalin und Noradrenalin, durch **Indolalkylamine** wie das Bufotenin (das O-Methylbufotenin ist ein äußerst wirksames Halluzinogen) und Bufotenidin (es bewirkt Vasokonstriktion und damit eine Steigerung des Blutdrucks) sowie durch **Steroide** charakterisiert. Letztere, wie das Bufotoxin, sind in ihrer Struktur und Wirkung den pflanzlichen **Herzglykosiden** wie Digitalis ähnlich.

Unken, wie die Gelb- und Rotbauchunke (*Bombina variegata* und *B. bombina*), scheiden ein schaumiges Sekret aus, in welchem neben **Serotonin** und γ-**Aminobuttersäure** einige **Peptide** enthalten sind. Wie in vielen Froschsekreten, so sind auch in denen des Gras- (*Rana temporaria*, Abb. 3.53) und Wasserfrosches (*Rana esculenta*) vasoaktive **Peptide** enthalten [6].

Die europäischen Salamander (Abb. 3.49 und Abb. 3.50, *Salamandra salamandra*, *S. atra*) enthalten in ihrem Hautsekret verschiedene **Steroid-Alkaloide** wie das Samandarin und Samandaridin. Es sind zentralwirkende, krampfauslösende Stoffe [1, 4].

Der kalifornische **Molch** *Taricha torosa*, aber auch einige Arten der **Stummelfuß-**

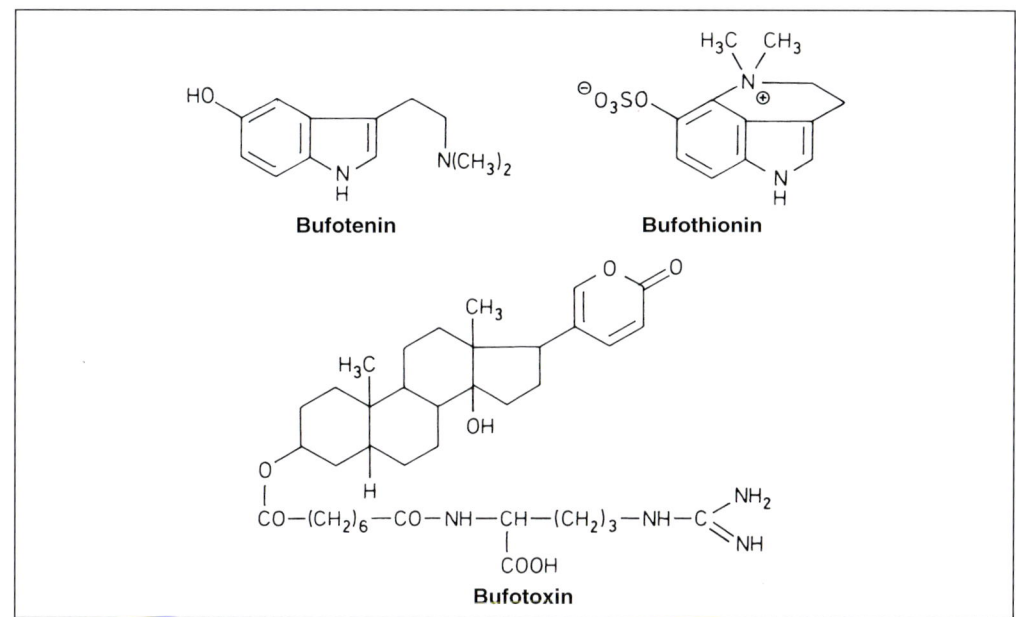

Abb. 3.53: Grasfrosch, *Rana temporaria* (Deutschland).

Abb. 3.54: Stummelfußkröte, *Atelopus carbonerensis* (Venezuela).

kröten (*Atelopus* spp., Abb. 3.54) enthalten in ihrem Körper hohe Konzentrationen an **Tetrodotoxin** (beim Molch auch die Eier [7, 8, 10, 11]). Ursprünglich als Tarichatoxin bezeichnet, erwies es sich mit dem von den Kugelfischen her bekannten Tetrodotoxin identisch (s. Kapitel Fischvergiftungen: Tetrodotoxische Fische). Das Chiriquitoxin aus der Stummelfußkröte *Atelopus chiriquiensis* ist ein Tetrodotoxin-Derivat [12]. Doch auch in einem Färberfrosch (*Colostethus inguinalis*) wurde Tetrodotoxin gefunden [13]. Wie in Meerestieren scheint Tetrodotoxin auch in den Molchen von Bakterien gebildet zu werden. So verliefen Versuche zur Neusynthese mittels radioaktiv markierter Metabolite negativ [14]. Auch die Tatsache, daß in menschlicher Obhut gezüchtete Molche nicht mehr „tetrodotoxisch" sind, spricht für eine „erworbene" Fähigkeit zur Toxinbildung (wahrscheinlich nach bakterieller Infektion). Dies trifft auch für die Kröte *Atelopus varius* zu [15]. Auch in anderen Molchen wurde Tetrodotoxin nachgewiesen, so, wenn auch in sehr geringer Konzentration, in europäischen Molchen (*Triturus*-Arten [16]). Auch der im Osten der USA vorkommende rotgefleckte Molch *Notophthalmus viridescens* scheint Tetrodotoxin oder ein nahe verwandtes Toxin in seinem Körper zu speichern und wird daher von Amphibien-fressenden Schlangen gemieden [27].

Tropische Frösche der Familie Dendrobatidae (Baumsteigerfrösche; wegen ihrer außerordentlich bunten und kontrastreichen Färbung auch als **Färberfrösche** bezeichnet, Abb. 3.55, 3.56) sind schon lange als giftig bekannt. Die Indianer Kolumbiens und Panamas verwenden ihr **Hautsekret** als **Pfeilgift**: Die Frösche werden auf Holzstäbchen aufgespießt und über dem Feuer leicht erwärmt, wobei Pfeilspitzen mit dem austretenden Sekret bestrichen werden. Neben Curare zählen diese Froschtoxine zu den wirksamsten Pfeilgiften [17]. Es sind **Alkaloide** von z.T. komplexer Struktur [5, 18, 19, 20]. Unter ihnen ist das **Batrachotoxin**, ein Steroid-Alkaloid, der giftigste Wirkstoff (LD_{50} 0,002 mg/kg Maus, s.c. Injektion). Es ist in den meisten *Phyllobates*-Arten zwar nur in Konzentrationen von 0,2 bis 0,24 µg enthalten, *Phyllobates terribilis* jedoch weist davon bis zu 500 µg pro Tier auf (daher der Name: *terribilis*, der Schreckliche).

Batrachotoxin hat eine sehr spezifische Wirkung auf den **Natrium-Kanal** erregbarer Membranen: Es verhindert, daß er sich nach einer Depolarisation wieder schließt [9]. Dies hat eine Dauererregung, eine Lähmung, auch Herzstillstand zur Folge. **Pumiliotoxine** sind hingegen Alkaloide vom Hydrochinolin-Typ und entstammen dem kleinen (nur 2 cm Körperlänge) *Dendrobates pumilio*. **Histrionicotoxin**, ein Spiropiperidin-Alkaloid aus *Dendrobates histrionicus*, ist zwar kaum toxisch, zeigt jedoch eine hohe Affinität zum **Ionen-Kanal** des **Acetylcholinrezeptors** der Nervenendplatte. Epibatidin ist ein Alkaloid aus der Haut von *Epipedobates tricolor* und ist zentralanalgetisch ca. 260mal wirksamer als Morphin.

Dies sind nur einige der bei Färberfröschen bisher nachgewiesenen Alkaloide,

Therapie. Über die Erste Hilfe-Maßnahmen (Spülen und Auswaschen mit Wasser) hinaus ist in der Regel keine weitere Behandlung notwendig. Vergiftungen nach oraler Einnahme von Krötengift-Präparaten (s. Fallbeschreibung) sind wie eine Digitalis-Vergiftung zu behandeln. Nach Gabe von Kohle und Magenspülung (was sich meist durch vorangegangenes Erbrechen erübrigt), Giftelimination u.U. durch Hämoperfusion, kann eine Entgiftung durch Injektion hoher Dosen von Antikörper-Fragmenten (Fab; Digitalis Antidot BM, Boehringer Mannheim) versucht werden.

Abb. 3.55: Färberfrösche, *Dendrobates histrionicus* (Peru).

die in einer großen Strukturvielfalt auftreten [18, 19, 20]. Zweifellos dienen sie den sehr auffällig gefärbten Fröschen zur Verteidigung, d.h. zur Abschreckung von Freßfeinden. Die Hautsekrete hinterlassen auf der Zunge des Menschen einen bitteren, ekligen Nachgeschmack.

Wie bereits erwähnt, enthalten nur der Natur entnommene Färberfrösche diese Alkaloid-Toxine in ihrem Hautsekret. Nachzuchttiere sind völlig frei davon. Fügt man ihrem Futter jedoch Alkaloide zu, so speichern sie diese anschließend in ihrer Haut [21]. Dies trifft jedoch nicht nur für Frösche der Familie Dendrobatidae zu, auch die madagassischen **Buntfröschchen** (*Mantella* sp.), die als Wildfänge in ihrer Haut Pumiliotoxine enthalten, scheinen die Toxine möglicherweise als Vorstufen über das Futter aufzunehmen [22]. Die Vielfalt an Hauttoxinen hängt möglicherweise vom Lebensraum und den Insekten ab, die als Futter dienen und die, wie z.B. Ameisen, als Produzenten von Vorstufen dieser Toxine in Frage kommen [21].

Vergiftungsumstände. Vergiftungen kommen beim Menschen nur selten vor. Kontakte von Hautsekreten mit Schleimhäuten (Augen, Mund) führen zu starker Reizung und Schwellung. Ansonsten müßten die Sekrete schon per os aufgenommen werden, um eine systemische Wirkung entfalten zu können.

Abb. 3.56: *Dendrobates leucomelas* (Venezuela).

In Kreisen von Drogenabhängigen sollen vereinzelt getrocknete Häute von Kröten extrahiert und als Sud getrunken worden sein, wobei man die halluzinogene Wirkung des O-Methylbufotenins zu nutzen versuchte. Vergiftungen sollen vorgekommen sein [26]. In den USA starben vier junge Männer, die ein **Aphrodisiakum** („Love Stone") gegessen hatten, das normalerweise nur äußerlich anzuwenden ist, und das Krötengift zur Grundlage hatte, unter den Symptomen einer Digitalis-Vergiftung (Herzrhythmusstörungen, Herzstillstand). Zwei Patienten konnten durch Behandlung mit Digoxin-Fab-Fragmenten gerettet werden [23]. Einige Präparate aus der chinesischen Apotheke (Chan Su, Yixin Wan), die u.a. auch bei Herzbeschwerden eingesetzt werden, können ebenfalls zu schweren

Vergiftungen führen. Auslösend ist ihr z.T. hoher Anteil an Bufotoxin [24].

Erste Hilfe. Wenn Hautsekrete mit Schleimhäuten in Berührung kamen, gut mit Wasser spülen.

Fallbeschreibungen

Vergiftung durch Molche

Im Rahmen einer Wette verzehrte ein 26jähriger Mann in Oregon (USA) fünf Gelbbauchmolche, *Taricha granulosa*, wobei auch reichlich Alkohol konsumiert wurde. 30 Minuten später klagte er über Schwindel und über ein prickelndes Gefühl in Armen und Beinen. Nach einer weiteren Stunde mußte er erbrechen, doch erst sechs Stunden später wurde ein Arzt gerufen. Der Patient war bei vollem Bewußtsein, konnte jedoch kaum mehr laufen. Er erhielt eine Injektion (intramuskulär) von 75 mg Hydroxyzin, ein Beruhigungsmittel, und eine Infusion von 5%iger Glucose-Lösung. Der Patient erholte sich in den nächsten 24 Stunden, empfand jedoch noch leichten Schwindel beim Drehen des Kopfes [25]. Die Konzentration an Tetrodotoxin in den Molchen war offenbar zu niedrig, um weitergehende Lähmungserscheinungen hervorzurufen.

Vergiftung durch Krötengift
1. Fall

Ein 26jähriger Mann aß ein Aphrodisiakum („Rock Hard", getrocknetes Krötengift), das er in New Yorks Chinatown gekauft hatte. Schon innerhalb der nächsten Stunde mußte er sich mehrfach übergeben, was auch die Nacht über anhielt. Am nächsten Morgen begab er sich in ein Krankenhaus, wo er über Erbrechen, Durchfall und Bauchschmerzen klagte. Er war blaß, hatte einen niedrigen Blutdruck und einen schnellen Puls. Der Patient krampfte plötzlich, sein Puls wurde zusehends langsamer und zwei Stunden nach der Aufnahme im Krankenhaus starb er an plötzlich auftretendem Herzflimmern. Die Bestimmung von Digoxin (als Äquivalent der Krötenglykoside) in seinem Blutserum ergab 1,6 ng/ml.

2. Fall

Ein 17jähriger Mann verschluckte ein Aphrodisiakum („Schwarzer Würfel", ebenfalls Krötengift), das eigentlich nur zur äußeren Anwendung vorgesehen war. Kurz danach begann er zu erbrechen, was auch die Nacht über anhielt. Erst am nächsten Abend begab er sich in ärztliche Behandlung, da ihm weiterhin übel war und er kontinuierlich erbrechen mußte. Sein Serum-Digoxin-Wert wurde mit 3,9 ng/ml bestimmt. Da 36 Stunden nach der Einnahme des Giftes – 12 Stunden nach der ersten Untersuchung – das Erbrechen noch anhielt und der Puls verlangsamt war (48/Min.), wurden ihm zehn Ampullen Digitalis-Antitoxin (Digibind; Fab-Fragmente, wie sie sonst als Antidot akuter Vergiftungen durch Digitalis-Pflanzen oder durch Digitoxin/Digoxin-Präparate eingesetzt werden) intravenös injiziert. Schon eine Stunde später verspürte der Patient keinen Brechreiz mehr, die Pulsrate stiegt auf 70 Schläge/Min. und blieb bei 60/Min. Der Patient erholte sich zusehends. Seine Digoxin-Serumwerte betrugen 3,1 ng/ml sechs Stunden nach der Antitoxin-Behandlung und sanken weitere 24 Stunden später auf 0,9 ng/ml [23]. Dies bestätigt die Kreuzreaktion von Digitoxin-Antikörpern mit Krötengift-Glykosiden.

Literatur

[1] Habermehl, G., Gift-Tiere und ihre Waffen. Springer Verl., Berlin (1983).
[2] Luther, W., Distribution, biology and classification of salamanders. In: Venomous animals and their venoms (W. Bücherl, E.E. Buckley, eds.), Bd. 2, S. 557, Academic Press, New York (1971).
[3] Brodie, E.D., Smatresk, N.J., The antipredator arsenal of fire salamanders: spraying of secretions from highly pressurized dorsal skin glands. Herpetologica **46**, 1 (1990).
[4] Habermehl, G., Toxicology, pharmacology, chemistry, and biochemistry of salamander venom. In: Venomous animals and their venoms (W. Bücherl, E.E. Buckley, eds.), Bd. 2, S. 569, Academic Press, New York (1971).
[5] Daly, J.W., Spande, T.F., Amphibian alkaloids: Chemistry, pharmakology and biology. In: Alkaloids: Chemical and biological perspectives (S.W. Pelletier, ed.), Bd. 4, S. 1, Wiley & Sons, New York (1986).
[6] Bevins, C.L., Zasloff, M., Peptides from frog skin. Annu. Rev. Biochem. **59**, 395 (1990).
[7] Kao, C.Y., Levinson, S.R. (eds.), Tetrodotoxin, saxitoxin and the molecular biology of the sodium channel. Ann. N.Y. Acad. Sci. 479 (1986).
[8] Fuhrman, F.A., Tetrodotoxin, tarichatoxin and chiriquitoxin: historical perspectives. Ann. N.Y. Acad. Sci. **479**, 1 (1986).
[9] Khodorov, B.I., Batrachotoxin as a tool to study voltage-sensitive sodium channels of excitable membranes. Progr. Biophys. Molec. Biol. **45**, 57 (1985).
[10] Mebs, D., Gifte im Riff. Toxikologie und Biochemie eines Lebensraumes. Wiss. Verlagsges. Stuttgart (1989).
[11] Mebs, D., Yotsu-Yamashita, M., Yasumoto, T., Lötters, S., Schlüter, A., Further report of the occurrence of tetrodotoxin in *Atelopus* species (family: Bufonidae). Toxicon **33**, 246 (1995).
[12] Kim, Y.H., Brown, G.B., Mosher, H.S., Fuhrmann, F.A., Tetrodotoxin: occurrence in atelopid frogs of Costa Rica. Science **189**, 151 (1975).
[13] Daly, J.W., Gusovsky, F., Myers, C.W., Yotsu-Yamashita, M., Yasomoto, T., First occurrence of tetrodotoxin in a dendrobatid frog *(Colostethus inguinalis)*, with further reports for the bufonid genus *Atelopus*. Toxicon **32**, 279 (1994).
[14] Shimizu, Y., Kobayashi, M., Apparent lack of tetrodotoxin biosynthesis in captured *Taricha torosa* and *Taricha granulosa*. Chem. Pharm. Bull. **31**, 3625 (1983).
[15] Daly, J.W., Padgett, W.L., Saunders, R.L., Cover, J.F., Absence of tetrodotoxin in captive-raised riparian frog, *Atelopus varius*. Toxicon **35**, 705 (1997).
[16] Yotsu, M., Iorizza, M., Yasumoto, T., Distribution, 6-epitetrodotoxin, and 11-deoxytetrodotoxin in newts. Toxicon **28**, 238 (1990).

[17] Mebs, D., Hauttoxine bei Farbfröschen. Naturw. Rdschau 32, 294 (1979).
[18] Daly, J.W., Myers, C.W., Whittaker, N., Further classification of skin alkaloids from neotropical poison frogs (Dendrobatidae), with general survey of toxic/noxious substances in the Amphibia. Toxicon 25, 1023 (1987).
[19] Daly, J.W., The chemistry of poisons in amphibian skin. Proc. Nat. Acad. Sci. USA 92, 9 (1955).
[20] Daly, J.W., Alkaloids from frog skin: selective probes for ion channels and nicotinic receptors. Braz. J. Med. Biol. Res. 28, 1033 (1995).
[21] Daly, J.W., Secunda, S.I., Garraffo, H.M., Spande, T.F., Wisnieski, A., Cover, J.F., An uptake system for dietary alkaloids in poison frogs (Dendrobatidae). Toxicon 32, 657 (1994).
[22] Daly, J.W., Garaffo, H.M., Hall, G.S.E., Cover, J.F., Absence of skin alkaloids in captive-raised Madagascan mantelline frogs *(Mantella)* and sequestration of dietary alkaloids. Toxicon 35, 1131 (1997).
[23] Brubacher, J.R., Ravikumar, P.R., Bania, T., Heller, M.B., Hoffman, R.S., Treatment of toad venom poisoning with digoxin-specific Fab fragments. Chest 110, 1282 (1996).
[24] Kwan, T., Paiusco, A.D., Kohl, L., Digitalis toxicity caused by toad venom. Chest 102, 949 (1992).
[25] Bradley, S.G., Klika, L.J., A fatal poisoning from the Oregon rough-skinned newt *(Taricha granulosa)*. J. Am. Med. Ass. 246, 247 (1981).
[26] Lyttle, T., Misuse and legend in the „toad licking" phenomenon. Int. J. Addict. 28, 521 (1993).
[27] Levenson, C.H., Woodhull, A.M., The occurrence of a tetrodotoxin-like substance in the red-spotted newt *Notophthalmus viridescens*. Toxicon 17, 184 (1979).

Eidechsen (Klasse: Reptilia; Unterordnung: Lacertilia)

Krustenechse
Heloderma suspectum und *Heloderma horridum* (Familie: Helodermatidae) – Gila monster, Mexican beaded lizard

Abb. 3.57: Krustenechse, *Heloderma suspectum* (Arizona, USA).

Merkmale: Kräftige Echsen von plumper, oft sogar rundlicher Gestalt, der Körper ist mit perlenähnlichen Schuppen bedeckt. Auf schwarzem Grund gelbe bis rosarote, unregelmäßige Flecken oder unterbrochene Bandzeichnung. Die größere Art *(Heloderma horridum)* erreicht eine Körperlänge bis 1 m, *H. suspectum* meist nur bis 50–60 cm.

Verbreitung: Krustenechsen kommen nur im Süden des nordamerikanischen Kontinents vor: *H. suspectum* im Südwesten der USA (Arizona, New Mexico, Nevada, Südkalifornien, Nordmexiko), *H. horridum* in Nordmexiko.

Lebensraum/Lebensweise: Reine Wüstentiere, bodenlebend, in Steinspalten, Kaninchenbauten und in selbstgegrabenen Höhlen; recht selten, meist langsam in ihren Bewegungen, können jedoch auch blitzschnell reagieren und zubeißen. Meist nachtaktiv, im Frühjahr und Winter auch tagsüber unterwegs; eierlegend (ovipar) [1, 2].

Unter den mehr als 2 000 Eidechsen-Arten gibt es (definitiv!) nur zwei giftige Vertreter: die Krustenechsen, die in zwei Arten in der neuen Welt vorkommen (Abb. 3.57). Bisse und daraus folgende Vergiftungen sind äußerst selten, in der Regel provoziert und haben epidemiologisch keine Bedeutung.

Vergiftungsumstände. Fast immer sind **Bisse** durch die eher verborgen lebenden, scheuen Krustenechsen vom Menschen **provoziert,** so beim Fangen der Tiere und beim Hantieren mit ihnen im Terrarium. Die sich meist langsam bewegenden Echsen können ungeahnte Aktivitäten entfalten, wenn man sie stört oder aufscheucht. Sie fauchen und beißen dann unerwartet schnell zu, beißen sich regelrecht fest und lassen die Bißstelle nicht los. Nur gewaltsam lassen sich die Kiefer auseinanderzwängen, etwa durch Dazwischenschieben eines Holzkeiles oder ähnlichem. Krustenechsen, die in menschlicher Obhut regelrecht zahm werden, reagieren oft unerwartet aggressiv, wenn man sie in eine neue Umgebung bringt.

Vorsichtsmaßnahmen. Trifft man auf eine Krustenechse (was selten genug der Fall ist), nicht versuchen, sie zu fangen. Sie greift von selbst nicht an, reagiert aber rasch aggressiv, wenn man sie stört. Bei Tieren in menschlicher Obhut schützt ein dicker Handschuh vor dem Eindringen des Giftes in die Haut.

Giftapparat. Im Gegensatz zu den Schlangen, die ihre **Giftdrüsen** im Oberkiefer tragen, liegen die der Krustenechse entlang beider **Unterkieferäste** (Abb. 3.58). Die Ausführungsgänge dieser Giftdrüsen münden an der Basis der vorderen Zähne. Diese bis 6 mm langen Zähne sind leicht nach hinten gebogen und an der Vorderseite mit einer Rinne versehen. Beim Zubeißen fließt das Gift durch Muskeldruck aus den Drüsen und gelangt durch Kapillarwirkung entlang der Rinne in die Wunde, die durch die Zähne gerissen wird. Verbeißen in die Bißstelle und langes Festhalten kompensiert die etwas unvollkommene Art der Giftapplikation und ermöglicht das Eindringen größerer Giftmengen. Bei jedem Biß wird Gift injiziert (es gibt keine „trockenen", giftfreien Bisse [1, 2]).

Gift. Ähnlich wie bei den Schlangengiften handelt es sich beim Gift der Krustenechsen um ein **Gemisch** biologisch hochwirksamer **Proteine** (s.a. Kapitel: Giftschlangen). Die Gifte beider *Heloderma*-Arten sind in ihrer Zusammensetzung sehr ähnlich. Ihnen fehlen typische Neurotoxine, sie haben keine Wirkung auf die Blutgerinnung [3, 12]. Trotzdem ist die Toxizität des Giftes für Versuchstiere beachtlich: Die LD_{50} (s.c. Injektion) liegt bei 0,8 bis 1,4 mg/kg Maus.

Heloderma-Gift enthält eine äußerst aktive **Hyaluronidase**, ein Enzym, das Hyaluronsäure, die Kittsubstanz der Zellen, depolymerisiert und als „**spreading-factor**" offenbar das Vordringen des Giftes im Gewebe erleichtert [3, 4]. Weiterhin spielt sicher noch ein **Kallikrein** für den Vergiftungsmechanismus eine Rolle: Dieses Enzym setzt aus einem Plasmaprotein

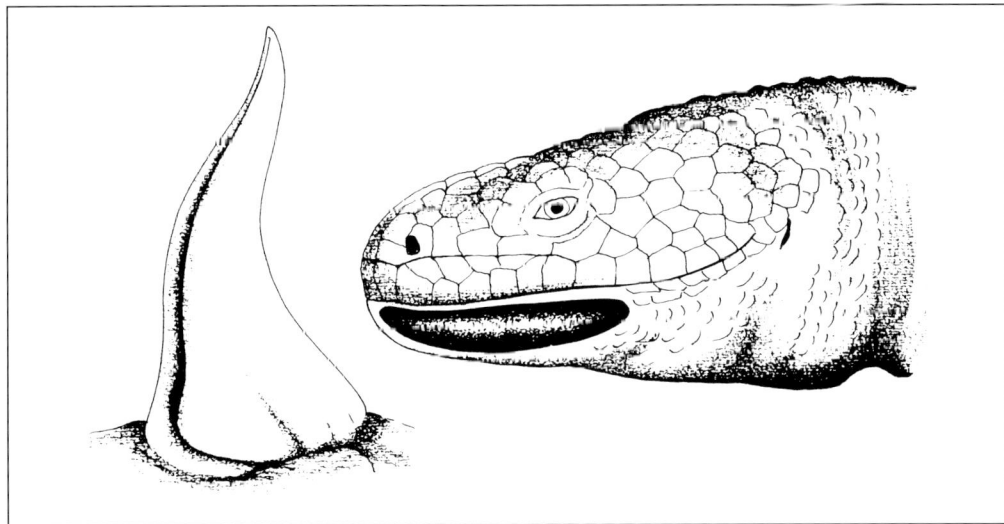

Abb. 3.58: Die Giftdrüsen der Krustenechse liegen im Unterkiefer, die Zähne besitzen zwei Rinnen, in denen das mit Speichel vermischte Gift beim Zubeißen in die Wunde fließt.

(Kininogen) das Peptid Bradykinin frei, das stark blutdrucksenkend und schmerzauslösend wirkt [5, 6]. Hingegen scheint eine **Argininesterhydrolase** (sie hydrolysiert synthetische Aminosäureester, ihr natürliches Substrat ist unbekannt), die bei Versuchstieren zu Blutungen in innere Organe führt, bei Vergiftungen des Menschen keine Rolle zu spielen [7, 8].

Das sog. **Gilatoxin** ist ein Glykoprotein, dessen Letalität die des Rohgiftes nicht übertrifft; man vermutet, daß es mit anderen Giftkomponenten eine synergistische Wirkung haben könnte [9]. Ein Toxin mit einer Molekülmasse von 25 000 Dalton, Helothermin, wurde aus *Heloderma-horridum*-Gift isoliert. Es führt bei Versuchstieren zur Senkung der Körpertemperatur [10]. Primär scheint jedoch beim *Heloderma*-Gift seine überaus schmerzhafte Wirkung im Vordergrund zu stehen, was eine wirksame Verteidigungsstrategie darstellt.

Vergiftung. Um die Bißstelle entwickelt sich meist ein massives Ödem. Die Gefahr eines Kompartmentsyndroms besteht jedoch nicht. Gleichzeitig breitet sich ein starker, pochender **Schmerz** über die betroffene Extremität aus, er wird mitunter als unerträglich empfunden. Oft schon kurz nach dem Biß kommt es mit dem Eintritt des Giftes in den Kreislauf zu einem plötzlichen, schockähnlichen **Blutdruckabfall**. Schweißausbruch, Blässe, Übelkeit und Erbrechen, auch kurzzeitige Ohnmacht sind Anzeichen einer systemischen Vergiftung. Lähmungserscheinungen, Krämpfe oder Blutungen als Folge einer Blutgerinnungsstörung treten hingegen nicht auf. Die üblichen Laborwerte sind im allgemeinen unauffällig.

Die Bißwunde verheilt problemlos, wenn es nicht zu Sekundärinfektionen kommt. Hämorrhagische Unterblutungen oder Gewebsnekrosen treten nicht auf. Über vereinzelte Todesfälle (unter meist merkwürdigen Umständen) wird zwar in der älteren Literatur berichtet [1, 2], in neuerer Zeit sind tödliche Zwischenfälle jedoch nicht bekannt geworden. Jedoch sollte die Giftwirkung keineswegs unterschätzt werden.

Erste Hilfe. Hier sei auf die Empfehlungen im Kapitel: Giftschlangen verwiesen. Am wichtigsten ist die Entfernung der festgebissenen Krustenechse, wobei dies nur unter erheblichem Kraftaufwand gelingt. Häufig sind die Kiefer nur durch Einschieben eines Werkzeuges etc. zu öffnen. Jegliches Einschneiden und Manipulieren an der Bißwunde wie auch das Abbinden der betroffenen Extremität sind zu vermeiden. Wegen Schockgefahr ist ärztliche Hilfe aufzusuchen.

Therapie. Ein spezifisches Antiserum gegen Krustenechsen-Gift gibt es nicht, es zeigt keine Kreuzreaktionen etwa mit Schlangengift-(Crotaliden-) Antiserum [11]. Eine **Behandlung** der Vergiftung muß daher **symptomatisch** erfolgen. Schockartiger Blutdruckabfall macht die sofortige Injektion von Adrenalin (bzw. Noradrenalin als Infusion) erforderlich. Zur Schmerzbekämpfung können Analgetika versucht werden, der Erfolg ist jedoch oft ungewiß. Da die Zähne beim Biß leicht abbrechen, ist die Wunde daraufhin zu untersuchen und anschließend zu desinfizieren.

Sekundärinfektionen sind offenbar selten; Tetanusprophylaxe ist angezeigt, wenn kein Impfschutz besteht.

Ein Patient mit systemischer Vergiftung (z.B. Blutdruckabfall) ist mindestens ein bis zwei Tage zu überwachen.

Literatur

[1] Bogert, C.M., Del Campo, P.M., The Gila monster and its allies. The relationships, habits, and behaviors of the lizards of the family Helodermatidae. Am. Mus. Nat. Hist. **109**, 7 (1956).

[2] Russell, F.E., Bogert, C.M., Gila monster: its biology, venom and bite – a review. Toxicon **19**, 341 (1981).

[3] Mebs, D., Raudonat, H.W., Biochemie des Giftes der Krustenechse, *Heloderma suspectum* und *Heloderma horridum*. Naturwissenschaften **54**, 494 (1967).

[4] Tu, A.T., Hendon, R.A., Characterization of lizard venom hyaluronidase and evidence for its action as a spreading factor. Comp. Biochem. Physiol. **76 B**, 377 (1983).

[5] Mebs, D., Isolierung und Eigenschaften eines Kallikreins aus dem Gift der Krustenechse *Heloderma suspectum*. Hoppe-Seyler's Z. Physiol. Chem. **350**, 821 (1969).

[6] Alagon, A., Possani, L.D., Smart, J., Schleuning, W.D., Helodermatine, a kallikreine-like, hypotensive enzyme from the venom of *Heloderma horridum horridum* (Mexican beaded lizard). J. exp. Med. **164**, 1835 (1986).

[7] Mebs, D., Biochemistry of *Heloderma* venom. In: Toxins of Animal and Plant Origin (A. de Vries, E. Kochva, eds.), Bd. 2, S. 499, Gordon & Breach, New York (1972).

[8] Nikai, T., Imai, K., Sugihara, H., Tu, A.T., Isolation and characterization of horridum toxin with arginine ester hydrolase activity from *Heloderma horridum* (beaded lizard) venom. Arch. Biochem. Biophys. **264**, 270 (1988).

[9] Hendon, R.A., Tu, A.T., Biochemical characterization of the lizard toxin gilatoxin. Biochemistry **20**, 3517 (1981).

[10] Mochca-Morales, J., Martin, B.M., Possani, L.D., Isolation and characterization of helothermine, a novel toxin from *Heloderma horridum horridum* (Mexican beaded lizard) venom. Toxicon **28**, 299 (1990).

[11] Mebs, D., Untersuchungen über die Wirksamkeit einiger Schlangengiftseren gegenüber *Heloderma*-Gift. Salamandra **6**, 135 (1970).

[12] Tu, A.T., A lizard venom: gila monster (genus: *Heloderma*). In: Handbook of Natural Toxins, Bd. 5, Reptile venoms and toxins (A.T. Tu, ed.), S. 755, M. Dekker, New York (1991).

Fallbeschreibung

Beim Desinfizieren der Bauchwunde einer Krustenechse *(Heloderma suspectum)* wurde ein 22jähriger Mann von dem Tier in den rechten Handrücken gebissen. Nachdem er die Echse durch gewaltsames Öffnen der Kiefer von der Hand entfernt hatte, brachte er sich selbst mit einer Rasierklinge drei Inzisionen längs der Bißlinie bei. Ca. 3 Minuten nach dem Biß wurde er plötzlich ohnmächtig, kam jedoch nach wenigen Minuten wieder zu sich. Er war schweißbedeckt, erbrach sich mehrfach, Lippen und Zungenspitze schwollen an. Der Patient band sich noch den rechten Oberarm mit einem Gummischlauch ab (wurde jedoch nach 5 Minuten wieder gelöst) und wurde ca. 25 Minuten nach dem Biß in einer Klinik aufgenommen. Der Puls des Patienten war peripher kaum tastbar, der Blutdruck sank von 90/60 mm Hg kurze Zeit später auf 80/60, es bestand eine erhebliche Tachykardie. Auf dem rechten Handrücken befand sich ein frisches Blutgerinnsel und ein mäßiges Ödem, die Fingerspitzen waren zyanotisch. Eine starke Konjunktivitis beidseitig, leichte Ödeme im Gesicht und Wulstlippen (offenbar Anzeichen einer allergischen Reaktion) lagen ebenfalls vor. Das Ödem der Hand nahm rasch zu und dehnte sich auf den Unterarm aus, es entwickelte sich ein roter lymphangitischer Streifen vom Handgelenk bis auf den Unterarm. Der Patient klagte über starke Schmerzen in Hand und Arm.

Die Therapie bestand in unmittelbarer Gabe von 50 mg Prednison (i.v.), Infusion und Anlegen eines Noradrenalin-Tropfes, Calcium und Antistin®. Binnen zwei Stunden normalisierte sich der Blutdruck, die Konjunktivitis und das Gesichtsödem verschwanden. Das äußerst schmerzhafte lokale Ödem nahm jedoch weiterhin zu und erreichte seinen Höhepunkt am folgenden Tag. Danach ließen die Schmerzen deutlich nach, das Ödem ging im Verlauf von vier Tagen zurück. Außer einer anfänglich ausgeprägten Hämokonzentration und Leukozytose lagen alle Blutparameter im Normbereich, Anzeichen einer Hämolyse, einer Nieren-, Leber- oder Hirnschädigung zeigten sich nicht. Die Bißwunde verheilte problemlos (eigene Beobachtung).

Schlangen (Klasse: Reptilia; Unterordnung: Serpentes)

Abb. 3.59: Diese grüne Baumviper, *Trimeresurus stejnegeri*, aus Nordthailand zählt zu den Grubenottern (Unterfamilie: Crotalinae) und ist durch ihre Färbung hervorragend im Blättergewirr des tropischen Regenwaldes getarnt.

Merkmale: Extremitätenlose Reptilien mit langgezogener Körperform; Haut mit Hornschuppen bedeckt, Kieferapparat in bewegliche Spangen aufgelöst, äußerst dehnbar; Augenlider fehlen, keine äußere Ohröffnung.
Verbreitung: Weltweit mit Ausnahme der Polarregionen.
Lebensraum/Lebensweise: In allen Lebensräumen, auch im Meer verbreitet, tag- und/oder nachtaktiv, räuberisch; Beute besteht überwiegend aus Wirbeltieren (in Ausnahmefällen aus Insekten oder Würmern), sie werden mechanisch durch Umschlingen oder durch Giftbiß getötet; eierlegend (ovipar) oder lebendgebärend (ovovivipar).

Schlangen sind für die meisten Menschen die Gifttiere „par excellence". Man begegnet ihnen mit Angst, Abscheu und nicht selten mit unverhohlenem Haß; nur wenige Menschen sind von ihnen fasziniert. In fast allen Weltkulturen spielen Schlangen eine besondere Rolle, werden als Gottheit verehrt, aber auch als Ausgeburt des Bösen angesehen. Ihre Fähigkeit, durch ihren Biß einen Menschen zu gefährden, ihn sogar zu töten, hat oft genug zur Folge, daß Schlangen, nicht nur Giftschlangen, unbarmherzig verfolgt werden.

In den letzten 40 Jahren sind in **Deutschland keine Todesfälle** durch **einheimische Giftschlangen** aufgetreten. Trotzdem ruft ein Bißfall durch eine Kreuzotter vielfach Panik hervor und führt häufig zu überzogenen Reaktionen. Denn zweifellos wird die Gefahr, die von europäischen Giftschlangen ausgeht, überschätzt. Andererseits stellen Giftschlangen, vor allem in den **Tropen, ein nicht zu unterschätzendes Gesundheitsrisiko** dar. Betroffen ist jedoch nur selten der Tourist, der dort kaum eine Schlange zu Gesicht bekommen wird. Eher schon trifft es den Einheimischen, der bei der Feldarbeit, ja selbst in seiner Hütte auf Giftschlangen trifft, die hier vor allem zur Nachtzeit Jagd auf Mäuse machen. In manchen Regionen Afrikas, Südamerikas und Südostasiens sind Giftschlangenbisse, meist infolge unzureichender medizinischer Versorgung, vor allem bei Kindern mit einer hohen Mortalitätsrate verbunden.

Im folgenden werden in einer allgemeinen Übersicht die Merkmale, das Vorkommen und die Verbreitung der Giftschlangen, die Chemie und Wirkungsweise der Gifte, die Vergiftungssymptomatik und die therapeutischen Maßnahmen behandelt. Sodann werden in einzelnen Kapiteln Giftschlangen der einzelnen Weltregionen (Europa, Afrika, Nord- und Südamerika, Asien und Australien) exemplarisch vorgestellt und die durch ihren Biß bewirkten Vergiftungen erörtert. Auch den Seeschlangen und den sog. „ungiftigen" Schlangen ist ein eigenes Kapitel gewidmet.

Was sind Giftschlangen?

Wohl für jeden verkörpern Vipern, Klapperschlangen und Kobras jene Schlangen, die als giftig angesehen werden, was sie in der Tat auch sind. **Giftschlange ist jedoch kein zoologischer Ordnungsbegriff**, sondern charakterisiert lediglich eine besondere Eigenschaft dieser Reptilien: **Sie produzieren Gift** und wenden es mit Hilfe ihrer Zähne an.

Von den ca. 2 700 existierenden Schlangenarten zählt etwa ein Fünftel im engeren Sinne zu den Giftschlangen [1, 2, 3, 4, 72]. Zu ihnen gehören aber auch jene Schlangen, im weiteren Sinne also, die zwar giftige Sekrete produzieren, aber nur selten oder gar nicht dem Menschen gefährlich werden. So muß man eigentlich auch die einheimische „ungiftige" Würfelnatter, *Natrix tesselata,* zu den Giftschlangen zählen, denn auch sie besitzt ein den Giftdrüsen homologes Organ im Oberkiefer, das Gift produziert [5]. Der Übergang von **ungiftigen** zu **giftigen Schlangen** ist daher fließend und läßt sich manchmal nur durch genaue anatomische Untersuchungen feststellen.

Zu den Giftschlangen zählen folgende Schlangenfamilien [1]:

● **Familie: Viperidae, Vipern oder Ottern.**
Schlangen mit meist gedrungener Körperform, häufig dreiecksförmigem, deutlich vom Körper abgesetztem Kopf; die den Körper bedeckenden Schuppen sind in der Regel gekielt, die Kopfschilder sind meist klein. Überwiegend sind es bodenlebende Schlangen; einige Arten leben jedoch auch im Geäst von Bäumen und Sträuchern.

Die Viperiden teilen sich in drei Unterfamilien auf:

Azemiopinae, nur eine Art *(Azemiops feae)* umfassende, urtümliche Vipernunterfamilie.

Viperinae, echte **Vipern oder Ottern,** zu ihnen gehört z.B. die einheimische Kreuzotter, *Vipera berus.*

Crotalinae, Grubenottern (Abb. 3.59), sie unterscheiden sich von den echten Vipern durch das sog. Grubenorgan, ein Wärmesinnesorgan, das zwischen Auge und Nasenöffnung liegt. Es dient zum Aufspüren warmblütiger Beutetiere (Nager) auch bei vollkommener Dunkelheit. Charakteristische Vertreter dieser Gruppe sind die südamerikanischen Lanzenottern (Abb. 3.60 A und C, *Bothrops*) und die amerikanischen Klapperschlangen (Abb. 3.60 B, *Crotalus*). Von einigen Autoren (auch in älteren Arbeiten) werden diese Schlangen zu einer eigenen Familie erhoben (Crotalidae).

● **Familie: Atractaspididae, Erdvipern.**
Sie wurden früher zu den Viperiden gestellt, werden aber neuerdings als eigene Familie angesehen. Es sind in Erdlöchern (Nagerbauten) lebende und im Erdreich wühlende Schlangen, die als Besonderheit auch bei geschlossenem Maul ihre Giftzähne seitlich herausklappen und einsetzen können.

● **Familie: Elapidae, Giftnattern.**
Sie sind nicht immer leicht von den harmlosen Nattern zu unterscheiden; die Schuppen sind häufig glatt, nicht gekielt, die Kopfschilder meist groß. Viele Schlangen dieser Familie sind bodenlebend, einige sind geschickte Kletterer im Geäst von Bäumen oder leben ausschließlich im Meer (Seeschlangen). Die Elapiden werden neuerdings in drei Unterfamilien aufgeteilt (ursprünglich bildeten die Seeschlangen, Hydrophiidae, eine eigene Familie; sie sind nunmehr mit zwei Unterfamilien vertreten):

Elapinae, die eigentlichen **Giftnattern,** zu ihnen zählen u.a. die Kobras *(Naja),* Mambas *(Dendroaspis),* Kraits *(Bungarus)* und Korallenschlangen *(Micrurus);* **Hydrophiinae, Ruderschwanz-Seeschlangen; Laticaudinae, Plattschwanz-Seeschlangen.**

● **Familie: Colubridae, Nattern.**
Schlangen mit schlankem Körperbau, häufig glatten Schuppen und großen Kopfschildern. Ca. 60% aller Schlangen zählen zu dieser Familie, die sich in zahlreiche Unterfamilien gliedert. Meist handelt es sich um (für den Menschen) harmlose, d.h. „ungiftige", Schlangen. Jedoch produzieren einige Nattern (**Trugnattern:** Sie sind äußerlich scheinbar ungiftige Schlangen) wie die Baumschlangen *Dispholidus* und *Thelotornis* sp. ein äußerst wirksames Gift.

Verbreitung: Giftschlangen sind auf der ganzen Erde verbreitet [4, 6]. Zwar sind sie in den tropischen Regionen besonders häufig, entfalten hier meist auch den größten Artenreichtum, doch sind sie wie die Klapperschlangen in Nordamerika auch in gemäßigten Zonen durchaus artenreich vertreten. Andererseits sind einige Länder (überwiegend Inseln) und Regionen (polare) **frei von Giftschlangen** [7]:

In **Afrika**: Madagaskar, die kanarischen und kapverdischen Inseln.
In **Amerika**: die Regionen nördlich von 55° N, die Westindischen Inseln (Ausnahme: Trinidad, Tobago, St. Lucia, Martinique), Chile, Galápagos-Inseln.
In **Asien**: die Regionen nördlich von 60° N.
In **Ozeanien**: Neuseeland, Hawaii, die Loyalty-Inseln, Mikronesien, die Neu-Hebriden, Polynesien.
In **Europa**: die Regionen nördlich des Polarkreises, jedoch auch Irland, Island, die Balearen, Korsika, Kreta und Sardinien.
Die **Karibik** und der **Atlantik** sind frei von Seeschlangen.

Lebensraum/Lebensweise: Giftschlangen besiedeln **fast alle Lebensräume:** feuchtheiße Regenwälder wie Trockengebiete, Wüsten und Steppen, Gebirgsregionen bis über 3 000 m Höhe. Manche dringen sogar bis zum Polarkreis vor (Kreuzotter). Sie leben wie die Seeschlangen im Meer, das sie, wenn sie nicht le-

Abb. 3.60: Im frühen Morgenlicht sonnt sich eine Lanzenotter, *Bothrops* sp., am Boden des tropischen Regenwaldes in Venezuela (A), eine Klapperschlange, *Crotalus atrox*, in der Prärie Oklahomas, USA (B). Beides sind unfallträchtige Situationen, da die Schlangen noch nicht genug aufgewärmt sind, um sich schnell zu entfernen. Z.T. vertrauen sie auch ihrer Tarnung, wie die baumlebende Lanzenotter, *Bothriechis schlegelii*, aus Ecuador, die zwischen den Blättern auf Beute lauert (C). In allen Fällen ist der vordere Körperteil in S-Form gelegt, was den Schlangen ein blitzartiges Vorschnellen und Zubeißen ermöglicht.

Schlangen | 253

bendgebärend sind, nur noch zur Eiablage verlassen. Die Anpassung an Extrembiotope führt häufig zu nächtlicher Lebensweise (heiße Regionen), hat kurze Aktivitätsperioden (montane, kalte Regionen) und eine besondere Form der Fortpflanzung zur Folge: Ovoviviparie („Lebendgebären", das Austragen der Eier im Mutterleib, die Jungtiere verlassen die Eihülle bei der Geburt).

Häufig trifft man Giftschlangen auch in **enger Nachbarschaft zum Menschen.** Landwirtschaftlich genutzte Flächen wie Reisfelder, Bananen- oder Zuckerrohrplantagen werden als neue Biotope ebenso besiedelt wie menschliche Ansiedlungen, die durch die Anwesenheit von Ratten und Mäusen für Giftschlangen attraktiv wurden. So führen menschliche Aktivitäten wie Rodung von Wäldern, Besiedlung, Landwirtschaft etc. keineswegs immer zum Verschwinden von Giftschlangen. Häufig bewirkt das vermehrte Nahrungsangebot etwa von Nagern sogar ein rasches Ansteigen der Schlangenpopulationen. Trotz intensiver Verfolgungsmaßnahmen sind in vielen Gebieten, vor allem in den Tropen, Giftschlangen auch heute noch durchaus häufig und weit verbreitet.

Giftapparat. Schlangen verzehren ihre Beute unzerkleinert. Dies hat eine Reihe von Anpassungen zur Folge. Das Beutetier, etwa eine Maus oder Ratte, muß zuvor getötet werden, damit es ohne Verletzungsgefahr verzehrt werden kann. Manche Schlangen (Riesenschlangen, aber auch die einheimische Äskulapnatter, *Elaphe longissima*) umschlingen die Beute mit ihrem Körper und erdrosseln sie. Andere, wie eben die Giftschlangen, injizieren ein hochwirksames **Toxingemisch**, das die Beute in kurzer Zeit tötet. Sie wird nicht zerkaut oder mit Hilfe der Zähne gerissen, sondern als Ganzes aufgenommen. Die spitz zulaufenden Zähne sind nicht zum Zerkleinern oder Zermahlen der Beute geeignet, sie sind funktionell eher nur eine Haltevorrichtung. Die oft an Körperdurchmesser weitaus größere Beute kann trotzdem bewältigt werden, da der Kieferapparat der Schlangen äußerst **beweglich** (kinetisiert) ist.

Mit Ausnahme der Schädelkapsel (Neurocranium) sind alle zähnetragenden Knochen des Ober- wie Unterkiefers frei beweglich. So sind beide Unterkieferhälften nicht miteinander verwachsen und können unabhängig voneinander bewegt werden. Die Kieferknochen sind durch Bänder mit der Schädelkapsel verbunden, wodurch die Mundöffnung extrem dehnbar wird.

Zur Immobilisierung, zum Töten ihrer Beute, haben Giftschlangen einen Giftapparat entwickelt: beidseitig im Oberkiefer eine **Drüse**, die sich von Speicheldrüsen ableitet und ein giftiges Sekret bildet, das mit Hilfe spezieller **Zähne** in das Beutetier injiziert wird. Die verschiedenen Ausprägungen, d.h. Stadien in der Entwicklung dieses Giftapparates folgen nicht streng der Systematik. Für die folgende morphologische Einteilung sind Bau und Lage der Giftzähne im Oberkiefer von Bedeutung (Abb. 3.61, 3.62).

- **Giftapparat mit ungefurchten Zähnen** (aglyphe Bezahnung). Dieser ist für die meisten **Nattern (Colubridae)** charakteristisch. Sie besitzen über dem Oberkiefer beidseitig eine Drüse, die **Duvernoysche Drüse**, deren Giftsekret in Schleimhauttaschen nahe der Zähne mündet. Dies sind kegelförmige, ungefurchte Zähne. Beim Biß gelangt das Sekret durch engen Kontakt der Schleimhaut mit der Bißwunde in das Beutetier.

Diese nicht sehr effektive Giftapplikation setzt meist voraus, daß die Schlange die Beute längere Zeit festhält, um das Eindringen des Giftes zu ermöglichen. Gleichwohl können Schlangen mit einem solchen Giftapparat auch dem Menschen gefährlich werden, so die asiatischen *Rhabdophis*-Arten (s. Kapitel: Ungiftige Schlangen).

- **Giftapparat mit hinterständigen Furchenzähnen** (opisthoglyphe Bezahnung). Dieser ist ebenfalls nur bei **Colubriden** vorhanden, doch zeigt sich hier bereits eine gewisse Spezialisierung von Zähnen als Giftzähne. Im hinteren Teil des Oberkiefers (Maxillare) stehen ein oder auch mehrere **vergrößerte Zähne**, die an ihrer Vorderseite gefurcht sind. An ihrer Basis münden Ausführungsgänge der **Duvernoyschen Drüse,** die ein auch für den Menschen tödliches Gift produzieren kann. Beim Biß gelangt das Gift entlang der Zahnfurche in das Beutetier. Durch die Lage der Zähne im mittleren bis hinteren Rachenraum verursachen sie beim Menschen nur in Ausnahmefällen Verletzungen und damit Vergiftungen.

- **Giftapparat mit vorderständigen Furchenzähnen** (proteroglyphe Bezahnung). Dies ist eine für **Elapiden (Giftnattern)** charakteristische Anordnung der Giftzähne. Sie befinden sich (jeweils ein Zahn) frontal am erheblich verkürzten Maxillare und sind gegenüber den anderen **Zähnen** stark vergrößert und mit einer **fast vollständig geschlossenen,** sich nahe der Spitze öffnenden **Längsfurche** versehen. Der Zahn ist bereits einer Injektionsnadel (auch funktionell) sehr ähnlich. Der Ausführungsgang der nunmehr gut entwickelten **Giftdrüse,** die sich oft bis weit in den hinteren Kopfbereich zieht, mündet an der Basis des Giftzahnes, der hier mit einer bindegewebigen Hülle versehen ist. Beim Biß wird durch Druck von Muskeln auf die Giftdrüse deren Sekret über den Giftzahn, der in die Beute eingeschlagen wird, regelrecht injiziert.

- **Giftapparat mit vorderständigen Röhrenzähnen** (solenoglyphe Bezahnung). Die höchste Entwicklungsstufe des Giftapparates findet sich bei den **Viperiden**. Das Maxillare ist auf einen beweglichen Knochen reduziert, der den **Giftzahn** trägt. Damit kann der Zahn zurückgeklappt und zum Biß stumpfwinklig nach vorn aufgestellt werden. Diese oft enorm vergrößerten **Fangzähne** (bei großen Vipern wie Puffottern, *Bitis* spp., sind sie über 30 mm lang) sind wie Injektionsnadeln geschlossene Röhren, die an der Spitze eine kleine Öffnung haben. Der Ausführungsgang der **Giftdrüse,** auch sie ist in ihrem Umfang stark vergrößert, mündet an der Basis des Giftzahnes, die von einer Schleimhautfalte abgedeckt ist und das verlustfreie Einströmen des Giftes in den Zahn ermöglicht (Abb. 3.63). Durch variablen Muskeldruck wird die Injektion des Giftes reguliert, oft wird beim Biß kein Gift injiziert. In Ruhestellung liegt der Giftzahn zurückgeklappt in der Schleimhautfalte eingebettet. Hinter ihm befinden sich mehrere Ersatzzähne in unterschiedlichen Entwicklungsstadien.

Bei proteroglyphen wie solenoglyphen Schlangen wird Gift nur dann injiziert, wenn durch Muskeldruck die Giftdrüse entleert wird. Dies wird durch die Schlange gesteuert, die bei einem **Abwehrbiß** häufig kein Gift abgibt, bei einem sog. **Beutebiß** jedoch stets größere Giftmengen injiziert. Keineswegs wird dabei der gesamte Giftvorrat abgegeben; in der Regel ist dies nicht mehr als etwa 10% [9]. Abgebrochene Giftzähne werden vor allem bei Vipern innerhalb weniger Tage ersetzt, so daß sie nur kurzzeitig „ungiftig" sind. Klapperschlangen ersetzen etwa alle sechs bis zehn Wochen ihre Giftzähne, jedoch nicht gleichzeitig, so daß zumindest ein Zahn funktionstüchtig erhalten bleibt.

Gift. Die Sekrete, die giftige wie „ungiftige" Schlangen in ihren Oberkieferdrüsen produzieren, zählen zu den biologisch wirksamsten Naturprodukten [12–17]. **Schlangengifte** stellen ein **komplexes Gemisch** von **Proteinen** und **Polypeptiden** dar, die toxische und/oder enzymatische Eigenschaften besitzen. Die Giftzusammensetzung weist für die einzelnen Arten, ja sogar für einzelne Populationen und Individuen oft erhebliche Unterschiede auf. Faktoren, die dies beeinflussen, sind neben genetisch determinierter Variabilität u.a. geographische Herkunft, Alter, Ernährungsweise, Haltungsbedingungen (in Schlangenfarmen), Häufigkeit der Giftentnahme etc., um nur einige zu nennen. Junge Schlangen haben mitunter ein aktiveres Gift als alte. Auch frisch geschlüpfte Giftschlangen besitzen einen kompletten Giftvorrat.

Zweifellos bestimmen die verschiedenen **Funktionen** des **Schlangengiftes** seine Zusammensetzung und die Wirkungsweise seiner Komponenten: **Beuteerwerb, Verdauung, Verteidigung.** Zur Bewältigung eines agilen, mitunter auch wehrhaften Beutetieres ist der Einsatz

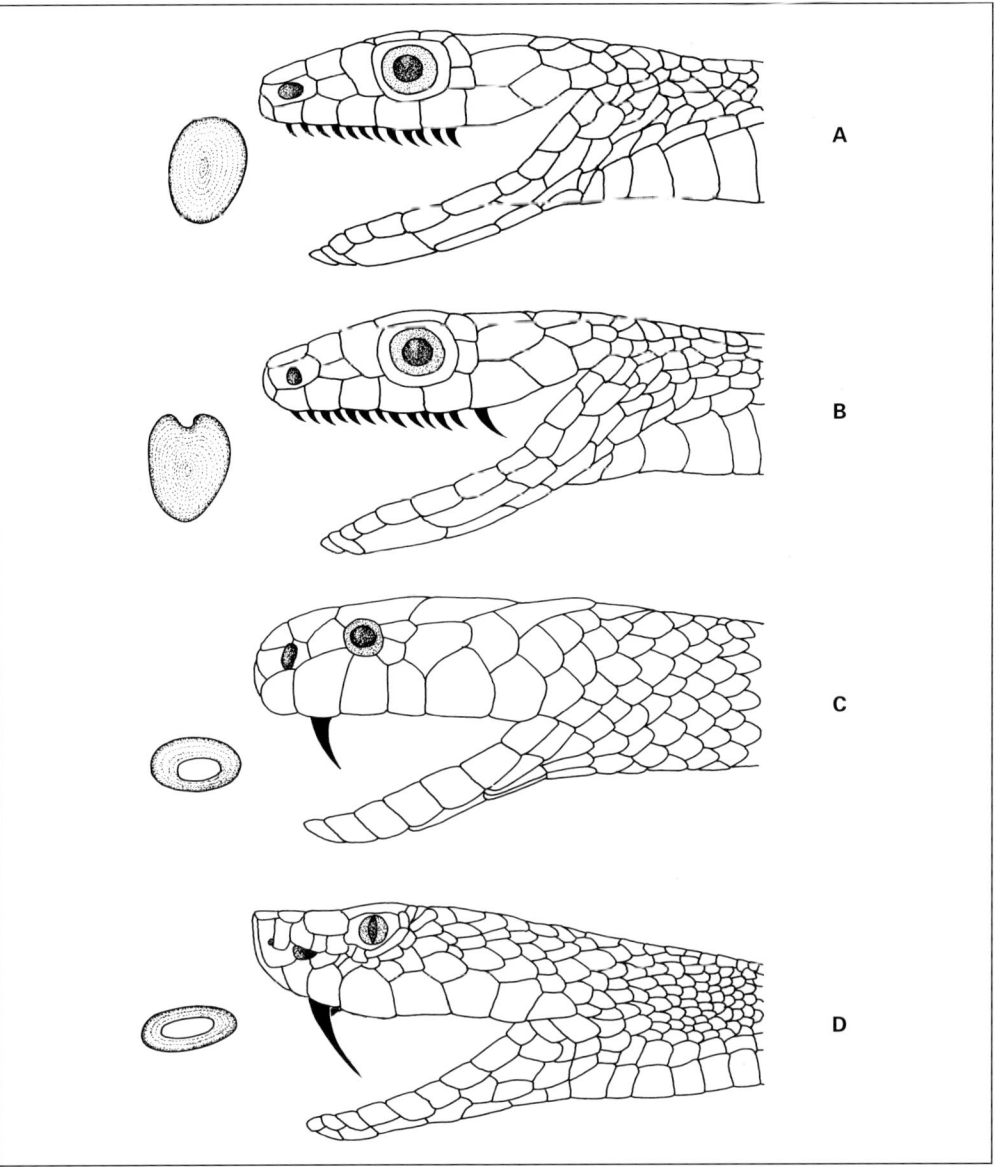

Abb. 3.61: Je nach Lage und Beschaffenheit der Zähne teilt man Giftschlangen in vier Gruppen ein: Schlangen mit ungefurchten Zähnen (aglyphe Bezahnung; A), mit hinterständigen Furchenzähnen (opisthoglyphe Bezahnung; B), mit vorderständigen Furchenzähnen (proteroglyphe Bezahnung), der Zahn ist bei fast schon geschlossener Furche hohl (C), mit vorderständigen Röhrenzähnen (solenoglyphe Bezahnung), der Zahn ist röhrenförmig hohl (D). Jeweils mit Querschnitt des Giftzahnes.

eines Giftes von großem Vorteil. Zubeißen, Gift-Injizieren und Loslassen der Beute geschieht oft in Bruchteilen von Sekunden. Dann braucht die Schlange nur abzuwarten, bis das Beutetier in kurzer Zeit gelähmt oder tot ist, um sodann die Nahrung problemlos aufzunehmen. Schlangengift-Toxine greifen daher in vitale Körperfunktionen ein und wirken vor allem bei Kleinsäugern schnell: Sie führen zur Lähmung der Muskulatur oder zu Herz-Kreislauf-Versagen.

Schlangen nehmen ihre Beute unzerkleinert auf, was ihren Magen-Darm-Trakt vor Probleme stellt; gilt es doch, einen intakten Tierkörper schnell genug von außen aufzubrechen, bevor im Inneren einsetzende Fäulnisvorgänge zur Vergiftung

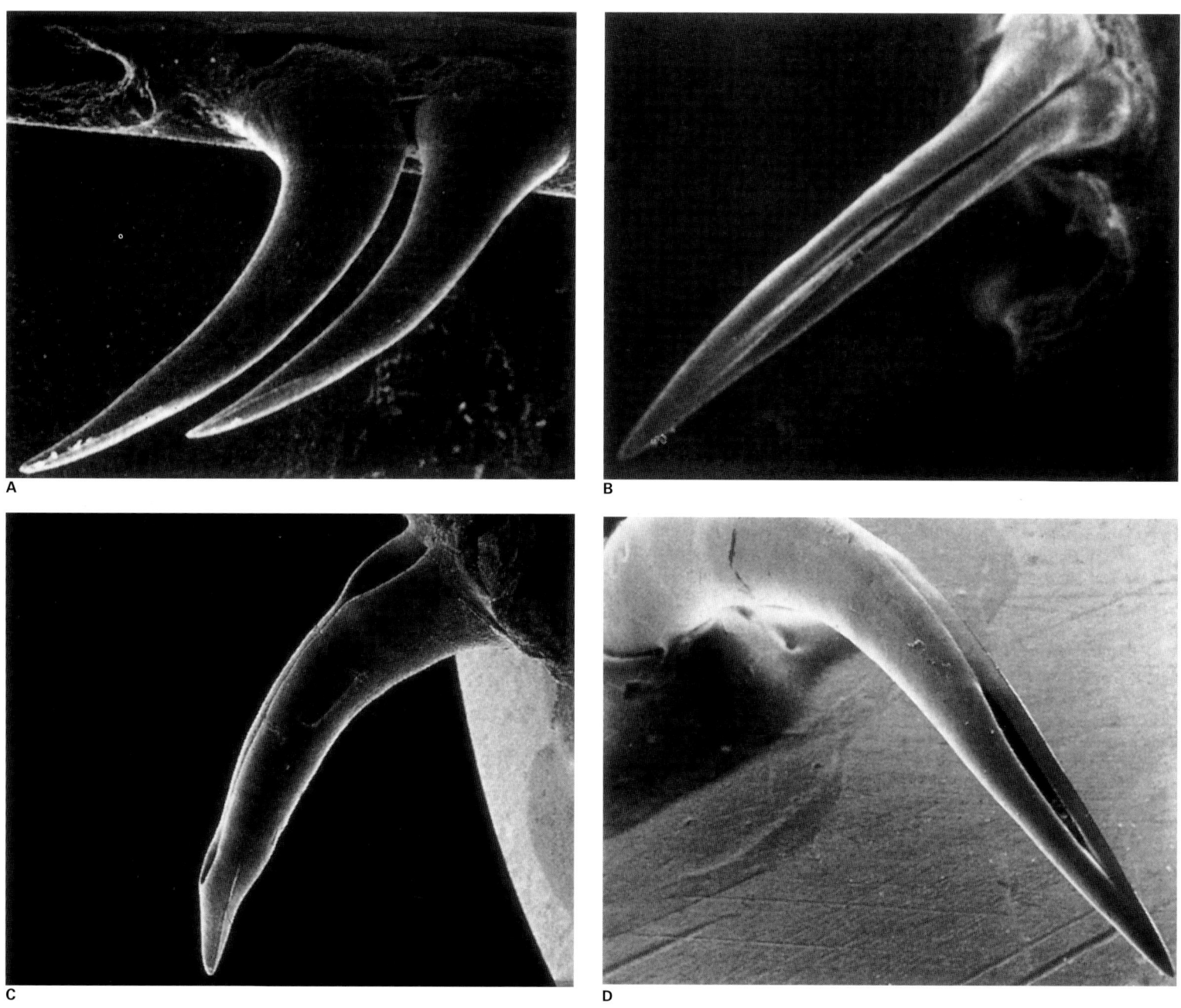

Abb. 3.62: Aglyphe Zähne einer Natter, *Natrix natrix* (A, 50 ×); opisthoglypher Zahn der Vogelschlange, *Thelotornis kirtlandii* (B, 30 ×); proteroglypher Giftzahn der Speikobra, *Naja nigricollis* (C, 24 ×); solenoglypher Giftzahn der Lanzenotter, *Bothrops atrox* (D, 26 ×); rasterelektronenmikroskopische Aufnahmen.

der Schlange führen. So ist das Einbringen eines **hochkonzentrierten Verdauungssekrets**, das Schlangengifte in der Tat auch darstellen, eine wichtige Verdauungshilfe. Vergiftete Mäuse werden schneller verdaut, als solche, denen nicht Gift injiziert wurde. Letztlich sind ja auch die Giftdrüsen modifizierte Speicheldrüsen und damit Anhangsorgane des Verdauungskanals. Vor allem Vipern- und Klapperschlangengifte stellen Enzymkonzentrate dar, die selbst das Pankreassekret der Säuger in ihrer Aktivität übertreffen. So sind die oft dramatischen lokalen Wirkungen von Schlangengiften, wie Unterblutung und Aufplatzen der Haut, Auflösen der Muskulatur, was zu massiven Gewebsverlusten führt, nichts anderes als eine eingeleitete **Verdauung,** in diesem Fall außerhalb des Schlangenmagens (Abb. 3.64).

Der Einsatz des Schlangengiftes zur **Verteidigung** ist zumindest umstritten. Schlangen verfügen über ein stattliches Repertoire an Verhaltensweisen, die den Gegner einschüchtern und zum Rückzug

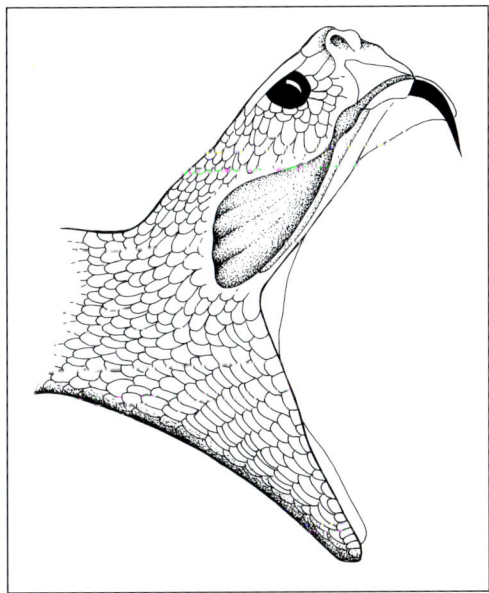

Abb. 3.63: Lage der Giftdrüse bei einer Viper.

veranlassen sollen, um letztlich eine Auseinandersetzung zu vermeiden. Dies reicht vom drohenden Zischen, Aufstellen des Körpers und Spreizen der Halsregion (Kobras) bis zum Vibrieren der Schwanzrassel bei Klapperschlangen. Auch eine wirksame Tarnung soll eher einen Feind als die Beute täuschen. Wann immer möglich, sucht auch die Schlange ihr Heil in der Flucht. Keineswegs wird sie einen fliehenden Feind verfolgen, um etwa einen Biß anzubringen. Nur in äußerster Bedrängnis beißt die Schlange zu, wobei sie häufig nicht einmal Gift injiziert (etwa 50% aller sog. Verteidigungsbisse sind ungiftig, was u.a. auch die relativ geringe Mortalitätsrate von Schlangenbissen begründet).

Speikobras *(Naja nigricollis, N. mossambica, N. sputatrix, Haemachatus hemachatus)* setzen ihr Gift allerdings noch auf eine andere Weise ein: Sie sprühen es dem Gegner entgegen. Durch Kontraktion der Muskulatur um die Giftdrüse lassen sie Gift aus Zähnen, bei denen die Öffnung nicht nach unten, sondern nach vorn gerichtet ist, austreten und versprühen es durch gleichzeitiges kräftiges Ausatmen (Zischen) [18]. Daß sie dabei, wie oft behauptet, auf die Augen des vermeintlichen Gegners zielen, ist bei dem beschränkten optischen Wahrnehmungsvermögen (Schlangen reagieren vorwiegend auf Bewegung) sehr unwahrscheinlich.

Schlangengift ist in frischem Zustand eine wäßrige, viskose, farblose bis gelbliche **Flüssigkeit** (ca. 50 bis 90% Wassergehalt). Durch Vakuum- oder Gefriertrocknung erhält man ein amorphes weißes oder gelbes Pulver (Abb. 3.65). In dieser Form ist Schlangengift, trocken und kühl aufbewahrt, jahrzehntelang ohne Aktivitätsverlust haltbar.

Wasserfreies **Rohgift** besteht zu etwa 90% aus **Proteinen** und **Polypeptiden**, die restlichen 10% setzen sich aus Nukleosiden (z.B. Adenosin), Spurenelementen (Calcium, Zink, Aluminium etc., [19]), kleinen Peptiden, Aminosäuren und Zuckern zusammen. Grundsätzlich kann man die Protein-Komponenten der Schlangengifte in zwei Gruppen einteilen:

- **Polypeptide ohne enzymatische Eigenschaften.** Dies sind **Toxine** mit oft spezifischer Wirkung an nervösen Strukturen oder Zellmembranen, **Peptide** mit inhibitorischen Eigenschaften gegenüber Enzymen (Proteasen, Acetylcholinesterase), mit synergistischer Wirkung, wenn sie mit anderen ebenfalls nicht-toxischen Peptiden kombiniert werden, und letztlich auch Peptide, deren Wirkung noch völlig unbekannt ist.

- **Enzyme.** Überwiegend handelt es sich um **Hydrolasen** und **Aminosäureoxidasen**. Ihnen kommt sicher eine Verdauungsfunktion zu. Andererseits findet man hier ein in der Natur nicht sehr häufiges Phänomen, daß **Enzyme auch als Toxine** auftreten können. Dies trifft sowohl für die Phospholipasen A_2 zu, die mit z.T. sehr spezifischer Wirkung nervöse Strukturen angreifen, als auch für die verschiedenen Enzyme, die in die Blutgerinnung eingreifen oder das Gewebe zerstören (Hämorrhagine, Myotoxine).

Abb. 3.65: Schlangengift ist in getrocknetem Zustand ein weißes bis gelbliches, amorphes Pulver.

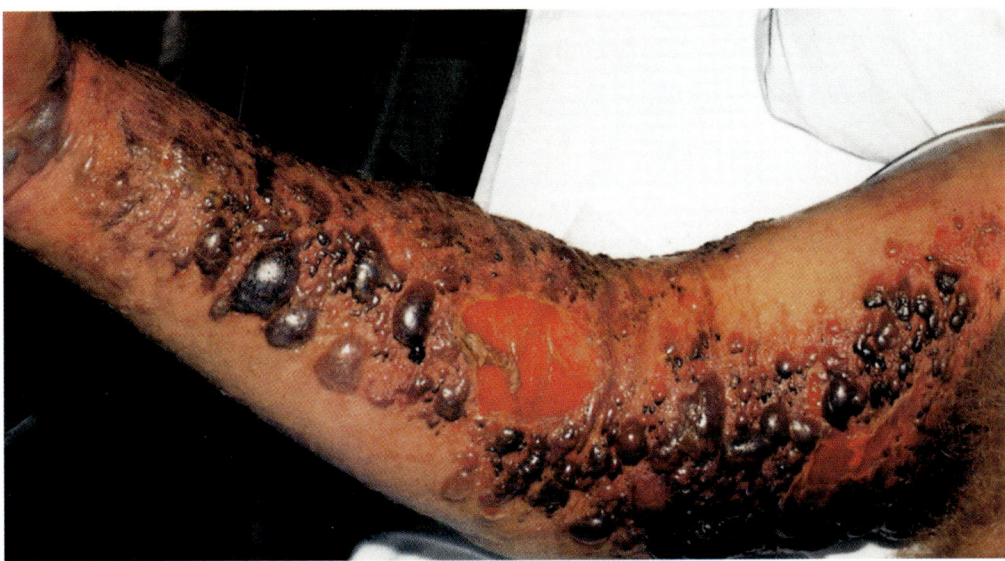

Abb. 3.64: Folgen eines Klapperschlangen-Bisses *(Crotalus atrox)*. Durch Zerstörung der peripheren Blutgefäße wird die Haut unterblutet und hebt sich blasig ab, ein Beispiel für die Verdauungswirkung der Schlangengift-Enzyme.

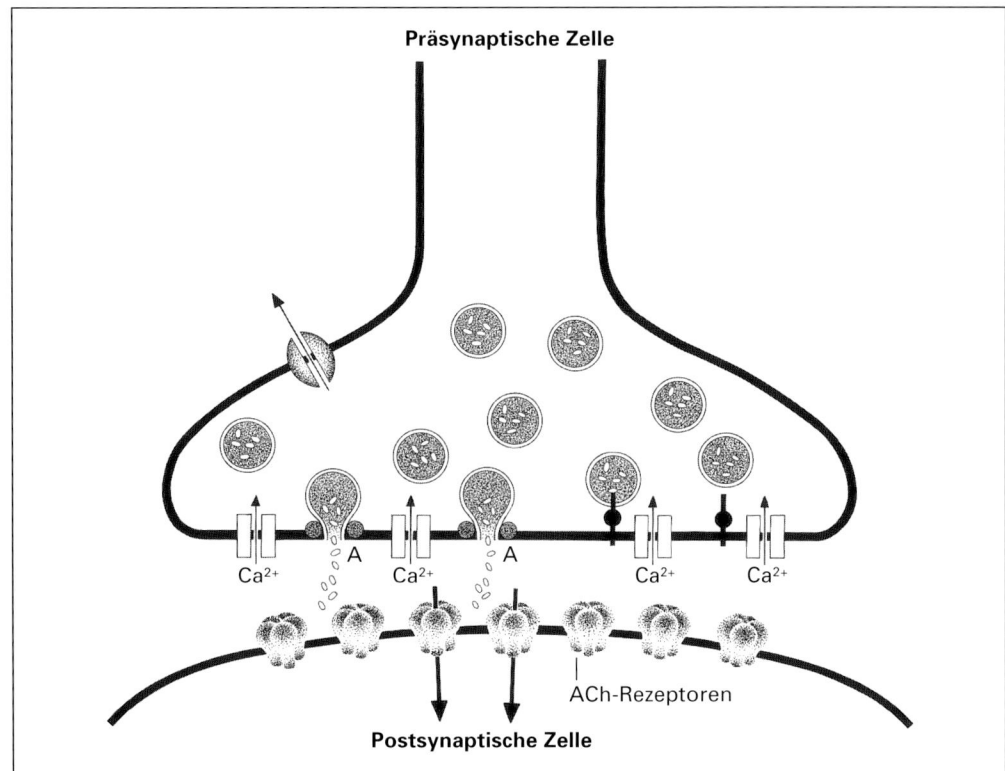

Abb. 3.66: Die unterschiedlichen Wirkungsweisen von Schlangengift-Toxinen an der neuromuskulären Synapse (modifiziert nach [73]).

Nach seiner Synthese wird der Neurotransmitter Acetylcholin in der präsynaptischen Zelle, der Nervenendigung, in Vesikel „verpackt" und bei einer nervösen Erregung ausgeschüttet. Hierzu verschmelzen die Vesikel mit der präsynaptischen Membran, und Acetylcholin (A) wird in den synaptischen Spalt freigesetzt (Exocytose). Dieser Prozeß wird durch Calcium reguliert; als Folge der Membrandepolarisation, ausgelöst durch den ankommenden elektrischen Nervenimpuls, strömt Calcium durch kurzzeitig geöffnete Kanäle ein, was die Transmitterfreisetzung einleitet. Acetylcholin wird an der gegenüberliegenden Seite, an der postsynaptischen Membran (Muskelmembran), an Rezeptoren (Acetylcholinrezeptoren, Ach-Rezeptoren) gebunden, was zu einem kurzen Öffnen des Ionen-Kanals führt. Kationen strömen ein, die Membran wird depolarisiert, es entsteht eine neue Erregung, der Muskel kontrahiert sich. Acetylcholin wird sodann durch eine Cholinesterase inaktiviert.

Schlangengift-Toxine greifen in vielfältiger Weise in diese Vorgänge ein: An der präsynaptischen Membran provozieren sie zunächst eine vermehrte Transmitterausschüttung, die sie anschließend hemmen (Phospholipase A_2-Toxine), blockieren den Acetylcholinrezeptor (α- und ϰ-Neurotoxine), hemmen die Cholinesterase (Fasciculin) und blockieren die Calcium-Kanäle (Calciseptin). Die Blockierung von Kalium-Kanälen (Dendrotoxin) an der Nervenmembran hat hingegen keine tiefgreifende Wirkung.

Diese Komponenten, Toxine und/oder Enzyme (auch in ihrer Kombination), bestimmen die **Vergiftungssymptomatik** der einzelnen Schlangengifte. Je nach ihrem Anteil im Gift, ihrer Aktivität und Spezifität, ist dabei ein Symptom mehr oder auch weniger ausgeprägt, wird es durch andere Komponenten in den Hintergrund gedrängt oder tritt zeitverzögert auf. Obwohl gerade die Schlangengifte in den letzten Jahrzehnten bevorzugtes Objekt der Toxinforschung waren und man heute einen recht guten Einblick in diese Naturprodukte hat, gibt es sicher noch einiges zu entdecken und aufzuklären.

Schlangengift-Toxine. Eine sehr wirkungsvolle Methode, eine Beute zu immobilisieren, ist ein Angriff auf deren **Nervensystem**, seine Blockierung und als Folge davon die **Lähmung** der Muskulatur. **Neurotoxine** sind daher einige der wichtigsten Bestandteile von Schlangengiften. Gemeint sind damit Toxine, die eine hohe Spezifität für nervöse Strukturen (Membranen, Rezeptoren, Ionenkanäle) besitzen und an diesen mit hoher Affinität binden bzw. dort Veränderungen bewirken. Besonders reichlich sind Neurotoxine in Giften von Elapiden vertreten, was einige von ihnen zu den gefährlichsten Giftschlangen überhaupt macht (der australische Taipan, *Oxyuranus scutellatus*, Kobras etc.).

Neurotoxine von Schlangengiften greifen das **periphere Nervensystem** an, nicht, wie häufig noch diskutiert wird, das Zentralnervensystem. Denn sicherlich können diese Proteine nicht die Blut-Hirn-Schranke passieren. Mit hoher Spezifität und in niedrigster Konzentration blockieren sie jedoch an den Synapsen des peripheren Nervensystems die Erregungsübertragung.

Gemäß ihrem Angriffspunkt lassen sich diese **Neurotoxine** in zwei Gruppen einteilen (Abb. 3.66):

1. **Toxine**, die an der **postsynaptischen** (der Synapse auf der Muskelseite gegenüberliegenden) **Membran** angreifen (Synonyme: α-Neurotoxine, curaremimetische oder Curare-ähnliche Toxine). Ähnlich wie das Pfeilgift Curare blockieren sie den Rezeptor (nikotinischer Acetylcholin-Rezeptor) für den Neurotransmitter Acetylcholin und **verhindern** damit die **Erregungsübertragung** auf den Muskel. Im Gegensatz zu Curare, welches durch Physostigmin (bzw. durch Acetylcholin, das sich durch Hemmung der Acetylcholinesterase in hoher Konzentration ansammelt) vom Rezeptor leicht verdrängt wird, ist die Affinität der meisten Schlangengift-Toxine weitaus höher. Teilweise ist ihre Bindung an den Rezeptor sogar irreversibel. Diese Eigenschaft hat diese Toxine, so das α-Bungarotoxin (aus dem Gift des Vielbindenkraits, *Bungarus multicinctus*), zu einem wichtigen Hilfsmittel des Neurophysiologen gemacht. Mit ihrer Hilfe war es erstmals möglich, Acetylcho-

lin-Rezeptoren zu identifizieren und zu charakterisieren [20, 21, 22]. Während das α-Bungarotoxin spezifisch Acetylcholin-Rezeptoren der motorischen Endplatte blockiert, greift das ϰ-Bungarotoxin (aus dem gleichen Gift) neuronale Rezeptoren, so in Ganglien, an [23].

Alle diese Toxine sind basische Proteine mit relativ geringer Molekülmasse (6000 bis 8000 Dalton). Sog. kurzkettige („short") Neurotoxine bestehen aus 60 bis 62 Aminosäuren, die zu einer einzigen Kette verbunden und intramolekular an vier Stellen durch Disulfidbrücken verknüpft sind (Abb. 3.67). Bei den langkettigen („long") Neurotoxinen, die aus 70 bis 74 Aminosäuren bestehen, sind es fünf Disulfidbrücken, die das Molekül stabilisieren [22].

2. **Toxine**, die an der **präsynaptischen Membran** (Nervenmembran) der Synapse angreifen. Sie bilden zwei Gruppen mit unterschiedlicher Wirkungsweise:

- **neurotoxische Phospholipasen A_2**, welche die Freisetzung des Transmitters Acetylcholin beeinträchtigen [24, 25, 26, 27];

- **Toxine**, die **Ionen-Kanäle blockieren** und dadurch die Transmitterfreisetzung steigern [28].

Toxine der ersten Untergruppe gehören zu den aktivsten Schlangengift-Komponenten. Sie begründen die hohe Toxizität etwa des australischen Taipan-Giftes *(Oxyuranus scutellatus)*. Erstaunlicherweise handelt es sich dabei um Phospholipide hydrolysierende Enzyme, **Phospholipasen A_2**, die die Transmitterfreisetzung beeinflussen. Diese toxische Eigenschaft eines Enzyms macht Phospholipasen A_2 zu einem bemerkenswerten Phänomen in der Proteinchemie. Nach einer gewissen Inkubationszeit blockieren diese toxischen Phospholipasen A_2 an der neuromuskulären Endplatte die **Freisetzung von Acetylcholin**, wobei die genauen Wirkungsmechanismen noch unklar sind. Letztlich führt dies jedoch auch zu einer **Lähmung der Muskulatur**, die nicht mehr erregt wird. Ob zwischen

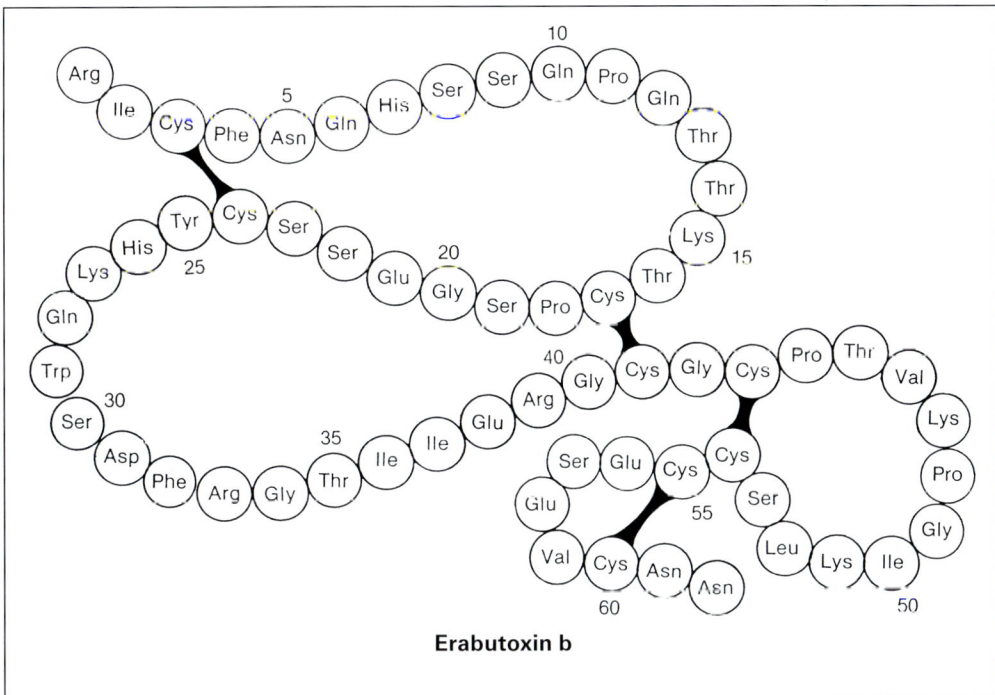

Abb. 3.67: Aminosäuresequenz und Lage der Schwefelbrücken des Erabutoxins, eines Neurotoxins aus dem Gift der Seeschlange *Laticauda semifasciata*, das den Acetylcholin-Rezeptor blockiert [29].

der Fähigkeit der Phospholipase A_2, Lipide (auch in Membranen) zu hydrolysieren, und deren hoher Toxizität ein direkter Zusammenhang besteht, ist umstritten. Voraussetzung ist jedoch sicher eine spezifische Bindung an einen Rezeptor oder Akzeptor in den nervösen Membranen [26, 32]. Jedenfalls haben diese Toxine letztlich eine Zerstörung der Synapse zur Folge, was auch erklärt, daß Antiseren bei Giften, die vorwiegend auf diese Weise das periphere Nervensystem angreifen, meist sehr ineffektiv sind.

Diese Phospholipase A_2-Toxine zeigen erstaunliche Variationen in ihrer Molekülstruktur. Sie bestehen entweder aus einer einzigen Polypeptidkette, die durch sieben Disulfidbrücken intramolekular stabilisiert ist (z.B. das **Notexin** aus dem Gift der australischen Tigerschlange, *Notechis scutatus*), oder sie bilden Komplexe mit anderen Peptiden, die die Toxizität des Enzyms potenzieren (z.B. das **Crotoxin** aus dem Gift der südamerikanischen Klapperschlange, *Crotalus durissus terrificus*), oder sie sind Komplexe aus drei oder vier strukturell homologen

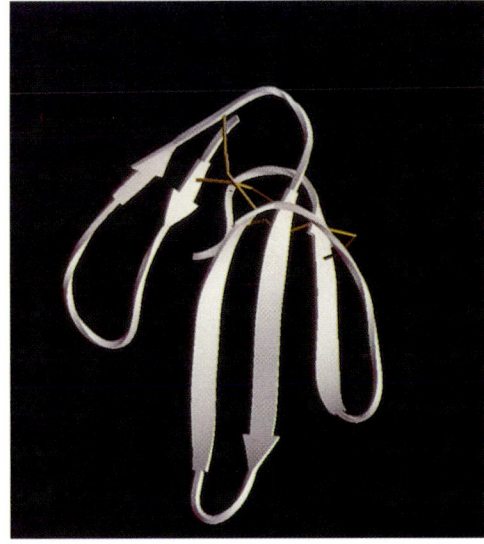

Abb. 3.68: Raumstruktur eines Neurotoxins, das an der postsynaptischen Membran angreift. Bemerkenswert ist, daß diese „Drei-Finger-Struktur" auch bei anderen Schlangengift-Toxinen beibehalten wird, obwohl diese gänzlich andere Wirkungsweisen entfalten: bei den Zyto-/Kardiotoxinen, dem Fasciculin (ein Cholinesterase-Inhibitor), bei Toxinen, die Muskarin-Rezeptoren hemmen oder Calcium Kanäle blockieren (Calciseptin) [30].

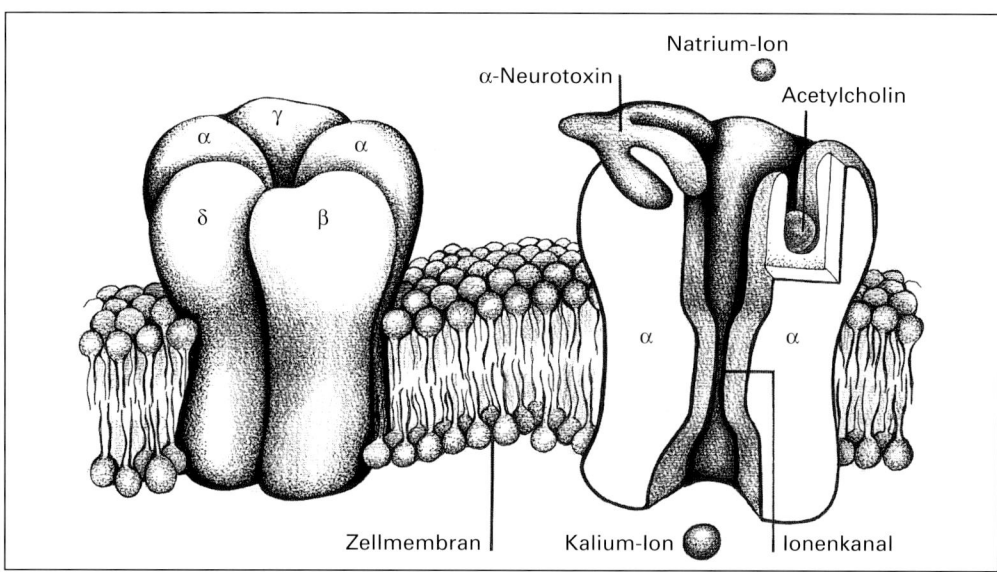

Abb. 3.69: Der nikotinische Acetylcholin-Rezeptor besteht aus fünf Untereinheiten (α bis δ), die die Zellmembran durchqueren und einen Ionen-Kanal für Natrium- und Kalium-Ionen bilden. Acetylcholin wird von der α-Untereinheit gebunden, was umgehend zum Öffnen des Kanals führt. Schlangengift-Toxine, wie die α-Neurotoxine, binden an der gleichen Stelle und blockieren den Kanal, indem sie sein Öffnen verhindern. Nach [31].

Enzymen (z.B. das **Taipoxin** aus dem Gift des australischen Taipans, *Oxyuranus scutellatus*) [24, 26, 33].

Polypeptide, die die **Transmitterfreisetzung** aus peripheren und zentralen Synapsen **verstärken,** finden sich vorwiegend in Mamba-Giften (*Dendroaspis* sp.). Diese auch als **Dendrotoxine** bezeichneten Giftkomponenten weisen in ihrer Struktur große Ähnlichkeiten zu **Proteinaseinhibitoren** wie etwa aus dem Pankreas auf, ohne jedoch Trypsin oder Chymotrypsin zu hemmen. Sie blockieren verschiedene Typen von potentialabhängigen **Kalium-Kanälen**, eine Eigenschaft, die ursächlich mit der verstärkten Transmitterfreisetzung in Zusammenhang steht [34, 35, 36, 37].

Wichtig sind noch die in vielen Elapiden-Giften oft in hoher Konzentration (30 bis 50%) vorkommenden **Zyto-** oder **Kardiotoxine** [38]. Es sind Polypeptide mit 60 bis 63 Aminosäuren und vier Disulfidbrücken, die zwar mit den „kurzen" Neurotoxinen Ähnlichkeiten (etwa in der Position der Disulfidbrücken) aufweisen, sich von diesen jedoch in einigen für die Toxizität wichtigen Positionen unterscheiden. In vitro zeigen sie gegenüber Zellen lytische Eigenschaften (z.B. Hämolyse), wobei in hoher Konzentration ein den Detergenzien ähnlicher Effekt der meist stark basischen Proteine zum Tragen kommt. Andererseits depolarisieren sie in noch sehr geringer Konzentration erregbare Membranen, bilden dort Kanäle oder aktivieren endogene Phospholipasen A. Insgesamt bewirken sie eine Reihe von **Membranveränderungen**, die in ihren Ursachen noch wenig verstanden sind. Auch ist der Anteil dieser Toxine, den sie am Vergiftungsgeschehen haben, unklar. Einige unter ihnen zeigen zumindest am Herzpräparat eine ausgeprägte kardiotoxische Wirkung.

Darüber hinaus enthalten Schlangengifte noch zahlreiche weitere Komponenten, deren genaue Wirkungsmechanismen z.T. noch unbekannt sind: u.a. **Cholinesterase-Inhibitoren** (Fasciculine) [39] und Toxine, die Calcium-Kanäle blockieren (Calciseptin; beide aus Mamba-Giften), wie auch Polypeptide, die sich gegenseitig in ihrer **Toxizität potenzieren**, Opiatrezeptoren blockieren etc. [40].

Wie bereits erwähnt, macht die spezifische Wirkung vieler Schlangengift-Toxine diese zu willkommenen Hilfsmitteln des Neurophysiologen bzw. -chemikers: so bei der Untersuchung des Acetylcholin-Rezeptors mittels α-Neurotoxinen (Abb. 3.69) oder von Kalium-Kanälen mittels Dendrotoxin [25, 41, 42]. Auch auf einem anderen Gebiet sind Schlangengifte durchaus von Interesse: in der Enzymchemie.

Enzyme. Nicht alle Schlangengifte enthalten Toxine wie die zuvor erwähnten, aber alle Schlangengifte weisen z.T. sehr hohe Enzymaktivitäten auf [43]. Gerade dann, wenn, wie in vielen Vipern-Giften, charakteristische Toxine fehlen, kommt den Enzymen eine wichtige Funktion im Vergiftungsgeschehen zu. Enzyme, die als Biokatalysatoren in Zellen und Organen den Stoffwechsel in Gang halten, werden in Schlangengiften für zwei Ziele eingesetzt: **Töten** und **Vorverdauung der Beute.**

Es erscheint paradox, daß auch Enzyme eine toxische Wirkung haben können. Das Beispiel mancher **toxischen Phospholipasen A_2** wurde bereits erwähnt. Bedenkt man ferner, daß im Schlangengift Gerinnungsenzyme enthalten sind oder Enzyme, die intaktes Gewebe innerhalb kurzer Zeit zersetzen, daß außerdem diese Enzyme in beachtlich hoher Konzentration vorliegen und beim Biß massiv eingesetzt werden, so fällt es schwer, eine klare Trennung in Toxine und ungiftige Enzyme vorzunehmen.

Alle bisher in Schlangengiften nachgewiesenen Enzyme katalysieren abbauende Reaktionen und haben damit einen ausschließlich destruktiven Charakter (zumindest ist das Gleichgewicht der Reaktion in diese Richtung verschoben). Es fehlen alle Enzyme, die in Synthesevorgänge eingreifen (wie etwa Gruppenübertragende Enzyme). Mit Ausnahme einiger Oxidoreduktasen spalten sie durch **Hydrolyse** eine Reihe von Bindungen: **Phosphorsäureester-, Carbonsäureester-, Glykosid-** und **Peptidbindungen.** Diese Enzyme kommen teilweise in allen Schlangengiften vor, einmal mehr, einmal weniger konzentriert (oder aktiv), z.T. sind sie aber exklusiv nur in einigen Schlangengiften nachzuweisen. So enthalten Elapidengifte praktisch keine Proteasen (Ausnahme: das Gift der Königskobra, Ophiophagus hannah), von geringer Peptidase-Aktivität einmal abgesehen. In Viperidengiften sind Proteasen reichlich enthalten. Andererseits findet sich Cholinesterase-Aktivität nur in einigen Elapidengiften, Aminosäureester-spaltende Enzyme nur in Viperidengiften [43].

Die in Schlangengiften vorkommenden Enzyme können fünf Hauptgruppen zugeordnet werden:

1. **Glykosid-Bindungen spaltende Enzyme.** In den meisten Schlangengiften ist eine **Hyaluronidase** enthalten, die das Mukopolysaccharid Hyaluronsäure depolymerisiert. Als Kittsubstanz der Zellen wird Hyaluronsäure durch das Enzym rasch abgebaut, so daß Haut und Gewebe leichter durchdringbar werden. Dies hat zur Bezeichnung Diffusionsfaktor („spreading factor") für dieses Enzym geführt. Zwar ist es durchaus vorstellbar, daß mit Hilfe des Enzyms die Diffusion anderer Schlangengift-Komponenten erleichtert wird, doch ist unklar, ob dies tatsächlich von ausschlaggebender Bedeutung ist.

2. **Phosphorsäureester-spaltende Enzyme.** Sie hydrolysieren mit teilweise hoher Spezifität Phosphomono- und -diester, so als **5′-Nukleotidase** z.B. Adenosinmonophosphat in Adenosin und Phosphorsäure. Eine direkte Beteiligung am Vergiftungsgeschehen wurde bisher nicht nachgewiesen, sie ist eher unwahrscheinlich.

3. **Carbonsäureester-spaltende Enyzme.** Die erwähnte **Phospholipase A_2** ist hier das wichtigste Enzym, das in allen Schlangengiften vorkommt [24, 33]. Es hydrolysiert Phospholipide unter Abspaltung einer Fettsäure, wobei gelöste wie auch in Membranen integrierte Phospholipide angegriffen werden. Diese Fähigkeit begründet die vielfältigen Aktivitäten des Enzyms: Als **Hämolysin** bewirkt es durch Bildung von Lysolecithin (aus Lecithin), daß Erythrozyten (allerdings nur in vitro) permeabel werden; als **Myolysin** zerstört es den Skelettmuskel und blockiert als **Neurotoxin** die Transmitterfreisetzung. Zwar scheint die enzymatische Zerstörung der Zellmembran auch hier eine gewisse Rolle zu spielen, doch ist zumindest bei den neurotoxischen Phospholipasen A_2 umstritten, ob und gegebenenfalls in welchem Umfang enzymatische und toxische Aktivitäten tatsächlich miteinander in Beziehung stehen. Sicher spielt gerade bei sehr toxischen Phospholipasen A_2, wie dem Taipoxin oder dem Crotoxin, das „Erkennen" der entscheidenden Stelle, die Bindung an einen Rezeptor, primär die wichtigste Rolle. Hierauf folgt wahrscheinlich eine rasche (enzymatische) Zerstörung der Membran, indem deren Phospholipid-Bausteine hydrolysiert werden und die Membran durchlässig wird. Es ist dies ein recht komplexer Vorgang, der bei weitem noch nicht vollständig verstanden wird.

Dies trifft auch für eine weitere Eigenschaft von manchen Phospholipasen A_2 zu: die Zerstörung der quergestreiften Muskulatur (**myolytische Aktivität**). Schon im Mikrogramm-Bereich bewirken sie eine fortschreitende Auflösung des Muskelgewebes [33, 34]. Es handelt sich dabei zum einen um **Phospholipasen A_2** (auch als **Myotoxine** bezeichnet), die nur eine relativ geringe Toxizität besitzen, andererseits aber auch um die schon erwähnten neurotoxischen Phospholipasen A_2 wie das Notexin und Taipoxin. Nicht zu verwechseln sind diese Myotoxine mit Toxinen aus Klapperschlangengiften, wie das Crotamin (aus dem Gift von Crotalus durissus terrificus). Dies sind Peptide mit 40 bis 46 Aminosäuren, die ebenfalls die Zerstörung von Muskelfasern initiieren [44].

Phospholipasen A_2 sind in Schlangengiften, aber auch in anderen tierischen Giften (Bienen, Skorpione, Krustenechse) weit verbreitet. In einigen Giften, so in australischen Elapidengiften, scheint noch eine Phospholipase B enthalten zu sein, die, auch als Lysophospholipase bezeichnet, Lysolecithin hydrolysiert [24].

Acetylcholinesterasen finden sich ausschließlich in Elapidengiften, vorwiegend in Kobra- (Naja-Arten) und Krait-Giften (Bungarus-Arten) [43]. Sie spalten in hoher Aktivität die Esterbindung von Cholinestern. Zwar scheint es naheliegend, daß das Enzym ebenfalls an Vergiftungsmechanismen beteiligt ist, etwa daß es an Synapsen den Transmitter Acetylcholin hydrolysiert. Dies ist jedoch nicht der Fall. Reine Enzyme sind vollkommen ungiftig und gelangen offenbar schon wegen ihrer Molekülmasse (über 100 000 Dalton) nicht an den vermuteten Wirkungsort. Interessant ist, daß Mambagifte (Dendroaspis sp.) Inhibitoren für dieses Enzym enthalten, sog. Fasciculine [36].

4. **Peptidbindungen spaltende Enzyme.** **Proteasen** oder **Peptidasen** sind Verdauungsenzyme und finden sich in hoher Konzentration in Viperidengiften. Sie sind z.T. in der Lage, auch native Eiweiße anzugreifen, also nicht erst nach deren vorheriger Denaturierung wie Trypsin oder Chymotrypsin. Es sind überwiegend **Endopeptidasen**, die Peptidbindungen in großen Eiweißmolekülen spalten. In einigen Elapidengiften wurden jedoch auch Peptidasen nachgewiesen, die kleine Peptide hydrolysieren. Ähnlich wie Trypsin spalten einige der Schlangengift-Proteasen auch die Esterbindung von synthetischen Argininestern wie Benzoylargininethylester (BAEE) oder Tosylargininmethylester (TAME) [43].

Einige der Schlangengift-Proteasen sind definitiv am Vergiftungsgeschehen beteiligt. Dies sind Enzyme, die in die **Blutgerinnung eingreifen** oder als **Hämorrhagine** Kapillaren zerstören, aber auch **Kininogenasen**, die das blutdrucksenkende Peptid Bradykinin im Blut freisetzen. Andere wiederum zerstören körpereigene Inhibitoren und initiieren damit die Autolyse.

Viperidengifte enthalten in hoher Aktivität **Gerinnungsenzyme**, die auf verschiedene Art und Weise die Blutgerinnung beeinflussen [45, 46, 47, 48, 49]. Als sog. **thrombinähnliche Enzyme** spalten sie vom Fibrinogen ein Peptid ab (Fibrinopeptid A oder B, selten beide) und bewirken damit dessen Polymerisation zum Fibrin. Andere **aktivieren Prothrombin zu Thrombin** (z.B. das Gift der Sandrasselotter, Echis carinatus) oder **Faktor X zu Xa** (z.B. das Gift der Kettenviper, Daboia russelli), manche sogar Faktor V zu Va. In allen Fällen führt dies zur Gerinnung des Blutes, es bilden sich in vitro Fibringerinnsel. Paradoxerweise finden sich jedoch in vivo, im Organismus also, nur selten Thrombosen, die Gefäße verschließen. Hingegen wird das Blut meist rasch ungerinnbar. Als Reaktion auf die vermehrt einsetzende Fibrin-Bildung wird das körpereigene fibrinolytische System aktiviert und die sich bildenden Gerinnsel werden umgehend aufgelöst. So kommt es, daß Gerinnungsfaktoren, die eigentlich das Blut zum Gerinnen bringen, zu seiner **Ungerinnbarkeit** führen (Abb. 3.70). Fibrinogen wird aufgebraucht, es resultiert eine **Verbrauchskoagulopathie** mit all ihren Komplikationen wie unstillbaren Blutungen aus Wunden oder ins Gewebe. Trotzdem setzt man einige dieser Schlangengiftenzyme, wie das Arwin® oder Ancrod (aus *Calloselasma-rhodostoma*-Gift) oder das Batroxobin® (aus *Bothrops-moojeni*-Gift) erfolgreich zur Behandlung von Thrombosen ein [47, 49, 50].

Zu erwähnen sind in diesem Zusammenhang einige Proteasen, wie Thrombocytin oder Crotalocytin, die die Aggregation von Blutplättchen (Thrombozyten) bewirken; andere Faktoren verhindern gerade ihre Aggregation.

Es war lange umstritten, ob **Hämorrhagine** in Schlangengiften proteolytische Eigenschaften besitzen. Inzwischen gilt es als gesicherte Erkenntnis, daß es sich um **hochspezifische Proteasen** handelt. Schon innerhalb weniger Minuten provozieren sie Blutungen ins Gewebe, nachdem die Kapillaren für Erythrozyten durchlässig geworden sind. In der Tat zerstören diese Hämorrhagine aus Vipern- und Klapperschlangengiften durch Hydrolyse die **Basalmembran**. Die für diese Gifte charakteristischen Blutungen und Gewebszerstörungen um die Bißstelle gehen auf die Aktivität dieser Proteasen zurück [51, 52]. Es sind **Metalloproteasen,** die ein Zink-Atom enthalten, das für ihre Aktivität wichtig ist. Diese Enzyme sind z.T. von sehr komplexer Struktur. Sie können aus mehreren Proteinbausteinen bestehen, die unterschiedliche Funktionen haben. An die Protease, die das Zink enthält, kann ein sog. Disintegrin angeschlossen sein, ein Protein,

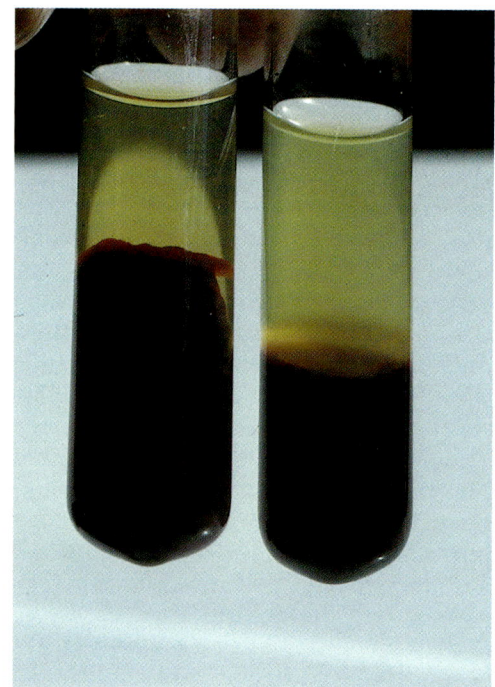

Abb. 3.70: Das Blut wird nach dem Biß einiger Viperiden für Tage und sogar Wochen ungerinnbar. Links: normal geronnenes Blut; rechts: Blut eines Patienten nach dem Biß einer Lanzenotter (*Bothrops* sp.), das ungerinnbar ist und in dem sich kein Fibringerinnsel gebildet hat.

das die Aggregation der Blutplättchen hemmt. Sie verhindert, daß die Löcher in den Blutkapillaren, die durch die Protease verursacht wurden, durch die Blutplättchen verstopft werden, und fördert hierdurch die Blutung ins umliegende Gewebe. Oft sind noch Proteine an das Disintegrin angekoppelt, wie ein besonders Cystein-reiches Protein gefolgt von einem Lektin, einem Protein, das Zucker bindet. Ihre Bedeutung für die hämorrhagische Wirkung ist noch unklar. Interessant ist jedoch, daß ähnlich aufgebaute Proteasen sich im Sperma von Säugetieren finden, wo sie eine ganz andere Funktion haben und hier möglicherweise am Verschmelzungsprozeß von Spermatozoon und Eizelle beteiligt sind [52, 53].

Kininogenasen (Kallikrein, kininfreisetzendes Enzym) setzen aus einem Plasmaprotein, dem Kininogen, das Peptid **Bradykinin** frei, welches die glatte Muskulatur erregt und einen raschen Blutdruckabfall bewirkt [43, 54, 55]. Der erste, schnelle Blutdruckabfall, der häufig bei Bißfällen (von Viperiden) beobachtet wird, könnte durch diese Enzymwirkung verursacht werden. Da das Kinin jedoch relativ schnell im Organismus inaktiviert wird, ist eine länger anhaltende Blutdrucksenkung damit jedoch nicht erklärbar und sicher auf andere Mechanismen zurückzuführen. Nicht zu vernachlässigen ist auf jeden Fall die Schmerzwirkung, die Bradykinin lokal hervorruft.

5. **L-Aminosäureoxidase.** Dieses Enzym, das L-Aminosäuren zu Ketosäuren oxidiert, steht praktisch am Ende der Verdauung von Proteinen, nachdem diese in kleine Peptide und Aminosäuren zerlegt wurden. Sicher sind Aminosäureoxidasen, die in fast allen Schlangengiften vorkommen, nicht an Vergiftungsmechanismen beteiligt. Gereinigte Enzyme sind nicht toxisch. Die prosthetische Gruppe des Enzyms, **Flavinnukleotid,** bewirkt die **gelbe Färbung** vieler Schlangengifte. Weiße Gifte enthalten folglich das Enzym nicht in nennenswerter Menge.

Vergiftungsumstände. Schlangenbisse sind ein ernstes Gesundheitsproblem in den Tropen. Betroffen ist hier der Feld- oder Waldarbeiter, die in ländlichen Regionen lebende Bevölkerung. Giftschlangen sind oft „Kulturfolger", wobei sie durch Ratten und Mäuse in menschlichen Behausungen angelockt werden. Schwere, nicht selten tödlich verlaufende Vergiftungen sind an der Tagesordnung. Genaues Zahlenmaterial über die Häufigkeit derartiger Bißunfälle gibt es nicht. Statistiken, die auf Meldungen von Krankenhäusern beruhen, sind mit Sicherheit viel zu niedrig, da der weitaus größte Teil der Betroffenen den örtlichen „Medizinmann" aufsucht, selbst Todesfälle werden dann kaum registriert. So ist eine Zahl von jährlich 40 000 Todesfällen weltweit, die auf älteren statistischem Material der Weltgesundheitsorganisation [56] beruht, unrealistisch, da sicher zu niedrig angesetzt. Auch Zahlen, die meist auf einer Untersuchung in einem eng umschriebenen Gebiet beruhen, führen oft zu Fehleinschätzungen. So ist eine Hochrechnung, daß allein in Westafrika jährlich mehr als 20 000 Menschen an den Folgen des Bisses der Sandrasselotter (*Echis* sp.) sterben, eher zu hoch gegriffen [57]. Für Europa und Nordamerika liegen etwas verläßlichere Zahlen vor, die in den betreffenden Kapiteln zu finden sind.

Schlangenbißverletzungen stellen in den gemäßigten Zonen ein eher seltenes Ereignis dar. Aber auch in den Tropen ist der Tourist und selbst der Abenteuerreisende kaum betroffen. In der Regel sind Giftschlangen im tropischen Regenwald, im Gras der Savanne etc. nur schwer zu entdecken. Selbst derjenige, der Giftschlangen sucht, wird sie nur mit viel Mühe und Aufwand und kaum ohne einheimische Unterstützung finden. Allerdings muß man stets mit ihnen rechnen.

Eine **Begegnung mit Giftschlangen** geschieht in der Regel **unerwartet** und stellt oft eine heikle, unfallträchtige Situation dar: Man trifft plötzlich auf eine gut getarnte Puffotter (*Bitis* sp.), die regungslos im Gras der afrikanischen Savanne liegt; Mokassinschlangen (*Agkistrodon piscivorus*) sammeln sich in Gruppen auf einem Baumstamm in den Sumpfgebieten Floridas; eine Lichtung im südamerikanischen Regenwald ist das Jagdgebiet der Lanzenotter (*Bothrops atrox*). Manche Giftschlangen, wie die australische Tigerschlange (*Notechis scutatus*), durchstreifen **nachts** das Ufer von Flüssen und Teichen auf der Jagd nach Fröschen. Kobras (*Naja* sp.) machen ebenfalls nachts Jagd auf Mäuse und kommen dann in Hütten und Häuser.

In den meisten Fällen verlaufen derartige Begegnungen glimpflich, die Schlange wird aufgeschreckt und zieht sich schnell zurück. Trotzdem kann es zu Unfällen kommen, wenn man unbeabsichtigt auf das Tier tritt; das ist die häufigste Art, sich einen Schlangenbiß zuzuziehen. Ein hohes Risiko geht jedoch derjenige ein, der einer fliehenden Schlange nachsetzt, sie zu fangen versucht oder verletzte Tiere anfaßt. In diesem Zusammenhang sei auf die zu beachtenden Vorsichtsmaßnahmen verwiesen.

In zunehmendem Maße werden Giftschlangen auch von **Privatpersonen** gehalten. Unter diesen gibt es zwar verantwortungsvolle Pfleger, jedoch auch eine nicht zu unterschätzende Zahl von Schlangenfreunden, die das Risiko sicher unterschätzen und im Umgang mit den Tieren die gebotene Vorsicht gröblich vernachlässigen. So ist auch in Europa mit Vergiftungen durch tropische Schlangen zu rechnen, deren Gefährlichkeit nur schwer einzuschätzen ist und über deren Verlauf besonders bei seltenen Arten keinerlei Informationen vorliegen. Viele Unfälle geschehen beim Füttern der Schlangen. Die durch den Geruch des Futtertieres erregte Schlange beißt blitzschnell zu und erwischt dabei anstelle der Maus die Hand des Pflegers. Ein derartiger Beutebiß ist besonders gefährlich, da in aller Regel in nicht unbeträchtlicher Menge Gift injiziert wird. Abwehrbisse verlaufen hingegen nicht selten „trocken", d.h. es wird kein Gift injiziert.

Über die Häufigkeit derartiger Unfälle bei Schlangenpflegern gibt es keine genauen Statistiken. Sie stellen den behandelnden Arzt jedoch oft genug vor schwierige therapeutische Probleme (die Diagnose ist meist unproblematisch, da der wissenschaftliche Name des Tieres in der Regel bekannt ist). Spektakuläre Maßnahmen (Hubschraubereinsatz zur Antiserum-Beschaffung etc.) erregen die Aufmerksamkeit der Medien, was latent die Frage aufkommen läßt, ob die Giftschlangenhaltung in Privathand nicht verboten werden sollte. Der sorglose und leichtsinnige Umgang mit Giftschlangen, der zu Bißverletzungen führt (Alkoholeinfluß spielt bei derartigen Unfällen eine nicht gerade untergeordnete Rolle), diskreditiert somit oft genug den verantwortungsvollen Schlangenpfleger.

Vergiftungssymptomatik. Die unterschiedliche Giftzusammensetzung der einzelnen Schlangenarten läßt vielerlei Vergiftungssymptome erwarten. Die Einteilung der Giftschlangen in die durch ihren Biß verursachten klinischen Symptome ist nicht unproblematisch. Für jede Gruppe gibt es Ausnahmen, wobei oft geradezu gegenteilige Symptome auftreten. Ganz allgemein lassen sich jedoch fünf Symptomkomplexe unterscheiden.

● **Neurotoxische Wirkung** ist den meisten Elapiden- (Kobras, Kraits, Korallenschlangen), aber auch den meisten Seeschlangen Giften zuzuschreiben. Hochspezifische Toxine blockieren die neuromuskuläre Erregungsübertragung an der Nervenendplatte (Synapse). Hingegen ist eine zentrale Wirkung nicht gegeben. Ebenfalls neurotoxisch wirkt das Gift der südamerikanischen Klapperschlange, *Crotalus durissus terrificus*. Die nach einem Biß sich entwickelnden Symptome beginnen meist mit einer **Lähmung** der Augenmuskeln („starrer Blick"), der Lider (Ptosis) und der Gesichtsmuskulatur; die fortschreitende Lähmung der Muskulatur, letztlich auch der Atemmuskulatur, führt unbehandelt zum Tode.

● Die **Muskulatur schädigende Wirkung** ist für die Gifte mancher Seeschlangen (*Enhydrina schistosa*) und einiger australischer Elapiden charakteristisch. Neben neurotoxischen Komponenten enthalten diese Gifte ein Enzym (Phospholipase A_2), welches die quergestreifte Muskulatur direkt angreift und sie zersetzt. Im Vergiftungsfall führt dies zu **Muskelschmerzen** in der Region um die Bißstelle, es ist oft aber auch die Muskulatur anderer Körperregionen betroffen. Der **Urin** ist dunkelbraun gefärbt. Es handelt sich dabei um Myoglobin, nicht, wie oft fälschlich angenommen wird, um Hämoglobin. Eine Hämolyse liegt nicht vor und ist im übrigen bei Schlangenbissen ein eher seltenes Symptom. Die massive Freisetzung von Myoglobin führt in nicht wenigen Fällen zu **Nierenversagen.**

● **Störungen der Blutgerinnung** sind vor allem für Vipern- und Grubenottergifte charakteristisch, treten aber auch nach dem Biß mancher Trugnattern (*Dispholidus, Thelotornis* spp., *Rhabdophis* spp.) auf. Klinisch zeigt sich dies in einer extrem verlängerten Gerinnungszeit bis zur kompletten **Ungerinnbarkeit des Blutes** (Verbrauchskoagulopathie), jedoch findet sich meist keine Thrombose-Neigung. Diesem Symptomkomplex liegt eine Aktivierung von Gerinnungsfaktoren wie Faktor X (durch *Daboia-russelli*-Gift), von Prothrombin (durch *Echis*-

Gift) oder eine direkte Fibrinogen-Spaltung (durch Grubenotter-Gifte) zugrunde. Offenbar sind diese Schlangengift-Faktoren im Kreislauf sehr stabil. Die Ungerinnbarkeit des Blutes kann Tage und Wochen anhalten. Durch die gleichzeitige Aktivierung von Fibrinolyse kommt es in der Regel nicht zur Bildung von Thromben, doch tritt als Komplikation eine **verstärkte Blutungsneigung** auf. Erste Symptome sind unstillbare Schleimhautblutungen (Zahnfleisch, Nasenbluten). Ein einfacher Quicktest gibt rasch Aufschluß über den Gerinnungsstatus. Innere, nicht beherrschbare Blutungen sind Komplikationen mit möglicher Todesfolge.

- **Schwellung (Ödem)** und **Gewebszerstörung (Hämorrhagie, Nekrose)** um die Bißstelle sind für viele Grubenottern- (Klapperschlangen etc.), aber auch für Vipern-Gifte charakteristisch. Schon kurze Zeit nach dem Eindringen des Giftes in das Gewebe kommt es zur lokalen Zerstörung der Gefäßwände, Blut tritt durch die Kapillaren und breitet sich im Gewebe aus. Meist gleichzeitig entwickelt sich ein massives Ödem. Blasenbildung und Unterblutungen der Haut, die aufbrechen, führen zu ausgedehnten Gewebsnekrosen, was mitunter zum Verlust einer Extremität führen kann. Die Ödembildung kann sehr umfangreich sein, so daß es zu **Bluteindickung** (Hämokonzentration) und Schock kommt. Nicht selten sind 2 bis 3 l Flüssigkeit in einem derartigen Ödem extravasal vorhanden. Die Gefahr einer Durchblutungsstörung durch den Gewebsdruck (Kompartmentbildung) ist im betroffenen Körperteil zwar latent vorhanden, tritt tatsächlich aber nur selten auf.

- **Herz- und Kreislaufbeschwerden** sind häufige Reaktionen auf einen Schlangenbiß. Herz- und Kreislaufversagen scheint bei Elapiden-Giften auf Elektrolyt-Verschiebungen, Freisetzung von Natrium und Kalium (aus Muskulatur?) zurückzuführen zu sein, weniger auf die Wirkung direkt kardiotoxischer Proteine. Der rasche Blutdruckabfall nach dem Biß von Vipern und Grubenottern wird wahrscheinlich durch das Gift initiiert, etwa durch Freisetzung blutdrucksenkender Plasmafaktoren. Diese Wirkung ist zweiphasig: Ein kurzer Blutdruckabfall wird von einer langanhaltenden Senkung gefolgt. Eine **Schocksymptomatik** entwickelt sich häufig infolge massiver Flüssigkeitsverschiebungen (Ödembildung, Blutungen, hämorrhagischer bzw. hypovolämischer Schock).

Selten findet man bei einem Schlangenbiß nur ein charakteristisches Symptom. Als deutlichen Hinweis auf eine beginnende Vergiftung läßt sich eine rasch einsetzende Schwellung um die Bißstelle, vor allem bei Vipern und Grubenottern, werten. Hingegen sind Erbrechen, Blässe, Schweißausbruch nicht unbedingt typische Vergiftungssymptome, sie können bei einem aufgeregten Patienten auch psychisch bedingt sein.

Allergische Reaktionen treten mitunter auch bei Personen auf, die bereits einen Giftschlangenbiß in der Vorgeschichte aufzuweisen haben. Anaphylaktische Reaktionen wie Ohnmacht, Blutdruckabfall, Ödeme im Gesicht, Hämokonzentration etc. sind in diesen Fällen nicht primär auf eine direkte Giftwirkung zurückzuführen, sondern sind allergisch bedingte Reaktionen auf Fremdeiweiß, das Schlangengift [58, 59].

Erste Hilfe. Wie bei kaum einer anderen Vergiftung tierischen Ursprungs gibt es bei Schlangenbissen zahlreiche Empfehlungen und Hinweise zur Behandlung und zu Maßnahmen, die man sofort treffen sollte. Diese reichen vom Abwarten bis zur Elektroschockbehandlung, sofortiger Amputation des betroffenen Fingers etc. Tatsächlich reduzieren sich Erste Hilfe und die anschließende Behandlung jedoch auf wenige, inzwischen durchaus erprobte und etablierte Maßnahmen, die mit geringen Modifikationen für alle Schlangenbisse gültig sind.

Giftschlangenbisse sollten nicht unterschätzt, aber auch nicht überschätzt werden. Nicht jeder Biß führt zu Vergiftungssymptomen, da häufig bei sog. Abwehrbissen kein Gift injiziert wird. Trotzdem sollte **jeder Bißfall grundsätzlich als eine ernste, komplikationsträchtige Vergiftung** angesehen werden, bis beispielsweise anhand der auftretenden Symptomatik (oder ihres Fehlens) und von Laborbefunden der jeweilige Fall in seiner Schwere eingeschätzt werden kann.

Wichtigste Maßnahme ist daher der **unverzügliche Transport** des Gebissenen **zum nächsten Arzt** oder **Krankenhaus**. Erste-Hilfe-Maßnahmen sind daher auf das Notwendigste zu beschränken und ohne Zeitverlust durchzuführen. Hierzu gehört primär das Beruhigen des Betroffenen. Angst und hysterische Reaktionen überdecken oft tatsächliche Vergiftungssymptome. Panik, auch unter den Begleitern, macht rationale Entscheidungen oft unmöglich.

Der **betroffene Körperteil ist ruhig zu stellen.** Erfolgte der Biß in die Hand, so ist der Arm in einer Schlinge zu tragen. Das gebissene Bein oder der Fuß sollten geschient werden. Wann immer möglich, ist liegender Transport angebracht. Grundsätzlich sind Bewegungen zu vermeiden, Muskelkontraktionen bewirken eine raschere Ausbreitung des Giftes. Ringe und Armbänder sind wegen des sich ausbreitenden Ödems sofort zu entfernen.

Wenn möglich, sollte die **Giftschlange identifiziert** werden. Wurde sie mit einer ungiftigen Schlange verwechselt (durchaus nicht selten), so bleiben Vergiftungssymptome aus. Die Identifizierung der Schlange ist besonders in den Tropen wichtig, wenn ein monovalentes Antiserum eingesetzt werden soll (was jedoch inzwischen immer seltener möglich ist). Wurde die Schlange getötet, so ist nach wie vor Vorsicht geboten, auch nach dem Tod bleiben bei der Schlange Beißreflexe noch einige Zeit erhalten. Das tote Tier ist daher nur mit einem Stock zu berühren und in einem Sack oder festen Behältnis zu transportieren.

Ist ärztliche Hilfe erst im Verlauf mehrerer Stunden erreichbar, so ist Flüssigkeit als Wasser zu verabreichen, keinesfalls in Form von Kaffee oder alkoholischen Getränken. Gemäß den auftretenden Symptomen (Schock, Lähmungserscheinungen) sind die entsprechenden Maßnahmen durchzuführen (Schocklage, Beatmung etc.).

Dies sind eigentlich schon die wichtigsten Erste-Hilfe-Maßnahmen. Alle weiteren, auch in der Literatur angegebenen, sind besser zu unterlassen. Das häufig noch angewandte Abbinden des Armes oder Beines durch Anlegen einer Staubinde ist inzwischen als gefährlich erkannt. Es führte oft genug zur kompletten Unterbrechung der Blutzirkulation, was bei längerem Abbinden schwere Schäden zur Folge hat. So muß bei stundenlanger Unterbrechung jeglichen Blutflusses in der Regel der Finger oder die Hand amputiert werden. Gerade bei Vipern-, vor allem aber bei Crotalidenbissen verstärkt Abbinden die Ödembildung und lokale Gewebsnekrosen.

Zu erwähnen sind noch Maßnahmen, die in Australien offenbar erfolgreich durchgeführt werden. Hierbei handelt es sich jedoch ausschließlich um Elapidenbisse mit geringer lokaler Wirkung (Ödem). Von der Bißstelle ausgehend wird der Arm oder das Bein, letzteres überdies durch eine Schiene fixiert, mittels einer elastischen Binde fest bandagiert, etwa in dem Maße, wie man einen verstauchten Fuß bandagiert, ohne daß das **Bandagieren** selbst schmerzhaft ist. Dieser Maßnahme liegt die Überlegung zugrunde (für die es auch eine experimentelle Grundlage gibt), daß das injizierte Gift überwiegend über die Lymphbahnen und die Kapillaren im Körper vordringt und erst über den Kreislauf die Wirkorte (motorische Endplatten, Muskulatur etc.) erreicht. Diese als „pressure/immobilization technique" bezeichnete Methode soll den Lymphstrom und den Blutfluß in den Kapillaren verlangsamen, jedoch nicht vollständig unterbrechen. Sie wird in Australien propagiert und angewandt, zahlreiche Erfahrungsberichte bestätigen einen **verzögerten Vergiftungsverlauf**. Dies ist vor allem dann von Bedeutung, wenn ärztliche Hilfe erst nach Stunden erreichbar ist. Es ist vorstellbar, daß diese Methode auch für andere Elapidenbisse, etwa von Kobras, Kraits, Korallen- oder Seeschlangen, anwendbar ist, vor allem bei jenen, die primär eine neurotoxische Symptomatik bewirken. Erfahrungen liegen jedoch nur vereinzelt vor. In Südafrika hat sich diese Methode nicht bewährt [61].

Diese Methode ist nicht angebracht, wenn es sich um Gifte handelt, die primär lokale Gewebsschäden bewirken, wie viele Vipern- und Grubenotter-Gifte. Das Bandagieren verhindert die in der Regel gefahrlose Ausbreitung des Ödems, bewirkt dadurch einen starken lokalen Gewebsdruck und verstärkt damit die hämorrhagische und gewebezerstörende Wirkung des Giftes.

Grundsätzlich ist zu bedenken, daß die Anwendung dieser Technik zeitaufwendig ist. Ein rascher Transport zum nächsten Arzt ist in der Regel vorzuziehen. Auch muß bei Lockerung oder Abnahme der Bandagen mit einem raschen Einströmen des Giftes aus dem Gewebe gerechnet werden, so daß alle Vorbereitungen zur Antiserum-Therapie getroffen sein müssen.

Das **Aussaugen der Bißstelle** ist weitgehend **wirkungslos**. Der ausgeübte Saugunterdruck reicht keineswegs aus, bereits in das Gewebe eingedrungenes Gift wieder herauszulösen. **Einschneiden, Inzisionen,** oder gar das Ausschneiden der Bißstelle mit Messer oder Rasierklinge sind unbedingt zu **unterlassen**. Abgesehen von der Möglichkeit, Sehnen und Nerven zu durchtrennen, entsteht hierdurch bei einer Blutgerinnungsstörung eine größere Blutungsquelle. Hämorrhagische Gewebsnekrosen breiten sich hernach überdies leichter aus. Gerätschaften, die kommerziell vertrieben werden und durch Einstechen zahlreicher (unsteriler) Nadeln oder Nägel oder als Schießapparat mittels zahlreicher Messerchen die Bißstelle derart erweitern sollen, daß Blut und Gewebsflüssigkeit austreten, die durch Unterdruck mittels eines Schröpfkopfes oder Spritze abgesaugt werden, setzen ebenfalls neue, teilweise ausgedehnte Gewebsschäden (die Infektionen geradezu provozieren). Die bisher vorliegenden Erfahrungen mit derartigen Gerätschaften lassen keineswegs eine positive Wirkung auf den Vergiftungsverlauf erkennen [62]. Trotz ihrer Anwendung kam es zu schweren systemischen Vergiftungen, die eigentlich hätten verhindert werden sollen. Auch Empfehlungen zu heroischen Amputationen etwa von Fingern (Abhacken oder gar Abschießen) haben eher anekdotischen Charakter.

Das **intensive Kühlen** der Bißstelle, die sog. Kryotherapie, etwa durch Einpacken in Eis, hat ebenfalls nur **negative Einflüsse auf den Vergiftungsverlauf**. Durchblutungsstörungen, ja sogar Frostbeulen und Erfrierungen, führen im Zusammenwirken mit dem Gift zu ausgedehnten Gewebsnekrosen. Hierfür gibt es eindrucksvolle Belege [63, 64].

Das **Einreiben** oder gar **Injizieren** von **Hausmitteln**, u.a. Kaliumpermanganatkristalle in die Bißstelle, ist ebenfalls **obsolet**. Unter den zahlreichen, von Naturvölkern, aber auch in der chinesischen und ayurvedischen Medizin bei Schlangenbissen angewandten meist pflanzlichen Mitteln findet sich kein einziges, das den Vergiftungsverlauf positiv beeinflußt. So hat es einige Zeit und Mühe (abgesehen von den Versuchstieren) gekostet, die von chinesischer Seite [65] empfohlene Injektion von Trypsin (soll Schlangengift-Proteine inaktivieren) als wirkungslos und nicht ungefährlich zu qualifizieren [66, 67].

Hin und wieder erscheinen selbst in der seriösen Fachpresse eher exotische Behandlungsmethoden. So wurde vor einigen Jahren die Anwendung von **Elektroschocks** (25 kV bei 1 mA) als Erste-Hilfe-Maßnahme bei Schlangenbissen empfohlen [68]. Es dauerte nicht lange, bis ein entsprechendes Gerät entwickelt wurde („stun gun"), mit dem man Stromschläge an der Bißstelle applizieren kann. Es gibt jedoch keinerlei Hinweise auf eine positive Wirkung dieser Methode. Da sie nicht ganz ungefährlich ist und oft genug eine Antiserumtherapie unterbleibt, **muß davor gewarnt werden** [69].

Zuletzt sei erneut eindringlich darauf hingewiesen, daß die **Verabreichung von Antiserum keine Erste-Hilfe-Maßnahme ist. Antiserum soll und darf nur von einem Arzt, der auf alle Risiken und Komplikationen vorbereitet ist, angewandt werden.** Die weit verbreitete Vorstellung, man müsse auf seinem Abenteuer-Urlaub nur das entsprechende Antiserum mitnehmen (welches im übrigen ständig kühl transportiert werden müßte), um es sich im Bißfalle selbst zu injizieren, ist in hohem Maße gefährlich. Das Risiko, an den Komplikationen einer Antiserum-Injektion zu sterben, ist unter diesen Umständen sehr groß und selbst bei einer schweren Vergiftung nicht gerechtfertigt.

Therapie. Wie bereits betont, stellt ein Giftschlangenbiß eine ernste, komplikationsträchtige Vergiftung dar. Die Schwere der Vergiftung ist nicht leicht zu beurteilen, ein psychisch überreagierender Patient kann Symptome einer Vergiftung vortäuschen, obwohl ihm beim Biß kein Gift injiziert wurde. Ein beschwerdefreier, subjektiv symptomloser Patient kann bei genauer klinischer Untersuchung eine komplette Verbrauchskoagulopathie aufweisen; ein anderer zeigt erst nach Stunden Lähmungserscheinungen. Trotz dieser Vorbehalte kann gesagt werden, daß die **Prognose einer rechtzeitig behandelten Vergiftung in der Regel gut** ist und nur selten ein tödlicher Ausgang befürchtet werden muß. Folgeschäden beschränken sich meist auf lokale Gewebsnekrosen.

Diagnose. Was die Diagnose einer Vergiftung nach Schlangenbiß betrifft, so ist sie primär aus den Angaben des Patienten, den Bißmarken, sofern vorhanden (nicht immer sind sie sichtbar, werden manchmal mit Kratzspuren verwechselt) und den auftretenden Symptomen zu erstellen. Bisher gibt es nur für Australien einen praktikablen Test-Kit (Venom Detection Kit, immunologischer Nachweis von Giftantigenen), mit dem aus Gewebsflüssigkeit (Bißstelle), Blut und Urin sogar die Schlangenspezies zu ermitteln ist, die für den Biß in Frage kommt. So muß man sich in den meisten Fällen jedoch, was die Identifizierung der Schlange angeht, auf die Angaben des Patienten verlassen, es sei denn, er hat das betreffende Tier (tot oder lebendig) mitgebracht. In Europa sind diese Probleme weniger akut, die Artenzahl der Giftschlangen ist relativ klein und beschränkt sich auf Vipern, die alle ähnliche Symptome hervorrufen. Bei exotischen Schlangen, die in Terrarien gehalten werden, sind die Artnamen dem Pfleger in der Regel bekannt. Häufig ist auch zu klären, ob überhaupt eine Giftschlange beteiligt ist bzw. ob überhaupt Gift injiziert wurde.

Schlangen hinterlassen beim Zubeißen mehr oder minder charakteristische **Bißmarken.** Bei Vipern und Giftnattern sind dies, abhängig von der Größe des Tieres, zwei in variablem Abstand nebeneinander liegende punktförmige Einstiche. Häufig genug ist die Einstichstelle aber nur schwer zu entdecken, wenn sich bereits Gewebsveränderungen etabliert haben. Manchmal ist nur eine Einstichstelle vorhanden oder es zeigen sich mehrere hintereinander liegende Einstiche. So wird man sich auf diese Zeichen nur selten verlassen können, schon gar nicht, wenn es sich um eine Trugnatter handelt, deren Biß erwartungsgemäß zumindest eine oder zwei Zahnreihen abbilden sollte, da der eigentliche Giftzahn weit hinten im Rachen liegt.

Eine eingetretene Vergiftung äußert sich in Symptomen, die je nach Menge des verabreichten Giftes (und seiner Aktivität) sehr unterschiedlich (zeitabhängig, schwer oder leicht) ausfallen können. Selten tritt nur ein charakteristisches Symptom auf. Ganz allgemein, wenn auch mit gewissen Einschränkungen, läßt sich sagen, daß eine **rasch einsetzende Schwellung** um die Bißstelle für Vipern (auch außereuropäische) und Grubenottern ein deutlicher Hinweise auf eine beginnende Vergiftung ist. Bei Elapiden können diese lokalen Symptome weniger ausgeprägt sein, z.T. sogar fehlen (australische Elapiden, Kraits). Erbrechen, Blässe, Schweißausbruch sind hingegen nicht unbedingt typische Symptome, sie können durchaus psychischen Ursprungs sein. Überhaupt ist es schwierig, bei stark agitierten Patienten zwischen Vergiftungssymptomen und psychischen Reaktionen zu unterscheiden. Hier ist die Verabreichung eines Sedativums (Benzodiazepine) oft hilfreich.

Neben einem sich **ausbreitenden Ödem** um die Bißstelle, u.U. mit bläulich-roter Verfärbung und Unterblutung, sind selbst geringe Anzeichen wie **Störung der Augenbewegung** und des Hebens der Lider (bei Elapidenbissen) deutliche Symptome einer sich etablierenden Vergiftung (neurotoxische Symptomatik). In allen Fällen sind **Blutuntersuchungen,** d.h. **Gerinnungstests,** durchzuführen, schon eine zwei- bis dreimal verlängerte Thrombinzeit gibt erste Hinweise auf eine Störung der Blutgerinnung. Manche Gifte (*Echis-*, *Bothrops-*Arten) führen schon nach 10 bis 20 Minuten zu erheblicher Verlängerung der Gerinnungszeit bzw. zur kompletten Ungerinnbarkeit des Blutes.

Ein drastischer **Anstieg der Serumkreatinkinase-Aktivität** (aus Skelettmuskulatur freigesetzt) ist ein Hinweis auf eine **myolytische Wirkung** (einige Elapiden). Braunschwarzer Urin (hierbei handelt es sich um Myoglobin, nicht um Hämoglobin) weist ebenfalls darauf hin. Eine Hämoglobinurie und intravaskuläre Hämolyse sind hingegen äußerst selten. Bei einer **Myoglobinurie** besteht akut die Gefahr eines Nierenversagens, so daß kontinuierlich die Urinausscheidung zu kontrollieren ist. Ausgedehnte Ödeme und innere Blutungen führen zu massiven Flüssigkeitsverschiebungen (Schockgefahr), was durch Kontrolle von **Hämatokrit** (auch zur Kontrolle innerer Blutungen) und von Elektrolyten überprüft werden kann.

Sind Anzeichen einer Vergiftung zu erkennen, müssen umgehend intensivmedizinische Maßnahmen eingeleitet werden, um auf alle Komplikationen (Schock, Lähmungserscheinungen, Blutungen) vorbereitet zu sein. Auch beim Fehlen von Vergiftungssymptomen ist der Patient über 12 Stunden zu überwachen, über diesen Zeitraum hinaus ist dann nicht mehr mit einer Vergiftung zu rechnen.

Spezifische Therapie. Die Anwendung von **Antiserum** ist die einzige spezifische Therapie eines Giftschlangenbisses. Sie ist jedoch eher restriktiv zu handhaben. Die Erfahrung zeigt, daß Antiserum keineswegs in jedem Fall angebracht ist, seine Anwendung oft sogar überflüssig ist. Dies trifft z.B. für europäische Vipern zu; Antiseren sind hier nur in wirklich schweren Fällen anzuwenden. Ihre Eigenschaften, ihre Anwendung (Methoden und Risiken), Vorsichtsmaßnahmen, Erfolg etc. wurden bereits im allgemeinen Teil beschrieben.

Symptomatische Behandlung. Obwohl die **Mortalitätsrate** unbehandelter Schlangenbisse nur schwer abzuschätzen ist – sie schwankt je nach Schlangenart zwischen **2 und 20%**, kann in Einzelfällen (Mambas, Taipan) auch höher liegen; bei europäischen Schlangen tendiert sie gegen Null – sollte man nicht in Panik verfallen, wenn z.B. ein Antiserum (bei seltenen Giftschlangen etwa) nicht zur Verfügung steht. Eine intensive Überwachung des Patienten und eine konsequente symptomatische Behandlung sind oft genug lebensrettend. Dennoch sollte man einen Giftschlangenbiß nicht unterschätzen und auf alle Komplikationen und auch ungewöhnliche Verlaufsformen vorbereitet sein.

Eine symptomatische Therapie soll daher die Antiserum-Therapie ergänzen und ist immer dann angebracht, wenn letztere nicht sinnvoll ist oder nicht durchgeführt werden kann (s. oben). Grundsätzlich ist auch bei leichten Vergiftungen der Patient mindestens über 24 Stunden zu beobachten. Kinder und ältere Menschen stellen auch hier Risikopatienten dar.

Bei ausgedehnten Ödemen und Blutungen ist durch sorgfältige Kontrolle des Blutvolumens (**Hämatokrit**) und der **Serumelektrolyte** durch Infusionen ein hypovolämischer Schock in der Regel leicht zu vermeiden. Die oft massive Anwendung von Kortikosteroiden hat keinen erkennbaren Einfluß auf den Vergiftungsverlauf. Bei Gerinnungsstörungen ist die Infusion von Gerinnungsfaktoren (Fibrinogen) und Thrombozytenkonzentraten meist nur von kurzfristiger Wirkung und in der Regel wenig erfolgreich. Heparin ist in diesem Fall wirkungslos. **Intubation**, gegebenenfalls auch Tracheotomie, und Beatmung sind beim Auftreten einer Lähmung der Atemmuskulatur sofort vorzunehmen. Plötzliches Nierenversagen (oft in Verbindung mit Gerinnungsstörungen, massives Auftreten von Fibrinspaltprodukten) macht u.U. eine **Hämodialyse** notwendig, die mitunter schon nach wenigen Tagen mit abklingender Vergiftung zu normalen Nierenfunktionen führt.

Grundsätzlich sind Schlangenbisse **kein chirurgisches Problem**. Nur allzu oft läßt sich der Kliniker aber von einem massiven Ödem derart beeindrucken, daß eine Faszienspaltung (Fasziotomie) größeren Umfangs vorgenommen wird. Dies kann eine komplikationsträchtige Narbenbildung (u.U. Sensibilitätsstörungen, Bewegungseinschränkungen) zur Folge haben. Die befürchtete Kompartmentbildung mit Unterbrechung des Blutflusses ist bei Schlangenbissen eine extreme Ausnahme. Eine Fasziotomie ist daher nur auf die wenigen Fälle beschränkt, wo sich durch Ultraschalldiagnostik (Dopplereffekt) ein **Kompartmentsyndrom** eindeutig nachweisen läßt. Dies betrifft meist nur Fälle, in denen eine Behandlung erst nach Tagen erfolgt und der Patient etwa einen extrem geschwollenen, zyanotisch verfärbten Arm aufweist, und der Puls kaum mehr fühlbar ist. Auch das manchmal (vor allem bei amerikanischen plastischen Chirurgen [70]) empfohlene großzügige chirurgische Vorgehen, anscheinend nekrotisches Gewebe, u.a. Muskulatur, auszuräumen, führt zu eher negativen Ergebnissen (u.a. Muskelschwund).

Selbst bei ausgedehnten **lokalen Gewebsnekrosen** ist zunächst größte Zurückhaltung zu üben. Nekrotisches Gewebe sollte erst nach mehreren Tagen abgetragen werden. Radikales Vorgehen verhindert nicht den Gewebsverlust und führt in vielen Fällen zu bleibenden Schäden. Auf Sterilität der großflächigen Verletzungen ist wie bei Verbrennungen zu achten. Bei größerem Gewebsverlust können Hauttransplantationen und selbst Amputationen notwendig werden. Selten kommt es durch den Schlangenbiß selbst zu Infektionen. Tetanusprophylaxe ist jedoch stets angezeigt. Bei einer **erneuten Bißverletzung** steht die betreffende Person, vor allem wenn Antiserum angewandt wurde, unter **erhöhtem Risiko**. Außerdem tritt als Reaktion auf das verabreichte Antiserum bei nicht wenigen Patienten nach 8 bis 10 Tagen die sog. **Serumkrankheit** auf. Es ist dies ebenfalls eine **allergische Reaktion**. Sie äußert sich in einem stark juckenden Hautausschlag (Urtikaria) am ganzen Körper, u.U. treten auch Ödeme, Gelenkschmerzen, geschwollene Lymphknoten und Schwächegefühl in den Extremitäten hinzu. Wenn größere Mengen Antiserum (mehr als 50–80 ml) verabreicht wurden, ist eine Serumkrankheit fast unausweichlich. Mit dem Auftreten erster Symptome (**Urtikaria**) wird die Anwendung von Kortikosteroiden (Prednison, 10 mg, etwa im Abstand von 6 Stunden, bei schwerer Symptomatik auch die intravenöse oder intramuskuläre Injektion von 10 mg Dexamethason) empfohlen [71]. Zu bemerken ist, daß diese Erkrankung nichts mit einer verspäteten Giftwirkung, die es bei Schlangengiften nicht gibt, zu tun hat, wie mitunter fälschlich angenommen wird.

Wie bei fast allen Vergiftungen durch Tiere hat auch ein überstandener Schlangenbiß, selbst bei schwerem Vergiftungsverlauf, in der Regel keine Spätschäden oder chronischen Beschwerden zur Folge, sieht man einmal von lokalen Nekrosen um die Bißstelle ab. Oft genug ist eine entstellende oder die Bewegungsfähigkeit einschränkende Narbenbildung auf eine unnötige chirurgische Intervention zurückzuführen.

Literatur

[1] Underwood, G., Classification and distribution of venomous snakes in the world. In: Snake venoms (C.Y. Lee, ed.), Handb. exp. Pharmak. 52, S. 15, Springer Verl., Berlin (1979).

[2] Phelps, T., Poisonous snakes. Blandford Press, London (1989).

[3] Parker, H.E., Grandison, A.G.G., Snakes – a natural history. Cornell Univ. Press, Ithaca (1977).

[4] Greene, H.W., Snakes, the Evolution of Mystery in Nature. Univ. Calif. Press, Berkeley (1997).

[5] Gygax, P., Entwicklung, Bau und Funktion der Giftdrüse (Duvernoy's gland) von *Natrix tesselata*. Acta Trop. 28, 225 (1971).

[6] Harding, K.A., Welch, K.R.G., Venomous snakes of the world. A checklist. Pergamon Press, Oxford (1981).

[7] Klemmer, K., Liste der rezenten Giftschlangen. In: Die Giftschlangen der Erde. Behringwerke-Mitt., S. 255, Elwert Univ. Verlagsges-Buchhandl., Marburg (1963).

[8] Bogert, C.M., Dentitional phenomena in cobras and other elapids with notes on adaptive modifications of fangs. Bull. Am. Mus. Nat. Hist. **81**, 285 (1943).

[9] Kochva, E., The origin of snakes and evolution of the venom apparatus. Toxicon **25**, 65 (1987).

[10] Meier, J., Venomous snakes. In: Mecial use of snake venom proteins (K.F. Stocker, ed.), S. 1, CRC Press, Boca Raton (1990).

[11] Klauber, L.M., Rattlesnakes, 2 Bde., Univ. of California Press, Berkeley (1972).

[12] Elliott, W.B., Chemistry and immunology of reptilian venoms. In: Biology of the Reptilia (C. Gans, ed.), Bd. **8**, S. 163, Academic Press, London (1978).

[13] Mebs, D., Pharmacology of reptilian venoms. In: Biology of the Reptilia (C. Gans, ed.), Bd. **8**, S. 437, Academic Press, London (1978).

[14] Lee, C.Y. (ed.), Snake venoms. Handb. exp. Pharm. Bd. **52**, Springer Verl., Berlin (1979).

[15] Tu, A.T. (ed.), Reptile venoms and toxins. Handbook of Natural Toxins, Bd. **5**, M. Dekker, New York (1991).

[16] Stocker, K.F., Composition of snake venoms. In: Medical use of snake venom proteins (K.F. Stocker, ed.), S. 1, CRC Press, Boca Raton (1990).

[17] Harvey, A.L. (ed.), Snake Toxins. Pergamon Press, Oxford (1991).

[18] Freyvogel, T.A., Honegger, C.G., Der „Speiakt" von *Naja nigricollis*. Acta Trop. **29**, 289 (1965).

[19] Raudonat, H.W., Zur Biochemie und Pharmakologie der Schlangengifte, mit einem Beitrag über ihre chemischen Eigenschaften. In: Die Giftschlangen der Erde. Behringwerke-Mitt., S. 11, Elwert Univ. Verlagsges-Buchhandl., Marburg (1963).

[20] Changeux, J.P., Kasai, M., Lee, C.Y., Use of snake venom toxin to characterize the cholinergic receptor protein. Proc. natn. Acad. Sci. USA **67**, 1241 (1970).

[21] Claus, I., Mebs, D., Schlangengift-Toxine, Werkzeuge des Neurobiologen. Naturw. Rdschau **44**, 1 (1991).

[22] Endo, T., Tamiya, N., Structure-function relationships of postsynaptic neurotoxins from snake venoms. In: Snake Toxins (A.L. Harvey, ed.), S. 165, Pergamon Press, Oxford (1991).

[23] Chiappinelli, V.A., Kappa-neurotoxins and alpha-neurotoxins: effects on neuronal nicotinic acetylcholine receptors. In: Snake Toxins (A.L. Harvey, ed.), S. 223, Pergamon Press, Oxford (1991).

[24] Rosenberg, P., Phospholipases. In: Handbook of Toxinology (T. Shier, D. Mebs, eds.), S. 67, M. Dekker, New York (1990).

[25] Mebs, D., Hucho, D., Toxins acting on ion channels and synapses. In: Handbook of Toxinology (T. Shier, D. Mebs, eds.), S. 493, M. Dekker, New York (1990).

[26] Hawgood, B., Bon, C., Snake venom presynaptic toxins. In: Handbook of Natural Toxins, Bd. **5**; Reptile Venoms (A.T. Tu, ed.), S. 3, M. Dekker, New York (1991).

[27] Harris, H., Phospholipases in snake venoms and their effects on nerve and muscle. In: Snake Toxins (A.L. Harvey, ed.), S. 91, Pergamon Press, Oxford (1991).

[28] Harvey, A.L., Anderson, A.J., Dendrotoxins: snake toxins that block potassium channels and facilitate neurotransmitter release. In: Snake Toxins (A.L. Harvey, ed.), S. 131, Pergamon Press, Oxford (1991).

[29] Sato, S., Tamiya, N., The amino acid sequences of erabutoxins, neurotoxic proteins of sea snake *(Laticauda semifasciata)* venom. Biochem. J. **122**, 453 (1971).

[30] Rees, B., Bilwes, A., Three-dimensional structures of neurotoxins and cardiotoxins. Chem. Res. Toxicol. **6**, 385 (1993).

[31] Changeux, J.P., Der Acetylcholin-Rezeptor. Spektrum d. Wissensch. S. 84 (1994).

[32] Bieber, A.L., Mills, J.P., Ziolkowski, C., Harris, J., Rattlesnake neurotoxins – biochemical and biological aspects. J. Toxicol.-Toxin Rev. **9**, 285 (1990).

[33] Kini, R.M. (ed.), Venom Phospholipase A_2 Enzymes: Structure, Function and Mechanism. J. Wiley & Sons, Chichester (1997).

[34] Harvey, A.L., Anderson, A.J., Marshall, D.L., Pemberton, K.E., Rowan, E.G., Faciliatatory neurotoxins and transmitter release. J. Toxicol.-Toxin Rev. **9**, 225 (1990).

[35] Dreyer, F., Peptide toxins and potassium channels. Rev. Physiol. Biochem. Pharmacol. **115**, 93 (1990).

[36] Cervenansky, C., Dajas, F., Harvey, A.L., Karlsson, E., Fasciculins, anticholinesterase toxins from mamba venoms: biochemistry and pharmacology. In: Snake Toxins (A.L. Harvey, ed.), S. 303, Pergamon Press, Oxford (1991).

[37] Harvey, A.L., Neuropharmacology of potassium ion channels. Med. Res. Rev. **13**, 81 (1993).

[38] Dufton, M.J., Hider, R.C., The structure and pharmacology of elapid cytotoxins. In: Snake Toxins (A.L. Harvey, ed.), S. 259, Pergamon Press, Oxford (1991).

[39] Karlsson, E., Mbugua, P., Rodriguez-Itharralde, D., Fasciculins, anticholinesterase toxins from the venom of the green mamba, *Dendroaspis angusticeps*. Pharmac. Ther. **30**, 259 (1984).

[40] Bevan, P., Hiestand, P., β-RTX: a receptor-active protein from Russell's viper *(Vipera russelli russelli)* venom. J. biol. Chem. **258**, 5319 (1983).

[41] Mebs, D., Use of toxins in neurobiology and muscle research. In: Medical use of snake venom proteins (K.F. Stocker, ed.), S. 57, CRC Press, Boca Raton (1990).

[42] Dufton, M.J., Kill and cure: the promising future for venom research. Endeavour **17**, 138 (1993).

[43] Iwanaga, S., Suzuki, T., Enzymes in snake venom. In: Snake venoms (C.Y. Lee, ed.), Handb. exp. Pharmak. **52**, S. 61, Springer Verl., Berlin (1979).

[44] Mebs, D., Ownby, C.L., Myotoxin components of snake venoms: their biochemical and biological activities. Pharmac. Ther. **48**, 223 (1990).

[45] Pirkle, H., Markland, F.S. (eds.), Hemostasis and animal venoms. M. Dekker, New York (1988).

[46] Kornalik, F., Toxins affecting blood coagulation and fibrinolysis. In: Handbook of Toxinology (T. Shier, D. Mebs, eds.), S. 683, M. Dekker, New York (1990).

[47] Kornalik, F., The influence of snake venom proteins on blood coagulation. In: Snake Toxins (A.L. Harvey, ed.), S. 323, Pergamon Press, Oxford (1991).

[48] Meier, J., Stocker, K., Effects of snake venoms on hemostasis. CRC Crit. Rev. Toxicol. **21**, 171 (1991).

[49] Hutton, R.A., Warrell, D.A., Action of snake venom components on the haemostatic system. Blood Rev. **7**, 176 (1993).

[50] Furukawa, K., Ishimura, S., Use of thrombin-like snake venom enzymes in the treatment of vascular occlusive diseases. In: Medical use of snake venom proteins (K.F. Stocker, ed.), S. 161, CRC Press, Boca Raton (1990).

[51] Ownby, C.L., Locally acting agents: myotoxins, hemorrhagic toxins and dermonecrotic factors. In: Handbook of Toxinology (T. Shier, D. Mebs, eds.), S. 601, M. Dekker, New York (1990).

[52] Bjarnason, J.B., Fox, J.W., Hemorrhagic metalloproteinases from snake venoms. Pharmac. Ther. **62**, 325 (1994).

[53] Gomis-Rüth, F.X., Kress, L.F., Bode, W., First structure of a snake venom metalloproteinase: a prototype for matrix metalloproteinases/collagenases. EMBO J. **12**, 4151 (1993).

[54] Schachter, M., Kallikreins (kininogenases) – a group of serine proteases with bioregulatory actions. Pharmacol. Rev. **31**, 1 (1980).

[55] Mebs, D., Venom components with other important biological activities. In: Handbook of Toxinology (T. Shier, D. Mebs, eds.), S. 761, M. Dekker, New York (1990).

[56] Swaroop, S., Grab, B., Snake bite mortality in the world. Bull. Wld. Health Organiz. **10**, 35 (1954).

[57] Pugh, R.N.H., Theakston, R.D.G., Incidence and mortality of snake bite in savanna Nigeria. Lancet **3**, (8205), 1181 (1980).

[58] Wadee, A.A., Rabson, A.R., Development of specific IgE antibodies after repeated exposure to snake venom. J. Allergy Clin. Immunol. **80**, 695 (1987).

[59] Kopp, P., Dahinden, C.A., Müllner, G., Allergic reaction to snake venom after repeated bites of *Vipera aspis*. Clin. exp. Allergy **23**, 231 (1993).

[60] Sutherland, S.K., Australian animal toxins. Oxford Univ. Press, Melbourne (1983).

[61] Blaylock, R.S.M., Pressure immobilisation for snakebite in southern Africa remains speculative. S. Afr. Med. J. **84**, 826 (1994).

[62] Reitz, C.J., Goosen, D.J., Odendaal, M.W., Visser, L., Marais, T.I., Evaluation of the venom Ex apparatus in the treatment of Egyptian cobra envenomation. A study in rabbits. S. Afr. Med. J. **66**, 135 (1984).

[63] McCollough, N.H., Gennaro, J.F., Evaluation of venomous snake bite in the Southern United States from parallel clinical and laboratory investigations. Development of treatment. J. Florida Med. Assoc. **49**, 959 (1963).

[64] Russell, F.E., Snake venom poisoning, J.B. Lippincott Co., Philadelphia (1980).

[65] Hsiung, H.L., Tsou, T.C., Hou, Y.T., Liu, T.C., Chou, H.L., Li, C.Y., Experimental studies on curing elapid bite with trypsin. Scientia Sinica **18**, 396 (1975).

[66] Huang, H.C., Lee, C.Y., Evaluation of trypsin treatment for snakebite envenomation. Toxicon **18**, 475 (1980).

[67] Broad, A.J., Sutherland, S.K., Lovering, K.E., Coulter, A.R., Trypsin fails as Australian snake bite cure. Med. J. Austr. **2**, 388 (1980).

[68] Guderian, R., Mackenzie, C., Williams, J., High voltage treatment for snakebite. Lancet **2**, 229 (1991).

[69] Bucknall, N.C., Electrical treatment of venomous bites and stings. Toxicon **29**, 397 (1991).

[70] Glass, T.G., Cortisone and immediate fasciotomy in the treatment of severe rattlesnake bite. Tex. Med. **65**, 41 (1969).

[71] Wingert, W., Chan, L., Rattlesnake bites in Southern California and rationale for recommended treatment. West. J. Med. **148**, 37 (1988).

[72] Bauchot, R. (ed.), Schlangen. Naturbuch Verl., Augsburg (1994).

[73] Rappuoli, R., Montecucco, C. (eds.), Guidebook to Protein Toxins and Their Use in Cell Biology. Oxford Univ. Press, Oxford (1997).

Giftschlangen: Europa

Abb. 3.71: Die Aspisviper *(Vipera aspis)* kommt in den Alpen bis in Höhen von 3000 m vor. In der warmen Morgensonne wärmt sie ihren Körper auf.

In Europa repräsentieren Vipern der Gattung *Vipera* die Giftschlangen. Abgesehen von einigen Arten, die nur in eng umschriebenen Gebieten und dort meist auch relativ selten vorkommen (*Vipera bulgardaghica*, Türkei; *V. darevskii*, Armenien; *V. dinniki*, Kaukasus; *V. kaznakovi*, Türkei; *V. raddei*, Türkei; *V. seoanei*, Portugal, Spanien; *V. wagneri*, Türkei; *Macrovipera schweizeri*, Insel Milos; *Gloydius halys* dringt als einzige Grubenotter bis in die geographisch europäischen Gebiete der GUS-Staaten vor), handelt es sich im wesentlichen um sieben Arten: *Vipera ammodytes* (Abb. 3.72, 3.73), *aspis* (Abb. 3.71, 3.74 bis 3.76), *berus* (Abb. 3.77 bis 3.79), *latasti* (Abb. 3.80, 3.81), *ursinii* (Abb. 3.84, 3.85), *xanthina* (Abb. 3.86, 3.87), *Macrovipera lebetina* (Abb. 3.82, 3.83) [1, 2]. Es sind Schlangen mit dreiecksförmigem, vom Körper abgesetztem Kopf und mehr oder minder charakteristischer Körperzeichnung (Wellen- oder Zickzackband); das Auge hat eine senkrecht geschlitzte Pupille.

Die durch den Biß hervorgerufenen **Symptome** sind **ähnlich.** Sie variieren lediglich in der Ausprägung und Schwere, je nach Art und Größe der Schlange, je nach Menge des injizierten Giftes etc. Allgemein betrachtet, stellen Giftschlangen in Europa kein hohes Gefährdungspotential dar. Kommt es jedoch zu Bißunfällen, die zu einem nicht geringen Anteil vom Opfer selbst provoziert wurden, so stellt dies den behandelnden Arzt oft genug vor schwierige Probleme.

Sandotter, Hornotter, Sandviper

Vipera ammodytes – nose-horned viper, sand viper

Abb. 3.72 (oben): Sandotter, *Vipera ammodytes ammodytes meridionalis* (Jugoslawien, Griechenland).

Abb. 3.73 (unten): Kopfansicht.

Merkmale: Kräftige, 60 bis 80 cm (selten über 1 m) lange Schlange. Die Männchen sind hellgrau oder grau und tragen ein kräftig schwarzes Wellen- oder Zickzackband auf dem Rücken, die Weibchen sind eher braun, rötlich, manchmal auch gelblich gefärbt mit bräunlicher oder grauer Bandzeichnung. Insgesamt variiert die Zeichnung stark. Charakteristisches Merkmal ist das bis zu 7 mm große, nach oben gezogene, bewegliche Schnauzenhorn.

Verbreitung: In etwa 6 Unterarten *(Vipera ammodytes ammodytes, gregorwallneri, montandoni, meridionalis, ruffoi, transcaucasiana)* in Österreich (Steiermark und Kärnten), Italien (Südtirol, Trentino, Nordosten), in den Balkanländern, der Türkei, Transkaukasien verbreitet.

Lebensraum/Lebensweise: Vorwiegend in Höhen zwischen 200 und 600 m anzutreffen, aber auch in Meereshöhe und im Gebirge bis 2 000 m; bevorzugt trockene, steinige Hänge (Lesesteinmauern), Wiesen und Waldränder, lichte Wälder mit steinigem Untergrund; tag- und dämmerungsaktiv, ovovivipar [3].

Aspisviper
Vipera aspis – asp viper

Abb. 3.74 (oben): Aspisviper, *Vipera aspis aspis* (Schweiz).

Abb. 3.75 (Mitte): Schwarze Aspisviper (melanistisch), *Vipera aspis atra* (Schweiz).

Abb. 3.76 (unten): Kopfansicht.

Merkmale: 60 bis 70 cm (selten bis 90 cm) lange Schlange mit variabler Grundfarbe; Männchen meist hellgrau mit schwarzem Wellen- oder Zickzackband auf dem Rücken, Weibchen graubraun bis grau mit schwächerer Rückenzeichnung. Die Schnauze ist an der Spitze etwas nach oben gezogen, ohne jedoch ein Horn zu bilden.

Verbreitung: Sie ist in etwa 8 Unterarten (*Vipera aspis aspis, atra, balcanica, francisciredi, heinzdischeki, hugyi, montecristi, zinnikeri*) über weite Teile von West-, Mittel- und Südeuropa verbreitet (Nordspanien, Frankreich, in einem kleinen Areal in Südwestdeutschland (Schwarzwald), Schweiz, Italien) die eigentliche „europäische" Giftschlange, da sie nicht über die Grenzen Europas hinausgeht.

Lebensraum/Lebensweise: Bevorzugt sonnige, trockene, steinige Hänge, ausnahmsweise bis in Höhen von 3 000 m; tagaktiv, ovovivipar.

Kreuzotter

Vipera berus – adder, common viper

Abb. 3.77 (oben): Kreuzotter, *Vipera berus berus* (Süddeutschland).

Abb. 3.78 (Mitte): Melanistische Form (Höllenotter, Süddeutschland).

Abb. 3.79 (unten): Kopfansicht.

Merkmale: Verhältnismäßig schlanke Otter, 50 bis 60 cm lang; Männchen mit meist grauer Grundfarbe und schwarzem Zickzackband auf dem Rücken, die Grundfarbe der Weibchen ist meist heller oder auch dunkelbraun, bisweilen sogar rostrot (Kupferotter). X- oder V-förmige Zeichnung auf dem Hinterkopf. Auch einfarbig schwarze (melanistische) Tiere (Höllenotter) kommen vor (selten).

Verbreitung: In drei Unterarten *(Vipera berus berus, bosniensis, sachalinesis)* ist es die Viper mit dem (weltweit) weitesten Verbreitungsgebiet: von England und der französischen Kanalküste über Mittel- und Nordeuropa in einem fast 1000 km breiten Band über Osteuropa, Sibirien bis zum Pazifik, wo sie auch die Inseln Schantar und Sachalin besiedelt.

Lebensraum/Lebensweise: Sie bevorzugt kühlere Lebensräume mit hoher Luftfeuchtigkeit. Moore, Sümpfe, Bergwiesen; auch an Waldrändern, Feldrainen und in Steinbrüchen ist sie anzutreffen, im Gebirge bis 3000 m, sie dringt bis zum Polarkreis vor; tagaktiv; ovovivipar [4, 5].

Stülpnasenotter — *Vipera latasti* – Lataste's viper

Abb. 3.80 (oben): Stülpnasenotter, *Vipera latasti latasti* (Spanien).

Abb. 3.81 (unten): Kopfansicht.

Merkmale: In Größe (50 bis 60 cm Länge) und Gestalt der Aspisviper ähnlich, die Schnauzenspitze ist jedoch mehr nach oben gezogen (aufgestülpt), braune oder graue Grundfarbe mit schwarzem, braunem oder dunkelgrauem Wellen- oder Zickzackband (oft schwarz gerandet) auf dem Rücken, Schwanzende schwarz.

Verbreitung: In zwei Unterarten *(Vipera latasti latasti, gadinata)* in Mittel- und Ostspanien und im südlichen Portugal verbreitet.

Lebensraum/Lebensweise: Geröllhänge, lichte Wälder, selten über 1500 m; tagaktiv, ovovivipar.

Levanteotter

Macrovipera lebetina – blunt-nosed viper

Abb. 3.82 (oben): Levanteotter, *Macrovipera lebetina* (früher *Vipera*) *lebetina schweizeri* (Milos, Griechenland).

Abb. 3.83 (unten): Kopfansicht.

Merkmale: Größte europäische Giftschlange (80 bis 100 cm, auch bis 150 cm); gelbbraune, graubraune oder rotbraune Grundfarbe mit oft aufgelöster Körperzeichnung und Zackenbändern, Querbändern oder Augenflecken. Rückenband oft dunkel gerandet.

Verbreitung: In 3 Unterarten *(Macrovipera lebetina lebetina, obtusa, turanica)* auf Zypern, den griechischen Inseln (Zykladen), in Vorderasien und Nordafrika.

Lebensraum/Lebensweise: Bevorzugt steinige, mit Gebüsch bewachsene, halbtrockene Hänge; bis in Höhen von 1500 m, selten bis 2000 m. Tag- oder dämmerungsaktiv; ovovivipar, teils ovipar.

Wiesenottern

Vipera-ursinii-Komplex – meadow viper

Abb. 3.84 (oben): Wiesenotter, *Vipera ursinii* (Italien).

Abb. 3.85 (unten): Kopfansicht.

Merkmale: Kleinste europäische Giftschlange (40 bis 50 cm Länge); Grundfarbe der Männchen gelb, braun, grau oder olivgrün, die der Weibchen ist meist dunkler; das Wellen- oder Zickzackband auf dem Rücken ist mitunter in Flecken aufgelöst und oft schwarz gesäumt; V-förmige Zeichnung auf dem Kopf.

Verbreitung: Möglicherweise 5 Unterarten *(Vipera ursinii ursinii, ebneri, erivanesis, rakosiensis, renardi),* es kann sich aber auch um selbständige Arten handeln (unsicher), über Südostfrankreich, Mittelitalien, Österreich, den Balkan bis nach Zentralasien verbreitet, meist in kleinen, isolierten Populationen.

Lebensraum/Lebensweise: Bevorzugt mit Gras und niederem Gebüsch bewachsenes Gelände, im Gebirge bis 2000 m, selten über 3000 m; tagaktiv, ovovivipar.

Kleinasiatische Bergotter
Vipera xanthina – Ottoman viper

Abb. 3.86 (oben): Kleinasiatische Bergotter, *Vipera xanthina* (Sporaden, Griechenland).

Abb. 3.87 (unten): Kopfansicht.

Merkmale: Große Viper (80 bis 100 cm, auch bis 120 cm Länge); auf hellgrauer oder bräunlicher Grundfarbe dunkelbraunes oder dunkelolives Wellen- oder Zickzackband auf dem Rücken, senkrechte Streifenzeichnung an den Seiten.

Verbreitung: Ostgriechische, westtürkische Mittelmeerinseln, europäische Türkei bis Zentraltürkei.

Lebensraum/Lebensweise: Im Hügel- und Bergland, auf Bergwiesen mit Felsen (Lesesteinmauern), bis 2500 m. Tagaktiv, aber auch nachts unterwegs; warnt durch kräftiges Zischen, ovovivipar.

Nicht die jahrhundertelange Verfolgung durch den Menschen, der in Giftschlangen etwas Böses, Lebensbedrohendes sah, hat in Europa zum drastischen Bestandsrückgang dieser Reptilien geführt, sondern die Zerstörung ihrer Lebensräume. Zwar vermögen sich auch die Schlangen oft erstaunlich gut veränderten Umweltbedingungen anzupassen, doch sind sie in vielen Teilen Europas mit fortschreitender „Erschließung" von Naturgebieten und infolge intensiver Landwirtschaft vielfach nur noch selten anzutreffen. Auch **Giftschlangen** gehören in **Europa** zu den **gefährdeten Arten** und stehen unter Schutz (Artenschutzgesetze der EU, Bundesartenschutzgesetz).

Abb. 3.88: Die ungiftige Vipernatter, *Natrix maura* (Spanien), sieht europäischen Vipern aus der Distanz oft täuschend ähnlich.

Abb. 3.89: Die Blindschleiche, *Anguis fragilis* (Schweiz), eine harmlose Eidechse, wird oft für eine Giftschlange gehalten.

Wenn man auf eine Schlange trifft, fällt es vor allem Laien schwer, giftige von ungiftigen zu unterscheiden. Für europäische Giftschlangen lassen sich folgende **Merkmale** zusammenfassen:

- Länge selten über 1 m,

- auf dem Rücken meist ein dunkles Wellen- oder Zickzackband; wenn man genauer hinsieht:

- senkrechte, spaltenförmige Pupille,

- mehrere Schuppenreihen zwischen Mundspalte und Auge.

Hingegen sind größere (mehr als 1 m Länge), braune schlanke Schlangen (z.B. Äskulapnatter, *Elaphe longissima*) oder graue mit gelber Fleckenbezeichnung am Kopf (Ringelnatter, *Natrix natrix*), mit runder Pupille, nur einer Schuppenreihe zwischen Mundspalte und Auge „ungiftige" Schlangen. Allerdings ist die **Schlingnatter** (*Coronella austrica*) wegen ihrer dunklen, flecken- oder streifenförmigen Rückenzeichnung mit der Kreuzotter zu verwechseln. Außerdem beißt sie leichter zu, was schon häufig „ungiftige Kreuzotterbisse" zur Folge hatte. Den europäischen Giftschlangen noch ähnlicher ist die **Vipernatter** (Abb. 3.88, *Natrix maura*), die im westlichen Südeuropa beheimatet ist. Doch selbst die völlig harmlose **Blindschleiche** (Abb. 3.89, *anguis fragilis*), eine extremitätenlose Eidechse, wird nicht selten für eine Giftschlange gehalten und erschlagen.

Vergiftungsumstände. Die Häufigkeit von über 50%, mit der Bisse durch europäische Giftschlangen Finger, Hand und Arm betreffen, weist schon darauf hin, daß die meisten Unfälle beim Versuch zustande kommen, die Schlange anzufassen oder zu fangen [6, 7, 8]. Nicht selten sind Kinder betroffen, wenn sie aus Unkenntnis mit der Schlange spielen. Der Biß in den Fuß oder das Bein geschieht meist, wenn man in unübersichtlichem Gelände barfüßig auf die Schlange tritt, denn europäische Giftschlangen sind nicht in der Lage, mit ihren Zähnen einen Schuh zu durchdringen. Einheimische, vor allem in südlichen Ländern, werden meist bei der Feldarbeit gebissen.

Vorsichtsmaßnahmen. Auch für europäische Giftschlangen treffen die im allgemeinen Teil angegebenen Verhaltensmaßregeln zu. Vor allem in mediterranen Ländern, in steinigem, unübersichtlichem Gelände, sollte man sich mit entsprechender **Aufmerksamkeit** bewegen, darauf achten, wohin man tritt oder (vor

allem beim Klettern im Gebirge) wohin man greift. Festes Schuhwerk und lange Hosen sind in aller Regel ein ausreichender Schutz.
Hat man eine Schlange entdeckt, Abstand wahren, nicht versuchen, das Tier anzufassen, aufzuscheuchen oder zu fangen. Kinder über mögliche Gefahren aufklären.
Es braucht nicht betont zu werden, daß die Zeiten vorüber sind, in denen man Giftschlangen umgehend erschlug, wenn man sie antraf. Man verstößt damit gegen einschlägige Naturschutzgesetze.

Giftapparat. Die europäischen Giftschlangen sind allesamt **Vipern**, die einen entsprechend hochentwickelten Giftapparat (**solenoglyphe Bezahnung**) besitzen. Ihre beiden frontalen Giftzähne sind beweglich und werden beim Biß aufgestellt. Sie sind hohl, das Gift tritt durch eine Öffnung an der Spitze aus. Ihre Länge beträgt 2 bis 5 mm, in Ausnahmefällen können die Giftzähne großer Tiere auch bis 10 mm lang werden.
Vor dem Zubeißen rollt sich die Schlange meist S-förmig zusammen, und zieht den Kopf zurück. Sie beißt sodann blitzschnell zu und läßt sofort wieder los. Dies geschieht so schnell, daß ein Biß oft nicht einmal bemerkt wird.

Gift. Die europäischen Giftschlangen besitzen ein den tropischen Vipern durchaus vergleichbares Gift. Es enthält das typische Spektrum an **Enzymen**, wie Proteasen, Esterasen, Hyaluronidase und L-Aminosäureoxidase. Auch **hämorrhagische Faktoren** sind in den meisten Giften vorhanden, jedoch fehlen weitgehend Enzyme, die in die Blutgerinnung eingreifen. Die relativ geringe Giftmenge, die beim Biß appliziert wird, und/oder die geringe Aktivität der Hämorrhagine bewirken offenbar, daß es bei akuten Vergiftungen nur in wenigen Fällen zu Gewebsnekrosen kommt. Auch die in manchen Giften enthaltenen myotoxischen Phospholipasen A_2 spielen bei Vergiftungen offenbar keine Rolle.
Aus dem Gift der *Vipera ammodytes* wurden **neurotoxische Phospholipasen A_2** (Ammodytoxin A und B [9, 10, 11]) isoliert, die an der präsynaptischen Membran der motorischen Nervenendplatte angreifen und die nervöse Erregungsübertragung blockieren [12]. Beide **Toxine** bestehen aus nur einer Polypeptidkette. Hingegen ist das **Vipoxin** aus dem Gift der bulgarischen *Vipera ammodytes* ein Komplex aus einer stark basischen Phospholipase A_2 und einer sauren, ungiftigen Komponente, die auch als Inhibitor der enzymatischen Aktivität wirkt [13, 14]. Dieser Komplex ist in Struktur und Funktion dem Crotoxin aus dem Gift der südamerikanischen Klapperschlange *Crotalus durissus terrificus* ähnlich (s. allgemeiner Teil).
Diese **Neurotoxine** kommen jedoch im Vergiftungsfall beim Menschen offenbar nur selten zur Wirkung. Typische Symptome, wie Ptosis, Ophthalmoplegie und andere Lähmungserscheinungen, sind vereinzelt beschrieben worden, so für Bisse durch *Vipera aspis* [15].

Vergiftung. Die Vergiftungssymptomatik, die durch europäische Vipern hervorgerufen wird, ist für keine Art besonders charakteristisch. Sie zeichnet sich durch eine **Vielzahl von Symptomen** aus, die bei allen Arten auftreten können, und sowohl in ihrer Ausprägung und Schwere als auch in der Häufigkeit des Auftretens stark variieren.

Die Vergiftungen lassen sich nach ihrem Schweregrad in vier Gruppen einteilen [6, 16, 17]:

- **Keine Vergiftung:** Fehlen einer lokalen Reaktion (Schwellung) trotz Bißmarken bis 60 Minuten nach dem Biß.

- **Leichte Vergiftung:** Lokale Schwellung nur um die Bißstelle, Übelkeit, Erbrechen, Herzklopfen, keine weiteren allgemeinen Symptome.

- **Mittelschwere Vergiftung:** Starke, sich weiter ausbreitende Schwellung, Lymphangitis, Diarrhö, Erbrechen, abdominale Schmerzen und Krämpfe, Blässe, niedriger Blutdruck (jedoch keine Schocksymptomatik).

- **Schwere Vergiftung:** Massive, sich über die ganze Extremität ausbreitende Schwellung, livide Hautverfärbung, schwerer, wiederholt auftretender Kreislaufschock, angioneurotisches Ödem des Mund- und Rachenbereichs, Bewußtseinstrübung, Bewußtlosigkeit, Koma.

Primär steht bei Vergiftung durch europäische Vipern die **lokale Reaktion** im Vordergrund, der sich im Verlauf der weiteren Stunden allgemeine Symptome einer systemischen Vergiftung anschließen können. Gerinnungsstörungen wie Verlängerung der Thrombinzeit oder eine Verbrauchskoagulopathie werden im allgemeinen von den Giften selbst nicht hervorgerufen, können aber als Folge eines schweren, sich über Tage hinziehenden Krankheitsverlaufs sekundär auftreten.
Schon kurz nach dem Biß setzt eine Schwellung des umgebenden Gewebes ein, die mit mehr oder minder ausgeprägten Schmerzen verbunden ist, vor allem dann, wenn sich das **Ödem** weiter ausdehnt. Bewegen und selbst das Berühren des geschwollenen Fingers oder Armes ist schmerzhaft. Je nach Schweregrad dehnt sich das Ödem auch über die betroffene Extremität hinaus aus und kann den Körperstamm erfassen. Die **Lymphknoten** sind druckschmerzhaft geschwollen, eine zunächst rötliche, dann bläuliche Verfärbung der Haut und eine ausgeprägte **Lymphangitis** begleiten das Ödem, das über mehrere Tage anhalten kann. Um die Bißstelle können sich manchmal Hautblasen entwickeln, die mit einer serösen Flüssigkeit gefüllt sind. Hämorrhagische Gewebsnekrosen sind jedoch selten.
Einige der häufigsten (aber unspezifischen) **Allgemeinsymptome**, die schon nach 30 Minuten auftreten, sind Übelkeit, Erbrechen, Bauchschmerzen und Diarrhö. Dies ist im allgemeinen schon ein deutlicher Hinweis auf eine sich anbahnende Vergiftung. Allerdings können derartige Symptome bei einem stark agitierten Patienten durchaus auch psychischen Ursprungs sein. Herz-Kreislauf-Symptome treten am zweithäufigsten

Therapie. Die **Diagnose: Vipernbiß** kann primär nur aus der Vorgeschichte in Verbindung mit den aufgezeigten Symptomen gestellt werden. Ist keine Schwellung innerhalb einer Stunde um die Bißstelle aufgetreten, so ist entweder kein Gift injiziert worden oder es handelt sich um den Biß einer ungiftigen Natter (z.B. Glatt- oder Vipernatter, die häufig mit Vipern verwechselt werden).

Der drastische Rückgang der Mortalitätsrate nach dem Biß europäischer Vipern ist weniger auf eine breite Anwendung von Antiserum zurückzuführen als auf die großen Fortschritte in der Intensivmedizin. Es setzt sich daher immer mehr die Überzeugung durch, daß eine **Antiserum-Therapie** bei Vipernbissen in Europa eher **restriktiv** zu handhaben ist. Sie ist bei leichten bis mittelschweren Vergiftungen sicher nicht angezeigt und sollte schweren Vergiftungen vorbehalten bleiben. In Schweden wurde bei 136 Patienten (*Vipera-berus*-Bisse), darunter 16 schwere Fälle, kein Antiserum eingesetzt; kein Patient starb [18].

Die Anwendung von **Antiserum** beeinflußt nicht so sehr das Ödem um die Bißstelle, es reduziert u.U. dessen Ausbreitung und ist bei einer protrahiert verlaufenden Vergiftung (rasch sich ausbreitendes Ödem, EKG-Veränderungen, Schock, wiederholt auftretende Blutdruckkrisen) vor allem bei Kindern indiziert. Auch kann es eine sich entwickelnde **Schocksymptomatik** unter Kontrolle bringen. Aber auch in diesen Fällen ist eine konsequent durchgeführte Intensivtherapie und Überwachung des Patienten auch ohne Antiserum-Therapie (vor allem, wenn der Biß schon längere Zeit zurückliegt) erfolgversprechend.

Demzufolge ist eine **symptomatische Behandlung** vordringlich. Hierfür gilt, was im allgemeinen Teil ausgeführt wurde. Nach genauer Untersuchung und Erstellung aller Laborwerte (Blutbild, Serumenzyme, Gerinnungsstatus, Ausscheidung) ist der Patient kontinuierlich zu überwachen. Gerade bei mittelschweren Vergiftungen sind plötzliche Blutdruckkrisen nicht selten. Eine Kreislauf-Stützung durch Infusion physiologischer Lösungen sollte zur vorbeugenden Schockbehandlung in jedem Fall erfolgen. Die betroffene Extremität ist ruhigzustellen, nicht zu kühlen (auch nicht zu erwärmen). **Keine chirurgischen Maßnahmen!** U.U. sich bildende Hautblasen können, falls überhaupt nötig, später eröffnet werden. Eine Schmerzbehandlung (Ödemdruck) ist in der Regel nicht notwendig; Beruhigung eines stark erregten Patienten durch ein Benzodiazepin-Präparat ist hingegen empfehlenswert.

Entschließt man sich zur **Antiserum-Therapie** (nur in wirklich schweren Fällen, Kriterien s. oben), so sind die im allgemeinen Teil gegebenen Hinweise zu beachten. Trotz der häufigen Empfehlung, Antiserum zuerst intramuskulär anzuwenden, ist nur seine intravenöse Infusion wirklich sinnvoll (Vermeidung von Resorptionsverlusten, schneller Wirkungseintritt). Für europäische Giftschlangen-Bisse genügen meist 2 bis 4 Ampullen (à 10 ml); wenn sich daraufhin der Zustand des Patienten nicht bessert, können auch höhere Dosen angezeigt sein. Die Regel: „Je mehr desto besser", ist hierbei jedoch nicht immer richtig, vor allem dann nicht, wenn Komplikationen auftreten, die mit der eigentlichen (zugegebenermaßen schwer zu definierenden) Giftwirkung nichts mehr zu tun haben (Organschäden, Nierenversagen, Verbrauchskoagulopathie).

Anaphylaktische Reaktionen auf **Antiserum** sind nicht selten, möglicherweise jedoch bei Kindern weniger häufig als bei Erwachsenen. Entsprechende Vorbereitungen sind daher zu treffen. Eine Antibiotika-Behandlung erübrigt sich meist, sie ist zumindest nicht vordringlich. Infektionen der Bißstelle sind selten. Tetanus-Prophylaxe falls erforderlich.

auf, fast immer zusammen mit gastrointestinalen Beschwerden. Ein sich durch plötzliche Blässe andeutender Blutdruckabfall (auch dies kann zunächst psychischen Ursprungs sein) führt bei schweren Vergiftungen zu einem Kreislaufschock. Unter den Laborparametern ist eine Leukozytose charakteristisch, alle anderen Blutwerte sind mehr oder weniger unauffällig.

In schweren Fällen scheint für europäische Vipern das **angioneurotische Ödem** von Lippen und Zunge charakteristisch zu sein, eine möglicherweise allergisch bedingte Reaktion. Neurologische Symptome wie Ptosis, Ophthalmoplegie und weitere Lähmungserscheinungen kommen in Ausnahmefällen (bei *Vipera-aspis*-Bissen) vor.

Ausgesprochen **schwere Vergiftungen** sind im allgemeinen **selten.** In einer schwedischen Studie wurden jedoch 12% der Fälle als schwer klassifiziert (wobei die Hälfte der Fälle Kinder unter 15 Jahren betraf [18]). Es überwiegen leichte bis mittelschwere Vergiftungen. Sie können allerdings von einer Reihe von Komplikationen begleitet sein, die sicher nicht immer auf eine direkte Giftwirkung zurückzuführen sind, vor allem bei einem sich über Tage erstreckenden Vergiftungsverlauf. So sind Gerinnungsstörungen und Nierenversagen als Folge eines schweren Schockgeschehens nicht ungewöhnlich. Infektionen treten äußerst selten auf, wobei es umstritten ist, ob die Keime tatsächlich der Mundhöhle der Schlange entstammten oder durch sog. Erste-Hilfe-Maßnahmen wie Einschneiden in die Bißwunde gelangten.

Die **Mortalitätsrate** europäischer Vipernbisse variiert von Region zu Region, ist aber insgesamt sehr niedrig. So starb in den letzten 50 Jahren niemand in den alten Bundesländern Deutschlands nach dem Biß einheimischer Vipern. In der Schweiz hat die Mortalität von 25 Todesfällen in der Zeit von 1881 bis 1930 auf drei Fälle von 1931 bis 1981 abgenommen [6]. In Großbritannien starb zwischen 1959 und 1972 nur ein Patient am Biß einer *Vipera berus* [17]. Zwischen 1911 und 1978 starben in Schweden 44 Menschen an *Vipera-berus*-Bissen, davon nach 1950 nur sechs, wobei es sich ausschließlich um Kinder unter 15 Jahren handelte [18]. Für Italien liegen gesicherte epidemiologische Daten nur für den Zeitraum von 1980 bis 1984 vor; hier starben drei Patienten nach Vipernbissen [19]. In Spanien werden für den Zeitraum von 1980 bis 1987 41 Todesfälle angegeben [8].

Die Todesursachen sind nicht immer eindeutig. Vor allem bei längerem (mehrtägigem) komplikationsträchtigem Vergiftungsverlauf wird akutes Herzversagen als Todesursache angegeben. Für Kinder und vor allem für herzkranke ältere Patienten stellt diese Vergiftung zweifellos ein besonderes Risiko dar [7, 19].

Insgesamt gesehen ist jedoch die **Prognose** einer Vergiftung durch europäische Vipern **gut**. Leichte bis mittelschwere Vergiftungen, die überwiegende Zahl der Fälle, klingen im Verlauf von zwei bis vier Tagen wieder ab. Es treten um die Bißstelle nur selten Gewebsnekrosen auf, die einer Folgebehandlung bedürfen.

Erste Hilfe. Hier wird auf die Ausführungen im allgemeinen Teil verwiesen. In diesem Zusammenhang kann nicht oft genug betont werden, daß gerade bei Bissen durch europäische Vipern jegliche Maßnahmen, die betreffende Extremität abzubinden und in die Bißwunde einzuschneiden, zu unterlassen sind. Statt dessen ist ein rascher Transport in das nächstgelegene Krankenhaus durchzuführen.

Symptome nach dem Biß europäischer Vipern (geordnet nach der Häufigkeit ihres Auftretens):

Lokale Symptome
Ödem
Schmerz
rötlich-blaue Hautverfärbung
geschwollene Lymphknoten

Allgemeine Symptome
Übelkeit
Erbrechen
Bauchschmerzen
wiederholte Blutdruckkrisen

Tachykardie
Schock
Atemnot

Laborparameter
Leukozytose

Fallbeschreibungen

Mittelschwere Vergiftung
(*Vipera-berus*-Biß)

Ein 8jähriges Mädchen wurde in Süd-Schweden von einer Kreuzotter *(Vipera berus)* in die Innenseite des linken Fußes gebissen. Ein Arzt injizierte der Patientin 8 mg Betamethason und überwies sie in eine pädiatrische Klinik, wo sie ca. 4 Stunden nach dem Biß eintraf. Sie war blaß, hatte blaue Lippen, war schweißüberströmt, dysphorisch und erbrach mehrmals. Ihr Blutdruck wurde mit 80/50 mm Hg gemessen, der Puls mit 130 Schlägen/Min. Der Knöchel des linken Fußes war geschwollen und bläulich verfärbt. Laborwerte: Leukozyten 24400×10^9/L; Kreatinin 100 Mol/L; Azidose mit pH 7,20 und BE –9,5 Mol/L, außerdem freies Hämoglobin im Urin. Die Patientin wurde auf die Intensivstation verlegt, erhielt Sauerstoff sowie 0,3 mg Adrenalin. Nach einer Stunde wurden 1 mg Clemastin und 100 mg Hydrocortison (i.v.), anschließend zur Vorbereitung der Antiserum-Therapie 1 g Hydrocortison verabreicht sowie 2 Ampullen (ca. 10 ml) Zagreb (Europa)-Antiserum in 100 ml physiol. Kochsalzlösung infundiert. Innerhalb der nächsten 2–3 Stunden normalisierten sich Blutdruck und Puls, Anzeichen eines sich anbahnenden Schocks verschwanden. Die Patientin wurde 24 Stunden lang überwacht. Während dieses Zeitraumes ging die Schwellung zurück, die Laborwerte lagen im Normbereich. (Bemerkung: Kinder sind stets Risikopatienten, bei denen die Indikation einer Antiserum-Therapie weiter zu fassen ist als bei Erwachsenen).

Mittelschwere Vergiftung
(*Vipera-aspis*-Biß)

Ein Mann (Erwachsener, Alter nicht angegeben) wurde beim Fangen von Schlangen in Frankreich (Haute-Savoie) von einer *Vipera aspis* (44 cm Länge; die ursprünglich angegebene Art, *Vipera ammodytes*, ist sicher falsch bestimmt, da sie hier nicht vorkommt und von den äußeren Merkmalen: Nasenhorn, nur *Vipera aspis* in Frage kommt) in die Mittelphalanx des rechten Mittelfingers gebissen. Beide Giftzähne hatten die Haut durchstoßen. Nach 25 Minuten begann der Finger anzuschwellen, nach 35 Minuten hatte sich ein 4 cm großes Ödem am Knöchel des Handrückens entwickelt. Das Bewegen der Hand und des Armes und Betasten der Lymphdrüsen waren schmerzhaft.

Eine Stunde nach dem Biß war das Zahnfleisch im Oberkiefer angeschwollen, ebenso der gesamte Rachenbereich, das Schlucken bereitete Beschwerden (angioneurotisches Ödem). Erste Bauchkrämpfe traten im Abstand von 5 Minuten auf. Inzwischen war der komplette Handrücken angeschwollen.

Der Betroffene begab sich zu Fuß zu seinem Hotel zurück, das er $1^1/_2$ Stunden nach dem Biß erreichte und ging sofort zu Bett. Es stellten sich Schmerzen in der rechten Axilla ein, und ein dumpfer, pochender Schmerz breitete sich im gesamten rechten Arm bis zur Musculus-triceps-Region aus.

Die Bauchkrämpfe nahmen innerhalb der nächsten Stunden zu und wiederholten sich minütlich. Der Betroffene erbrach sich mehrfach, zuletzt gallig und mit etwas Blut vermischt. Drei Stunden nach dem Biß traten Diarrhöen auf, wieder gefolgt von abdominalen Krämpfen und Erbrechen. Wenig später fand ihn seine Frau gekrümmt von kolikartigen Schmerzen, schwitzend mit geschwollenem, blassem Gesicht. Der Puls war kaum tastbar.

Wegen eines sich abzeichnenden Schocks wurde der Betroffene in ein Krankenhaus eingeliefert. Krampfartiges Erbrechen und Diarrhöen hielten weiterhin an. Fünf Stunden nach dem Biß wurden 3 mg Cortison (i.v., zu wenig!) und Spasmolytika (i.m.) injiziert sowie Glukose-Lösung infundiert. Der Patient lehnte eine angebotene Antiserum-Therapie wegen der Gefahr eines anaphylaktischen Schocks ab. In den nächsten 2 Stunden traten keine intestinalen Koliken mehr auf, Erbrechen und Diarrhö sistierten. Die Lymphbahnen des rechten Unterarmes waren als rötliche Streifen sichtbar. Das Ödem des rechten Handrückens war stark ausgeprägt.

7½ Stunden nach dem Biß wurde Aspirin zur Linderung der durch das Ödem hervorgerufenen Schmerzen gegeben. Der Unterarm fühlte sich heiß an. Nach 500 ml Glukose-Lösung wurde ein Liter Kochsalz-Lösung infundiert.

9½ Stunden nach dem Biß schlief der Patient für 7 Stunden und wachte mit dem Gefühl einer deutlichen Besserung auf. Handrücken und Unterarm waren immer noch geschwollen, die Lymphstränge waren jedoch nicht mehr entzündlich sichtbar. 17 Stunden nach dem Biß war noch eine deutliche Leukozytose nachzuweisen (13 200/mm^3), der Blutharnstoff-Wert war leicht erhöht (10 mMol/L), das EKG zeigte keine krankhaften Veränderungen. Der Patient wurde entlassen. Am dritten Tag nach dem Biß war das Ödem des Handrückens völlig verschwunden, nur der Unterarm schmerzte noch bei stärkerem Palpieren.

Schwere Vergiftung
(*Vipera-aspis*-Biß)

Eine 51jährige Frau wurde in der Nähe ihres Hauses in der Toskana von einer ca. 50 cm langen *Vipera aspis francisredi* in das Grundglied der 3. Zehe ihres linken Fußes gebissen. Sie wurde umgehend in das nächste Krankenhaus gefahren, wo sie ca. 30 Minuten später mit schweren Atembeschwerden, Erbrechen, Durchfall, bewußtseinsgetrübt und im Schock (80/60 mm Hg) aufgenommen wurde. Die Patientin hatte eine geschwollene Zunge, die Bißstelle war leicht ödematös. Die Blutwerte waren unauffällig. Da eine Insektengift-Allergie bekannt war, wurde auf eine Antiserum-Therapie verzichtet, hingegen Cortison, Atropin, Ranitidin und Antibiotika mit Plasmaexpandern infundiert. Ca. 3½ Stunden nach dem Biß wurde eine Dopamin-Infusion begonnen, jedoch eine Stunde später wegen einsetzender Extrasystolen wieder abgebrochen.

Am folgenden Tag hatte sich der Allgemeinzustand zwar gebessert, doch klagte die Patientin über Doppelsehen und Akkommodationsstörungen, eine Ptosis beider Augenlider war festzustellen, Anzeichen einer peripher neurotoxischen Wirkung des Giftes. Außerdem trat bei der Patientin eine Veränderung ihrer Stimmlage in einen tiefen Bereich ein, die Stimme war außerdem heiser, was den Tag über anhielt. Der Fuß war leicht geschwollen, die Blutwert weiterhin unauffällig. Am zweiten Tag nach dem Biß war die Stimme wieder normal, Doppelsehen und Ptosis gingen zurück. Die Schwellung hatte auf das linke Bein bis in Kniehöhe übergegriffen, war jedoch weitgehend schmerzlos. Eine Ultraschall-Doppler-Untersuchung ergab keine Hinweise auf ein Kompartment-Syndrom oder auf eine Venenthrombose. Am dritten Tag hatte sich die Ptosis der Augenlider gebessert und die Patientin wurde auf eigenen Wunsch hin entlassen.

Die beobachtete Veränderung in der Stimmlage und die auftretende Heiserkeit kann als Anzeichen einer neurotoxischen Wirkung, vor allem auch in Verbindung mit Lähmungserscheinungen der Augen- und Lidmuskulatur gewertet werden, mag aber auch durch u. U. allergisch bedingte Schwellungen im Glottis-Bereich (angioneurotisches Ödem) verstärkt werden [23].

Tödliche Vergiftung
(*Vipera-berus*-Biß)

Ein Junge (Alter nicht angegeben) wurde in England von einer Kreuzotter in den rechten Fußknöchel gebissen. Er erbrach dreimal und erreichte ein Krankenhaus 6 Stunden nach dem Biß. Die Schwellung des Beines war inzwischen bis über das Knie fortgeschritten. Der Blutdruck des Patienten betrug 80/60 mm Hg, eine Stunde später 102/60. Ein Antiserum war zwar im Krankenhaus vorhanden, seine Anwendung wurde jedoch nicht in Erwägung gezogen. Auch wurde der Blutdruck in der Folge nicht gemessen. Nach Auskunft einer Krankenschwester erbrach der Patient innerhalb der nächsten 36 Stunden mehrmals; er wirkte am Tag nach dem Biß sehr blaß. Am Morgen des zweiten Tages trat plötzlich eine Verschlechterung des Allgemeinzustandes (Schock?) ein. Das 20 Minuten später angeschlossene EKG zeigte Herzstillstand, Herzmassage blieb erfolglos. Die Autopsie ergab als Befund neben einem stark geschwollenen, blau-rot verfärbten rechten Bein geringe subendokardiale Blutungen, auf der Rückseite der Lungen Areale mit Einblutungen und Stauungen, keine zerebralen Blutungen, kein Lungenödem und keine Thrombosen in den Oberschenkelgefäßen. Offenbar hatte man den Fall in seiner Schwere nicht erkannt, Vitalfunktionen wurden nicht überwacht und Laborparameter nicht erhoben. Mit hoher Wahrscheinlichkeit wäre bei einer kontinuierlichen Überwachung der Tod zu vermeiden gewesen.

Antiseren (ausgewählt):
Europa-Serum – Behringwerke AG, Marburg/Lahn.
IPSER-Europe – Merieux, Serum et Vaccins, Lyon, Frankreich.
Sérum antivénimeux Berna – Institut Sérothérapique et Vaccinal Suisse, Bern, Schweiz.
Serum antiviperin – Istituto Sieroterapico, Vaccinogeno, Siena, Italien.

Literatur

[1] Brodmann, P., Die Giftschlangen Europas und die Gattung *Vipera* in Afrika und Asien. Kümmerly und Frey, Bern (1987).
[2] Gruber, U., Die Schlangen Europas und rund ums Mittelmeer. Franck'sche Verlagshandl., Stuttgart (1989).
[3] Biella, H.J., Die Sandotter, Ziemsen Verl., Wittenberg (1983).
[4] Frommhold, E., Die Kreuzotter, Ziemsen Verl., Wittenberg (1969).
[5] Schiemenz, H., Die Kreuzotter, Ziemsen Verl., Wittenberg (1985).
[6] Stahel, E., Wellauer, R., Freyvogel, T.A., Vergiftungen durch einheimische Vipern (*Vipera berus* und *Vipera aspis*). Eine retrospektive Studien an 113 Patienten. Schweiz. med. Wschr. **115**, 890 (1985).

[7] Rasmussen, J.T., Arnold, D., Deutsche Touristen – häufige Opfer von Kreuzotterbissen an der dänischen Nordseeküste. Med. Welt **36**, 959 (1985).

[8] Gonzales, D., Snakebite problems in Europe. In: Handbook of Natural Toxins, Bd. 5, Reptile Venoms and Toxins (A.T. Tu, ed.), S. 687, M. Dekker, New York (1991).

[9] Gubensek, F., Ritonja, A., Zupan, A., Turk, V., Basic proteins of *Vipera ammodytes* venom. Studies of structure and function. Period. biol. **82**, 443 (1980).

[10] Ritonja, A., Gubensek, F., Ammodytoxin A, a highly lethal phospholipase A_2 from *Vipera ammodytes ammodytes* venom. Biochim. biophys. Acta **828**, 306 (1985).

[11] Ritonja, A., Machleidt, W., Turk, V., Gubensek, F., Amino acid sequence of ammodytoxin B, partially reveals the location of the site of toxicity of ammodytoxins. Biol. Chem. Hoppe-Seyler **367**, 919 (1986).

[12] Lee, C.Y., Tsai, M.C., Chen, Y.M., Ritonja, A., Gubensek, F., Mode of neuromuscular blocking action of toxic phospholipase A_2 from *Vipera ammodytes* venom. Arch. Int. Pharmac. Ther. **268**, 313 (1984).

[13] Mancheva, I., Kleinschmidt, T., Aleksiev, B., Braunitzer, G., Sequence homology between phospholipase and its inhibitor in snake venom: The primary structure of the inhibitor of vipoxin from the venom of the Bulgarian viper (*Vipera ammodytes ammodytes*, Serpentes). Hoppe-Seyler's Z. Physiol. Chem. **365**, 885 (1984).

[14] Mancheva, I., Kleinschmidt, T., Aleksiev, B., Braunitzer, G., Sequence homology between phospholipase and its inhibitor in snake venom: The primary structure of phospholipase A_2 of vipoxin from the venom of the Bulgarian viper (*Vipera ammodytes ammodytes*, Serpentes). Hoppe-Seyler's Z. Physiol. Chem. **368**, 343 (1987).

[15] Antonini, G., Rasura, M., Conti, G., Mattia, C., Neuromuscular paralysis in *Vipera aspis* envenomation: pathogenic mechanism. J. Neurol. Neurosurg. Psychiatry **54**, 187 (1991).

[16] Persson, H., Clinical toxicology of snake bite in Europe. In: Handbook of Clinical Toxicology of Animal Venoms and Poisons (J. Meier, J. White, eds.), S. 413, CRC Press, Boca Raton (1995).

[17] Reid, H.A., Adder bites in Britain. Brit. Med. J. **2**, 153 (1976).

[18] Persson, H., Irestedt, B., A study of 136 cases of adder bite treated in Swedish hospitals during one year. Acta Med. Scand. **210**, 433 (1981).

[19] Pozio, E., Venomous snakebites in Italy: epidemiological and clinical aspects. Trop. Med. Parasit. **39**, 62 (1988).

[20] Curro, V., Stabile, A., Michetti, V., Antivenom treatment in snake bite. Acta Paediatr. Scand. **77**, 597 (1988).

[21] Cederholm, I., Lennmarken, C., *Vipera berus* bites in children – experience of early antivenom treatment. Acta Paediatr. Scand. **76**, 682 (1987).

[22] Jackson, O.F., Effect of a bite by a sand viper *(Vipera ammodytes)*. Lancet, Sept. 27, 686 (1980).

[23] Beer, E., Putorti, F., Dysphonia, an uncommon symptom of systemic neurotoxic envenomation by *Vipera aspis* bite. Report of two cases. Toxicon **36**, 697 (1998).

Giftschlangen: Afrika, Naher und Mittlerer Osten

Elapiden, wie Kobras (Abb. 3.90) und Mambas (Abb. 3.91, 3.92), und gleichermaßen auch Viperiden (Abb. 3.93 bis 3.101) wie die unscheinbare Sandrasselotter (Abb. 3.93) oder die imposante Puffotter (Abb. 3.94) haben Afrikas Ruf begründet, ein gefährlicher, mit vielen Giftschlangen besiedelter Kontinent zu sein. Auf Schritt und Tritt wird man jedoch kaum Giftschlangen treffen. Der Safaritourist wird sie wahrscheinlich nur mit viel Glück zu sehen bekommen. Trotzdem muß man auch hier stets mit ihnen rechnen und sich entsprechend vorsichtig verhalten.

Neben den eigentlichen Giftschlangen kommen im südlichen Teil Afrikas zwei der gefährlichsten Trugnattern vor, *Dispholidus typus* und *Thelotornis* spp. Sie werden in einem gesonderten Kapitel („ungiftige") Schlangen) behandelt. Für Literatur zu afrikanischen Giftschlangen s. [1–5].

Kobras

Naja spp. *Hemachatus haemachatus* – cobras

Abb. 3.90: Ringhals-Kobra, *Hemachatus haemachatus* (Südafrika).

Merkmale: Große, kräftige Schlangen (Länge 1 bis 3 m), die sich zur Abwehr mit z.T. zwei Dritteln ihres Körpers aufrichten, Nacken und Halsregion abflachen und auseinanderspreizen, so daß eine eiförmige bis runde Scheibe (der sog. Hut) entsteht, die allerdings bei den afrikanischen Kobras keine Brillenzeichnung trägt. Färbung sehr variabel, von schwarz *(Naja melanoleuca)* bis gelb *(Naja nivea)* oder rot *(Naja pallida)*, z.T. einfarbig, auch mit Fleckenzeichnung, wobei die Halsregion oftmals durch Streifen besonders hervorgehoben ist.

Verbreitung: In mehreren Arten über ganz Afrika verbreitet: *Naja haje* (ägyptische Kobra) in ganz Afrika und bis in den mittleren Osten (Kleinasien); *N. melanoleuca* (Waldkobra) in den Wäldern von West- bis Südafrika; *N. nigricollis* (Speikobra) südlich der Sahara; *N. mossambica* und *N. pallida* (Mozambique-Speikobra) im südlichen Teil Afrikas; *Hemachatus haemachatus* (Ringhals-Kobra) in Südafrika; *Walterinnesia aegyptia* (Schwarze Wüstenkobra) in Nordafrika, dem mittleren Osten bis Iran.

Lebensraum/Lebensweise: Bodenlebend, besiedeln fast alle Räume wie Regenwälder, Sümpfe, selbst Flüsse und Seen (wie die semi-aquatisch lebende seltene Wasserkobra, *Boulengerina annulata*), aber auch die trockenen Savannen und Gebirgsregionen; oft auch in der Nähe menschlicher Siedlungen, wo sie vor allem nachts Jagd auf Nagetiere machen. Meist tag- oder dämmerungsaktiv, einige Arten (*Naja melanoleuca*, *Hemachatus*) sind jedoch ausgesprochen nachtaktiv; ovipar, *Hemachatus* ist ovovivipar. Vier Arten versprühen als sog. Speikobras ihr Gift: *Naja nigrocollis*, *Naja mossambica*, *N. pallida* und *Hemachatus haemachatus*.

Mambas

Dendroaspis spp. – mambas

Abb. 3.91 (oben): Schwarze Mamba *Dendroaspis polylepis* (Südafrika).

Abb. 3.92 (unten): Grüne Mamba, *Dendroaspis angusticeps*.

Merkmale: Die bekanntesten und am meisten gefürchteten Giftschlangen Afrikas. Schlanke, große Schlangen (bis 4 m Länge); mit Ausnahme der schwarzen Mamba *(Dendroaspis polylepis,* sie ist eigentlich nicht schwarz, eher grau oder olivbraun) sind sie alle grün gefärbt. Sie sind äußerst schnell und flink, ziehen sich jedoch meist zurück, wenn man sie stört.

Verbreitung: In vier Arten nur in Afrika südlich der Sahara: *Dendroaspis angusticeps* (grüne Mamba) in Ostafrika entlang der Küste bis Südafrika; *D. jamesoni* (ebenfalls grüne Mamba) in Zentralafrika; *D. viridis* (eigentliche grüne Mamba) in Westafrika; *D. polylepis* (schwarze Mamba) im östlichen und südlichen Afrika.

Lebensraum/Lebensweise: Überwiegend Baumschlangen, in den Zweigen von Bäumen und Sträuchern trockener Savannen, von Bergwäldern (Nicht über 1500 m), auch in Küstennähe; tagaktiv, ovipar.

Sandrasselotter

Echis spp. – carpet viper, saw-scaled viper

Abb. 3.93: Sandrasselotter, *Echis pyramidum* (Ostafrika).

Merkmale: Eine der gefährlichsten Giftschlangen, nicht nur Afrikas. Sie ist meist nur 50 bis 60 cm groß (selten größer als 80 cm), ihre Grundfarbe variiert von braun, rot, grau oder oliv mit kleinen hellen Flecken auf dem Rücken. Die Körperschuppen sind gekielt und rufen, wenn sie aneinander gerieben werden, ein rasselndes Geräusch vor.

Verbreitung: Vipern-Gattung mit einem der weitesten Verbreitungsgebiete: Es reicht von Westafrika *(Echis leucogaster, E. ocellatus)* über Ost- und Nordafrika *(E. pyramidum)*, die Arabische Halbinsel, Pakistan, Indien bis Sri Lanka *(E. carinatus)*. Im Mittleren Osten wird die Gattung durch *E. coloratus* vertreten.

Lebensraum/Lebensweise: Bevorzugt überwiegend trockene Regionen wie Savannen, auch Wüsten; in hoher Populationsdichte tritt sie jedoch auch in landwirtschaftlich genutzten Gebieten auf. Durch ihre Färbung meist gut getarnt, wird sie leicht übersehen. Tagaktiv, ovovivipar, in manchen Gegenden aber auch ovipar.

Puffottern

Bitis spp. – puff adders

Abb. 3.94: Gabunviper, *Bitis gabonica* (Ostafrika).

Merkmale: Die größten Vipern Afrikas, die zwar nur eine Länge von 1,5 m erreichen, aber durch ihren massigen Körper (bis 30 cm Umfang) auffallen. Der große, dreiecksförmige Kopf ist deutlich vom Körper abgesetzt. Die Färbung ist zum einen unauffällig, ein helles Braun mit gelben oder weißen Querstreifen *(Bitis arietans)*, aber auch von bizarrer Vielfalt an Farben und Zeichnungen *(Bitis gabonica* und *B. nasicornis)*: alle Schattierungen von Purpur, Grün, Braun mit weißen, blauen oder gelben geometrischen Linien und Mustern, dem Untergrund hervorragend angepaßt.

Verbreitung: *Bitis arietans* (gewöhnliche Puffotter) ist in Afrika am weitesten verbreitet, von Südmarokko bis zum Kap, auch im Süden der Arabischen Halbinsel; *B. gabonica* (Gabunviper) in den Wäldern West-, Zentral- und Ostafrikas; *B. nasicornis* (Nashornviper) in West- und Zentralafrika. Weitere, deutlich kleinere *Bitis*-Arten (z.B. *B. caudalis, atropos, cornuta*) leben vorwiegend im südlichen Afrika.

Lebensraum/Lebensweise: *Bitis arietans* in Trockengebieten, Flußniederungen und im Gebirge (bis 2000 m), *B. gabonica* und *B. nasicornis* fast ausschließlich Waldbewohner; bodenlebend. Bei Annäherung blasen sie sich auf und stoßen zischend die Luft aus. Obwohl sie durch ihre Körpermasse träge wirken, können sie blitzschnell zubeißen. Dämmerungs- und z.T. auch nachtaktiv, ovovivipar.

A

B

Abb. 3.95: Die Nashornviper (A, B) *Bitis nasicornis*, zeichnet sich durch eine sehr variable Zeichnung aus, durch die sie mit dem Untergrund verschmilzt. Über den Nasenlöchern trägt sie jeweils zwei bis drei Schuppenhörnchen

Schlangen

Hornvipern

Cerastes spp., *Pseudocerastes* spp. – horned vipers, sand vipers

Abb. 3.96 (oben): Hornviper, *Pseudocerastes fieldi* (Jordanien).

Abb. 3.97 (Mitte): Kopfansicht.

Abb. 3.98 (unten): Hornviper, Kopfansicht, *Cerastes cerastes* (Marokko).

Merkmale: Bis 70 cm große Vipern mit gelblich-grauer Grundfarbe und unregelmäßigen Flecken oder Querstreifen auf dem Rücken. Über dem Auge tragen diese Vipern einen spitzen Schuppendorn (Horn), der bei *Cerastes vipera* (Avicenna viper) und einigen Populationen von *Cerastes cerastes* und *C. gasperetti* fehlt. Hornvipern können ebenfalls mit den stark gekielten Schuppen ein rasselndes Geräusch erzeugen.

Verbreitung: Über Nordafrika, die Sahara und den Mittleren Osten bis Pakistan.

Lebensraum/Lebensweise: Sandige Wüstengebiete (Sahara), aber auch trockene, steinige Gebiete mit lockerem Buschwerk; dämmerungsaktiv, tagsüber im Sand vergraben, ovipar.

Krötenottern, Nachtottern *Causus* spp. – night adders

Abb. 3.99: Krötenotter, *Causus rhombeatus* (Südwestafrika).

Merkmale: Mittelgroße, bis 100 cm lange Vipern; bei Belästigung flachen sie ihren Nacken ab und zischen. Grundfarbe ist grau, braun oder oliv mit dunklen Flecken oder Rhombenzeichnung *(Causus rhombeatus)*. Die Giftdrüsen reichen bis in den Körper hinein.
Verbreitung: Südlich der Sahara.
Lebensraum/Lebensweise: Meist in der Nähe von Gewässern, ausschließlich ovipar.

Buschvipern

Atheris, Montatheris, Proatheris spp. – bush vipers

Abb. 3.100: Grüne Buschviper, *Atheris squamigera*.

Merkmale: Kleine Vipern (bis 80 cm) mit stark gekielten, dachziegelartig angeordneten Schuppen, Färbung und Zeichnung sehr variabel, grau, braun, gelb bis tiefgrün.
Verbreitung: Von West- nach Ostafrika bis Angola in mehreren Arten: *Atheris squamiger, hispida, nitschei, ceratophorus, chlorechis*; *Montatheris hindii, Proatheris superciliaris*.
Lebensraum/Lebensweise: Mit Ausnahme der bodenlebenden *Montatheris*- und *Proatheris*-Arten sind alle *Atheris*-Arten baumlebend und im Blättergewirr des tropischen Regenwaldes hervorragend getarnt; vorwiegend nachtaktive Schlangen.

Erdvipern, Maulwurfsvipern   *Atractaspis* spp. – mole vipers

Abb. 3.101: Erdviper, *Atractaspis engaddensis*, mit ausgeklapptem Giftzahn (Ostafrika).

Merkmale: Die Erdvipern werden neuerdings in eine eigene Familie gestellt und nicht mehr zu den Vipern gezählt. 50 bis 60 cm, selten über 1 m groß, mit schaufelförmigem, nicht vom Körper abgesetztem Kopf. Die frontalen Giftzähne sind beweglich, in Ruhe zurückgeklappt und können auch bei geschlossenen Kiefern aufgerichtet werden, sie ragen dann seitwärts aus der Mundspalte und werden so in die Beute eingeschlagen. Erdvipern beißen paradoxerweise mit geschlossenem Maul zu. Die Grundfarbe ist meist einheitlich grau, schwarz oder braun.

Verbreitung: Über ganz Afrika, den Nahen und Mittleren Osten.

Lebensraum/Lebensweise: In der Körperform einer vorwiegend unterirdischen Lebensweise angepaßt (in Bauten von Nagern). Kommen daher selten mit den Menschen in Kontakt; ovipar.

Vergiftungsumstände. Entsprechend der Vielfalt an Lebensräumen, die Afrikas Giftschlangen besiedeln, muß man fast überall mit ihnen rechnen. Selten wird jedoch der Tourist mit ihnen in Kontakt kommen, meist trifft es den Einheimischen, der barfüßig auf sie tritt und dann gebissen wird. So sind es meist die Füße und Beine, die von Bißverletzungen betroffen sind.

Nachtaktive Schlangen, wie einige Kobras (*Naja melanoleuca, Hemachatus haemachatus*) und die Nachtottern (*Causus* spp.), dringen auf der Jagd nach Mäusen und Ratten in Hütten und Häuser ein. So kann es vorkommen, daß Menschen im Schlaf gebissen werden und anderntags mit schweren Vergiftungssymptomen erwachen.

Begegnungen mit **Speikobras,** die ihr Gift in Richtung des Angreifers über gut 2 m versprühen können, sind mitunter folgenschwer, wenn das Gift in die Augen gelangt. Erblindung kommt vor.

Vorsichtsmaßnahmen. Es sind die im allgemeinen Teil gegebenen Hinweise zu beachten. In Afrika gilt ganz besonders, von Giftschlangen deutlich Abstand zu halten, da träge anmutende Puffottern oder drohende Kobras und Mambas plötzlich und unerwartet vorschnellen können und man dann kaum eine Chance hat auszuweichen. Speikobras können ihr Gift bis über 2 m, sogar bis 5 m versprühen [8]. Allerdings warnen die meisten Schlangen durch Aufstellen des Körpers (Kobras), Zischen (Puffottern) oder rasselnde Geräusche durch Aneinanderreiben der Schuppen (Sandrasselotter), nur selten greifen sie sofort an. Diese Warnzeichen sollte man daher unbedingt ernst nehmen und sich zurückziehen.

Gutes Schuhwerk und entsprechende Bekleidung (weite, lange Hosen) bieten einen guten Schutz. Keinesfalls sollte man unübersichtliches Grasland in Sandalen und kurzen Hosen überqueren.

Giftapparat. Die Giftzähne von Kobras und Mambas sind feststehend, **proteroglyph**, bis 5–6 mm lang. Die beweglichen (**solenoglyphen**), beim Biß aufgestellten Zähne der Puffottern können beachtliche Längen erreichen, bis etwa 3 cm bei der Gabunotter (*Bitis gabonica* [7]). Wie bereits erwähnt, können die Zähne der

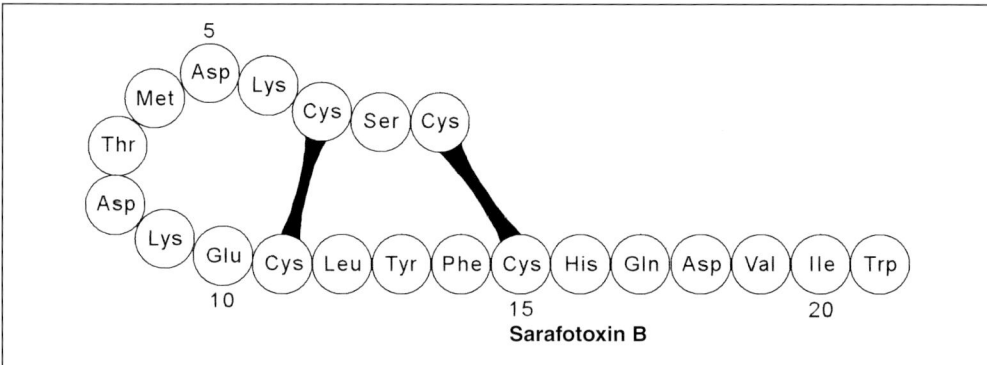
Sarafotoxin B

Atractaspis-Arten (Abb. 3.101) seitwärts aus dem geschlossenem Maul herausgeklappt werden, wobei die Schlange mit dem Kopf nach unten schlägt und so die Zähne in das Beutetier eindringen läßt, eine Anpassung an die unterirdische Lebensweise.

Die urtümlichen *Causus*-Arten besitzen eine große Giftdrüse, die über den Oberkiefer hinaus mehrere Zentimeter in den Körper reicht.

Gift. Kobras und Mambas produzieren in ihren Giftdrüsen hochwirksame **Toxingemische, Enzyme** sind mit Ausnahme der Phospholipase A_2 nur in relativ geringem Umfang vorhanden. Wie auch bei anderen Elapiden-Arten sind es hauptsächlich postsynaptisch angreifende (curaremimetische) Toxine, Polypeptide mit 60 bis 62 (kurze) oder 71 (lange Toxine) Aminosäuren, mit vier oder fünf Disulfidbrücken, aber auch stark basische Polypeptide, sog. Kardio- oder Zytotoxine mit ähnlichen strukturellen Eigenschaften (wie die kurzen Toxine). **Mambagifte** enthalten darüber hinaus noch eine Reihe weiterer Toxine, die z.B. Kalium-Kanäle (sog. **Dendrotoxine**) oder Muskarin-Rezeptoren blockieren. Andere Komponenten sind spezifische Inhibitoren von Cholinesterasen (**Fasciculine**) und bewirken als Folge ein Zucken und Fibrillieren der Muskulatur, das durch Acetylcholin ausgelöst wird. Andere Peptide potenzieren die toxische Wirkung bestimmter Giftkomponenten. Die hohe Toxizität dieser Elapiden-Gifte ist durch ihren hohen Anteil an Toxinen bedingt, der teilweise 50 bis 70% des Trockengewichtes betragen kann (s.a. einleitendes Kapitel).

Phospholipasen A_2, die stark myolytisch wirken, d.h. die Skelettmuskulatur angreifen, sind vor allem im *Naja-nigricollis*-Gift enthalten [10]. Sie sind offenbar für die lokal nekrotisierenden Eigenschaften dieses Giftes verantwortlich.

Ganz anders wirken die Viperngifte. *Echis*-Gifte enthalten eines der aktivsten **Blutgerinnungsenzyme,** das man in Schlangengiften bisher nachgewiesen hat. Dieses als **Ecarin** bezeichnete Enzym aktiviert Prothrombin zunächst zu dem nur schwach wirksamen Meizothrombin, ohne daß hierfür Kofaktoren (Calcium, Phospholipide oder Faktor V) notwendig sind [11, 12]. Durch autokatalytische Prozesse entsteht anschließend das physiologisch hochwirksame α-Thrombin, das durch Abspaltung der Fibrinpeptide A und B vom Fibrinogenmolekül Fibrin bildet. Beim Patienten entwickelt sich eine **Verbrauchskoagulopathie** mit kompletter Ungerinnbarkeit des Blutes über Tage und Wochen.

Bitis-Gifte greifen mit Ausnahme des Giftes von *Bitis gabonica* nicht in die Blutgerinnung ein. Sie enthalten äußerst aktive **hämorrhagische Faktoren.** Diese bewirken massive Unterblutungen und Nekrosen um die Bißwunde. Die Gabunviper enthält in ihrem Gift ein sehr aktives fibrinogkoagulierendes Enzym (Gabonase [13]), das in der Folge zu Hypofibrinogenämie führt.

Das Gift der *Atractaspis*-Arten bestätigt in seiner Zusammensetzung die besondere Stellung der Schlangen. Es enthält gefäßaktive Peptide, sog. **Sarafotoxine,** die aus 21 Aminosäuren bestehen und intramolekular durch zwei Disulfidbrücken stabilisiert sind [14, 15]. Ihre intravenöse Injektion führt bei Mäusen binnen weniger Minuten zum Tode (LD_{50} ca. 15µg/kg). Interessanterweise sind diese Toxine sehr eng mit den **Endothelinen** verwandt, gefäßaktive Peptide aus dem Endothel von Säugern.

Vergiftung. Die Zusammensetzung der einzelnen Gifte spiegelt sich auch in ihrer Vergiftungssymptomatik wider. So haben Bisse von Kobras und Mambas vorwiegend **neurotoxische Symptome** zur Folge; Bisse von *Echis*-Arten, sowie von *Bitis gabonica* führen zu schweren **Gerinnungsstörungen**; Bisse anderer *Bitis*-Arten rufen ausgedehnte lokale Reaktionen wie **Hämorrhagie** und **Nekrose** hervor [16].

Epidemiologisch betrachtet sind *Echis*-Arten für weite Teile West- und Zentralafrikas, zusammen mit *Echis coloratus* auch im nahen und mittleren Osten die wichtigsten und gefährlichsten Giftschlangen. In einer Savannenregion Nigerias z.B. (Benue Valley) rechnet man mit 602 *Echis*-Bissen pro 100 000 Einwohnern und einer Mortalitätsrate von 12,3% [17]. Dies ist eine der höchsten Mortalitätsraten für einen Schlangenbiß. Auch in Regionen außerhalb Afrikas, wo *Echis*-Arten vorkommen, führte sie die Todesursachenstatistik von Schlangenbissen an [18]. Im südlichen Teil Afrikas sind es überwiegend die Puffottern (*Bitis*-Arten), die für die meisten Schlangenbisse verantwortlich sind, wobei eine Mortalitätsrate von 2 bis 5% errechnet wurde [19]. In vielen Gebieten Afrikas stellen Schlangenbisse ein ernstes Problem dar.

Keine oder nur geringfügige lokale Reaktionen (Ödem, Schmerz) sind für **Kobra- und Mambabisse** charakteristisch. Erste Symptome wie verwaschene Sprache und Schluckbeschwerden, Ptosis, Ophthalmoplegie treten meist innerhalb einer Stunde nach dem Biß auf und lassen eine fortschreitende Lähmung befürchten.

Herz-Kreislauf-Probleme können mitunter unerwartet auftreten, wenn eine Atemlähmung bereits überwunden wur-

Therapie. Auch hier gilt die Regel, daß nur bei sicherer Diagnose einer systemischen Vergiftung **Antiserum** angewandt werden sollte. Erste Anzeichen sind dies im Falle von Elapiden-Bissen eine leichte Ptosis und Sprechschwierigkeiten, bei *Echis*-Bissen unstillbare Blutungen aus der Bißwunde und Schleimhautblutungen. Ist in diesen Fällen die Indikation für eine Antiserum-Therapie weit zu fassen und diese möglichst umgehend einzuleiten, sollte sie bei *Bitis*-Bissen nur schweren Fällen vorbehalten bleiben. Die Erfahrung zeigt, daß gerade lokale hämorrhagische Reaktionen mit der Folge von Gewebsnekrosen selbst durch eine optimal durchgeführte Antiserum-Therapie nicht entscheidend beeinflußt werden können. Auch die Überlegung, dann das Antiserum lokal, um die Bißstelle, zu applizieren, erscheint zwar folgerichtig, doch bleibt diese Maßnahme erfolglos, da die Antiserum-Injektion ebenfalls zum Ödem beiträgt und die lokale Durchblutung stark einschränkt. Experimentelle Befunde bestätigen, daß erste Schäden schon wenige Minuten nach dem Biß auftreten und in der Folge kaum mehr aufzuhalten sind.

Kobra- und Mambabisse sind bei sich abzeichnenden Lähmungserscheinungen nur durch rasche intravenöse Infusion von Antiserum zu behandeln. Je länger die Zeit zwischen Biß und Antiserum-Therapie ist, desto höher ist die Dosis zu wählen. Es empfiehlt sich gleich mit hohen Dosen (2 bis 4 Ampullen à 10 ml) zu beginnen und diese im weiteren Verlauf, wenn nach 2 bis 3 Stunden keine Besserung eintritt, zu steigern (oft 10 bis 20 Ampullen).

Bei **Augenverletzungen** durch eingesprühtes Gift von **Speikobras** muß das Auge sofort mit Wasser ausreichend gespült werden, was bei dem starken Reizschmerz (Folge: Lidkrampf, Blepharospasmus) nicht einfach ist. Sodann ist durch einen Augenarzt die Hornhaut sorgfältig auf oberflächliche Verletzungen (ähnlich von Abschürfungen) zu prüfen und antibakteriell zu behandeln, um Sekundärinfektionen zu vermeiden. Das Eintropfen von Antiserum hat keinen positiven Einfluß [8].

Antiseren sind hervorragend geeignet, Giftkomponenten, die zu **Gerinnungsstörungen** führen, rasch zu neutralisieren. Dies ist praktisch zu jedem Zeitpunkt der Vergiftung möglich, da der entsprechende Giftfaktor noch lange im Blut kreist und dort seine Wirkung ausübt. Hier gilt auch die Regel: je früher, desto besser, bevor Komplikationen, wie z.B. Blutungen eingesetzt haben. Meist zeigt es sich recht eindrucksvoll, daß sich die Gerinnungswerte innerhalb von 24 Stunden nach der Antiserum-Therapie zu normalisieren beginnen.

Im Fall von *Echis* ist die Situation jedoch keineswegs einfach. Die weite geographische Verbreitung dieser Giftschlange, die Ausbildung von geographischen Isolaten und unterschiedlichen Arten, bringen es mit sich, daß auch das Gift in seiner Zusammensetzung stark variiert [25, 30, 31]. Ein Antiserum, das etwa gegen *Echis*-Gift aus Pakistan hergestellt wurde, ist gegenüber dem Gift der afrikanischen *Echis*-Arten unwirksam und umgekehrt. So traten Probleme bei der Anwendung von polyvalentem (auch für *Echis*-Gift spezifischen) Antiserum auf, dessen Anwendung nur in wenigen Fällen zur vollständigen Normalisierung der Blutgerinnung führte [32].

Eine **symptomatische Behandlung** von *Echis*-Bissen allein (ohne Antiserum) durch Substitution von Gerinnungsfaktoren (Fibrinogen, Thrombozyten, FFP etc., u.U. Plasmapherese oder Blutersatz) ist nicht sehr erfolgversprechend und mit einem hohen Risiko bei fortbestehender Blutungsneigung verbunden. Eine Restitution der Gerinnungsparameter ist auf diese Weise nicht möglich, ebenso ist Heparin wirkungslos [16].

Hingegen sind *Bitis*-Bisse nur in wirklich schweren Fällen mit Antiserum zu behandeln. Hier besteht hauptsächlich die Gefahr eines hypovolämischen **Schocks**, da es durch große Ödeme zu Flüssigkeitsverschiebungen (Hämokonzentration) kommt. Es ist daher sofort und in großem Umfang für Flüssigkeitsersatz durch Infusion von physiologischen Lösungen zu sorgen. Hämatokrit und Plasmaelektrolyte sind kontinuierlich zu überprüfen. Gerinnungsstörungen treten außer bei Bissen durch *Bitis gabonica* nicht auf.

Wie bereits mehrfach betont sind Schlangenbisse **kein chirurgisches Problem**. Selbst bei einem massiven Ödem das z.T. extreme Formen annehmen kann, ist bisher kein Fall bekannt geworden, in welchem ein Kompartmentsyndrom eindeutig nachgewiesen wurde. Das nekrotische Gewebe um die Bißstelle ist erst nach einigen Tagen abzutragen. Die Wunde selbst ist wie bei großflächigen Verbrennungen antibiotisch zu behandeln. Kleine Gewebsdefekte heilen meist ohne Probleme, bei größeren können Hauttransplantationen notwendig werden.

Daß eine kontinuierliche Überwachung des Patienten bei allen diesen Giftschlangenbissen Voraussetzung ist, braucht nicht betont zu werden. **Todesfälle** treten in der Regel dann auf, wenn Antiserum zu spät oder in zu geringer Menge angewandt wurde, Komplikationen bereits aufgetreten waren, die nicht mehr beherrscht werden konnten (Blutungen etc.) oder wenn Symptome nicht erkannt und entsprechend behandelt wurden (z.B. Hypovolämie). Abgesehen von lokalen Nekrosen (*Bitis*- und einige *Naja*-Arten) sind Folgeschäden bei einer überstandenen Vergiftung in der Regel nicht zu erwarten. Bei hoher Dosierung von Antiserum tritt fast immer nach einigen Tagen (auch Wochen) eine allergisch bedingte Serumkrankheit auf.

de. Es ist fraglich, ob dies allein auf die Wirkung von Kardiotoxinen zurückzuführen ist. Eine sonst für Elapiden-Bisse unübliche Wirkung hat der Biß von *Naja nigricollis* und *Naja mossambica*: Er führt zu schweren **lokalen** Gewebsschäden, die bei fortschreitender **Nekrose** den Verlust einer Extremität zur Folge haben können [16, 20]. Gelangt Gift der **Speischlangen** (*Naja nigricollis, N. mossambica, N. pallida, Hemachatus haemachatus*) in das Auge, so kann dieses nach einer starken Konjunktivitis, Lidkrampf (Blepharospasmus) und Ödem der Bindehäute in Folge von Ulzeration der Hornhaut und der tieferliegenden Strukturen erblinden [8].

Meist unbemerkt bleibt der Biß der **Sandrasselotter** (*Echis* spp.), bis neben einer nur leichten lokalen Schwellung erste Symptome einer systemischen Vergiftung auftreten: Zahnfleischbluten, Bluten aus alten Kratz- und Rasierwunden und aus der Bißwunde. Zu diesem Zeitpunkt ist das Blut bereits ungerinnbar, es hat sich eine **Verbrauchskoagulopathie** entwickelt. Blutungen in das Gewebe (es kann zu massiven Hämatomen kommen) oder in den Magen-Darm-Trakt haben einen starken Blutverlust und damit verbunden einen hämorrhagischen Schock zur Folge; auch führen intrazerebrale Blutungen nicht selten zum Tod. Hämaturie und Nierenversagen sind weitere Komplikationen dieser mit einem hohen Mortalitätsrisiko belasteten Vergiftung [16, 18, 19, 20, 21, 22, 23, 24].

Eine Schlange aus Tunesien (*Echis pyramidum*) bewirkte bei einer Patientin neben einer schweren Verbrauchskoagulopathie auch eine hämolytische Anämie sowie neurotoxische Symptome wie eine bilaterale Ptosis [25]. Dies belegt die große Variationsbreite in der Giftzusammensetzung dieser Schlangengattung und der damit verbundenen unterschiedlichen Spezifität von Antiseren, die sich in diesem Fall als unwirksam erwiesen.

Relativ selten wird über Bißfolgen von *Atheris*-Arten berichtet. Offenbar geraten die überwiegend baumlebenden Buschvipern nur wenig mit den Menschen in Kontakt. Ihr Gift, das eine sehr aktive Fibrinogenkoagulase und einen Faktor enthält, der Blutplättchen verklumpen läßt, ist jedoch in der Lage, eine lebensbedrohende Vergiftung zu verursachen [26].

Ohne Einfluß auf die Blutgerinnung sind hingegen Bisse durch **Bitis-Arten** mit Ausnahme von *Bitis gabonica*. Sie führen jedoch schon innerhalb kurzer Zeit zu einem **Ödem** und zu **hämorrhagischen Unterblutungen** mit Blasenbildung um die Bißstelle [16, 19]. Je nach Ausdehnung der hämorrhagischen Bezirke hat dies z.T. erhebliche Gewebsverluste zur Folge. Ein großes Ödem entzieht dem Gefäßsystem große Mengen Flüssigkeit, so daß ein hypovolämischer **Schock** auftreten kann. Außerdem sind großflächige Hautschäden für Sekundärinfektionen sehr anfällig (Gefahr eines Gangräns).

Bisse durch **Causus-** und **Atractaspis-Arten** scheinen überwiegend leicht mit geringer lokaler Schwellung, Blasenbildung und nur in Ausnahmefällen unter Nekrosenbildung zu verlaufen, systemische Reaktionen fehlen weitgehend [27, 28]. Andererseits führte ein *Atractaspis-engaddensis*-Biß in einem Fall zu einer lebensbedrohenden, anaphylaktischen Reaktion [29].

Cerastes- und *Pseudocerastes*-Bisse sind in ihrem Vergiftungsverlauf ähnlich dem europäischer Vipern: lokales **Ödem**, blaurote Hautverfärbung, u.U.: lokale Nekrosen, meist keine schwerwiegenden systemischen Reaktionen (keine Gerinnungsstörungen).

Fallbeschreibungen

Echis-pyramidum-Biß

Ein 51jähriger Mann wurde beim Reinigen eines Terrariums, in welchem für Schauzwecke Sandrasselottern (*Echis pyramidum*, früher als *Echis carinatus* bezeichnet) gehalten wurden, von einem Tier in die linke Hand gebissen. Vom herbeigerufenen Notarzt wurde eine Staubinde am Unterarm angelegt, der Patient in eine Klinik eingewiesen. Bei der Aufnahme waren Herz- und Kreislauffunktionen stabil, der Patient beschwerdefrei. Antiserum war nicht vorhanden. Die Staubinde wurde nach zwei Stunden entfernt. Die Bißstelle (Mittelglied des linken Ringfingers) war geschwollen, ebenso der Handrücken bis zur Handwurzel, eine bläulich-livide Hautverfärbung deutete auf kutane Einblutungen hin. Bereits bei der Aufnahme wurden Fibrinogenspaltprodukte (FDP, 4 µg/ml) und Fibrinomere und D-Dimere (über 10 µg/ml) nachgewiesen, die Gerinnungswerte lagen im Normbereich. Nach Lösen der Staubinde fiel der Quick-Wert innerhalb von 8 Stunden auf 22% seines Ausgangswertes (100%) ab, die Thrombinzeit war auf 68 Sek. verlängert, die partielle Thromboplastinzeit (PTT) stieg auf 80 Sek. an. Die Thrombozytenzahl betrug 113000/µl, Hämatokrit und Antithrombin III blieben unverändert. Es trat eine Makrohämaturie auf, der Patient war jedoch weiterhin beschwerdefrei. Bei Annahme einer Verbrauchskoagulopathie wies eine auf 35% erniedrigte Plasminogenkonzentration auf eine gleichzeitige Hyperfibrinolyse hin. Es wurden 400 E. Heparin und 100000 E. Aprotinin (Trasylol®) pro Stunde i.v. gegeben, ohne jedoch eine direkte Wirkung auf den Vergiftungsverlauf feststellen zu können. Mehrere Stunden nach der Bißverletzung konnte Antiserum beschafft werden (Behringwerke, Nordafrika), es wurde in einer Gesamtmenge von 60 ml (6 Ampullen) i.v. appliziert, gleichzeitig erhielt der Patient zweimal 1 g Fibrinogen (i.v.). Im weiteren Verlauf normalisierten sich die Gerinnungsparameter, die Hämaturie sistierte und die Schwellung in der linken Hand ging zurück [33].

Mamba-Biß

Ein 34jähriger Mann wurde beim Versuch, eine 2 m lange schwarze Mamba (*Dendroaspis polylepis*) zu fangen (Südafrika), durch Hose und Strumpf in das Bein gebissen. Er injizierte sich selbst sofort 10 ml Mamba-Antiserum (SAIMR) um die Bißstelle (i.m.); nach ca. 5 Minuten injizierte ihm seine Frau weitere 50 ml Antiserum i.m., nach weiteren 5 Minuten ein Arzt ebenfalls 10 ml i.m. Erst nach 7 Stunden erreichte der Patient ein Krankenhaus. Zu diesem Zeitpunkt war seine Sprache verwaschen, er hatte Schluckbeschwerden, eine ausgeprägte

Ptosis, die Bewegung der Augen war eingeschränkt, die Pupillen waren weit, reagierten aber auf Lichtreize; Puls: 82 Schläge/Min., Blutdruck: 130/90 mm Hg. Die Bißstelle war leicht geschwollen und gerötet. Die Atemfrequenz war reduziert, der Patient jedoch nicht dyspnoisch. Es wurde Dextrose-Lösung infundiert, jedoch kein weiteres Antiserum. Nach $8^1/_2$ Stunden verschlechterte sich der Zustand des Patienten dramatisch: Die Muskeln von Augen, Zunge, Unterkiefer und Hals waren vollständig gelähmt, die Pupillen waren weit und reagierten nicht auf Lichtreize, die Extremitäten zwar beweglich, zeigten jedoch feine, nicht beherrschbare Muskelzuckungen. Die Atmung war erheblich verlangsamt, der Patient aber bei vollem Bewußtsein und kooperativ. Er wurde tracheotomiert und beatmet und erhielt insgesamt 80 ml Mamba-Antiserum (i.v.) über eine Stunde verteilt mit 300 mg eines Kortisonpräparates. 10 Stunden nach dem Biß reagierten die Pupillen wieder auf Lichtreize, nach 12 Stunden konnte der Patient den Kopf bewegen, nach 24 Stunden die Augen öffnen, jedoch nicht bewegen. Die Beatmung konnte eingestellt werden [19].

Obwohl schon kurz nach dem Biß insgesamt 70 ml Antiserum i.m. verabreicht wurden, haben offenbar erst die später i.v. injizierten 80 ml Antiserum zu einer deutlichen Besserung geführt. Dies demonstriert, daß i.m. injiziertes Antiserum zu langsam und unter erheblichen Verlusten in den Kreislauf und damit zum Wirkungsort gelangt.

Kobra-Biß

Eine 31jährige Touristin wurde auf einer Safari in Tanzania (Seronera Valley) bei einem Fußmarsch durch steiniges Gelände von einer Speikobra *(Naja nigricollis)* durch die Stoffhose in die rechte Wade gebissen. Durch den begleitenden Wildhüter wurde versucht, aus den zwei Bißmarken Gift abzusaugen, anschließend wurde ein schwarzer „snake stone" aufgelegt, um weiteres Gift zu entfernen (siehe hierzu S. 24). Über Funk wurde eine Flugambulanz alarmiert.

45 Minuten nach dem Biß fühlte sich die Patientin schläfrig, erbrach und bemerkte eine zunehmende Schwellung des gesamten rechten Beines. Im Bereich der Bißmarken verfärbte sich die Haut schwärzlich. Vom erstversorgenden Arzt der Flugambulanz wurde eine Lymphknotenschwellung (rechte Leistenbeuge) und eine leichte Nackensteifigkeit bei guter kardiopulmonaler Verfassung festgestellt. Bei Einlieferung ins regionale Krankenhaus vier Stunden nach dem Biß war der Allgemeinzustand der Patientin weiterhin stabil (Blutdruck: 120/80 mm Hg, Puls: 72/Min.). Die Schwellung der gesamten Extremität war inzwischen zurückgegangen und nur noch im Bereich der Wade vorhanden, der neurologische Status war unauffällig. Bis zur Einlieferung war die Patientin per os ein Antihistaminikum (Diphenhydramin) und Antibiotikum (Cloxacillin) verabreicht worden, die Wunde wurde aseptisch behandelt, die Antibiotikabehandlung im Krankenhaus fortgesetzt und 100 mg eines Corticosteroid-Präparates, jedoch kein Antiserum angewandt. Nach zwei Tagen wurde die Patientin entlassen und traf 6 Tage später in Deutschland ein, wo sie wegen einer Nekrose um die Bißstelle eine dermatologische Klinik aufsuchte.

Bei ihrer Aufnahme zeigte sich an der rechten Wade ein 7×8 cm großer, scharfrandig demarkierter, nekrotischer, eingesunkener Bezirk mit entzündlich-gerötetem, überwärmtem, teils unterminiertem Rand. Im schmerzlos-nekrotischen Areal waren die Bißmarken noch zu erkennen. Die Laborparameter waren weitgehend unauffällig, die Abstriche im Randbereich der Nekrose führten zum Nachweis von *Pseudomonas aeruginosa*, *Proteus vulgaris*, Enterokokken und von einem unbekannten *Salmonella*-Stamm. Nach Nekrosektomie wurde mit Jod-PVC-Bädern und -Lösungen (Betaisodona®) behandelt, hydrokolloidale Wundauflagen (Comfeel®) und zum Schutz des Ulkusrandes Zinkpaste aufgetragen. Innerhalb von 5 Monaten kam es zur vollständigen narbigen Abheilung [34].

Die Schlange hatte offenbar nur wenig Gift injiziert, was das Fehlen neurotoxischer Symptome erklärt, jedoch genug, um eine ausgedehnte Gewebsnekrose hervorzurufen. Das Aussaugen oder gar das Auflegen des „schwarzen Steines" hat sicher keine relevante Menge Gift entfernt. Eine Antiserum-Behandlung war bei fehlender Allgemeinsymptomatik nicht indiziert, die außerdem die lokale Nekrosebildung so gut wie nicht beeinflußt.

Antiseren (ausgewählt):
Nordafrika (polyvalent) – Behringwerke AG, Marburg/Lahn
Vorderer und Mittlerer Orient (polyvalent) – dto.
Zentralafrika (polyvalent) – dto.
Polyvalent Antivenom – South African Institute for Medical Research (SAIMR), Johannesburg, Südafrika.
IPSER Afrique – Pasteur-Mérieux Sérum et Vaccins, Av. Général Leclerc F-69007 Lyon.

Literatur
[1] Fitzsimmons, V.F.M., A field guide to the snakes of southern Africa. Collins, London (1970).
[2] Pitman, C.R.S., A guide to the snakes of Uganda. Wheldon & Wesley, Glasgow (1974).
[3] Branch, B., Field guide to the snakes and other reptiles of Southern Africa. New Holland Publ., London (1988).
[4] Joger, U., The venomous snakes of the Near and Middle East. Reichert, Wiesbaden (1984).
[5] Latifi, M., The snakes of Iran. Soc. Study Amphibian and Reptiles, Washington (1991).
[6] Leviton, A.E., Anderson, S.C., Adler, K., Minton, S.A., Handbook to Middle East Amphibians and Reptiles. Soc. Study Amphibians and Reptiles, Oxford, OH (1992).
[7] Marais, J., A complete guide to the snakes of Southern Afrika. Krieger Publ. Co. Malabar, FL (1992).
[8] Warrell, D.A., Ormerod, L.D., Snake venom ophthalmia and blindness caused by the spitting cobra *(Naja nigricollis)* in Nigeria. Amer. J. Trop. Med. Hyg. **25**, 525 (1976).

[9] Bogert, C.M., Dentitional phenomena in cobras and other elapids with notes on adaptive modifications of the fangs. Bull. Amer. Mus. Nat. Hist. **81**, 285 (1943).

[10] Mebs, D., Myotoxic activity of Phospholipase A$_2$ isolated from cobra venoms: neutralization by polyvalent antivenoms. Toxicon **24**, 1001 (1986).

[11] Kornalik, F., The influence of snake venom proteins on blood coagulation. In: Snake Toxins (A.L. Harvey, ed.) S: 323, Pergamon Press, Oxford (1991).

[12] Kornalik, F., Toxins affecting blood coagulation and fibrinolysis. In: Handbook of Toxinology (T. Shier, D. Mebs, eds.) S. 683, M. Dekker, New York (1990).

[13] Pierkle, H., Theodor, I., Miyada, D., Simmons, G., Thrombin-like enzyme from the venom of *Bitis gabonica*. J. Biol. Chem. **262**, 8830 (1986).

[14] Wollenberg, Z., Shabo-shina, R., Intrator, N., Bdolah, A., Gitter, S.A., A novel cardiotoxic polypeptide from the venom of *Atractaspis engaddensis* (burrowing asp): cardiac effects in mice and isolated rat and human heart preparations. Toxicon **26**, 535 (1988).

[15] Bdolah, A., Wollberg, Z., Kochva, E., Sarafotoxins: a new group of cardiotoxic peptides from the venom of *Atractaspis*. In: Snake toxins (A.L. Harvey, ed.), S. 415, Pergamon Press, Oxford (1991).

[16] Warrell, D.A., Clinical toxicology of snakebite in Africa and the Middle East/Arabian Peninsula. In: Handbook of clinical toxicology of animal venoms and poisons (J. Meier, J. White, eds.), S. 433, CRC Press, Boca Raton (1995).

[17] Pugh, R.N.H., Theakston, R.D.G., Incidence and mortality of snake bite in savanna Nigeria. Lancet **2**, 1181 (1980).

[18] Warrell, D.A., Arnett, C., The importance of bites by the saw-scaled carpet viper *(Echis carinatus)*: epidemiological studies in Nigeria and a review of the world literature. Acta Tropica **33**, 307 (1076).

[19] Visser, J., Chapman, D.S., Snakes and snakebite. Venomous snakes and management of snakebite in Southern Africa. Purnell and sons, Cape town (1978).

[20] Tilbury, C.R., Observations on the bite of the Mozambique spitting cobra *(Naja mossambica mossambica)*. S. Afr. Med. J. **61**, 308 (1992).

[21] Keynan, A., *Echis colorata* bites: clinical evaluation of 42 patients. A retrospective study. Isr. J. Med. Sci. **22**, 880 (1986).

[22] Manent, P., Mouchon, D., Nicolas, P., Envenomation par *Echis carinatus* en Afrique: etude clinique et évolution indication du serum antivenimeux. Med. Trop. **52**, 415 (1992).

[23] Ajzenberg, N., Cherin, P., Diallo, D., Bridey, F., Brivet, F., Dreyfus, M., In vivo effect of *Echis carinatus* venom observed in a woman in Mali. Thromb. Haemostasis **70**, 1063 (1993).

[24] Benbassat, J., Shalev, O., Envenomation by *Echis coloratus* (Mid-East saw scaled viper): a review of the literature and indications for treatment. Isr. J. Med. Sci. **29**, 239 (1993).

[25] Gillisen, A., Theakston, R.D.G., Barth, J., May, B., Krieg, M., Warrell, D.A., Neurotoxicity, haemostatic disturbances and haemolytic anaemia after a bite of a Tunesian saw-scaled or carpet viper (*Echis–pyramidum*-complex): Failure of antivenom treatment. Toxicon **32**, 937 (1994).

[26] Mebs, D., Holada, K., Kornalik, F., Simak, J., Vankova, H., Müller, D., Schoenemann, H., Lange, H., Herrmann, H.W., Severe coagulopathy after a bite of a green bush viper *(Atheris squamiger)*: case report and biochemical analysis of the venom. Toxicon **36**, 1333 (1998).

[27] Warrell, D.A., Ormerod, L.D., McDavidson, N., Bites by the night adder *(Causus maculatus)* and burrowing vipers (genus *Atactaspis*) in Nigeria. Amer. J. Trop. Med. Hyg. **25**, 517 (1976).

[28] Kirchberg, J.S., Davidson, T.M., Envenomation by the colubrid snake *Atractaspis bibronii*: a case report. Toxicon **29**, 379 (1991).

[29] Chajek, T., Rubinger, D., Alkan, M., Melmed, R.M. Gunders, A.E., Anaphylactoid reaction and tissue damage following bite by *Atractaspis engaddensis*. Trans. Roy. Soc. Trop. Med. Hyg. **68**, 333 (1974).

[30] Taborska, E., Intraspecies variability of the venom of *Echis carinatus*. Physiol. Bohemoslov. **20**, 307 (1971).

[31] Mebs, D., Koralnik, F., Schlangengiftseren – Probleme ihrer Wirksamkeit, untersucht am Beispiel von *Echis carinatus*. Salamandra **17**, 89 (1981).

[32] Warrell, D.A., McDavidson, N., Ormerod, L.D. Pope, H.M., Watkins, B.J., Greenwood, B.M., Reid, H.A., Bites by the saw-scaled or carpet viper *(Echis carinatus)*: trial of two specific antivenoms. Brit. Med. J. **4**, 437 (1974).

[33] Meißner, A:, Hausmann, B., Linn, C., Piepgras, P., Möning, H., Wronski, R., Bruhn, H.D., Defibrinierungssyndrom nach Schlangenbißverletzung. Dtsch. Med. Wschr. **114**, 1484 (1989).

[34] Gruschwitz, M.S., Mahler, V., Rupprecht, M., Hornstein, O.P., Bißverletzung durch Giftschlange. Bericht über einen ungewöhnlichen Fall. Hautarzt **45**, 330 (1994).

Giftschlangen: Asien

Der asiatische Raum wird als ein wichtiges Zentrum der Evolution der Schlangen betrachtet. Viperiden wie Elapiden sind hier in vielen Arten vertreten. Da Asien zugleich zu den von Menschen am dichtesten besiedelten Weltregionen gehört, treten Giftschlangenbisse entsprechend häufig auf. In Ländern wie z.B. Burma sind Schlangenbisse die fünfthäufigste Todesursache [1]. Für allgemeine Literatur über asiatische Giftschlangen s. [2, 3, 4, 5, 6].

Kobras, Königskobra

Naja spp., *Ophiophagus hannah* – cobra, king cobra

Abb. 3.102: Indische Kobra, *Naja naja*, mit Schlangenbeschwörer (Varanasi, Indien).

Merkmale: Große, kräftige Schlangen mit Körperlängen zwischen 1,5 und 3 m; Die Königskobra *(Ophiophagus hannah)* ist die größte Giftschlange überhaupt, sie wird über 4 m lang. Kobras richten sich zur Abwehr auf und spreizen die Halsregion auseinander, so daß eine eiförmige, auch runde Scheibe (Hut) entsteht, mit auf der Rückseite markanter, schwarz-weißer Brillenzeichnung („Brillenschlangen", indische Kobra, *Naja naja*), die bei den weiter östlich vorkommenden Arten in eine maskenartige Zeichnung (Monokel; Monokelkobra, *Naja kaouthia*) übergeht, bei manchen Arten auch ganz fehlt (westliche Form, *Naja oxiana*). Der Hals der Königskobra ist zwar auch verbreitert, doch nicht in dem Maße wie bei den *Naja*-Arten. Körperfarbe variiert stark von hellbraun, oliv bis schwarz, einfarbig, auch mit Streifen.

Verbreitung: Die Gattung *Naja* wurde in den letzten Jahren revidiert [7]. Die über ganz Asien verbreiteten Arten teilen sich in zehn Arten auf: *Naja atra* (Südchina, Nord-Vietnam, Taiwan), *N. kaouthia* (Thailand, Burma, Bengalen, Westmalaysia, Indochina), *N. naja* (Indien, Pakistan, Sri Lanka, Nepal, Bangladesh), *N. oxiana* (Mittlerer Osten, Nordpakistan), *N. philippiniensis* (Philippinen), *N. sagittifera* (Andamanen Inseln), *N. samarensis* (Thailand, Indochina), *N. sputatrix* (Java, Kleine Sundainseln), *N. sumatrana* (Malayische Halbinsel, Sumatra, Borneo). *Ophiophagus hannah* ist über Indien, Südchina und Südostasien verbreitet.

Lebensraum/Lebensweise: Überwiegend bodenlebend im offenen Gelände, Grasland, in Reisfeldern, weniger in bewaldetem Gebiet; auf der Jagd nach Nagern häufig auch in menschlichen Siedlungen. Die westlichen Arten sind meist tagaktiv, die östlichen überwiegend nachtaktiv. *Naja sputatrix* kann wie die afrikanische Speikobra ihr Gift über mehrere Meter versprühen; ovipar, die Königskobra betreibt Brutpflege und bewacht ihr Gelege.

Kraits, Bungar

Bungarus spp. – krait

Abb. 3.103: Vielbindenkrait, *Bungarus multicinctus* (Taiwan).

Merkmale: Etwa 1 m lange Schlangen, selten (*Bungarus fasciatus*) bis 2 m. Meist mit weißen oder gelben Bändern auf schwarzem Grund: *B. flaviceps* hat einen roten Kopf und Schwanz und ist sonst durchgehend schwarz, es gibt aber auch durchgehend schwarz gefärbte Arten.

Verbreitung: Über ganz Asien (mit Ausnahme der Philippinen) verbreitet, ca. 13 Arten: *Bungarus caeruleus* (Indischer Subkontinent), *multicinctus* (Südchina und Taiwan), *fasciatus* (Südostasien, China), *candidus* (Thailand, Malaysia, Vietnam, Kambodscha, Indonesien).

Lebensraum/Lebensweise: In lichten Wäldern, buschigem Gelände, Reisfeldern, bodenlebend; sie dringen oft in menschliche Siedlungen ein. Alle Kraits sind nachtaktiv und tagsüber träge; ovipar.

Kettenviper

Daboia (früher: *Vipera*) *russelli* – Russel's viper

Abb. 3.104: Kettenviper, *Daboia russelli russelli* (Indien).

Merkmale: Gefährlichste Giftschlange Asiens; bis 1,5 m lang; auf gelblichem, hellbraunem oder olivfarbenem Grund kettenförmig angeordnete dunkle, ovale Ringe auf dem Rücken und den Seiten.

Verbreitung: In zwei Unterarten, *Daboia russelli russelli* und *D. r. siamensis*, über den Indischen Subkontinent, Burma, Thailand, Südchina und Taiwan verbreitet, sowie in einigen Isolaten auf den Inseln Indonesiens [1].

Lebensraum/Lebensweise: Bevorzugt offenes Gelände mit dichtem Gras- oder niedrigem Baumbewuchs, auch in Reisfeldern, jedoch nicht in Wäldern, dringt bis in Höhen von 3000 m vor; bodenlebend, nachtaktiv; auf der Jagd nach Nagern auch in menschlichen Siedlungen; warnt durch lautes Zischen; ovovivipar.

Sandrasselotter

Echis spp. – carpet viper, saw-scaled viper

Diese auch über den Indischen Subkontinent und Sri Lanka verbreiteten Schlangen wurden bereits im Kapitel: Afrika, Naher und Mittlerer Osten behandelt (s. Abb. 3.93).

Malayische Grubenotter, Asiatische Dreiecksköpfe

Calloselasma (früher: *Agkistrodon*) *rhodostoma* – Malayan pit viper, *Gloydius* spp. – sharp nose pit viper, *Deinagkistrodon acutus* - hundred pacer

Abb. 3.105 (oben): Malayische Grubenotter, *Calloselasma rhodostoma* (Malaysia).

Abb. 3.106 (unten): Chinesische Nasenotter, *Deinagkistrodon acutus* (China).

Merkmale: Asiatische Gegenstücke zur neuweltlichen Gattung *Agkistrodon* [4] (Name wird noch in älteren Publikationen geführt: *Agkistrodon rhodostoma* etc.); kräftige, bis 1,5 m große Schlangen, meist jedoch kleiner (unter 1 m), mit grubenförmiger Einsenkung zwischen Auge und Nasenöffnung (Grubenorgan, daher Grubenottern, Unterfamilie: Crotalinae), Färbung variabel, gelblich, rötlich, grau-braun mit dunkler Dreieckszeichnung.

Verbreitung: Über Innerasien (auch Mittlerer Osten) bis Japan (*Gloydius* spp.), Südindien und Sri Lanka (*Hypnale* spp.), die Malayische Halbinsel und Indonesien (*Calloselasma rhodostoma*) verbreitet.

Lebensraum/Lebensweise: *Gloydius*-Arten haben sich vielen Lebensräumen angepaßt, trocken-heißen Wüsten Innerasiens wie kühlen Gebirgsregionen bis 3000 m. Feucht-heiße Regenwälder, auch Reisfelder sind der Lebensraum von *Calloselasma rhodostoma*. Bodenlebend, meist dämmerungs- oder nachtaktiv, ovipar; *Gloydius* und *Hypnale* spp. sind ovovivipar.

Asiatische Lanzenottern

Trimeresurus spp., *Ovophis* spp., *Protobothrops* spp., *Tropidolaemus wagleri* – Asian lance-headed vipers, tree vipers, bamboo vipers

Abb. 3.107 (oben): Waglers Grubenotter, *Tropidolaemus wagleri* (Malaysia).

Abb. 3.108 (unten): Japanische Lanzenotter, *Trimeresurus elegans* (Ryu-kyu-Inseln, Japan).

Merkmale: Asiatische Verwandte der südamerikanischen Lanzenottern, wie diese den Grubenottern (Crotalinae) zugehörig; bis 1,5 m lang, selten größer (*Protobothrops flavoviridis* bis 2 m); Färbung variabel, meist grüne, gelbe, selten braune Grundfärbung mit heller Fleckenzeichnung, auch einfarbig; große, goldgelbe Augen.

Verbreitung: In mehr als 30 Arten über ganz Asien verbreitet.

Lebensraum/Lebensweise: Die meisten Arten sind geschickte Kletterer und vorwiegend im Geäst von Bäumen und Sträuchern anzutreffen, nur wenige Arten *(Protobothrops flavoviridis)* sind bodenlebend; in Wäldern, Mangrovensümpfen, aber auch in der Nähe menschlicher Siedlungen; ovovivipar oder ovipar.

Schlangen | 301

Abb. 3.109: Schlangenbeschwörer mit Königskobra, *Ophiophagus hannah* (Indien).

Vergiftungsumstände. Auch in Asien ist es die Landbevölkerung, die bei der Arbeit in den Reisfeldern oder den Wäldern Schlangenbisse erleidet. Die meisten Bisse ereignen sich **nachts**, wenn Kobras und Kraits auf der Jagd nach Mäusen die Hütten durchstreifen und eine unbeabsichtigte Bewegung des Schlafenden einen Biß auslöst. Oft werden erst am nächsten Morgen beim Erwachen Vergiftungssymptome festgestellt. Den Kobras der **Schlangenbeschwörer** (Abb. 3.102) in Indien hat man meist die Giftzähne ausgebrochen oder kurzerhand die Kiefer zusammengenäht, von diesen Schlangen geht daher, wenn sie dem Touristen vorgeführt werden, in der Regel keine Gefahr mehr aus.

Vorsichtsmaßnahmen. Zwar ist es auch in Asien nicht einfach, Giftschlangen zu Gesicht zu bekommen, doch sind sie hier nicht selten. Eine Begegnung mit ihnen geschieht meist überraschend, wenn sich z.B. plötzlich eine Kobra auf dem Weg zischend aufstellt, nachts ein Krait über die Straße kriecht. In diesen Fällen kann nichts passieren, wenn man entsprechenden Abstand einhält, die Schlange nicht provoziert. Festes Schuhwerk und lange Hosen sind meist ein guter Schutz. Trotzdem sollte man in unübersichtlichem Gelände immer darauf achten, wohin man tritt, greift oder worauf man sich setzt.

Giftapparat. Kobras und Kraits haben die für Elapiden typischen immer feststehenden Giftzähne, die nur wenige Millimeter lang sind. Vipern und Grubenottern weisen die für sie charakteristische **solenoglyphe** (bewegliche) Bezahnung auf.

Gift. Die Kobras *(Naja* spp., *Ophiophagus hannah,* Abb. 3.109) enthalten in ihrem Gift einen hohen Anteil (oft mehr als 70%) von **neurotoxischen** und **kardio-/zytotoxischen Proteinen.** Diese sind in ihrer Wirkungsweise (**Neurotoxine:** Curare-ähnlich; Blockieren der neuromuskulären Erregungsübertragung, spezifische Bindung an den Acetylcholin-Rezeptor der motorischen Synapsen; **Kardio-/Zytotoxine:** sie lysieren Zellmembranen) wie auch in ihrer Struktur den Toxinen aus Giften afrikanischer Kobras sehr ähnlich: Es sind Polypeptide mit 60 bis 74 Aminosäuren, die intramolekular mit vier oder fünf Disulfidbrücken stabilisiert sind (s. einleitendes Kapitel: Schlangengifte).
Im Gift von *Bungarus*-Arten (z.B. *Bungarus multicinctus,* Abb. 3.103) kommen neben postsynaptisch angreifenden **Neurotoxinen,** wie dem α-Bungarotoxin (für neuromuskuläre Synapsen spezifisch) oder ϰ-Bungarotoxin (für neuronale, ganglionäre Synapsen spezifisch [8]) auch an der präsynaptischen Membran wirkende Toxine vor: das β-Bungarotoxin [9, 10]. Es ist eine **Phospholipase A_2,** an die ein Peptid, das strukturell den Trypsin-Inhibitoren (etwa aus dem Pankreas) ähnlich ist, kovalent über eine Disulfidbrücke gebunden ist. Dieses scheint die spezifische Bindung an der präsynaptischen Membran erst zu ermöglichen.

Gerinnungsenzyme und **Hämorrhagine** sind die wichtigsten Bestandteile der asiatischen Vipern- und Grubenottergifte. Das Gift der Kettenviper *Daboia russelli* (Abb. 3.104) ist dadurch berühmt geworden, daß mit seiner Hilfe die Charakterisierung des Gerinnungsfaktors, **Faktor X,** gelang. Ein Enzym aus diesem Gift („RVV-X") aktiviert Faktor X zu Xa und setzt damit die Gerinnungskaskade in Gang. Das Gift der Malayischen Grubenotter (*Calloselasma rhodostoma,* Abb. 3.105) greift ähnlich wie **Thrombin** direkt Fibrinogen an, spaltet das Fibrinpeptid A ab, was zur Fibrinbildung führt. Als gereinigtes Präparat (Ancrod oder Arwin®) findet es klinische Anwendung in der **Defibrinierungs-Therapie** bei Thrombose-Neigung [11, 12, 13]. Das Gift von *Echis carinatus,* dessen Enzym **Ecarin** Prothrombin zu Thrombin aktiviert, wurde bereits im Kapitel der Giftschlangen Afrikas erwähnt.

Hämorrhagische Proteasen finden sich in hoher Aktivität auch in asiatischen Grubenottern-Giften, so im *Protobothrops-flavoviridis*-Gift, aus dem hämorrhagische Faktoren erstmals rein isoliert wurden [14, 15].

Vergiftung. Nach einer älteren Studie liegt die jährliche **Mortalitätsrate** von Schlangenbissen in Südostasien bei 0,5 pro 100 000 Menschen [16]. Dies ist jedoch nicht für alle Regionen repräsentativ. Auf den Philippinen sind bei Reisbauern mit 54 Todesfällen pro 100 000 Menschen Schlangenbisse (vorwiegend durch Kobras) eine wichtige Todesursache [17], ebenso wie in Burma (überwiegend durch die Kettenviper), wo mit mehr als 1 000 Todesfällen pro Jahr Schlangenbisse die fünfthäufigste Todesursache darstellen [1, 18].

In weiten Teilen Asiens, so auf dem Indischen Subkontinent, in Burma und Thailand, ist die **Kettenviper**, *Daboia russelli*, die gefährlichste Giftschlange, wobei zumindest in Indien und Pakistan *Echis carinatus* in dieser Hinsicht gleichrangig ist. Für beide Schlangen-Arten ist eine schwere Gerinnungsstörung in Form einer **Verbrauchskoagulopathie**, durch Faktor X- (*Daboia russelli*) bzw. Prothrombin-Aktivierung (*Echis carinatus*) charakteristisch. Beginnend mit Zahnfleischbluten als erstem Anzeichen einer Ungerinnbarkeit des Blutes setzen bald massive Blutungen in Magen-Darm-Trakt und den Harnwegen ein, wobei intrazerebrale Blutungen meist todesursächlich sind. In Burma fallen nach *Daboia-russelli*-Bissen Blutungen in die Hypophyse auf. Andererseits scheinen manche Schlangenpopulationen in ihrem Gift auch neurotoxische Komponenten zu enthalten, so *Daboia russelli* auf Sri Lanka. In diesen Fällen wurden Lähmungen der Muskulatur, beginnend mit Ptosis und Ophthalmoplegie, beobachtet [16]. **Nierenversagen** ist eine recht häufige Komplikation nach einem *Daboia*-Biß, wobei offenbar Fibrinablagerungen auslösend sind [20], möglicherweise aber auch eine Aktivierung des Renin-Angiotensin-Systems zur Ischämie und Funktionsstörung der Niere führt [22].

Ebenfalls zu einer schweren **Verbrauchskoagulopathie** führt der Biß der **Malayischen Grubenotter** (*Calloselasma rhodostoma*), obwohl hier die Komplikationshäufigkeit im Vergleich zum *Daboia-russelli*-Biß niedrig ist. Dies ist sicher durch die unterschiedliche Entstehung der Gerinnungsstörung, Faktor X-Aktivierung durch das Gift der Kettenviper, thrombinähnliche Wirkung des Giftes der Grubenotter bedingt. Der Biß der **Ceylon-Nasenotter** (*Hypnale hypnale*) bewirkt ebenfalls eine Ungerinnbarkeit des Blutes sowie Nierenversagen, was

Therapie. In den meisten Fällen ist eine **Antiserum-Therapie** nach Bissen asiatischer Giftschlangen unumgänglich. Bei einigen *Trimeresurus*-Arten, deren Vergiftungssymptomatik eher mit der europäischer Viren vergleichbar ist, sollte die Indikation dennoch restriktiv gestellt werden.

Entsprechend der weiten Verbreitung der einzelnen Giftschlangen-Arten, ihrer Ausbildung von Unterarten etc., ist auch eine starke Variabilität in der Giftzusammensetzung zu erwarten. Dies hat auch Auswirkungen auf die Spezifität bzw. Wirksamkeit der Antiseren. So ist ein Antiserum gegen das Gift der indischen *Daboia russelli* weitgehend unwirksam gegenüber dem Gift der gleichen Art aus Sri Lanka [19]. Ähnliche Beobachtungen betreffen Kobras und Kraits (*Bungarus caeruleus*), wobei indisches Antiserum sich gegenüber anderen *Naja* als wenig effizient erwies [21]. Die Schutzwirkung eines Antiserum, seine Kreuzreaktivität, ist limitiert. Giftschlangenbisse im asiatischen Raum sollten daher möglichst nur mit einem für die jeweilige Region hergestellten und deklarierten Antiserum behandelt werden. Es bedarf keiner besonderen Erwähnung, daß Antiserum möglicherweise durch Ablagerung von Fibrin-Abbauprodukten verursacht wird [25].

Kobras und Kraits sind in unterschiedlicher Häufigkeit für Bißverletzungen in Asien verantwortlich. Auf den Philippinen sind es ausschließlich die Kobras. Der Biß beider Schlangengattungen hat überwiegend **neurotoxische Symptome** zur Folge, die sich zunächst in einer Lähmung der Augen- und Gesichts-Muskulatur (Ptosis, Ophthalmoplegie etc.), dann über Schluck- und Sprechschwierigkeiten bis zur kompletten Lähmung der Atemmuskulatur äußern. Die Symptome können sich rasch entwickeln und sind mitunter schon nach 30 Minuten voll ausgeprägt. Bei Kraits kann es nach mehreren Stunden Beschwerdefreiheit zur plötzlichen Entwicklung der gesamten Symptomatik kommen. Aber auch nur anzuwenden ist, wenn die Diagnose einer sich etablierenden Vergiftung sicher ist. Bei Vipern- und Grubenottern-Bissen äußert sich dies z.B. in einer verlängerten Gerinnungszeit, bei Elapiden-Bissen in (wenn auch nur andeutungsweise vorhandenen) Lähmungsanzeichen (z.B. Ptosis). Die Kontrolle von Gerinnungsparametern ist daher vordringlich und gibt darüber hinaus auch Hinweise für den Erfolg der Antiserum-Therapie. Die Anfangsdosierung liegt durchaus bei 50 bis 100 ml Antiserum.

Bei einer kompletten **Verbrauchskoagulopathie** ist die Anwendung von Heparin und von Gerinnungsfaktoren (z.B. hohe Dosen Fibrinogen) weitgehend wirkungslos. Die Kontrolle des **Hämatokrit-Wertes** gibt Hinweise auf innere Blutungen bzw. auch auf Flüssigkeitsverschiebungen etwa infolge eines ausgedehnten Ödems. Hier muß durch Infusionen von physiologischen Lösungen einem hämorrhagischen bzw. hypovolämischen Schock vorgebeugt werden. Eine häufige Komplikation bei *Daboia-russelli*-Bissen ist Nierenversagen. Die Flüssigkeitsausscheidung ist daher kontinuierlich zu kontrollieren.

Todesfälle innerhalb von 30 Minuten sind bekannt. Bei Bissen mancher *Naja*-Arten treten auch lokale Nekrosen auf, eine leichte Myoglobinurie als Folge einer myotoxischen Wirkung wurde ebenfalls beobachtet [21]. Hingegen bleibt die Blutgerinnung unbeeinflußt.

Trotz ihrer Reputation als aggressive Schlange sind Bisse durch die **Königskobra** (*Ophiophagus hannah*) vergleichsweise selten. Wohl wegen der größeren Giftmenge, die die Schlange injiziert, können Symptome schon nach Minuten einsetzen, der Vergiftungsverlauf ist oft ungewöhnlich rasch.

Ausgedehnte **Hämorrhagien** um die Bißstelle, verbunden mit z.T. erheblichen Gewebsnekrosen, aber auch Gerinnungsstörungen (Verbrauchskoagulopathie) charakterisieren den Vergiftungsverlauf von *Gloydius*-Arten und *Deinagkistro* *don acutus* (Abb. 3.106). Dies trifft z.T. auch für Bisse durch *Trimeresurus*- und *Protobothrops*-Arten (Abb. 3.107, 3.108) zu. Häufig bleiben Vergiftungen durch grüne Bambusottern der Gattung *Trimeresurus* jedoch auf ein schmerzhaftes, lokales Ödem beschränkt, allerdings kann es vereinzelt (manchmal auch nach *Trimeresurus-albolabris*-Bissen) zur Blutungsneigung als Folge eines Defibrinierungssyndroms (stark erniedrigte Fibrinogen-Werte) kommen [23].

Erste Hilfe. Obwohl experimentelle Untersuchungen den Nutzen des Bandagierens (nicht des Abbindens) der Bißstelle nach Kobrabissen eigentlich bestätigten (Verzögerung der Giftresorption) [24], liegen bisher keine gesicherten Erfahrungen vor. Bei Elapiden-Giften, die primär keine massiven lokalen Ödeme verursachen, mag diese Maßnahme (s. Kapitel Giftschlangen: Australien) durchaus angebracht sein, nicht jedoch bei Viperiden-Bissen. Allgemein ist aber ein rascher Transport zum nächsten Arzt einem langwierigen Bandagieren vorzuziehen.

Nach Bissen durch Schlangen, die zur Ungerinnbarkeit des Blutes führen, sind jegliche Manipulationen an der Bißstelle (Einschneiden etc.) äußerst riskant und können zu unstillbaren Blutungsquellen führen.

Antiseren (ausgewählt):
Polyvalent Antisnake Venom Serum – Haffkine Biopharmaceutical Co. Ltd., Parel, Bombay, Indien.
Cobra Antivenin *(Naja kaouthia)* – Queen Saovabha Memorial Institute, Bangkok, Thailand.
King Cobra Antivenin *(Ophiophagus hannah)* – dto.
Banded Krait Antivenin *(Bungarus fasciatus)* – dto.
***Naja*, *Bungarus* Antivenin** *(Naja atra, Bungarus multicinctus)* – National Institute of Preventive Medicine, Taipei, Taiwan.
Habu Antivenom *(Protobothrops flavoviridis)* – The Chemo-Sero-Therapeutic Research Institute, Kumamoto, Japan.

Fallbeschreibungen

Kobra-Biß

In Sri Lanka erwachte eine 24jährige Frau am frühen Morgen, geweckt durch starke Schmerzen in ihrem rechten Fuß. Sie hatte auf dem Fußboden geschlafen und sah nur noch eine große schwarze Schlange durch die Schilfwand in ihrer Hütte verschwinden, offenbar eine Kobra *(Naja naja)*. Am Knöchel entdeckte sie ein paar Blutstropfen. Sie wurde umgehend zum örtlichen Heiler gebracht, der eine ayurvedische Behandlung vornahm, indem er ihr zunächst Pflanzenteile auf die Bißwunde legte, sie auf einen Rahmen über offenes Holzkohlenfeuer setzte und ihr Öl in die Nase spritzte. $3^{1}/_{2}$ Stunden nach dem Biß klagte die Frau über verschwommenes Sehen und Schluckbeschwerden, kurz darauf beobachtete ihr Ehemann eine Lähmung der Augenlider. Sechs Stunden später konnte sie nicht mehr sprechen und schlucken, sie war jedoch noch in der Lage, mit den Händen Zeichen zu geben.

Mehr als 11 Stunden nach dem Biß wurde sie ins Krankenhaus gebracht. Sie wies zwei Bißmarken am rechten Knöchel auf, zeigte eine flache Atmung, ihr Gesicht war bläulich angelaufen. Es bestand jedoch keine Ptosis oder Lähmung der Augen. Die Bewegungen von Armen und Beinen waren langsam, der Muskeltonus schwach. Die Patientin wurde sofort intubiert und beatmet, 100 ml Antiserum (Haffkine-Institut, Indien) wurden 12 Stunden nach dem Biß intravenös infundiert. 45 Minuten später kam es zum Blutdruckabfall, der durch subkutane Adrenalin-Injektion und Infusion physiologischer Lösungen erfolgreich stabilisiert werden konnte. Da keine Besserung des Allgemeinzustandes zu beobachten war, wurden erneut jeweils 100 ml Antiserum 13 bzw. $13^{1}/_{2}$ Stunden nach dem Biß infundiert. Bereits eine Stunde später trat eine deutliche Besserung ein. Die Patientin setzte sich auf und wollte den Endotrachealtubus entfernen. Sie wurde daraufhin extubiert und trank ohne Schluckprobleme Wasser. Anschließend klagte sie über starke Schmerzen im Gesäßbereich. Hier fanden sich bis über beide Oberschenkel Brandwunden, die man bis dahin übersehen hatte, Folgen der ayurvedischen Behandlung über dem Holzkohlenfeuer. Um die Bißstelle am Knöchel hatte sich eine Schwellung mit Blasenbildung entwickelt, die sich im Laufe der nächsten Tage schwärzlich verfärbte, faulig roch und am 6. Tag eine chirurgische Abtragung des nekrotischen Gewebes notwendig machte. Neurotoxische Symptome traten nicht mehr auf, doch mußten die Verbrennungen der Patientin noch über 8 Wochen behandelt werden. Wohl wegen der relativ späten Anwendung des Antiserums, möglicherweise aber auch wegen seiner niedrigen Neutralisationskapazität gegenüber dem Gift von Kobras aus Sri Lanka erklärt sich die hohe Dosis, die notwendig war, bis eine Wirkung eintrat. Der Fall demonstriert aber auch, wie sinnlos und oftmals schädlich alternative Heilmethoden sind, die überall in den Tropen angewandt werden [21].

Tödlicher Kettenvipern-Biß

Ein 15jähriges Mädchen wurde bei der Reisernte in Burma von einer 62 cm langen Kettenviper *(Daboia russelli)* in den Zeh gebissen. Die Bißwunde wurde mit einem Messer eingeschnitten und mit einer Binde locker gestaut. Innerhalb einer Stunde traten starke Schmerzen auf, der Fuß schwoll an, das Mädchen fühlte sich schwach und schläfrig. Bei ihrer Aufnahme im Hospital war sie ohne Bewußtsein, unruhig und delirierte. Das betroffene Bein war bis zum Unterschenkel stark geschwollen, ebenfalls Gesicht, Augenlider und -bindehäute. Der Blutdruck war stark abgefallen, Arme und Beine fühlten sich kalt an. Das Blut war ungerinnbar. Der Patientin wurden 40 ml monovalentes Antiserum injiziert, ebenfalls wurden isotonische Kochsalzlösung und 0,5%ige Glukoselösung mit Dopamin und 200 mg Hydrocortison infundiert. Wenige Stunden später wurde die Patientin erneut unruhig, zeigte Augenzucken, war stark zyanotisch und starb 52 Stunden nach dem Biß. Todesursächlich war ein sich entwickelndes Hirnödem, wie die Autopsie ergab, ausgedehnte Blutungen fanden sich nicht, doch Anzeichen einer generell erhöhten Gefäßpermeabilität mit Folge von massiven Ödemen und Schock [26].

Literatur

[1] Warrell, D.A., Snake venoms in science and clinical medicine. 1. Russell's viper: biology, venom and treatment of bites. Trans. Roy. Soc. Trop. Med. Hyg. **83**, 732 (1989).

[2] Liat, L.B., Poisonous snakes of peninsular Malaysia. Malayan Nature Soc., Kuala Lumpur (1979).

[3] De Silva, A., Colour guide to the snakes of Sri Lanka. R & A Publ., Portishead (1990).

[4] Gloyd, H.K., Conant, R., Snakes of the *Agkistrodon* complex. A monographic review. Soc. Study Amphibian and Reptiles, Washington (1990).

[5] Gopalakrishnakone, P., Chou, L.M., Snakes of medical importance (Asia-Pacific region). Singapore Univ. Press, Singapore (1991).

[6] Lim, L.K.F., Lee, T.M.M., Fascinating Snakes of Southeast Asia – an Introduction. Tropical Press, Kuala Lumpur (1989).

[7] Wüster, W., Taxonomic changes and toxinology: systematic revisions of the Asiatic cobras (*Naja naja* species complex). Toxicon **34**, 399 (1996).

[8] Chiappinelli, V.A., Kappa-neurotoxins and alpha-neurotoxins: effects on neuronal nicotinic acetylcholine receptors. In: Snake Toxins (A.L. Harvey, ed.), S. 223, Pergamon Press, Oxford (1991).

[9] Chang, C.C., The action of snake venoms on nerve and muscle. In: Snake venoms (C.Y. Lee, ed.), Handb. exp. Pharm. Bd. 52, S. 309, Springer Verl., Berlin (1979).

[10] Harris, J.B., Phospholipases in snake venoms and their effects on nerve and muscle. In: Snake Toxins (A.L. Harvey, ed.), S. 91, Pergamon Press, Oxford (1991).

[11] Stocker, K.F., Snake venom proteins affecting hemostasis and fibrinolysis. In: Medical use of snake venom proteins (K.F. Stocker, ed.), S. 97, CRC Press, Boca Raton (1990).

[12] Furukawa, K., Ishimura, S., Use of thrombin-like snake venom enzymes in the treatment of vascular occlusive diseases. In: Medical use of snake venom proteins (K.F. Stocker, ed.), S. 161, CRC Press, Boca Raton (1990).

[13] Kornalik, F., The influence of snake venom proteins on blood coagulation. In: Snake Toxins (A.L. Harvey, ed.), S. 323, Pergamon Press, Oxford (1991).

[14] Ohsaka, A., Hemorrhagic, necrotizing and edema-forming effects of snake venoms. In: Snake venoms (C.Y. Lee, ed.). Handb. exp. Pharm. Bd. 52, S. 480, Springer Verl., Berlin (1979).

[15] Bjarnason, J.B., Fox, J.W., Hemorrhagic toxins from snake venoms. J. Toxicol.-Toxin Rev. **7**, 121 (1988/89).

[16] Sawai, Y., Koba, K., Okonogi, T., Mishima, S., Kawamura, Y., Chinzei, Y., Abu Bakar, I., Devaraj, T., Phong-Aksara, S., Puranananda, C., Salafranca, E.S., Sumpaico, J.S., Tseng, C.S., Taylor, J.F., Wu, C.S., Juo, T.P., An epidemiological study of snakebite in the Southeast Asia. Jap. J. exp. Med. **42**, 283 (1972).

[17] Watt, G., Padre, L., Tuazon, M.L., Hayes, C.G., Bites by the Philippine cobra (*Naja naja philippinensis*): an important cause of death among rice farmers. Am. J. Trop. Med. Hyg. **37**, 636 (1987).

[18] Warrell, D.A., Clinical toxicology of snakebite in Asia. In: Handbook of Clinical Toxicology of Animal Venoms and Poisons (J. Meier, J. White, eds.), S. 493, CRC Press, Boca Raton (1995).

[19] Phillips, R.E., Theakston, R.D.G., Warrell, D.A., Galigedara, Y., Abeysekera, D.T.D.J., Dissanayaka, P., Hutton, R.A., Aloysius, D.J., Paralysis, rhabdomyolysis causes by bites of Russell's viper (*Vipera russelli pulchella*) in Sri Lanka: failure of Indian (Haffkine) antivenoms. Quart. J. Med., New Ser. **68**, 691 (1988).

[20] Than-Than, Francis, N., Tin-Nu-Swe, Myint-Lwin, Tun-Pe, Soe-Soe, Maung-Maung-Oo, Phillips, R.E., Warrell, D.A., Contribution of focal haemorrhage and microvascular fibrin deposition to fatal envenoming by Russell's viper (*Vipera russelli siamensis*) in Burma. Acta Tropica **46**, 23 (1989).

[21] Theakston, R.D.G., Phillips, R.E., Warrell, D.A., Galigedara, Y., Abeysekera, D.T.D.J., Dissanayaka, P., de Silva, A., Aloysius, D.J., Envenoming by the common krait (*Bungarus caeruleus*) and Sri Lanka cobra (*Naja naja naja*): efficacy and complications of therapy with Haffkine antivenom. Trans. Roy. Soc. Trop. Med. Hyg. **84**, 301 (1990).

[22] Tin-Nu-Swe, Tin-Tun, Myint-Lwin, Thein-Than, Tun-Pe, Robertson, J.I.S., Leckie, B.J., Phillips, R.E., Warrell, D.A., Renal ischaemia, transient glomerular leak and acute renal tubular damage in patients envenomed by Russell's vipers (*Daboia russelli siamensis*) in Myanmar. Trans. Roy. Soc. Trop. Med. Hyg. **87**, 678 (1993).

[23] Hutton, R.A., Loorcesuwan, S., Ho, M., Silamit, K., Chanthavanich, P., Karbwang, J., Supanaranoud, W., Vejcho, S., Viravan, C., Phillips, R.E., Warrell, D.A., Arboreal green pit vipers (genus *Trimeresurus*) of south-east Asia: bites by *T. albolabris* and *T. macrops* in Thailand and a review of the literature. Trans. Roy. Soc. Trop. Med. Hyg. **84**, 866 (1990).

[24] Sutherland, S.K., Harris, R.D., Coulter, A.R., Lovering, K.E., First aid for cobra (*Naja naja*) bites. Indian J. Med. Res. **73**, 266 (1981).

[25] De Silva, A., Wijekoon, A.S.B., Jayasean, L., Abeysekera, C.K., Bao, C.X., Hutton, R.A., Warrell, D.A., Haemostatic dysfunction and acute renal failure following envenomation by Merrem's hump-nosed viper (*Hypnale hypnale*) in Sri Lanka: first authenticated case. Trans. Roy. Soc. Trop. Med. Hyg. **88**, 209 (1994).

[26] Than-Than, Francis, N., Tin-Nu-Swe, Myint-Lwin, Tun-Pe, Soe-Soe, Maung-Maung-Oo, Phillips, R.E., Warrell, D.A., Contribution of focal haemorrhage and microvascular fibrin deposition to fatal envenoming by Russell's viper (*Vipera russelli siamensis*) in Burma. Acta Trop. **46**, 23 (1989).

Giftschlangen: Australien

Der australische Kontinent beherbergt einige der giftigsten Schlangen der Erde. Dies schließt auch die Insel Neuguinea ein, die eine sehr ähnliche Schlangenfauna aufweist. Diese Giftschlangen zählen ausnahmslos zu den Elapiden, Vipern gibt es in Australien nicht. Ihr Anteil an der Schlangenfauna ist beachtlich hoch: 70% aller Schlangen Australiens sind Giftschlangen (z.B. Abb. 3.110–3.114). Man hat hier also bei einer Begegnung mit einer Schlange gute Chancen, eine Giftschlange vor sich zu haben. Auch extreme Lebensräume wie die heißen Wüstengebiete sind von Schlangen besiedelt. Neuguinea, sowohl Papua-Neuguinea als auch der indonesische Teil Irian Jaya, ist in vielen Regionen nur schwer zugänglich. Schlangenbisse sind sicher häufiger, als die wenigen Statistiken ausweisen. Die meisten Betroffenen erreichen nie ein Hospital oder eine Missionsstation. Tod nach Schlangenbiß ist hier nicht ungewöhnlich, zumal auch hier die gefährlichsten Giftschlangen wie der Taipan *(Oxyuranus scutellatus canni)*, die Todesotter *(Acanthopis* spp.), die Papua-Schwarzschlange *(Pseudechis papuanus,* s.a.) und *Micropechis ikaheka* (small-eyed snake) vorkommen [9, 10]. Die folgende Übersicht berücksichtigt nur einige der wichtigsten und zugleich gefährlichsten Landschlangen. Seeschlangen, welche auch in den Gewässern um Australien und Neuguinea vorkommen, werden in einem eigenen Kapitel behandelt. Für spezielle Literatur zu australischen Giftschlangen s. [1–9].

Tigerschlange
Notechis scutatus – tiger snake

Abb. 3.110: Tigerschlange, *Notechis scutatus* (Südaustralien).

Merkmale: Kräftige, bis 1,2 m lange Schlange, mit brauner bis schwarzer, stark variierender Grundfarbe, die von gelben Bändern unterbrochen wird (daher Tigerschlange). Bei Bedrohung flacht sie ihren Hals ähnlich einer Kobra ab (richtet sich aber nicht auf) und zischt.
Verbreitung: Die Tigerschlange ist Australiens bedeutendste Giftschlange, da sie vor allem in den dicht besiedelten Gebieten Südost-Australiens vorkommt.
Lebensraum/Lebensweise: Bevorzugt feuchte Flußniederungen und feuchte Waldgebiete; tag- und dämmerungsaktiv, geht aber auch in warmen Nächten auf die Jagd; ovovivipar.

Todesotter

Acanthophis spp.. – death adder

Abb. 3.111: Todesotter, *Acanthophis antarcticus* (Südaustralien).

Merkmale: Mit ihrem breiten, dreieckigen, vom Körper abgesetzten Kopf ähnelt sie sehr einer Viper. Die Grundfarbe variiert von hellbraun über rot zu dunkelgrau, unregelmäßige helle oder auch dunkle Streifen überziehen den ganzen Körper. Die Durchschnittslänge beträgt 65 cm, sie wird selten größer als 1,1 m.
Verbreitung: In mehreren Arten über fast ganz Australien, Neuguinea und einige Molukken-Inseln verbreitet.
Lebensraum/Lebensweise: Durch ihre Färbung gut getarnt, meist in Laub, halb in Sand oder Erde vergraben, unter Büschen und Bäumen; vorwiegend nachtaktiv; ovovivipar.

Schwarzottern

Pseudechis spp. – black snakes;
P. australis – mulga, king brown snake;
P. prophyriacus – red-bellied black snake

Abb. 3.112: Mulgaschlange, *Pseudechis australis* (Südaustralien).

Merkmale: Große, schlanke Schlangen, die durchaus eine Länge von 2–3 m erreichen können. Die Grundfarbe reicht von hellbraun *(P. australis)* bis schwarz *(P. porphyriacus)*, wobei letztere Art eine rote Bauchseite aufweist.
Verbreitung: *Pseudechis*-Arten sind über ganz Australien und Neuguinea verbreitet.
Lebensraum/Lebensweise: In allen Lebensräumen, tropischen Wäldern wie Wüstengebieten, tag-, auch nachtaktiv; ovipar *(P. australis)* bzw. ovovivipar *(P. porphyriacus)*.

Braunschlangen

Pseudonaja spp. – brown snakes

Abb. 3.113: Braunschlange, *Pseudonaja textilis* (Ostaustralien).

Merkmale: Schlanke Schlangen, 1,5 bis über 2 m lang, meist einförmig gelb, braun, orange, oliv oder schwarz gefärbt, z.T. mit dunklen Flecken oder Streifen.

Verbreitung: In mehreren Arten über ganz Australien und in einigen Gebieten Neuguineas verbreitet; *Pseudonaja textilis* (eastern brown snake) nur in Ost-Australien.

Lebensraum/Lebensweise: Besiedeln alle Lebensräume, in trockenen wie feuchten Gebieten; tagaktiv, ovipar.

Taipan
Oxyuranus scutellatus – taipan

Abb. 3.114: Taipan, *Oxyuranus scutellatus* (Queensland).

Merkmale: Schlanke, bis 2 m (selten bis 3 m) lange Schlange, hell- oder dunkelbraun gefärbt, heller an den Seiten wie auch der Kopf, der auch gelblich-cremefarben sein kann.
Verbreitung: Nord- und Nordost-Australien, Neuguinea, Inland-Taipan *(O. microlepidotus)* im Zentrum Australiens heimisch.
Lebensraum/Lebensweise: In feuchten wie trockenen Wäldern, aber auch im offenen Grasland, Zuckerrohrplantagen etc., tag- und dämmerungsaktiv; ovipar. Gefährlichste Giftschlange Australiens.

Vergiftungsumstände. Wie erwähnt, sind die meisten Schlangen Australiens Giftschlangen. Da sie fast alle Lebensräume besiedeln, auch menschliche Ansiedlungen nicht meiden, ja hier vor allem durch Mäuse angelockt werden, muß nicht nur in der Wildnis, sondern z.B. auch in Vorstadtgärten mit ihnen gerechnet werden. Zufällige Begegnungen, die einen Biß zur Folge haben, sind gleichwohl selten. Meist verschwindet die Schlange, bevor man sie richtig zu Gesicht bekommt. Die häufigsten, nicht provozierten Bisse scheinen beim Laufen durch hohes Gras zu erfolgen, wo man z.B. auf eine Todesotter treten kann.

Vorsichtsmaßnahmen. Trifft man auf eine Schlange, so kann es mit hoher Wahrscheinlichkeit eine Giftschlange sein. Stets Abstand halten, Schlange nicht provozieren. In unübersichtlichem Gelände darauf achten, wohin man tritt, wohin man greift.

Giftapparat. Die australischen Giftschlangen besitzen eine **proteroglyphe Bezahnung**. Die frontalen Giftzähne sind nicht beweglich, die des Taipans können bis 13 mm lang werden [4]. Die injizierte Giftmenge variiert stark, sie ist jedoch in vielen Fällen ausreichend, eine schwere Vergiftung, u.U. mit Todesfolge zu bewirken.

Gift. Unter den Schlangengiften zählen die der australischen Giftschlangen zu den aktivsten. So ist das Gift des Inland-Taipans das mit der **höchsten Toxizität** (LD_{50}, 0,025 mg/kg).
Wie auch bei anderen Elapiden-Giften sind es **Neurotoxine**, die für die hohe Letalität verantwortlich sind. Zwar kommen auch in diesen Giften Toxine vor, die an der postsynaptischen Membran der motorischen Nervenendplatte angreifen [11, 12, 13], die wirksamsten Neurotoxine sind jedoch **Phospholipasen A_2**. Sie greifen an der präsynaptischen Membran der Nervenendplatte an und bewirken hier nach einem anfänglichen Anstieg der Transmitterfreisetzung eine vollständige Unterbrechung der Acetylcholin-Freisetzung, was eine neuromuskuläre Blockade zur Folge hat. Diese Phospholipase A_2-Toxine besitzen unterschiedliche Struktur-Eigenschaften: Das **Notexin** (aus *Notechis-scutatus*-Gift) ist ein Protein, das aus einer Polypeptidkette besteht; **Taipoxin** (aus *Oxyuranus-scutellatus*-Gift) stellt einen Komplex aus drei Untereinheiten dar. Die Phospholipasen A_2, die einzeln nur über eine geringe Toxizität verfügen, bilden in ihrer Kombination (der Komplex wird durch die unterschiedliche Ladung der einzel-

Therapie. Antiseren gegen alle relevanten Giftschlangen sind in Australien praktisch in den meisten medizinischen Einrichtungen vorhanden. Ihre Anwendung sollte sich auch hier nur auf die Fälle beschränken, in denen eine systemische Vergiftung eindeutig diagnostiziert wurde. Dies schließt man aus Symptomen, die auf Lähmungserscheinungen (Ptosis, starrer Gesichtsausdruck etc.) oder auch auf eine Gerinnungsstörung hinweisen (Gerinnungsanalyse: stark verlängerte **Prothrombin-Zeit**). Erhöhte **Kreatinkinase-Werte** (100- bis 1000fach erhöht!) weisen auf eine myolytische Wirkung des Giftes hin, ebenso wie braunschwarzer Urin (Myoglobin). In all diesen Fällen muß Antiserum unverzüglich zur Anwendung kommen.

Wenn möglich, sollte dies eines der monovalenten **Antiseren** sein. Dies setzt jedoch voraus, daß die betreffende Giftschlange eindeutig identifiziert wurde. Ist dies nicht der Fall, ermöglicht dies nachträglich ein „**Venom Detection Kit**" (Commonwealth Serum Laboratories, Melbourne). Hierzu werden Giftspuren von der Bißstelle mit einem angefeuchteten Wattestäbchen aufgenommen, in physiol. Kochsalzlösung gelöst (diese Bestimmung ist auch im Urin, in Ausnahmefällen auch im Blut möglich) und mittels einer Spritze durch einen Plastik-Kapillarschlauch gesaugt. An fünf markierten Stellen sind jeweils spezifische Antikörper fixiert, die das jeweilige Gift (Antigen) binden. Ein anschließend durchgeführter Enzym-gekoppelter Immunoassay (ELISA) setzt einen Farbstoff frei, der die Zuordnung des Giftes zu einer bestimmten Schlangenspezies ermöglicht. Der Test ist sehr empfindlich, 5 bis 10 Nanogramm Gift können innerhalb von 30 Minuten nachgewiesen werden [22].

Wurde eine elastische Binde angelegt, so ist diese erst nach erfolgreicher Antiserum-Infusion abzunehmen. Für die Anwendung gelten die im allgemeinen Teil gegebenen Empfehlungen. Die in einer Ampulle enthaltene Dosis ist oft nicht ausreichend. In schweren Fällen sind mehrere Ampullen notwendig [4, 21].

Es braucht nicht betont zu werden, daß in Neuguinea die medizinischen Möglichkeiten stark eingeschränkt sind und man hier allenfalls in den größeren Hospitälern Antiserum vorfindet, oft nicht in ausreichender Menge.

Sowohl im Taipan- als auch im Tigerschlangen-Gift ist ein solches Enzym enthalten [17, 18]. Auch einige andere australische Schlangengifte weisen solche Enzyme auf [19, 20].

Hämorrhagische Faktoren, die zu lokaler Gewebsnekrose führen könnten, fehlen in australischen Giften vollständig. Auch ist ihre ödemproduzierende Aktivität vergleichsweise gering.

Vergiftung. In Australien werden jährlich etwa 3000 Personen von Giftschlangen gebissen, ca. 500 von ihnen werden mit Antiserum behandelt. Die **Mortalitätsrate** hat von 1910 bis heute kontinuierlich abgenommen (1910 bis 1926: 198 Todesfälle; 1968 bis 1982: 56 Todesfälle) und dürfte seither bei etwa vier Todesfällen pro Jahr liegen [4, 21].

Häufig wird der Biß einer Giftschlange nicht einmal bemerkt. Lokale Reaktionen wie Schmerz und Schwellung fehlen oft. Bißmarken sind meist nur schwer zu entdecken. Erste Symptome sind Benommenheit, Übelkeit und Erbrechen, gefolgt von Schweißausbruch, Kopfschmerzen, druckschmerzhaften Lymphknoten in der Umgebung der Bißstelle sowie Bauchschmerzen. Plötzliche Bewußtlosigkeit und Krämpfe treten häufig 10 bis 15 Minuten (vor allem bei Kindern), aber auch bis zu einer Stunde nach dem Biß auf und sind ein Hinweis auf eine sich anbahnende schwere Vergiftung. Anzeichen von **Lähmungserscheinungen** sind Doppelsehen, schwere Zunge, Artikulationsschwierigkeiten, Ptosis, starrer Blick, Schluck- und Atembeschwerden. Dies endet letztlich in einer kompletten Lähmung der Muskulatur. Eine Lähmung der Atemmuskulatur ist in der Regel auch Todesursache.

Störungen in der Blutgerinnung äußern sich in unstillbaren Blutungen aus Kratz- oder Rasierwunden, in Zahnfleisch- und Nasenbluten, Erbrechen von Blut, auch durch Blut im Urin. Diese Symptome sind mindestens so ernst wie die oft gleichzeitig auftretenden Lähmungserscheinungen. So können plötzliche Krämpfe und Bewußtlosigkeit auch Folge von intrazerebralen Blutungen sein.

nen Proteine zusammengehalten) jedoch das giftigste Schlangengift-Toxin: Ihre LD_{50} (i.v. Injektion) liegt bei 0,002 mg/kg [14, 15]. Schließlich besteht das **Textilotoxin** (aus *Pseudonaja-textilis*-Gift) aus vier Untereinheiten, ebenfalls Phospholipasen A_2.

Australische Schlangengifte strotzen geradezu vor **Phospholipasen A_2**. In manchen Giften konnten bis zu 15 Varianten dieser Enzyme nachgewiesen werden. Neben neurotoxischen weisen einige von ihnen hohe **myolytische** Eigenschaften auf, d.h. sie zerstören den Skelettmuskel. Interessanterweise bewirken dies nicht nur Phospholipasen A_2 mit sonst geringer Toxizität, sondern auch die erwähnten Neurotoxine Notexin und Taipoxin, was erneut die Frage nach der Beziehung zwischen Struktur und Wirkung aufwirft, in welchem Umfang die enzymatische Aktivität dieser Proteine an Neuro- bzw. Myotoxizität beteiligt ist [15, 16].

Nicht allein der Anteil an Neurotoxinen macht australische Schlangengifte besonders gefährlich, sondern eine weitere Eigenschaft, die ihnen unter den Elapiden-Giften eine Sonderstellung einräumt: Viele enthalten äußerst aktive Enzyme, die in die **Blutgerinnung** eingreifen. Es ist dies ein Prothrombin-Aktivator, der die Umwandlung von Prothrombin in Thrombin katalysiert. Die Gegenwart von Faktor V und Calcium potenziert diese Wirkung. Dies führt in vivo sehr rasch zu einer **Verbrauchskoagulopathie** mit all ihren Komplikationen wie unstillbare Blutungen, die bei Vergiftungen eine mitunter größere Rolle spielen als die **lähmende Wirkung** der **Neurotoxine**.

Allgemeiner **Muskelschmerz** ist meist Zeichen einer generalisierten Wirkung von myotoxischen Giftkomponenten. So kann Muskelschwäche sowohl durch Lähmung als auch durch Zerstörung von Muskelfasern bedingt sein. **Braunschwarzer Urin** ist in den meisten Fällen auf ausgeschiedenes **Myoglobin**, seltener auf Hämoglobin (bei Gerinnungsstörungen) zurückzuführen. Als Komplikation kann Nierenversagen auftreten.

Bei tödlich verlaufenen Vergiftungen kommen eine Reihe von Ursachen in Frage wie Atemlähmung, zerebrale Blutungen, hämorrhagischer Schock, Herzversagen und Lungenödem, vor allem dann, wenn eine Behandlung erst sehr spät einsetzte [21, 23].

Erste Hilfe. In Australien wird als Erste-Hilfe-Maßnahme die „Pressure/Immobilization"-Technik propagiert. Von der Bißstelle ausgehend wird der Arm oder das Bein (noch durch Schiene, Brett oder Stock fixiert) durch eine elastische Binde oder mit Stoffstreifen so fest bandagiert, daß der Lymphstrom und der Blutfluß in den Kapillaren verlangsamt wird, ohne aber die Blutzirkulation generell zu unterbinden. Diese Methode, die offenbar erfolgreich angewandt wird [4], soll den Vergiftungsverlauf verzögern, bis ärztliche Hilfe erreichbar ist und eine Antiserum-Therapie durchgeführt werden kann. Da australische Gifte meist nur geringe lokale Reaktionen hervorrufen, ist diese Methode gerechtfertigt. Andererseits ist einem raschen Transport zum nächsten Arzt vor langwierigem Bandagieren der Vorzug zu geben.

Die Bißstelle sollte man nicht abwaschen oder desinfizieren, da in Australien die Art der Giftschlange durch die Analyse von Giftspuren auf der Haut festgestellt werden kann (s. oben).

Fallbeschreibungen

Taipan-Biß

Eine 29jährige Amateurherpetologin wurde von einem 1,7 m langen Taipan (*Oxyuranus scutellatus*) in den rechten Daumenballen gebissen. Sie führte keine Erste-Hilfe-Maßnahmen durch und erreichte 15 bis 30 Minuten später das Hospital. Sie blutete aus dem Mund (ihr waren zwei Tage zuvor die Weisheitszähne gezogen worden), erbrach sich, erste Anzeichen einer Ptosis waren sichtbar. Sie war stark erregt, brach plötzlich bewußtlos zusammen (Blutdruck systolisch 130 mm Hg). Die Bewußtlosigkeit hielt 30 bis 40 Minuten an; sie wurde intubiert, und es wurde (monovalentes) Taipan-Antiserum infundiert. Eine 30 Minuten nach dem Biß entnommene Blutprobe war ungerinnbar, die Patientin blutete über drei bis vier Stunden aus dem Mund und aus einer Punktionsstelle, bis die Gerinnungsstörung nach der Infusion von sechs Ampullen Taipan-Antiserum überwunden war. Trotz der Antiserum-Therapie entwickelte sich eine komplette, den ganzen Körper betreffende Lähmung; die Patientin mußte über vier Wochen beatmet werden. Erst nach zwei Wochen verschwanden Ptosis und Ophthalmoplegie, die Muskelkraft kehrte nur langsam wieder zurück. Leichte myolytische Symptome (Myoglobinurie) waren feststellbar, es entwickelte sich jedoch keine Niereninsuffizienz. Nachdem die Gerinnungsparameter sich wieder normalisiert hatten, trat eine leichte Thrombozytopenie auf, die erst nach einer Woche verschwand. Wegen der anfänglich starken Blutverluste (die Patientin war anämisch) wurden Bluttransfusionen durchgeführt. Kortikosteroide wurden zur Vermeidung einer Serumkrankheit verabreicht, die in der Folge nicht auftrat. Starke Brustschmerzen während der dritten bis fünften Woche nach dem Biß ließen den Verdacht einer Lungenembolie aufkommen, worauf über weitere drei Monate Warfarin verabreicht wurde. Fünf Wochen nach dem Biß war die Patientin ohne Beschwerden und konnte entlassen werden [J. White, pers. Mitteilung].

Tödlicher Braunschlangen-Biß

Ein 39jähriger Mann wurde in einem Vorort von Brisbane (Queensland) von einer 160 cm langen Braunschlange (*Pseudonaja textilis*) in den Fuß und in die Hand gebissen, nachdem er die Schlange mehrfach provoziert hatte. Nur mit Mühe konnte sie von der Hand, in die sie sich verbissen hatte, abgeschüttelt werden. Der Patient wurde sofort von Familienmitgliedern zum nächsten Hospital gefahren. Während der zehnminütigen Fahrt verlor er das Bewußtsein und wurde Mund-zu-Mund beatmet. Bei der Ankunft im Krankenhaus, ca. 15 Minuten nach dem Biß, war der Patient noch immer bewußtlos, zeigte flache Atmung und wurde intubiert. Es wurden nach Adrenalin (1 mg, subcutan) und Promethazin (25 mg, intravenös) eine Ampulle monovalentes Brown-snake-Antiserum und eine Ampulle polyvalentes Antiserum intravenös sowie 2 l Kochsalzlösung infundiert. Der Patient blutete stark aus der Nase, die Gerinnungsanalyse ergab eine Thrombozytopenie (10^{10}/l, Normalwert: $1,5–4 \times 10^{11}$) und vollständige Ungerinnbarkeit des Blutes (Prothrombin-Time: >180 Sek., normal: 11–17 Sek.; Fibrinogen <0,1 g/l, normal: 1,5–4 g/l). Zwei Stunden nach dem Biß wurde ihm auf der Intensivstation erneut monovalentes Antiserum (1 Ampulle) verabreicht. Der Patient blieb tief bewußtlos und wies Zeichen von Nierenversagen auf, sein Blut war weiterhin ungerinnbar, es entwickelte sich ein Lungenödem. Trotz Hämodialyse blieb der Patient anurisch. Die Gerinnungswerte normalisierten sich 8 Stunden nach dem Biß, nachdem 14 Einheiten Plasma, 24 Einheiten Cryopräzipitat und 20 Einheiten Thrombozyten-Konzentrat über zwei Stunden infundiert worden waren. Nach weiteren 4 Stunden kam es zu plötzlichem Blutdruckabfall, trotz weiterer Antiserum-Gabe starb der Patient 17 Stunden nach dem Biß [23].

Der Fall bestätigt die Gefährlichkeit des Bisses von Braunschlangen, wobei es offenbar als Folge der Gerinnungsstörung zu Mikroembolien in den Nieren kam, die zu Nierenversagen führten. Todesursächlich war das Herzversagen, das möglicherweise ebenfalls durch Mikrothromben in den Myokardkapillaren verursacht war.

Antiseren:
Polyvalent Antiserum (Australia, New Guinea).
Monovalente Antiseren: death adder *(Acanthopis antarcticus)*, tiger snake *(Notechis scutatus)*, Taipan *(Oxyuranus scutellatus)*, eastern brown snake *(Pseudonaja textilis)*, black snake (*Pseudechis* sp.) – Commonwealth Serum Laboratories, Parkville, VIC, Australien.

Literatur

[1] Cogger, H., Reptiles and Amphibians of Australia, Reed, Sydney (1992).

[2] Cogger, H., The venomous land snakes. In: Toxic plants and animals, a guide for Australia (J. Covacevich, P. Davie, J. Pearn, eds.), S. 341, Queensland Museum, S. Brisbane (1987).

[3] Covacevich, J., Davie, P., Pearn, J. (eds.), Toxic plants and animals, a guide for Australia. Queensland Museum, S. Brisbane (1987).

[4] Sutherland, S.K., Australian animal toxins. Oxford Univ. Press, Melbourne (1983).

[5] Gow, G., Complete guide to Australian snakes. Angus & Robertson Publ., North Ryde (1989).

[6] Shine, R., Australian Snakes, a Natural History. Reed, Sydney (1991).

[7] Mirtschin, P., Davis, R., Snakes of Australia, dangerous and harmless. Hill of Content, Melbourne (1992).

[8] Masci, P., Kendall, P., The Taipan, the World's Most Dangerous Snake. Kangaroo Press, Kenthurst (1995).

[9] O'Shea, M., A Guide to the Snakes of Papua New Guinea. PNG Indep. Publ., Port Moresby (1996).

[10] Warrell, D.A., Hudson, B.J., Lalloo, D.G., Trevett, A.J., Whitehead, P., Bamler, P.R., Ranaivoson, M., Wiyono, A., Richie, T.L., Fryauff, D.J., O'Shea, M.T., Richards, A.M., Theakston, R.D.G., The emerging syndrome of envenoming by the New Guinea small-eyed snake *Micropechis ikaheka*. Q. J. Med. **89**, 523 (1997).

[11] Karlsson, E., Eaker, D., Ryden, S., Purification of a presynaptic neurotoxin from the venom of the Australian tiger snake. Toxicon **10**, 405 (1972).

[12] Sheumack, D.D., Howden, M.E.H., Spence, I., Isolation and partial characterization of a lethal neurotoxin from the venom of the Australian death adder *(Acanthophis antarcticus)*. Toxicon **17**, 609 (1979).

[13] Kim, H.S., Tamiya, N., Isolation, properties and amino acid sequence of a long-chain neurotoxin *Acanthophis antarcticus* b from the venom of an Australian snake (the common death adder, *Acanthophis antarcticus*). Biochem. J. **193**, 899 (1981).

[14] Fohlman, J., Eaker, D., Karlsson, E., Thesleff, S., Taipoxin, an extremely potent presynaptic neurotoxin from the venom of the Australian taipan. Eur. J. Biochem. **68**, 457 (1976).

[15] Harris, J.B., Phospholipases in snake venoms and their effect on nerve and muscle. In: Snake Toxins (A.L. Harvey, ed.), S. 91, Pergamon Press, Oxford (1991).

[16] Mebs, D., Ownby, C.L., Myotoxic components of snake venoms: their biochemical and biological activities. Pharmac. Ther. **48**, 223 (1990).

[17] Govers-Riemslag, J.W.P., Speijer, H., Zwaal, R.F.A., Rosing, J., Purification and characterization of the prothrombin activator from *Oxyuranus scutellatus* (taipan snake). In: Hemostasis and Animal Venoms (H. Pirkle, F.S. Markland, eds.), S. 41, M. Dekker, New York (1988).

[18] Tans, Q., Govers-Riemslag, J.W.P., Speijer, H., Zwaal, R.F.A., Van Rijn, J.L.H.L., Rosing, J., Prothrombin activation by an activator purified from the venom of the mainland tiger snake *(Notechis scutatus scutatus)*. In: Hemostasis and Animal Venoms (H. Pirkle, F.S. Markland, eds.), S. 26, M. Dekker, New York (1988).

[19] Marshall, L.R., Herrmann, R.P., Coagulant and anticoagulant action of Australian snake venoms. Thromb. Haemostasis **50**, 707 (1983).

[20] Kornalik, F., The influence of snake venom proteins on blood coagulation. In: Snake Toxins (A.L. Harvey, ed.), S. 323, Pergamon Press, Oxford (1991).

[21] White, J., Clinical toxicology of snakebite in Australia and New Guinea. In: Handbook of Clinical Toxicology of Animal Venoms and Poisons (J. Meier, J. White, eds.), S. 595, CRC Press, Boca Raton (1995).

[22] Chandler, H.M., Hurrell, J.G.R., A new enzyme immunoassay system suitable for field use and its application in a snake venom detection kit. Clin. Chim. Acta **121**, 225 (1982).

[23] Henderson, A., Baldwin, L.N., May, C., Fatal brown snake *(Pseudonaja textilis)* envenomation despite the use of antivenom. Med. J. Australia **158**, 709 (1993).

Giftschlangen: Nord- und Südamerika

Die Viperiden, vertreten durch die Unterfamilie Crotalinae, sind die dominierenden Giftschlangen des amerikanischen Kontinents. Als sog. **Grubenottern** sind sie durch ein Infrarotstrahlen-empfindliches Wärmesinnesorgan, das Grubenorgan, charakterisiert. Es liegt als kleine Einbuchtung (Grube) zwischen Auge und Nasenöffnung und ermöglicht das Aufspüren warmblütiger Beutetiere auch bei Dunkelheit. Die Grubenottern gehören zu den am höchsten entwickelten Giftschlangen.

Die Elapiden sind in Amerika nur durch die Korallenschlangen *(Micrurus, Microides, Leptomicrurus)* vertreten. Da sie meist verborgen leben, ist ihr Anteil an Schlangenbissen entsprechend gering.

Für spezielle Literatur über amerikanische Giftschlangen s. [1–11].

Klapperschlangen

Crotalus spp., *Sistrurus* spp. – rattlesnakes

Abb. 3.115: Texas-Klapperschlange, *Crotalus atrox* (Oklahoma, USA).

Merkmale: Kräftige Schlangen mit einer Klapper oder Rassel am Schwanzende: kettenförmig, lose miteinander verbundene Hornringe, die als Reste der Häutung zurückbleiben. Beim Vibrieren des Schwanzes entsteht ein rasselndes Geräusch. Neben großen Arten wie der Diamantklapperschlange *(Crotalus adamanteus)*, der Texas-Klapperschlange *(Crotalus atrox)* und der südamerikanischen Klapperschlange *(Crotalus durissus terrificus)*, die Körperlängen von 2 bis 2,5 m erreichen können, diverse kleinere Arten wie die Prärie-Klapperschlange *(Crotalus viridis,* bis 1,5 m) und die Zwerg-Klapperschlangen *(Sistrurus* spp., bis 60 cm Körperlänge). In Grundfärbung und Zeichnung (Bänder, Flecken, Streifen) variieren die einzelnen Arten stark, oft hervorragend dem Untergrund angepaßt.

Verbreitung: In Mittel- und Südamerika ist praktisch nur eine Art, *Crotalus durissus* mit einigen Unterarten, in Nordamerika sind alle anderen Arten der Gattungen *Crotalus* und *Sistrurus* verbreitet.

Lebensraum/Lebensweise: In fast allen Lebensräumen, Wüsten wie feuchten Wäldern, Bergregionen bis fast 4000 m; meistens bevorzugen sie trockene, steinige Gebiete und ziehen sich unter Steinspalten und in Erdhöhlen zurück. Überwiegend bodenlebend, tag- oder auch nachtaktiv, ovovivipar. Das Rasseln mit dem Schwanzende ist ein Warnzeichen.

Abb. 3.116: Waldklapperschlange, *Crotalus horridus* (Nordosten der USA).

Abb. 3.117: Felsenklapperschlange, *Crotalus lepidus klauberi* (Arizona, USA).

Abb. 3.118: Südamerikanische Klapperschlange, *Crotalus durissus terrificus* (Brasilien).

Lanzenottern

Bothrops, Bothriechis, Bothriopsis, Ophryacus, Porthidium, Atropoides, Cerrophidion spp. – lance-headed pit vipers

Abb. 3.119: Halbmond-Lanzenotter, *Bothrops alternatus* (Südbrasilien).

Merkmale: Grubenottern mit deutlich („lanzenartig") vom Körper abgesetztem Kopf, bis zu 2 m große Seeschlangen, vielfach aber kleiner; Grundfärbung häufig dunkel mit Streifen- und Fleckenzeichnung, es gibt aber auch auffallend hell gezeichnete Arten *(Bothriechis schlegelii)*.

Verbreitung: Die Lanzenottern der Gattung *Atropoides, Bothrops, Bothriechis, Bothriopsis, Cerrophidion, Ophryacus* und *Porthidium* [6] sind in zahlreichen Arten über Mittel- und Südamerika, auch auf einigen karibischen Inseln verbreitet, sie fehlen in Nordamerika. *Bothrops atrox* besiedelt fast die ganze nördliche Hälfte Südamerikas.

Lebensraum/Lebensweise: Während einige Arten (z.B. *Bothrops jararaca*) die trockenen Savannen Südamerikas bewohnen (überwiegend bodenlebend), sind andere typische Regenwald-Bewohner (z.B. *B. jararacussu*), auf Ästen und Zweigen anzutreffen *(Bothriechis schlegelii);* tag- oder nachtaktiv, ovovivipar.

Abb. 3.120: Lanzenotter (Terciopelo), *Bothrops asper* (Ecuador).

Schlangen | **315**

Abb. 3.121: Greifschwanz-Lanzenotter, *Bothriechis schlegelii* (Costa Rica), in zwei Farbvarianten.

Buschmeister

Lachesis muta – bushmaster

Abb. 3.122: Buschmeister, *Lachesis muta stenophrys* (Costa Rica).

Merkmale: Die größte Giftschlange der neuen Welt, bis über 3 m lang; die Körperschuppen sind knopfartig abgerundet, der Schwanz endet in einem Hornstachel, äußerst farbenprächtig, Rauten- und Dreiecksflecken auf hellem, rötlich-gelbem Grund.
Verbreitung: In weiten Teilen Süd- und Mittelamerikas, auch auf der Insel Trinidad.
Lebensraum/Lebensweise: Der Buschmeister lebt sehr versteckt in feuchten Regenwäldern, ist selten, scheu; bodenlebend, dämmerungs- und nachtaktiv; ovipar.

Mokassinschlangen, Kupferköpfe
Agkistrodon spp. – moccasins, copperheads, cottonmouth

Abb. 3.123: A: Wassermokassinotter, *Agkistrodon piscivorus conanti* (Florida, USA) in typischer Abwehrhaltung mit geöffnetem Maul, die weißlichen Schleimhäute (engl. Name: cottonmouth) präsentierend. B: Kupferkopf, *Agkistrodon contortrix* (südliche USA).

Merkmale: Kräftige, bis maximal 1,5 m lange (meist jedoch kleinere) Grubenottern, mit dunkler, aber auch auffallend heller, orangebrauner Grundfärbung mit dunkler Streifenzeichnung.
Verbreitung: Die Gattung *Agkistrodon* ist in Nordamerika und Zentralamerika (südlich bis Costa Rica) verbreitet.
Lebensraum/Lebensweise: Z.T. semiaquatisch in Sümpfen *(A. piscivorus)*, aber auch in trockenen Regionen, auch in der Nähe menschlicher Siedlungen; überwiegend bodenlebend, tag- und dämmerungsaktiv, ovovivipar.

Korallenschlangen

Micrurus, Micruroides, Leptomicrurus spp. – coral snakes

Abb. 3.124: Korallenschlange, *Micrurus nigrocinctus* (Mittelamerika).

Merkmale: Kleine Giftnattern (Elapidae), selten größer als 1 m, meist kleiner; mit roter, weißer, gelber oder schwarzer Ringelzeichnung.
Verbreitung: Subtropisches und tropisches Amerika.
Lebensraum/Lebensweise: Korallenschlangen leben in trockenen wie feuchten Gebieten, meist unter Laub, Moos oder in der Erde verborgen; tag- und nachtaktiv; ovipar.

Vergiftungsumstände. Sind es in weiten Teilen Süd- und Mittelamerikas die typischen Umstände, die zu Schlangenbissen führen (man tritt unbeabsichtigt bei der Feld- und Waldarbeit auf die Schlange), so ist in Nordamerika eine stattliche Zahl schwerer, auch tödlicher Bißverletzungen auf eine leichtsinnige Provokation der Schlange zurückzuführen. „Rattlesnake-roundups", wie sie in manchen Staaten der USA noch alljährlich stattfinden, das Hantieren mit Giftschlangen als Mutprobe, ja sogar im Rahmen religiöser Zeremonien, bei denen Klapperschlangen herumgereicht werden, geben hierzu reichlich Gelegenheit.

Vorsichtsmaßnahmen. Giftschlangen sind in den tropischen Regionen Südamerikas, obwohl man sie nicht leicht zu Gesicht bekommt, durchaus häufig. Man muß stets mit ihnen rechnen. Gleiches trifft für Nordamerika zu, wo man in den Feuchtgebieten der Südstaaten Wassermokassinschlangen (*Agkistrodon piscivorus*) oft in großer Zahl finden kann, wie in den Trockengebieten die Klapperschlangen. Nicht immer ziehen sich die Schlangen zurück. Noch klamm von der Kühle der Nacht bleiben sie in der Morgensonne einfach liegen, rasseln nicht einmal, so daß man leicht auf sie treten kann. Auch hier gilt, daß festes Schuhwerk und eine lange Hose in unübersichtlichem Gelände ein guter Schutz sind. Im übrigen sollte man vermehrt darauf achten, wohin man greift, tritt oder sich setzt. Entdeckt man eine Schlange, so ist Abstand zu halten. Bei farbig-geringelten Schlangen sollte man stets vorsichtig sein. Zumeist handelt es sich wohl um ungiftige „Nachahmer" (Milchschlangen, *Lampropeltis* spp.), denn Korallenschlangen sind selten. Ob es sich um eine ungiftige *Lympropeltis*-Art oder eine Korallenschlange handelt, ist aus der Entfernung nicht immer mit der nötigen Sicherheit festzustellen.

Giftapparat. Korallenschlangen haben die für Elapiden typische Bezahnung mit zwei frontalen, nur wenige Millimeter langen, feststehenden Giftzähnen. Die Lanzen- und Klapperschlangen verfügen über große, bewegliche, für Viperiden typische Giftzähne, die oft eine beachtliche Länge (über 2 cm) haben können.

Gift. Klapperschlangen-Gifte (*Crotalus* spp.) lassen sich in zwei Gruppen einteilen: in Gifte mit vorwiegend **neurotoxischen Eigenschaften**, zu ihnen gehört das der südamerikanischen Klapperschlange, *Crotalus durissus terrificus* (Abb. 3.118), und das der nordamerikanischen Mojave-Klapperschlange, *Crotalus scutulatus*,

Therapie. Nur eine sichere Diagnose, daß überhaupt Gift injiziert wurde, rechtfertigt die Anwendung von Antiserum, das gerade im Falle von nordamerikanischen Grubenottern-Bissen in hoher Dosierung eingesetzt werden muß. Neben einer sich ausbreitenden Schwellung um die Bißstelle sind unstillbares Bluten aus den Bißmarken, dem Zahnfleisch und paralytische Symptome (Ptosis) sichere Anzeichen für eine **systemische Vergiftung**.

Polyvalentes Antiserum (Wyeth) steht für nordamerikanische Giftschlangen meist überall in den Vereinigten Staaten zur Verfügung. Es muß in der Regel in hoher Dosierung angewandt werden. Als Minimaldosis werden 5 Ampullen (50 ml) empfohlen, in den meisten Fällen jedoch 10–15 (100–150 ml) [41]. Es ist umstritten, ob und in welchem Ausmaß hierdurch die lokalen Symptome beeinflußt werden. Bei einem *Crotalus-scutulatus*-Biß ist sofort mit einer hohen Dosis zu beginnen (10 Ampullen). Obwohl der Hersteller das Serum auch für südamerikanische Giftschlangen empfiehlt, sollte man hierfür eher auf die dort produzierten (z.B. vom Instituto Butantan) zurückgreifen. Sie können meist in niedrigerer Dosierung angewandt werden. Bei hohen Antiserum-Dosierungen ist in den folgenden Tagen und Wochen fast immer mit einer allergischen Serumkrankheit zu rechnen.

Klinische Parameter, Blut- und Urinuntersuchungen, sollten möglichst umgehend erhoben werden. Vor allem **Gerinnungstests** geben schon kurze Zeit nach dem Biß (ca. nach 30–60 Minuten) z.B. bei *Bothrops*-Arten Aufschluß über das Ausmaß der Vergiftung: Afibrinogenämie und verlängerte Prothrombinzeiten oder einfach ungerinnbares Blut (im Glasröhrchen) weisen auf eine Verbrauchskoagulopathie hin, stark erhöhte Kreatinkinase-Werte (100 bis 1000fach erhöht) auf eine myolytische Wirkung des Giftes. Schwarzbrauner Urin ist ein Anzeichen für **Myoglobinurie**. In diesem Fall ist die **Nierenfunktion** bzw. Ausscheidung kontinuierlich zu überprüfen (Gefahr des akuten Nierenversagens). Absinkende Hämatokritwerte weisen bei einer Verbrauchskoagulopathie auf eine Blutung hin (Darm, u.U. Teerstuhl, blutiges Erbrechen) und machen gegebenenfalls Bluttransfusionen notwendig (auch Erythrozyten-Konzentrat, bei absinkenden Thrombozyten-Zahlen auch Thrombozyten-Konzentrate oder Plättchen-reiches Plasma, PRP). Massive Ödeme, aber auch Blutungen bergen stets die Gefahr eines hypovolämischen bzw. hämorrhagischen Schocks, so daß für entsprechenden Flüssigkeitsersatz zu sorgen ist.

Besonders in den Vereinigten Staaten ist es immer noch Mode, bei Giftschlangen-Bissen chirurgisch vorzugehen, wenn möglich, die Bißstelle sogar auszuschneiden [42]. Auch Fasziotomie mit frühzeitiger Entfernung anscheinend geschädigter Muskulatur wird empfohlen [43]. Erfahrungen bei der Behandlung von Bißverletzungen [24], auch experimentelle Untersuchungen [44], bestätigen, daß derartige Manipulationen und Eingriffe das Ergebnis keineswegs verbessern und daß z.B. der Erhalt von Muskelfunktionen durch eine konsequente Antiserum-Therapie eher gewährleistet ist.

Lokale, **hämorrhagische Gewebsschäden** sollten wie Verbrennungen behandelt werden. Nekrotisches Gewebe ist erst nach einigen Tagen chirurgisch zu entfernen. Zwar heilen kleine Gewebsdefekte meist problemlos, doch können bei größeren Hautschäden Transplantationen notwendig werden. Es bedarf keiner besonderen Erwähnung, daß auf aseptische Bedingungen besonders zu achten ist. Eine **kontinuierliche Überwachung** des Patienten mindert das Risiko von Komplikationen. Zu Todesfällen kommt es meist, wenn eine Behandlung sehr spät (oder unzureichend) einsetzt und irreversible Schäden bereits eingetreten sind, die auch bei einer erhöhten Antiserum-Dosierung nicht mehr rückgängig gemacht werden können.

Bei **Korallenschlangen-Bissen** treten paralytische Symptome in der Regel zwar bald nach dem Biß auf, können aber auch erst bis zu 12 Stunden verzögert erscheinen. Eine umgehend durchgeführte Therapie mit einem spezifischen (monovalenten) **Antiserum** sollte schon bei den ersten Anzeichen einer systemischen Vergiftung durchgeführt werden [39]. Es gibt Hinweise, daß paralytische Symptome (z.B. nach dem Biß von *Micrurus frontalis*) durch Neostigmin zumindest teilweise rückgängig gemacht werden können, eine Option, die genutzt werden sollte, wenn Antiserum nicht verfügbar ist [40].

und in Gifte (dies ist die Mehrzahl) mit lokal **hämorrhagischen** und die **Blutgerinnung störenden Eigenschaften**. Letztere sind auch für die Lanzenottern- (*Bothrops*), Buschmeister- (*Lachesis*, Abb. 3.122) und *Agkistrodon*-Gifte charakteristisch.

Crotoxin war das erste Schlangengift-Toxin, das bereits in den dreißiger Jahren aus dem Gift von *Crotalus durissus terrificus* relativ rein dargestellt wurde [12]. Es ist der Komplex einer basischen **Phospholipase A_2** (Crotoxin B) mit einem sauren Protein (Crotoxin A) [13, 14]. Letzteres, welches auch Crotapotin genannt wird (es stammt aus **Crotalus**-Gift, **pot**enziert die Toxizität der Phospholipase A_2 und **in**hibiert deren enzymatische Aktivität), hat offensichtlich die Aufgabe, die Phospholipase A_2 an den Wirkort zu bringen, die präsynaptische Membran der motorischen Nervenendplatte. Nachdem dort das Enzym mit einem Rezeptor- oder Akzeptormolekül eine Bindung eingegangen ist, dissoziiert das Crotapotin (bzw. Crotoxin A) ab. Dann kann erst die bisher in ihrer Aktivität gehemmte Phospholipase A_2 voll ihre Wirkung entfalten: die Veränderung oder auch Zerstörung der Membran. Die Folge ist ein neuromuskulärer Block, eine Lähmung der Muskulatur, da kein Transmitter mehr freigesetzt wird [13, 15].

Genauso verhält es sich mit dem Mojave-Toxin aus dem Gift von *Crotalus scutulatus*, das einen sehr ähnlichen Molekülkomplex wie das Crotoxin darstellt [15, 16].

Hämorrhagische Blutungen und **Gewebsnekrosen** nach dem Biß von Klapperschlangen und Lanzenottern sind die Regel, die eintretenden Gewebsverluste um die Bißstelle sind mitunter erheblich. Hierfür verantwortlich sind äußerst aktive Proteasen, eine Tatsache, die lange umstritten war, da diese **Hämorrhagine** an typischen Substraten wie Casein kaum wirksam sind. Diese Proteasen besitzen eine hohe Spezifität für Proteine, die in die Basalmembran integriert sind. Es sind Metalloproteasen, die ein Zink-Atom enthalten und eine äußerst komplexe Struktur aufweisen [17].

Schon wenige Minuten nach der Applikation von Hämorrhaginen zeigen Kapillaren Bruchstellen, aus denen Erythrozyten in das umliegende Gewebe treten [18]. Zwar führen Massenblutungen um die Bißstelle schon infolge einer mangelnden Sauerstoff-Versorgung (Unterbrechung des Blutflusses) zu Gewebsnekrosen, doch wird dieser Effekt noch dadurch verstärkt, daß diese Gifte auch **Myotoxine** enthalten, die die Skelettmuskulatur direkt angreifen. Zum einen handelt es sich dabei um Phospholipasen A_2, wie man sie von Elapiden-Giften her kennt, zum anderen sind es basische Toxine, die eine Peptidkette aus 43 bis 45 Aminosäuren darstellen, durch drei Disulfidbrücken intramolekular stabilisiert sind und mit Namen wie **Crotamin, Myotoxin a** etc. belegt sind [19]. Letztere wurden bisher nur in einigen *Crotalus*-Giften nachgewiesen; Crotamin kommt neben dem Crotoxin, das im übrigen auch myotoxisch wirkt, im Gift von *Crotalus durissus terrificus* vor.

Die meisten Grubenottern-Gifte enthalten darüber hinaus äußerst aktive **Gerinnungsenzyme**, die überwiegend **Thrombin-ähnlich** wirken und vom Fibrinogen-Molekül ein Peptid, Fibrinopeptid A (die meisten Gifte) oder B (*Agkistrodon-contortix*-Gift) oder auch beide (*Lachesis-muta-, Bothrops-insularis*-Gift) abspalten, was die Bildung eines Fibrinnetzes zur Folge hat. Trotzdem führen diese Enzyme beim Menschen nicht zu Thrombosen, sondern zur Afibrinogenämie und damit zur Ungerinnbarkeit des Blutes, da das Fibrinolysesystem sofort aktiviert wird und die entstehenden Gerinnungsprodukte sofort abbaut [20, 21]. Therapeutisch wird z.B. das Batroxobin® aus dem Gift von *Bothrops moojeni* zur Behandlung von Gerinnungsstörungen, Thromboseneigung etc. verwendet [20, 22, 23]. Auf die Verwendung des Enzyms bei der Herstellung von Fibrinkleber wurde im allgemeinen Teil bereits hingewiesen. Auch finden sich in einigen Giften Faktoren, die **Thrombozyten** zur **Aggregation** bringen. Ihr Anteil am Vergiftungsgeschehen ist wahrscheinlich eher gering.

Insgesamt verfügen gerade die Crotaliden-Gifte über ein reiches Spektrum an Enzymen, das sie zu einem hochaktiven **Enzymkonzentrat** macht, bestens geeignet zur Vorverdauung der Beute.

Die Gifte der Korallenschlangen (*Micrurus* spp.) sind denen anderer Elapiden sehr ähnlich. So enthalten auch sie **Neurotoxine**, die an der postsynaptischen Membran der motorischen Nervenendplatte angreifen und in ihrer Struktur den „kurzen" Neurotoxinen der Kobragifte ähneln.

Vergiftung. Man schätzt, daß in den Vereinigten Staaten jährlich etwa 8 000 Personen von Giftschlangen gebissen werden, von denen etwa 9 bis 14 an den Folgen sterben. Diese eher günstige Relation ist durch die gute medizinische Versorgung bedingt; Todesfälle haben ihre Ursache in einer (zu) spät einsetzenden Behandlung oder in Komplikationen bei Risikopatienten [24, 25, 26].

Für Mittel- und Südamerika gibt es keine verläßlichen Daten. Allein in Brasilien sollen nach einer neueren Untersuchung 11 von 100 000 Menschen jährlich einen Giftschlangenbiß erleiden, was wahrscheinlich zu niedrig angenommen ist. Auch ist eine **Mortalitätsrate** von 0,66% sicher nur für Regionen mit ausreichender medizinischer Versorgung gegeben [27]. Sie dürfte in vielen Gebieten Südamerikas weit höher liegen [28, 29].

Sind es in den Vereinigten Staaten überwiegend die Klapperschlangen (*Crotalus* spp., Abb. 3.115 bis 3.117) und Mokassinschlangen (*Agkistrodon* spp., Abb. 3.123), so kommen in Mittel- und Südamerika die Lanzenottern (vor allem *Bothrops* spp., Abb. 3.119 bis 3.121) am häufigsten für Schlangenbisse in Frage. Innerhalb der ersten 10 bis 20 Minuten nach dem Biß dieser Grubenottern entwickelt sich ein **Ödem** um die Bißstelle, was mit erheblichen **Schmerzen** verbunden sein kann. Manchmal ist jedoch der Biß schmerzlos, lediglich Bißmarken und ein Ödem weisen auf eine Vergiftung hin. Es schließen sich mehr oder weniger spezifische Symptome wie auch bei anderen Schlangenbissen an: Übelkeit, Erbrechen, Blässe, Herzklopfen. Das Ödem breitet sich meist rasch aus, die Lymphdrüsen sind druckschmerzempfindlich. Nach einigen Stunden bilden sich Blasen auf der rötlich bis blau verfärbten Haut, die sich mit Blut füllen, nach mehreren Tagen aufbrechen und z.T. ausgeprägte **Gewebsnekrosen** zur Folge haben. Diese betreffen zwar meist nur die Oberhaut, können aber große Hautareale erfassen. Sekundärinfektionen sind in diesem Zusammenhang eine ernste Komplikation. Nach Bissen von Lanzenottern (*Bothrops* etc.), weniger häufig bei Klapperschlangen- (*Crotalus*, *Sistrurus*)-Arten, tritt recht bald eine komplette **Verbrauchskoagulopathie** (Afibrinogenämie mit Fibrin(ogen)-Spaltprodukten als Zeichen des aktivierten fibrinolytischen Systems) auf [28, 29, 30]. **Blutungen** aus den Bißmarken, der Nase, dem Zahnfleisch sind hierfür erste Anzeichen. Innere Blutungen, etwa in den Magen-Darm-Trakt, können zu massivem Blutverlust führen, mit der Folge eines **hämorrhagischen Schocks.** Große Flüssigkeitsverschiebungen infolge eines massiven Ödems tragen das Risiko eines hypovolämischen Schocks in sich. Intrazerebrale Blutungen sind nicht selten die Todesursache.

Ausgesprochen **neurotoxische Symptome** lassen sich nach dem Biß des südamerikanischen *Crotalus durissus terrificus* und des nordamerikanischen *Crotalus scutulatus* ähnlich wie nach einem Elapiden-Biß beobachten: Ptosis, Ophthalmoplegie, Schluck- und Atembeschwerden, fortschreitende **Lähmung** der Muskulatur bis zur Paralyse der Atemmuskulatur [31, 32]. Eine massive **Myoglobinurie** (schwarzbrauner Urin; eine Hämoglobinurie, wie vielfach angenommen, tritt nicht auf [33]), ist Folge der direkt myotoxischen Wirkung des Giftes (Anstieg der Serum-Kreatinkinase-Aktivität um den Faktor 100 bis 1000), oft mit der Komplikation eines akuten **Nierenversagens** [34, 35]. Hingegen sind diese Bisse meist ohne schwere lokale Folgen. Es treten keine hämorrhagischen Gewebsnekrosen um die Bißstelle auf; auch ist die Blutgerinnung nur in Ausnahmefällen beeinträchtigt [36].

Bisse durch **Korallenschlangen** (*Micrurus* spp.) sind äußerst selten und stimmen in ihrer Symptomatik mit der von typischen Elapiden-Bissen überein (eine Ausnahme bilden allerdings die sofort nach dem Biß einsetzenden starken Schmerzen um die Bißstelle [37]): Beginnend mit **Lähmung** der Augen- und Gesichtsmuskulatur wird bei fortschreitender Paralyse die Atemmuskulatur betroffen, was schließlich zum Tode führt [38, 39, 40]. Zu lokalen Gewebsnekrosen kommt es nicht.

Erste Hilfe. Hier sind die im allgemeinen Teil gegebenen Empfehlungen zu beachten. Wichtig ist gerade bei Grubenottern-Bissen, daß keine Manipulationen an der Bißstelle (Einschneiden etc.) vorgenommen werden, da dadurch die Gefahr größerer Gewebsschäden gegeben ist (auch Sekundärinfektion). Die Bisse sollten nicht unterschätzt werden (etwa in der Annahme, kleine Klapperschlangen seien weniger gefährlich als die größeren Arten), ärztliche Hilfe ist stets aufzusuchen.

Fallbeschreibungen

Klapperschlangen-Biß (Nordamerika)

Ein 12jähriger Junge in Florida wurde beim Versuch, eine Diamant-Klapperschlange (*Crotalus adamanteus*) von ca. 1,2 m Länge zu fangen, in die linke Hand gebissen. Er fühlte sofort einen starken Schmerz, band den Arm noch mit einem Schnürsenkel ab und wurde 15 Minuten später in das nächste Krankenhaus eingeliefert. Bei seiner Aufnahme war er blaß, jedoch ansprechbar, klagte über starke Schmerzen in der Hand. Die Bißmarken (linker Daumenballen, innen), wurden durch oberflächliche Einschnitte vergrößert. Eine lockere Staubinde wurde angelegt, die Hand für 35 Minuten mit Eis gekühlt. Eine Stunde nach dem Biß wurde eine Ampulle Antiserum subkutan in den Unterarm, eine zweite intravenös injiziert. Inzwischen hatte sich das Ödem von der Hand über den Unterarm ausgebreitet. Der Patient wurde zusehends blasser, trübte leicht ein und erbrach wiederholt Blut.
Zwei Stunden nach dem Biß hatte das Ödem das Ellenbogengelenk erreicht. Die Innenhand hatte sich bläulich verfärbt, der Blutdruck war stark abgesunken (86/40 mm Hg). Drei weitere Ampullen Antiserum wurden intramuskulär in den betroffenen Arm injiziert. Nach einer weiteren halben Stunde hatte sich der Zustand des Patienten deutlich verschlechtert, das Ödem hatte die Achselhöhle erreicht und ging auf die rechte Körperseite über. Eine weitere Ampulle Antiserum wurde intramuskulär injiziert. Die Innenhand war hämorrhagisch unterblutet, es bildeten sich Hautblasen, die mit Blut gefüllt waren. Die Fingerspitzen waren blau angelaufen, doch noch durchblutet, der Blutdruck blieb weiterhin niedrig. Eine Fasziotomie von Hand und Arm wurde zwar in Erwägung gezogen, später jedoch unterlassen. Schließlich wurden 12 Ampullen Antiserum intravenös in physiologischer Kochsalzlösung infundiert (insgesamt erhielt der Patient 18 Ampullen à 10 ml!). Daraufhin besserte sich der Zustand des Patienten zusehends, er erhielt noch eine Bluttransfusion (0,5 l). 14 Stunden nach dem Biß waren die Finger wieder normal durchblutet und voll beweglich. Die Blutparameter waren weitgehend normal, abgesehen von einer leichten Leukozytose. Am siebten Tag entwickelte sich eine allergische Reaktion auf das Antiserum mit leichtem Hautausschlag am ganzen Körper, der mit Antihistaminika behandelt nach zwei Tagen verschwand. Drei Wochen nach dem Biß hatte sich der Patient wieder vollständig erholt, doch bestand Gefühllosigkeit um die ansonsten gut verheilte Bißwunde [45].
Der Fall zeigt, daß erst nach intravenöser Infusion des Antiserums eine merkliche Besserung des Allgemeinzustandes eintrat. Intramuskuläre Injektionen, zumal in einen durch Ödem stark aufgetriebenen Arm, haben einen hohen Verlust an Antiserum im Gewebe und verzögerten Wirkungseintritt zur Folge und sollten unterbleiben.

Klapperschlangen-Biß (Südamerika)

Eine Klapperschlange (*Crotalus durissus terrificus*) biß einen 27jährigen Landarbeiter bei der Feldarbeit im Staate São Paulo (Brasilien) in die linke Hand. Drei Stunden später suchte er ein Krankenhaus auf. Er klagte über starke Muskelschmerzen, war etwas somnolent, aber ansprechbar. Seine Augen waren unbeweglich, die Augenlider halb geschlossen (Ptosis). An der Bißstelle waren keine Veränderungen zu erkennen, Herz-Kreislauf-Funktionen waren normal (120/80 mm Hg). Polyvalentes Grubenottern-Antiserum (Instituto Butantan, Brasilien) wurde intravenös verabreicht. Trotz reichlicher Infusionen physiologischer Lösungen nahm die Urinausscheidung kontinuierlich ab, der Urin färbte sich zusehends dunkel, 24 Stunden nach dem Biß trat Anurie ein. Am zweiten Tag wurde der Patient hämodialysiert, nach 36 Stunden begannen die Nieren wenig Urin auszuscheiden, erst nach sieben Tagen war die Diurese wieder normal. Die Aktivitäten der Serumenzyme (Kreatinkinase, Laktatdehydrogenase und Aspartataminotransferase) waren hoch, Anzeichen einer Schädigung der Skelettmuskulatur (Rhabdomyolyse). Myoglobin wurde im Serum und Urin nachgewiesen, jedoch kein Hämoglobin. Der Patient wurde 28 Tage nach dem Biß mit normaler Nierenfunktion entlassen [46].

Neben einer neurotoxischen Wirkung (Ptosis) zeigt das Gift eine ausgeprägte myolytische Wirkung, was starken Muskelschmerz und die Freisetzung von Myoglobin mit der Gefahr des Nierenversagens zur Folge hat.

Tödlicher Korallenschlangen-Biß

In Florida entdeckte ein 13jähriger Junge beim Rasenmähen eine ca. 70 cm lange Schlange im Gras, die er in die Hand nahm und sie hinter dem Kopf festhaltend seinem Freund zeigte. Dieser erkannte sofort, daß es sich um eine Korallenschlange (*Micrurus fulvius fulvius*) handelte. Beim Versuch, sie sofort freizulassen, biß sie den Jungen in das Endglied des linken Ringfingers, hielt hier fest und war nur schwer zu lösen. Die Bißwunde wurde eingeschnitten und ausgesaugt, erst mehr als eine Stunde später suchte er ein Krankenhaus auf.

Bei der Aufnahme konnten zwei kleine Bißwunden distal am Ringfinger festgestellt werden, jedoch keine Schwellung und keine allgemeinen Vergiftungssymptome. Es wurde Antiserum des Instituts Butantan (Brasilien; zur Herstellung war Gift von *Micrurus corallinus* verwendet worden) besorgt und 120 ml intramuskulär injiziert, ferner 100 mg Terramycin alle 6 Stunden. Eine am Finger angelegte Staubinde wurde regelmäßig gelockert, es entwickelte sich ein mäßiges Ödem. $7^1/_2$ Stunden nach dem Biß klagte der Patient plötzlich über Atembeschwerden, ein starker Speichelfluß hatte eingesetzt, auch hatte sich inzwischen eine komplette Paralyse der Augen- und Gesichtsmuskulatur etabliert, der Patient war jedoch bei vollem Bewußtsein. Zwei Stunden später wurde er wegen sich ständig verschlechternder Atemleistung in die eiserne Lunge verbracht. 12 Stunden nach dem Biß wurden erneut 120 ml Antiserum, diesmal intravenös, injiziert. Zu diesem Zeitpunkt war der Patient vollständig gelähmt, Herz- und Kreislauffunktionen waren normal. Durch Katheterisierung wurden 250 ml dunkelgelber Urin erhalten. Ca. 20 Stunden nach dem Biß traten Unregelmäßigkeiten in der Pulsfrequenz auf, ein EKG konnte in der eisernen Lunge nicht registriert werden, 24 Stunden nach dem Biß kam es zum tödlichen Herzstillstand [38].

Obwohl für das brasilianische Antiserum eine gewisse Kreuzreaktivität mit dem Gift nordamerikanischer *Micrurus*-Arten nachgewiesen wurde, war die verabreichte Dosis, vor allem intramuskulär angewandt, wahrscheinlich nicht geeignet oder ausreichend, die fortschreitende Lähmung aufzuhalten bzw. nach 12 Stunden wieder rückgängig zu machen.

Antiseren (ausgewählt):
Wyeth Antivenin (Crotalidae), Polyvalent – Wyeth Intern. Ltd., Philadelphia, PA, USA.
Polyvalent Serum (*Crotalus durissus, Lachesis, Bothrops*) – Universidad de Costa Rica, Instituto Clodomiro Picado, San Jose.
Anticoral (*Micrurus* spp.) – dto.
Antiophidico polyvalente – Instituto Butantan, São Paulo, Brasilien.
Antielapidico (*Micrurus* spp.) – dto.
Snake Antivenin (*Agkistrodon, Crotalus, Porthidium* spp.) – Laboratories BIOCLON, Mexico.

Literatur

[1] Stebbins, R.C., A field guide to western reptiles and amphibians. Houghton Mifflin Co., Boston (1966).
[2] Klauber, L.M., Rattlesnakes. Their habits, life histories, and influence on mankind. Univ. California Press, Berkeley (1972).
[3] Conant, R., A field guide to reptiles and amphibians of eastern and central North America. Houghton Mifflin Co., Boston (1975).
[4] Behler, J.L., The Audubon Society field guide to North American reptiles and amphibians. A.A. Knopf, New York (1979).
[5] Ernst, C.H., Barbour, R.W., Snakes of eastern North America. Mason Univ. Press, Fairfax (1989).
[6] Campbell, J.A., Lancer, W.W., The venomous reptiles of Latin America. Comstock Publ. Assoc., Ithaca (1989).
[7] Gloyd, H.K., Conant, R., Snakes of the *Agkistrodon* complex. A monographic review. Soc. Study of Amphibians and Reptiles, Washington (1990).
[8] Ernst, C.H., Venomous Reptiles of North America. Smithsonian Institution Press, Washington (1992).
[9] Bolanos, R., Serpientes, Venenos y Ophidismo en Centroamerica. Edit. Univ. Costa Rica, San José (1984).
[10] Lancini, A., Serpientes de Venezuela. Armitano, Caracas (1986).
[11] Angel Mejia, R., Serpientes de Colombia. Su Relacion con el Hombre. Secr. Educa. Cultura, Medellin (1987).
[12] Slotta, K.H., Fraenkel-Conrat, H., Schlangengifte. III. Mitteilung. Reinigung und Kristallisation des Klapperschlangengiftes. Ber. Dtsch. Chem. Ges. **71**, 1076 (1938).
[13] Breithaupt, H., Rübsamen, K., Habermann, E., Biochemistry and pharmacology of the crotoxin complex. Eur. J. Biochem. **49**, 333 (1974).
[14] Hendon, R.A., Fraenkel-Conrat, H., The role of complex formation in the neurotoxicity of crotoxin components A and B. Toxicon **14**, 183 (1976).
[15] Hendon, R.A., Bieber, A.L., Presynaptic toxins from rattlesnake venoms. In: Rattlesnake venoms, their actions and treatment (A.T. Tu, ed.), S. 211, M. Dekker, New York (1982).
[16] Bieber, A.L., Mills, J.P., Ziolkowski, C., Harris, J., Rattlesnake neurotoxins – biochemical and biological aspects. J. Toxicol.-Toxin Rev. **9**, 285 (1990).
[17] Bjarnason, J.B., Fox, J.W., Hemorrhagic toxins from snake venoms. J. Toxicol.-Toxin Rev. **7**, 121 (1988/89).
[18] Ownby, C.L., Locally acting agents: myotoxins, hemorrhagic toxins and dermonecrotic factors. In: Handbook of Toxinology (T. Shier, D. Mebs, eds.), S. 601, M. Dekker, New York (1990).
[19] Mebs, D., Ownby, C.L., Myotoxic components in snake venoms: their biochemical and biological activities. Pharmac. Ther. **48**, 223 (1990).
[20] Kornalik, F., The influence of snake venom proteins on blood coagulation. In: Snake Toxins (A.L. Harvey, ed.), S. 323, Pergamon Press, Oxford (1991).
[21] Stocker, K.F., Snake venom proteins affecting hemostasis and fibrinolysis. In: Medical use of snake venom proteins (K.F. Stocker, ed.), S. 97, CRC Press, Boca Raton (1990).

[22] Pirkle, H., Markland, F.S. (eds.), Hemostasis and animal venoms. M. Dekker, New York (1988).

[23] Furukawa, K., Ishimura, S., Use of thrombin-like snake venom enzymes in the treatment of vascular occlusive diseases. In: Medical use of snake venom proteins (K.F. Stocker, ed.), S. 161, CRC Press, Boca Raton (1990).

[24] Russell, F.E., Snake venom poisoning. Lippincott, Philadelphia (1980).

[25] Russell, F.E., Snake venom poisoning in the United States. Annu. Rev. Med. 31, 247 (1980).

[26] Gomez, H.F., Dart, R.C., Clinical toxicology of snakebite in North America. In: Handbook of Clinical Toxicology of Animal Venoms and Poisons (J. Meier, J. White, eds.), S. 619, CRC Press, Boca Raton (1995).

[27] Raw, I., Guidolin, R., Higashi, H.G., Kelen, E.M., Antivenins in Brazil: Preparation. In: Handbook of Natural Toxins (A.T. Tu, ed.), Bd. 5, Reptile Venoms and Toxins, S. 557, M. Dekker, New York (1991).

[28] Gutierrez, J.M., Clinical toxicology of snakebite in Central America. In: Handbook of Clinical Toxicology of Animal Venoms and Poisons (J. Meier, J. White, eds.), S. 645, CRC Press, Boca Raton (1995).

[29] Fan, H.W., Cardoso, J.L., Clinical toxicology of snake bites in South America. In: Handbook of Clinical Toxicology of Animal Venoms and Poisons (J. Meier, J. White, eds.), S. 667, CRC Press, Boca Raton (1995).

[30] Maruyama, M., Kamiguti, A.S., Cardoso, J.L.C., Sano-Martins, I.S., Chudzinski, A.M., Santoro, M.L., Morena, P., Tomy, S.C., Antonio, L.C., Mihara, H., Kelen, E.M.A., Studies on blood coagulation and fibrinolysis in patients bitten by Bothrops jararaca (jararaca). Thrombosis Haemostasis 63, 449 (1990).

[31] Rosenfeld, G., Symptomatology, pathology and treatment of snakebite in South-America. In: Venomous animals and their venoms (W. Bücherl, E.E. Buckley, V. Deulofeu, eds.), Bd. 2, S. 345, Academic Press, New York (1971).

[32] Hardy, D., Envenomation by the Mojave rattlesnake (Crotalus scutulatus scutulatus) in southern Arizona, USA. Toxicon 21, 111 (1983).

[33] Cupo, P., Azevedo-Marques, M.M., Hering, S.E., Clinical and laboratory features of South American rattlesnake (Crotalus durissus terrificus) envenomation in children. Trans. Roy. Soc. Trop. Med. Hyg. 82, 924 (1988).

[34] Azevedo-Marques, M.M., Cupo, P., Coimbra, T.M., Hering, S.E., Rossi, M.A., Laure, C.J., Myonecrosis, myoglobinuria and acute renal failure induced by South-American rattlesnake (Crotalus durissus terrificus) envenomation in Brazil. Toxicon 23, 631 (1985).

[35] Cupo, P., Azevedo-Marques, M.M., Hering, S.E., Acute myocardial infarction-like enzyme profile in human victims of Crotalus durissus terrificus envenoming. Trans. Roy. Soc. Trop. Med. Hyg. 84, 447 (1990).

[36] Ekenbäck, K., Hulting, J., Persson, H., Wernell, I., Unusual neurological symptoms in a case of severe crotalid envenomation. Clin. Toxicol. 23, 357 (1985).

[37] Nishioka, S.A., Silveira, P.V.P., Menzes, L.B., Coral snake bite and severe local pain. Ann. Trop. Med. Parasitol. 87, 429 (1993).

[38] McCollough, N.C., Gennaro, J.F., Coral snakebites in the United States. J. Florida Med. Assoc. 49, 968 (1963).

[39] Kitchens, C.S., van Mierop, L.H.S., Envenomation by the eastern coral snake (Micrurus fulvius fulvius). A study of 39 victims. J. Amer. Med. Assoc. 258, 1615 (1987).

[40] Coelho, L.K., Silva, E., Espositto, C., Zanin, M., Clinical features and treatment of Elapidae bites: report of three cases. Hum. exp. Toxicol. 11, 135 (1992).

[41] Wingert, W.A., Management of crotalid envenomations. In: Handbook of Natural Toxins (A.T. Tu, ed.), Bd. 5, Reptile Venoms and Toxins, S. 611, M. Dekker, New York (1991).

[42] Snyder, C.C., Snakebite treatment by plastic surgery applications. In: Handbook of Natural Toxins (A.T. Tu, ed.), Bd. 5, Reptile Venoms and Toxins, S. 645, M. Dekker, New York (1991).

[43] Glass, T.G., Early debridement in pit viper bites. J. Amer. Med. Assoc. 235, 2513 (1976).

[44] Stewart, R.M., Page, C.P., Schwesinger, W.H., McCarter, R., Martinez, J., Aust, J.B., Antivenin and fasciotomy debridement in the treatment of the severe rattlesnake bite. Amer. J. Surg. 158, 543 (1989).

[45] McCollough, N.C., Gennaro, J.F., Evaluation of venomous snake bite in the Southern United States from parallel clinical and laboratory investigations. Development of treatment. J. Florida Med. Ass., S. 959 (1963).

[46] Azevedo-Marques, M.M., Hering, S.E., Cupo, P., Evidence that Crotalus durissus terrificus (South American rattlesnake) envenomation in humans causes myolysis rather than hemolysis. Toxicon 25, 1163 (1987).

Giftschlangen: Seeschlangen sea snakes

Abb. 3.125 (links): Ruderschwanz-Seeschlange, *Astrotia stokesii* (Australien).

Abb. 3.126 (rechts): Plattschwanz-Seeschlange, *Laticauda colubrina* (Madang, Papua-Neuguinea).

Merkmale: Die Seeschlangen erhob man früher zu einer eigenen Familie (Hydrophiidae), heute gruppiert man sie unter die Familie der Elapiden, mit denen sie in der Tat eng verwandt sind. Hier bilden sie zwei Unterfamilien (mit mehr als 50 Arten): Hydrophiinae, die Ruderschwanz-Seeschlangen, und Laticaudinae, die Plattschwanz-Seeschlangen. Gemeinsames, charakteristisches Merkmal ist der breite, abgeplattete Schwanz, der als Ruder und Paddel zur Fortbewegung dient. Länge zwischen 0,5 und 1,5 m, die schwarzgebänderte Seeschlange *Laticauda laticaudata* kann auch über 3 m lang werden. Die Bauchseite ist meist heller als der Rücken, häufig überzieht eine Ringzeichnung den ganzen Körper.

Verbreitung: Besiedeln die tropischen und subtropischen Zonen des Indopazifiks, von der Ostküste Afrikas bis zur Westküste Südamerikas, im Atlantik fehlen sie völlig. Auf den Philippinen leben einige Arten auch in Süßwasser-Seen.

Lebensraum/Lebensweise: *Laticauda*-Arten gehen zeitweise, so zur Eiablage, an Land, alle anderen Arten verlassen das Wasser nie, sie sind ovovivipar. Zum Luftholen (sie besitzen keine Kiemen, sondern sind Lungenatmer) kommen sie an die Wasseroberfläche, können aber auch bis zu zwei Stunden unter Wasser bleiben; überwiegend tagaktiv.

Mit wenigen Ausnahmen sind Seeschlangen marine Tiere, die das Meer nur noch selten, so zur Eiablage, verlassen (die meisten Seeschlangen sind jedoch lebendgebärend, ovovivipar). Sie zählen somit zu den marinen Gifttieren, doch erscheint ihre Beschreibung im Zusammenhang mit den Giftschlangen sinnvoller.

Bisse durch Seeschlangen sind selten und betreffen fast immer den Fischer, der sie als Beifang in seinem Netz findet. Trotzdem sei auf die hohe potentielle Gefährlichkeit der Schlangen hingewiesen, da mehr und mehr Sporttaucher Seeschlangen beobachten und auch mit ihnen hantieren. Für Literatur über Seeschlangen s. [1–4].

Vergiftungsumstände. Von **Seeschlangenbissen** sind fast ausschließlich **Fischer** betroffen. Beim Einholen der Netze finden sich manchmal auch Seeschlangen unter den Fischen. Die erregten Schlangen beißen beim Sortieren des Fanges oder wenn man auf sie tritt [5, 6]. Der Badende, dem in Südostasien schon einmal eine *Laticauda*-Art (Abb. 3.126) am Strand begegnen kann, ist kaum gefährdet, da die Tiere selbst bei unsanftem Hantieren nicht beißen (worauf man sich jedoch nicht verlassen sollte). Auch Taucher, die mit Seeschlangen unter Wasser hantieren, sie um den Arm wickeln etc., sind bisher nicht zu Opfern von beißenden Seeschlangen geworden, obwohl einige Arten *(Hydrophis)* auch ausgesprochen aggressiv reagieren können, ja selbst Taucher verfolgen [3].

Vorsichtsmaßnahmen. Wenn man als Taucher von den Tieren Abstand hält und sich ruhig verhält, wenn sie sich neugierig nähern, sich sogar um Arm oder Beine wickeln, besteht keine Bißgefahr.

Giftapparat. Die beiden frontalen Giftzähne sind wie bei allen Elapiden feststehend. Ihre Länge variiert von 2 bis knapp 7 mm [3, 4]. Die Zähne sind hohl und haben an der Spitze eine Öffnung, aus der das Gift austritt.

Gift. Die Toxizität von Seeschlangen-Giften ist mit der von Landschlangen der Elapiden-Familie vergleichbar.
Die **Gifte** sind relativ **arm an Enzymen** und weisen einen **hohen Toxinanteil** auf. Manche Gifte (so von *Laticauda*-Arten) scheinen fast nur aus Toxinen zu bestehen [4, 7] und sind offenbar dafür angelegt, die Beute (Fische) rasch zu töten. Folgerichtig sind dies **Neurotoxine**, die strukturell denen aus Kobragiften sehr ähnlich sind und wie diese an der postsynaptischen Membran angreifen (curaremimetische Wirkung). Sie sind spezifische Blocker des Acetylcholin-Rezeptors der motorischen Endplatte und bewirken eine Unterbrechung der Erregungsübertragung, was die Lähmung des Muskels zur Folge hat. Erabutoxin a und b waren übrigens die ersten Schlangengift-Toxine, die in ihrer Struktur aufgeklärt wurden [8]. Seeschlangen-Neurotoxine sind Polypeptide aus 60 bis 72 Aminosäuren, die intramolekular durch 4 oder 5 Disulfidbrücken stabilisiert sind [4, 9, 10]. Im Gift der *Enhydrina schistosa* ist noch eine äußerst aktive, **myolytische Phospholipase A_2** enthalten, die zur Zerstörung von Skelettmuskulatur führt [11].

Vergiftung. Wie bei den Landschlangen führt auch nicht jeder Seeschlangen-Biß zu Vergiftungssymptomen. So blieben in Malaysia von 101 Bißfällen 68 ohne Folgen [5].
Vielfach bleiben Bisse unbemerkt, sie sind schmerzlos und rufen keine Schwellung um die häufig kaum sichtbare Bißstelle hervor. Erste Symptome einer systemischen Vergiftung (innerhalb von zwei Stunden) sind **Lähmungserscheinungen** der Gesichtsmuskulatur (Ptosis, Ophthalmoplegie), Schwierigkeiten beim Sprechen und Schlucken. Nach einem Biß der in Südostasien häufigen *Enhydrina schistosa* entwickelt sich rasch ein den gesamten Körper erfassender **Muskelschmerz**. Das Bewegen von Armen und Beinen ist äußerst schmerzhaft und wird daher vermieden. Der Patient verharrt meist verkrampft und regungslos. Nach einigen Stunden wird brauner bis schwarzer Urin ausgeschieden, eine länger anhaltende **Myoglobinurie** ist manifest. Die Serum-Kreatinkinase-Aktivität liegt in extremer Höhe (oft mehr als 1000fach über dem Normalwert). Dies sind alles Hinweise auf eine schwere Schädigung der Skelettmuskulatur, die nicht lokal beschränkt bleibt, sondern generell die gesamte Skelettmuskulatur betrifft. Eine damit verbundene Freisetzung von Kalium aus dem Muskelgewebe kann zu Hyperkalämie und **Herzrhythmusstörungen** führen. Die massive Myoglobinausscheidung birgt außerdem die Gefahr eines plötzlichen **Nierenversagens**.

Therapie. Zur spezifischen Therapie steht ein Antiserum zur Verfügung, das durch Immunisierung von Pferden mit *Enhydrina schistosa*- und *Notechis scutatus*-Gift (australische Tigerschlange) hergestellt wurde. Es soll auch das Gift anderer Seeschlangen neutralisieren. Ist es nicht vorhanden, so wird empfohlen, das monovalente Tigerschlangen-Antiserum, ja selbst das polyvalente Antiserum für australische Giftschlangen (s. Kapitel: Giftschlangen: Australien) zu verwenden. Eine Antiserum-Therapie ist aber nur dann gerechtfertigt, wenn Anzeichen einer systemischen Vergiftung vorliegen.
In allen Fällen ist eine **Überwachung des Patienten** angezeigt. Komplikationen sind vor allem infolge myotoxischer/myolytischer Aktivitäten zu erwarten. Eine ständige Kotrolle von Serumenzymaktivitäten (Kreatinkinase) und Urin (Myoglobin) ist nötig. Durch erhöhte Flüssigkeitszufuhr, durch Trinken und Infusionen, soll die Diurese erhöht, Nierenschäden vorgebeugt werden. Die vermehrte Kaliumfreisetzung aus der geschädigten Muskulatur kann zu Herz-Kreislauf-Problemen führen. Eine Rehabilitation kann sich durch Muskelschwund langwierig gestalten und macht oft physiotherapeutische Nachbehandlung notwendig.
Neben Schäden an der Skelettmuskulatur stehen neurotoxische Symptome im Vordergrund, die als Folge einer Atemlähmung eine Intubation bzw. Tracheotomie mit Beatmung notwendig machen können. Der neuromuskuläre Block läßt sich nicht durch Neostigmin durchbrechen. Vergiftungen ohne ausgeprägte Schädigung der Muskulatur, jedoch mit Lähmungserscheinungen, bleiben in der Regel ohne Folgeschäden, wenn sie überwunden wurden. Bisse, die zu Muskelschäden führen, haben anschließend oft eine langwierige (mehrmonatige) Rekonvaleszenz zur Folge. Eine anhaltende Muskelschwäche, die sich wie bei einer Muskeldystrophie darstellt, ist durch den Verlust an Muskelmasse bedingt, die nur langsam regeneriert wird [12, 13, 14].

Erste Hilfe. Auch bei Seeschlangen-Bissen, die so gut wie keine lokalen Reaktionen hervorrufen, wird die in Australien angewandte „pressure-immobilization"-Technik empfohlen (s. Kapitel: Giftschlangen: Australien). Es ist umgehend ärztliche Hilfe aufzusuchen, da mit sich rasch ausbreitenden Lähmungen, u.a. der Atemmuskulatur, gerechnet werden muß.

Antiserum:
Enhydrina schistosa Antivenom, Commonwealth Serum Laboratories (CSL), Parkville, VIC, Australien.

Fallbeschreibung

Ein zweijähriges Mädchen, das im seichten Wasser am Strand (Yeppoon, Ost-Australien) spielte, begann plötzlich zu schreien. Die Mutter entdeckte eine Schlange, die sich um den linken Knöchel ihrer Tochter gewickelt hatte, sich aber sofort entfernte. Sie wurde kurz darauf getötet und als *Astrotia stokesii* (Abb. 3.125) identifiziert. Die Mutter umfaßte fest mit beiden Händen die linke Wade und lief mit dem Kind zur Erste-Hilfe-Station. Hier lockerte die Mutter den Griff. Kurz darauf verschlechterte sich der bisherige Zustand des Kindes schlagartig. Es wurde benommen und zeigte im Gesicht Lähmungserscheinungen (Ptosis). Während der Fahrt zum Hospital begann es zu erbrechen, die Atmung wurde schwer. Beim Eintreffen im Hospital (20 Minuten nach dem Biß) war das Kind bewußtlos, zyanotisch und zeigte krampfartige Bewegungen der Arme und Beine. Da die Atembeschwerden zunahmen, wurde das Kind intubiert, beatmet und in die Intensivstation einer größeren Klinik verlegt. Hier (75 Minuten nach dem Biß) wies es weite Pupillen auf, die nur langsam auf Lichtreize reagierten, es schien weitgehend kraftlos, doch waren die Reflexe ausgeprägt. Nach weiteren 15 Minuten wurde die erste Ampulle Antiserum (Seeschlangen-Antiserum, 1000 Units) intravenös verabreicht, $2^1/_2$ und $3^1/_2$ Stunden nach dem Biß jeweils eine weitere Ampulle, was zunächst ohne sichtbare Wirkung blieb. Erst nach einer weiteren Stunde war die Pupillenreaktion normal. Das Kind bewegte Arme und Beine und zeigte Anzeichen von Spontanatmung. Sieben Stunden nach dem Biß war das Kind wieder bei vollem Bewußtsein. Neben Anzeichen einer Leukozytose waren die Blutwerte weitgehend unauffällig, mit Ausnahme einer hohen Serumkreatin-Kinase-Aktivität, Hinweis auf eine Schädigung der Muskulatur.

Am nächsten Morgen, 14 Stunden nach dem Biß, hatte sich der Zustand des Kindes erneut verschlechtert, bei Berührung reagierte es mit krampfartigen Bewegungen, es war leicht eingetrübt. Eine weitere Ampulle Antiserum wurde verabreicht, sowie einige Stunden später drei weitere Ampullen in stündlichem Abstand, worauf sich eine plötzliche (allergische) Hautrötung im Gesicht zeigte, die nach Promethazin-Gabe verschwand. Der Zustand des Kindes verbesserte sich im Laufe der nächsten Stunden, so daß es mittags extubiert werden konnte (22 Stunden nach dem Biß). Es konnte sich aufsetzen und sprach mit seiner Mutter. Am folgenden Tag konnte es aufstehen, konnte jedoch nur mit Unterstützung stehen. Der Serumkreatin-Kinase-Wert war am höchsten, der Urin war braunschwarz gefärbt (Myoglobinurie). In den darauffolgenden Tagen verbesserte sich der Zustand des Kindes zusehends, es wurde nach Hause entlassen [15].

Der Fall demonstriert einige der für Seeschlangenbisse typischen Symptome wie Lähmung der Skelettmuskulatur und Myolyse, die Myoglobinurie zur Folge hat. Das Antiserum, das gegen eine andere Seeschlange hergestellt wurde, weist offenbar Kreuzreaktivität mit dem Gift dieser Seeschlange *(Astrotia stokesii)* auf. Ohne massiven Antiserum-Einsatz und intensivmedizinische Maßnahmen hätte dieser Biß, vor allem bei einem Kind mit geringer Körpermasse, tödliche Folgen gehabt.

Literatur

[1] Dunson, W.A., The biology of sea snakes. Univ. Park Press, Baltimore (1975).

[2] Cogger, H., Reptiles and Amphibians of Australia. Reed, Sydney (1992).

[3] Heatwole, H., Seasnakes. NSW Univ. Press, Kensington (1987).

[4] Gopalakrishnakone, P. (ed.), Sea Snake Toxinology. Singapore Univ. Press (1994).

[5] Reid, H.A., Epidemiology of sea snake bites. J. Trop. Med. Hyg. **78**, 106 (1975).

[6] Watt, G., Theakston, R.D.G., Sea snake bites in a freshwater lake. Amer. J. Trop. Med. Hyg. **34**, 770 (1985).

[7] Tamiya, N., Sea snake venoms and toxins. In: The biology of sea snakes (W.A. Dunson, ed.), S. 385, Univ. Park Press, Baltimore (1975).

[8] Sato, S., Tamiya, N., The amino acid sequences of erabutoxins, neurotoxic proteins of sea snake *(Laticauda semifasciata)* venom. Biochem. J. **122**, 453 (1971).

[9] Karlsson, E., Chemistry of protein toxins in snake venoms. In: Snake venoms (C.Y. Lee, ed.), Handb. exp. Pharmak. **52**, S. 159, Springer Verl., Berlin (1979).

[10] Endo, T., Tamiya, N., Current view on the structure-function relationship of postsynaptic neurotoxins from snake venom. Pharmac. Ther. **34**, 403 (1987).

[11] Fohlman, J., Eaker, D., Isolation and characterization of a lethal myotoxic phospholipase A from the venom of the common sea snake *Enhydrina schistosa* causing myoglobinuria in mice. Toxicon **15**, 385 (1977).

[12] Reid, H.A., Symptomatology, pathology and treatment of the bites of sea snakes. In: Snake venoms (C.Y. Lee, ed.), S. 922, Handb. exp. Pharmak. **52**, Springer Verl., Berlin (1979).

[13] Sutherland, S.K., Australian animal toxins. Oxford Univ. Press, Melbourne (1983).

[14] Warrell, D.A., Sea snake bites in the Asia-Pacific region. In: Sea Snake Toxinology (P. Gopalakrishnakone, ed.), S. 1, Singapore Univ. Press (1994).

[15] Mercer, H.P., McGill, J.J., Ibrahim, R.A., Envenomation by sea snake in Queensland. Med. J. Australia **1**, 130 (1981).

„Ungiftige" Schlangen

Schlangen, die man eigentlich nicht zu den Giftschlangen zählt, sind keineswegs immer ungiftig. Eine stattliche Zahl von Gattungen und Arten, die der Familie Colubridae (Nattern) angehören, besitzen am hinteren Ende des Oberkiefers (Maxillare) ein oder mehrere vergrößerte Zähne, die z.T. mit einer Längsrinne versehen sind (**opisthoglyphe Bezahnung**). Diese Zähne ermöglichen, daß das Sekret der im Oberkiefer liegenden Duvernoyschen Drüsen mehr oder weniger effektiv in das Beutetier injiziert werden kann. Man nennt diese Schlangen „**Trugnattern**", da sie „vortäuschen", ungiftig zu sein, es in der Tat aber nicht sind. Andere haben noch nicht einmal diese gefurchten Zähne, sondern aber trotzdem hochaktives Giftsekret ab.

Allerdings sind es nur sehr wenige Schlangen, die dem Menschen gefährlich werden können, z.B. *Dispholidus typus* (Abb. 3.127), *Thelotornis* spp. und *Rhabdophis* spp. (Abb. 3.128), (alle sind außereuropäische Arten), u.U. noch die europäische Eidechsennatter *Malpolon monspessulanus* (Abb. 3.130). Diese Schlangen können durch ihren Biß beim Menschen lebensbedrohliche Vergiftungen hervorrufen. Eine Reihe anderer Arten bewirkt hingegen Vergiftungen mit vorwiegend lokalen Symptomen [1, 2, 3].

Grüne Baumschlange — *Dispholidus typus* – boomslang

Abb. 3.127: Grüne Baumschlange, *Dispholidus typus* (Südafrika).

Merkmale: Schlanke, bis 1,5 m lange Schlange, einfarbig grün oder braun mit heller Bauchseite.
Verbreitung: Südliches Afrika.
Lebensraum/Lebensweise: Lebt vorwiegend im Geäst von Büschen und Bäumen der Savannen- und Grasland-Regionen; bei Belästigung bläht sie den Hals auf; tagaktiv, ovovivipar.

Vogelschlange — *Thelotornis capensis, T. kirtlandii* – bird snake, twig snake

Merkmale. Sehr dünne, bis 1,7 m lange Schlange mit lanzenförmigem Kopf, graubraune Grundfärbung mit schwarzen und rosafarbenen Flecken.

Verbreitung. Afrika südlich der Sahara.

Lebensraum/Lebensweise: Lebt im Geäst von Büschen und Bäumen der Savannenregionen; tagaktiv, ovovivipar.

Tigerwassernatter, Rotnacken-Wassernatter

Rhabdophis tigrinus, R. subminiatus – Yamakagashi, red-necked keelback

Abb. 3.128: Rotnackenwassernatter, *Rhabdophis subminiatus* (Thailand).

Merkmale: Schlanke, bis 1 m lange Schlangen; Färbung sehr variabel, helle bis dunkle Grundfarbe, einfarbig oliv bis grünbraun mit orangerotem Fleck im Nacken *(R. subminiatus)* bzw. mit Flecken- und Streifenzeichnung *(R. tigrinus)*.

Verbreitung: Japan, Korea, Sowjetunion, China *(R. tigrinus)*, Südostasien *(R. subminiatus)*.

Lebensraum/Lebensweise: Feuchtigkeitsliebende Schlangen, stets in der Nähe von Wasser, auch in Reisfeldern, im Tiefland wie im Gebirge, bodenlebend; tagaktiv, ovipar.

Nachtbaumnattern

Boiga irregularis u.a. – brown tree snake, cat snake

Abb. 3.129: Mangroven-Nachtbaumnatter, *Boiga dendrophila* (Philippinen).

Merkmale: Kräftige, bis 3 m lange, schlanke Schlangen, variable, braune bis schwarze Grundfärbung mit meist gelben Querbändern.
Verbreitung: In zahlreichen Arten über Südasien, Indonesien und die Philippinen verbreitet, auf Guam wurde *Boiga irregularis* eingeschleppt, scheint sich auch auf Hawaii zu verbreiten.
Lebensraum/Lebensweise: Auf Bäumen und Gebüsch tropischer Regenwälder, auf Guam auch in der Nähe menschlicher Behausungen; nachtaktiv, ovipar; aggressiv und bissig.

Europäische Eidechsennatter

Malpolon monspessulanus – Montpellier snake

Abb. 3.130: Europäische Eidechsennatter, *Malpolon monspessulanus* (Südfrankreich).

Merkmale: Kräftige, bis 2 m lange Schlange, hellbraun bis braun, einfarbig.
Verbreitung: Südeuropa.
Lebensraum/Lebensweise: In sonnigem, trockenem steinigem Gelände mit niedriger Vegetation, bodenlebend; tagaktiv, ovovivipar.

Vergiftungsumstände. Bißverletzungen durch die erwähnten Schlangen sind äußerst selten und ereignen sich überwiegend mit **Terrarientieren**. Meist sind die Finger betroffen, die beim einem Biß mit den oft weit hinten im Kiefer liegenden Giftzähnen noch am ehesten in Kontakt kommen. In fast allen Fällen wurde die Giftwirkung unterschätzt, bis schwere Vergiftungssymptome auftraten.

Vorsichtsmaßnahmen. In der Natur wird man diesen in der Regel scheuen Schlangen nur selten begegnen. Trugnattern, wenn sie im Terrarium gehalten werden, ist mit besonderer Vorsicht zu begegnen.

Giftapparat. Trugnattern besitzen am hinteren Ende des Oberkiefers (Maxillare) zwei oder drei vergrößerte Zähne, die mit einer Rinne (**opisthoglyph**) versehen sind, manchmal aber auch ungefurcht sind (**aglyphe Bezahnung**). Das Sekret der über dem Oberkiefer gelegenen **Duvernoyschen Drüse** gelangt in die Wunde nach intensivem Kontakt, den die Schlange durch langes Festhalten und durch kauende Bewegungen mit den Kiefern ermöglicht.

Gift. Wichtige Bestandteile von *Dispholidus-typus-*, *Thelotornis-* und *Rhabdophis*-Giften sind äußerst aktive Enzyme, die in die **Blutgerinnung** eingreifen. Ähnlich wie beim *Echis-carinatus*-Gift katalysieren sie die Umwandlung von Prothrombin zu Thrombin, was zur Ungerinnbarkeit des Blutes, zur **Verbrauchskoagulopathie** führt [4, 5, 6]. Es sind die aktivsten in einem Drüsensekret vorkommenden Gerinnungsenzyme. Im Gift der Eidechsennatter (*Malpolon monspessulanus*) kommt ein Toxin vor, das bei Mäusen Blutungen in den Lungen hervorruft [7].
Die Schwierigkeit, Gift in ausreichender Menge zu gewinnen (meist arbeitet man einfach mit Drüsenextrakten), hat Untersuchungen an Trugnattern-Giften bisher stark behindert. So sind die Kenntnisse über diese Gifte nur sehr lückenhaft [3].

Vergiftung. Im Gegensatz zu den vier genannten Schlangengattungen, deren Biß zu schweren Vergiftungen führt, sind viele andere opisthoglyphe Nattern vergleichsweise harmlos. Ihr Biß ruft in der

Therapie. Eine einfache **Gerinnungsanalyse** gibt schnell Aufschluß über das Ausmaß der systemischen Vergiftung. Schon kurze Zeit (30 bis 60 Minuten) nach dem Biß von *Dispholidus-typus*, *Thelotornis*- und *Rhabdophis*-Arten ist das Blut meist ungerinnbar.

Eine spezifische Therapie gibt es nicht. Das Dispholidus-Antiserum (in Südafrika hergestellt) ist nicht mehr verfügbar. Es zeigt außerdem keine Kreuzreaktivität mit dem Gift der anderen Colubriden. Die Infusion von Gerinnungsfaktoren, etwa von Fibrinogen, FFP (Freshfrozen Plasma) oder selbst Austauschtransfusionen und Plasmapherese haben in der Regel nur einen kurzfristigen Erfolg. Die äußerst aktiven Gerinnungsenzyme der Gifte sind noch über Wochen im Kreislauf stabil. Ihre Hemmung und Inaktivierung ist ohne Antiserum (das es nicht gibt) nicht möglich.

So ist die Behandlung von auftretenden Komplikationen wie Blutungen mit entsprechenden Maßnahmen wie Blutersatz etc. durchzuführen. Besondere Aufmerksamkeit ist jeglicher Gefäßpunktion zu widmen, die leicht zur Blutungsquelle mit massivem Hämatom werden kann.

Vergiftungen durch den Biß anderer Colubriden bedürfen meist keiner Behandlung, sie sind jedoch sorgfältig zu beobachten. Infektionen sind bei den winzigen Bißstellen nicht bekannt geworden.

Regel nur ein lokales, mehr oder minder ausgeprägtes **Ödem**, Hautverfärbung, Schmerzhaftigkeit oder Taubheitsgefühl um die Bißstelle hervor, systemische Reaktionen sind selten [2]. Allerdings sollen Bisse der Eidechsennatter (*Malpolon monspessulanus*) nicht immer harmlos verlaufen. Es wird neben einer schmerzhaften Schwellung von Lymphknoten auch von neurotoxischen Symptomen, d.h. Lähmungserscheinungen wie Ptosis, Schluckbeschwerden und Atemnot, berichtet [8]. Dies trifft auch für die braune Nachtbaumnatter, *Boiga irregularis* (Abb. 3.129), zu, die während des Zweiten Weltkrieges auf die Pazifikinsel Guam eingeschleppt wurde, ursprünglich wohl zur Bekämpfung der Ratten- und Mäuseplage. Inzwischen hat sie sich selbst zu einer Plage entwickelt. Mangels natürlicher Feinde haben sich die Schlangen stark vermehrt und die Vogel- und Reptilienfauna beträchtlich dezimiert. Bei Begegnung mit der aggressiv reagierenden Schlange kommt es vereinzelt zu Bissen, die in der Regel harmlos verlaufen, allenfalls eine schmerzhafte lokale Reaktion (Schwellung und Blasenbildung) bewirken. Für Kinder jedoch können sie eine Gefahr darstellen. So wurden schwere Vergiftungserscheinungen mit neurologischer Symptomatik (Ptosis, Muskelschwäche) und sogar Atemstillstand beobachtet, letzterer möglicherweise als Folge einer anaphylaktoiden Reaktion [9].

Schwerwiegend sind hingegen oft **Bisse** von *Dispholidus-typus*, *Thelotornis*- und *Rhabdophis*-Arten [4, 10–15]. Fast immer treten 20 bis 30 Minuten nach dem Biß unstillbare Blutungen aus der punktförmigen Bißwunde, aus älteren Verletzungen (Rasiernarben), aus dem Zahnfleisch und der Nase auf. Schon meist innerhalb kurzer Zeit hat sich eine komplette **Verbrauchskoagulopathie** etabliert, die mehrere Tage bis Wochen anhalten kann. Oft kommt es zu ausgedehnten subkutanen Blutungen, Erbrechen von Blut und zu blutigen Stühlen (Teerstuhl). Die komplette Ungerinnbarkeit des Blutes hat erhebliche Risiken zur Folge, wobei innere Blutungen zu Blutverlust führen, intrazerebrale Blutungen eine Bewußtlosigkeit begründen und letztlich auch Todesursache sein können. Betroffen sind selten Einheimische. Die Literatur weist aus, daß meist Schlangenhalter, auch prominente Herpetologen, die die Tiere in Terrarien hielten, gebissen wurden und an den Folgen der schweren Vergiftung starben. Die Gefährlichkeit dieser Bisse wurde zumindest früher häufig unterschätzt. Sie sind mit Vergiftungen durch die Sandrasselotter (*Echis carinatus*) oder Kettenviper (*Daboia russelli*) durchaus vergleichbar.

Erste Hilfe. Handelt es sich um einen Biß durch die genannten Schlangenarten, so ist umgehend ärztliche Hilfe aufzusuchen. Oberstes Gebot ist auch hier, jegliche weitere Verletzung, etwa durch Einschneiden, zu vermeiden.

Fallbeschreibungen

Leichte Vergiftung

Eine Langnasen-Strauchnatter, *Philodryas baroni*, biß einen 22jährigen Amateur-Herpetologen beim Füttern, wobei einer ihrer vergrößerten, im hinteren Teil des Kiefers liegenden Zähne die Haut des rechten Daumenendgliedes durchdrang. Nach einem leicht brennenden Schmerz um die Bißstelle, der nach 5 Minuten nachließ, begannen Daumen und Zeigefinger innerhalb von 30 Minuten stark anzuschwellen, einige leichte Unterblutungen wurden sichtbar. 24 Stunden nach dem Biß erreichte das Ödem seinen Höhepunkt und hatte sich über das Handgelenk auf den Unterarm ausgebreitet. Um die Bißstelle traten Hautunterblutungen auf, Lymphangitis bis zur Achselhöhle, jedoch waren die Lymphknoten nicht geschwollen. Ansonsten traten keine weiteren Vergiftungssymptome auf, das Ödem ging innerhalb von 48 Stunden wieder zurück [16].

Schwere überlebte Vergiftung

Ein 25jähriger Mann wurde von einer *Rhabdophis subminiatus*, die er zu Hause in einem Terrarium hielt, in den rechten Zeigefinger gebissen. 30 Minuten später klagte er über Kopfschmerzen und Übelkeit, er erbrach mehrmals. Nach 5 Stunden wurde er in ein Krankenhaus eingeliefert, wo schwere Gerinnungsstörungen diagnostiziert wurden: Fibrinogen, Prothrombin-, aktivierte Prothrombin- und Thrombinzeit waren nicht bestimmbar, hingegen lagen Thrombozytenzahl und Antithrombin III-Aktivität im Normbereich. Fibrinmonomere und Fibrin(ogen)-Spaltprodukte waren erhöht. Mit dem Plasma des Patienten konnten Citratplasma und Fibrinogenlösung zur Gerinnung gebracht werden. Wenige Stunden nach dem Biß hatte sich eine ausgedehnte Blutung um die Bißstelle und um eine Punktionsstelle (Venenzugang) etabliert. Der rechte Arm schwoll infolge des sich bildenden Hämatoms massiv an, das über 4 Wochen bestand. Durch Bolus-Injektionen von 4 g Fibrinogen (am 4. und 9. Tag) konnte die Gerinnung nur kurzzeitig normalisiert werden. Erst ab dem 10. Tag war wieder Fibrinogen meßbar, nach 4 bis 5 Wochen normalisierten sich auch die anderen Gerinnungsparameter. Der Patient konnte die Klinik nach 6 Wochen beschwerdefrei verlassen [13].

Tödliche Vergiftung

Ein 80jähriger Herpetologe wurde von einer Vogelschlange *(Thelotornis kirtlandii)* in den rechten Daumen gebissen, als er die Schlange füttern wollte. Er maß dem Vorfall keine Bedeutung zu, da er bereits wenige Wochen zuvor von der gleichen Schlange bei ähnlicher Gelegenheit gebissen worden war, was keine Folgen gezeigt hatte. Als jedoch mehrere Stunden nach dem Biß die Wunde immer noch blutete, begab er sich in die Klinik. Bei seiner Aufnahme zeigten sich außer der Bißwunde, aus der weiterhin Blut sickerte, keine Auffälligkeiten. Die ersten Laboruntersuchungen ergaben jedoch, daß sein Blut ungerinnbar, Fibrinogen nicht meßbar war. Anurie mit Nierenversagen trat wenige Stunden später auf. Ein Antiserum gegen das Gift der grünen Baumschlange *(Dispholidus typus)* wurde nach Rücksprache mit dem Hersteller (South African Institute of Medical Research, Johannesburg) nicht angewandt, da es keine Neutralisationswirkung gegenüber dem *Thelotornis*-Gift aufweise.
Am folgenden Tag blutete der Patient aus Mund und Nase, erbrach Blut und fiel in ein tiefes Koma. Hämodialyse wurde täglich ab dem 3. Tag durchgeführt, um den Femoralshunt für die Dialyse entwickelte sich ein massives Hämatom. Blutiger Stuhl und absinkende Hämatokrit-Werte wiesen auf intestinale Blutungen hin. Bluttransfusion und Plasmapherese waren ohne Einfluß auf die Blutgerinnung. Periphere Durchblutungsstörungen führten ab dem 5. Tag zur Nekrose der Finger- und Zehenspitzen. Am 10. Tag nach dem Biß mußte der weiterhin bewußtlose Patient tracheotomiert und beatmet werden, eine am 11. Tag rechts auftretende Facialis-Parese ließ die Ursache in einer Hirnblutung vermuten. Nach 18 Tagen starb der Patient, ohne das Bewußtsein wiedererlangt zu haben, an Herz-Kreislauf-Versagen. Während der ganzen Zeit über war das Blut ungerinnbar geblieben.

Das Ergebnis der Autopsie (Blutungen aus den Schleimhäuten, in Magen und Darm sowie Sickerblutungen in den linken Schläfenlappen des Gehirns) bestätigte, daß der Vergiftungsverlauf durch eine vom Gift bewirkte komplette Verbrauchskoagulopathie bestimmt wurde, was zu vermehrter Blutungsneigung und zu Ablagerungen von Fibrinpeptiden in den Nieren mit der Folge eines akuten Nierenversagens geführt hatte [10].

Literatur

[1] Mebs, D., Bißverletzungen durch „ungiftige Schlangen". Dtsch. med. Wschr. **102**, 1429 (1977).

[2] Minton, S.A., Venomous bites by nonvenomous snakes: an annotated bibliography of colubrid envenomation. J. Wilderness Med. **1**, 119 (1990).

[3] Weinstein, S.A., Kardong, K.V., Properties of Duvernoy's secretions from opistoglyphous and aglyphous colubrid snakes. Toxicon **32**, 1161 (1994).

[4] Matell, G., Nyman, D., Werner, B., Wilhelmsson, S., Consumption coagulopathy caused by a boomslang bite. A case report. Thromb. Res. **3**, 173 (1973).

[5] Kornalik, F., Taborska, E., Mebs, D., Pharmacological and biochemical properties of a venom gland extract from the snake *Thelotornis kirtlandii*. Toxicon **16**, 535 (1978).

[6] Morita, T., Matsumoto, H., Sakai, A., Iwanaga, S., A prothrombin activator found in *Rhabdophis tigrinus tigrinus* (Yamakagashi snake) venom. In: Haemostasis and Animal Venoms (H. Pirkle, F.S. Markland, eds.), S. 55, M. Dekker, New York (1988).

[7] Rosenberg, H.I., Kinamon, S., Kochva, E., Bdolah, A., The secretion of Duvernoy's gland of *Malpolon monspessulanus* induces haemorrhage in the lungs of mice. Toxicon **30**, 920 (1992).

[8] Gonzales, D., Bißverletzungen durch *Malpolon monspessulanus*. Salamandra **15**, 266 (1979).

[9] Fritts, T.H., McCoid, M.J., Haddock, R.L., Risks to infants on Guam from bites of the brown tree snake *(Boiga irregularis)*. Am. J. Trop. Med. Hyg. **42**, 607 (1990).

[10] Mebs, D., Scharrer, I., Stille, W., Hauk, H., A fatal case of snake bite due to *Thelotornis kirtlandii*. In: Toxins: Animal, Plant and Microbial (P. Rosenberg, ed.), S. 477, Pergamon Press, Oxford (1978).

[11] Cable, D., McGehee, W., Wingert, W.A., Russell, F.E., Prolonged defibrination after a bite from a „nonvenomous" snake. J. Amer. Med. Ass. **251**, 925 (1984).

[12] Du Toit, D.M., Boomslang *(Dispholidus typus)* bite. A case report and a review of diagnosis and management. S. Afr. Med. J. **57**, 507 (1980).

[13] Zotz, R.B., Mebs, D., Hirche, H., Paar, D., Hemostatic changes due to the venom gland extract of the red-necked keelback snake *(Rhabdophis subminiatus)*. Toxicon **29**, 1501 (1991).

[14] Atkinson, P.M., Bradlow, B.A., White, J.A.M., Greig, H.B.W., Gaillard, M.C., Clinical features of twig snake *(Thelotornis capensis)* envenomations. S. Afr. Med. J. **58**, 1007 (1980).

[15] Hoffmann, J.J.M.L., Vijgen, M., Smeets, R.E.H., Melman, P.G., Haemostatic effects in vivo after snakebite by the red-necked keelback *(Rhabdophis subminiatus)*. Blood Coag. Fibrinolysis **3**, 461 (1992).

[16] Kuch, U., Jesberger, U., Human envenomation from the bite of the South American colubrid snake species *Philodryas baroni* Berg, 1895. The Snake **25**, 63 (1993).

Vögel (Klasse: Aves)

Abb. 3.131: Zweifarbenpitohui (*Pitohui dichrous*, A), Ockerpitohui (*Pitohui kirhocephalus*, B).

Merkmale: Ca. 25 cm große Vögel aus der Familie der Dickköpfe (Pachycephalidae) mit starkem Schnabel in variierender Färbung von rot-braun (*P. dichrous*) bis zu gänzlich schwarzen Tieren (*P. nigrescens*).
Verbreitung: In sieben Arten nur auf Neuguinea und den benachbarten Inseln.

Lebensraum/Lebensweise: In Gebirgsregenwäldern wie in Grasebenen, treten in Schwärmen z.T. mit anderen Vögeln auf; ihre Nahrung sind bevorzugt Insekten und Früchte.

Ein Doktorand der Universität Chicago, J. Dumbacher, machte 1990 beim Fang von Vögeln im Regenwald von Papua-Neuguinea die sensationelle Entdeckung, daß auch Vögel giftig sein können. Als er Exemplare des Zweifarbenpitohui (*Pitohui dichrous*, Abb. 3.131 A) aus dem Fangnetz nehmen wollte, wehrten sie sich durch Hacken mit dem Schnabel. Beim Ablecken der Hautwunde verspürte Dumbacher ein Brennen im Mund, Lippen und Zunge wurden pelzig. Das Berühren der Federn des Vogels mit der Zunge rief ähnliche Effekte hervor.

Die Analyse von drei Pitohui-Arten (*Pitohui dichrous*, *P. kirhocephalus*, *P. ferruginosus*) ergab, daß alle Vögel in Federn, Haut und Muskulatur ein Toxin enthielten, das als Homobatrachotoxin identifiziert wurde [1]. Auf der Basis von Toxizitätstests wurde berechnet, daß ein 65 g schwerer Zweifarbenpitohui (*P. dichrous*) etwa 15 bis 20 µg Homobatrachotoxin in seiner Haut und etwa 2 bis 3 µg in den Federn enthält, während Muskulatur und anderes Gewebe weniger als 1 µg des Toxins aufweisen. Die beiden anderen Arten, Ockerpitohui (*P. kirhocephalus*, Abb. 3.131 B) und der Rostfarbene Pitohui (*P. ferruginosus*) enthielten hingegen insgesamt niedrigere Toxin-Konzentrationen.

Homobatrachotoxin gehört zu einer Toxingruppe, die bisher nur in der Haut von Pfeilgiftfröschen (Dendrobatidae; s. Kapitel: Lurche, Amphibien) gefunden wurde. Diese auch als Färberfrösche bezeichneten Anuren enthalten die Steroidalkaloide Batrachotoxin und Homobatrachotoxin in etwa gleicher Menge, wobei letzteres eine Äthylgruppe anstelle einer Methylgruppe am Pyrrol-Ring trägt. Es sind äußerst wirksame Toxine. Ihre mittlere letale Dosis (LD_{50}) beträgt 2 µg pro kg Maus. Der Angriffspunkt der Toxine ist der Natrium-Kanal erregbarer Membranen. Hier verhindern sie, daß er sich nach einer Depolarisation wieder schließt, was eine Dauererregung und damit Lähmung etwa der Muskulatur zur Folge hat.

Ähnlich wie bei den Fröschen wird das Toxin bei den Pitohuis nicht aktiv angewandt, ein Giftapparat fehlt ihnen. Es kommt erst zur Wirkung, wenn es per os aufgenommen wird.

Die Tatsache, daß ein derart komplexes Toxin sowohl bei einer Frosch-Familie als auch bei einer Vogel-Gattung auftritt (beide Tierklassen liegen sowohl phylogenetisch wie auch in diesem Fall geographisch weit auseinander), ist äußerst bemerkenswert und wirft die Frage nach der Herkunft, der Synthese des Toxins, auf. Diese ist ähnlich ungeklärt wie bei den Fröschen, wo man inzwischen vermutet, daß sie mit ihrer Nahrung Substanzen aufnehmen, die als Vorstufen der vielleicht im Stoffwechsel entstehenden Toxine dienen können.

Fraglich ist auch, ob diese Giftigkeit den Vögeln tatsächlich nutzt. Ihre Feinde sind Schlangen, Raubvögel und auch baumlebende Beuteltiere. Außer ihrer Färbung mag ein scharfer Geruch, den sie ausströmen, als Warnsignal dienen und es potentiellen Feinden erleichtern, eine ungenießbare Beute zu meiden. Außerdem muß der Pitohui eine Resistenz gegenüber seinen Toxinen entwickelt haben, denn eine Konzentration von wenigen Mikrogramm Homobatrachotoxin würde normalerweise einen Vogel in wenigen Minuten töten.

Die Eingeborenen Neuguineas bezeichnen die Pitohuis wegen ihres bitteren Geschmacks als „rubbish birds" (Abfallvögel), die man nur essen dürfe, wenn sie sorgfältig enthäutet und besonders zubereitet sind. Auch scheint die Giftigkeit starken Schwankungen unterworfen zu sein. Möglicherweise ist sie nur auf bestimmte Populationen beschränkt, da ein anderer Forscher [2] in Neuguinea oft Pi-

Abb. 3.132: Blauhauben-Ifrita *(Ifrita kowaldi)*; Bambu, Huon-Halbinsel, Papua-Neuguinea.

tohuis präparierte, deren Reste anschließend von seinen einheimischen Begleitern verzehrt wurden.

Neben den Pitohuis sollen auch andere Vögel in Neuguinea giftig sein. Über den Blauhauben-Ifrita *(Ifrita kowaldi;* Familie Orthonychidae, Abb. 3.132) wird von Einheimischen ähnliches berichtet. Federn von Vögeln aus den Regenwäldern der Huon-Halbinsel riefen zwischen die Lippen genommen ein Prickeln mit anschließendem Taubheitsgefühl hervor (eigene Beobachtung). Das Fleisch der farbenprächtigen Paradiesvögel (Familie: Paradisaeidae) wird als bitter wie Galle beschrieben und gilt als ungenießbar.

Giftigkeit bei Vögeln ist ein wenig erforschtes Gebiet. Es gibt viele Hinweise, nach denen Vögel möglicherweise mit ihrer Nahrung Giftstoffe aufnehmen und dadurch giftig oder ungenießbar werden, doch ist die Natur der Gifte bzw. auch ihrer Herkunft ungeklärt [3].

Wachteln *(Coturnix coturnix)*, in bestimmten Regionen und zu bestimmten Jahreszeiten verzehrt, so, wenn sie auf ihrem Zug nach Süden in Südfrankreich oder im nördlichen Algerien, auf ihrem Zug nach Norden in der Region zwischen dem Schwarzen und Kaspischen Meer gejagt werden, rufen eine als „Coturnismus" bezeichnete Vergiftung hervor [4, 5]. Man vermutet, daß die Wachteln während ihres Zuges Samen von Giftpflanzen verzehren, u.a. vom gefleckten Schierling *(Conium maculatum)*, vom Bilsenkraut *(Hyoscamus niger)*, dem schwarzen Nachtschatten *(Solanum nigrum)* und dem Wasserfenchel *(Oenanthe crocata)*, und damit deren giftige Inhaltsstoffe (Alkaloide wie Coniin, Hyoscyamin oder Glykoside wie Solanin) in ihrem Körper speichern. In den Federn der mexikanischen roten Grasmücke *(Ergaticus ruber)*, die bei den Einheimischen als ungenießbar gilt, wurden Alkaloide nachgewiesen [6].

Daß Vögel sich mitunter Gifte anderer Tiere zunutze machen, läßt sich sogar in europäischen Wäldern beobachten. Spechte z.B. suchen hin und wieder Ameisenhaufen auf, in denen sie sich kurz wälzen, mit den Flügeln schlagen und sich von den alarmierten Ameisen mit Ameisensäure besprühen lassen. Auf diese Weise versuchen sie, sich von ihren zahlreichen Parasiten (Milben) in ihrem Federkleid zu befreien. Auch diverse andere Vögel greifen auf diese Methode der Körperpflege zurück [7].

Vergiftungen. Die Eingeborenen Neuguineas wissen in der Regel sehr genau, welcher Vogel in ihrem Gebiet eßbar ist und welcher nicht (sofern man überhaupt Vögel zu verzehren gedenkt). Nach dem Berühren von Pitohuis sollte man sich die Hände waschen. Die nach einem Wachtel-Mahl auftretenden Vergiftungssymptome (Coturnismus) können sich in Muskelschmerzen, Übelkeit, Erbrechen, Fieber, Schüttelfrost, Schwächegefühl und vorübergehenden Lähmungserscheinungen äußern. In schweren Fällen soll es zu Atemlähmung mit Todesfolge gekommen sein [5]. Eine Behandlung kann nur symptomatisch erfolgen.

Literatur

[1] Dumbacher, J.P., Beehler, B.M., Spande, T.F., Garraffo, H.M., Daly, J.W., Homobatrachotoxin in the genus *Pitohui*: Chemical defense in birds. Science **258**, 799 (1992).

[2] Diamond, J.M., Rubbish birds are poisonous. Nature **360**, 19 (1992).

[3] Dumbacher, J.P., Pruett-Jones, S., Avian chemical defense. In: Current Ornithology **13**, 137 (1996).

[4] Lewis, D.C., Metallinos-Katsaras, E.S., Grivetti, L.E., Coturnism: Human poisoning by European Migratory Quail. J. Cult. Geog. **7**, 51 (1987).

[5] Grivetti, L.E., Rucker, R.B., Human poisoning by European Migratory Quail *Coturnix coturnix*. J. Ornithol. **135**, 409 (1994).

[6] Escalante, P., Daly, J.W., Alkaloids in extracts of feathers of the Red Warbler. J. Ornithol. **135**, 410 (1994).

[7] Clayton, D.H., Wolfe, N.D., The adaptive significance of self-medication. Trends Ecol. Evol. **8**, 60 (1993).

Säugetiere

Abb. 3.133: Hausspitzmaus *(Crocidura russula)*.

Merkmale: Kleinste Säugetiere überhaupt; Zwergspitzmaus *(Sorex minutus)*, 5 cm; Wasserspitzmaus *(Neomys fodiens)*, bis 10 cm; insektenfressend, keine Nagezähne, sondern kleine spitze Zähne im Ober- und Unterkiefer. Kurzes Fell, Nase rüsselförmig, kleine Augen und Ohren.
Verbreitung: Weltweit, außer Australien.
Lebensraum/Lebensweise: In Wald- und Trockengebieten, an Wasserläufen und in Wüsten, als Kulturfolger in menschlichen Siedlungen (Hausspitzmaus, *Crocidura russula*); Einzelgänger, bodenlebend, teilweise auch im Wasser (Wasserspitzmaus, *Neomys fodiens*); die Nahrung besteht hauptsächlich aus Insekten, es werden aber auch Fleisch und verrottende Pflanzenteile angenommen.

Giftanwendung durch Säugetiere ist ein seltenes und weithin unbekanntes Phänomen, dem man sich bis heute wissenschaftlich nur sporadisch gewidmet hat. Auch ist es keineswegs sicher, ob einige der giftigen Vertreter ihr Gift auch tatsächlich zum Beuteerwerb einsetzen.
Schon seit der Antike (Aristoteles und Plinius) sagt man der Spitzmaus nach, ihr Biß sei für Mensch und Tier gefährlich [1]. Im Mittelalter herrschte die Überzeugung, daß ihr Biß Lähmung und qualvollen Tod beim Vieh zur Folge hat. Experimentelle Untersuchungen zum Gift der europäischen Wasserspitzmaus *(Neomys fodiens)* und der amerikanischen Kurzschwanzspitzmaus *(Blarina brevicauda)* sowie des Schlitzrüßlers aus Haiti *(Solenodon paradoxus)* sind inzwischen 30 Jahre alt [2, 3]. Neuere Untersuchungen vor allem zur Chemie des Giftes fehlen.
Sicher ist, daß der Extrakt der Submandibulardrüsen der zu den Insektenfressern (Insectivora) zählenden Säuger bei subkutaner und intravenöser Injektion in Versuchstiere (Mäuse und Kaninchen) Krämpfe, einen rapiden Blutdruckabfall und Lähmungserscheinungen hervorruft. Das für den Blutdruckabfall in Frage kommende Enzym findet sich jedoch auch im Speichel anderer Säuger, einschließlich des Menschen: Kallikrein; es setzt im Blutplasma blutdrucksenkende Peptide (Kinine) frei. Im Drüsenextrakt von Spitzmäusen *(Sorex araneus, S. minutus, Neomys fodiens)* wurden zahlreiche Proteine nachgewiesen, deren Wirkung jedoch nicht weiter untersucht wurde [3].
Zu den Insektivoren zählen auch Igel *(Erinaceus europaeus)* und Maulwurf

(Talpa europaea). Über deren Giftigkeit kann jedoch nur spekuliert werden. Der Maulwurf soll in seinem Bau lebende, jedoch gelähmte Würmer horten. Sicher ist, daß der Igel keinen giftigen Speichel produziert (eigene Untersuchungen).

Die Insektenfresser sind die ältesten Säugetiere, sie treten schon im Paläozän (vor 55 bis 65 Millionen Jahren) auf. Vielleicht ist ihre Giftigkeit ein Erbstück aus vergangener Zeit, in der sie mit weit überlegenen Beutetieren (jungen Sauriern?) fertig werden mußten. Ob sie heute noch ihr giftiges Speichelsekret zum Beuteerwerb einsetzen (sie sind zwar überwiegend Insektenfresser, schrecken aber – wie die Wasserspitzmaus – auch vor Fischen und Fröschen nicht zurück, wie auch nicht vor Schlangen, Vögeln und anderen Säugern), ist zumindest fraglich. Beim Schlitzrüßler *(Solenodon paradoxus)* interpretiert man eine Rinne im zweiten Schneidezahn des Unterkiefers als eine Hilfe, das Speichelsekret leichter in die Bißwunde zu führen, ähnlich wie dies bei der Krustenechse *(Heloderma* spp.) der Fall ist. Die Vermutung, daß Katzen das Gift von Spitzmäusen fürchten und sie deshalb nicht verzehren (sie fangen sie durchaus erfolgreich), ist nicht gesichert. Höchstwahrscheinlich schmeckt ihnen die Beute einfach nicht.

Dem Menschen scheinen diese Tiere trotz ihres Rufes nicht gefährlich zu werden. In der jüngeren medizinischen Literatur finden sich hierzu keine Hinweise.

Vampir-Fledermäuse Vampire bats

Sie gibt es wirklich. Im tropischen und subtropischen Amerika beheimatet, zählen die Echten Vampire (Desmodontidae) zu den Neuwelt-Blattnasen-Fledermäusen. Mit dem Biß ihrer messerscharfen Zähne beißen sie ein kleines Stück aus der Haut von Weide- und Wildtieren heraus und lecken das auftretende Blut auf. Auch einen schlafenden Menschen kann es mitunter auf diese Weise erwischen. Ihr Speichelsekret ist nicht eigentlich giftig, enthält jedoch einen sehr aktiven Gerinnungsfaktor, der die Gerinnung des aus den Kapillargefäßen austretenden Blutes hemmt und dessen kontinuierlichen Fluß ermöglicht. Aus den Speicheldrüsen des Gemeinen Vampirs *(Desmodus rotundus)* wurde neben einem gerinnungshemmenden Protein, dem man den sinnigen Namen Draculin gab [7], auch ein Plasminogen-Aktivator isoliert, der die Fibrinolyse aktiviert [8]. Fledermäuse der Gattung *Vampyrum* sind jedoch harmlose Insektenfresser und werden als „Falsche Vampire" bezeichnet.

Schnabeltier (Platypus, *Ornithorhynchus anatinus*)

Abb. 3.134: Schnabeltier, Platypus *(Ornithorhynchus anatinus).*

Merkmale: Bis 60 cm lang, mit buschigem Schwanz, breitem Hornschnabel und hornigen Kauplatten; Schwimmhäute zwischen den Zehen. Legt zwei bis drei rundliche Eier, die vom Muttertier bebrütet werden, die Jungtiere schlüpfen nach sieben bis zehn Tagen. Nur in einer Art aus der Ordnung Kloakentiere (Monotremata) vorkommend.
Verbreitung: Ost-Australien, Tasmanien und Neuguinea.
Lebensraum/Lebensweise: In Seen und Flüssen, amphibische Lebensweise, geschickter Schwimmer; baut Höhlen im Uferbereich, ernährt sich von Würmern und Insektenlarven [5].

Das Männchen des australischen Schnabeltieres trägt kurz über dem Fußgelenk beider Hinterbeine einen ausklappbaren Keratinsporn, der mit einer Drüse in Verbindung steht [4, 5]. Daß es sich um eine Giftdrüse handelt, mußten vor allem Menschen erfahren, die mit diesem Tier hantierten. Plötzlich umklammert es mit beiden Hinterbeinen Hand oder Arm und stößt beide Sporne in die Haut. Ein meist sofort einsetzender starker, über Tage hin anhaltender Schmerz ist die Folge, verbunden mit einer lokalen Schwellung. Die Reaktion bleibt auf den betroffenen Körperteil beschränkt. Allgemeinsymptome treten nicht auf. Die Behandlung des „Stiches" beschränkt sich auf die Schmerzbekämpfung (ein Antiserum gibt es nicht).
Das Gift des Schnabeltieres ist ein Proteingemisch und bewirkt ein lokales

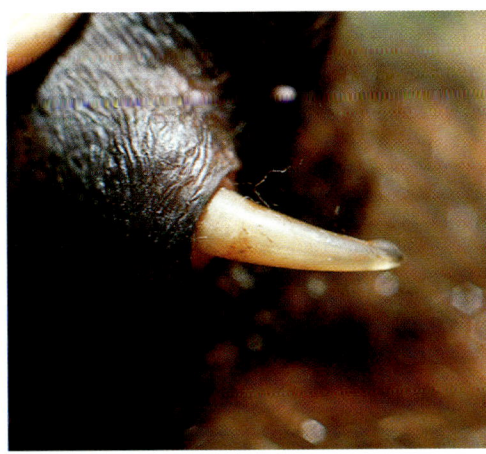

Abb. 3.135: Sporn am hinteren Fußgelenk des Schnabeltier Männchens.

Ödem, das wahrscheinlich durch 5-Hydroytryptamin (Serotonin) und Histamin ausgelöst wird. Außerdem wurde eine Hyaluronidase im Gift nachgewiesen, die möglicherweise die Ausbreitung des Giftes im Gewebe erleichtert [6].

Fallbeschreibung

Ein 57jähriger Australier beobachtete beim Angeln in Queensland ein Schnabeltier, das regungslos auf einem Baumstamm saß, der aus dem Wasser ragte. Er packte das Tier wie eine Katze im Genick und wollte es ins Wasser setzen, als es sich plötzlich drehte, mit den Hinterbeinen die Hand umklammerte und die Sporne in den Handrücken und den Mittelfinger der rechten Hand trieb. Die Wunde schmerzte augenblicklich sehr stark, die Hand konnte nur mit Mühe aus der Umklammerung des Schnabeltieres gelöst werden.

Die Hand schwoll in den nächsten Stunden stark an, die Schmerzen nahmen kontinuierlich zu und wurden unerträglich. Heiße Umschläge hatten keinerlei Wirkung. Selbst leichte Bewegungen steigerten den Schmerz, besonders die Umgebung der Wunde war extrem schmerzempfindlich. Viereinhalb Stunden nach dem Vorfall erreichte der Patient mit Hilfe seines Sohnes einen Arzt, er klagte über unverändert starke Schmerzen, sein Kreislauf war jedoch stabil. Nach der Injektion von insgesamt 30 mg Morphium ließen die Schmerzen langsam nach. Der Patient wurde in das nächste Krankenhaus verlegt, wo eine Schmerzblockade im rechten Handgelenk (20 ml 0,5%iges Bupivacain) und Morphium-Infusion (1,5 mg pro Stunde) sowie Tetanusprophylaxe und Antibiotikaschutz durchgeführt wurden.

Der Patient war danach erstmals schmerzfrei, doch traten Erbrechen und Übelkeit als Folge der Morphin-Infusion auf, was durch Antiemetika unter Kontrolle gebracht wurde. Als nach weiteren 10 Stunden die Morphin-Dosis auf 1 mg/Std. reduziert wurde, klagte der Patient über erneut einsetzende starke Schmerzen in Muskulatur und Haut am ganzen Körper, ausgehend vom rechten Arm. Eine Erhöhung er Morphin-Dosis auf 1,5 mg/Std. zeigte keine Wirkung. Die nach 18 Stunden nachlassende Schmerzblockade im Handgelenk wurde nicht wiederholt. 24 Stunden nach dem Vorfall war die Hand stark geschwollen, die Durchblutung jedoch normal und ein Berühren nicht mehr mit starken Schmerzen verbunden. Eisumschläge wurden angewandt, die Morphin-Infusion auf 1 mg/Std. reduziert und in der folgenden Nacht eingestellt. Drei Tage nach dem Vorfall ging die Schwellung langsam zurück, die Schmerzen waren tolerierbar. Nach 6 Tagen wurde der Patient entlassen, er trug den Arm in der Schlinge. Zur Schmerzlinderung in der Hand wurden zeitweise kalte Umschläge angewandt. Noch nach 4 Wochen klagte der Patient über Schmerzen in der Hand, die selbst bei einfachen Bewegungen auftraten; es gelang ihm nicht, die Hand vollständig zur Faust zu ballen. Dieser Zustand hielt über insgesamt 3 Monate an [9].

Literatur

[1] Dufton, M.J., Venomous mammals. Pharmac. Ther. **53**, 199 (1992).

[2] Pournelle, G.H., Classification, biology and description of the venom apparatus of insectivores of the genera *Solenodon, Neomys* and *Blarina*. In: Venomous Animals and Their Venoms (W. Bücherl, E.A. Buckley, V. Deulofeu, eds.), Bd. 1, S. 31, Academic Press, New York (1968).

[3] Pucek, M., Chemistry and pharmacology of insectivore venoms. In: Venomous Animals and Their Venoms (W. Bücherl, E.A. Buckley, V. Deulofeu, eds.), Bd. 1, S. 43, Academic Press, New York (1968).

[4] Calaby, J.H., The platypus (*Ornithorhynchus anatinus*) and its venomous characteristics. In: Venomous Animals and Their Venoms (W. Bücherl, E.A. Buckley, V. Deulofeu, eds.), Bd. 1, S. 15, Academic Press, New York (1968).

[5] Grant, T., The Platypus. New S. Wales Univ. Press, Kensington (1984).

[6] De Plater, G., Martin, R.L., Milburn, P.J., A pharmacological and biochemical investigation of the venom from the platypus *(Ornithorhynchus anatinus)*. Toxicon **33**, 157 (1995).

[7] Apitz-Castro, R., Beguin, S., Tablante, A., Bartoli, F., Holt, J.C., Hemker, H.C., Purification and partial characterization of draculin, the anticoagulant factor present in the saliva of vampire bats *(Desmodus rotundus)*. Thrombosis and Haemastasis **73**, 94 (1995).

[8] Bringmann, P., Gruber, D., Liese, A., Toschi, L., Kratschmar, J., Schleunig, W.D., Donner, P., Structural features mediating fibrin selectivity of vampire bat plasminogen activators. J. Biol. Chem. **270**, 25596 (1995).

[9] Fenner, P.J., Williamson, J.A., Myers, D., Platypus envenomation – a painful learning experience. Med. J. Australia **157**, 829 (1992).

Stichwortverzeichnis

A

ABT-594 20
Abwehrbiß 255
Abramis brama 167
Acanthaster planci 84 ff.
Acanthophis antarcticus 307, 312
– spp. 307
Acanthoscurria 208
Acanthuridae 121, 154
Acanthurus sohal 120
Acari 209 ff.
Acetylcholinesterase 261
Acetylcholinrezeptor 19, **258 f.**, 325
Acipenser sturio 167
Acropora cervicornis 69
Actiniaria 42, **66 f.**
Actinodendron plumosum 66
Adlerrochen 96
Äskulapnatter 254, **278**
Agkistrodon contortix 320
– *piscivorus*
– *piscivorus conanti*
– spp. 317
Aglaophenia 47
– sp. 48
Aktinien 66 f.
Alaska butter clam 133
Albalone 173
Alcyonaria, Schutz vor Freßfeinden 7
Alcyonidium gelatinosum 175
Alexandrium catenella als Giftproduzent 133
– *minutum* als Giftproduzent 133
– *monilatum* als Giftproduzent 133
– *tamarense* 127
– – als Giftproduzent 133
Algenblüte 126, 176
–, benthische 155
Algentoxine, Biosynthese 133
–, Fischsterben 10
–, Nahrungskette 10
–, Toxinsynthese 10
Allergene, Bienengift 225
–, Hymenopten-Gifte 221
–, Hymenopteren 233
Allergie, Bienen 227
–, Hymenopteren 227

–, Wespengift 227
Allgemeinreaktion, anaphylaktische 228
Allomone 4
Alpensalamander 242 f.
Alutera scripta 161
Amblyrhynchotes 146
– *richei* 150
Ameisen 232 ff.
–, Erste Hilfe nach Vergiftung 233
–, Gift 233
–, Giftapparat 232 f.
–, Giftübernahme 13
–, Therapie nach Vergiftung 233
–, Vergiftung 233
–, Vergiftungsumstände 232 f.
–, Vorsichtsmaßnahmen 232 f.
Ameisensäure 233
γ-Aminobuttersäure 243
Aminosäureoxidase 257
L-Aminosäureoxidase 262
Ammodytoxin 279
amnesic shellfish poisoning 140
Amphibia 240
Amphibien 240 ff.
–, Gifte **13**, 243
–, Giftapparat 242
–, Therapie nach Vergiftung 245
–, Vergiftungsumstände 242, 245
–, Vorsichtsmaßnahmen 242
Amphinomidae 81 f.
Amphiprion 5 f.
Anabaena 176
– *flosaquae* 176 f.
Anabasein 80
Anaphylaxie nach Quallenkontakt 57
Anatoxin 176
– -α 176
Anchovis 165, 167
Ancrod 19, 302
Androctonus 183
– *amoreuxi* 183
– *australis* 183 f., 186
– *crassicauda* 183, 186
– *mauretanicus* 183
Anemonenfische 5 f.
– *Amphiprion perideraion* **6**
Anemonengarnele 6
Anemonia sulcata 66
–, Toxin 67
Angiotensin-konvertierendes Enzym 20

Anguis fragilis 278
Annelida 80 ff.
Anoplopomatidae 167
Antennata 214 f.
Anthozoa 42, **66 f.**
Antibiose durch Toxine 8
antibody binding fragment 29
Antihistaminika 166
Antikörper-Fragmente 29
Antiserum **28 ff.**, 61
–, afrikanische Schlangengifte 293
–, amerikanische Schlangengifte 319
–, asiatische Giftschlangen 303 f.
–, australische Giftschlangen 310 f.
–, europäische Giftschlangen 280 f.
–, Anaphylaxie 30
–, Anwendung 265
–, Applikation 29
–, Applikationszeitpunkt 30
–, Atrax-Gift 205 f.
–, *Chironex* 62, 64
–, Kreuzreaktivität 23, 29
–, Latrodectus-Gift 197
–, Loxosceles-Gift 201
–, monovalentes 29
–, Neutralisationskapazität 29
–, polyvalentes 29
–, polyvalentes, nordamerikanische Giftschlangen 319
–, Schlangengift 266
–, Seeschlangen-Gift 325
–, Skorpion-Gift 186 f.
–, Steinfisch-Gift 110, 116
–, Therapie mit 29
–, Verdünnung 30
–, Zeckengift 211
ants 232 f.
Anura 240 f.
Apamin 226 f.
Aphanizomenon 176
Aphis jacobaeae, Giftübernahme 13
Aphrodisiakum 236
–, Krötengift 245 f.
Aphrodite aculeata 82
Apidae 222
Apis mellifera 222
– – *adansonii* 222
– – *ligustica* 222
– – *scutellata* 222

Apistus 108
Aplysia 174
– sp. 173
Aplysiacea 173
Aplysiatoxin 174
Aplysina fistularis 9
Apoda 240
Arachanidismus 190
Arachnida 182 ff.
Araneae 190 ff.
Araneidismus 190
Araneismus 190
Arbacia pustulata 87
Areosoma sp. 89
Argas reflexus 213
Argininesterhydrolase 249
Argiopin 191
Argiotoxin 191
Argyroneta aquatica 190
Arothron diadematus 146
Arwin® **19**, 262, 302
Ascidien 8
asp viper 272
Aspisviper 270, 272
–, schwarze 272
Asteroidea 83 ff.
Asterosaponin in Seesternen 83
– in Seewalzen 83
Asthenosoma sp. 89
– *varium* 88
Astropecten sp. 148 f.
Astrotia stokesii 326
Atelopus carbonerensis 244
– *chiriquiensis* 244
– spp. **10**, 149
– *varius* 244
Atergatis floridus 169 f.
– sp. 149
Atergatopsis germaini 169
Atheris 290
– *squamigera* 290
Atractaspididae 252
Atractaspis engaddensis 291
– spp. 291 ff.
Atrax robustus 205
– sp. 205
Atropoides 315 f.
atropos 287
Augenspinner 218 f.
–, brasilianischer 218 f.
Australian stinging sponge 38
Automimikry 13

Aves 333 ff.
Avicenna viper 288
Azemiopinae 252
Azemiops feae 252

B

Babylonia-japonica 173 f.
Backpulver zur Therapie nach Vergiftung 43, 57, 59
Balistidae 154
Ballastwasser, Algenverbreitung 127
bamboo vipers 301 ff.
banana spider, armed wandering 203 f.
Bananenspinne 203 f.
Barben 154, **167**
Barbus barbus 167
Barchatus cirrhosus 120
Barrakuda 154
Batoidea 96 ff.
Batrachoides didactylus 120
– *grunnensis* 120
Batrachotoxin 16, **243 f.**, 333
–, LD$_{50}$ des Toxins 3
–, Toxizität 244
–, Vorkommen 14
–, Wirkungsweise 244
Batroxobin 19 f., 262
Baumschlange, grüne 327
Baumsteigerfrosch 242
Baumviper, grüne 251
Bêche-de-mer 92
bees 221 ff.
Bergotter, kleinasiatische 277
Beutebiß 255
Bezahnung, aglyphe 255, 330
–, opisthoglyphe 255, 330
–, proteroglyphe 255, 291
–, solenoglyphe **255**, 279, 302
Biene, Afrika- 222
–, Italien- **222**
Bienen 216, 221 ff.
–, Erste Hilfe nach Vergiftung 228
–, Giftapparat 224
–, Therapie nach Vergiftung 228
–, Vergiftung 227
–, Vergiftungsumstände 223
–, Vorsichtsmaßnahmen 223
Bienengift 225
–, Zusammensetzung 2
Bienenstachel 226
bird snake 328
Birgus latro 169
Bitis arietans 287
– *caudalis* 287
– *gabonica* **287**, 291, 294
– *nasicornis* 287
– spp. 287
black snake 307
– –, Antiserum 312
black widow spider 195 ff.

Blarina brevicanda 336
Blasenkäfer 17, 235 ff.
Blattlaus, Giftaufnahme 14
Blattlaus, Giftübernahme 13
Blattwanze 11, 15
Blaualgen 8, 176 f.
– Vergiftung 175
Blaualgentoxine 176 f.
Blauhauben-Ifrita 334
Blaupunktrochen 97
Blenniidae 121
Blepharospasmus 293 f.
Blindschleiche 278
Blindwühlen 240
blister beetle 235 ff.
blue-bottle 49 ff.
bluefish 165
Blumenkohlqualle 68
Blumentiere 42, 66 f.
blunt-nosed viper 275
Blut-Hirn-Schranke, Schutz gegen Toxine 16
Bohadschia argus 92
Bohrschwamm **9**
Boiga dendrophila 329
– *irregularis* 329 f.
Bombardierkäfer 13
Bombina bombina 243
– *variegata* 243
Bombolitin 227
Bombus hortorum 222
Bonito 165
Borrelia burgdorferi 212
Borreliose 210
Borstenwürmer 10, 80
–, Giftapparat 81 f.
–, Vergiftungsumstände 81 f.
–, Vorsichtsmaßnahmen 81 f.
Bothriechis 315 f.
– *schlegelii* 253, 315
Bothriopsis 315 f.
Bothrocetin® 19
Bothrops 315 f.
– *alternatus* 315
– *asper* 315
– *atrox* 256
– *insularis* 320
– *jararaca* 20
– *jararacussu* 315
– *moojeni* 19, 262
– sp. 253
Botulinum-Toxin, LD$_{50}$ 3
Boulengerina annulata 284
box-jellyfish 60 ff.
Brachsen 167
Brachynus crepitans 13
Brachypelma smithi 207
Brachyurus 111
– spp. 111
Bradykinin 262
–, Wirkungspotenzierung 20
Bradykinin potentiating peptides 20
Braunschlange **308**, 310 f.
Brennhaare, Schmetterlingsraupen 217

Brevetoxine 137, 142
–, Therapie bei Vergiftung 137
bristleworm 81 f.
brown snakes 308
brown spider 200 f.
brown tree snake 329
Bryozoa 175
Bryozoen, Giftübernahme 8
Buccinum 173
Bufo bufo 241
Bufotenidin 243
Bufotenin 243
Bufothionin 243
Bufotoxin 243, 246
Bulldogameise 233
bumblebees 221 ff.
Bungar 298
α-Bungarotoxin 258 f., 302
– in der neurophysiologischen Forschung 19
β-Bungarotoxin 302
Bungarus caeruleus 298, 303
– –, Gifttrennung 2
– *candidus* 298
– *fasciatus* 298
– –, Antiserum 304
– *multicinctus* 298, 302
– –, Antiserum 304
– spp. 298
χ-Bungarotoxin 302
Buntfröschchen, madagassisches 245
Buschmeister 316
Buschviper 290
–, grüne 290
bush vipers 290
bushmaster 316
Buthidae 183
Buthotus 186
– spp. 183
– *tamulus*, Antiserum 187
Buthus martensi 183
– *occitanus* 183, 186
butter clam 129
butterflies 217 f.
Buttermuschel 129, 132

C

C3 133
C4 133
Calciseptin 258 ff.
California mussel 129
Calloselasma 300
– *rhodostoma* 19, 262, **300**, 302 f.
Caloptropin 15
Cantharidenpflaster 236
Cantharidin 17, 236
Captopril 20
Caracanthus spp. 114
Carangidae 154, 165
Carcharinus leucas 162
Carchatoxine 162
Carcinoscorpius rotundicauda 169

carpet viper 286, 299
Carpilius convexus 169
– *maculatus* 169
Carukia barnesi 64
Carybdea rastoni 64
cat snake 329
caterpillars 217 ff.
catfish 118 f.
Causus rhombeatus 289
– spp. 289, 291
centipede 214 f.
Centropogon 108
Centrostephanus longispinus 87
Centruroides, Arten 183
– *exilicauda* 183
– *infamatus infamatus* 187
– *limpidus* 183
– *noxius* 184
– *sculpturatus* 183 ff.
– sp., Antiserum 187
– *suffusus* 183
Cephalophis miniata 7
Cephalopoda 75 ff.
Cephalotoxin 75
Cerastes cerastes 288
– *gasperetti* 288
– spp. 288
– *vipera* 288
Cerebratulus lacteus 80
Cerrophidion spp. 315 f.
Ceylon-Nasenotter 303
Chaeton capistratus 11
Charonia sauliae 173
– sp. 149
Charybdotoxin 185
Cheiracanthium mildei 193
– *punctorium* 190, 193 f.
– sp. 201
Chelizeren 191, 193, 205
Chelonia mydas 175
Chelonodon patoca 148
Chilopoda 214 f.
Chimäre 101
Chimaera 101
– *monstrosa* 101
Chimaeridae 101
Chiriquitoxin 244
Chironex fleckeri 43, **60 ff.**, 64
Chiropsalmus quadrigatus 43, 64
– *quadrumanus* 64
Chloeia spp. 81
Chondria sp. 139
Chondrichthyes 96 ff.
Choriodactylus spp. 114
Chromodoris quadricolor 9
Chrysaora 43
– *quinquecirrha* 56 f.
Chrysochromulina polylepis 126
Ciguatera 126, 137, **153 ff.**, 165
–, auslösende Fische 154
–, Erste Hilfe nach Vergiftung 159
–, Giftproduzent 155
–, Juckreiz 159
–, Kälteempfindlichkeit 159
–, Regeln zur Vermeidung 155
–, Therapie nach Vergiftung 159

Ciguatera, Vergiftung 25, 157
–, Vergiftungsumstände 153
–, Vorsichtsmaßnahmen 154
Ciguatoxin 36, 155 ff.
–, Analytik 157
–, Angriffspunkt 156
–, Toxizität 156
Claucilla spp. 42, 50
Clenopharyngodon idellus 167
Cliona delitrix 9
Clostridium botulinum, LD$_{50}$ des Toxins 3
Clownfische 5
Clubionidae 193 f.
Clupeidae 165 f.
Clupeiformes 167
Cnidaria 41 ff.
Cnidarismus nudorum 66
Cnidoblasten 41
Cnidocil 41 f.
Cnidocyten 41
Cnidophagen 42
cobras 284
Coccinella septemguttata, Giftübernahme 13
Coccinellin 14
coconut crab 169
Coenobitidae 169
Coelenterata 41
Coleoptera 235 ff.
Colostethus inguinalis 149, **244**
Colubridae 252, 254
Condylactis gigantea 6
cone shells 70 ff.
Conidae 70 ff.
Conopressin 72
Conotoxine 36, 72
Conus geographus 70, 72
– – Giftzusammensetzung 2
– *litteratus* 70
– *magus* 70, 72
– *marmoreus* 70
– *mediterraneus* 70
– *omaria* 70
– *radiatus* 72
– *striatus* 72
– *textile* 70 f.
– –, Radulazahn 72
copperheads 317
cornuta 287
Coronella austrica 278
cottonmouth 317
Coturnismus 334 f.
Coturnix coturnix 334
Cotylorrhiza tuberculata 68
Crabrolin 227
crinotoxisch 122
crocidura russula 336
Crotalinae 252
Crotalocytin 262
Crotalus adamanteus **313**, 321
– *atrox* 253
– *durissus terrificus* 261, 319 ff.
– *horridus* 314
– *lepidus klauberi* 314
– *scutulatus* 319

– spp. 313 f.
– *viridis* 313
Crotamin 261, 320
Crotapotin 319
Crotoxin 279, 319
crown of thorns starfish 84 ff.
Ctenidae 203 f.
Cubozoa 60 ff., 64 f.
Cubozoen 42
Cuviersche Schläuche 92
Cyanea capillata **41 f.**, 58
– *lamarckii* 58
Cyanobakterien 8
–, Vergiftung 175
Cyanogenosin 176
Cyprinus carpio 167
Cytolysin 50
–, Quallen 56
Cytolysine 42

D

Daboia 299
– *russelli* 303
– –, Gift 263
– – *russelli* 299
– – *siamensis* 299
Dachsschnecken 173
Dactylozooid 50
Danaus plexippus 15
Dasyatidae 96
Dasyatis pastinaca 96
– *violacea* 96
death adder 307
– –, Antiserum 312
Debromaplysiatoxin 174, 177
Decapoda 169
Decapterus macrosoma 161
Defibrase® 19 f.
Defibrinierungs-Therapie 302
Deinagkistrodon acutus 300, 303
Demania alcalai 169
– *reynaudii* 171
– sp. 161
– *toxica* 169
Dendroaspis angusticeps 285
– *jamesoni* 285
– *polylepis* 285, 294
– spp. 285
– *viridis* 285
Dendrobates histrionicus 244 f.
– *leucomelas* 245
– *pumilio* 244
Dendrobatidae 242
Dendrochirus spp. 111
Dendrotoxin 260, 292
Dermacentor andersoni 210 f.
Dermatitis, Raupen 218
Dermochelys coriacea 175
Desmodontidae 338
Desmodus rotundus 338
Diadema antillarum 87
– sp. 90
Diadematidae 88

Diademseeigel 87 f.
Diamantklapperschlange **313**, 321
diarrhetic shellfish poisoning 142
Diarrhö, durch Okadasäure 143
–, nach Muschelvergiftung 143
Diatomeen, Muschelvergiftung 139
Dickköpfe 333
Dickschwanz-Skorpion 183
Diginea simplex 140
Dinoflagellaten 127, **142 f.**, 155
–, als Giftproduzenten 132
–, in giftigen Muscheln 130
Dinophyceae, als Giftproduzenten 132
Dinophysis acuminata 142
– *fortii* 142
Dinophysistoxin 143
Diodontidae 146
Diplopoden 12
Dipluridae 205 f.
Dispholidus 284
– *typus* 327, 330 f.
Doggenhai 101
doggerbank itch 175
Doggerbank-Krankheit 175
Doktorfisch 120 f., 154
–, Dorn 121
Dolabella 173
Domoisäure 130, 139 f.
–, Analytik 140
–, Erste Hilfe nach Vergiftung 140
–, Therapie nach Vergiftung 140
–, Vergiftung 140
–, Wirkungsmechanismus 139
Doppelfüßer 12
Doppelschwanzspinnen 205 f.
Dornenkronenseestern 84 ff.
–, Erste Hilfe nach Vergiftung 85
–, Gift 85
–, Giftapparat 84 ff.
–, Therapie nach Vergiftung 85
–, Vergiftung 85
–, Vergiftungsumstände 84 ff.
–, Vorsichtsmaßnahmen 84 ff.
Dornfingerspinne, Gift 193 f.
–, Giftapparat 193 f.
–, Therapie nach Vergiftung 194
–, Vergiftung 193 f.
–, Vergiftungsumstände 193 f.
–, Vorsichtsmaßnahmen 193 f.
Dornhai 101
Drachenfische 102 ff.
Drachenköpfe 107 ff.
Drachenkopf, brauner 108
–, großer 108
–, roter 108
Dracotoxin 104
Dreiecksköpfe, asiatische 300
Drückerfisch 154
Dünnschichtchromatographie, Histamin 165
–, zum Muscheltoxinnachweis 134

Dufour-Drüse 232
Dugesiella hentzi 208
Duvernoysche Drüse 254
Dysidea sp., Skelettbausteine 39

E

eastern brown snake, Antiserum 312
Ecarin 19, 302
Echiichthys araneus 102
– *draco* 102, 104
– *lineatus* 102
– *radiatus* 102
– spp. 102 ff.
– *vipera* 102 f.
Echinodermata 83 ff.
Echinoidea 83, 87 ff.
Echis 263
– *carinatus* **286**, 302 f., 330
– *coloratus* 286, 292
– *leucogaster* 286
– *ocellautus* 286
– *pyramidum* 286, 294
– sp. 263
– spp. 286, 299
Eidechsen 248 ff.
Eidechsennatter **327**, 331
–, europäische, Gift 330
–, Giftapparat 330
–, Therapie nach Vergiftung 331
–, Vergiftung 330
–, Vergiftungsumstände 330
–, Vorsichtsmaßnahmen 330
Eisbär 177
Ekzem, Doggerbank-Krankheit 175
Elaphe longissima 254, **278**
Elapidae 252
Elasmobranchii 96 ff., 101
Eledone aldrovandi 75
– *moschata* 75
Elfenbeinschnecke 173
Endothelin 292
Engelsfisch 7
Engraulidae 167
Enhydrina schistosa 263, 325
–, Antiserum 325
Enzym-gekoppeltes Immunoassay, ELISA 43
Epibatidin 20 f., 244
Epicauta 236
Epigonyautoxin 8, 133
Epinephelus tukula 154
Epipedobates pictus 20
– *tricolor* 21, 244
Erabutoxin 259, 325
Erdkröte 241
Erdvipern 252, 291 ff.
–, Gift 292
–, Giftapparat 291 ff.
–, Therapie nach Vergiftung 293
–, Vergiftung 292
–, Vergiftungsumstände 291 ff.

342 | Stichwortverzeichnis

–, Vorsichtsmaßnahmen 291 ff.
Eretmochelys imbricata 175
Ergaticus ruber 334
Erinaceus eruopaeus 17, 336
Eriphia sebana 169
Ernteameise 233
Erosa 108
Erste Hilfe, Fehlermöglichkeiten 27 f.
Erste-Hilfe-Maßnahmen 25 f.
Eruzismus 217
Erythem, nach Quallenkontakt 56, 59
Esox sp. 167
Esterase 56
Etmostigmus sp. 214
Eucarida 169
Eunice 80
– spp., Giftapparat 81
Euproctis chrysorrhoea 217
– *similis* 218
– *subflava* 218
Eurythoe 80
– spp. 81
Euscorpius italicus 183
Eusimilia fastigiata 68

F

F(ab')₂, Fragment 29
Facies latrodectismica 196
Färberfrosch 21, 149, **242 f.**
Fasciculine 258 ff., 292
feather hydroids 47
Federpolyp, Gift 47 f.
–, Giftapparat 47 f.
–, Vergiftung 47 f.
–, Vergiftungsumstände 47 f.
–, Vorsichtsmaßnahmen 47 f.
Feilenfisch 161
Felsenbarsch 108
Felsenklapperschlange 314
Feuerameise 233
Feuerfische 107 ff.
Feuerkoralle 45 f.
–, Gift 45 f.
–, Giftapparat 45 f.
–, Vergiftung 45 f.
–, Vergiftungsumstände 45 f.
–, Vorsichtsmaßnahme 45 f.
Feuerqualle 43
–, Erste Hilfe nach Vergiftung 59
–, Gift 58
–, Giftapparat 58
–, Therapie nach Vergiftung 59
–, Vergiftung 59
–, Vergiftungsumstände 58
–, Vorsichtsmaßnahmen 58
Feuersalamander 242
–, Parotoiddrüse 243
Feuerschwamm 39
Feuerwurm 11, 81

–, Erste Hilfe nach Vergiftung 82
–, Gift 82
–, Therapie nach Verletzung 82
Fibrinkleber 20
fiddleback spider 200 f.
Filament-Teufelsfisch 107
fire coral 45
– fish 111
– sponge 39
– worm 81 f.
Fische, ciguatoxische 145
–, clupeotoxische 167
–, gempylotoxische 167
–, ichthyoallyeinotoxische 167
–, ichthyohämotoxische 167
–, ichthyohepatotoxische 167
–, ichthyootoxische 167
– –, mögliche Vergiftungen durch 95 ff.
–, scombrotoxische 145
–, tetrodotoxische 145 f.
–, Therapie nach Vergiftung 166
–, Vergiftung 165 f.
–, Vorsichtsmaßnahmen 165 f.
Fischeier, Vergiftung 167
Fischgalle, Vergiftung 167
Fischleber, Vergiftung 167
Fischsterben 127, 130, 137
– durch Algentoxine 10
Fischvergiftung, Ciguatera 25
–, halluzinatorische Symptome 167
Fischvergiftungen 145, 167
Fliege, Spanische 235 ff.
–, Erste Hilfe nach Vergiftung 237
–, Gift 236
–, Giftapparat 236
–, Therapie nach Vergiftung 237
–, Vergiftung 237
–, Vergiftungsumstände 236
–, Vorsichtsmaßnahmen 236
Flossenstrahlen, Himmelsgucker 105
–, Weberfisch 103
–, Welse 119
Formica rufa 233
Formicidae 232 f.
Fremdkörpergranulome, nach Borstenwurmkontakt 82
Fremdkörperreaktion, nach Borstenwurmkontakt 82
frogs 241
Frosch 241
Froschfisch 120
Froschlurche 240
Frühsommer-Meningo-Enzephalitis 210, 212
–, Impfung 212
FSME-Immunglobuline 212
Fugu 146
Fugu pardalis 146
– *poecilonotus* 148
– *rubripes* 146
– *vermicularis* 146

funnel-web spider 205 f.
Furchenqualle 41
Fusitriton 173

G

Gabunotter 291
Gabunviper **287**, 294
Galeere, Portugiesische 35, 42, 49 ff.
–, –, Erste Hilfe nach Vergiftung 51
–, Giftapparat 50
–, Vergiftung 50
–, Vergiftungsumstände 49 ff.
–, Vorsichtsmaßnahmen 49 ff.
Galeocerdo cuvieri 163
Gambierdiscus toxicus 155 f.
Gambierol 156 f.
Gaschromatographie, Histamin 165
Gedächtnisstörungen, Muschelvergiftung 140
Gelbbauchmolche 246
Gelbbauchunke 243
Gempylidae 167
Gerinnungsenzyme 261
–, Raupen 218
–, Schlangengift 292, 302, 320
Gerinnungstest, Schlangenbiß 266
Geweihkoralle 69
Gifte als Arzneimittel 19
–, Definition 2
–, Funktion 3 f., 36
– als Lockstoff 17
– als Signalgeber 17
–, Amphibien 13 f.
–, Funktion 5, 16 f.
–, Funktionen 1
–, Speicherung 8
–, Übernahme 8
–, Variabilität 6
– zur Abschreckung 6 f.
– zur Antibiose 6 f.
Giftanwendung, aktive 11
Giftapparat, Funktion 1
–, Hymenopteren 225
Giftdrüse, Bienen 225
–, Schlange 257
–, Wespen 225
Gifteinsatz, aktiver 4
–, passiver 4
Giftigkeit, aktive 1
–, passive 1
Giftkanal, Bienen 225
–, Wespen 225
Giftnattern 252
Giftnotruf, Beratungsfälle 21 f.
–, Vergiftungsfälle 21 f.
Giftschlangen, aglyphe Bezahnung 254
–, Behandlung symptomatische 267
–, Definition 252
–, Erste Hilfe nach Vergiftung 264
–, Gift 255

–, Giftapparat 254
–, Lebensraum 252
–, Lebensweise 252
–, opisthoglyphe Bezahnung 254
–, proteroglyphe Bezahnung 254
–, Schweregrade der Vergiftung 279
–, solenoglyphe Bezahnung 254
–, Therapie, spezifische, nach Vergiftung 266
–, Verbreitung 252
–, Vergiftungssymptomatik 263
–, zugehörige Familien 252
Giftschlangen, afrikanische 284
Giftschlangen, asiatische 297
–, Antiseren 304
Giftschlangen, australische 306 ff.
–, Antiseren 312
–, Gift 309
–, Giftapparat 309
–, Therapie nach Vergiftung 310
–, Vergiftung 310
–, Vergiftungsumstände 309
–, Vorsichtsmaßnahmen 309
Giftschlangen des Nahen und Mittleren Ostens 284 ff.
Giftschlangen, europäische 270 ff.
–, Antiseren 282
–, Erste Hilfe nach Vergiftung 281
–, Gift 279
–, Giftapparat 279
–, Symptome nach dem Biß 281
–, Therapie nach Vergiftung 280
–, Vergiftung 279
–, Vergiftungsumstände 278
–, Vorsichtsmaßnahmen 278
Giftschlangen, nord- und südamerikanische 313 ff.
–, Erste Hilfe nach Vergiftung 321
–, Gift 318
–, Giftapparat 318
–, Therapie nach Vergiftung 319
–, Vergiftung 320
–, Vergiftungsumstände 318
–, Vorsichtsmaßnahmen 318
Giftschlangen, nordamerikanische, polyvalentes Antiserum 319
Giftstacheln, Fische 120 f.
Giftstoffe, stärkste 36
Gifttiere, Definition 1
–, Einteilung 1
–, Informationsquellen 32 f.
Gifttoleranz 4
Giftzangen
–, Seeigel 83, **89 f.**
Giftzüngler 70 f.
Gila monster 248
Gilatoxin 249
Glaucilla spp., Giftübernahme 8
Glaucus spp. 42, 50
–, Giftübernahme 8
Gloydius halys 270
– spp. 300, 303
Glutamat-Rezeptoren, Spinnengift 191
Glycera 80
– *convoluta* 82

– *Glycera dibranchiata*, Giftapparat 81
Glyceridae 81 f.
α-Glycerotoxin 82
Goldafterraupe 218
Goldafterspinner 217
–, japanischer 217
Gonyautoxin 133, 148
–, spezifischer Angriffspunkt 133
Gonyautoxin 1 133
Gonyautoxin 2 133
Gonyautoxin 3 133
Gonyautoxin 4 133
Gonyautoxin 5 133
Gonyautoxin 6 133
Gonyautoxin 8 133
Gonyautoxine 170, 173
Gorgonaria, Schutz vor Freßfeinden 7
Gorgonie 7
Grammostola 208
Granulom, durch Seeigelstachel 90
Grasfrosch 243 f.
Grashüpfer 13
Graskarpfen 167
Grasmücke, mexikanische rote 334
green sponge 38
Greifschwanz-Lanzenotter 316
Greifzange, Seeigel 87
Grönland-Hai 163
Grubenotter 12, 252
–, malayische 19, 262, **300**, 302, 303
Grundeln 149
Gürtelskolopender 214
Gymnodinium breve 126, 137
– *catenatum* 135
– – als Giftproduzent 133
Gymnophionen 240
Gymnothorax javanicus 156
– *moringa* 154
Gymnuridae 96

H

Haarquallen 42
–, Gift 58
–, Giftapparat 58
–, Vergiftungsumstände 58
–, Vorsichtsmaßnahmen 58
Haarstern 83
Hadogenes spp. 183
Hadronyche sp. 205 f.
Haemachatus hemachatus 257
Hämokonzentration 264
Hämolysine 104, 261
–, Seewalzengift 94
Hämorrhagie 303
– durch Schlangengift 264
Hämorrhagine **261 f.**, 292, 302, 320
Hai 162
Haifleisch, Vergiftung 162 f.

hair jelly 58
Halbmond-Lanzenotter 315
Halichondria melanodocia 143
– *okadai* 143
Haliclona viridis 38
Haliotis 173
Hapalochlaena lunulata 75 ff.
– *maculosa* 76 ff.,. 149
Hausspitzmaus 336
Hautabschürfungen durch Steinkorallen 69
Hautausschlag durch Fischleber 167
Hautdrüsen, Fische 122
Hauteruption nach Quallenkontakt 43, 61
Hautflügler 221 ff.
Hautnekrosen durch *Loxosceles* Gifte 200
Hautreaktion durch Schwämme 40
– nach Nesseltierkontakt 43
Hautsekrete, giftige von Fischen 122 f.
Hechte 167
Heilmethode, ayurvedische 23
Heißwasser-Therapie 95
Helicolenus 108
– *dactylopterus* 108
hell's fire sea anemone 66
Heloderma horridum 248
Heloderma suspectum 248, 250
Heloderma-Gift, Toxizität 249
Helodermatidae 248
Helothermin 249
Hemachatus haemachatus 284, 291, 293
Hemiptera 11
Hepatotoxine 176 f.
Heringe 165, 167
–, Vergiftung 167
Hermodice 80
– *carunculata* 10 f., 81
Herzdruckmassage 27
Herzglykosid 243
Herzmassage, externe 27
Heteractis magnifica 6
Heterodontus sp. 101
Heterometrus cyaneus 183
– spp. 183
Heteronemertini 80
Heteropneustes fossilis 119
Heterosigma akashiwo 127
Heterosomata 122
Heuschrecken 13
Hexapoda 216 f.
Himmelsgucker 105 f.
Histamin **165 f.**, 218, 225, 227, 233
–, Analytik 165
–, Vergiftung 165 f.
Histidin 165
–, enzymatische Decarboxylierung 165
Histrionicotoxin, Wirkungsweise 244

hobo spider 201
Hochdruckflüssigkeitschromatographie zur Analyse von Muscheltoxinen 134
Hohltiere 41
Holacanthus spp. 7
Holocephala 101
Holocyclotoxin 211
Holothurien 92 ff.
Holothurin 93 f.
– in Seesternen 83
– in Seewalzen 83
Holothuroidea 83, 92 ff.
Holzbock 209 f.
–, Mundwerkzeuge 210
Homobatrachotoxin 333 f.
–, bei Vögeln 14
Homöopathie 23
Honigbiene 227
Hoplonemertinen 80
horned vipers 288
hornets 221 ff.
Hornhai 101
Hornisse 221 ff.
–, Vergiftung 227
Hornkoralle 8
–, Schutz vor Freßfeinden 7
Hornotter 271
Hornschnecke 173
Hornviper 288
Hummel 221 ff.
–, Gift 227
Hundertfüßler 214 f.
hundred pacer 300
Huschspinne, grasgrüne 190
Hyaluronidase 56, 115, 184, **226**, 233, 249, 339
hyaluronidase spreading factor 249, 261
Hydra spp. 41
Hydrogalus affinis 101
Hydroidpolyp 42
Hydrophiidae 324
Hydrophiinae 124
Hydrophis spp. 324
Hydrozoen 42 ff.
Hymenoptera 221 ff.,. 232 f.
Hypnale hypnale 303
– spp. 300
Hypoponera 233
Hyposensibilisierung 229
Hypostom 210

I

Ichthyocrinotoxine 122
Ichthyotoxin 122
ichthyotoxisch 122
Ifrita kowaldi 334
Igel **17**, 336
–, Toxinresistenz 16
Igelfisch 146
Immunoassy, Enzym-gekoppelter 43

Imperatorkaiserfisch 7
Infektionskrankheiten, Zecken 212
Inimicus 108
– *filamentosus* 107
Inland-Taipan 309
Insekten 216 f.
–, Schutzmechanismen gegen Toxine 15
Integerrimin 14
Ionophor 226
irritating sponge 38
Irukandji 64
– -Syndrom 64
Ixodes holocyclus 210 f.
– *ricinus* 209 f.
Ixodidae 209 ff.

J

Jania sp. 170
jellyfish alert 50
jimble 64
jockey spider 195 ff.
Juckreiz bei Ciguatera 159
Juwelenzackenbarsch 7

K

Käfer 235 ff.
Kälteempfindlichkeit bei *Ciguatera* 159
Kaiserfisch 149
Kalium-Kanal 227, 258, 292
Kalknadel 40
Kalkstacheln, Seestern 84
Kallikrein 218, 249, **262**
Kammspinne 203 f.
Kaninchenfische 120
Kardiotoxin 260, 302
Karettschildkröte 175
–, Ernährung 7
Karpfen 167
Kegelschnecken 6, 16, 21, **70 f.**
–, Gift 71
–, Giftapparat 71
–, Giftzusammensetzung 2
–, Therapie nach Vergiftung 73
–, Vergiftung 72
–, Vergiftungsumstände 70 ff.
kenya fly 236
Kettenviper 261, **299**, 302 ff., 331
Kiefernprozessionsspinner 217
Kieselsäurenadel 40
Kieselschwämme 38
Killeralgen 126
killerbees 222
Killerbienen 223, 227
king brown snake 307
King-Kong-Peptid 6
–, Conotoxin 72
Kinine 218, 233

Kininogenase 261 f.
Klapperschlange, südamerikanische 259, 263, 279, **313**, 318
Klapperschlangen 253, 313 f.
–, Vergiftung 320
Kleptocniden 42
Knochenfische 102 ff.
Knochenstrahl, Welse 118
Knochenstrahlen, Petermännchen 103
Knorpelfische 96 ff.
Kobra, ägyptische 284
–, indische 297
Kobras 284, 297, 304
–, Erste Hilfe nach Vergiftung 304
–, Gift 302
–, Giftapparat 291, 302
–, Neurotoxin, LD_{50} 3
–, Therapie nach Vergiftung 293, 303
–, Toxinresistenz 15 f.
–, Vergiftung 292, 302
–, Vergiftungsumstände 291, 302
–, Vorsichtsmaßnahmen 291, 302
Königskobra 261, 297, **302 f.**
Koevolution 4, 15
Kofferfisch 122 f.
Kompartmentsyndrom 267
–, Therapie 51
Kompaßqualle 43
–, Erste Hilfe nach Vergiftung 57
–, Gift 56 f.
–, Giftapparat 56 f.
–, Vergiftung 56 f.
–, Vergiftungsumstände 56 f.
–, Vorsichtsmaßnahmen 56 f.
Kontaktdermatitis, Schwämme 40
Kopffüßler 75 ff.
Korallen 41 f.
–, Schutz vor Freßfeinden 7
Korallenriff 4 f.
Korallenschlange 318 ff.
Korallenwelse 118
Krabben 148, **169**
–, Erste Hilfe nach Vergiftung 171
–, Gift 170
–, Giftproduzent 170
–, Therapie nach Vergiftung 171
–, Vergiftung 170
–, Vergiftungsumstände 169
–, Vorsichtsmaßnahmen 170
kraits 298
Kraits 298 f.
–, Gift 302
–, Giftapparat 302
–, Therapie nach Vergiftung 303
–, Vergiftung 302
–, Vergiftungsumstände 302
–, Vorsichtsmaßnahmen 302
Krake, langarmiger 75
–, gewöhnlicher 75
Kraken 75
Krebse, Vergiftungen 169 ff.
Kreuzotter 252, 273
Kreuzreaktivität, Antiserum 29
– von Antiseren 23

Kröte 10, 149, **241**
Krötenfisch 122
Krötenotter 289
Krustenanemone 11, **160**
–, LD_{50} des Toxins 3
Krustenechse 248 ff.
–, Erste Hilfe nach Vergiftung 249
–, Gift 249
–, Giftapparat 249
–, Therapie nach Vergiftung 250
–, Vergiftung 249
–, Vergiftungsumstände 248 ff.
–, Vorsichtsmaßnahmen 249
Kugelfische 16 f., 126, **146 f.**
–, Erste Hilfe nach Vergiftung 150
–, Gift 148
–, Giftverteilung 147
–, Therapie nach Vergiftung 150
–, Toxin 9, 10
–, Vergiftung 150
–, Vergiftungsumstände 147
–, Vorsichtsmaßnahmen 147
Kugelspinnen 195 ff.
Kuhnasen-Rochen 96
Kupferkopf 317
Kurzschwanzspitzmaus 336

L

Labeo robita 167
Labridae 154
Lachesis muta 316, 320
– *stenophrys* 316
Lachs 167
Lactophrys triqueter 123
Lagocephalus 146
Lampona cylindrata 192
lance-headed pit vipers 315 f.
–, vipers, asian 301 ff.
Langnasen-Strauchnatter 331
Lanzenotter 315 f.
–, asiatische 301 ff.
–, brasilianische 19 f.
–, japanische 301
Lanzenottern, Vergiftung 320
Lasiodora parahybana 207
lataste's viper 274
Laticauda 124
– *colubrina* 324
– *laticaudata* 324
– *semifasciata* 259
Laticaudinae 124
Latrodectismus 197
Latrodectus curacaviensis 196
– *geometricus* 195
– *hasselti* 195 ff.
– *mactans* **82**, 195
– *spp.* 195 ff.
– *tredecimguttatus* 195
Latrotoxin 192
α-Latrotoxin 196
LD_{50}, Beispiele 3
–, Bestimmung 3

–, Definition 2 f.
Lederschildkröte 175
Lederseeigel 88 f.
Leiurus quinquestriatus 183 ff.
Lepidoptera 217 ff.
Lepidopterismus 217
Leptomicrurus 318 ff.
Lethrinidae 154
Lethrinus miniatus 160
Leuchtqualle 54 f.
–, Gift 54 f.
–, Giftapparat 54 f.
–, Therapie, nach Vergiftung 55
–, Vergiftung 54 f.
–, Vergiftungsumstände 54 f.
–, Vorsichtsmaßnahmen 54 f.
Levanteotter 275
Limentis archippus 13
Limulus polyphemus **170**
lion fish 111
lions mane 58
Lippfisch 154
Lissodendoryx spp. 40
Lithobius forficatus 214
Lithophyton viridis, Raumkonkurrenz 7
Lonomia achelous 218 ff.
– *obliqua* 218 ff.
Lonomin V 219
Lophozozymus pictor 161, 169 f., **171**
Lotusfisch 167
Loxosceles 192
–, Gifte 200
– *laeta* 200 f.
– *reclusa* 200
– *rufescens* 200
– spp. 200 f.
Loxoscelismus 200 f.
Loxoscelus reclusa 201
Lumbriconereis heteropoda 80
Lungenödem nach Quallenkontakt 64
– nach Skorpionstich 186
Lurche 240 ff.
Lutjanidae 154
Lycodontis javanicus 121
Lycosa raptoria 202
– sp. 202
– spp. 202
– *tarantula* 202
Lycosidae 202
Lymantria dispar 217 f.
Lyme-Borreliose 212
Lyme-Krankheit 210, 212
Lyngbyatoxin A 177
Lytocarpus 47
Lytta vesicatoria 236

M

Macrovipera lebetina 270, 275
– *schweizeri* 270

Maculotoxin 77
Madreporaria 68 f.
Magnesiumsulfat-Lösung
– nach Quallenkontakt 43, 55
Maitotoxin 158
–, Wirkungsweise 156
Maiwürmer 235 ff.
Makrele 154, **161**, 167
–, japanische 167
Makrelenhechte 165
Malpolon monspessulanus **327**, 330 f.
Mamba 285
–, Gifte 260
–, grüne 285
–, schwarze 285
Mambas, Giftapparat 291
–, Therapie nach Vergiftung 293
–, Vergiftung 292
–, Vergiftungsumstände 291
–, Vorsichtsmaßnahmen 291
Mangroven-Nachtbaumnatter 329
Mannit-Infusionen bei Ciguatera 159
Mantella 245
Marienkäfer, Giftaufnahme 14
–, Giftübernahme 13
Maskenkugelfisch 146
Mastoparan 227
Maulwurf **17**, 336
–, Toxinresistenz 16
Maulwurfsvipern 291 ff.
Maus-Einheit, Toxizitätsbestimmung 133
mauve stinger 54 f.
MCD-Peptid 226 f.
meadow viper 276
Meeresäschen 167
Meeresschnecken 149
–, Erste Hilfe nach Vergiftung 174
–, Gift 173
–, Giftproduzenten 173
–, Therapie nach Vergiftung 174
–, Vergiftung 173 f.
–, Vergiftungsumstände 173
Meerestiere, Vergiftungen nach Verzehr 126
Meiacanthus 121
Melittin 225 f.
–, Biosynthese 227
Meloe 235
Meloidae 17, 235 ff.
Merostomata 169
Mesobuthus 183
Mesohyl 8
Messor structor 233
Metabolite, sekundäre, Funktion 3
Metasoma 184
N-Methylhistamin 166
O-Methylbufotenin 245
Microciona prolifera 38
Microcystin 176 f.
Microcystis aeruginosa 176
Micromata roseum 190

Micropechis ikaheka 306
Micruroides 318 ff.
Micrurus 318 ff.
– *fulvius fulvius* 322
– *nigrocinctus* 318
– spp. 320
Miesmuschel **129**, 132, 139, 142
Millepora 45
Millepora alcicornis 45
– *complanata* 46
– *tenera* 45
Minous 108
Mittelmeer-Muräne 121
Mittelmeer-Petermännchen 102
Mobula mobular 96
moccasins 317
Mörderbiene 222
Mojave-Klapperschlange 318
Mokassinschlange 317
Molch 13, 149, **243 ff.**
–, kalifornischer 10, 243 f.
–, rotgefleckter 244
mole vipers 291 ff.
Molidae 147
Mollusken 70 ff.
Monacanthidae 161
Monarchfalter 15
–, Automimikry 13
–, Giftaufnahme 17 f.
–, Giftübernahme 13
–, Toxinresistenz 13
Mondfisch 147
Monophagie 15
–, Insekten 15
Montatheris 290
Montpellier snake 330
Moostierchen 175 f.
–, Giftübernahme 8
Morbakka 65
Mortalitätsrate, afrikanische Giftschlangen 292
–, amerikanische Schlangenbisse 320
–, asiatische Giftschlange 302
–, australische Schlangenbisse 310
–, europäische Vipernbisse 280
–, Haifleisch-Vergiftung 162
–, nach Muschelvergiftung 135
–, Schlangenbiß 24, **267**, 292
–, Skorpionsstich 24
Mortalitätsrisiko, Krabbenvergiftung 171
Moschuskrake 75
Mosesflunder **17**, 122
Mozambique-Speikobra 284
mulga 307
Mulgaschlange 307
Mullidae 154, 167
Mund-zu-Mund-Beatmung 27
Mund-zu-Nase-Beatmung 27
Mungo, Toxinresistenz 16
Muräne 121
Muraenidae 154
Muraena helena 121

Muschelgifte, Toxizität 136
Muscheln als Giftproduzenten 132
– als Krankheitsüberträger 130
– als Planktonfiltrierer 129
–, Erste Hilfe nach Vergiftung 136, 140
–, Gift 133, 139, 142
–, Giftproduzent 139, 142
–, Infektionsrisiko 130
–, Therapie nach Vergiftung 136, 140, 143
–, Vergiftung 134, 140, 143
–, Vergiftungsumstände 132, 139
–, Vergiftungszustände 142
–, Vorsichtsmaßnahmen 132, 142
Muscheltoxine, Analytik 134
–, Toxizitätstest 134
Muschelvergiftung 129 ff.
–, Auslöser 130
–, erythematöse Form 130
–, gastroenterale Form 130, 142 ff.
– mit ZNS-Beteiligung 130, 139 ff.
–, neurotoxische Form 130, 137
–, paralytische Form 130, 132 ff.
Muskarin-Rezeptor 292
Muskeldystrophie 19
Mya arenaria 136
Myasthenia gravis 19
Mydriasis 174
Mygalomorphae 207 f.
Mylabris cichorii 235 f.
– *phalerata* 236
Myliobatidae 96
Myliobatis sp. 98
Myoglobinurie 266, 311, **319 f.**, 325
Myotoxin 261, 310, **320**
– a 320
Myriapoda 12
Myrmecia pyriformis 233
Myrmica laevinodis 233
– *ruginodis* 233
Mytilus californianus 129
– *edulis* 129, 132, 139, **142**

N

Na$^+$, K$^+$-ATPase 13, 161
Nachtbaumnatter 329 f.
Nachtotter 289, 291
Nachtschnecken 42
Nacktkiemer-Schnecke, Giftübernahme 8
Nacktschnecken 9, 50
–, Giftübernahme 8 f.
Nahrungskette 10, 165
Naja atra 297
– –, Antiserum 304
– *haje* 284
– *kaouthia* 297

– –, Antiserum 304
– *melanoleuca* 284, 291
– *mossambica* 257, 284, 293
– *naja* 297, **304**
– *nigricollis* **284**, 292 f., 295
– *nivea* 284
– *oxiana* 297
– *pallida* 284, 293
– *philippiniensis* 297
– *sagittifera* 297
– *samarensis* 297
– *siamensis*, LD$_{50}$ des Toxins 3
– spp. 284, 297
– *sputatrix* 257, 297
– *sumatrana* 297
Nardoa novae caledoniae 83
Nasenotter, chinesische 300
Nashornviper 287
Nassariidae 149
Nassarius castus 174
– *conoides* 174
Naticidae 149
Natriumcyanid, LD$_{50}$ 3
Natrium-Kanal 137, **148**, 203
–, Batrachotoxinwirkung auf 16
–, Tetrodotoxinwirkung auf 16
Natriumpumpe 13
Natrix maura 278
– *natrix* 256, **278**
– *tesselata* 252
Natter 252, 256
Nautilus 75
Nekrose 320
– durch Schlangengift 264
Nekrotoxin 200
–, Spinnengift 192
–, Vogelspinnengift 208
Nemathelminthes 80
Nematocysten **41**, 45, 47, 50, 54, 56, 58, 60, 67
Nemertini 80
Neofibularia mordens 38
– *nolitangere* 38 f.
Neomys fodiens 336
Neosaxitoxin 133, 173
Neosurugatoxin 173 f.
Nephila clavata, Toxine 191
– *maculata*, Toxine 191
Neptunea antiqua 173
Nereistoxin 80
Nervensystem, peripheres 16
Nesselkapseln 5, 6, 8, **41 f.**, 50
Nesselquallen 42
Nesseltiere 41 ff., 68, 69
–, Gifte 42
–, Hautkontakt 43
–, zoologische Einteilung 42
Nesseltierkontakt, Erste Hilfe nach Vergiftung 43
–, lokale Reaktionen 43
–, systemische Reaktionen 43
Nesselzellen 5, 6, **41**
–, Lokalisation 42
neurotoxic shellfish poisoning 137
Neurotoxin 184

–, Amphibien 243
–, australische Schlangengifte 309
–, Frösche 243
–, Korallenschlangen-Gift 320
–, Phoneutria-Gift 203
–, Schlangengift 258, 302
–, Seeschlangen-Gift 325
–, Skorpiongift 186
–, Spinnengift 192
–, Zeckengift 211
Neurotoxine 42, 176
–, in Seeanemonen 67
–, Spinnengift 196
Neuwelt-Blattnasen-Fledermaus 338
Nierenversagen **303**, 321, 325
night adders 289
Nodularia 176
nose-horned viper 271
Notechis scutatus 259, **306**
–, LD$_{50}$ des Toxins 3
–, Antiserum 187
Notesthes 108
Notexin 259, 309
–, LD$_{50}$ 3
Notophthalmus viridescens 244
noxius 183
Noxiustoxin 185
Nudibranchia, Giftübernahme 8
5'-Nukleotidase 261

O

Ockerpitohui 333
Octopamin 75
Octopoda 76 ff.
Octopoden 75
Octopus 149
–, blaugeringelter, Gift 77
–, –, Vergiftungsumstände 76 ff.
–, –, Vorsichtsmaßnahmen 76 ff.
–, Giftapparat 77
–, Therapie nach Vergiftung 78
–, Vergiftung 77
octopus, common blue-ringed banded 76 ff.
Octopus macropus 75
– *vulgaris* 75
Oecophylla spp. 233
Ödem, angioneurotisches 280
Oedemera flavipes 235
Oedemeridae 235 ff.
Ölkäfer 235 ff.
Okadasäure 130, **142 f.**, 156
Oncopeltus fasciatus 15
Ophiophagus hannah 297
–, Antiserum 304
Ophiothrix sp. 83
Ophryacus 315 f.
Ophthalmoplegie 303, 311
Ornithorhynchus anatinus 338 f.
Orthonychidae 334

Oscillatoria rubescens 176
– spp. 176
Osteichthyes 102 ff.
Ostraciontidae 122
Ostreocin 160
Ostreopsis lenticularis 155
– *siamensis* 160
Ottern 252
ottoman viper 277
Ovophis spp. 301 ff.
Oxyuranus microlepidotus 309
– *scutellatus* 260
– –, LD_{50} des Toxins 3
– *scutellatus canni* 306

P

Pachycephalidae 333
Paederus 236
– *australis* 236
Pahutoxin 122
Palmendieb 169
Palythoa caesia 160
– *caribaeorum* 11
– spp. 10
– –, LD_{50} des Toxins 3
Palytoxin 36, **160 f.**, 170
–, Analytik 170
–, Biosynthese 10, 160
–, LD_{50} 3
–, Toxizität 160
–, Toxin-Resistenz 10
–, Vergiftung 160 f.
–, Wirkmechanismus 161
Pandinus spp. 183
Panzeralgen als Giftproduzenten 132
Papageifisch 149, **154**, 156, 161
Papua-Schwarzschlange 306
Parabuthus sp. 183
– *transvaalicus* 186
Paracentrotus lividus **87**, 91
Parästhesie
   nach Muschelvergiftung 135
– durch Tetrodotoxin 150
paralytic shellfish poisoning 132
Paranemertes peregrina 80
Paraponera sp. 233
Paravespula germanica 223
– *vulgaris* 223
Pardachirus marmoratus 122
– *pavoninus* 122
Pardaxine 17, 122
Parotoiddrüsen 243
Patinopecten yessoensis 142
Pavoninine 17, 122
Pectenotoxin 142 f.
Pederin 236 f.
Pederon 237
Pedicellarien, Gifte 90
–, Seeigel 87, 89
Pelagia noctiluca **42**, 54 f.

Pelagiidae 54 ff.
Peptid, Bradykinin potenzierendes 20
Peptid, Mastzellen-degranulierendes 226
Perciformes 120 f., 167
Periclimenes pedersoni 6
Petermännchen 102 ff.
–, Erste Hilfe nach Vergiftung 104
–, gewöhnliches 102
–, Gift 103
–, Giftapparat 103
–, kleines 102
–, Knochenstrahlen 103
–, Therapie nach Vergiftung 104
–, Vergiftung 104
–, Vergiftungsumstände 102 ff.
–, Vorsichtsmaßnahmen 103
Pfaffenhutseeigel 89
Pfeilgift, Frösche 244
Pfeilgiftfrösche 14, 16
–, Toxinresistenz 15
Pfeilschwanzkrebse 169 f.
Pfeilwurm 149
Pfiesteria piscicida 140
– *piscida* 127
– human-illnes syndrome 140
Pflasterkäfer 235 ff.
Pharmakophagie 18
Pheromone 4, 232
Pheromonsynthese 17
Philodryas baroni 331
Phoneutria, Gift 203
– *nigriventer* 203 f.
Phormosoma sp. 89
Phosphoesterase 184
Phospholipase A 184
Phospholipase A_2 225, 233, 292, 302, **309 f.**, 319
–, Dornenkronenseestern 85
–, Hämolysin 261
–, Myolysin 261
–, myolytische 325
–, Neurotoxin 261
–, neurotoxische 259, 279
–, Toxin 258
Phospholipase B 261
Phycobionta als Giftproduzenten 132
Phyllobates 244
– *bicolo*, LD_{50} des Toxins 3
– *terribilis* 244
Physalia physalis 35, 43, **49 ff.**
– *utriculus* 49 ff.
Physaliatoxin 50
Phytophotodermatitis 43
Piperidin-Alkaloide 233
Pitohui dichrous 333
– *ferruginosus* 333
– *kirhocephalus* 333
– *nigrescens* 333
Pitohuis 14, 333 ff.
pit viper, malayan 300

Planktonblüten 126, 130
Planktonfiltrierer, Muscheln 132
Planocera sp. 149
Plathelminthes 80
Plattfische 122
Plattschwanz-Seeschlange 324
Plattwürmer 80
Platypodia granulosa 169
Platypus 338 f.
Plexaura spp. 7
Plotosus anguillaris 118 f.
Plototoxin 119
Poecilotheria 208
Pogonomyrmex 233
poisons 2
Polyamine 208
–, Spinnengift 191
Polychaeta 80 ff.
Polydesmiden Bundfüßler 12
Poly-DNA-Viren 12 f.
Polypenkolonie, Staatsqualle 49
Polypenstöcke 47 f.
Polyphagie 15
–, Insekten 15
Pomacanthus semicirculatus 149
Pomatomidae 165
Ponera 233
Porifera 38 ff.
Porthidium 315 f.
Portuguese-man-of-war 49 ff
Potamotrygon sp. 96
Prapromelittin 227
Prärie-Klapperschlange 313
pressure-immobilization-technique **265**, 311, 325
Prionurus microlepidotus 121
Proatheris spp. 290
Prorocentrum lima 143
Protac® 19
Proteasen 56
–, hämorrhagische 16, 302
Prothrombin-Aktivator, Raupen 218
Protobothrops flavoviridis 301 f.
– –, Antiserum 304
– spp. 301 ff.
Prozessionsspinner 218
Pruritus nach Ciguatera 159
Pseudechis australis 307
– *papuanus* 306
– *prophyriacus* 307
– spp. 307
– –, Antiserum 312
Pseudocerastes fieldi 288
– spp. 288
Pseudonaja textilis 308, 310 f.
– –, Antiserum 312
Pseudonitzschia australis 140
– *pungens forma multiseries* 139

Pterinochilus 208
Pterois 111
– *antennata* 111
– *radiata* 111
– spp. 6
– *volitans* 111 f.
Ptosis 263, 303, 310, 331
Ptychodiscus brevis **127**, 130, 137, 142
puff adders 287
puffer fish 146
Puffotter, gewöhnliche 287
Pumiliotoxin 244
Pyridinalalkaloid 80
Pyrodinium bahamense var. *compressa* als Giftproduzent 133, 135
Pyrrolizidin-Alkaloide 14
–, Schutzfunktion 17

Q

Quaddelbildung, durch Federpolypen 47
–, durch Feuerkoralle 46
Quallen 41
Quallenalarm 50
Quicktest 264

R

rabbitfish 120
Radio-Allergo-Sorbens-Test 229
Radula 6
Ramipril 20 f.
Rana temporaria 243 f.
– *esculeuta* 243
RAST-Test 229 f.
Rattenfische 101
rattlesnakes 313 f.
Raubfische 154
Raupen 217 ff.
–, Brennhaare 13
–, Erste Hilfe nach Vergiftung 219
–, Gift 218
–, Giftapparat 218
–, Haare 217
–, Therapie nach Vergiftung 219
–, Vergiftung 218
–, Vergiftungsumstände 217 ff.
–, Vorsichtsmaßnahmen 218
razor clams 140
Reaktion, allergische 43, 166
– anaphylaktische 43
–, – durch Bienenstich 21, 228
– durch Antiserum 30
– durch Wespenstich 21, 228
– durch Zecken 213
red beard sponge 38
red moss 38
red tide 126
red-back spider 195 ff.

red-bellied black snake 307
red-necked keelback 328
Reflexbluten 236
–, Insekten 13
Regenwald, tropischer 5
Reiseapotheke 32
Repellentien 4
Reptilase® 19 f.
Reptilia 251 ff.
Retrorsin 14
Rhabdophis 331
– spp. 263, 330
Rhabdophis subminiatus 328, 331
– *tigrinus* 328
Rhinopteridae 96
Rhizostoma pulmo 68
Rhodomelaceae 139
Rhodophyta 170
rhodostoma 300
Riesenschlangen 254
Ringelnatter 278
Ringelwürmer 80 ff.
Ringhals-Kobra 284
Robustoxin 205
–, Trichternetzspinne 192
Rochen 96 ff.
–, runde 96
Röhrenschwamm **9**
Rotalgen 139, 170
Rotbarsch 107
Rotbauchunke 243
Rotfeuerfisch 6, **111 f.**
–, Erste Hilfe nach Vergiftung 113
–, Gift 112
–, Giftapparat 111
–, Therapie nach Vergiftung 113
–, Vergiftung 112
–, Vergiftungsumstände 111
–, Vorsichtsmaßnahmen 111
Rotnacken-Wassernatter 328
Ruderschwanz-Seeschlange 324
Rückenstachel, Skorpionsfisch 109
Russel's viper 299

S

Sackspinnen 193 f.
Säugetiere 336 f.
Sagartia rosea 38
Salamander 242 ff.
–, europäischer 242 f.
Salamandra atra 242 f.
– *salamandra* 242 f.
Salientia 240
Salmo sp. 167
Samandaridin 243 f.
Samandarin 243 f.
sand viper 271, 288
Sandotter 271
Sandrasselotter 22, **261 f.**, 286, 294, 299, 331
Sandviper 271
Sarafotoxin B 292

Sarcophyton spp. 8
Sarda spp. 165
Sardellen 165
Sardinella sp. 167
Sardinen 165 f.
Saturniidae 218 f.
saw-scaled viper 286, 299
Saxidomus giganteus 129, 133
– *nuttalli* 129
– sp. 132
Saxitoxin 19, 36, 130, **133 ff.**, 148, 170, 173 f., 176
–, bakterielle Herkunft 134
–, bakterielle Produktion 133
–, LD_{50} 3
–, spezifischer Angriffspunkt 133
–, Toxizitätsbestimmung 133
Scaridae 154, 156
Scaritoxin 156
Scarus gibbus 149
– *vetula* 154
Scheibenquallen 42
Schenkelbock 235
Schildkrötenfleisch, Vergiftung 175
Schirmquallen **42**, 54 f., 58
Schlangen 251 ff.
–, ungiftige 327 ff.
Schlangenbiß, Diagnose 266
Schlangengift 15
–, Enzyme 257, 260
–, Polypeptide 257
–, Toxine 258
–, Wirkungsweise 258
–, Zusammensetzung 257
Schlangenstern 83
Schlauchwürmer 80
Schleien 167
Schleimfische 121
Schlingnatter 278
Schlitzrüßler 336
Schlupfwespen 11 f.
Schmetterlinge, Vergiftungsumstände 217 f.
Schmetterlingsfisch 11
Schmetterlingsraupe, Giftaufnahme 17
Schmetterlingsrochen 96
Schnabeltier 338 f.
Schnapper 154, 160
Schnurwürmer 80
Schock, anaphylaktischer 228
–, – durch Antiserum 30
–, hämorrhagischer 320
–, hypovolämischer 294
Schocklage 26
Schutzmechanismen gegen Gifte 4
Schwämme 38 ff.
–, Antibiose 8
–, Gift 39
–, Giftapparat 39
–, Schutz vor Freßfeinden 7
–, Therapie nach Vergiftung 40
–, Vergiftungsumstände 39
–, Verzehr durch Tiere 7
–, Vorsichtsmaßnahmen 39

Schwammfischer-Krankheit 38, 66
Schwammspinner 217 f.
Schwanzlurche 240
Schwarzotter 307
Scleractinia 42, 69
scolopender 214 f.
Scolopendra cingulata 214
– *heros* 215
– *morsitans* 214
– *subspinipes* 214
Scomberesocidae 165
Scomberomorus niphonius 167
Scombridae 165
Scombrotoxismus 165
Scorpaena 108 f.
– *guttata* 110
– *notata* 108
– *plumieri* 108
– *porcus* 108
– *scrofa* 108
– spp. 8
– *ustulata* 108
Scorpaenidae 107 ff., 114 ff.
Scorpaenopsis 108
Scorpio maurus 186
Scorpiones 182 ff.
scorpionfish 107 ff.
–, sculpin 108 ff.
scorpions 182 ff.
Scyphomedusen 42
Scyphozoa 54 ff.
Scyphozoen 42
Scytodidae 200 f.
sea anemones 66 f.
sea cucumber 92 ff.
sea nettle 56 f.
sea snakes 324
sea urchin 87 ff.
sea wasp 60 ff.
Sebastes 108
– *vivíparus* 107
Sebastodes 108
Seeanemonen 6, 38, 41 ff.
–, Erste Hilfe nach Vergiftung 67
–, Gift 67
–, Giftapparat 66 f.
–, Therapie nach Vergiftung 67
–, Toxine 42
–, Vergiftung 67
–, Vergiftungsumstände 66 f.
–, Vorsichtsmaßnahmen 66 f.
Seegurken 93
–, Erste Hilfe nach Vergiftung 94
–, Gift 94
–, Giftapparat 93
–, Therapie nach Vergiftung 94
–, Vergiftung 94
–, Vergiftungsumstände 92 ff.
–, Vorsichtsmaßnahmen 92 ff.
Seehasen 173 f.
–, Vergiftung 174
Seehund 177
Seeigel 83 f., 87 ff.
–, Erste Hilfe nach Vergiftung 91
–, Gift 89
–, Giftapparat 88

–, Giftzangen 89
–, schwarzer 87
–, Therapie nach Vergiftung 91
–, Vergiftung 90
–, Vergiftungsumstände 87 ff.
–, violetter 87
–, Vorsichtsmaßnahmen 88
Seemaus 82
Seeratten 101
Seescheiden 5, 8
Seeschlange, schwarzgebänderte 324
Seeschlangen 124, 259, 263, **324 ff.**
–, Antiserum 325
–, Erste Hilfe nach Vergiftung 325
–, Gift 325
–, Giftapparat 325
–, Therapie nach Vergiftung 325
–, Toxin 36
–, Vergiftung 325
–, Vergiftungsumstände 324
–, Vorsichtsmaßnahmen 325
Seestern 83 ff.
–, Kalkstacheln 84
Seetang 140
Seewalzen 83, **92**, 94
Seewespen 60 ff.
–, Erste Hilfe nach Vergiftung 62
–, Gift 61
–, Giftapparat 61
–, Therapie nach Vergiftung 61
–, Vergiftung 61
Seitenlage, stabile 26
Seliqua patula 140
Senecionin 14
Senecivernin 14
Sepia 75
Serotonin 243
Serpentes 251 ff.
Serranidae 154
Serumkrankheit 61, 197, **267**
sharp nose pit viper 300
Siganidae 120
Siganus luridus 120
– *rivulatus* 120
– *stellatus* 120
Siluroidea 118 f.
Silurus sp. 167
Siphonophoren 42
Sistrurus spp. 313 f.
Skolopender 214 f.
–, Erste Hilfe nach Vergiftung 215
–, Gift 214 f.
–, Giftapparat 214 f.
–, Therapie nach Vergiftung 215
–, Vergiftung 215
–, Vergiftungsumstände 214 f.
–, Vorsichtsmaßnahmen 214 f.
Skorpion, brasilianischer 12
–, europäischer 182
Skorpione 16, 182 ff.
–, Antiseren 186
–, Erste Hilfe
   nach Vergiftung 186
–, Gift 184
–, Giftapparat 184

–, Stachel 185
–, Therapie nach Vergiftung 187
–, Vergiftung 185
–, Vergiftungsumstände 183
–, Vorsichtsmaßnahmen 183
Skorpionsfische 6, **107 ff.**
–, Erste Hilfe nach Vergiftung 110
–, Gift 110
–, Giftapparat 109
–, Therapie nach Vergiftung 110
–, Vergiftung 110
–, Vergiftungsumstände 109
–, Vorsichtsmaßnahmen 109
Skorpiontoxin, LD_{50} 3
sleeper peptide, Conotoxin 72
small-eyed snake 306
Solenodon paradoxus 337
Solenopsin 233
Solenopsis 233
– *invicta* 233
– *richteri* 233
Somniosus microcephalus 163
Sorex araneus 336
– *minutus* 336
spanish fly 235 ff.
Speikobra 284, 297
Speischlangen 293
Speispinnen 200 f.
–, Gift 200 f.
–, Giftapparat 200 f.
–, Therapie nach Vergiftung 201
–, Vergiftung 200 f.
–, Vergiftungsumstände 200 f.
–, Vorsichtsmaßnahmen 200 f.
Sphaerechinus granularis 87
Sphaeroides 146
Sphingomyelinase D 192, 200
Sphyraena sp. 154
Sphyraenidae 154
Spiegeleiqualle 68
Spiegelhaare, Raupen 218
Spinnen, Gift 191
–, Giftapparat 190 ff.
Spinnentiere 182 ff.
spiny dogfish, 101
Spitzmaus 17
–, Toxinresistenz 16
Spöke 101
spreading factor, Hyaluronidase 226
Squaloidae 101
Squalus acanthias 101
Staatsquallen 42, 49 ff.
–, Erste Hilfe nach Vergiftung 51
–, Giftapparat 50
–, Vergiftung 50
–, Vergiftungsumstände 49 ff.
–, Vorsichtsmaßnahmen 49 ff.
Stachel, Hymenopteren 224
–, Skorpion 184
–, Stachelhai 101
Stachelhäuter 83 ff.
Stachelhai 101

Stachelmakrele 154, 165
Stacheln, Kaninchenfisch 120
–, Seeigel 87
Stachelrochen 96 ff.
–, Giftapparat 97
–, Stachel 98
–, Therapie nach Vergiftung 99
–, Vergiftung 98
–, Vergiftungsumstände 97
–, Vorsichtsmaßnahmen 97
Staphylinidae 235 ff.
stargazer 105 f.
Stechrochen 96 ff.
Stein, schwarzer 24
Steinfische 6, 28, **107**, 114 ff.
–, Erste Hilfe nach Vergiftung 116
–, Gift 115
–, Giftapparat 115
–, Therapie nach Vergiftung 116
–, Vergiftung 115
–, Vergiftungsumstände 114 ff.
–, Vorsichtsmaßnahmen 114 f.
Steinkorallen 42, **68 f.**
Steinkriecher 214
Steinseeigel **87**, 91
Steroidglykosid in Seesternen 83
– in Seewalzen 83, 94
Stick-Enzym-Immunoassay, Ciguatoxin 157
stinger suit 31, 50, 56
stinging coral 45
stinging hydroids 47
stingray 96 ff.
stonefish 114 ff.
Stonustoxin 115
Strahlenfeuerfisch 111
Strahlenpetermännchen 102
Strandmuschel 129, 132
Strudelwurm 149
Stülpnasenotter 274
Stummelfußkröte 13, **244**
Stypven® 19
Süßwasserpolyp 41
Süßwasserstechrochen 96
Süßwasserwels 119
Suppenschildkröte 175
surgeonfish 121
Surugatoxin 173 f.
Symbiose, Fisch-Seeanemonen 5
Synanceja 114 ff.
– *horrida* 114 f.
– spp. 6, 28
– *trachynis* 114, 116
– *verrucosa* 114, 116

T

Tachypleus gigas 169 f.
Taeniura lymma 97

Taipan 309 ff.
–, australischer 258 f., 309 ff.
–, –, Antiserum 312
Taipoxin 260, 309
–, LD_{50} 3
Talpa europaea 17, 336
Tamoya haplonema 65
Taranteln 202
Tarantismus 195
tarantulas 207 f.
Taricha 244
– *granulosa* 246
– spp. 10
– *torosa* 243 f.
Tarichatoxin 244
Taubenzecke 213
Tausendfüßler 12
Tectus maxima 173
– *nilotica* 173
– *pyramis* 173
Tedania ignis 39
Tegenaria agrestis 192, **201**
– *gigantea* 201
Telson 184 f.
Tentakeln 49
Terrarientiere, Vergiftungen 24
Tetramethylammonium 174
Tetramin 163, 173 f.
Tetraodon 146
– *cutcutia* 148
– *fangi* 150 f.
Tetraodontidae 146
Tetrodotoxin 16 ff., 36, 77, 126, **147 ff.**, 170, 173 f., 244
–, Analytik 150
–, Biogenese 148
–, Biosynthese in Kugelfisch und Krabbe 10
–, Funktion 17
–, in der neurophysiologischen Forschung 19
–, LD_{50} 3
–, Toxizität 148
–, Vorkommen 9 f., 14, 17, 148 f.
–, Wirkungsmechanismus 148
Teufelsfisch 114 ff.
Teufelsrochen 96
Texas-Klapperschlange 313
Textilotoxin 310
Thalarctos maritimus 177
Thalassophryne 120, 122
Thaumetopoea 218
– *pinivora* 217
– *pityocampa* 218
– *processionea* 217
Thaumetopoein 218
Thelonota rubrolineata 93
Thelotornis 331
– *capensis* 328
– *kirtlandii* 328
– spp. 263, **284**, 330
Theraphosidae 207 f.
Theridiidae 195 ff.
Thornasterosid 85
Thunfisch 154
Thunnis sp. 165

tick paralysis 210
ticks 209 ff.
Tide rote 126
tiger snake 306
–, Antiserum 312
Tigerhai 163
Tigerschlange, australische 259, **306**
–, LD_{50} des Toxins 3
Tigerwassernatter 328
Tinca tinca 167
Tityus bahiensis 183
– *serrulatus* 12, 185, 188
– spp., Antiserum 187
– *trinitatis* 183
toad fish 120
toads 241
Todesotter 307
Tonnacea 173
touch-me-not-sponge 38
toxicants 2
Toxine, Definition 2
–, Funktion 36
– in der neurophysiologischen Forschung 19
Toxinologie 3
toxinology 3
Toxinresistenz 14 f.
–, Igel 16
–, Maulwurf 16
–, Monarchfalter 13
–, Mungo 16
–, Spitzmaus 16
toxins 2
Toxintoleranz 14 f.
Toxizität, Maßeinheit 2
Toxizitätsbestimmung, Muschelvergiftung 139
Toxoglossa 70 ff.
Toxopneustes pileolus 83, **90**
– *roseus* 88
Trachinidae 102 ff.
Trachinin 103
tree vipers 301 ff.
Trepang 92, 93
Trichternetzspinne 192, **205 f.**
–, Erste Hilfe nach Vergiftung 205 f.
–, Gift 205 f.
–, Giftapparat 205 f.
–, Therapie nach Vergiftung 205 f.
–, Vergiftung 205 f.
–, Vergiftungsumstände 205 f.
–, Vorsichtsmaßnahmen 205 f.
Trimeresurus albolabris 304
– *elegans* 301
– spp. 301 ff.
– *stejnegeri* 251
Trimethylamin 163
Trimethylaminoxid 163
Trimethylammonium 163
Tripneustes gratilla 89 f.
Triterpen-Glycosid in Seesternen 83
– in Seewalzen 83
Triturus spp. 149

Stichwortverzeichnis | 349

Trompetenschnecke 173
Tropidolaemus wagleri 301 ff.
Trugnattern 252, 263, **284**
–, opisthoglyphe Bezahnung 327
d-Tubocurarin, LD_{50} 3
Tüpfel-Kaninchenfisch 120
Turbanschnecken 173
Turbinidae 173
Turbo argyrostoma 173
– *marmorata* 173
twig snake 328

U

Unken 243
Uranoscopidae 105 f.
Uranoscopus scaber 105
Urodela 240, 242
Urodelen 240
Urolophidae 96
Urolophus halleri 98
Urtikaria durch Feuerkoralle 46
– nach Quallenkontakt 50, 61
–, Serumkrankheit 267
– durch Schwämme 40

V

Vampir, falscher 338
–, gemeiner 338
vampire bats 338
vampire 338
Vampir-Fledermäuse 338
Vampyrum 338
Venom Detection Kit 266, 310
venoms 2
Verbrauchskoagulopathie 262 f., 292, 294, **303**, 310, 320, 330 f.
Vergiftung durch Terrarientiere 24
– durch Landtiere 180
– – –, lokale Symptome 29
– nach Verzehr von Meerestieren 25
–, Schutzmaßnahmen 30 ff.
–, Therapie, spezifische 29 ff.
–, Therapie, symptomatische 28
–, Therapie, unspezifische 28
–, Therapiemöglichkeiten 36
Versuriga anadyomene 41
Vespa crabro 221 ff.
Vespidae 221, 223
Vielbindenkrait 19, **258**, 298

Vipera 270 ff.
– *ammodytes* 270 f., 279
– *ammodytes ammodytes meridionalis* 271
– *aspis* 270, **272**, 279, 281 f.
– *aspis atra* 272
– *aspis francisredi* 282
– *berus* 252, 270, **273**, 280 f.
– *bulgardaghica* 270
– *darevskii* 270
– *dinniki* 270
– *kaznakovi* 270
– *latasti* 270, 274
– *latasti latasti* 274
– *raddei* 270
– *seoanei* 270
– *ursinii* 270
– *wagneri* 270
– *xanthina* 270, 277
– -*ursinii* 276
Viperidae 252
Viperidengifte, Gerinnungsenzyme 261
Viperinae 252
Vipern 252, 270
–, Giftdrüse 257
Vipernatter 278
Viperqueise 102
Vipoxin 279
Vitamin A, Vergiftung 177
–, Überdosierung 167
Vizekönigsfalter 13
Vögel 333 ff.
–, Vergiftungen 335
Vogelschlange 256, 332
Vogelspinnen 207 f.
–, Gift 208

W

Wachsrose 66
Wachstumshemmung durch Toxine 8
Wachtel 334
Waglers Grubenotter 301
Waldameise, rote 233
Waldklapperschlange 314
Waldkobra 284
Walroß 177
Walterinnesia aegyptia 284
Wanderspinne 203 f.
–, Erste Hilfe nach Vergiftung 204
–, Gift 203 f.

–, Giftapparat 203 f.
–, Therapie nach Vergiftung 204
–, Vergiftung 203 f.
–, Vergiftungsumstände 203 f.
–, Vorsichtsmaßnahmen 203 f.
wasps 221 ff.
Wasserfrosch 243
Wasserkobra 284
Wassermokassinotter 317
Wassermokassinschlangen 318
Wasserspinne 190
Wasserspitzmaus 336
Weberameise 233
Weberfische 102 ff.
Webspinnen 190 ff.
weeverfish 102 ff.
Wehrsekrete 11
Weichkorallen 7 f.
–, Schutz vor Freßfeinden 7
–, Raumkonkurrenz 7
Weichtiere 70 ff.
Weinessig, Behandlung 43
– nach Kontakt mit Seewespe 62
– nach Kontakt mit Würfelquallen 65
Welse 118 f.
–, Erste Hilfe nach Vergiftung 119, **167**
–, Gift 119
–, Giftapparat 118 f.
–, Therapie nach Vergiftung 119
–, Vergiftung 119
–, Vergiftungsumstände 118 f.
–, Vorsichtsmaßnahmen 118 f.
Wespe, deutsche 223
Wespen 216, 221 ff.
–, Erste Hilfe nach Vergiftung 228
–, Gift 227
–, Giftapparat 224
–, Kinine 227
–, Stachel 226
–, Therapie nach Vergiftung 228
–, Vergiftung 227
–, Vergiftungsumstände 223
–, Vorsichtsmaßnahmen 224
whiplash rove beetle 235 ff.
Wiesenottern 276
Witwe, schwarze 82, 191
–, Gift 196
–, Giftapparat 196

–, Therapie nach Vergiftung 197
–, Vergiftung 196
–, Vergiftungsumstände 195 ff.
–, Vorsichtsmaßnahmen 195 ff.
wolf spider 202
Wolfsspinne 190, 202
Würfelnatter 252
Würfelquallen 28, 42, **60 ff.**, 64 f.
–, Vergiftungsumstände 60 ff.
–, Vorsichtsmaßnahmen 60 ff.
Würmer 80 ff.
Wüstenkobra, schwarze 284
Wüsten-Skolopender 215

X

Xanthidae 169

Y

Yamakagashi 328
yellow sack spider 193 f.
Yessotoxin 142 f.
Ypsicarus ovifrons 261

Z

Zackenbarsch 154
Zebrafische 111
Zecken 209 ff.
–, allergische Reaktionen 213
–, Erste Hilfe nach Vergiftung 211
–, Gift 211
–, Giftapparat 210
–, Infektionskrankheiten 212
–, Therapie nach Vergiftung 211
–, Toxikose 210
–, Vergiftung 210 f.
–, Vergiftungsumstände 210
–, Vorsichtsmaßnahmen 210
Zehnfußkrebse 169
Zeidae 167
Zoantharia 170
Zoanthus spp. 10
Zozymus aeneus 169 f., 171
Zweifarbenpitohui 333
Zwerg-Klapperschlange 313
Zwergspitzmaus 336
Zytotoxin 260, 302